普通高等教育"十一五"国家级规划教材

数字信号处理

（第 3 版）

姚天任　江太辉

U0343189

华中科技大学出版社

中国·武汉

图书在版编目(CIP)数据

数字信号处理/姚天任,江太辉.—3 版.—武汉:华中科技大学出版社,2007.8(2023.8 重印)
ISBN 978-7-5609-2284-3

Ⅰ.①数…　Ⅱ.①姚…　②江…　Ⅲ.①数字信号-信号处理-高等学校-教材　Ⅳ.①TN911.72

中国版本图书馆 CIP 数据核字(2007)第 105623 号

数字信号处理(第 3 版)　　　　　　　　　　　　　　　　　　　　　姚天任　江太辉

责任编辑:周芬娜
封面设计:潘　群
责任校对:陈　骏
责任监印:周治超
出版发行:华中科技大学出版社(中国·武汉)　　　电话:(027)81321913
　　　　　武汉市东湖新技术开发区华工科技园　　　邮编:430223
录　　排:武汉市洪山区佳年华文印部
印　　刷:武汉科源印刷设计有限公司
开　　本:710mm×1000mm　1/16
印　　张:29.25
字　　数:539 千字
版　　次:2023 年 8 月第 3 版第 25 次印刷
定　　价:68.00 元

内 容 提 要

本书是普通高等教育"十一五"国家级规划教材,是在第 2 版的基础上修订完成的。

本书系统和全面地讨论了数字信号处理的基本理论、概念和方法。第 1 章综述了数字信号处理学科的主要内容、应用领域和发展历史;第 2 章介绍了离散时间信号和系统的基础理论和基本分析方法;第 3 章介绍了离散傅里叶变换及其快速计算方法;第 4 章介绍了无限和有限冲激响应数字滤波器的原理和设计方法;第 5 章介绍了离散时间随机信号及其通过线性移不变系统的分析方法和特性;第 6 章讨论了数字信号处理实现中的有限字长效应问题;第 7 章介绍了功率谱估计的经典方法即周期图方法。以上各部分内容中都包括了用 Matlab 解决数字信号处理实际问题的方法介绍。全书有丰富的例题(共 119 题)、复习思考题(共 110 题)和习题(共 177 题)。书末附有部分习题的参考答案。本书可作为高等学校电子信息工程、通信工程、自动化、电子科学与技术、测控技术与仪器、生物医学工程、计算机、雷达、声纳等工科专业以及理科电子信息科学与技术专业的教材,也可作为从事这些专业的工程技术人员和科学研究人员的参考书。

第 3 版前言

众所周知,信号是信息的表现形式,或者说信号中携带着信息。信号处理的目的是为了有效和以尽可能小的失真传输和利用信息。20 世纪 90 年代以来,全球通信发展的现状表明,信号的数字传输和数字处理,已经成为声音、图像、视频和数据通信的最主要的手段,目前这一发展趋势尤其明显。形成这一局面的主要原因,是信号的数字传输和数字处理相对于模拟信号具有许多优点,其中,最突出的优点包括:它具有很大的灵活性和广泛的适应性,具有很高的可靠性,适合于通过加密获得高安全性,具有很高的性能价格比。

随着信息科学技术的发展,特别是随着数字信号处理技术的应用领域变得越来越广泛和深入,数字信号处理学科的重要性,无论从理论还是从实际应用的角度,都越来越被人们所认识。作为高等学校理工科专业的一门重要理论和技术基础课,数字信号处理课程自然地受到了普遍重视,其中的一个突出表现便是近年来国内外出版了不少这方面的教材和参考书。

从本书第 2 版出版以来,数字信号处理学科的发展非常迅速,它在多速率滤波和滤波器组、自适应滤波器、时频分析和非线性信号处理等学科分支的技术成就都获得了广泛应用。但是,对于信息与通信工程等专业的大学本科生来说,为他们打下坚实的理论基础,仍然是学习数字信号处理课程最重要的目标。因此,本书第 3 版的内容仍然把重点放在以下三个方面:第一,离散时间确定信号的时域和频域分析,离散时间随机信号的描述及其通过线性移不变系统的分析;第二,线性数字滤波器的设计和 FFT 的计算技术;第三,数字信号处理实现中的有限字长效应分析方法和功率谱估计的经典方法。

本书第 3 版相对于第 2 版增加了以下新内容:用 Matlab 产生离散时间信号和用 Matlab 对离散时间信号进行运算;全通系统和最小相位系统,相延迟和群延迟的概念;Matlab 在离散时间信号和系统分析中的应用;离散傅里叶变换及其应用的 Matlab 实现方法;利用 Matlab 设计无限冲激响应和有限冲激响应数字滤波器;离散时间随机信号及其通过线性移不变系统的 Matlab 分析方法;用 Matlab 分析有限字长效应等。此外,增加了一些例题、复习思考题和习题,使它们分别达到 119 题、110 题和 177 题。绪论部分对数字信号处理学科的发展历史进行了补充。全书的文字也重新进行了修订。

本书参考学时数为 54～60 学时,部分教学内容可安排在 Matlab 习题中完成。

本教材第 1 章、第 5 至第 7 章由姚天任教授执笔,第 2 至第 4 章由江太辉教授执笔。

本书是第三版,经多次修订增补,但仍会有不足甚至谬误之处,尚望读者和同行不吝指正。对本书的意见和建议请向出版社或作者本人反映。

作者

2007 年 2 月于华中科技大学

第 2 版前言

本教材第 2 版系按原电子工业部的《1996—2000 年全国电子信息类专业教材编审出版规划》,由全国电子工程专业教学指导委员会编审、推荐出版。本教材由华中理工大学姚天任教授担任主编,西北工业大学赵荣椿教授任主审,北京理工大学梅文博教授任责任编委。

数字信号处理是信息和通信工程各专业的一门技术基础课,也是通信和信息系统、信号和信息处理等专业研究生的入学考试科目之一。多年来,国内外不少专家、学者一直强调,为了使高等学校的毕业生适应信息社会对他们提出的新要求,所有理工科专业和部分经济管理类专业,都很有必要把数字信号处理作为一门必修的技术基础课来设置。本教材的参考学时数为 54 学时。学习这门课程之前,学生应修过"信号与线性系统"和"复变函数"等课程。学好这门课程可为进一步学习"现代数字信号处理"、"数字语音处理"和"数字图像处理"等研究生课程打下初步的基础。

数字信号处理是一门理论和技术都发展十分迅速、应用非常广泛的交叉和前沿性学科,它的理论性和实践性都很强。因此,在教学过程中要特别强调基本理论、基本概念和基本方法的掌握。为加深对基本理论的理解和对基本方法的掌握,书中安排了一定数量的复习思考题和练习题,书末附有习题参考答案和一些算法的计算机程序。如有条件,最好能安排适当数量的实验和简单的工程设计练习。

本教材第 2 版与第 1 版比较,全书的总体结构没有很大变化,但所有章节的内容都是重新编写的。具体地说,第 1 章是绪论,综述了数字信号处理学科的内容、应用领域和发展方向;第 2 章介绍了离散时间信号和离散时间系统的基本理论和基本分析方法,本章内容是全书的基础;第 3 章和第 4 章分别讨论了离散傅里叶变换的快速算法和数字滤波器的设计原理,这是数字信号处理学科中两个最基本和最重要的问题;第 5 章介绍了离散时间随机信号的基本概念,这些概念是学习下两章内容和以后学习研究生课程的重要基础;第 6 章和第 7 章分别讨论有限字长效应的分析方法和功率谱的经典估计方法,这两部分内容涉及数字信号处理理论和技术的工程实现以及应用中的具体问题。

本教材第 2 版中新加入了部分内容,如第 2 章中增加了关于离散时间信号的取样、抽取和内插的讨论,第 3 章中增加了对 N 为合数的 FFT 算法的介绍,第 6 章对极限环振荡和死带效应进行了更深入的讨论。此外,第 5 章和第 7 章是参照国务院学位委员会编的《同等学力人员申请硕士学位信息与通信工程学科综合水平全国统一考试大纲及指南》的要求编写的。

　　本教材第 1 章和第 5 至第 7 章由姚天任教授执笔,第 2 至第 4 章由江太辉教授执笔。

　　限于编著者的水平,不妥和错误之处一定不少,切盼读者将所发现的问题和对本书的意见径寄作者或寄华中理工大学出版社。

作者

1999 年 8 月于华中理工大学

第 1 版前言

1980 年,我们第一次为华中工学院无线电系高年级学生开出了"数字信号处理"课程,采用美国 A. V. Oppenheim 和 R. W. Schaffer 所著的同名著作作为教材。1985 年,在这门课已经开出了五届的时候,我们整理了所积累的讲稿和资料,编写并胶印成讲义。该讲义在无线电技术、信息工程等专业连续使用了三届,也在助教进修班用过一次。使用过这本讲义的老师和同学们给予了我们鼓励,并热情地提出了许多宝贵意见。1986 年,华中工学院出版社决定正式出版此书。在出版社的同志和一些老师们的鼓励下,我们开始了本书的编写工作。这本书是在原讲义的基础上,参考了教学中所收集到的意见,全部重新开始编写的。

在本书的编写过程中,我们始终注意到这样三点:第一,内容尽可能少而精,而同时又要便于自学;第二,尽可能联系实际,结合应用;第三,形成自己的体系结构特点。愿望是这样,但在脱稿时,我们却感到力不从心,未能尽如人意。我们的确认识到要编好一本书是多么不容易啊!尽管如此,我们还是希望,在读者的关心和帮助下,今后能把本书改得更好一些。

本书可作为高等理工科院校无线电技术和信息工程、通信、雷达、声纳、自动控制和计算机等专业的教科书,学时可在 40 至 70 学时范围内灵活掌握。本书也可供有关专业的科研和工程技术人员参考。

本书第 1 章至第 3 章由江太辉执笔,第 4 章至第 6 章以及概论由姚天任执笔。

我们感谢葛果行、康华光、郑友明、李任远、陈侃、孙洪和王殊等同志提出了许多有价值的意见,感谢华中工学院出版社的同志们的辛勤劳动。

作者
1987 年 3 月于武汉华中工学院

目　　录

第1章 绪 论

本章具有综述和概论的性质,内容比较广泛但不深入。它的内容与本书以下各章所讨论的内容有密切的关系但却在某些方面超越了本书的讨论范围。具体来说,本章是从数字信号处理整个学科领域的广度来介绍该学科的概貌,包括学科范围、发展历史和动态、实现方法和应用领域,而本书的内容仅涉及数字信号处理学科中的基础知识。学习这些基础知识,是进入数字信号处理学科领域的第一步。

1.1 数字信号处理学科内容

信息科学是研究信息的获取、传输、处理和利用的一门科学。信息要用一定形式的信号来表示,才能被传输、处理、存储、显示和利用,可以说,信号是信息的表现形式,而信息则是信号所含有的具体内容。

数字化、网络化和智能化是当代信息技术发展的大趋势,而数字化是网络化和智能化的基础。实际生活中遇到的信号多种多样,例如,广播信号、电视信号、雷达信号、通信信号、导航信号、射电天文信号、生物医学信号、控制信号、气象信号、地震勘探信号、机械振动信号、遥感遥测信号,等等。上述这些信号大部分是模拟信号,只有小部分是数字信号。模拟信号是自变量的连续函数,自变量可以是一维的,也可以是二维或多维的。大多数情况下,一维模拟信号的自变量是时间,经过时间上的离散化(取样)和幅度上的离散化(量化),这类模拟信号便成为一维数字信号。因此,数字信号实际上是用数字序列表示的信号。模拟语音信号经取样和量化后,得到的数字信号是一个一维离散时间序列;而图像信号经取样和量化后,得到的数字信号是一个二维离散空间序列。本书只讨论一维数字信号的处理问题。

数字信号处理,就是用数值计算方法对数字序列进行各种处理,把信号变换成符合需要的某种形式。例如,对数字信号进行滤波以限制它的频带或滤除噪声和干扰,或将信号进行分离;对信号进行频谱分析或功率谱分析以了解信号中的频谱组成,进而对信号进行识别和利用;对信号进行某种变换,使之更适合于传输、存储和应用;对信号进行编码以压缩数据或提高抗干扰能力,等等。

数字信号处理学科的内容非常广泛,主要是因为它有着非常广泛的应用领域。不同的应用领域对数字信号处理学科提出了各种不同的具体要求,即使是对同一应用领域中的不同问题,所使用的数字信号处理方法也可能是不同的。各应用领域的不同要求推动了数字信号处理的理论和技术的发展,丰富了数字信号处理学科的研究内容。反过来,数字信号处理学科的研究成果,又不断地促进着各应用领域科学和技术的进步。最近一二十年来,数字信号处理学科的这种理论与实际应用紧密结合并相互促进的特点,表现得尤为突出。

　　数字信号处理学科有着深厚的理论基础,其中,最主要的是离散时间信号和离散时间系统理论以及一些数学理论。数字信号处理的理论和技术在各应用领域中的实现方法,依赖于超大规模集成电路技术、计算机技术和软件设计技术,同时,还要与各应用领域本身的理论和技术紧密结合并互相渗透。这样,就不断地开辟出新的数字信号处理领域,例如,数字语音处理、数字图像处理、通信信号处理、雷达信号处理、声纳信号处理、地震信号处理、气象信号处理等新领域。基于这种情况,不少专家和教育工作者提出,应当把数字信号处理列为高等学校各专业,特别是工科各专业的一门必修的技术基础课。因此,早在 30 多年前,世界上一些科学技术发展领先的国家都在高等学校中设置了数字信号处理课程;近年来,美国一些大学中已经开发出不少软件和硬件教学工具,利用实验课,借助 Internet 和 Matlab 等工具,来提高本科生和研究生掌握数字信号处理理论和技术的水平。

1.2　数字信号处理的应用领域

　　数字信号处理的应用非常广泛,这里只列举部分最成功的应用领域。

　　(1) 语音处理

　　语音处理是最早应用数字信号处理技术的领域之一,也是最早推动数字信号处理理论发展的领域之一。该领域主要包括 5 个方面的内容。第一,语音信号分析。指对语音信号的波形特征、统计特性、模型参数、功率谱特征、听觉感知特性等进行分析计算。第二,语音合成。指利用专用数字硬件或在通用计算机上运行软件来产生语音。第三,语音识别。指用专用硬件或计算机软件识别自然语音(即人类说的语言),或者识别说话人。第四,语音增强。指从噪声或干扰中提取被掩盖的语音信号。第五,语音编码。主要用于语音数据压缩,目前已经建立了一系列语音编码的国际或地区标准,大量用于通信和音频处理。近年来,这 5 个方面都取得了不少研究成果,并且,在市场上已出现了一些相关的软件和硬件产品,例如,盲人阅读机、失语人语音合成器、口授打字机、语音应答机、各种会说话的仪器和玩具,以及通信和视听产品中大量使用的音频压缩编码技术。

　　(2) 图像处理

　　数字信号处理技术已成功地应用于静止图像和活动图像的恢复和增强、数据压缩、去噪声和干扰、图像识别、图像检索,以及层析 X 射线摄影,还成功地应用于雷达、声纳、超声波和红外信号的可视图像成像中。

（3）通信

在现代通信技术领域内，几乎没有一个分支不受到数字信号处理技术的深刻影响。特别是在无线通信和移动通信的研究和开发应用中，数字信号处理一直发挥着关键的作用。信源编码、信道编码、调制、多路复用、数据压缩、信道估计、多用户检测以及自适应信道均衡等，都广泛地采用了数字信号处理技术。特别是在数字通信、网络通信、图像通信、多媒体通信等应用中，离开了数字信号处理技术，几乎寸步难行。其中，被认为是通信技术未来发展方向的软件无线电技术，更是直接以数字信号处理技术为基础。

（4）电视

数字电视取代模拟电视已是必然趋势。高清晰度电视的普及指日可待，与之配套的视频光盘技术已形成具有广大市场的产业；可视电话和会议电视产品不断更新换代。视频压缩和音频压缩技术所取得的成就和标准化工作，促成了电视领域产业的蓬勃发展，而数字信号处理及其相关技术是视频压缩和音频压缩技术的重要基础。

（5）雷达

雷达信号占有的频带非常宽，数据传输速率也非常高，因而压缩数据量和降低数据传输速率是雷达信号数字处理面临的首要问题。高速数字器件的出现促进了雷达信号数字处理技术的进步。在现代雷达系统中，数字信号处理部件是不可缺少的，因为从信号的产生、滤波、加工到目标参数的估计和目标成像显示都离不开数字信号处理技术。因此，雷达信号的数字处理是当今十分活跃的研究领域之一。

（6）声纳

声纳信号处理可分为两大类，即有源声纳信号处理和无源声纳信号处理。有源声纳系统涉及的许多理论和技术与雷达系统相同。例如，它们都要产生和发射脉冲式探测信号，它们的信号处理任务都主要是对微弱的目标回波进行检测和分析，从而达到对目标进行探测、定位、跟踪、导航、成像显示等目的。它们所应用的主要信号处理技术包括滤波、门限比较、谱估计等。无源声纳系统与有源声纳系统的主要区别在于，前者不产生和发射声频信号，而只是"倾听"周围的声音，因此，它采用的信号处理技术主要是微弱信号检测技术、高分辨率谱估计技术和阵列信号处理技术。

（7）地球物理学

这是应用数字信号处理技术已有相当长历史的一个领域。该领域中信号处理的主要任务是分析地震信号，建立描述地层内部结构和性质的模型，这对石油和矿藏的勘探很有用。另一任务是用信号处理方法研究地震和火山的活动规律。此外，近年来数字信号处理技术还被应用于大气层性质的研究，如分析大气层中电子的含量。

（8）生物医学信号处理

数字信号处理技术在医学中的应用日益广泛，例如，对脑电图和心电图的分析、层析 X 射线摄影的计算机辅助分析、胎儿心音的自适应检测等。

（9）音乐

数字信号处理技术为音乐领域开辟了一个新局面。在对音乐信号进行编辑、合成，以及在音乐中加入交混回响、合声等特殊效果方面，数字信号处理技术都显示出了强大的威力。数字信号处理技术还可用于作曲、录音和播放，或对旧唱片和旧录音带的音质进行恢复等。

（10）其它领域

数字信号处理技术的应用领域如此广泛，以至于想完全列举它们是根本不可能的。除了以上几个领域外，还有许多其它的应用领域。例如，在军事中被大量应用于导航、制导、电子对抗、战场侦察，在电力系统中被应用于能源分布规划和自动检测，在环境保护中被应用于对空气污染和噪声干扰的自动监测，在经济领域中被应用于股票市场预测和经济效益分析，等等。

1.3　数字信号处理学科的发展历史

在某种意义上，可以认为数字信号处理只不过是许多算法的汇集，因而，它是计算数学的一个分支，而计算数学早在 17 世纪至 18 世纪中叶就已经发展起来，所以，可以说数字信号处理是一个古老的学科。但是，数字信号处理又是一门新兴的学科，因为，它的学科体系是在 20 世纪 40 年代至 50 年代才建立起来的，而真正意义上的数字信号处理的研究却是在 20 世纪 50 年代末期至 60 年代初期才开始的。20 世纪 60 年代中期以后，数字信号处理的理论和技术开始呈现大发展的局面。到了 20 世纪 70 年代，数字信号处理已经从单纯依靠移植其它领域的成就来发展自己的状况下摆脱出来，转变为立足于本领域的理论方法和技术成就来求得自身的进步。这就是说，数字信号处理已经发展成为一门不再依赖于模型方法和模拟实验、独立发展的学科。进入 20 世纪 80 年代以后，特别是在 90 年代中期，数字信号处理的理论和技术更加成熟，它开始渗透到各个重要学科领域，并与语音、图像、通信等信息产业紧密结合，不断地在理论上有所突破，在技术上有所创新，开辟着一个又一个新的学科分支，以至于现在很难脱离开其它学科领域来孤立地谈论数字信号处理学科的发展历史和取得的成就了。

在 20 世纪 40 年代至 50 年代建立的取样数据系统理论，是数字信号处理理论的前身，因为它还不是真正的数字信号及其处理系统的理论，它只是线性连续系统理论的拓展。20 世纪 50 年代末期至 60 年代初期，数字计算机被用于信号处理的研究，这才是真正意义上的对数字信号进行处理的研究。人们开始用数字相关方法来处理地震信号和大气数据，用数字方法来实现声码器，用数字计算机来计算信号的功率谱。这些数字信号处理研究的初期成果，都是用软件来实现的，占用了相当多的计算机资源和机时，而且一般都无法做到实时处理。

　　数字信号处理技术的迅速发展是从 20 世纪 60 年代开始的,其主要标志是两项重大进展,即快速傅里叶变换(FFT)算法的提出和数字滤波器设计方法的完善。

　　早在 1960 年,I. J. Good 就提出过用稀疏矩阵变换计算离散傅里叶变换的思想。遗憾的是,由于当时的计算机资源很有限,人们一般都不愿意用宝贵的计算机资源去实践和研究 Good 算法。直到 5 年以后,即 1965 年,当计算机资源不再十分紧缺时,J. W. Cooley 和 J. W. Tukey 提出的著名的快速傅里叶变换(FFT)算法才应运而生,并很快得到推广应用,成为数字信号处理领域中的一项重大突破。Cooley 于 1992 年在一篇文章中详细生动地回忆了他和 Tukey 准备和发表那篇关于 FFT 算法的重要论文(1965 年)前后的情况,其中,提到了许多位对 FFT 算法作出贡献的数字信号处理专家,也提到了与 FFT 算法关系密切的早期数学成果,例如,上面提到过的 Good 在 1960 年发表的算法,更早的还有 1942 年 G. C. Danielson 和 C. Lanczos 发表的算法,最早还追溯到伟大的数学家 C. F. Gauss 于 1866 年发表的论文。无论如何,Cooley 和 Tukey 在 1965 年发表的 FFT 算法,把按定义计算离散傅里叶变换的速度提高了两个数量级,从而使数字信号处理正式地从理论走向工程实际,开创了真正意义上的数字信号处理的新时代。在那之前实际上还只是对取样数据而不是对数字信号进行实时处理。FFT 不仅是一种快速计算方法,它的出现还有助于启发人们创造新理论和发展新的设计思想。经典的线性系统理论中的许多概念,例如,卷积、相关、系统函数、功率谱等概念,都要在离散傅里叶变换的意义上重新加以定义和解释;同时,从那以后,凡是研究数字信号处理技术的人,都毫无例外地必须对计算机和各种数字硬件(包括后来出现的专用于数字信号处理的功能强大的数字信号处理器,即通常所说的 DSP 芯片)的体系结构进行深入了解,考虑这些硬件的约束条件,研究有限字长效应,等等。

　　前面提到过,在某种意义上,可以认为数字信号处理是许多算法的汇集。人们很早就认识到了算法的重要性。利用同样速度的计算机、数字信号处理器或数字硬件,如果能设计出很优秀的算法,那么就意味着可以以更高的计算速度和效率来完成对数字信号的处理任务。因此,除了 20 世纪 60 年代关于离散傅里叶变换的快速算法 FFT 外,在 20 世纪 70 年代和 80 年代,人们还对数字信号处理的其它快速算法进行了广泛和深入的研究,并取得了很多重要成果。例如,人们提出了各种计算卷积和离散傅里叶变换的快速算法,Toeplitz 线性方程组的高效解法,以及搜索最佳路径的 Viterbi 算法等。特别值得一提的是,人们将数论引入数字信号处理,出现了矩形变换、数论变换、多项式变换等许多构思奇特、处理精巧、性能优良的新算法。即使进入 20 世纪 90 年代以后,数字信号处理中关于快速算法的研究也一直没有停止过,例如,在小波分析和人工神经网络方法的研究和应用中,有关快速算法的研究和应用也一直是一个重要的课题。

　　作为数字信号处理学科领域另一项重大突破的数字滤波器,在 20 世纪 60 年代中期,就形成了它的完整而正规的理论体系。具体来说,人们提出了各种滤波器结构,有的以运算误差最小为特点,有的以运算速度快见长,而有的则二者兼而有之。人们还提出了数字滤波器的各种设计方法、逼近方法和实现方法,特别是对递归和非递归两类滤波器结构进行了全面比较,统一了数字滤波器的基本概念和理论。在数字信号处理学科的发展过程中,有限冲激响应(FIR)和无限冲激响应(IIR)两类数字滤波器的地位相对地发生过某些变化。起初,人们用窗函数分析数字滤波器,认为IIR 滤波器比 FIR 滤波器的运算效率高。但当提出用 FFT 算法来实现卷积运算的概念后,人们发现,也可以以很高的运算效率来实现高阶 FIR 滤波器,这促使人们对高效 FIR 滤波器的设计方法和数字滤波器的频域设计方法进行了大量研究,从而在其后相当长时期内形成了数字滤波器的时域设计方法与频域设计方法并驾齐驱的局面。然而,这些均属于数字滤波器的早期研究工作,而且主要是用软件来实现的。早期的数字滤波器虽然在语音、声纳、地震和医学等信号处理中曾经发挥过巨大作用,但由于当时计算机的价格很昂贵,从而严重地阻碍了专用数字滤波器的发展。任何数字信号处理系统,如果只局限于用软件来实现,那么,其应用的范围必然会受到很大局限。这一不利局面在 20 世纪 70 年代有了极大的改变,主要原因是大规模和超大规模集成电路技术、高速算术运算单元、双极型高密度半导体存储器、电荷转移器件等新技术和新工艺的出现和结合,加上采用了计算机辅助设计方法,使得数字滤波器的硬件实现有了坚实的物质基础。

实际上,数字滤波器是一个比上述内容更广泛的概念。除了传统的概念,即根据给定的频率特性指标(低通、高通、带通或带阻,或别的形状的特性及其参数)来设计并实现数字滤波器外,人们还深入研究了维纳滤波器和卡尔曼滤波器的数字实现的问题,即如何根据信号和噪声的统计特性来设计均方误差最小的最佳线性滤波器。面对信号和噪声的统计特性一般并不知道或不知道其经常变化的情况,在 20 世纪70 年代至 80 年代人们开展了对自适应数字滤波器的广泛研究,所取得的成果在通信、雷达、语音、图像等领域获得了广泛的应用。此外,在 20 世纪 70 年代发展起来的同态滤波器是用线性系统完成非线性滤波的一个典型,在语音和图像处理中已有成功的应用。20 世纪 70 年代和 80 年代发展起来的多速率滤波和滤波器组的概念,及其与小波变换之间的密切关系的研究,以及模拟与数字混合滤波器组的研究,其中取得的许多成果,在模-数转换和现代通信领域中都获得了重要应用。

回顾数字信号处理学科发展的历史,不能不谈到美国东海岸 3 个世界著名的研究实验室所取得的开创性的工作成就,这 3 个实验室是 Bell 实验室、IBM 的 Watson实验室和 MIT 的 Lincoln 实验室。这 3 个实验室从一开始就把数字信号处理作为一项长期持续进行研究的课题。Bell 实验室的 Kaiser 提出了关于数字滤波器设计的初期思想。IBM 的 Cooley 和普林斯顿大学的 Tukey 提出了著名的 FFT 算法,尽管后来有人指出那种算法早在 18 世纪 Gauss 就已经提出过。而当时由 Ben Gold 和

Charlie Rader 领导的 Lincoln 实验室的开创性工作是把滤波器设计、傅里叶变换算法、语音压缩研究与实时数字信号处理系统的开发等研究工作紧密地结合起来,充分显示出数字信号处理的强大威力。为此,IEEE 把第一块 Jack S. Kilby 信号处理奖章颁发给了 Gold 和 Rader。早在 20 世纪 60 年代,Gold 和 Rader 就曾预言,许多信号处理问题,特别是语音和雷达信号处理问题,终将用数字方法来很好地加以解决。20 世纪 60 年代末,Lincoln 实验室设计并研制成功世界上第一台用于实时信号处理的计算机,称之为快速数字处理器(fast digital processor,FDP)。在 FDP 上能够在 $136\mu s$ 时间内完成 16 384 点复数离散傅里叶变换。人们利用 FDP 开发出了世界上第一台取样频率为 10kHz 的实时数字同态声码器和第一台多普勒雷达实时信号处理系统。不久,FDP 被新研制成功的林肯数字信号处理器(Lincoln digital signal processor,LDSP)和林肯数字声音终端(Lincoln digital voice terminal,LDVT)所取代。LDSP 和 LDVT 的体积都要比 FDP 的小很多,而其性能却是相同的。LDSP 和 LDVT 中的元件虽然都是分立元件,但它们为线性预测声码器的研制作出了不可磨灭的历史贡献,线性预测无论在当时还是在当今都是语音编码的主要方法。FDP、LDSP 和 LDVT 的研制和应用,为开发现代数字信号处理器(digital signal processor,DSP)芯片积累了丰富的经验,DSP 芯片在现代数字信号处理涉及的所有应用领域中都是不可或缺的。

在数字信号处理学科发展史上,以上回顾的两项重要发展,即离散傅里叶变换的快速算法 FFT 和数字滤波器,一般被归为经典数字信号处理的内容,也是本书的基本内容。

值得注意的是,通信学科的发展对数字信号处理学科的发展影响最大,而数字信号处理学科对其贡献也最多。过去 50 多年时间里,信号处理技术成功应用于通信,随着现代通信技术在全球范围内的成功应用,也为信号处理学科提出了新的挑战,提供了新的机遇。因此,形成了通信信号处理的新学科。为适应这种新形势,在 IEEE 协会成立 50 周年即 1998 年,在西雅图召开 ICASSP 国际会议期间,成立了通信信号处理技术委员会。此后,两年一次的无线通信信号处理进展研讨会定期召开,涉及通信信号处理的学术论文如雨后春笋般发表,同时还出版了不少通信信号处理的专著和教材。

虽然数字信号处理学科已经发展成为许多分支学科,但这些分支学科都是建立在数字信号处理学科本身的几个核心内容的基础之上的。这几个核心内容包括:多速率滤波和滤波器组、自适应滤波器、时频分析,以及非线性信号处理。本书将要讨论的内容则是上列核心内容的基础。

1.4 数字信号处理的基本运算

各应用领域中提出的各种各样的信号处理问题,都要用适当的理论模型来表示。

各种理论模型一般都要归结为一组相互联系的运算,这就是数字信号处理算法。数字信号处理算法,有的比较简单,可能只包含一种基本运算,有的比较复杂,要通过许多种基本运算来完成。例如,数字滤波器可以用差分方程来描述,因此,滤波过程就是求解差分方程的过程,或进行线性卷积运算的过程。而计算小波变换的著名快速算法——Mallat 算法,其中包含许多次滤波、抽取和内插等基本运算。下面是数字信号处理中几种常用的最基本的运算。

(1) 差分方程的计算

设有差分方程

$$y(n) = \sum_{k=0}^{N} a_k x(n-k) - \sum_{k=1}^{M} b_k y(n-k) \tag{1.1}$$

式中,$y(n)$表示数字滤波器的输出信号,$x(n)$表示滤波器的输入信号,a_k 和 b_k 是滤波器的参数,N 和 M 分别确定了参数 a_k 和 b_k 的个数或滤波器的阶数。滤波器的设计问题,一般归结为根据对滤波器频率特性和技术指标的要求,选择滤波器的结构和计算滤波器的参数 a_k 和 b_k。若已知 a_k 和 b_k 以及初始条件,则可通过求解式(1.1)所示的差分方程由输入信号求得输出信号。式(1.1)描述的是一个无限冲激响应(IIR)数字滤波器,一般要用递归结构来实现。如果式中的所有 b_k 都等于零,则得到简化的差分方程

$$y(n) = \sum_{k=0}^{N} a_k x(n-k) \tag{1.2}$$

这是一个有限冲激响应(FIR)数字滤波器,具有非递归结构形式,滤波器参数 a_k 就是滤波器的单位取样响应。

(2) 离散傅里叶变换的计算

时间序列 $x(n)$ 的离散傅里叶变换 $X(k)$ 定义为

$$X(k) = \sum_{n=0}^{N-1} x(n) e^{-j\frac{2\pi}{N}kn}, \quad k = 0,1,2,\cdots,N-1 \tag{1.3}$$

这是一个可逆变换,$X(k)$的逆变换式为

$$x(n) = \sum_{k=0}^{N-1} X(k) e^{j\frac{2\pi}{N}kn}, \quad n = 0,1,2,\cdots,N-1 \tag{1.4}$$

式中,N 是输入序列长度,也是变换序列长度。$e^{\frac{2\pi}{N}k}$ 是变换核,这是一个复数。式(1.3)和式(1.4)一般用快速傅里叶变换(FFT)算法来计算。FFT 算法利用了变换核的周期性和对称性,从而把计算量(乘法和加法运算次数)的数量级由原来的 N^2 减小到 $N\log_2 N$,当 N 的数值较大时,运算量可以减小两个数量级。FFT 是以蝶形运算为基础的,蝶形运算具有十分简单的形式

$$X(k) = A \pm BW_N^k \tag{1.5}$$

式中,A 和 B 通常是复数,$W_N^k = e^{j\frac{2\pi}{N}k}$ 是变换核。可以看出,式(1.5)表示的蝶形运算

包含一次复数乘法和两次复数加法运算。而一次复数乘法需要 4 次实数乘法来完成。快速算法的研究成果已经能够把完成一次复数乘法运算所需的实数乘法的次数减为 3 次。

（3）相关运算

序列 $x(n)$ 与序列 $y(n)$ 的相关函数 $R_{xy}(m)$（这也是一个时间序列）定义为

$$R_{xy}(m) = \sum_{n=-\infty}^{\infty} y^*(n)x(n+m) \tag{1.6}$$

式中，$y^*(n)$ 是 $y(n)$ 的复共轭，m 是一个序列相对于另一个序列的滞后时间，本书中以 ∞ 代替 $+\infty$。式（1.6）等效于 $y^*(n)$ 与 $x(-n)$ 的卷积运算。可以看出，式（1.2）实际上就是序列 a_k 与序列 $x(k)$ 的卷积运算。这种卷积运算通常称为线性卷积。线性卷积可以用循环卷积来计算，而循环卷积又可通过 FFT 来计算。用数论变换计算循环卷积有着比 FFT 更快的运算速度。相关运算是功率谱估计中的一种基本运算。

（4）矩阵运算和矩阵变换

在数字信号处理中，很多计算公式用矢量和矩阵形式来表示会显得特别简明。这就必须用到矢量和矩阵的一些基本运算和变换，例如，矢量和矩阵的加法、乘法、乘以标量等运算，矩阵转置，矩阵求逆，矩阵的 Hermitian 转置，求矩阵的特征值和特征矢量，对矩阵进行特征值分解等。

（5）振幅平方运算

复数振幅平方的运算是功率谱估计中经常用到的一种运算，即

$$| X(k) |^2 = X(k)X^*(k) \tag{1.7}$$

（6）对数运算和指数运算

在同态信号处理中，对数运算和指数运算是两种最基本的运算。

（7）调制运算

时间序列 $x(n)$ 乘以复指数序列 $e^{j2\pi nk}$，将把 $x(n)$ 变换到新的频段上去，即

$$y(n) = x(n)e^{j2\pi nk} \tag{1.8}$$

式中，参数 k 表示变换频率与信号 $x(n)$ 的取样频率的比值。

1.5　本书内容安排

从上面的介绍已经可以看出，数字信号处理的内容是很丰富的。本书是阐述数字信号处理的基本理论和基本方法，是适合于高等学校本科生学习的教科书，也是科研和工程技术人员进入数字信号处理领域的入门参考书，因此，本书选择了快速傅里叶变换、数字滤波器和功率谱估计作为主要讨论对象。为了使这几个主题的讨论能够比较深入，本书强调了基础理论，其中包括：离散时间信号和离散时间系统的分析和离散随机信号的理论。在确定本书主要内容时，本书的另一个观点是，要尽可能把

理论和实践、原理和应用结合起来。为此,本书安排了"有限字长效应"一章,并在快速傅里叶变换、数字滤波器设计和功率谱估计等内容中较多地介绍和讨论了工程计算和实现的问题。在上述 3 个主题中,本书只选择了它们各自的最基本的内容,具体来说,关于 FFT 算法我们把重点放在基为 2 的 FFT 算法原理和实现上,关于数字滤波器则以 FIR 和 IIR 线性数字滤波器的结构和设计原理为主,而对于功率谱估计则只限于讨论经典谱估计方法即周期图方法及其各种改进方法。数字信号处理理论和方法中的许多其它内容,例如,多速率滤波器组、维纳滤波器和卡尔曼滤波器、自适应滤波器、功率谱估计的现代方法、同态滤波、高阶谱分析、小波变换以及人工神经网络信号处理等,都放在研究生教材《现代数字信号处理》中讨论。

　　数字信号处理是一门理论性和实践性都很强的课程,它需要比较坚实的理论基础,要求学生在学习本门课程之前,学习过"信号与线性系统"、"线性代数"、"复变函数论"和"计算机原理"等课程。为加深学生对基本概念的理解,本书各章列出了一些复习思考题。为了帮助同学们比较熟练地掌握数字信号处理的基本方法,各章还附有较多数量的习题。国内外不少大学的共同经验是,要学好数字信号处理这门课,最有效的方法是实践,主要是参加软件和硬件设计的实践。作者认为,Matlab 是进行数字信号处理实践最方便、最能使学习者产生兴趣的平台。此外,有条件的读者不妨利用 Internet 来扩大自己的知识面和跟踪本门学科的最新发展动态。

参 考 文 献

[1]　Cooley J W. How the FFT Gained Acceptance[J]. IEEE SP Magazine,1992,9(1):10~13.

[2]　Johnson D. Rewarding the Pioneers[J]. IEEE SP Magazine,1997,14(2):20~23.

[3]　Orsak G C. Collaborative DSP Education Using the Internet and Matlab[J]. IEEE SP Magazine,1995,12(6):23~32.

[4]　Taylor F J,Mellott J. An Academic DSP Workstation[J]. IEEE SP Magazine,1995,12(6):33~37.

[5]　Ebel W J,Younan N. Counting on Computers in DSP Education[J]. IEEE SP Magazine,1995,12(6):38~43.

[6]　Chen T,Katsaggelos A,Kung S Y. The Past,Present and Future of Multimedia Signal Processing[J]. IEEE SP Magazine,1997,14(4):28~51.

[7]　姚天任.数字语音处理[M].武汉:华中理工大学出版社,1992.

[8]　姚天任,孙洪.现代数字信号处理[M].武汉:华中理工大学出版社,1999.

[9]　Ingle V K,Proakis J G. Digital Signal Processing Using Matlab[M]. PWS Publishing Company.1996.
　　中译本:数字信号处理及其 Matlab 实现[M].陈怀琛,王朝英,高西全,译.北京:电子工业出版社,1998.

[10]　Giannakis G B. Highlights of Signal Processing for Communications[J]. IEEE SP Magazine

1999,16(2):14~51.

[11] Deller J,Wang Y. Highlights of Signal Processing Education[J]. IEEE SP Magazine,1999, 16(5):20~63.

[12] Georgios B Giannakis,Yingbo Hua,Petre Stoica,et al. Signal Processing Advances in Wireless and Mobile Communications[M]. Prentice Hall PTR,2001.
中译本:无线通信与移动通信中信号处理研究的新进展[M].刘郁林,邵怀宗,译.北京:电子工业出版社,2004.

第2章 离散时间信号和离散时间系统

本章首先介绍离散时间信号和离散时间系统的基本概念,其中包括序列的表示法和基本类型,重点研究用卷积和表示的线性非移变系统,并讨论系统的稳定性和因果性问题,同时定义了用常系数线性差分方程描述的无限冲激响应(IIR)和有限冲激响应(FIR)两类重要系统;其次,定义了离散时间信号的傅里叶变换(DTFT)和系统的频率响应的概念,介绍了模拟信号的离散化问题,较详细讨论了模拟信号、取样信号和离散时间信号(数字序列)的频谱之间的关系。同时,介绍了离散时间信号的取样、抽取和内插等基本概念;最后,讨论了 z 变换的定义和收敛域、逆 z 变换和 z 变换的定理和性质。本章中许多例题的计算使用 Matlab 实现。

2.1 概　　述

本书研究的对象是数字信号的分析和处理。信号可以定义为一个载有信息的函数,一般表示为一个或多个自变量的函数。例如,语音信号被表示成时间的函数,静止图像被表示成两个空间变量的亮度函数。习惯上把时间作为信号的数学表示式的自变量,由于自变量可以是连续的,也可以是离散的,因此,信号通常分为两大类:连续时间信号和离散时间信号。如果信号在整个连续时间集合上都是有定义的,那么,这种信号被称为连续时间信号。在这种情况下,信号的幅度可以是连续的或离散的。通常把时间连续、幅度也连续的信号称为模拟信号。离散时间信号是定义在离散时间点上的信号,它的幅度同样可以是连续的,也可以是离散的。时间离散、幅度也离散的信号被称为数字信号。

系统的作用是把信号变换成某种更合乎要求的形式。例如,可能是设计某些变换,把已经按某种方式组合在一起的两个或更多个信号分开;也可能是希望增强信号的某一分量或参数;或者可能是希望估计信号的一个或几个参数。处理信号的系统的分类与信号的分类是相对应的。输入和输出都是连续时间信号的系统被称为连续时间系统;输入和输出都是离散时间信号的系统被称为离散时间系统;输入和输出都是模拟信号的系统被称为模拟系统;而输入和输出都是数字信号的系统被称为数字系统。

虽然数字信号处理与模拟信号处理有许多类似的地方,但它们之间也存在着明显和重要的差别。因此,在学习数字信号处理课程时,既要注意数字信号处理与模拟信号处理相似的地方,又要注意数字信号处理本身的特点,避免将模拟信号处理的某些结论强行用到数字信号处理中,否则会干扰对数字信号处理的正确理解。

2.2　离散时间信号——数字序列

2.2.1　离散时间信号的表示和基本形式

在连续时间系统中,通常是用连续时间函数来表示信号,而在离散时间系统中,信号是用离散时间的数字序列来表示的。如果将一个数字序列 x 的第 n 个数字表示为 $x(n)$ (n 为整数,表示离散时间),那么离散时间信号可表示为

$$x = \{x(n)\}, \quad -\infty < n < \infty \tag{2.1}$$

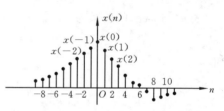

图 2.1　离散时间信号的图形表示

虽然 $x(n)$ 严格表示序列的第 n 个数字,但式(2.1)的表示方法显得麻烦,因此,为了方便常将 $\{x(n)\}$ 简单表示为 $x(n)$。离散时间信号(或简称序列)常用图形来描述,如图 2.1 所示。图中所示的序列 $x(n)$ 也可被看成一个数字集合,即 $x(n)=\{\cdots,x(-1),x(0),x(1),\cdots\}$。图中的横坐标虽然是一条连续直线,但是只有当 n 为整数时,序列 $x(n)$ 才有一定的数值,而对应于非整数的 n, $x(n)$ 是没有定义的,因此,不能认为 $x(n)$ 的值是零。注意,这是一个很重要的概念。

一个离散时间信号还可以用一个矢量来表示,如

$$\boldsymbol{x} = [\cdots,x(-1),x(0),x(1),\cdots]$$

这也是 Matlab 语言中采用的表示形式。

与连续时间信号一样,离散时间信号也有一些常用的基本形式,下面介绍离散时间信号或序列的基本形式。

1. 单位取样序列(离散冲激)$\delta(n)$

$$\delta(n) = \begin{cases} 1, & n = 0 \\ 0, & n \neq 0 \end{cases} \tag{2.2}$$

$\delta(n)$ 在离散时间系统中的应用类似于连续时间系统中的单位冲激函数 $\delta(t)$,但是应注意它们之间的区别。事实上,$\delta(n)$ 是一个确定的物理量,而 $\delta(t)$ 不是确定的物理量,而是一种数学抽象。具体说,$\delta(t)$ 是一个宽度为 τ、幅度为 $\dfrac{1}{\tau}$ 的脉冲,且在 $\tau \to 0$ 时脉冲幅度趋近于 ∞,但脉冲面积保持为 1;而 $\delta(n)$ 则是在 $n=0$ 时取值为 1,在其余离散时间点上取值为零的一个离散时间序列。单位取样序列如图 2.2 所示。

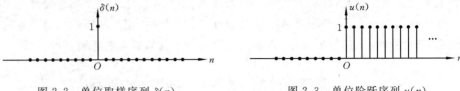

图 2.2　单位取样序列 $\delta(n)$　　　　　　图 2.3　单位阶跃序列 $u(n)$

2. 单位阶跃序列 $u(n)$

$$u(n) = \begin{cases} 1, & n \geqslant 0 \\ 0, & n < 0 \end{cases} \tag{2.3}$$

$u(n)$ 在离散时间系统中的应用类似于连续时间系统中的单位阶跃函数 $u(t)$。不过，$u(t)$ 在 $t=0$ 时通常不给予定义，只在奇异函数中将 $u(0)$ 定义为 $\dfrac{1}{2}$。而 $u(n)$ 在 $n=0$ 时，定义 $u(0)=1$，如图 2.3 所示。

$\delta(n)$ 与 $u(n)$ 的关系为

$$\delta(n) = u(n) - u(n-1) \tag{2.4}$$

和

$$u(n) = \sum_{k=-\infty}^{n} \delta(k) \tag{2.5}$$

有时上式也可表示为

$$u(n) = \sum_{k=0}^{\infty} \delta(n-k) \tag{2.6}$$

3. 矩形序列

矩形序列定义为

$$R_N(n) = \begin{cases} 1, & 0 \leqslant n \leqslant N-1 \\ 0, & 其它 \end{cases} \tag{2.7}$$

如图 2.4 所示。$R_N(n)$ 可用 $u(n)$ 表示为

$$R_N(n) = u(n) - u(n-N) \tag{2.8}$$

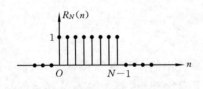

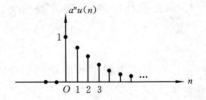

图 2.4　矩形序列 $R_N(n)$　　　　　　图 2.5　实指数序列 $a^n u(n)$

4. 实指数序列

实指数序列 $x(n)$ 定义为

$$x(n) = a^n, \qquad -\infty < n < \infty \tag{2.9}$$

当 $n<0,x(n)=0$ 时,上式可表示为

$$x(n) = a^n u(n) = \begin{cases} a^n, & 0 \leqslant n < \infty \\ 0, & n < 0 \end{cases} \tag{2.10}$$

式中,a 为实数。图 2.5 表示 $0<a<1$ 时 $a^n u(n)$ 的图形。

5. 复指数序列

复指数序列定义为

$$x(n) = e^{(a+j\omega)n} \tag{2.11}$$

这里 ω 为数字域频率,单位为弧度。当 $a=0$ 时,上式可表示为

$$x(n) = e^{j\omega n} \tag{2.12}$$

式(2.11)还可写成

$$x(n) = e^{an}\cos(\omega n) + j e^{an}\sin(\omega n)$$

如果用极坐标表示,则有

$$x(n) = |x(n)| e^{j\arg[x(n)]} = e^{an} e^{j\omega n}$$

因此有

$$|x(n)| = e^{an}, \quad \arg[x(n)] = \omega n$$

6. 正弦型序列

正弦型序列定义为

$$x(n) = A\cos(\omega n + \varphi) \tag{2.13}$$

式中,A 为幅度,ω 为数字域频率,φ 为初相,φ 的单位为弧度。若把模拟信号中的角频率记为 Ω,且正弦序列是由模拟正弦信号经取样后得到的,则有 $\omega = T\Omega$(此式将在后面导出),其中 T 为取样周期。由于 $\omega = T\Omega = 2\pi f/f_s$,$f_s$ 为取样频率($f_s = 1/T$),所以 ω 又被称为归一化频率,其单位为弧度。

由 Euler 公式,正弦型序列可用虚指数序列表示为

$$\cos(\omega n) = \frac{1}{2}(e^{j\omega n} + e^{-j\omega n})$$

$$\sin(\omega n) = \frac{1}{2j}(e^{j\omega n} - e^{-j\omega n})$$

7. 周期序列

在这里引进周期序列的概念。如果对所有 n 存在一个最小整数 N,满足

$$x(n) = x(n+N) \tag{2.14}$$

则称 $x(n)$ 为周期序列,记为 $\tilde{x}(n)$,最小周期为 N。

现在讨论正弦序列的周期性。设

$$x(n) = A\sin(\omega n + \varphi)$$

则有

$$x(n+N) = A\sin[\omega(n+N)+\varphi] = A\sin[\omega n + N\omega + \varphi]$$

若

$$N\omega = 2\pi k \qquad (k \text{ 为整数})$$

则

$$x(n) = x(n+N)$$

根据周期序列的定义可知,这时正弦序列为周期序列,其周期为 $N = \dfrac{2\pi k}{\omega}(N,k$ 为整数)。

显然,存在着下列几种情况:

① 当 $\dfrac{2\pi}{\omega}$ 为整数时,正弦序列为周期序列,且最小周期为 $\dfrac{2\pi}{\omega}$。

例如,$x(n) = A\cos\left(\dfrac{\pi}{4}n\right)$,因为 $\dfrac{2\pi}{\omega} = 8$,所以它是一个周期序列,其最小周期 $N = 8$,其图形如图 2.6 所示。

② 当 $\dfrac{2\pi}{\omega}$ 为有理数时,正弦序列仍然是周期序列,且周期大于 $\dfrac{2\pi}{\omega}$。

例如,$x(n) = A\sin\left(\dfrac{3\pi}{7}n+\varphi\right)$,因为 $\dfrac{2\pi}{\omega} = \dfrac{14}{3}$ 是有理数,因此该序列为周期序列,并且容易证明其最小周期为 14。

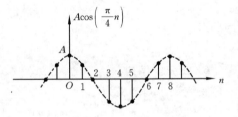

图 2.6　$A\cos\left(\dfrac{\pi}{4}n\right)$ 的图形表示

③ 当 $\dfrac{2\pi}{\omega}$ 为无理数时,则任何整数 k 都不能使 N 为整数,这时正弦序列不是周期序列。

有时需要用到序列的能量表示,序列的能量定义为

$$\varepsilon = \sum_{n=-\infty}^{\infty} |x(n)|^2 \tag{2.15}$$

上式定义的能量是归一化了的能量,即信号在 1Ω 电阻上产生的能量。

对多个序列进行运算,可以得到一个新序列。设有 $x = x(n)$ 和 $y = y(n)$ 两个序列,则这两个序列的和定义为

$$x + y = x(n) + y(n)$$

它们的积定义为

$$x \cdot y = x(n) \cdot y(n)$$

序列 x 与标量 α 相乘,定义为

$$\alpha \cdot x = \alpha \cdot x(n)$$

序列 $x(n)$ 延迟或平移一个序数 n_0 时，
得到的延迟序列表示为

$$y(n) = x(n - n_0)$$

任何序列 $x(n)$ 都可以用一些延迟了的
单位取样序列的加权和来表示，即

$$x(n) = \sum_{k=-\infty}^{\infty} x(k)\delta(n-k) \quad (2.16)$$

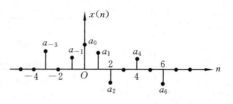

图 2.7　序列 $x(n)$

例如，图 2.7 所示的序列可表示为

$$x(n) = a_{-3}\delta(n+3) + a_{-1}\delta(n+1) + a_0\delta(n) + a_1\delta(n-1) + a_2\delta(n-2)$$
$$+ a_4\delta(n-4) + a_6\delta(n-6)$$

2.2.2　使用 Matlab 产生离散时间信号及其运算

在介绍使用 Matlab 产生离散信号之前，必须先建立单位取样序列 $\delta(n)$ 和单位阶跃序列 $u(n)$ 的 Matlab 函数。单位取样序列可用如下的 Matlab 函数来实现：

```
％单位取样序列的 Matlab 函数
function[x,n]=impseq(n0,n1,n2)
n=[n1：n2]；x=[(n-n0)==0]；
```

单位阶跃序列的 Matlab 函数：

```
％单位阶跃序列的 Matlab 函数
function[x,n]=stepseq(n0,n1,n2)
n=[n1：n2]；x=[(n-n0)>=0]；
```

例 2.1　产生被噪声干扰的余弦信号，即

$$x(n) = \cos(0.04n\pi) + 0.2w(n)， \quad 0 \leqslant n \leqslant 100$$

式中，$w(n)$ 为方差为 1 的零均值高斯随机序列。

解　产生该信号的 Matlab 程序如下：

```
％ 产生被噪声干扰的余弦信号
n=[0：100]；
x=cos(0.04 * pi * n)+0.2 * randn(size(n))；
subplot(2,1,1);plot(n,x);xlabel('n');ylabel('x(n)');
subplot(2,1,2);stem(n,x);xlabel('n');ylabel('x(n)');
```

执行该程序后产生的信号如图 2.8 所示，其中图 2.8(a)画成连续的，图 2.8(b)画成离散的。

例 2.2　在给定的区间上产生并画出如下信号：

(1) $x_1(n) = 3\delta(n+3) - \delta(n-4)，-5 \leqslant n \leqslant 5$

(2) $x_2(n) = n[u(n) - u(n-10)] + 10e^{-0.3(n-10)}[u(n-10) - u(n-20)]，0 \leqslant n \leqslant 20$

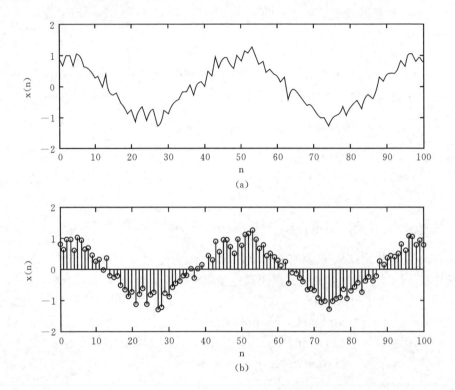

图 2.8　被噪声干扰的余弦信号

解　程序如下，执行该程序后，产生的序列如图 2.9 所示。

% 产生 x1(n)序列

n=[-5：5]；

x=3 * impseq(-3,-5,5)-impseq(3,-5,5)；

subplot(2,2,1);stem(n,x)；

xlabel('n')；ylabel('x1(n)')；

% 产生 x2(n)序列

n=[0：20]；

x1=n. * (stepseq(0,0,20)-stepseq(10,0,20))；

x2=10 * exp(-0.3 * (n-10)). * (stepseq(10,0,20)-stepseq(20,0,20))；

x=x1+x2；

subplot(2,2,2);stem(n,x)；

xlabel('n')；ylabel('x2(n)')；

例 2.3　产生如下复序列，分别画出该序列的幅度、相位、实部和虚部。

$$x(n)=\mathrm{e}^{(-0.1+0.3\mathrm{j})n}，\quad -10{\leqslant}n{\leqslant}10$$

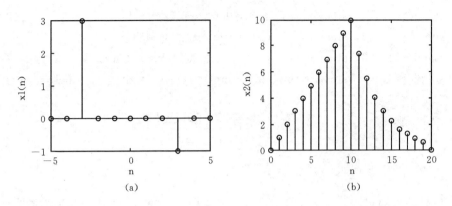

图 2.9　序列 $x_1(n)$ 和序列 $x_2(n)$

解　程序如下,执行该程序后,序列 $x(n)$ 如图 2.10 所示,图中示出了该序列的实部、虚部、幅度和相位。

％ 产生复序列

n＝[−10∶1∶10];blta＝−0.08＋0.3j;

x＝exp(blta＊n);

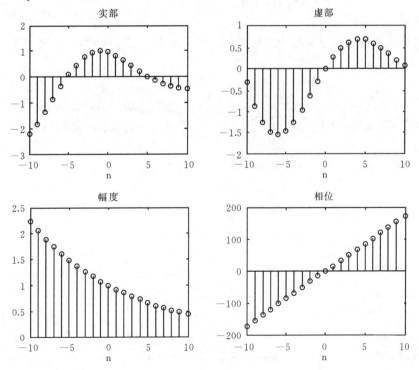

图 2.10　复序 $x(n)$

subplot(2,2,1);stem(n,real(x));title('实部');xlabel('n');

subplot(2,2,2);stem(n,imag(x));title('虚部');xlabel('n');

subplot(2,2,3);stem(n,abs(x));title('幅度');xlabel('n');

subplot(2,2,4);stem(n,(180/pi) * angle(x));title('相位');xlabel('n');

2.3　离散时间系统

2.3.1　线性非移变系统

信号处理的目的之一是要把信号变换成人们需要的某种形式。各种离散时间系统,就是把输入序列变换成输出序列的系统。因此,系统可定义为将输入序列 $x(n)$ 映射成输出序列 $y(n)$ 的唯一变换或运算,并用 $T[\ ]$ 表示,即

$$y(n) = T[x(n)]$$

图 2.11 是系统的图形表示。应注意,一个有用的系统应当是一个对信号产生唯一变换的系统。对变换 $T[\ ]$ 施加不同的约束条件,可定义出不同种类的离散时间系统。

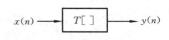

图 2.11　系统的图形表示

满足叠加原理的系统称为线性系统。设 $y_1(n)$ 和 $y_2(n)$ 分别是系统对输入 $x_1(n)$ 和 $x_2(n)$ 的响应,即

$$y_1(n) = T[x_1(n)], \quad y_2(n) = T[x_2(n)]$$

若满足 $T[ax_1(n)+bx_2(n)]=ay_1(n)+by_2(n)$,则此系统是线性系统。

例 2.4　证明 $y(n)=T[x(n)]=5x(n)+3$ 所表示的系统不是线性系统。

证

$$y_1(n)=T[x_1(n)]=5x_1(n)+3$$

$$y_2(n)=T[x_2(n)]=5x_2(n)+3$$

$$ay_1(n)+by_2(n)=5ax_1(n)+5bx_2(n)+3(a+b)$$

$$T[ax_1(n)+bx_2(n)]=5[ax_1(n)+bx_2(n)]+3$$

显然

$$T[ax_1(n)+bx_2(n)]\neq ay_1(n)+by_2(n)$$

故此系统不是线性系统。

若系统的响应与输入信号施加于系统的时刻无关,则称该系统为非移变系统。即如果输入 $x(n)$ 产生的输出为 $y(n)$,则输入 $x(n-k)$ 产生的输出为 $y(n-k)$(k 为任意整数)。用数学式表示为:若 $T[x(n)]=y(n)$,则 $T[x(n-k)]=y(n-k)$。这意味着,当输入信号沿自变量轴移动任意距离时,其输出也跟着移动同样的距离。在 n 表示离散时间的情况下,"非移变"特性就是"非时变"特性。

例 2.5　证明 $y(n)=T[x(n)]=nx(n)$ 不是非移变系统。

证　由于

$$T[x(n-k)] = nx(n-k)$$

和　　　　　　　　　　　$$y(n-k) = (n-k)x(n-k)$$

所以　　　　　　　　　$$T[x(n-k)] \neq y(n-k)$$

故该系统不是非移变系统。

一个既满足叠加原理，又满足非移变条件的系统，被称为线性非移变系统。线性非移变系统是工程中常遇到的一类有用的系统，这类系统的一个重要特性是它的输入序列与输出序列之间存在着线性卷积关系，下面就来推导这个关系。

设 $x(n)$ 是线性非移变系统的输入，$y(n)$ 是对应的输出。当输入为 $\delta(n)$ 时，输出为

$$y(n) = T[\delta(n)] \triangleq h(n)$$

$h(n)$ 称为单位取样响应或单位冲激响应。

当任意输入 $x(n)$ 用式(2.16)表示时，系统输出为

$$y(n) = T[x(n)] = T\Big[\sum_{k=-\infty}^{\infty} x(k)\delta(n-k) \Big]$$

因为系统是线性非移变的，所以

$$y(n) = \sum_{k=-\infty}^{\infty} x(k)T[\delta(n-k)] = \sum_{k=-\infty}^{\infty} x(k)h(n-k) \qquad (2.17)$$

通常把式(2.17)称为离散卷积或线性卷积。这意味着，任何线性非移变系统都可以用其单位取样响应 $h(n)$ 来表征，而且系统的输入 $x(n)$ 和输出 $y(n)$ 之间满足线性卷积关系。这一关系常用符号"$*$"表示，即

$$y(n) = \sum_{k=-\infty}^{\infty} x(k)h(n-k) = x(n) * h(n) \qquad (2.18)$$

图 2.12 是线性非移变系统的图形表示。

图 2.12　线性非移变系统图示　　　　　图 2.13　卷积和的交换特性

离散卷积满足以下运算规律。

（1）交换律

对式(2.18)进行变量置换后，可以得到另一种形式：

$$y(n) = \sum_{k=-\infty}^{\infty} h(k)x(n-k) = h(n) * x(n) \qquad (2.19)$$

这说明，对于线性非移变系统，输入 $x(n)$ 和单位取样响应 $h(n)$ 两者互换位置后，输出保持不变，如图 2.13 所示。

（2）结合律

　　两个线性非移变系统级联后仍构成一个线性非移变系统,其单位取样响应为原来两个系统的单位取样响应的卷积,且与级联次序无关,如图 2.14 所示。这就是数学中的结合律,即

$$y(n) = [x(n) * h_1(n)] * h_2(n) = [x(n) * h_2(n)] * h_1(n)$$
$$= x(n) * [h_1(n) * h_2(n)]$$

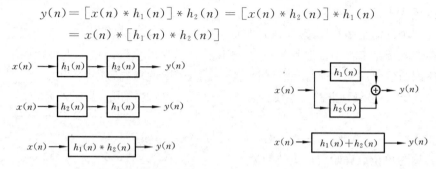

图 2.14　3 个具有相同响应的 　　　　　图 2.15　线性非移变系统的并联
　　　　线性非移变系统　　　　　　　　　　　　　组合及其等效系统

（3）分配律

　　并联的两个线性非移变系统可以等效成一个系统,其单位取样响应等于原来两个系统的单位取样响应的和,如图 2.15 所示。这就是数学中的分配律,即

$$x(n) * [h_1(n) + h_2(n)] = x(n) * h_1(n) + x(n) * h_2(n)$$

　　线性卷积除了理论上的重要性外,还可以被用来实现离散时间系统。因此,熟练掌握线性卷积的计算方法是非常重要的。

　　式(2.17)所定义的线性卷积,可按图 2.16 所示的折叠、移位、相乘、相加等 4 个步骤来计算。假设待卷积的两个序列为

$$x(n) = \frac{1}{2}\delta(n-1) + \delta(n-2) + \frac{3}{2}\delta(n-3)$$

和

$$h(n) = \begin{cases} 1, & 0 \leqslant n \leqslant 2 \\ 0, & \text{其它} \end{cases}$$

则计算它们的卷积的步骤如下。

　　① 折叠:先在哑变量坐标轴 k 上画出 $x(k)$ 和 $h(k)$,将 $h(k)$ 以纵坐标为对称轴折叠成 $h(-k)$。

　　② 移位:将 $h(-k)$ 移位 n,得 $h(n-k)$。当 n 为正数时,右移 n;当 n 为负数时,左移 n。

　　③ 相乘:将 $h(n-k)$ 和 $x(k)$ 的对应取样值相乘。

　　④ 相加:把所有的乘积累加起来,即得 $y(n)$。

　　计算线性卷积时,一般要分几个区间分别加以考虑,下面举例说明。

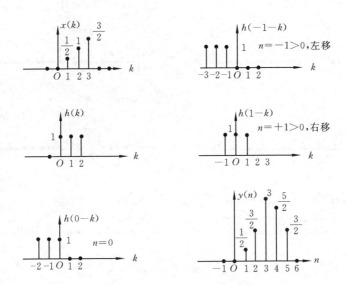

图 2.16　$x(n)$ 和 $h(n)$ 的卷积和图解

例 2.6　已知 $x(n)$ 和 $h(n)$ 分别为

$$x(n) = \begin{cases} 1, & 0 \leqslant n \leqslant 4 \\ 0, & 其它 \end{cases}$$

和

$$h(n) = \begin{cases} a^n, & 0 \leqslant n \leqslant 6 \\ 0, & 其它 \end{cases}$$

如图 2.17 所示。试求 $x(n)$ 和 $h(n)$ 的线性卷积。

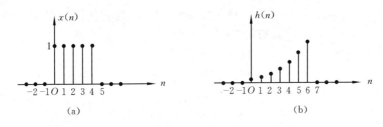

图 2.17　例 2.6 待卷积的信号

解　参看图 2.18,分段考虑如下:

(1) 对于 $n<0$ 时,由于 $x(k)$ 与 $h(n-k)$ 无任何重叠,故 $y(n)=0$。

(2) 对于 $0 \leqslant n \leqslant 4$ 时,

$$y(n) = \sum_{k=-\infty}^{\infty} x(k)h(n-k) = \sum_{k=0}^{n} a^{n-k} = a^n \sum_{k=0}^{n} a^{-k} = \frac{1-a^{n+1}}{1-a}$$

(3) 对于 $n>4$,且 $n-6 \leqslant 0$,即 $4<n \leqslant 6$ 时,

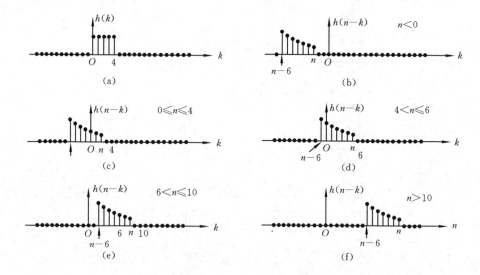

图 2.18　例 2.6 的图解说明

$$y(n) = \sum_{k=0}^{4} a^{n-k} = a^n \sum_{k=0}^{4} (a^{-1})^k = \frac{a^{n-4} - a^{n+1}}{1-a}$$

（4）对于 $n>6$，且 $n-6 \leqslant 4$，即 $6<n \leqslant 10$ 时，

$$y(n) = \sum_{k=n-6}^{4} a^{n-k}$$

令 $r=k-n+6$，上式变成

$$y(n) = \sum_{r=0}^{10-n} a^{6-r} = a^6 \sum_{r=0}^{10-n} (a^{-1})^r = a^6 \frac{1-a^{n-11}}{1-a^{-1}} = \frac{a^{n-4} - a^7}{1-a}$$

（5）对于 $(n-6)>4$，即 $n>10$ 时，$x(k)$ 和 $h(n-k)$ 没有任何重叠，所以 $y(n)=0$。

综合以上结果，$y(n)$ 可归纳如下：

$$y(n) = \begin{cases} 0, & n<0 \\ \dfrac{1-a^{n+1}}{1-a}, & 0 \leqslant n \leqslant 4 \\ \dfrac{a^{n-4} - a^{n+1}}{1-a}, & 4<n \leqslant 6 \\ \dfrac{a^{n-4} - a^7}{1-a}, & 6<n \leqslant 10 \\ 0, & n>10 \end{cases}$$

卷积结果 $y(n)$ 如图 2.19 所示。

例 2.7　已知 $x(n)$ 和 $h(n)$ 分别为

$$x(n) = \begin{cases} a^n, & n \geqslant 0 \\ 0, & n<0 \end{cases}$$

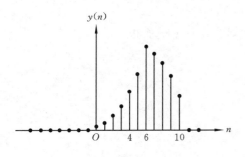

图 2.19　例 2.6 的卷积结果

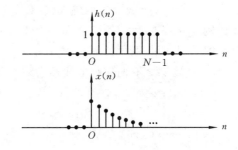

图 2.20　例 2.7 待卷积的序列

$$h(n) = u(n) - u(n - N)$$

如图 2.20 所示,求 $x(n)$ 和 $h(n)$ 的线性卷积。

解　将 $x(n)$ 进行折叠,于是

$$y(n) = \sum_{k=-\infty}^{\infty} h(k)x(n-k)$$

(1) 对于 $n < 0$ 时,$h(k)$ 与 $x(n-k)$ 无任何重叠,所以 $y(n) = 0$。

(2) 对于 $0 \leqslant n \leqslant N-1$ 时,

$$y(n) = \sum_{k=0}^{n} a^{n-k} = a^n \frac{1 - a^{-(n+1)}}{1 - a^{-1}} = \frac{1 - a^{n+1}}{1 - a}$$

(3) 对于 $N \leqslant n$ 时,

$$y(n) = \sum_{k=0}^{N-1} a^{n-k} = a^n \frac{1 - a^{-N}}{1 - a^{-1}} = \frac{a^{n-N+1} - a^{n+1}}{1 - a}$$

图 2.21 所示的是 $y(n)$ 的示意图。

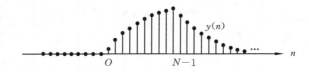

图 2.21　例 2.4 的卷积结果

两个有限长序列的线性卷积如果使用 Matlab 来计算,则是非常简便的。Matlab 的内部函数 conv 用于计算两个有限长序列之间的线性卷积,不过,conv 函数要求这两个序列都必须从 $n = 0$ 开始,对于任意位置上的序列,conv 函数是不合适的。因此,有必要建立一个适用于在任意位置上的序列计算线性卷积的函数,这个函数称为 conv_m,如下所示:

```
function[y,ny]=conv_m(x,nx,h,nh)
nyb=nx(1)+nh(1);nye=nx(length(x))+nh(length(h));
ny=[nyb:nye]; % ny 为卷积结果 y 的起、终点坐标
```

y＝conv(x,h)；％ y 为卷积结果

例 2.8 设 $a=1.10$，使用 Matlab 计算例 2.6 的线性卷积。

解 Matlab 程序如下：

％ 计算例 2.6 两序列的线性卷积

n＝0：4；x＝[1,1,1,1,1]；

n＝0：6；h＝(1.10).^n；

[y]＝conv(x,h)

ny＝length(y)；

n＝0：ny−1；

stem(n,y)；xlabel('n')；ylabel('y(n)')；

由于两序列都是从 $n=0$ 开始的，所以直接使用内部 conv 函数。程序运行后的结果如下：

y＝

Columns 1 through 7

1.0000 2.1000 3.3100 4.6410 6.1051 6.7156 7.3872

Columns 8 through 11

6.1772 4.8462 3.3821 1.7716

卷积结果 y 打印后的图形如图 2.22 所示。

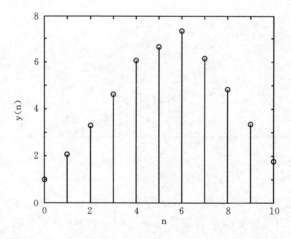

图 2.22 例 2.8 的卷积结果

例 2.9 设序列 $x(n)$ 和 $h(n)$ 如下所示：

$$x(n)=\{1,4,3,5,1,2,3,2\}, \quad -4 \leqslant n \leqslant 3$$

$$h(n)=\{3,2,4,1,3,2\}, \quad -3 \leqslant n \leqslant 2$$

求 $y(n)=x(n)*h(n)$。

解　Matlab 的 m 文件如下：

```
% 两序列的线性卷积
x=[1,4,3,5,1,2,3,2];nx=[-4:3];
h=[3,2,4,1,3,2];nh=[-3:2];
[y,ny]=conv_m(x,nx,h,nh)   % ny 为 y 在横坐标轴上的位置取值
% 扩展 x(n) 和 h(n) 的长度
n=length(ny);x1=zeros(1,n);h1=zeros(1,n);
x1(find((ny>=min(nx))&(ny<=max(nx))==1))=x;
h1(find((ny>=min(nh)&(ny<=max(nh))==1))=h;
% 画图
subplot(3,1,1);stem(ny,x1);xlabel('n');ylabel('x(n)');
subplot(3,1,2);stem(ny,h1);xlabel('n');ylabel('h(n)');
subplot(3,1,3);stem(ny,y);xlabel('n');ylabel('y(n)');
```

由于两个序列都不是从 $n=0$ 开始的，所以该程序中调用了 conv_m 函数，程序运行后的结果如下，卷积结果 $y(n)$、原序列 $x(n)$ 和 $h(n)$ 如图 2.23 所示。

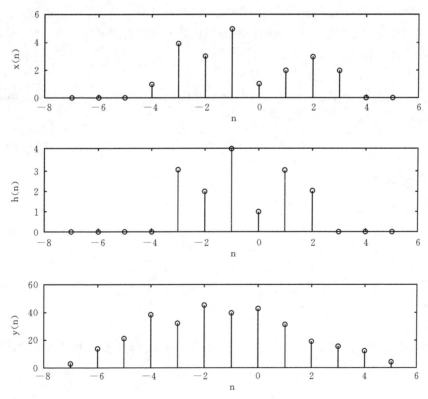

图 2.23　例 2.9 的卷积结果 $y(n)$ 及原序列 $x(n)$ 和 $h(n)$

y＝

Columns 1 through 11

   3   14   21   38   32   45   39   42   31   19   15

Columns 12 through 13

   12   4

ny＝

Columns 1 through 11

  −7   −6   −5   −4   −3   −2   −1   0   1   2   3

Columns 12 through 13

   4   5

2.3.2　系统的稳定性和因果性

由上所述,线性和非移变这两个约束条件,确定了一类可以用线性卷积描述的系统。如果再加上稳定性和因果性两个约束条件,那么就可定义出实际应用中一类很重要的系统。

稳定系统是指对于每个有界输入 $x(n)$ 都产生有界输出 $y(n)$ 的系统,即如果 $|x(n)| \leqslant M$(M 为正常数),有 $|y(n)| < \infty$,则该系统被称为稳定系统。

例如,对于系统 $y(n) = T[x(n)] = e^{x(n)}$,设 $|x(n)| \leqslant M$,则 $|y(n)| = |e^{x(n)}| < e^{|x(n)|} = e^M < \infty$,所以此系统是稳定系统。

一个线性非移变系统稳定的充要条件是其单位取样响应 $h(n)$ 绝对可和,即

$$S \triangleq \sum_{n=-\infty}^{\infty} |h(n)| < \infty \tag{2.20}$$

现证明如下。

(1) 充分性

设式(2.20)成立。当 $|x(n)| \leqslant M$ 时,由式(2.19)得

$$|y(n)| = \left| \sum_{k=-\infty}^{\infty} h(k)x(n-k) \right| \leqslant \sum_{k=-\infty}^{\infty} |h(k)| |x(n-k)|$$

$$\leqslant M \sum_{k=-\infty}^{\infty} |h(k)| < \infty$$

充分性得证。

(2) 必要性

利用反证法。假设系统稳定,但它的单位取样响应 $h(n)$ 不是绝对可和的,即

$$S \triangleq \sum_{n=-\infty}^{\infty} |h(n)| = \infty$$

定义一个有界输入

$$h(n) = \begin{cases} \dfrac{h^*(-n)}{|h(-n)|}, & h(n) \neq 0 \\ 0, & h(n) = 0 \end{cases}$$

式中，$h^*(n)$ 是 $h(n)$ 的复共轭，由式(2.19)得出 $n=0$ 时的输出为

$$y(0) = \sum_{k=-\infty}^{\infty} h(k)x(0-k) = \sum_{k=-\infty}^{\infty} \frac{|h(k)|^2}{|h(k)|} = \sum_{k=-\infty}^{\infty} |h(k)| = \infty$$

即 $y(0)$ 不是有界的，这表明式(2.20)是系统稳定的必要条件。必要性得证。

　　因果性是系统的另一个重要特性。因果系统是指输出的变化不领先于输入的变化的系统。也就是说，因果系统的输出只取决于现时的和过去的输入 $x(n),x(n-1),x(n-2),\cdots$，相反，如果系统输出不仅取决于现时和过去的输入，而且还取决于将来的输入 $x(n+1),x(n+2),\cdots$，这就在时间上违反了因果律，因而，它是非因果系统。非因果系统是物理上不可实现的系统。例如，$y(n)=T[x(n)]=x(n)+x(n-1)$ 是因果系统，而 $y(n)=T[x(n)]=x(n)+x(n+1)$ 是非因果系统。

　　一个线性非移变系统为因果系统的充要条件是

$$h(n) = 0, \qquad n < 0 \tag{2.21}$$

　　必须指出，非因果系统在理论上是存在的，例如，理想低通滤波器是非因果的，但它是不可实现的系统。不过，某些数字信号处理是非实时的，即使是实时处理，也允许存在一定的延迟。在这些应用场合下，为了产生某个输出 $y(n)$，已经储存着一些"未来的"输入取样值 $x(n+1),x(n+2),\cdots$ 可被调用，这意味着在延迟很大的情况下，可以用因果系统去逼近非因果系统。

　　例 2.10　已知一个线性非移变系统的单位取样响应为

$$h(n) = -a^n u(-n-1)$$

讨论其因果性和稳定性。

　　解　(1) 因果性。

　　因为在 $n<0$ 时，$h(n)\neq 0$，故该系统为非因果系统。

　　(2) 稳定性。

　　由式(2.20)，有

$$S \triangleq \sum_{n=-\infty}^{\infty} |h(n)| = \sum_{n=-\infty}^{-1} |a^n| = \sum_{n=1}^{\infty} |a|^{-n} = \sum_{n=1}^{\infty} \frac{1}{|a|^n}$$

$$= \begin{cases} \dfrac{1}{|a|-1}, & |a| > 1 \\ \infty, & |a| \leq 1 \end{cases}$$

所以，$|a|>1$ 时该系统稳定，$|a|\leq 1$ 时该系统不稳定。

　　值得注意的是，系统的线性、非移变性、稳定性和因果性是互不相关的。在许多实际应用中，因果和稳定的线性非移变系统是最重要的。

2.3.3　线性常系数差分方程

线性非移变系统可以用线性常系数差分方程来描述。差分方程是由函数序列的差分来表示的。一个函数序列的一阶后向差分表示为

$$\nabla y(n) = y(n) - y(n-1)$$

二阶后向差分表示为

$$\nabla^2 y(n) = \nabla[y(n) - y(n-1)] = y(n) - 2y(n-1) + y(n-2)$$

引入单位延迟算子 D，即 $Dy(n) = y(n-1)$。于是

$$\nabla y(n) = y(n) - y(n-1) = y(n) - Dy(n) = (1-D)y(n)$$

因此有

$$\nabla = 1 - D$$

二阶后向差分可用 ∇ 表示为

$$\nabla^2 y(n) = (1-D)^2 y(n) = (1-2D+D^2)y(n)$$
$$= y(n) - 2y(n-1) + y(n-2)$$

类似地，k 阶后向差分表示为

$$\nabla^k y(n) = (1-D)^k y(n)$$

因此，按二项式定理将 $(1-D)^k$ 展开后，便可得到 k 阶差分的表示式。

差分方程是描述函数序列差分之间关系的方程。例如，对于一个二阶差分方程

$$\nabla^2 y(n) + \nabla y(n) + 2 = 0$$

将 $\nabla = 1-D$ 代入上式，得到

$$(1-D)^2 y(n) + (1-D)y(n) + 2 = 0$$

展开后得

$$y(n) - \frac{3}{2}y(n-1) + \frac{1}{2}y(n-2) + 1 = 0$$

这就是一个二阶线性常系数差分方程。

线性常系数差分方程的一般形式为

$$\sum_{k=0}^{N} a_k y(n-k) = \sum_{r=0}^{M} b_r x(n-r) \tag{2.22}$$

线性非移变系统的输入 $x(n)$ 和输出 $y(n)$ 满足方程(2.22)。用方程(2.22)描述的系统不必是因果的。但是，在大多数情况下都假设方程(2.22)描述的是一个因果系统，今后除非另作说明，本书都将遵循这一假设。

将方程(2.22)稍加变换后得

$$y(n) = -\sum_{k=1}^{N} \frac{a_k}{a_0} y(n-k) + \sum_{r=0}^{M} \frac{b_r}{a_0} x(n-r) \tag{2.23}$$

该式说明，系统在某时刻 n 的输出值 $y(n)$ 不仅与该时刻的输入 $x(n)$,过去时刻的输

入 $x(n-1)$、$x(n-2)$ 等有关外,还与该时刻以前的输出值 $y(n-1)$、$y(n-2)$ 等有关。正如线性卷积那样,差分方程不仅在理论上可用来表示系统,而且也可以根据差分方程在计算机上来实现系统。方程(2.22)的求解可按以下 3 步进行:

① 求出对应的齐次方程的通解 $y_1(n)$。齐次解是令式(2.22)中含有 $x(n)$ 的各项都为零时系统的输出,它反映了系统本身的物理特性。

② 确定方程(2.22)的一个特解 $y_2(n)$,特解反映了系统在输入的作用下强迫运动的情况。

③ 方程(2.22)的全解 $y(n)=y_1(n)+y_2(n)$。

首先求方程(2.22)的齐次通解。与方程(2.22)对应的齐次方程为

$$\sum_{k=0}^{N} a_k y(n-k) = 0 \tag{2.24}$$

设通解为 $c\alpha^n$,将通解代入式(2.24)得

$$\sum_{k=0}^{N} a_k c\alpha^{n-k} = 0$$

由于 $c\alpha^n$ 对任何有限的 n 值均不为零,故由上式得到

$$a_0 + a_1 \alpha^{-1} + a_2 \alpha^{-2} + \cdots + a_N \alpha^{-N} = 0 \tag{2.25}$$

式(2.25)两边乘以 α^N 得

$$a_0 \alpha^N + a_1 \alpha^{N-1} + a_2 \alpha^{N-2} + \cdots + a_N = 0 \tag{2.26}$$

式(2.26)被称为方程(2.24)的特征方程。若特征方程有相异根 $\alpha_i,i=1,2,\cdots,N$,则方程(2.26)的齐次通解为

$$y_1(n) = \sum_{i=1}^{N} c_i \alpha_i^n = c_1 \alpha_1^n + c_2 \alpha_2^n + \cdots + c_N \alpha_N^n \tag{2.27}$$

若方程(2.26)有一个 m 重根 α_1,则齐次通解为

$$y_1(n) = c_1 n^{m-1} \alpha_1^n + c_2 n^{m-2} \alpha_1^n + \cdots + c_{m-1} n \alpha_1^n + c_m \alpha_1^n + c_{m+1} \alpha_2^n$$
$$+ c_{m+2} \alpha_3^n + \cdots + c_{N-1} \alpha_{N-m}^n + c_N \alpha_{N-m+1}^n \tag{2.28}$$

与微分方程的求解方法相对照,显然式(2.28)是合理的。式(2.27)和式(2.28)中的常数 c_i 由方程的初始条件确定。

因为齐次解具有指数形式,所以如要求系统稳定,则每个特征根 α 的模都应小于 1,即 $|\alpha_i|<1$。

例 2.11　求以下齐次差分方程的通解

$$\begin{cases} y(n) - 5y(n-1) + 6y(n-2) = 0 \\ y(0) = 0, \ y(1) = 1 \end{cases}$$

解　特征方程为

$$\alpha^2 - 5\alpha + 6 = 0$$

特征根为

$$\alpha_1 = 2, \quad \alpha_2 = 3$$

于是齐次差分方程的通解为

$$y(n) = c_1 2^n + c_2 3^n$$

代入初始条件,可求得

$$c_1 = -1, \quad c_2 = 1$$

因此通解为

$$y(n) = -2^n + 3^n$$

　　求方程(2.22)的特解的方法有比较系数法、递推法和卷积法等。比较系数法与微分方程求特解的方法类似,这里主要介绍卷积法,并简要地用例题说明递推法。

　　卷积法的思路是:由于在零状态下,线性非移变系统对输入 $x(n)$ 的响应 $y(n)$ 可用式(2.19)表示的线性卷积来计算,所以只要求出系统的单位取样响应 $h(n)$,就可求出特解。为此,将方程(2.22)写成 D 算子的形式,即

$$\sum_{k=0}^{N} a_k D^k y(n) = \sum_{r=0}^{M} b_r D^r x(n)$$

由此求得

$$y(n) = \frac{\sum_{r=0}^{M} b_r D^r}{\sum_{k=0}^{N} a_k D^k} x(n) = H(D)x(n) \tag{2.29}$$

式中,

$$H(D) = \frac{\sum_{r=0}^{M} b_r D^r}{\sum_{k=0}^{N} a_k D^k} = \frac{b_0 + b_1 D + b_2 D^2 + \cdots + b_M D^M}{a_0 + a_1 D + a_2 D^2 + \cdots + a_N D^N}$$

$$= \frac{A_1}{1 - \alpha_1 D} + \frac{A_2}{1 - \alpha_2 D} + \cdots + \frac{A_N}{1 - \alpha_N D} \quad (M < N)$$

令 $x(n) = \delta(n)$,则式(2.29)变为

$$h(n) = H(D)\delta(n) = \frac{A_1}{1 - \alpha_1 D}\delta(n) + \frac{A_2}{1 - \alpha_2 D}\delta(n) + \cdots + \frac{A_N}{1 - \alpha_N D}\delta(n)$$

$$= \sum_{i=1}^{N} h_i(n)$$

式中,

$$h_i(n) = \frac{A_i}{1 - \alpha_i D}\delta(n) = A_i(1 + \alpha_i D + \alpha_i^2 D^2 + \cdots)\delta(n) = A_i \alpha_i^n u(n)$$

因此

$$h(n) = \sum_{i=1}^{N} A_i \alpha_i^n u(n)$$

方程的特解为

$$y_2(n) = h(n) * x(n) = \Big[\sum_{i=1}^{N} A_i \alpha_i^n u(n) \Big] * x(n) \qquad (2.30)$$

例 2.12　设一个因果线性非移变系统由下列差分方程描述

$$y(n) - 3y(n-1) + 2y(n-2) = x(n)$$

求系统的单位阶跃响应。

解　求单位阶跃响应就是求系统在零状态下,对单位阶跃输入 $u(n)$ 的响应,即求特解。根据卷积法,首先令 $x(n) = \delta(n)$,则得

$$h(n) - 3h(n-1) + 2h(n-2) = \delta(n)$$

或

$$h(n) - 3Dh(n) + 2D^2 h(n) = \delta(n)$$

由此求出

$$h(n) = \frac{1}{1 - 3D + 2D^2} \delta(n) = \Big(\frac{2}{1 - 2D} - \frac{1}{1 - D} \Big) \delta(n)$$

因此

$$h(n) = (2 \times 2^n - 1^n) u(n)$$

故系统的单位阶跃响应为

$$y_2(n) = h(n) * u(n) = \big[(2 \times 2^n - 1^n) u(n) \big] * u(n) = (2^{n+2} - n - 3) u(n)$$

求特解的递推法只对某些特别输入(如 $\delta(n)$ 和 $u(n)$)才有效,现用下例来加以说明。

例 2.13　设一因果线性非移变系统由下列差分方程描述:

$$y(n) - \alpha y(n-1) = x(n)$$

求系统的单位取样响应。

解　首先,把原方程写成递推形式,并令 $x(n) = \delta(n)$,则有

$$h(n) = \alpha h(n-1) + \delta(n)$$

根据因果系统规定的边界条件递推如下:

$$h(n) = 0, \quad n < 0$$
$$h(0) = \alpha h(-1) + \delta(0) = 1$$
$$h(1) = \alpha h(0) + \delta(1) = \alpha$$
$$h(2) = \alpha h(1) + \delta(2) = \alpha^2$$
$$\vdots$$
$$h(n) = \alpha h(n-1) + 0 = \alpha^n, \quad n \geqslant 0$$

或表示为

$$h(n) = \alpha^n u(n)$$

差分方程可用来描述系统。例如,下列二阶差分方程

$$y(n) = -a_1 y(n-1) - a_2 y(n-2) + b_0 x(n) + b_1 x(n-1) + b_2 x(n-2) \quad (2.31)$$

描述了图 2.24 所示的递归系统。这种系统包括加法、乘法和延迟(存储)3 种基本运算。用与例 2.13 类似的方法可证明这种系统的冲激响应是无限长的,因此,这类系统也称为无限冲激响应(infinite impulse response)系统,简称为 IIR 系统,或 IIR 数字滤波器。

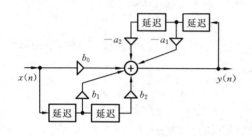

图 2.24　二阶 IIR 系统的实现

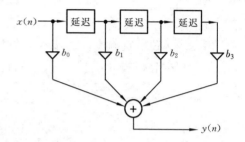

图 2.25　三阶 FIR 系统的实现

在方程(2.22)中,如果 $N=0$,则有

$$y(n) = \frac{1}{a_0} \left[\sum_{r=0}^{M} b_r x(n-r) \right]$$

令 $x(n) = \delta(n)$,可得到系统的冲激响应为

$$h(n) = \begin{cases} \dfrac{b_n}{a_0}, & n = 0, 1, 2, \cdots, M \\ 0, & \text{其它} \end{cases}$$

在这种情况下,系统的冲激响应长度是有限的,故称之为有限冲激响应(finite impulse response)系统,简称为 FIR 系统,或 FIR 数字滤波器。图 2.25 所示的是对应于三阶差分方程

$$y(n) = b_0 x(n) + b_1 x(n-1) + b_2 x(n-2) + b_3 x(n-3)$$

的 FIR 系统,它是非递归系统。

IIR 和 FIR 系统是两类非常重要的系统,将在第 4 章中详细研究。

2.4　离散时间信号和系统的频域描述

2.4.1　离散时间信号的傅里叶变换(DTFT)

众所周知,连续时间信号 $f(t)$ 的傅里叶变换定义为

$$F(\mathrm{j}\Omega) = \mathscr{F}\left[f(t)\right] = \int_{-\infty}^{\infty} f(t) \mathrm{e}^{-\mathrm{j}\Omega t} \, \mathrm{d}t \quad (2.32)$$

而 $F(\mathrm{j}\Omega)$ 的傅里叶反变换定义为

$$f(t) = \mathscr{F}^{-1}\left[F(\mathrm{j}\Omega)\right] = \frac{1}{2\pi} \int_{-\infty}^{\infty} F(\mathrm{j}\Omega) \mathrm{e}^{\mathrm{j}\Omega t} \, \mathrm{d}\Omega \quad (2.33)$$

式中，Ω 表示角频率。类似地，可以把离散时间信号 $x(n)$ 的傅里叶变换定义为

$$X(\mathrm{e}^{\mathrm{j}\omega}) = \mathscr{F}[x(n)] = \sum_{n=-\infty}^{\infty} x(n)\mathrm{e}^{-\mathrm{j}\omega n} \tag{2.34a}$$

$X(\mathrm{e}^{\mathrm{j}\omega})$ 的傅里叶反变换定义为

$$x(n) = \mathscr{F}^{-1}[X(\mathrm{e}^{\mathrm{j}\omega})] = \frac{1}{2\pi}\int_{-\pi}^{\pi} X(\mathrm{e}^{\mathrm{j}\omega})\mathrm{e}^{\mathrm{j}\omega n}\,\mathrm{d}\omega \tag{2.34b}$$

通常把式(2.34a)和式(2.34b)合称为傅里叶变换对。在物理意义上，$X(\mathrm{e}^{\mathrm{j}\omega})$ 表示序列 $x(n)$ 的频谱，ω 为数字域频率。这种离散时间序列的傅里叶变换常称为离散时间傅里叶变换，简称为 DTFT(dicrete time Fourier transform)。

$X(\mathrm{e}^{\mathrm{j}\omega})$ 一般为复数，可用它的实部和虚部表示为

$$X(\mathrm{e}^{\mathrm{j}\omega}) = X_{\mathrm{R}}(\mathrm{e}^{\mathrm{j}\omega}) + \mathrm{j}X_{\mathrm{I}}(\mathrm{e}^{\mathrm{j}\omega}) \tag{2.35}$$

或用幅度和相位表示为

$$X(\mathrm{e}^{\mathrm{j}\omega}) = |X(\mathrm{e}^{\mathrm{j}\omega})|\,\mathrm{e}^{\mathrm{jarg}[X(\mathrm{e}^{\mathrm{j}\omega})]} = X(\omega)\mathrm{e}^{\mathrm{j}\varphi(\omega)} \tag{2.36}$$

式中

$$X(\omega) = |X(\mathrm{e}^{\mathrm{j}\omega})| = [X_{\mathrm{R}}^2(\mathrm{e}^{\mathrm{j}\omega}) + X_{\mathrm{I}}^2(\mathrm{e}^{\mathrm{j}\omega})]^{\frac{1}{2}} \tag{2.37}$$

$$\varphi(\omega) = \arg[X(\mathrm{e}^{\mathrm{j}\omega})] = \arctan\frac{X_{\mathrm{I}}(\mathrm{e}^{\mathrm{j}\omega})}{X_{\mathrm{R}}(\mathrm{e}^{\mathrm{j}\omega})} \tag{2.38}$$

例 2.14　求下列信号的傅里叶变换

$$x(n) = a^n u(n) \quad (a\text{ 为实数，且 }0 < a < 1)$$

解　$\displaystyle X(\mathrm{e}^{\mathrm{j}\omega}) = \sum_{n=0}^{\infty} a^n \mathrm{e}^{-\mathrm{j}\omega n} = \sum_{n=0}^{\infty} (a\mathrm{e}^{-\mathrm{j}\omega})^n$

$\displaystyle \qquad = \frac{1}{1 - a\mathrm{e}^{-\mathrm{j}\omega}}$

$\displaystyle |X(\mathrm{e}^{\mathrm{j}\omega})| = \frac{1}{(1 + a^2 - 2a\cos\omega)^{\frac{1}{2}}}$

$\displaystyle \arg[X(\mathrm{e}^{\mathrm{j}\omega})] = -\arctan\frac{a\sin\omega}{1 - a\cos\omega}$

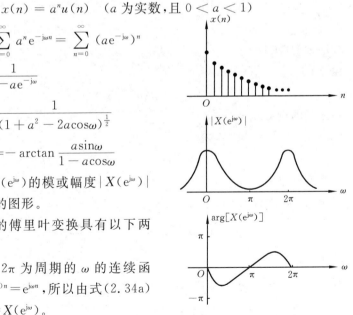

图 2.26 画出的是 $X(\mathrm{e}^{\mathrm{j}\omega})$ 的模或幅度 $|X(\mathrm{e}^{\mathrm{j}\omega})|$ 和相位 $\arg[X(\mathrm{e}^{\mathrm{j}\omega})]$ 的图形。

离散时间信号的傅里叶变换具有以下两个特点。

① $X(\mathrm{e}^{\mathrm{j}\omega})$ 是以 2π 为周期的 ω 的连续函数。这是因为 $\mathrm{e}^{\mathrm{j}(\omega+2\pi)n} = \mathrm{e}^{\mathrm{j}\omega n}$，所以由式(2.34a)可得出 $X(\mathrm{e}^{\mathrm{j}(\omega+2\pi)}) = X(\mathrm{e}^{\mathrm{j}\omega})$。

② 当 $x(n)$ 为实序列时，$X(\mathrm{e}^{\mathrm{j}\omega})$ 的幅值 $|X(\mathrm{e}^{\mathrm{j}\omega})|$ 在 $0 \leqslant \omega \leqslant 2\pi$ 区间内是偶对称函数，相

图 2.26　例 2.14 中信号的傅里叶
变换的模和相位

位 $\arg[X(\mathrm{e}^{\mathrm{j}\omega})]$ 是奇对称函数。

　　离散时间信号的傅里叶变换与连续时间信号的傅里叶变换之间的差别在于,前者是以 2π 为周期的 ω 的连续函数,而后者则是角频率 Ω 的非周期连续函数。值得注意的是,式(2.34a)中右边的级数并不总是收敛的,或者说并不是任何序列 $x(n)$ 的傅里叶变换都是存在的。只有当序列 $x(n)$ 绝对可和,即

$$\sum_{n=-\infty}^{\infty} \mid x(n) \mid < \infty \tag{2.39}$$

时,式(2.34a)中的级数才是绝对收敛的,或 $x(n)$ 的傅里叶变换存在。$x(n)$ 绝对可和只是一个充分条件。像 $u(n)$、a^n 和 $\mathrm{e}^{\mathrm{j}\omega n}$ 这一类序列,都不是绝对可和的,因此,一般认为它们的傅里叶变换不存在。但是,如果引入奇异序列的概念,那么,这类不是绝对可和的序列也存在傅里叶变换。

2.4.2　离散时间信号的傅里叶变换的性质

1. 序列的傅里叶变换的线性

设 $X_1(\mathrm{e}^{\mathrm{j}\omega})=\mathscr{F}[x_1(n)]$,$X_2(\mathrm{e}^{\mathrm{j}\omega})=\mathscr{F}[x_2(n)]$,则

$$\mathscr{F}[ax_1(n)+bx_2(n)] = aX_1(\mathrm{e}^{\mathrm{j}\omega}) + bX_2(\mathrm{e}^{\mathrm{j}\omega}) \tag{2.40}$$

2. 序列的移位

设 $\mathscr{F}[x(n)]=X(\mathrm{e}^{\mathrm{j}\omega})$,则

$$\mathscr{F}[x(n-k)] = \mathrm{e}^{-\mathrm{j}\omega k}X(\mathrm{e}^{\mathrm{j}\omega}) \tag{2.41}$$

3. 序列的调制

设 $\mathscr{F}[x(n)]=X(\mathrm{e}^{\mathrm{j}\omega})$,则

$$\mathscr{F}[\mathrm{e}^{\mathrm{j}\omega_0 n} \cdot x(n)] = X(\mathrm{e}^{\mathrm{j}(\omega-\omega_0)}) \tag{2.42}$$

4. 序列的折叠

设 $\mathscr{F}[x(n)]=X(\mathrm{e}^{\mathrm{j}\omega})$,则

$$\mathscr{F}[x(-n)] = X(\mathrm{e}^{-\mathrm{j}\omega}) \tag{2.43}$$

5. 序列乘以 n

设 $\mathscr{F}[x(n)]=X(\mathrm{e}^{\mathrm{j}\omega})$,则

$$\mathscr{F}[nx(n)] = \mathrm{j}\frac{\mathrm{d}X(\mathrm{e}^{\mathrm{j}\omega})}{\mathrm{d}\omega}$$

6. 序列的复共轭

设 $\mathscr{F}[x(n)]=X(\mathrm{e}^{\mathrm{j}\omega})$,则

$$\mathscr{F}[x^*(n)] = X^*(\mathrm{e}^{-\mathrm{j}\omega}) \tag{2.44}$$

$$\mathscr{F}[x^*(-n)] = X^*(\mathrm{e}^{\mathrm{j}\omega}) \tag{2.45}$$

以上性质请读者自己证明(见习题 2.14)。

7. 序列的卷积

设 $\mathscr{F}[x(n)] = X(e^{j\omega})$，$\mathscr{F}[y(n)] = Y(e^{j\omega})$，$w(n) = x(n) * y(n)$，则

$$W(e^{j\omega}) = \mathscr{F}[x(n) * y(n)] = X(e^{j\omega})Y(e^{j\omega}) \tag{2.46}$$

证

$$W(e^{j\omega}) = \mathscr{F}[x(n) * y(n)] = \sum_{n=-\infty}^{\infty} [x(n) * y(n)] e^{-j\omega n}$$

$$= \sum_{n=-\infty}^{\infty} \sum_{k=-\infty}^{\infty} x(k) y(n-k) e^{-j\omega n}$$

$$= \sum_{k=-\infty}^{\infty} x(k) \sum_{n=-\infty}^{\infty} y(n-k) e^{-j\omega n}$$

令 $n-k=m$，得

$$W(e^{j\omega}) = \sum_{k=-\infty}^{\infty} x(k) e^{-j\omega k} \sum_{m=-\infty}^{\infty} y(m) e^{-j\omega m} = X(e^{j\omega})Y(e^{j\omega}) \qquad \text{证毕。}$$

8. 序列相乘

设 $\mathscr{F}[x(n)] = X(e^{j\omega})$，$\mathscr{F}[y(n)] = Y(e^{j\omega})$，$w(n) = x(n) \cdot y(n)$，则

$$W(e^{j\omega}) = \frac{1}{2\pi} X(e^{j\omega}) * Y(e^{j\omega}) = \frac{1}{2\pi} \int_{-\pi}^{\pi} X(e^{j\theta}) Y(e^{j(\omega-\theta)}) \mathrm{d}\theta \tag{2.47}$$

证

$$W(e^{j\omega}) = \mathscr{F}[x(n)y(n)] = \sum_{n=-\infty}^{\infty} x(n) y(n) e^{-j\omega n}$$

$$= \sum_{n=-\infty}^{\infty} \frac{1}{2\pi} \int_{-\pi}^{\pi} X(e^{j\theta}) e^{j\theta n} \mathrm{d}\theta \cdot y(n) e^{-j\omega n}$$

$$= \frac{1}{2\pi} \int_{-\pi}^{\pi} X(e^{j\theta}) \mathrm{d}\theta \sum_{n=-\infty}^{\infty} y(n) e^{-j(\omega-\theta)n}$$

$$= \frac{1}{2\pi} \int_{-\pi}^{\pi} X(e^{j\theta}) Y(e^{j(\omega-\theta)}) \mathrm{d}\theta \qquad \text{证毕。}$$

9. 序列的傅里叶变换的对称性

序列的傅里叶变换有许多很有用的对称性质。为介绍这些性质，首先定义两个对称序列：共轭对称序列 $x_e(n)$，定义为具有性质 $x_e(n) = x_e^*(-n)$ 的序列；共轭反对称序列 $x_o(n)$，定义为具有性质 $x_o(n) = -x_o^*(-n)$ 的序列，此处上标 * 表示复共轭。任何序列总能表示为一个共轭对称序列与一个共轭反对称序列之和，即

$$x(n) = x_e(n) + x_o(n) \tag{2.48a}$$

式中，

$$x_e(n) = \frac{1}{2}[x(n) + x^*(-n)] \tag{2.48b}$$

$$x_o(n) = \frac{1}{2}[x(n) - x^*(-n)] \tag{2.48c}$$

共轭对称实序列称为偶序列，而共轭反对称实序列称为奇序列。

序列的傅里叶变换 $X(e^{j\omega})$ 可以被分解成共轭对称与共轭反对称两部分之和，即

$$X(e^{j\omega}) = X_e(e^{j\omega}) + X_o(e^{j\omega}) \tag{2.49a}$$

式中，

$$X_e(e^{j\omega}) = \frac{1}{2}[X(e^{j\omega}) + X^*(e^{-j\omega})] \tag{2.49b}$$

$$X_o(e^{j\omega}) = \frac{1}{2}[X(e^{j\omega}) - X^*(e^{-j\omega})] \tag{2.49c}$$

分别是共轭对称部分和共轭反对称部分，即

$$X_e(e^{j\omega}) = X_e^*(e^{-j\omega})$$

$$X_o(e^{j\omega}) = - X_o^*(e^{-j\omega})$$

与序列的情况一样，若傅里叶变换 $X(e^{j\omega})$ 是共轭对称的实函数，则它是频率的偶函数，即 $X(e^{j\omega}) = X(e^{-j\omega})$；若 $X(e^{j\omega})$ 是共轭反对称的实函数，则它是频率的奇函数，即 $X(e^{j\omega}) = - X(e^{-j\omega})$。

　　设复序列 $x(n)$ 的傅里叶变换为 $X(e^{j\omega})$。根据性质 6 知，$x^*(n)$ 的傅里叶变换为 $X^*(e^{-j\omega})$，$x^*(-n)$ 的傅里叶变换为 $X^*(e^{j\omega})$。由此可以得到 $x(n)$ 的实部 $\mathrm{Re}[x(n)]$ 和虚部 $j\mathrm{Im}[x(n)]$ 的傅里叶变换分别为

$$\mathscr{F}[\mathrm{Re}[x(n)]] = \mathscr{F}\left[\frac{1}{2}[x(n) + x^*(n)]\right] = \frac{1}{2}[X(e^{j\omega}) + X^*(e^{-j\omega})] = X_e(e^{j\omega}) \tag{2.50}$$

和

$$\mathscr{F}[j\mathrm{Im}[x(n)]] = \mathscr{F}\left[\frac{1}{2}[x(n) - x^*(n)]\right] = \frac{1}{2}[X(e^{j\omega}) - X^*(e^{-j\omega})] = X_o(e^{j\omega}) \tag{2.51}$$

　　序列 $x(n)$ 的共轭对称分量 $x_e(n)$ 和共轭反对称分量 $x_o(n)$ 的傅里叶变换为

$$\mathscr{F}[x_e(n)] = \mathrm{Re}[X(e^{j\omega})] \tag{2.51a}$$

$$\mathscr{F}[x_o(n)] = j\mathrm{Im}[X(e^{j\omega})] \tag{2.51b}$$

　　若 $x(n)$ 为实序列，则这些对称性质将变得特别地简单和有用。具体地说，由于序列的傅里叶变换是共轭对称的，即

$$X(e^{j\omega}) = X^*(e^{-j\omega}) \tag{2.52}$$

$$\mathrm{Re}[X(e^{j\omega})] = \mathrm{Re}[X(e^{-j\omega})] \tag{2.52a}$$

$$\mathrm{Im}[X(e^{j\omega})] = - \mathrm{Im}[X(e^{-j\omega})] \tag{2.52b}$$

因此，实序列的傅里叶变换的实部是 ω 的偶函数，而虚部则是 ω 的奇函数。

　　若将 $X(e^{j\omega})$ 用极坐标表示，即

$$X(e^{j\omega}) = |X(e^{j\omega})| e^{j\arg[X(e^{j\omega})]}$$

则有

$$|X(e^{j\omega})| = |X(e^{-j\omega})| \tag{2.53a}$$

$$\arg[X(e^{j\omega})] = - \arg[X(e^{-j\omega})] \tag{2.53b}$$

表 2.1 列出了序列的傅里叶变换的一些重要性质。

表 2.1　序列的傅里叶变换的有关性质

性质	离散时间信号	傅里叶变换
	$x(n)$	$X(e^{j\omega})$
	$y(n)$	$Y(e^{j\omega})$
1. 线性	$ax_1(n)+bx_2(n)$	$aX_1(e^{j\omega})+bX_2(e^{j\omega})$
2. 移位	$x(n-k)$	$e^{-j\omega k}X(e^{j\omega})$
3. 调制	$e^{j\omega_0 n}\cdot x(n)$	$X(e^{j(\omega-\omega_0)})$
4. 折叠	$x(-n)$	$X(e^{-j\omega})$
5. 乘以 n	$n\cdot x(n)$	$j\dfrac{\mathrm{d}X(e^{j\omega})}{\mathrm{d}\omega}$
6. 复共轭	$x^*(n)$	$X^*(e^{-j\omega})$
	$x^*(-n)$	$X^*(e^{j\omega})$
7. 卷积	$x(n)*y(n)$	$X(e^{j\omega})\cdot Y(e^{j\omega})$
8. 相乘	$x(n)\cdot y(n)$	$\dfrac{1}{2\pi}\displaystyle\int_{-\pi}^{\pi}X(e^{j\theta})Y(e^{j(\omega-\theta)})\mathrm{d}\theta$
9. 对称性	$\mathrm{Re}[x(n)]$	$X_e(e^{j\omega})=\dfrac{X(e^{j\omega})+X^*(e^{-j\omega})}{2}$
	$j\mathrm{Im}[x(n)]$	$X_o(e^{j\omega})=\dfrac{X(e^{j\omega})-X^*(e^{-j\omega})}{2}$
	$x_e(n)=\dfrac{x(n)+x^*(-n)}{2}$	$\mathrm{Re}[X(e^{j\omega})]$
	$x_o(n)=\dfrac{x(n)-x^*(-n)}{2}$	$j\mathrm{Im}[X(e^{j\omega})]$
	$x(n)$为实序列	$X(e^{j\omega})=X^*(e^{-j\omega})$ $\mathrm{Re}[X(e^{j\omega})]=\mathrm{Re}[X(e^{-j\omega})]$ $\mathrm{Im}[X(e^{j\omega})]=-\mathrm{Im}[X(e^{-j\omega})]$ $\|X(e^{j\omega})\|=\|X(e^{-j\omega})\|$ $\arg[X(e^{j\omega})]=-\arg[X(e^{-j\omega})]$
	$x_e(n)=\dfrac{x(n)+x(-n)}{2}$（$x(n)$为实序列）	$\mathrm{Re}[X(e^{j\omega})]$
	$x_o(n)=\dfrac{x(n)-x(-n)}{2}$（$x(n)$为实序列）	$j\mathrm{Im}[X(e^{j\omega})]$

2.4.3 离散时间系统的频率响应

前面研究的线性非移变系统的输出与输入之间的线性卷积关系,是其时域特性。本节研究线性非移变系统的频域特性。

与模拟信号处理中正弦信号和复指数信号具有很重要的作用一样,在数字信号处理中,正弦序列和复指数序列也起着特别重要的作用。这是因为线性非移变系统对正弦序列的稳态响应仍然是正弦序列,频率与输入信号的频率相同,而幅度和相位取决于系统的特性。为了弄清离散线性非移变系统的这一特性,设输入序列是一个数字域频率为 ω 的复指数序列,即

$$x(n) = e^{j\omega n}, \quad -\infty < n < \infty$$

由线性卷积公式(2.19),可得到系统对 $x(n)$ 的响应为

$$y(n) = \sum_{k=-\infty}^{\infty} h(k) e^{j\omega(n-k)} = e^{j\omega n} \cdot H(e^{j\omega}) \tag{2.54}$$

式中,

$$H(e^{j\omega}) = \sum_{k=-\infty}^{\infty} h(k) e^{-j\omega k} \tag{2.55}$$

是一个与系统的特性有关的量,称为单位取样响应为 $h(n)$ 的系统的频率响应。$H(e^{j\omega})$ 一般为复数,表示为

$$H(e^{j\omega}) = H_R(e^{j\omega}) + jH_I(e^{j\omega})$$

或用极坐标表示为

$$H(e^{j\omega}) = |H(e^{j\omega})| e^{j\arg[H(e^{j\omega})]}$$

式中,

$$|H(e^{j\omega})| = [H_R^2(e^{j\omega}) + H_I^2(e^{j\omega})]^{\frac{1}{2}}$$

和

$$\arg[H(e^{j\omega})] = \arctan \frac{H_I(e^{j\omega})}{H_R(e^{j\omega})}$$

分别称为系统的幅度响应和相位响应。

由于正弦函数可以表示为复指数函数的线性组合,所以系统的频率响应也可以表示成系统对正弦输入的响应,具体地说,设

$$x(n) = A\cos(\omega_0 n + \varphi) = \frac{A}{2} e^{j\varphi} e^{j\omega_0 n} + \frac{A}{2} e^{-j\varphi} e^{-j\omega_0 n}$$

根据式(2.54),系统对 $\dfrac{A}{2} e^{j\varphi} e^{j\omega_0 n}$ 的响应为

$$y_1(n) = H(e^{j\omega_0}) \frac{A}{2} e^{j\varphi} e^{j\omega_0 n}$$

若 $h(n)$ 为实数,则根据离散时间信号的傅里叶变换的性质 4,系统对 $\dfrac{A}{2} e^{-j\varphi} e^{-j\omega_0 n}$ 的响

应为 $y_2(n)=H(\mathrm{e}^{-\mathrm{j}\omega_0})\dfrac{A}{2}\mathrm{e}^{-\mathrm{j}\varphi}\mathrm{e}^{-\mathrm{j}\omega_0 n}$。因此，系统对 $x(n)$ 的响应为

$$y(n)=\frac{A}{2}\big[H(\mathrm{e}^{\mathrm{j}\omega_0})\mathrm{e}^{\mathrm{j}\varphi}\mathrm{e}^{\mathrm{j}\omega_0 n}+H(\mathrm{e}^{-\mathrm{j}\omega_0})\mathrm{e}^{-\mathrm{j}\varphi}\mathrm{e}^{-\mathrm{j}\omega_0 n}\big]$$

$$=A\,|\,H(\mathrm{e}^{\mathrm{j}\omega_0})\,|\,\cos(\omega_0 n+\varphi+\theta)$$

式中，$\theta=\arg[H(\mathrm{e}^{\mathrm{j}\omega_0})]$ 是系统在频率 ω_0 处的相位响应。

　　式(2.55)表示的系统频率响应是一种傅里叶级数表示，$h(n)$ 可被看成傅里叶级数的系数。因此，频率响应 $H(\mathrm{e}^{\mathrm{j}\omega})$ 与冲激响应 $h(n)$ 构成一对傅里叶变换对。根据序列的傅里叶变换的定义

$$H(\mathrm{e}^{\mathrm{j}\omega})=\mathscr{F}\,[h(n)]=\sum_{n=-\infty}^{\infty}h(n)\mathrm{e}^{-\mathrm{j}\omega n} \qquad (2.56\mathrm{a})$$

$$h(n)=\mathscr{F}^{-1}\big[H(\mathrm{e}^{\mathrm{j}\omega})\big]=\frac{1}{2\pi}\int_{-\pi}^{\pi}H(\mathrm{e}^{\mathrm{j}\omega})\mathrm{e}^{\mathrm{j}\omega n}\,\mathrm{d}\omega \qquad (2.56\mathrm{b})$$

系统频率响应是以 2π 为周期的 ω 的连续函数。若 $h(n)$ 为实数，则系统的幅度响应 $|\,H(\mathrm{e}^{\mathrm{j}\omega})\,|$ 在 $0\leqslant\omega\leqslant 2\pi$ 内是偶对称的，而相位响应 $\arg[H(\mathrm{e}^{\mathrm{j}\omega})]$ 是奇对称的。如果系统是稳定的，即其单位取样响应 $h(n)$ 绝对可和，则式(2.55)中的级数收敛，因而系统的频率响应 $H(\mathrm{e}^{\mathrm{j}\omega})$ 也收敛。

　　例 2.15　求具有下列单位取样响应的系统频率响应

$$h(n)=\begin{cases}1,& 0\leqslant n\leqslant N-1\\ 0,& 其它\end{cases}$$

解

$$H(\mathrm{e}^{\mathrm{j}\omega})=\sum_{n=0}^{N-1}\mathrm{e}^{-\mathrm{j}\omega n}=\frac{1-\mathrm{e}^{-\mathrm{j}\omega N}}{1-\mathrm{e}^{-\mathrm{j}\omega}}$$

$$=\frac{\sin(\omega N/2)}{\sin(\omega/2)}\cdot\mathrm{e}^{-\mathrm{j}(N-1)\omega/2}$$

于是 $|\,H(\mathrm{e}^{\mathrm{j}\omega})\,|=\left|\dfrac{\sin(\omega N/2)}{\sin(\omega/2)}\right|$

$$\arg[H(\mathrm{e}^{\mathrm{j}\omega})]=-(N-1)\omega/2$$

图 2.27 画出的是 $N=5$ 时，$H(\mathrm{e}^{\mathrm{j}\omega})$ 的幅度和相位特性。

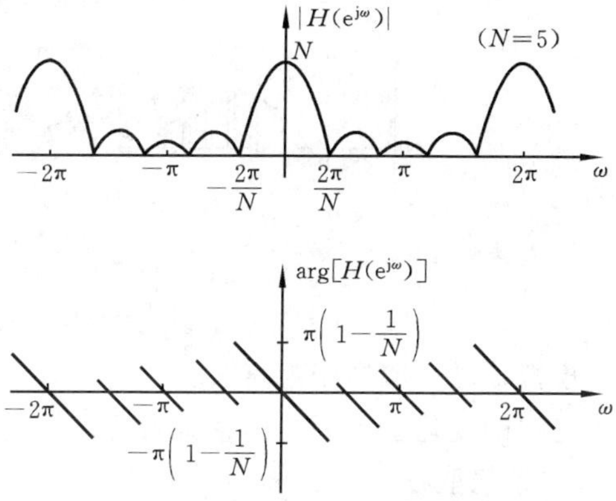

图 2.27　例 2.15 的系统的幅度和相位响应

2.5　信号的取样

2.5.1　连续时间信号的取样

离散时间信号常常是由连续时间信号经周期取样得到的。完成取样功能的器件

称为取样器,图 2.28 所示的是取样器的示意
图。图中,$x_a(t)$ 表示模拟信号,$\hat{x}_a(t)$ 或 $x_a(nT)$
表示取样信号,T 为取样周期。可把取样器看
成是一个每隔 T 秒闭合一次的电子开关 S,开
关每接通一次,便得到一个输出取样值。在理
想情况下,开关闭合时间无穷短。在实际取样
器中,设开关闭合时间为 τ 秒($\tau \ll T$)。可以把
取样过程看成是脉冲调幅过程,$x_a(t)$ 为调制信

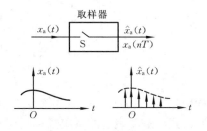

图 2.28　取样器示意图

号,被调脉冲载波 $p(t)$ 是周期为 T、脉宽为 τ 的周期性脉冲串(见图2.29(a))。当 $\tau \rightarrow$
0 时,便是理想取样情况(见图 2.29(b))。理想取样模型可使数学推导简化。下面主
要讨论理想取样。

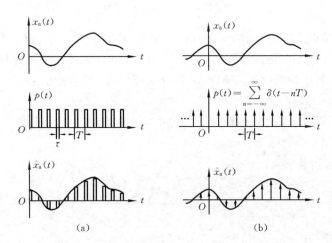

图 2.29　连续时间信号的取样

(a) 实际取样；　(b) 理想取样

　　模拟信号经取样变为离散时间信号后,是否会失掉一些信息呢?信号的频谱会
发生怎样的变化?不丢失信息应满足什么条件?下面就来回答这些问题。

1. 理想取样

　　在图 2.28 所示的取样器开关 S 的闭合时间 $\tau \rightarrow 0$ 的极限情况下,取样脉冲序列
变成冲激函数序列 $p(t)$(见图 2.29(b)),即

$$p(t) = \sum_{n=-\infty}^{\infty} \delta(t-nT) \tag{2.57}$$

理想取样输出 $\hat{x}_a(t)$ 为

$$\hat{x}_a(t) = x_a(t)p(t) = x_a(t) \sum_{n=-\infty}^{\infty} \delta(t-nT) \tag{2.58}$$

$$= \sum_{n=-\infty}^{\infty} x_a(t)\delta(t-nT) \tag{2.59}$$

由于 $\delta(t-nT)$ 只在 $t=nT$ 时为非零值,所以式(2.59)又可表示为

$$\hat{x}_a(t) = \sum_{n=-\infty}^{\infty} x_a(nT)\delta(t-nT) \tag{2.60}$$

2. 频谱延拓

现在来研究取样信号与模拟信号的频谱之间的关系。将 $p(t)$ 展成傅里叶级数,得

$$p(t) = \sum_{n=-\infty}^{\infty} \delta(t-nT) = \sum_{r=-\infty}^{\infty} c_r e^{jr\Omega_s t}$$

式中,$\Omega_s = \dfrac{2\pi}{T}$ 为级数的基波频率,系数 c_r 为

$$c_r = \frac{1}{T}\int_{-\frac{T}{2}}^{\frac{T}{2}} p(t)e^{-jr\Omega_s t}dt = \frac{1}{T}\int_{-\frac{T}{2}}^{\frac{T}{2}} \sum_{n=-\infty}^{\infty}\delta(t-nT)e^{-jr\Omega_s t}dt$$

$$= \frac{1}{T}\int_{-\frac{T}{2}}^{\frac{T}{2}}\delta(t)e^{-jr\Omega_s t}dt = \frac{1}{T}e^0 = \frac{1}{T}$$

于是 $p(t)$ 可表示为

$$p(t) = \frac{1}{T}\sum_{r=-\infty}^{\infty} e^{jr\Omega_s t} \tag{2.61}$$

$p(t)$ 的傅里叶变换为

$$P(j\Omega) = \mathscr{F}\left[\frac{1}{T}\sum_{r=-\infty}^{\infty} e^{jr\Omega_s t}\right] = \frac{2\pi}{T}\sum_{r=-\infty}^{\infty}\delta(j\Omega-jr\Omega_s) \tag{2.62}$$

根据傅里叶变换的卷积定理,可得出理想取样信号 $\hat{x}_a(t)$ 的频谱为

$$\hat{X}_a(j\Omega) = \mathscr{F}[x_a(t) \cdot p(t)] = \frac{1}{2\pi}X_a(j\Omega) * P(j\Omega)$$

$$= \frac{1}{T}\sum_{r=-\infty}^{\infty} X_a(j\Omega) * \delta(j\Omega-jr\Omega_s)$$

$$= \frac{1}{T}\sum_{r=-\infty}^{\infty} X_a(j\Omega-jr\Omega_s) \tag{2.63}$$

由式(2.63)可以看出,取样信号的频谱 $\hat{X}_a(j\Omega)$ 是模拟信号频谱 $X_a(j\Omega)$ 的周期延拓,周期为取样角频率 Ω_s。也就是说,取样信号的频谱包括原信号频谱和无限个经过平移的原信号频谱,这些频谱都要乘以系数 $\dfrac{1}{T}$,如图 2.30(a)、(b)所示。

设原信号是最高频率为 Ω_0 的带限信号。从图 2.30 中可看出,当 $\Omega_s < 2\Omega_0$ 或 $f_s < 2f_0$ 时,平移后的频谱必互相重叠,重叠部分的频率成分的幅值与原信号不同,如图 2.30(d)所示。这种现象称为"混叠"现象。如果原信号不是带限信号,则"混叠"现象必然存在。在理想取样中,为了使平移后的频谱不产生"混叠"失真,应要求取样频率足够高。在信号 $x_a(t)$ 的频带受限的情况下,取样频率应等于或大于信号最高频

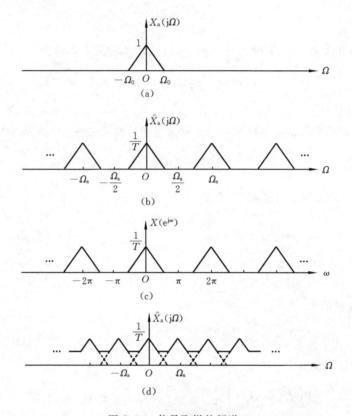

图 2.30　信号取样的频谱

率的两倍,即

$$\Omega_s \geqslant 2\Omega_0$$

取样频率的一半,即 $\Omega_s/2$ 称为折叠频率。等于信号最高频率两倍的取样频率(即 $\Omega_s = 2\Omega_0$)称为奈奎斯特频率。

3. 频率归一化

现在讨论离散时间信号 $x(n)$ 的频谱 $X(e^{j\omega})$ 与取样信号 $\hat{x}_a(t)$ 的频谱 $\hat{X}_a(j\Omega)$ 之间的关系。

假设离散时间信号 $x(n)$ 是模拟信号 $x_a(t)$ 通过周期性取样得到的,即

$$x(n) = x_a(nT) \tag{2.64}$$

取样信号 $\hat{x}_a(t)$ 的频谱除用式(2.63)表示外,还可表示为

$$\hat{X}_a(j\Omega) = \mathscr{F}[\hat{x}_a(t)] = \mathscr{F}[x_a(t) \cdot p(t)]$$

$$= \mathscr{F}\left[\sum_{n=-\infty}^{\infty} x_a(nT) \cdot \delta(t-nT)\right]$$

$$= \sum_{n=-\infty}^{\infty} x_a(nT) \cdot \mathscr{F}[\delta(t-nT)]$$

$$= \sum_{n=-\infty}^{\infty} x_a(nT) e^{-j\Omega nT} \tag{2.65}$$

另一方面,离散时间信号 $x(n)$ 的傅里叶变换为

$$X(e^{j\omega}) = \sum_{n=-\infty}^{\infty} x(n) e^{-j\omega n} \tag{2.66}$$

利用式(2.64)的关系,比较式(2.65)和式(2.66),得

$$X(e^{j\omega})\big|_{\omega=\Omega T} = \hat{X}_a(j\Omega)$$

将式(2.63)代入上式得

$$X(e^{j\omega})\big|_{\omega=\Omega T} = \hat{X}_a(j\Omega) = \frac{1}{T} \sum_{r=-\infty}^{\infty} X_a(j\Omega - jr\Omega_s) \tag{2.67}$$

或

$$X(e^{j\omega})\big|_{\omega=\Omega T} = \frac{1}{T} \sum_{r=-\infty}^{\infty} X_a\left(j\frac{\omega}{T} - j\frac{2\pi}{T}r\right) \tag{2.68}$$

式(2.67)表明,在 $\omega=\Omega T$ 的条件下,离散时间信号 $x(n)$ 的频谱与取样信号的频谱相等。由于 $\omega=\Omega T=\dfrac{2\pi f}{f_s}$ (f_s 为取样频率)是 f 对 f_s 归一化的结果,故可以认为离散时间信号 $x(n)$ 的频谱是取样信号的频谱经频率归一化后的结果,如图 2.30(c)所示。

4. 信号重建

从图 2.30 可看出,如果取样信号的频谱不存在混叠,那么

$$\hat{X}_a(j\Omega) = \frac{1}{T} X_a(j\Omega), \quad |\Omega| \leqslant \frac{\Omega_s}{2} \tag{2.69}$$

或

$$X(e^{j\omega}) = \frac{1}{T} X_a(j\Omega), \quad |\Omega| \leqslant \frac{\pi}{T} \tag{2.70}$$

将式(2.69)和式(2.70)分别改写为

$$X_a(j\Omega) = T \hat{X}_a(j\Omega), \quad |\Omega| \leqslant \frac{\Omega_s}{2} \tag{2.71}$$

或

$$X_a(j\Omega) = TX(e^{j\Omega T}), \quad |\Omega| \leqslant \frac{\pi}{T} \tag{2.72}$$

这样,让取样信号通过一个截止频率为 $\Omega_s/2$ 的理想低通滤波器,就可将取样信号频谱中的基带频谱取出来,恢复原来的模拟信号。这个理想低通滤波器的频率特性为

$$H_a(j\Omega) = \begin{cases} T, & |\Omega| \leqslant \Omega_s/2 \\ 0, & |\Omega| > \Omega_s/2 \end{cases}$$

根据连续时间信号傅里叶反变换公式,可以求得原信号 $x_a(t)$,即

$$x_a(t) = \frac{1}{2\pi} \int_{-\Omega_s/2}^{\Omega_s/2} X_a(j\Omega) e^{j\Omega t} d\Omega \tag{2.73}$$

将式(2.72)代入式(2.73)得

$$x_a(t) = \frac{1}{2\pi}\int_{-\pi/T}^{\pi/T} T \cdot X(e^{j\Omega T}) e^{j\Omega t} d\Omega$$

又因为

$$X(e^{j\Omega T}) = \sum_{n=-\infty}^{\infty} x_a(nT) e^{-j\Omega Tn}$$

所以

$$x_a(t) = \frac{1}{2\pi}\int_{-\pi/T}^{\pi/T}\left[T\sum_{n=-\infty}^{\infty} x_a(nT) e^{-j\Omega Tn}\right] e^{j\Omega t} d\Omega$$

交换上式中求和与积分运算的次序得

$$x_a(t) = \sum_{n=-\infty}^{\infty} x_a(nT)\left[\frac{T}{2\pi}\int_{-\pi/T}^{\pi/T} e^{j\Omega(t-nT)} d\Omega\right]$$

$$= \sum_{n=-\infty}^{\infty} x_a(nT) \frac{\sin\left(\frac{\pi}{T}(t-nT)\right)}{\frac{\pi}{T}(t-nT)} \tag{2.74}$$

式(2.74)就是从取样信号 $x_a(nT)$ 恢复原信号 $x_a(t)$ 的取样内插公式,内插函数是

$$s_a(t-nT) = \frac{\sin\left[\frac{\pi}{T}(t-nT)\right]}{\frac{\pi}{T}(t-nT)} \tag{2.75}$$

内插函数在 $t=nT$ 的取样点上的值为1,在其余取样点上的值都为零,在取样点之间的值不为零,如图 2.31 所示。这样,被恢复的信号 $x_a(t)$ 在取样点的值恰好等于原来连续信号 $x_a(t)$ 在取样时刻 $t=nT$ 的值,而取样点之间的部分由各内插函数的波形叠加而成,如图 2.32 所示。从图 2.32 中可看出,取样信号通过理想低通滤波器之后,可以唯一地恢复出原信号,不会损失任何信息。

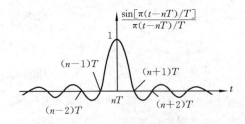
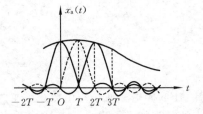

图 2.31　内插函数　　　　　　　图 2.32　取样内插恢复

2.5.2　离散时间信号的取样

离散时间信号的取样过程如图 2.33 所示,取样后得到的序列 $x_p(n)$ 称为离散时

间取样序列,它在取样周期 N 的整数倍点上的取样值等于原来的序列值,而在这些点之间的取样值都为零,即

$$x_p(n) = \begin{cases} x(n), & n = kN, k \text{ 为整数} \\ 0, & \text{其它} \end{cases} \qquad (2.76)$$

这可看做是一个信号调制的过程,即

$$x_p(n) = x(n)p(n)$$
$$= \sum_{k=-\infty}^{\infty} x(kN)\delta(n - kN) \qquad (2.77)$$

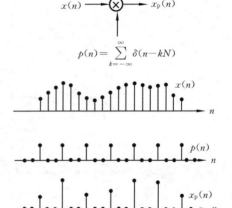

为了方便起见,将序列 $x(n)$ 的傅里叶变换 $X(e^{j\omega})$ 用 $X(\omega)$ 表示。这样,式(2.77)的频域形式便为

$$X_p(\omega) = \frac{1}{2\pi} P(\omega) * X(\omega)$$
$$= \frac{1}{2\pi} \int_{-\pi}^{\pi} P(\theta)X(\omega - \theta)\,\mathrm{d}\theta \qquad (2.78)$$

式中,$P(\omega)$ 和 $X(\omega)$ 分别是 $p(n)$ 和 $x(n)$ 的傅里叶变换。与上一节冲激序列 $p(t)$ 的傅里叶变换的推导类似,可得到取样序列 $p(n)$ 的傅里叶变换为

图 2.33 离散时间信号的取样

$$P(\omega) = \frac{2\pi}{N} \sum_{k=-\infty}^{\infty} \delta(\omega - k\omega_s) \qquad (2.79)$$

式中,ω_s 为取样频率,$\omega_s = 2\pi/N$。将式(2.79)代入式(2.78),得到

$$X_p(\omega) = \frac{1}{N} \sum_{k=0}^{N-1} X(\omega - k\omega_s) \qquad (2.80)$$

式(2.80)对应于连续时间信号取样中的式(2.63),如图 2.34 所示。式(2.80)表明,离散时间取样序列 $x_p(n)$ 的傅里叶变换 $X_p(\omega)$ 是原序列 $x(n)$ 的傅里叶变换 $X(\omega)$ 的周期延拓,周期为取样频率 ω_s。在图 2.34(c)中,由于 $\omega_s - \omega_M \geqslant \omega_M$ 或 $\omega_s \geqslant 2\omega_M$,所以无频谱混叠失真。这时,$X_p(\omega)$ 在 $-\omega_M$ 到 ω_M 之间的部分与 $X(\omega)$ 的频谱相同(只相差一个系数 $\frac{1}{N}$)。图 2.34(d)表示的是 $\omega_s < 2\omega_M$,即产生混叠失真的情况。因此,在离散时间信号取样中,为了不发生混叠失真,取样频率应满足条件

$$\omega_s \geqslant 2\omega_M \qquad (2.81)$$

在离散时间取样序列 $x_p(n)$ 的频谱没有混叠失真的情况下,用一个增益为 N,截止频率大于 ω_M 而小于 $\omega_s - \omega_M$ 的低通滤波器,对 $x_p(n)$ 进行滤波,可恢复出原信号 $x(n)$,如图 2.35 所示。图中,取低通滤波器的截止频率为 $\omega_s/2$,其频率特性为

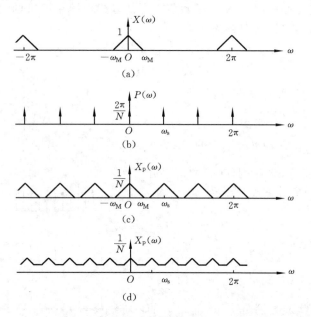

图 2.34　离散时间信号取样的频谱

$$H(\omega) = \begin{cases} N, & |\omega| \leqslant \dfrac{\omega_s}{2} \\[2mm] 0, & |\omega| > \dfrac{\omega_s}{2} \end{cases}$$

对应的冲激响应为

$$h(n) = \frac{1}{2\pi} \int_{-\omega_s/2}^{\omega_s/2} N \cdot e^{j\omega n} d\omega = \frac{N}{\pi n} \sin\left(\frac{\omega_s}{2} n\right) \tag{2.82}$$

该滤波器的输出,即恢复的序列 $x_r(n)$ 为

$$x_r(n) = x_p(n) * h(n) \tag{2.83}$$

将式(2.77)代入式(2.83)得

$$x_r(n) = \left[\sum_{k=-\infty}^{\infty} x(kN)\delta(n-kN) \right] * \frac{N}{\pi n} \sin\left(\frac{\omega_s}{2} n\right)$$

$$= \sum_{k=-\infty}^{\infty} x(kN) \frac{N}{\pi n} \sin\left[\frac{\omega_s}{2}(n-kN)\right]$$

$$= \sum_{k=-\infty}^{\infty} x(kN) h_r(n-kN) \tag{2.84}$$

式中, $h_r(n-kN) = \dfrac{N}{\pi n} \sin\left[\dfrac{\omega_s}{2}(n-kN)\right]$ 为内插序列。式(2.84)表明,所恢复的序列

$x_r(n)$ 可以由离散时间取样序列的取样值与内插序列 $h_r(n-kN)$ 相乘并求和来得到。
上面是用理想低通滤波器的冲激响应序列作为插值序列,在实际应用中常采用一个

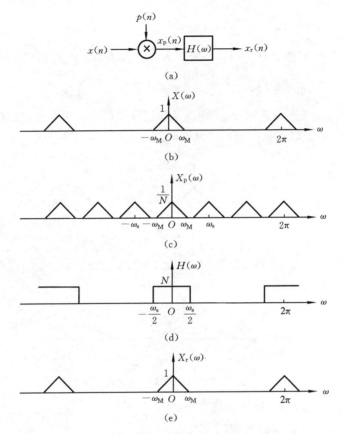

图 2.35　利用理想低通滤波器从离散时间取样
信号中恢复原离散时间信号

近似低通滤波器来代替图 2.35 中的理想低通滤波器。

2.5.3　离散时间信号的抽取和内插

在很多应用中,直接用图 2.33 所示的方法来得到 $x_p(n)$,并将它进行传输或储存是很不经济的,因为 $x_p(n)$ 在非零取样值之间插入有零取样值。因此,常常将 $x_p(n)$ 的非零取样值抽取出来组成一个新的序列 $x_d(n)$,

$$x_d(n) = x(nN) = x_p(nN) \quad (2.85)$$

这种抽取 N 的整数倍点上的样本的过程称为抽取(decimation)。$x(n)$、$x_p(n)$ 和 $x_d(n)$ 之间的关系示于图 2.36 中。$x_d(n)$ 的傅里叶变换 $X_d(\omega)$ 为

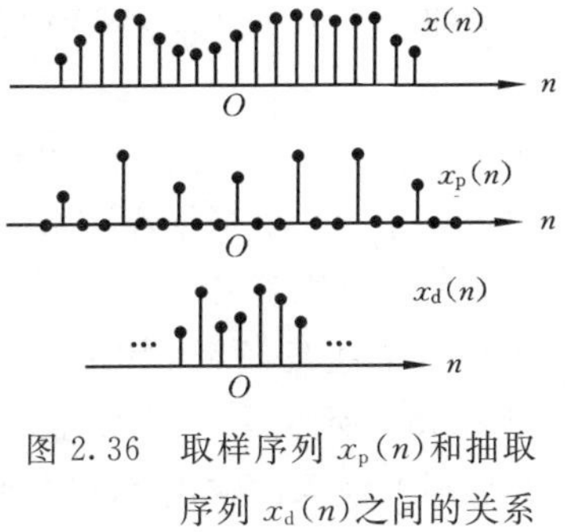

图 2.36　取样序列 $x_p(n)$ 和抽取
序列 $x_d(n)$ 之间的关系

$$X_{\mathrm{d}}(\omega) = \sum_{n=-\infty}^{\infty} x_{\mathrm{d}}(n)\mathrm{e}^{-\mathrm{j}\omega n} = \sum_{n=-\infty}^{\infty} x_{\mathrm{p}}(nN)\mathrm{e}^{-\mathrm{j}\omega n} \qquad (2.86)$$

由于 $x_{\mathrm{p}}(n)$ 在 N 的整倍数点外的取样值均为 0,所以式(2.86)可写成

$$X_{\mathrm{d}}(\omega) = \sum_{n=-\infty}^{\infty} x_{\mathrm{p}}(n)\mathrm{e}^{-\mathrm{j}\omega n/N} = X_{\mathrm{p}}\left(\frac{\omega}{N}\right) \qquad (2.87)$$

式(2.87)所表示的关系示于图 2.37 中。从该图和式(2.87)可看出,取样序列 $x_{\mathrm{p}}(n)$ 和抽取序列 $x_{\mathrm{d}}(n)$ 的频谱只是频率尺度不同。

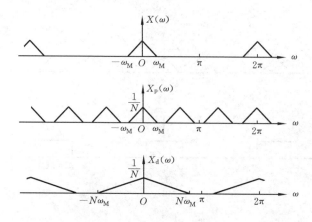

图 2.37 取样序列与抽取序列在频域中的关系

如果原始序列 $x(n)$ 是连续时间信号经取样得到的,那么抽取过程可被看成是把取样率减少 N 倍后对连续时间信号进行取样的过程。为了避免在抽取过程中产生混叠失真,$X(\omega)$ 不能占据 $0 \sim \pi$ 整个频带,这意味着只有对原连续时间信号取样的取样率高于奈奎斯特频率,即进行所谓"过取样"(over-sampling),才允许进一步降低取样率。因此,抽取也称为减取样(down-sampling)。

在某些应用中,序列是连续时间信号经取样得到的,一般都是在不发生混叠失真的前提下,把取样率选择得尽可能低。但序列经过某些处理后,其带宽有可能减小。图 2.38 所示的是一个例子,图中的离散时间低通滤波器的输出 $y(n)$ 的带宽比输

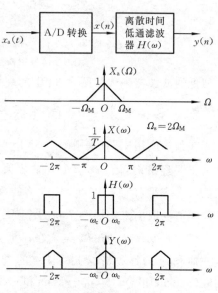

图 2.38 滤波器的输出 $y(n)$ 允许减取样的例子

入 $x(n)$ 的要小,因此允许对 $y(n)$ 进行减取样或抽取处理。

　　内插(interpolating)或增取样(upsampling)过程是抽取或减取样的逆过程。图 2.39 所示的是对序列 $x_d(n)$ 进行增取样以得到 $x(n)$ 的过程。这一过程分两步,首先在 $x_d(n)$ 的每相邻两个序列值之间插入 $N-1$ 个零值,得到序列 $x_p(n)$;然后用一个低通滤波器从 $x_p(n)$ 得到内插后的序列 $x(n)$。

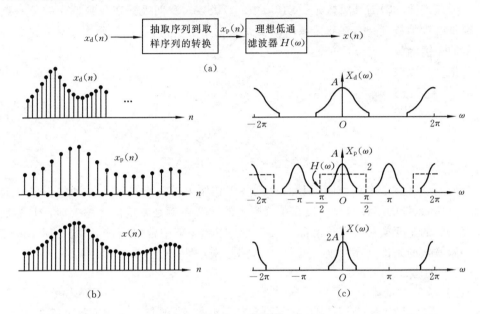

图 2.39　增取样

(a) 系统方框原理图;　(b) 增取样序列;　(c) 增取样序列的频谱

　　增取样在频分多路复用中的应用是一个很好的例子。设信道数为 M,每一输入信号 $x_i(n)$ 的频谱是带限的,即

$$X_i(\omega)=0, \qquad \frac{\pi}{M}<|\omega|<\pi$$

如果这些序列原先是以奈奎斯特频率对连续时间信号取样得到的,那么,在进行频分多路复用之前,必须对它们进行增取样。

2.6　z 变 换

2.6.1　z 变换的定义

　　序列 $x(n)$ 的 z 变换定义为

$$X(z) = \mathscr{Z}\left[x(n)\right] = \sum_{n=-\infty}^{\infty} x(n)z^{-n} \qquad (2.88)$$

式中,z 是一个复变量。由式(2.88)定义的 z 变换称为双边 z 变换。另有一种单边 z 变换定义为

$$X_1(z) = \mathcal{Z}_1[x(n)] = \sum_{n=0}^{\infty} x(n)z^{-n}$$

当 $n<0$ 时,$x(n)=0$,则单边 z 变换与双边 z 变换相等。

形如式(2.88)的幂级数是罗朗(Laurent)级数。罗朗级数在收敛域内的每一点上都是解析函数,因此,在收敛域内的 z 变换也是解析函数,z 变换及其所有导数必为 z 的连续函数。

把 z 写成极坐标形式 $z=re^{j\omega}$,代入式(2.88)得

$$X(re^{j\omega}) = \sum_{n=-\infty}^{\infty} x(n)r^{-n}e^{-j\omega n} \tag{2.89}$$

当 $r=|z|=1$ 时,有

$$X(e^{j\omega}) = \sum_{n=-\infty}^{\infty} x(n)e^{-j\omega n} \tag{2.90}$$

$r=|z|=1$ 表示一个单位圆,因此,序列在单位圆上的 z 变换等于序列的傅里叶变换。显然,系统的单位取样响应在单位圆上的 z 变换就是系统的频率响应。并不是所有序列的 z 变换对所有 z 值都是收敛的。在 2.4 节中曾讨论过,序列的傅里叶变换一致收敛的条件是序列绝对可和,如果将这个条件用于式(2.89),则要求

$$\sum_{n=-\infty}^{\infty} |x(n)r^{-n}| < \infty \tag{2.91}$$

因子 r^{-n} 的引入使得有些序列虽然不存在傅里叶变换,但却存在 z 变换。例如,序列 $u(n)$ 不满足绝对可和的条件,因而它的傅里叶变换不收敛,但只要 $1<r<\infty$,则 $u(n)r^{-n}$ 满足式(2.91),因而它的 z 变换是收敛的。

为使式(2.88)的级数一致收敛,除对 $x(n)$ 有一定要求外,对 z 值也有所要求。对于给定的 $x(n)$,使它的 z 变换收敛的 z 值的集合,称为 z 变换的收敛域,简称为 ROC(region of convergence)。ROC 是 z 变换中一个重要概念,在下一节中将说明一些不同类型序列的 ROC。

根据罗朗级数的性质,z 变换的收敛域一般是某个环域,即

$$R_{x^-} < |z| < R_{x^+}$$

式中,R_{x^-} 可小到 0,R_{x^+} 可大到 ∞。

例 2.16　求序列

$$x(n) = a^{-n}u(-n-1)$$

的 z 变换。

解　$X(z) = \mathcal{Z}[x(n)] = \sum_{n=-\infty}^{\infty} x(n)z^{-n} = \sum_{n=-\infty}^{-1} a^{-n}z^{-n} = \sum_{n=1}^{\infty} (az)^n$

$\qquad\qquad = az(1 + az + a^2z^2 + \cdots)$

当 $|az|<1$,即 $|z|<\dfrac{1}{|a|}$ 时,上列级数收敛,

且有

$$X(z)=\frac{az}{1-az}$$

可以看出,$X(z)$ 在 $z=0$ 处有一个零点,在

$z=\dfrac{1}{a}$ 处有一个极点,如图 2.40 所示。图

中用"。"表示零点,用"×"表示极点,阴影区

域表示收敛域。

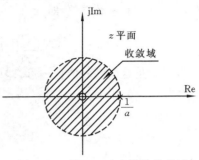

图 2.40　例 2.16 z 变换的收敛域

2.6.2　几种序列的 z 变换及其收敛域

1. 有限长序列

有限长序列是指序列的值在有限长度 $n_1 \sim n_2$ 区间内有非零值,而在长度外都为零的序列,它的 z 变换为

$$X(z) = \sum_{n=n_1}^{n_2} x(n) z^{-n} \tag{2.92}$$

在 $n_1 \leqslant n \leqslant n_2$ 内,$X(z)$ 是有限项级数和,只要级数的每一项都有界,有限项的和也就有界。因此,只要 $|x(n)|<\infty$,那么,级数式(2.92)在 z 平面上除去 0 和 ∞ 两个特殊点外的整个区域上都是收敛的,即有限长序列的 z 变换的收敛域为

$$0<|z|<\infty$$

如果对有限长序列的起点 n_1 和终点 n_2 加以一定的限制,则它的 z 变换收敛域可以包括 0 或 ∞。具体来说,当 $n_1 \geqslant 0$ 时,级数(2.92)没有正幂项,$|z|=\infty$ 时,级数是收敛的,而 $|z|=0$ 时,级数是发散的;当 $n_2 \leqslant 0$ 时,级数(2.92)有正幂项,$|z|=\infty$ 时,级数是发散的,而 $|z|=0$ 时,级数是收敛的。因此,当 $n_1 \geqslant 0$ 时,收敛域为 $0<|z| \leqslant \infty$;当 $n_2 \leqslant 0$ 时,收敛域为 $0 \leqslant |z|<\infty$。

2. 右边序列

右边序列是指 $x(n)$ 在 $n \geqslant n_1$ 时有非零值,而在 $n<n_1$ 时均为零值的序列,它的 z 变换为

$$X(z) = \sum_{n=n_1}^{\infty} x(n) z^{-n} \tag{2.93}$$

该级数的收敛域是以 R_{x^-} 为半径的圆的外部区域,即

$$R_{x^-}<|z|$$

如图 2.41 所示。为证明这一点,设级数在某

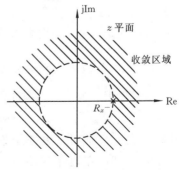

图 2.41　右边序列的 z 变换收敛域

个圆 $|z|=|z_1|$ 上绝对收敛,即

$$\sum_{n=n_1}^{\infty} |x(n)z_1^{-n}| < \infty$$

现在,假定 z 是这个圆外的任一点,即 $|z|>|z_1|$,下面分两种情况讨论。

① 当 $n_1 \geqslant 0$ 时,因为 $|z^{-n}|<|z_1^{-n}|$,所以

$$\sum_{n=n_1}^{\infty} |x(n)z^{-n}| < \sum_{n=n_1}^{\infty} |x(n)z_1^{-n}| < \infty$$

这说明级数 $\sum_{n=n_1}^{\infty} x(n)z^{-n}$ 是收敛的。

② 当 $n_1 < 0$ 时,

$$\sum_{n=n_1}^{\infty} |x(n)z^{-n}| = \sum_{n=n_1}^{-1} |x(n)z^{-n}| + \sum_{n=0}^{\infty} |x(n)z^{-n}|$$

显然,当 z 取有限值时,上式右边的第一项级数的值是有限的,而第二项级数由①的结论可知是收敛的。

右边序列中最重要的一种序列是因果序列,它在 $n\geqslant 0$ 时有非零值,而在 $n<0$ 时均为零,如图 2.42(a)所示。因果序列的 z 变换没有正幂项,因此收敛域可包括 ∞,即

$$R_{x^-}<|z|\leqslant\infty$$

$n_1<0$ 的右边序列称为非因果序列,如图 2.42(b)所示。

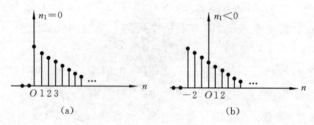

图 2.42　因果序列和非因果序列示例

(a) 因果序列;　(b) 非因果序列

3. 左边序列

左边序列是指 $n>n_2$ 时取值均为零的序列,它的 z 变换为

$$X(z) = \sum_{n=-\infty}^{n_2} x(n)z^{-n} \qquad (2.94)$$

其收敛域是以 R_{x^+} 为半径的圆的内部区域,即

$$|z|<R_{x^+}$$

如图 2.43 所示。证明方法与右边序列情况类似。

当 $n_2<0$ 时,左边序列的 z 变换没有负幂项,因此级数(2.94)在 $z=0$ 处是收敛的。$n_2\leqslant 0$ 的左

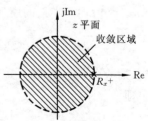

图 2.43　左边序列的 z 变换收敛域

边序列称为逆(或反)因果序列,如图 2.44(a)所示。逆因果序列的 z 变换的收敛域为

$$0 \leqslant |z| < R_x{}^+$$

$n_2 > 0$ 的左边序列称为非因果序列,如图 2.44(b)所示。

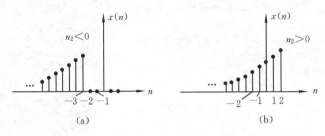

图 2.44　逆因果序列和非因果序列示例

(a) 逆因果序列;　(b) 非因果序列

4. 双边序列

双边序列是指 n 从 $-\infty$ 到 ∞ 都有非零值的序列,它可被看做是一个右边序列和一个左边序列的和。因此它的 z 变换为

$$X(z) = \sum_{n=-\infty}^{\infty} x(n) z^{-n} = \sum_{n=-\infty}^{-1} x(n) z^{-n} + \sum_{n=0}^{\infty} x(n) z^{-n}$$
$$= X_1(z) + X_2(z)$$

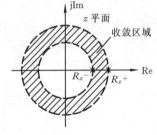

图 2.45　双边序列的 z 变换收敛域

$X_1(z)$ 和 $X_2(z)$ 分别是左边序列和右边序列的 z 变换。双边序列的 z 变换的收敛域是这两个序列的 z 变换的收敛域的公共部分,即为一个环域,如图 2.45 所示。

由于 $X_1(z)$ 的收敛域是 $|z| < R_x{}^+$,$X_2(z)$ 的收敛域是 $R_x{}^- < |z|$,因此,如果 $R_x{}^+ > R_x{}^-$,则 $X(z)$ 的收敛域为

$$R_x{}^- < |z| < R_x{}^+$$

如果 $R_x{}^+ \leqslant R_x{}^-$,则 $X(z)$ 无收敛域,即 z 变换不存在。可以证明,周期序列和如图 2.46 所示的序列的 z 变换不存在。

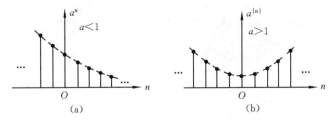

图 2.46　z 变换无收敛域的序列

例 2.17　求如图 2.47(a)所示的序列

$$x(n)=\begin{cases}a^n, & n\geqslant0 \\ -b^n, & n<0\end{cases}\quad(a<b)$$

的 z 变换及其收敛域。

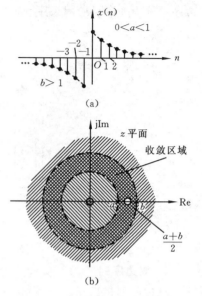

解　该序列为双边序列,其 z 变换为

$$X(z)=\sum_{n=-\infty}^{\infty}x(n)z^{-n}=\sum_{n=-\infty}^{-1}-b^nz^{-n}+\sum_{n=0}^{\infty}a^nz^{-n}$$

$$=\frac{z(2z-a-b)}{(z-a)(z-b)}$$

这是一个有理分式。可以看出,极点为 $z_1=a$ 和

$z_2=b$,零点为 $z_1=0$ 和 $\dfrac{a+b}{2}$,收敛域为一个环

域:

$$|a|<|z|<|b|$$

如图 2.47(b)所示。

图 2.47　序列 $x(n)$ 及其
　　　z 变换收敛域

该例题说明,有理分式 z 变换的收敛域以极
点为边界(0 和∞也可作为边界),收敛域内不包含
任何极点,但可以包含零点,这才能保证 z 变换的解析性。利用这个结论,就能够比
较容易地确定在有多个极点情况下的收敛域。图 2.48 所示的是某个序列 z 变换的

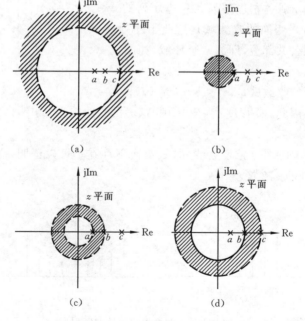

图 2.48　极-零点分布相同而收敛域不同的 4 个可能的 z 变换

极-零点分布图和 4 种收敛域的情况。图 2.48(a) 对应于一个右边序列；图 2.48(b) 对应于一个左边序列；图 2.48(c) 和图 2.48(d) 则分别对应于两个不同的双边序列。应注意,这 4 个序列的 z 变换的极-零点分布图是相同的。

2.6.3　z 变换的逆变换

z 变换的逆变换是由 $X(z)$ 求序列 $x(n)$ 的变换。计算逆 z 变换的方法较多,下面介绍几种常用的方法。

1. 幂级数法

如果一个 z 变换 $X(z)$ 能表示成幂级数的形式,那么,可直接看出序列 $x(n)$ 是幂级数

$$X(z) = \sum_{n=-\infty}^{\infty} x(n)z^{-n}$$

中的 z^{-n} 的系数。因此,若能用现有的幂级数公式将 $X(z)$ 展开,则可很容易地求得 $x(n)$。

例 2.18　求 z 变换

$$X(z) = \ln(1+az^{-1}), \quad |a| < |z|$$

的逆变换。

解　利用 $\ln(1+x)$ 的幂级数展开式,得到

$$X(z) = \sum_{n=1}^{\infty} \frac{(-1)^{n+1}a^n z^{-n}}{n}$$

由收敛域 $|a| < |z|$ 可知,原序列为右边序列,因此

$$x(n) = \begin{cases} (-1)^{n+1}\dfrac{a^n}{n}, & n \geqslant 1 \\ 0, & n < 0 \end{cases}$$

对于 z 变换为有理函数的情况,可用长除法将 $X(z)$ 展开成幂级数。在使用长除法之前,应先根据收敛域确定对应的是右边序列(或因果序列)还是左边序列(或逆因果序列)。若为右边序列(因果序列),则将 $X(z)$ 展成负幂级数,若为左边序列(逆因果序列),则将 $X(z)$ 展成正幂级数。

例 2.19　求

$$X(z) = \frac{1+2z^{-1}}{1-2z^{-1}+z^{-2}}, \quad |z| > 1$$

的逆变换。

解　因为它的收敛域是一个圆的外部区域,所以对应的序列是右边序列。又因为 $z \to \infty$ 时,$X(z)$ 趋近于有限的常数 1,因此,它是一个因果序列。用长除法将 $X(z)$ 展成负幂级数。

$$\begin{array}{r}
1+4z^{-1}+7z^{-2}+\cdots \\
1-2z^{-1}+z^{-2}\overline{\big)\,1+2z^{-1}\phantom{+z^{-2}}} \\
\underline{1-2z^{-1}+z^{-2}} \\
4z^{-1}-z^{-2} \\
\underline{4z^{-1}-8z^{-2}+4z^{-3}} \\
7z^{-2}-4z^{-3} \\
\underline{7z^{-2}-14z^{-3}+7z^{-4}} \\
10z^{-3}-7z^{-4} \\
\vdots
\end{array}$$

由此看出，

$$x(n)=\begin{cases}3n+1, & n\geqslant 0 \\ 0, & n<0\end{cases}$$

或
$$x(n)=(3n+1)u(n)$$

例 2.20　研究一个与上例形式相同，但收敛域不同的 $X(z)$，即

$$X(z)=\frac{1+2z^{-1}}{1-2z^{-1}+z^{-2}}, \quad |z|<1$$

的逆变换。

解　由其收敛域知，对应的序列是一个左边序列，又因为 $X(z)$ 在 $z=0$ 时的值有限，所以它是一个逆因果序列。用长除法将其展成正幂级数如下。

$$\begin{array}{r}
2z+5z^{2}+8z^{3}+\cdots \\
z^{-2}-2z^{-1}+1\overline{\big)\,2z^{-1}+1\phantom{+z^{2}}} \\
\underline{2z^{-1}-4+2z} \\
5-2z \\
\underline{5-10z+5z^{2}} \\
8z-5z^{2} \\
\underline{8z-16z^{2}+8z^{3}} \\
11z^{2}-8z^{3} \\
\vdots
\end{array}$$

继续除下去，可以得出

$$x(n)=\begin{cases}0, & n\geqslant 0 \\ -3n-1, & n<0\end{cases}$$

或
$$x(n)=(-3n-1)u(-n-1)$$

2. 部分分式展开法

对有理 z 变换求逆变换常用的另一种方法是将其展成部分分式，然后求各简单分式的逆变换（可利用表 2.2 中的基本公式）。如果 $X(z)$ 是两个多项式 $B(z)$ 和

$A(z)$ 的比，设 $B(z)$ 和 $A(z)$ 的阶次分别为 M 和 N。当 $M<N$ 且 $X(z)$ 只有一阶极点时，$X(z)$ 可以表示成下列形式的部分分式展开式

$$X(z)=\frac{B(z)}{A(z)}=\frac{b_0+b_1z^{-1}+b_2z^{-2}+\cdots+b_Mz^{-M}}{a_0+a_1z^{-1}+a_2z^{-2}+\cdots+a_Nz^{-N}}$$

$$=\frac{b_0+b_1z^{-1}+\cdots+b_Mz^{-M}}{\prod_{k=1}^{N}(1-d_kz^{-1})}=\sum_{k=1}^{N}\frac{A_k}{1-d_kz^{-1}} \qquad (2.95)$$

式中，$d_k(k=1,2,\cdots,N)$ 是 $X(z)$ 的极点。$X(z)$ 的收敛域是以最大极点的模为半径的圆的外部区域，即

$$|z|>\max\{|d_k|\}$$

A_k 可由极点上的留数求得，即

$$A_k=(1-d_kz^{-1})X(z)\Big|_{z=d_k} \qquad (2.96)$$

如果 $M\geqslant N$，则 $X(z)$ 可展开成如下形式

$$X(z)=B_{M-N}z^{M-N}+B_{M-N-1}z^{M-N-1}+\cdots+B_1z^{-1}+B_0+\sum_{k=1}^{N}\frac{A_k}{1-d_kz^{-1}}$$

$$=\sum_{n=0}^{M-N}B_nz^{-n}+\sum_{k=1}^{N}\frac{A_k}{1-d_kz^{-1}} \qquad (2.97)$$

式中，B_n 可直接用长除法得到，A_k 仍由式(2.96)求得。如果 $X(z)$ 具有多阶极点，则应对式(2.97)进行修正，具体方法可参考文献 1。

例 2.21　用部分分式法求下列 z 变换的逆变换：

$$X(z)=\frac{1}{(1-2z^{-1})(1-0.5z^{-1})},\quad |z|>2$$

解　由收敛域可确定逆变换为右边序列。又当 $z\to\infty$ 时，$X(z)$ 为有限值，所以它还是因果序列。$X(z)$ 有两个极点，即 $z_1=2$ 和 $z_2=0.5$，将 $X(z)$ 展开成部分分式

$$X(z)=\frac{A_1}{1-2z^{-1}}+\frac{A_2}{1-0.5z^{-1}}$$

式中

$$A_1=\frac{1}{(1-2z^{-1})(1-0.5z^{-1})}(1-2z^{-1})\Big|_{z=2}=\frac{4}{3}$$

$$A_2=\frac{1}{(1-2z^{-1})(1-0.5z^{-1})}(1-0.5z^{-1})\Big|_{z=0.5}=-\frac{1}{3}$$

查表 2.2 可得

$$x(n)=\begin{cases}\frac{4}{3}\cdot 2^n-\frac{1}{3}\cdot 0.5^n, & n\geqslant 0\\ 0, & n<0\end{cases}$$

或

$$x(n) = \left(\frac{4}{3} \cdot 2^n - \frac{1}{3} \cdot 0.5^n\right)u(n)$$

部分分式法也可以应用于左边序列和双边序列,但在双边序列情况下,应注意哪些极点对应于右边序列,哪些极点对应于左边序列。

例 2.22 求下列 z 变换的逆变换:

$$X(z) = \frac{5z^{-1}}{1 + z^{-1} - 6z^{-2}}, \quad 2 < |z| < 3$$

解 由收敛域可知,对应的序列为双边序列。将 $X(z)$ 进行部分分式分解,得

$$X(z) = \frac{5z^{-1}}{(1 - 2z^{-1})(1 + 3z^{-1})} = \frac{A_1}{1 - 2z^{-1}} + \frac{A_2}{1 + 3z^{-1}}$$

$X(z)$ 的极点为 $z_1 = 2, z_2 = -3$,所以

$$A_1 = \frac{5z^{-1}}{1 + 3z^{-1}}\bigg|_{z=2} = 1$$

$$A_2 = \frac{5z^{-1}}{1 - 2z^{-1}}\bigg|_{z=-3} = -1$$

最后得

$$X(z) = \frac{1}{1 - 2z^{-1}} + \frac{-1}{1 + 3z^{-1}} = X_1(z) + X_2(z)$$

收敛条件 $|z| > 2$,说明对应的极点是 $z_1 = 2$;又当 $z \to \infty$ 时,$X_1(z)$ 为有限值,所以 $X_1(z)$ 对应一个因果序列 $x_1(n)$,

$$x_1(n) = 2^n, \quad n \geqslant 0$$

收敛条件 $|z| < 3$,对应于极点 $z_2 = -3$,且当 $z \to 0$ 时 $X_2(z)$ 为有限值,所以 $X_2(z)$ 对应一个逆因果序列 $x_2(n)$,

$$x_2(n) = (-3)^n, \quad n < 0$$

综合以上结果便得到所求序列为

$$x(n) = \begin{cases} 2^n, & n \geqslant 0 \\ (-3)^n, & n < 0 \end{cases}$$

或表示为

$$x(n) = 2^n u(n) + (-3)^n u(-n-1)$$

使用部分分式展开法求反 z 变换,如果利用 Matlab 会更加快捷,关于在用部分分式展开法求反 z 变换中使用 Matlab 的问题,将在 2.9 节中说明。

3. 留数定理法

使用柯西积分公式可以方便地导出求逆 z 变换的公式,柯西积分公式为

$$\frac{1}{2\pi j}\oint_C z^{k-1}\mathrm{d}z = \begin{cases} 1, & k = 0 \\ 0, & k \neq 0 \end{cases}$$

式中,C 是逆时针方向环绕原点的围线。

在 z 变换的定义式(2.88)两边同乘以 z^{k-1}，并计算围线积分，得

$$\frac{1}{2\pi \mathrm{j}}\oint_C X(z)z^{k-1}\mathrm{d}z = \frac{1}{2\pi \mathrm{j}}\oint_C \sum_{n=-\infty}^{\infty} x(n)z^{-n+k-1}\mathrm{d}z$$

式中，C 是 $X(z)$ 的收敛域内的一条环绕原点的积分围线。

当 $n=k$ 时，利用柯西积分公式，由上式可得到

$$\frac{1}{2\pi \mathrm{j}}\oint_C X(z)z^{k-1}\mathrm{d}z = x(k)$$

或

$$x(n) = \frac{1}{2\pi \mathrm{j}}\oint_C X(z)z^{n-1}\mathrm{d}z \tag{2.98}$$

该式对正的 n 和负的 n 均成立。该式便是逆 z 变换计算公式。

对于有理 z 变换，式(2.98)的围线积分可用留数定理来计算。设在有限的 z 平面上，$\{a_k\}(k=1,2,\cdots,N)$ 是 $X(z)z^{n-1}$ 在围线 C 内部的极点集，$\{b_k\}(k=1,2,\cdots,M)$ 是 $X(z)z^{n-1}$ 在 C 外部的极点集。根据柯西留数定理，有

$$x(n) = \sum_{k=1}^{N}\mathrm{Res}[X(z)z^{n-1},a_k] \tag{2.99}$$

或

$$x(n) = -\sum_{k=1}^{M}\mathrm{Res}[X(z)z^{n-1},b_k] - \mathrm{Res}[X(z)z^{n-1},\infty] \tag{2.100}$$

当 $X(z)z^{n-1}$ 在 $z=\infty$ 处有二阶或二阶以上的零点，即 $X(z)z^{n-1}$ 的分母多项式的阶数比分子多项式的阶数高二阶或二阶以上时，无穷远处的留数为零，因此式(2.100)可表示为

$$x(n) = -\sum_{k=1}^{M}\mathrm{Res}[X(z)z^{n-1},b_k] \tag{2.101}$$

围线 C 内的极点一般对应于一个因果序列，而 C 外的极点对应于一个逆因果序列，因此，当 $n \geqslant 0$ 时，使用式(2.99)；当 $n < 0$ 时，使用式(2.101)。

如果 $X(z)z^{n-1}$ 是 z 的有理函数，且 $z=z_0$ 处有 s 阶极点，即

$$X(z)z^{n-1} = \frac{\Psi(z)}{(z-z_0)^s} \tag{2.102}$$

式中，$\Psi(z)$ 在 $z=z_0$ 处无极点，那么，$X(z)z^{n-1}$ 在 $z=z_0$ 处的留数可用下式计算

$$\mathrm{Res}[X(z)z^{n-1},z_0] = \frac{1}{(s-1)!}\left[\frac{\mathrm{d}^{s-1}\Psi(z)}{\mathrm{d}z^{s-1}}\right]\Bigg|_{z=z_0} \tag{2.103}$$

特别地，当 $s=1$ 时，有

$$x(n) = \Psi(z)\Big|_{z=z_0} = \Psi(z_0) \tag{2.104}$$

例 2.23　求下列 z 变换的逆变换

$$X(z) = \frac{1}{(1-z^{-1})(1-az^{-1})}, \quad |z|>1, a<1$$

解　围线积分的被积函数为

$$X(z)z^{n-1} = \frac{z^{n+1}}{(z-1)(z-a)}$$

当 $n \geqslant 0$ 时,两个极点 $z_1 = 1$ 和 $z_2 = a$ 都包含在围线 C 之内,如图 2.49 所示。应用式(2.99)和式(2.104)得

$$x(n) = \text{Res}[X(z)z^{n-1}, 1] + \text{Res}[X(z)z^{n-1}, a]$$
$$= \frac{1}{1-a} + \frac{a^{n+1}}{a-1} = \frac{1-a^{n+1}}{1-a}, \quad n \geqslant 0$$

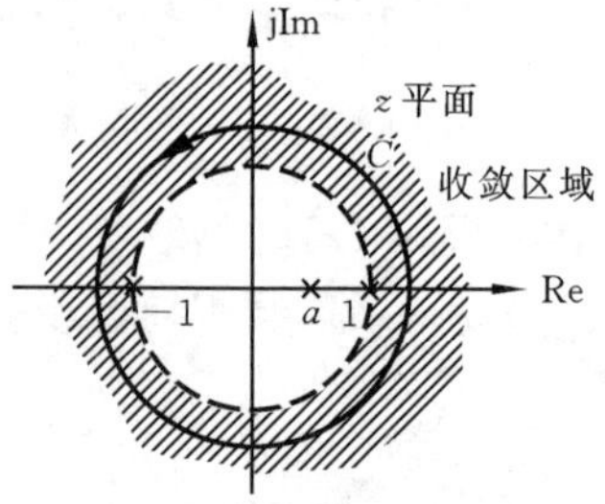

当 $n < 0$ 时,因为 $X(z)z^{n-1}$ 在 C 外无极点,且 $X(z)z^{n-1}$ 的分母多项式与分子多项式阶数之差为 $2 - n - 1 = 1 - n \geqslant 2$(因为 n 为负值),所以应用式(2.101)得

$$x(n) = 0, \qquad n < 0$$

最后得

$$x(n) = \begin{cases} \dfrac{1-a^{n+1}}{1-a}, & n \geqslant 0 \\ 0, & n < 0 \end{cases}$$

或表示为

$$x(n) = \frac{1-a^{n+1}}{1-a} u(n)$$

实际上,如果收敛域具有 $|z| > R_{x^-}$ 的形式,则围线 C 包含了所有极点。当 $n < 0$ 时,$X(z)z^{n-1}$ 在 $z = \infty$ 处有二阶或二阶以上的零点,即 $X(z)z^{n-1}$ 的分母多项式的阶数比分子多项式的阶数高二阶或二阶以上,这时,$\text{Res}[X(z)z^{n-1}, \infty] = 0$。根据式(2.100)能迅速确定 $x(n) = 0, n < 0$;如果收敛域具有 $|z| < R_{x^+}$ 的形式,则所有的极点都在围线 C 之外,当 $n > 0$ 时,$X(z)z^{n-1}$ 在 C 内就没有极点,因此,根据式(2.99)可以确定 $x(n) = 0, n > 0$;如果收敛域具有 $0 < R_{x^-} < |z| < R_{x^+} < \infty$ 的形式,则对于正的或负的 n 值,$x(n)$ 不会恒等于零,这时,对应的序列 $x(n)$ 应是双边序列。

例 2.24 设 $X(z) = \dfrac{z(a-1/a)}{(z-1/a)(z-a)}$,$a < |z| < \dfrac{1}{a}$,其中 $0 < a < 1$,求 $x(n)$。

解 $X(z)$ 有两个极点 $z_1 = a$ 和 $z_2 = \dfrac{1}{a}$,如图 2.50 所示。被积函数为

$$X(z)z^{n-1} = \frac{(a-1/a)z^n}{(z-1/a)(z-a)}$$

当 $n \geqslant 0$ 时,围线 C 仅包含极点 a,使用式(2.99)和式(2.104)得

$$x(n) = \left[\frac{(a-1/a)z^n}{(z-1/a)}\right]\Bigg|_{z=a} = a^n$$

当 $n < 0$ 时,因为在围线 C 外仅有一个极点 a^{-1},且

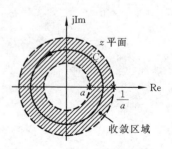

图 2.49 例 2.23 $X(z)z^{n-1}$ 的收敛域

图 2.50 例 2.24 $X(z)z^{n-1}$ 的收敛域

$X(z)z^{n-1}$ 在 $z=\infty$ 处有 $2-n\geqslant2$ 阶零点,所以根据式(2.101)和式(2.104)得

$$x(n)=-\operatorname{Res}[X(z)z^{n-1},a^{-1}]=-\left[\frac{(a-1/a)z^n}{(z-a)}\right]\Bigg|_{z=a^{-1}}=a^{-n}$$

最后得

$$x(n)=\begin{cases}a^n, & n\geqslant0\\ a^{-n}, & n<0\end{cases}$$

或表示为

$$x(n)=a^nu(n)+a^{-n}u(-n-1)$$

最后,将一些常用序列的 z 变换列于表 2.2 中,以便求逆 z 变换时参照。

表 2.2 常用序列的 z 变换

序号	序 列	z 变换	收敛域
1	$\delta(n)$	1	全部 z
2	$u(n)$	$\dfrac{z}{z-1}=\dfrac{1}{1-z^{-1}}$	$|z|>1$
3	$a^nu(n)$	$\dfrac{z}{z-a}=\dfrac{1}{1-az^{-1}}$	$|z|>|a|$
4	$R_N(n)$	$\dfrac{z^N-1}{z^{N-1}(z-1)}=\dfrac{1-z^{-N}}{1-z^{-1}}$	$|z|>0$
5	$nu(n)$	$\dfrac{z}{(z-1)^2}=\dfrac{z^{-1}}{(1-z^{-1})^2}$	$|z|>1$
6	$na^nu(n)$	$\dfrac{az}{(z-a)^2}=\dfrac{az^{-1}}{(1-az^{-1})^2}$	$|z|>|a|$
7	$\mathrm{e}^{-jn\omega_0}u(n)$	$\dfrac{z}{z-\mathrm{e}^{-j\omega_0}}=\dfrac{1}{1-\mathrm{e}^{-j\omega_0}z^{-1}}$	$|z|>1$
8	$\sin(n\omega_0)u(n)$	$\dfrac{z\sin\omega_0}{z^2-2z\cos\omega_0+1}=\dfrac{z^{-1}\sin\omega_0}{1-2z^{-1}\cos\omega_0+z^{-2}}$	$|z|>1$
9	$\cos(n\omega_0)u(n)$	$\dfrac{z^2-z\cos\omega_0}{z^2-2z\cos\omega_0+1}=\dfrac{1-z^{-1}\cos\omega_0}{1-2z^{-1}\cos\omega_0+z^{-2}}$	$|z|>1$
10	$\mathrm{e}^{-an}\sin(n\omega_0)u(n)$	$\dfrac{z^{-1}\mathrm{e}^{-a}\sin\omega_0}{1-2z^{-1}\mathrm{e}^{-a}\cos\omega_0+z^{-2}\mathrm{e}^{-2a}}$	$|z|>\mathrm{e}^{-a}$
11	$\mathrm{e}^{-an}\cos(n\omega_0)u(n)$	$\dfrac{1-z^{-1}\mathrm{e}^{-a}\cos\omega_0}{1-2z^{-1}\mathrm{e}^{-a}\cos\omega_0+z^{-2}\mathrm{e}^{-2a}}$	$|z|>\mathrm{e}^{-a}$
12	$\sin(\omega_0n+\theta)u(n)$	$\dfrac{z^2\sin\theta+z\sin(\omega_0-\theta)}{z^2-2z\cos\omega_0+1}=\dfrac{\sin\theta+z^{-1}\sin(\omega_0-\theta)}{1-2z^{-1}\cos\omega_0+z^{-2}}$	$|z|>1$
13	$(n+1)a^nu(n)$	$\dfrac{z^2}{(z-a)^2}=\dfrac{1}{(1-az^{-1})^2}$	$|z|>|a|$
14	$\dfrac{(n+1)(n+2)}{2!}a^nu(n)$	$\dfrac{z^3}{(z-a)^3}=\dfrac{1}{(1-az^{-1})^3}$	$|z|>|a|$
15	$\dfrac{(n+1)(n+2)\cdots(n+m)}{m!}a^nu(n)$	$\dfrac{z^{m+1}}{(z-a)^{m+1}}=\dfrac{1}{(1-az^{-1})^{m+1}}$	$|z|>|a|$

2.6.4 z 变换的性质和定理

1. 线性

z 变换是一种线性变换，对它可以使用叠加原理。设

$$\mathscr{L}[x(n)]=X(z), \quad R_{x^-}<|z|<R_{x^+}$$
$$\mathscr{L}[y(n)]=Y(z), \quad R_{y^-}<|z|<R_{y^+}$$

则

$$\mathscr{L}[ax(n)+by(n)]=aX(z)+bY(z), \quad R_-<|z|<R_+$$

这里，线性组合序列 $ax(n)+by(n)$ 的收敛域是 $x(n)$ 和 $y(n)$ 的 z 变换的收敛域的重叠部分，即

$$R_-=\max[R_{x^-},R_{y^-}]$$
$$R_+=\min[R_{x^+},R_{y^+}]$$

如图 2.51 所示。在一般情况下，收敛域的范围变小。但是，在组合 z 变换可能出现新的零点抵消原来的某些极点的情况时，收敛域就可能会增大。例如，$a^n u(n)$ 和 $a^n u(n-1)$ 的 z 变换收敛域都是 $|z|>|a|$，但是它们之差组成的新序列 $\delta(n)=a^n u(n)-a^n u(n-1)$ 的 z 变换收敛域却是整个 z 平面。

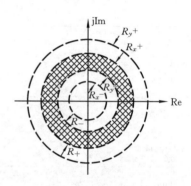

图 2.51 公共收敛域

2. 序列的移位

设 $\mathscr{L}[x(n)]=X(z)$，$R_{x^-}<|z|<R_{x^+}$，则

$$\mathscr{L}[x(n-m)]=z^{-m}X(z), \quad R_{x^-}<|z|<R_{x^+} \qquad (2.105)$$

一般情况下，$x(n-m)$ 和 $x(n)$ 的 z 变换收敛域相同，只在 $z=0$ 或 $z=\infty$ 处有例外。例如，$\delta(n)$ 的 z 变换收敛域为整个 z 平面，而 $\delta(n-1)$ 的 z 变换在 $z=0$ 处不收敛，$\delta(n+1)$ 的 z 变换在 $z=\infty$ 处也不收敛。

3. 乘以指数 a^n

设 $\mathscr{L}[x(n)]=X(z)$，$R_{x^-}<|z|<R_{x^+}$，则

$$\mathscr{L}[a^n x(n)]=X(a^{-1}z), \quad |a|R_{x^-}<|z|<|a|R_{x^+} \qquad (2.106)$$

此性质可使 z 变换的极-零点移动。如果 $X(z)$ 在 $z=z_1$ 处有极点，则 $X(a^{-1}z)$ 在 $z=az_1$ 处有极点。

在 a 为正实数的情况下，该性质可被解释为 z 平面尺度的缩小或扩大，即极点和零点的位置在 z 平面上沿径向移动；如果 a 是模为 1 的复数，则相当于 z 平面的旋转，即极点和零点的位置沿着以原点为中心的圆周移动。

4. 序列的折叠

设 $\mathscr{L}[x(n)]=X(z)$，$R_{x^-}<|z|<R_{x^+}$，则

$$\mathscr{L}[x(-n)]=X\left(\frac{1}{z}\right), \quad \frac{1}{R_x{}^+}<|z|<\frac{1}{R_x{}^-} \tag{2.107}$$

5. 序列的复共轭

设 $\mathscr{L}[x(n)]=X(z),R_x{}^-<|z|<R_x{}^+$，则

$$\mathscr{L}[x^*(n)]=X^*(z^*), \quad R_x{}^-<|z|<R_x{}^+ \tag{2.108}$$

式中,上标 * 表示取复共轭。

6. $X(z)$ 的微分

设 $\mathscr{L}[x(n)]=X(z),R_x{}^-<|z|<R_x{}^+$，则

$$\mathscr{L}[nx(n)]=-z\frac{\mathrm{d}X(z)}{\mathrm{d}z}, \quad R_x{}^-<|z|<R_x{}^+ \tag{2.109}$$

7. 初值定理

对于因果序列 $x(n)$，有

$$x(0)=\lim_{z\to\infty}X(z) \tag{2.110}$$

对于逆因果序列，有

$$x(0)=\lim_{z\to 0}X(z) \tag{2.111}$$

上述性质请读者自行证明。

8. 终值定理

若 $x(n)$ 是因果序列，而且 $X(z)$ 除在 $z=1$ 处可以有一阶极点外,其它极点都在单位圆内,则

$$\lim_{n\to\infty}x(n)=\lim_{z\to 1}[(z-1)X(z)] \tag{2.112}$$

证明　$(z-1)X(z)=zX(z)-X(z)$

$$=\mathscr{L}[x(n+1)-x(n)]=\sum_{n=-\infty}^{\infty}[x(n+1)-x(n)]z^{-n}$$

考虑到 $x(n)$ 是因果序列,因此可将上式改写成

$$(z-1)X(z)=\lim_{n\to\infty}\sum_{k=-1}^{n}[x(k+1)-x(k)]z^{-k} \tag{2.113}$$

由于 $X(z)$ 只在 $z=1$ 处可能有一阶极点,而 $(z-1)$ 将抵消掉这个极点,因此 $(z-1)X(z)$ 的收敛域将包括单位圆,即式 (2.113) 在 $|z|\geqslant 1$ 上成立,这样就允许对式 (2.113) 取极限 $z\to 1$，即

$$\lim_{z\to 1}(z-1)X(z)=\lim_{n\to\infty}\sum_{k=-1}^{n}[x(k+1)-x(k)]$$

$$=\lim_{n\to\infty}\{[x(0)-0]+[x(1)-x(0)]+\cdots+[x(n+1)-x(n)]\}$$

$$=\lim_{n\to\infty}\{x(n+1)\}=\lim_{n\to\infty}x(n)$$

证毕。

9. 序列的卷积

设 $w(n)$ 是序列 $x(n)$ 和 $y(n)$ 的卷积,即

$$w(n) = x(n) * y(n) = \sum_{k=-\infty}^{\infty} x(k)y(n-k)$$

则

$$W(z) = \mathscr{L}[x(n) * y(n)] = X(z)Y(z) \tag{2.114}$$

$W(z)$ 的收敛域为 $X(z)$ 和 $Y(z)$ 的收敛域的公共部分,即

$$\max[R_x^-, R_y^-] < |z| < \min[R_x^+, R_y^+]$$

证明　　　$W(z) = \mathscr{L}[w(n)] = \mathscr{L}[x(n) * y(n)]$

$$= \sum_{n=-\infty}^{\infty} \left[\sum_{k=-\infty}^{\infty} x(k)y(n-k) \right] z^{-n}$$

交换上式右边求和次序得

$$W(z) = \sum_{k=-\infty}^{\infty} x(k) \sum_{n=-\infty}^{\infty} y(n-k)z^{-n}$$

作变量代换 $m = n - k$ 得

$$W(z) = \sum_{k=-\infty}^{\infty} x(k)z^{-k} \sum_{m=-\infty}^{\infty} y(m)z^{-m}$$

当 z 处在 $X(z)$ 与 $Y(z)$ 的收敛域的公共区域内时,$W(z)$ 可写为

$$W(z) = X(z)Y(z), \max[R_x^-, R_y^-] < |z| < \min[R_x^+, R_y^+] \qquad 证毕。$$

　　由于 $W(z)$ 的收敛域是 $X(z)$ 和 $Y(z)$ 的收敛域的重合部分,所以在一般的情况下 $W(z)$ 的收敛域变小。但是,如果位于一个 z 变换收敛域边界上的极点被另一个 z 变换的零点所抵消,则 $W(z)$ 的收敛域会扩大。

10. 复卷积定理

　　设

$$\mathscr{L}[x(n)] = X(z), \quad R_x^- < |z| < R_x^+$$

$$\mathscr{L}[y(n)] = Y(z), \quad R_y^- < |z| < R_y^+$$

则

$$W(z) = \mathscr{L}[x(n)y(n)] = \frac{1}{2\pi \mathrm{j}} \oint_{C_1} X\left(\frac{z}{v}\right) Y(v) v^{-1} \mathrm{d}v$$

$$R_x^- R_y^- < |z| < R_x^+ R_y^+$$

$$\tag{2.115}$$

式中,C_1 是 v 平面收敛域中任一条环绕原点的逆时针方向的闭合围线,v 平面的收敛域为

$$\max\left[\frac{|z|}{R_x^+}, R_y^- \right] < |v| < \min\left[\frac{|z|}{R_x^-}, R_y^+ \right] \tag{2.116}$$

证明　　$W(z) = \sum_{n=-\infty}^{\infty} x(n)y(n)z^{-n}$

将 $y(n) = \dfrac{1}{2\pi \mathrm{j}} \oint_{C_1} Y(v)v^{n-1} \mathrm{d}v$ 代入上式得

$$W(z) = \sum_{n=-\infty}^{\infty} x(n) \cdot \frac{1}{2\pi \mathrm{j}} \oint_{C_1} Y(v) v^{n-1} \cdot z^{-n} \mathrm{d}v$$

$$= \frac{1}{2\pi \mathrm{j}} \oint_{C_1} Y(v) v^{-1} \left[\sum_{n=-\infty}^{\infty} x(n) \left(\frac{z}{v} \right)^{-n} \right] \mathrm{d}v$$

在收敛域 $R_{x^-} < \left| \dfrac{z}{v} \right| < R_{x^+}$ 内,方括号中的级数收敛为 $X\left(\dfrac{z}{v} \right)$,因此

$$W(z) = \frac{1}{2\pi \mathrm{j}} \oint_{C_1} X\left(\frac{z}{v} \right) Y(v) v^{-1} \mathrm{d}v$$

这个公式称为复卷积公式,它可用留数定理来计算,即

$$W(z) = \frac{1}{2\pi \mathrm{j}} \oint_{C_1} X\left(\frac{z}{v} \right) Y(v) v^{-1} \mathrm{d}v$$

$$= \sum_k \mathrm{Res}\left[X\left(\frac{z}{v} \right) Y(v) v^{-1}, \ v_k \right] \tag{2.117}$$

这里,C_1 是 $X\left(\dfrac{z}{v} \right) Y(v) v^{-1}$ 在 v 平面收敛域中的围线,$\{v_k\}$ 是 C_1 所包含的全部极点。另外,$W(z)$ 还可表示为

$$W(z) = \frac{1}{2\pi \mathrm{j}} \oint_{C_2} X(v) Y\left(\frac{z}{v} \right) v^{-1} \mathrm{d}v \tag{2.118}$$

式中,C_2 是 $X(v) Y\left(\dfrac{z}{v} \right) v^{-1}$ 在 v 平面收敛域中环绕原点的反时针方向的闭合围线。

确定 $W(z)$ 在 z 平面中的收敛域和 $X\left(\dfrac{z}{v} \right) Y(v) v^{-1}$ 在 v 平面中的收敛域。注意到 $X(z)$ 的收敛域为 $R_{x^-} < |z| < R_{x^+}$,$Y(z)$ 的收敛域为 $R_{y^-} < |z| < R_{y^+}$,因此,$X\left(\dfrac{z}{v} \right)$ 和 $Y(v)$ 的收敛域分别为

$$R_{x^-} < \left| \frac{z}{v} \right| < R_{x^+} \tag{2.119}$$

和

$$R_{y^-} < |v| < R_{y^+} \tag{2.120}$$

合并式(2.119)和式(2.120),得 $W(z)$ 在 z 平面上的收敛域为

$$R_{x^-} R_{y^-} < |z| < R_{x^+} R_{y^+} \tag{2.121}$$

将式(2.119)写成倒数的形式,有

$$\frac{1}{R_{x^+}} < \left| \frac{v}{z} \right| < \frac{1}{R_{x^-}}$$

或

$$\frac{|z|}{R_{x^+}} < |v| < \frac{|z|}{R_{x^-}} \tag{2.122}$$

由式(2.120)和式(2.122)可得到 $X\left(\dfrac{z}{v} \right) Y(v) v^{-1}$ 在 v 平面中的收敛域为

$$\max\left[\frac{|z|}{R_{x^+}},R_{y^-}\right]<|v|<\min\left[\frac{|z|}{R_{x^-}},R_{y^+}\right] \qquad (2.123)$$

证毕。

如果 $x(n)$ 和 $y(n)$ 都是因果序列,则有 $R_{x^+}=R_{y^+}=\infty$,因此得到

$$R_{y^-}<|v|<\frac{|z|}{R_{x^-}} \qquad (2.124)$$

在式(2.118),中令 $v=\rho e^{j\theta}$,$z=r e^{j\varphi}$,积分围线取为一个圆周,于是得到

$$W(r e^{j\varphi})=\frac{1}{2\pi}\int_{-\pi}^{\pi}X(\rho e^{j\theta})Y\left(\frac{r}{\rho}e^{j(\varphi-\theta)}\right)\mathrm{d}\theta \qquad (2.125)$$

若把 φ 看做变量,把 θ 看做哑变量,则式(2.125)在形式上与卷积类似。

例 2.25　设 $x(n)=a^n u(n)$,$y(n)=b^n u(n)$,相应的 z 变换为

$$X(z)=\frac{1}{1-az^{-1}},\quad |a|<|z|\leqslant\infty$$

$$Y(z)=\frac{1}{1-bz^{-1}},\quad |b|<|z|\leqslant\infty$$

求 $w(n)=x(n)y(n)$ 的 z 变换。

解　应用式(2.115)得

$$W(z)=\frac{1}{2\pi j}\oint_{C_1}\frac{1}{1-a\left(\dfrac{z}{v}\right)^{-1}}\cdot\frac{v^{-1}}{1-bv^{-1}}\mathrm{d}v$$

$$=\frac{1}{2\pi j}\oint_{C_1}\frac{-z/a}{(v-z/a)(v-b)}\mathrm{d}v$$

在 v 平面中,被积函数有两个极点 $v_1=b$ 和 $v_2=\dfrac{|z|}{a}$。由于 $x(n)$ 和 $y(n)$ 都是因果序列,所以由式(2.124)确定的 v 平面的收敛域为

$$|b|<|v|<\frac{|z|}{a}$$

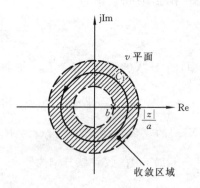

图 2.52　例 2.25 中被积函数的收敛域

如图 2.52 所示。因为只有极点 $v_1=b$ 在围线 C_1 之内,所以应用式(2.117)和式(2.104)得

$$W(z)=\mathrm{Res}\left[X\left(\frac{z}{v}\right)Y(v)v^{-1},b\right]=\left[\frac{-z/a}{v-z/a}\right]\bigg|_{v=b}$$

$$=\frac{1}{1-abz^{-1}}$$

11. 帕塞瓦尔(Parseval)公式

设 $\mathscr{Z}[x(n)]=X(z)$,$R_{x^-}<|z|<R_{x^+}$,$\mathscr{Z}[y(n)]=Y(z)$,$R_{y^-}<|z|<R_{y^+}$,且 $R_{x^-}R_{y^-}<1<R_{x^+}R_{y^+}$,则

$$\sum_{n=-\infty}^{\infty}x(n)y^*(n)=\frac{1}{2\pi j}\oint_C X(v)Y^*\left(\frac{1}{v^*}\right)v^{-1}\mathrm{d}v \qquad (2.126)$$

式中，C 是 $X(v)Y^*\left(\dfrac{1}{v^*}\right)$ 收敛域中环绕原点的逆时针方向的围线，在 v 平面的收敛域由下式确定

$$\max\left[\frac{1}{R_y^+}, R_x^-\right] < |v| < \min\left[\frac{1}{R_y^-}, R_x^+\right] \tag{2.127}$$

证明　设 $w(n)=x(n)y^*(n)$，应用式(2.108)和式(2.118)得

$$W(z) = \frac{1}{2\pi j}\oint_C X(v)Y^*\left(\frac{z^*}{v^*}\right)v^{-1}\mathrm{d}v, \quad R_x^- R_y^- < |z| < R_x^+ R_y^+$$

因为已假设 $X(z)$ 和 $Y(z)$ 的公共收敛域包括单位圆，即 $R_x^- R_y^- < 1 < R_x^+ R_y^+$，所以 $W(z)$ 在单位圆上收敛，于是有

$$W(z)\Big|_{z=1} = \frac{1}{2\pi j}\oint_C X(v)Y^*\left(\frac{1}{v^*}\right)v^{-1}\mathrm{d}v$$

又因为

$$W(z)\Big|_{z=1} = \sum_{n=-\infty}^{\infty} x(n)y^*(n)z^{-n}\Big|_{z=1} = \sum_{n=-\infty}^{\infty} x(n)y^*(n)$$

所以得到

$$\sum_{n=-\infty}^{\infty} x(n)y^*(n) = \frac{1}{2\pi j}\oint_C X(v)Y^*\left(\frac{1}{v^*}\right)v^{-1}\mathrm{d}v$$

证毕。

如果 $X(z)$ 和 $Y(z)$ 在单位圆上收敛，则将围线 C 选为单位圆，且令 $v=\mathrm{e}^{j\omega}$，于是得

$$\sum_{n=-\infty}^{\infty} x(n)y^*(n) = \frac{1}{2\pi}\int_{-\pi}^{\pi} X(\mathrm{e}^{j\omega})Y^*(\mathrm{e}^{j\omega})\mathrm{d}\omega \tag{2.128}$$

特别地，在 $x(n)=y(n)$ 时，有

$$\sum_{n=-\infty}^{\infty} |x(n)|^2 = \frac{1}{2\pi}\int_{-\pi}^{\pi} |X(\mathrm{e}^{j\omega})|^2\mathrm{d}\omega \tag{2.129}$$

这就是傅里叶变换的帕塞瓦尔公式。式(2.129)的等号左边表示时间信号的能量，等号右边表示信号频谱的能量，因此帕塞瓦尔公式的物理意义是：在时域中计算得到的序列能量与在频域中计算得到的频谱能量相等。

z 变换的一些基本性质列于表 2.3 中。

表 2.3　z 变换的基本性质

序号	序　列	z 变换	收敛域
1	$ax(n)+by(n)$	$aX(z)+bY(z)$	$\max[R_x^-, R_y^-] < |z| < \min[R_x^+, R_y^+]$
2	$x(n-m)$	$z^{-m}X(z)$	$R_x^- < |z| < R_x^+$
3	$a^n x(n)$	$X(a^{-1}z)$	$|a|R_x^- < |z| < |a|R_x^+$
4	$nx(n)$	$-z\dfrac{\mathrm{d}X(z)}{\mathrm{d}z}$	$R_x^- < |z| < R_x^+$

序号	序　　列	z 变换	收敛域
5	$x(-n)$	$X(1/z)$	$1/R_x{}^+ < \mid z \mid < 1/R_x{}^-$
6	$x^*(n)$	$X^*(z^*)$	$R_x{}^- < \mid z \mid < R_x{}^+$
7	$\mathrm{Re}[x(n)]$	$\dfrac{1}{2}[X(z) + X^*(z^*)]$	$R_x{}^- < \mid z \mid < R_x{}^+$
8	$\mathrm{Im}[x(n)]$	$\dfrac{1}{2\mathrm{j}}[X(z) - X^*(z^*)]$	$R_x{}^- < \mid z \mid < R_x{}^+$
9	$x(n) * y(n)$	$X(z) \cdot Y(z)$	$\max[R_x{}^-, R_y{}^-] < \mid z \mid < \min[R_x{}^+, R_y{}^+]$
10	$x(n) \cdot y(n)$	$\dfrac{1}{2\pi\mathrm{j}}\oint_C X(v)Y\left(\dfrac{z}{v}\right)v^{-1}\mathrm{d}v$	$R_x{}^- R_y{}^- < \mid z \mid < R_x{}^+ R_y{}^+$
11	$x(0) = \lim\limits_{z \to \infty} X(z)$		$x(n)$ 为因果序列，$\mid z \mid > R_x{}^-$
12	$x(\infty) = \lim\limits_{z \to 1}(z-1)X(z)$		$x(n)$ 为因果序列，$(z-1)X(z)$ 的极点都在单位圆内
13	$\displaystyle\sum_{n=-\infty}^{\infty} x(n)y^*(n) = \dfrac{1}{2\pi\mathrm{j}}\oint_C X(v)Y^*\left(\dfrac{1}{v^*}\right)v^{-1}\mathrm{d}v$		$R_x{}^- R_y{}^- < \mid z \mid < R_x{}^+ R_y{}^+$

2.6.5　z 变换与拉普拉斯变换的关系

为了了解连续时间信号 $x_a(t)$ 的拉普拉斯变换(简称拉氏变换)$X_a(s)$ 与离散时间信号 $x(n)$ 的 z 变换之间的关系,首先需要分析连续时间信号和取样信号拉氏变换之间的关系。

在 2.5 节中曾把取样信号表示为

$$\hat{x}_a(t) = x_a(t)p(t) = \sum_{n=-\infty}^{\infty} x_a(t)\delta(t - nT) \tag{2.130}$$

或

$$\hat{x}_a(t) = \sum_{n=-\infty}^{\infty} x_a(nT)\delta(t - nT) \tag{2.131}$$

这样,取样信号的拉氏变换可表示为

$$\hat{X}_a(s) = \mathscr{L}[\hat{x}_a(t)] = \int_{-\infty}^{\infty} \hat{x}_a(t)\mathrm{e}^{-st}\,\mathrm{d}t$$

$$= \int_{-\infty}^{\infty} x_a(t)p(t)\mathrm{e}^{-st}\,\mathrm{d}t \tag{2.132}$$

将 $p(t) = \dfrac{1}{T}\sum\limits_{r=-\infty}^{\infty} \mathrm{e}^{\mathrm{j}r\Omega_s t}$ 代入上式,并改变积分与求和的次序,得

$$\hat{X}_a(s) = \frac{1}{T}\sum_{r=-\infty}^{\infty}\int_{-\infty}^{\infty} x_a(t)\mathrm{e}^{-(s-\mathrm{j}r\Omega_s t)}\,\mathrm{d}t$$

因此

$$\hat{X}_a(s) = \frac{1}{T}\sum_{r=-\infty}^{\infty} X_a(s - jr\Omega_s) \tag{2.133}$$

式(2.133)表明,连续时间信号 $x_a(t)$ 经理想取样得到的取样信号 $\hat{x}_a(t)$ 的拉氏变换,是连续时间信号 $\hat{x}_a(t)$ 的拉氏变换在 s 平面上沿虚轴的周期延拓,即当 $\hat{X}_a(s)$ 沿平行于 $j\Omega$ 轴的路径求值时,将以 Ω_s 为周期重复出现。

其次,需要讨论取样信号 $\hat{x}_a(t)$ 的拉氏变换与离散时间信号 $x(n)$ 的 z 变换之间的关系。对式(2.131)两边求拉氏变换,得

$$\hat{X}_a(s) = \mathscr{L}\Big[\sum_{n=-\infty}^{\infty} x_a(nT)\delta(t-nT)\Big] = \sum_{n=-\infty}^{\infty} x_a(nT)\mathscr{L}\big[\delta(t-nT)\big]$$

$$= \sum_{n=-\infty}^{\infty} x_a(nT)e^{-snT} \tag{2.134}$$

另一方面,离散时间信号的 z 变换为

$$X(z) = \sum_{n=-\infty}^{\infty} x(n)z^{-n} \tag{2.135}$$

注意到 $x(n)=x_a(nT)$,由式(2.134)和式(2.135)可以得出

$$X(z)\Big|_{z=e^{sT}} = \hat{X}_a(s) \tag{2.136}$$

式(2.136)表明,在 $z=e^{sT}$ 的条件下,离散时间信号的 z 变换等于取样信号的拉氏变换。若令 $s=a+j\Omega$ 和 $z=re^{j\omega}$,则由 $z=e^{sT}$ 得到 $re^{j\omega}=e^{(a+j\Omega)T}=e^{aT}e^{j\Omega T}$,因此

$$\begin{cases} r=e^{aT} & (2.137) \\ \omega=\Omega T & (2.138) \end{cases}$$

根据式(2.137)知,当 $a=0$ 时,有 $r=1$,即 s 平面上的 $j\Omega$ 轴映射成 z 平面上的单位圆;当 $a<0$ 时,有 $r<1$,即 s 平面的左半平面映射成 z 平面的单位圆内部;当 $a>0$ 时,有 $r>1$,即 s 平面的右半平面映射成 z 平面的单位圆外部。

根据式(2.138)知,当 $\Omega=-\dfrac{\pi}{T}$ 时,有 $\omega=-\dfrac{\pi}{T}\cdot T=-\pi$;当 $\Omega=0$ 时,有 $\omega=0$;当 $\Omega=\dfrac{\pi}{T}$ 时,有 $\omega=\dfrac{\pi}{T}\cdot T=\pi$。因此,当 Ω 从 $-\dfrac{\pi}{T}$ 增加到 $\dfrac{\pi}{T}$ 时,ω 则由 $-\pi$ 增加到 π,即辐角旋转一周,或将整个 z 平面映射一次。这样,当 Ω 再增加 $\dfrac{2\pi}{T}$(一个取样频率)时,则 ω 相应地又增加 2π,即辐角再次旋转一周,或将整个 z 平面又映射一次。因此,s 平面上宽度为 $\dfrac{2\pi}{T}$ 的水平带映射成整个 z 平面,左半带映射成单位圆内部,右半带映射成单位圆外部,长度为 $\dfrac{2\pi}{T}$ 的虚轴映射成单位圆周。由于 s 平面可被分成无限条宽度为 $\dfrac{2\pi}{T}$ 的水平带,所以 s 平面可被映射成无限多个 z 平面。由于这些 z 平面重叠在

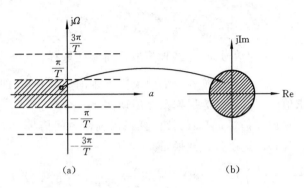

图 2.53　s 平面到 z 平面的映射关系

(a) s 平面；　(b) z 平面

一起,因此这种映射不是简单的代数映射。图 2.53 描述了这种映射关系。

最后,由式(2.133)和式(2.136)得到

$$X(z)\Big|_{z=\mathrm{e}^{sT}} = \frac{1}{T}\sum_{r=-\infty}^{\infty}X_{\mathrm{a}}(s-\mathrm{j}\Omega_s r) = \frac{1}{T}\sum_{r=-\infty}^{\infty}X_{\mathrm{a}}\left(s-\mathrm{j}\frac{2\pi}{T}r\right) \tag{2.139}$$

由上式看出,由映射 $z=\mathrm{e}^{sT}$ 确定的不是 $X_{\mathrm{a}}(s)$ 本身直接与 $X(z)$ 的关系,而是 $X_{\mathrm{a}}(s)$ 的周期延拓与 $X(z)$ 的关系。这种非直接关系将给设计 IIR 数字滤波器的冲激不变法带来不利影响。

2.7　系　统　函　数

线性非移变系统除了可以用线性常系数差分方程、单位取样响应和频率响应描述外,还可以用系统函数来描述。

设 $x(n)$、$y(n)$ 和 $h(n)$ 分别是线性非移变系统的输入、输出和单位取样响应,$X(z)$、$Y(z)$ 和 $H(z)$ 分别表示相应的 z 变换。系统函数定义为

$$H(z) \triangleq \sum_{n=-\infty}^{\infty}h(n)z^{-n} = \frac{Y(z)}{X(z)} \tag{2.140}$$

它是单位取样响应 $h(n)$ 的 z 变换。

设一个系统的输入和输出满足下列差分方程:

$$\sum_{k=0}^{N}a_k y(n-k) = \sum_{r=0}^{M}b_r x(n-r) \tag{2.141}$$

对上式两边求 z 变换得

$$\sum_{k=0}^{N}a_k z^{-k}Y(z) = \sum_{r=0}^{M}b_r z^{-r}X(z)$$

因此

$$H(z) = \frac{Y(z)}{X(z)} = \frac{\sum_{r=0}^{M} b_r z^{-r}}{\sum_{k=0}^{N} a_k z^{-k}} \tag{2.142}$$

式(2.142)是 z^{-1} 的有理函数,分子和分母的系数分别是差分方程(2.141)等号右边和左边的系数。对式(2.142)的分子和分母进行因式分解得

$$H(z) = \frac{A \prod_{r=1}^{M} (1 - c_r z^{-1})}{\prod_{k=1}^{N} (1 - d_k z^{-1})} \tag{2.143}$$

式中,$\{d_k\}$ 和 $\{c_r\}$ 分别表示 $H(z)$ 在 z 平面上的极点和零点。这样,系统函数可以用 z 平面上的极点、零点和常数 A 来确定。

式(2.143)没有指出 $H(z)$ 的收敛域,收敛域有多种选择方案。不同的收敛域,对应于不同的单位取样响应,但它们都能满足同一差分方程。

系统的稳定性与系统函数 $H(z)$ 的收敛域有密切的关系。因为,为了使 $h(n)$ 的 z 变换存在,就要求式(2.140)中的级数绝对可和,即

$$\sum_{n=-\infty}^{\infty} | h(n)z^{-n} | < \infty \tag{2.144}$$

当 $|z|=1$ 时,上式变成

$$\sum_{n=-\infty}^{\infty} | h(n) | < \infty$$

这就是系统稳定的充要条件。因此,若系统函数在单位圆上收敛,则系统是稳定的。这也意味着,如果系统函数 $H(z)$ 的收敛域包括单位圆,则系统是稳定的。反之,如果系统稳定,则系统函数 $H(z)$ 的收敛域一定包括单位圆。

显然,一个稳定的因果系统的系统函数的收敛域应该是

$$\begin{cases} R_{x^-} < | z | \leqslant \infty \\ 0 < R_{x^-} < 1 \end{cases} \tag{2.145}$$

由此可以得出一个重要结论:如果一个因果系统函数 $H(z)$ 的所有极点都在单位圆内,则系统是稳定的。反之,如果一个因果系统稳定,则系统的所有极点都在单位圆内。与此相反,若一个逆因果的系统要稳定,则其全部极点都应在单位圆外。

例 2.26　设一个线性非移变系统的系统函数为

$$H(z) = \frac{1 - \frac{1}{2}z^{-1}}{1 + \frac{3}{4}z^{-1} + \frac{1}{8}z^{-2}}$$

试画出极-零点分布图,并确定 $H(z)$ 的收敛域和稳定性。

解　对 $H(z)$ 的分母进行因式分解得

$$H(z) = \frac{1 - \frac{1}{2}z^{-1}}{\left(1 + \frac{1}{4}z^{-1}\right)\left(1 + \frac{1}{2}z^{-1}\right)} = \frac{z\left(z - \frac{1}{2}\right)}{\left(z + \frac{1}{4}\right)\left(z + \frac{1}{2}\right)}$$

极点为 $z_1 = -\frac{1}{4}$，$z_2 = -\frac{1}{2}$；零点为 $z_1 = 0$，$z_2 = \frac{1}{2}$，如图 2.54 所示。

（1）若收敛域是极点 $z_2 = -\frac{1}{2}$ 所在的圆的外部

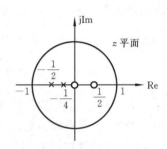

图 2.54 例 2.26 的极点分布

区域，且 $\lim\limits_{z \to \infty} \dfrac{1 - \frac{1}{2}z^{-1}}{1 + \frac{3}{4}z^{-1} + \frac{1}{8}z^{-2}} = 1$，那么系统是因果的，

系统函数的收敛域为

$$\left| -\frac{1}{2} \right| < |z| \leqslant \infty$$

因为该收敛域包含了单位圆，所以系统是稳定的。

（2）若收敛域选的是极点 $z_1 = -\dfrac{1}{4}$ 所在的圆的内部区域，且 $\lim\limits_{z \to 0} \dfrac{z\left(z - \frac{1}{2}\right)}{\left(z + \frac{1}{4}\right)\left(z + \frac{1}{2}\right)}$

$= 0$，那么系统是逆因果的，系统函数的收敛域为

$$0 \leqslant |z| < \left| -\frac{1}{4} \right|$$

因为收敛域没有包含单位圆，所以系统是不稳定的。

（3）若收敛域是极点 $z_1 = -\dfrac{1}{4}$ 与 $z_2 = -\dfrac{1}{2}$ 所在的两个圆之间的环域，即

$$\left| -\frac{1}{4} \right| < |z| < \left| -\frac{1}{2} \right|$$

则因为单位圆没有包含在收敛域中，所以系统是不稳定的。

系统的频率响应除了用式(2.55)计算外，也可以用系统函数来计算，因为如果系统是稳定的，则可将 $z = \mathrm{e}^{\mathrm{j}\omega}$ 代入系统函数，得到

$$H(\mathrm{e}^{\mathrm{j}\omega}) = H(z) \big|_{z = \mathrm{e}^{\mathrm{j}\omega}} \tag{2.146}$$

例 2.27 设一因果 IIR 系统如图 2.55 所示。试确定描述系统的差分方程、极-零点分布图和频率响应。

解 系统的差分方程和系统函数 $H(z)$ 分别表示为

$$y(n) = x(n) - x(n-1) - 0.81y(n-2)$$

和

$$H(z) = \frac{1 - z^{-1}}{1 + 0.81z^{-2}}$$

或

$$H(z) = \frac{z(z-1)}{(z - 0.9\mathrm{j})(z + 0.9\mathrm{j})}$$

极点为 $z_1=0.9\mathrm{j}, z_2=-0.9\mathrm{j}$；零点为 $z_1=0, z_2=1$，如图 2.56 所示。

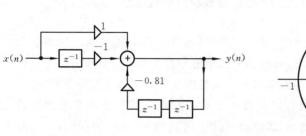

图 2.55　例 2.27 的系统框图　　　　　　　图 2.56　例 2.27 系统极-零点分布

因为系统为因果系统，所以系统函数的收敛域为

$$|0.9\mathrm{j}| < |z| \leqslant \infty$$

收敛域包含单位圆，故系统是稳定的。将 $z=\mathrm{e}^{\mathrm{j}\omega}$ 代入系统函数得系统的频率响应

$$H(\mathrm{e}^{\mathrm{j}\omega}) = H(z)\Big|_{z=\mathrm{e}^{\mathrm{j}\omega}} = \frac{1-\mathrm{e}^{-\mathrm{j}\omega}}{1+0.81\mathrm{e}^{-\mathrm{j}2\omega}}$$

$$|H(\mathrm{e}^{\mathrm{j}\omega})| = \sqrt{\frac{2(1-\cos\omega)}{1.6561+1.62\cos(2\omega)}} \tag{2.147}$$

$$\arg[H(\mathrm{e}^{\mathrm{j}\omega})] = \arctan\frac{\sin\omega}{1-\cos\omega} - \arctan\frac{0.81\sin(2\omega)}{1+0.81\cos(2\omega)} \tag{2.148}$$

由图 2.56 和式(2.147)看出，因为在 $z=1$ 处有零点，所以 $|H(\mathrm{e}^{\mathrm{j}0})|=0$；由于在 $z=\pm0.9\mathrm{j}$ 处有极点，所以 $|H(\mathrm{e}^{\mathrm{j}\omega})|$ 在 $\omega=\pm\frac{\pi}{2}$ 附近升至峰值。该系统是一个带通滤波器，它的幅度和相位响应分别示于图 2.57(a)、(b)中。

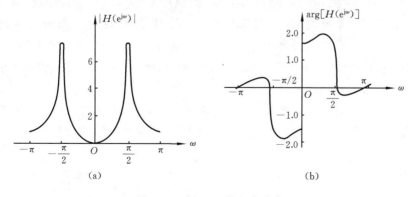

　　　　　　(a)　　　　　　　　　　　　　　　　　(b)

图 2.57　例 2.27 的频率响应

(a) 幅度响应；　(b) 相位响应

2.8　全通系统与最小相位系统

全通系统是指幅度响应$|H(\mathrm{e}^{\mathrm{j}\omega})|$恒为常数(通常取为1)的系统。全通系统在滤波器结构设计、多速率信号处理、滤波器组和信道相位均衡等设计中有广泛应用。在实际应用中,常常要求所设计的系统对输入信号的处理具有最小相位延迟,这就需要设计最小相位系统。任何系统都可以表示为最小相位系统和全通系统的级联。本节,我们还对在计算系统(序列)和滤波器设计中用到的相位延迟与群延迟的概念作简要介绍。

2.8.1　全通系统

设全通系统的系统函数用$H_{\mathrm{ap}}(z)$表示,则$H_{\mathrm{ap}}(z)$具有如下的形式:

$$H_{\mathrm{ap}}(z)=\frac{z^{-1}-a^*}{1-az^{-1}} \tag{2.149}$$

式中,*表示复共轭。令$z=\mathrm{e}^{\mathrm{j}\omega}$,代入上式可得

$$H_{\mathrm{ap}}(\mathrm{e}^{\mathrm{j}\omega})=\frac{\mathrm{e}^{-\mathrm{j}\omega}-a^*}{1-a\mathrm{e}^{-\mathrm{j}\omega}}=\mathrm{e}^{-\mathrm{j}\omega}\frac{1-a^*\mathrm{e}^{\mathrm{j}\omega}}{1-a\mathrm{e}^{-\mathrm{j}\omega}} \tag{2.150}$$

在式(2.150)中,$\mathrm{e}^{-\mathrm{j}\omega}$项的幅度为1,剩下的分子和分母因式是互为共轭的,因此有相同的幅度,且有$|H_{\mathrm{ap}}(\mathrm{e}^{\mathrm{j}\omega})|=1$。这就是说,全通系统让输入信号中所有频率分量以恒定的增益或衰减通过系统。具有实值单位冲激响应的全通系统的系统函数可分解为因式相乘,其复数极点以共轭对出现,即

$$H_{\mathrm{ap}}(z)=A\prod^{M_c}\frac{z^{-1}-d_k}{1-d_kz^{-1}}\cdot\prod^{M_r}\frac{(z^{-1}-e_k^*)(z^{-1}-e_k)}{(1-e_kz^{-1})(1-e_k^*z^{-1})} \tag{2.151}$$

式中,A为一个正常数,d_k均为$H_{\mathrm{ap}}(z)$的实数极点,e_k为$H_{\mathrm{ap}}(z)$的复数极点。对于因果且稳定的全通系统,有$|d_k|<1$和$|e_k|<1$。利用系统函数的一般概念,全通系统有$M=N=M_c+2M_r$个极点和零点。图2.58示出了一个典型的全通系统的极-零点分布图。在该图中,$M_r=1,M_c=2$。由此可看出,$H_{\mathrm{ap}}(z)$的每个极点都有一个与之配对的共轭倒数零点。

一个一般的全通系统的频率响应都能用式(2.150)所给出的一阶全通系统的频率响应来表示。若令$a=r\mathrm{e}^{\mathrm{j}\theta}$,并将之代入式(2.150),则其相位函数为

$$\phi(\omega)=\arg[H_{\mathrm{ap}}(\mathrm{e}^{\mathrm{j}\omega})]=\arg\left[\frac{\mathrm{e}^{-\mathrm{j}\omega}-r\mathrm{e}^{-\mathrm{j}\theta}}{1-r\mathrm{e}^{\mathrm{j}\theta}\mathrm{e}^{-\mathrm{j}\omega}}\right]$$

$$=-\omega-2\arctan\left[\frac{r\sin(\omega-\theta)}{1-r\cos(\omega-\theta)}\right] \tag{2.152}$$

对ω求导数得

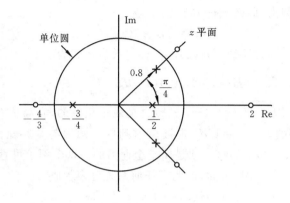

图 2.58　全通系统典型极-零点分布图

$$\frac{\mathrm{d}\phi(\omega)}{\mathrm{d}\omega} = \frac{-(1-r^2)}{[1-r\cos(\omega-\theta)]^2 + r^2\sin^2(\omega-\theta)} < 0$$

因此,一阶全通滤波器的相位响应 $\phi(\omega)$ 是单调减的。由式(2.152)可知,当 θ 由 0 变到 2π 时,一阶全通系统的相位从 0 递减到 -2π。当 $\theta \neq 0$ 时,记

$$\phi_1 = 2\arctan\frac{r\sin\theta}{1-r\cos\theta}$$

当 ω 从 0 变到 2π 时,一阶全通滤波器从 ϕ_1 递减到 $-2\pi+\phi_1$,即一阶全通滤波器当 ω 从 0 变到 2π 时,相位减少 2π。

2.8.2　最小相位系统

　　系统函数所有零、极点都在单位圆内的系统称为最小相位系统,将其系统函数记为 $H_{\min}(z)$。对于最小相位系统,存在一个等价的条件,即存在一个稳定的因果逆系统 $H_{\min}^{-1}(z)$,使得

$$H_{\min}^{-1}(z)H_{\min}(z) = 1$$

即 $H_{\min}^{-1}(z) = 1/H_{\min}(z)$。显而易见,为了使稳定的因果逆系统存在,$H_{\min}(z)$ 的所有零、极点都必须在单位圆内。与此类似,最小相序列是指其 z 变换的所有零、极点都在单位圆内的序列。应强调指出,一个因果系统(序列)不一定是最小相位的,但所有稳定的最小相位系统(序列)都是因果的。与最小相位系统相反的是,最大相位系统(序列)是指 z 变换的零点都在单位圆外的系统(序列)。

　　由于一个系统的频率响应的相位将影响输入信号相位的滞后情况,因此最小相位系统更确切地说应为最小相位滞后系统或最小相位延迟系统。

　　任何系统都可以表示成一个最小相位系统和一个全通系统的级联,即

$$H(z) = H_{\min}(z)H_{\mathrm{ap}}(z) \tag{2.153}$$

为了证明这一点,假设 $H(z)$ 有一个零点 $z = 1/d^*$ 在单位圆外,这里 $|d| < 1$,而其余

的零点都在单位圆内,那么 $H(z)$ 能表示成为

$$H(z) = H_1(z)(z^{-1} - d^*) \qquad (2.154)$$

这里 $H_1(z)$ 为最小相位系统。$H(z)$ 的一种等效表示式为

$$H(z) = H_1(z)(1 - dz^{-1})\frac{z^{-1} - d^*}{1 - dz^{-1}} \qquad (2.155)$$

因为 $|d| < 1$,所以因式 $H_1(z)(1 - dz^{-1})$ 也是最小相位的,它与 $H(z)$ 的差别仅在于 $H(z)$ 在单位圆外的零点 $z = 1/d^*$ 现被反射到单位圆内与其共轭倒数的位置 $z = d$ 上。$(z^{-1} - d^*)/(1 - dz^{-1})$ 这一项是属于全通型的。这个例子可直接推广到包含更多个单位圆外零点的情况,因此,证明了任何系统可表示成

$$H(z) = H_{\min}(z)H_{\mathrm{ap}}(z) \qquad (2.156)$$

2.8.3　相位延迟和群延迟

在序列的 DTFT 分析和滤波器设计中,涉及相位延迟(phasedelay)和群延迟(group delay)的概念,这里将对它们作简要说明。

设信号 $x(n)$ 经过系统延迟了时间 m 后为 $y(n) = x(n - m)$,对 $y(n)$ 求 DTFT 得

$$Y(\mathrm{e}^{\mathrm{j}\omega}) = \mathrm{e}^{-\mathrm{j}\omega m}X(\mathrm{e}^{\mathrm{j}\omega}) \qquad (2.157)$$

这可认为,$y(n)$ 是 $x(n)$ 经过滤波器

$$H(\mathrm{e}^{\mathrm{j}\omega}) = \mathrm{e}^{-\mathrm{j}\omega m}$$

后的输出信号。设滤波器 $H(\mathrm{e}^{\mathrm{j}\omega})$ 的相位谱为 $\phi(\omega)$,则有

$$H(\mathrm{e}^{\mathrm{j}\omega}) = \mathrm{e}^{\mathrm{j}\phi(\omega)} = \mathrm{e}^{-\mathrm{j}\omega m}$$

于是有

$$\phi(\omega) = -\omega m \qquad (2.158)$$

式(2.158)说明信号 $y(n) = x(n - m)$ 的延迟时间 m 与滤波器的相位谱 $\phi(\omega)$ 有密切关系,由式(2.158)可看出

$$\frac{-\phi(\omega)}{\omega} = m$$

这就说明 $-\phi(\omega)/\omega$ 反映了信号的延迟时间。

对一般的滤波器,有

$$H(\mathrm{e}^{\mathrm{j}\omega}) = |H(\mathrm{e}^{\mathrm{j}\omega})|\mathrm{e}^{\mathrm{j}\phi(\omega)} \qquad (2.159)$$

这样,我们定义两个描述信号延迟的重要概念,即

滤波器的相位延迟 $T_{\mathrm{p}}(\omega)$ 定义为

$$T_{\mathrm{p}}(\omega) = \frac{-\phi(\omega)}{\omega} \qquad (2.160)$$

滤波器的群延迟或包络延迟定义为

$$T_{\mathrm{g}}(\omega) = \frac{-\mathrm{d}\phi(\omega)}{\mathrm{d}\omega} \qquad (2.161)$$

相位延迟和群延迟有明确的物理意义。相位延迟 $T_p(\omega)$ 表示输入是频率为 ω 的单一正弦波时的延迟时间。群延迟或包络延迟 $T_g(\omega)$ 反映了某一频率 ω 邻域内(窄带信号)的延迟性质,或者说反映了对某一频率的包络的延迟时间。

2.9 Matlab 在离散时间信号和系统分析中的应用

前面用例题说明了 Matlab 在离散时间信号的产生和计算线性卷积中的应用。本节将介绍 Matlab 在离散时间信号与系统分析中的其它一些应用。

2.9.1 系统时域响应的计算

例 2.28 设某因果系统如下列差分方程所描述:
$$y(n)-0.8y(n-1)+0.5y(n-2)=x(n)$$
(1) 在区间 $0 \leqslant n \leqslant 20$ 内,计算该系统的冲激响应 $h(n)$ 和单位阶跃响应 $s(n)$;
(2) 判断系统的稳定性。

解 为求系统的冲激响应和单位阶跃响应,首先要产生单位取样序列和单位阶跃序列。这就要使用前面定义的 impseq( )函数和 stepseq( )函数,然后使用 Matlab 内部 filter( )函数便可求得。为判断系统的稳定性,可求出系统的极点模,若所有的极点模都小于 1,则系统稳定。求解本题的 Matlab m 文件如下:

```
% 计算系统响应
% 输入差分方程系数
b=[1];a=[1,-0.8,0.5];
% 计算冲激响应
x=impseq(0,0,20);n=[0:20];
h=filter(b,a,x);
subplot(2,1,1);stem(n,h);title('冲激响应');
xlabel('n');ylabel('h(n)');
% 计算阶跃响应
x=stepseq(0,0,20);
s=filter(b,a,x);
subplot(2,1,2);stem(n,s);title('阶跃响应');
xlabel('n');ylabel('s(n)');
% 求极点模,判断稳定性
z=roots(a);magz=abs(z)
```

程序运行后,极点模的值如下,冲激响应和阶跃响应如图 2.59 所示。由于极点模的值都小于 1,所以系统稳定。

magz＝

　　0.7071

　　0.7071

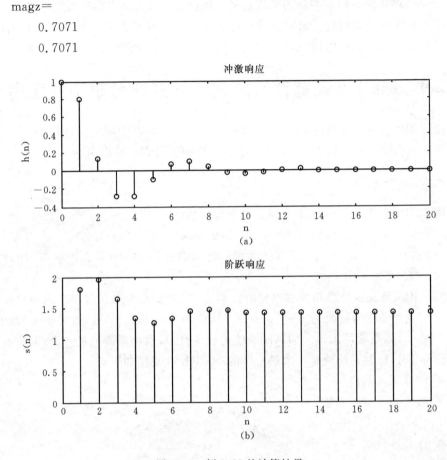

图 2.59　例 2.28 的计算结果

例 2.29　某因果系统差分方程如下：

$$y(n)-0.8y(n-1)+0.6y(n-2)=x(n)+0.5x(n-1)$$

设系统输入

$$x(n)=(0.8)^n,\quad 0\leqslant n\leqslant 10$$

求系统的冲激响应 $h(n)$ 和系统对输入 $x(n)$ 的响应 $y(n)$。

解　程序如下：

```
% 计算系统响应
% 输入差分方程系数
b=[1,0.5];a=[1,-0.8,0.6];
% 计算冲激响应
x=impseq(0,0,20);n=[0：20];
h=filter(b,a,x);
```

subplot(2,1,1);stem(n,h);title('冲激响应');

xlabel('n');ylabel('h(n)');

% 求系统对 x(n)的响应

n＝0：10;x＝(0.8).^n;nx＝[0：10];nh＝[0：20];

y＝conv_m(x,nx,h,nh);ny＝length(y);

n＝0：ny－1;

subplot(2,1,2);stem(n,y);title('系统对 x(n)的响应');

xlabel('n');ylabel('y(n)');

% 求极点模,判断稳定性

z＝roots(a);magz＝abs(z)

程序运行后,极点模如下,显然系统稳定,系统对 $x(n)$ 的响应 $y(n)$ 和冲激响应 $h(n)$ 如图 2.60 所示。

magz＝

　　0.7746

　　0.7746

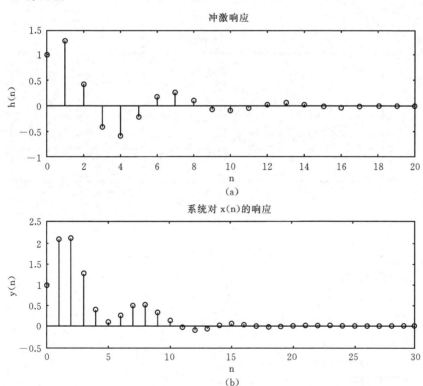

图 2.60　例 2.29 的计算结果

2.9.2　计算离散时间信号的傅里叶变换和系统频率响应

例 2.30　设信号 $x(n)=\delta(n+1)+2\delta(n)+3\delta(n-1)+4\delta(n-2)+5\delta(n-3)$。用 Matlab 计算其 DTFT，并画图表示。

解　程序如下，程序运行后，信号的 DTFT 的幅度响应和相位响应如图 2.61 所示。图中，横坐标采用归一化频率，即以 π 为单位的频率标示，以后同。

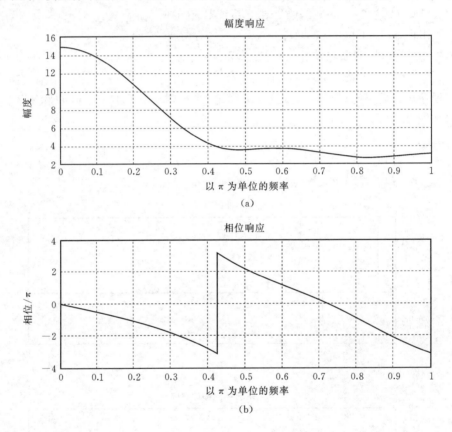

图 2.61　例 2.30 的计算结果

```
% 计算序列 DTFT
% 输入序列
n=-1：3；x=1：5；
% 在横坐标轴上分点
k=0：500；w=(pi/500)*k；
% 计算 DTFT
X=x*(exp(-j*pi/500)).^(n'*k)；
```

magX＝abs(X);angX＝angle(X);

subplot(2,1,1);plot(w/pi,magX);title('幅度响应');grid;

ylabel('幅度');xlabel('以\pi 为单位的频率');

subplot(2,1,2);plot(w/pi,angX);title('相位响应');grid;

ylabel('相位/\pi');xlabel('以\pi 为单位的频率');

例 2.31　某因果系统的差分方程如下,计算系统的频率响应,并用图表示。

$$y(n)-1.76y(n-1)+1.1829y(n-2)-0.2781y(n-3)$$
$$=0.0181x(n)+0.0543x(n-1)+0.0543x(n-2)+0.0181x(n-3)$$

解　程序如下,程序运行后,系统频率响应的幅度响应和相位响应如图 2.62 所示。

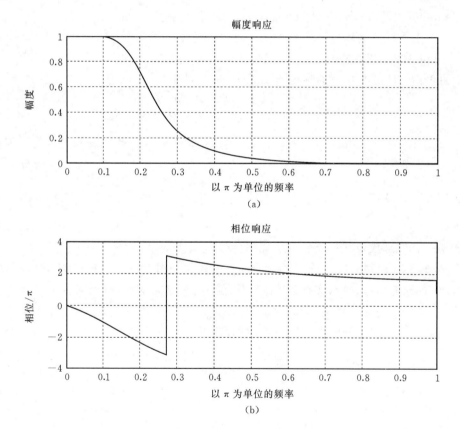

(a)

(b)

图 2.62　例 2.31 的计算结果

％ 求系统的频率响应

％ 输入差分方程的系数

b＝[0.0181,0.0543,0.0543,0.0181];

```
a=[1.0000,-1.7600,1.1829,-0.2781];
m=0:length(b)-1;1=0:length(a)-1;
K=500;k=0:1:K;
w=pi*k/K;
% 计算频率响应
num=b*exp(-j*m'*w);
den=a*exp(-j*1'*w);
H=num ./den;
magH=abs(H);angH=angle(H);
% 画图
subplot(2,1,1);plot(w/pi,magH);title('幅度响应');grid;
xlabel('以\pi 为单位的频率');ylabel('幅度');
subplot(2,1,2);plot(w/pi,angH);title('相位响应');grid;
xlabel('以\pi 为单位的频率');ylabel('相位/\pi');
```

2.9.3　部分分式法求逆 z 变换的 Matlab 实现

Matlab 函数 **residuez** 可用来计算 z^{-1} 的有理多项式的留数部分和直接项。现在将式(2.97)重写为

$$X(z)=\frac{B(z)}{A(z)}=\frac{b_0+b_1z^{-1}+\cdots+b_Mz^{-M}}{a_0+a_1z^{-1}+\cdots+a_Nz^{-N}}=\sum_{k=0}^{M-N}C_kz^{-k}+\sum_{k=1}^{N}\frac{R_k}{1-P_kz^{-1}}$$

$$(2.161)$$

上式是一有理函数,其中,分子多项式和分母多项式均以 z^{-1} 的升幂排列。那么,当两个多项式 $B(z)$ 和 $A(z)$ 分别用两个向量 **b** 和 **a** 给出时,可由$[\boldsymbol{R},\boldsymbol{P},\boldsymbol{C}]=$**residuez**(**b**,**a**)求出 $X(z)$ 的留数、极点和直接项。得到的列向量 **R** 含有留数,列向量 **P** 是极点位置,而向量 **C** 则包含直接项。

例 2.32　用 Matlab 求以下 z 变换的反变换:

$$X(z)=\frac{1-0.5z^{-1}}{1+0.75z^{-1}+0.125z^{-2}},\quad |z|>0.5$$

解　部分分式展开程序如下:

```
% 部分分式法求逆 z 变换
b=[1,-0.5];a=[1,0.75,0.125];
[R,P,C]=residuez(b,a);
disp('R=');disp(R');
disp('P=');disp(P');
disp('C=');disp(C');
```

程序运行结果：

>> R=

$\qquad$ 4 $\qquad$ −3

P=

$\qquad$ −0.5000 $\qquad$ −0.2500

C=

$\qquad$ [ ]

因此有

$$X(z)=\frac{1-0.5z^{-1}}{1+0.75z^{-1}+0.125z^{-2}}=\frac{4}{1+0.5z^{-1}}-\frac{3}{1+0.25z^{-1}}$$

所以　　　　　　　　　　$x(n)=[4 \cdot (-0.5)^{n}-3 \cdot (-0.25)^{n}]u(n)$

例 2.33　求下列 z 变换的反变换：

$$X(z)=\frac{1-0.5z^{-1}+0.5z^{-2}+z^{-3}}{1-3z^{-1}+2z^{-2}}, \quad |z|>2$$

解　部分分式展开程序如下：

% 部分分式法求逆 z 变换

b=[1,−0.5,0.5,1];a=[1,−3,2];

[R,P,C]=residuez(b,a);

disp('R=');disp(R');

disp('P=');disp(P');

disp('C=');disp(C');

程序运行结果：

>> R=

$\qquad$ 2 $\qquad$ −2

P=

$\qquad$ 2 $\qquad$ 1

C=

$\qquad$ 1.0000

$\qquad$ 0.5000

因此有

$$X(z)=\frac{1-0.5z^{-1}+0.5z^{-2}+z^{-3}}{1-3z^{-1}+2z^{-2}}=\frac{2}{1-2z^{-1}}-\frac{2}{1-z^{-1}}+1+0.5z^{-1}$$

所以

$$x(n)=[2 \cdot 2^{n}-2 \cdot 1^{n}]u(n)+\delta(n)+0.5\delta(n-1)$$

例 2.34　求下列 z 变换的反变换，此例题中分母多项式的极点将出现重根。

$$X(z) = \frac{1.4 + 0.96z^{-1} - 2.6z^{-2} + 1.10z^{-3} - 0.144z^{-4}}{1 - 1.4z^{-1} + 0.6z^{-2} - 0.072z^{-3}}, \quad |z| > 0.6$$

解　部分分式展开程序如下：

% 部分分式法求逆 z 变换

b=[1.4,0.96,−2.6,1.1,−0.144];a=[1,−1.4,0.6,−0.072];

[R,P,C]=residuez(b,a);

disp('R=');disp(R');

disp('P=');disp(P');

disp('C=');disp(C');

程序运行结果：

$\gg$ R =

　　　　3.1972　　−0.3611　　−2.8250

P=

　　0.6000　　　0.6000　　　0.2000

C=

　　1.3889

　　2.0000

显然有重根 0.6，因此有

$$X(z) = \frac{3.1972}{1 - 0.6z^{-1}} - \frac{0.3611}{(1 - 0.6z^{-1})^2} - \frac{2.8250}{1 - 0.2z^{-1}} + 1.3889 + 2z^{-1}$$

因此

$$x(n) = [3.1972(0.6)^n - 0.3611(n+1)(0.6)^n + 2.825(0.2)^n]u(n)$$
$$+ 1.388\delta(n) + 2\delta(n-1)$$

复习思考题

2.1　离散时间信号（序列）有哪些表示方法？有哪些常用的典型序列？

2.2　单位取样序列 $\delta(n)$ 和单位阶跃序列 $u(n)$ 分别与单位冲激函数 $\delta(t)$ 和单位阶跃函数 $u(t)$ 有什么不同？

2.3　序列 $x(n)$ 满足什么条件才是周期序列？正弦序列是否在任何情况下都是周期序列？如果不是，请举例说明在什么条件下是周期序列？在什么条件下不是周期序列？

2.4　满足什么条件的系统才是线性非移变系统？线性非移变系统的输入、输出和单位取样响应 $h(n)$ 之间满足什么关系？

2.5　试举例说明计算线性卷积的步骤。

2.6　一个线性非移变系统是稳定的和因果的的充要条件是什么？

2.7　用差分方程举例说明什么是 IIR 系统和 FIR 系统？它们各有什么特性？

2.8　序列 $x(n)$ 的傅里叶变换 $X(\mathrm{e}^{\mathrm{j}\omega})$ 有什么特点？当 $x(n)$ 为实数时，$X(\mathrm{e}^{\mathrm{j}\omega})$ 的模 $|X(\mathrm{e}^{\mathrm{j}\omega})|$ 和相位 $\arg[X(\mathrm{e}^{\mathrm{j}\omega})]$ 有什么特点？序列的傅里叶变换与连续时间信号的傅里叶变换有什么不同？

2.9　有哪几种计算系统频率响应 $H(\mathrm{e}^{\mathrm{j}\omega})$ 的方法？如果系统单位取样响应 $h(n)$ 是实数，系统的幅度响应 $|H(\mathrm{e}^{\mathrm{j}\omega})|$ 和相位响应 $\arg[H(\mathrm{e}^{\mathrm{j}\omega})]$ 有何特点？

2.10　模拟信号 $x_{\mathrm{a}}(t)$、取样信号 $\hat{x}_{\mathrm{a}}(t)$ 和离散时间信号 $x(n)$ 的频谱之间有什么关系？为了由取样信号 $\hat{x}_{\mathrm{a}}(t)$ 恢复原模拟信号 $x_{\mathrm{a}}(t)$，应满足什么条件？

2.11　离散时间信号经取样后，其频谱将发生什么变化？

2.12　离散时间信号的取样和抽取有什么不同？离散时间信号经抽取后频谱将发生什么变化？

2.13　一个序列的 z 变换在收敛域内是什么函数？

2.14　有限长序列、右边序列、左边序列和双边序列的 z 变换的收敛域各是什么？举例说明哪些序列不存在 z 变换？

2.15　试举例说明因果序列和逆因果序列的定义，它们的 z 变换的收敛域各是什么？

2.16　线性非移变系统的稳定性与系统函数的收敛域有什么关系？

2.17　为使一个因果的线性非移变系统是稳定的，它的系统函数的极点在 z 平面上应如何分布？为使一个逆因果线性非移变系统是稳定的，它的极点应如何分布？

2.18　全通滤波器的特性是什么？什么是最小相位系统？最小相位系统的零极点分布有什么特点？

2.19　请导出相位延迟和群延迟的定义，它们有何物理意义，有什么不同？

习　　题

2.1　判断下列序列是否为周期序列？若是，请确定其最小周期。

(1) $x(n)=A\cos\left(\dfrac{5\pi}{8}n+\dfrac{\pi}{6}\right)$

(2) $x(n)=\mathrm{e}^{\mathrm{j}\left(\frac{n}{8}-\pi\right)}$

(3) $x(n)=A\sin\left(\dfrac{3\pi}{4}n+\dfrac{\pi}{3}\right)$

2.2　习题 2.2 图中，$x(n)$ 和 $h(n)$ 分别是线性非移变系统的输入和单位取样响应。计算并列的 $x(n)$ 与 $h(n)$ 的线性卷积 $y(n)$，并画出 $y(n)$ 的图形。

2.3　计算下列线性卷积：

(1) $y(n)=u(n)*u(n)$

(2) $y(n)=\lambda^{n}u(n)*u(n),\lambda\neq1$

2.4　习题 2.4 图所示的是单位取样响应分别为 $h_{1}(n)$ 和 $h_{2}(n)$ 的两个线性非移变系统的级联，已知 $x(n)=u(n),h_{1}(n)=\delta(n)-\delta(n-4),h_{2}(n)=a^{n}u(n),|a|<1$，求系统的输出 $y(n)$。

2.5　已知一个线性非移变系统的单位取样响应为

$$h(n)=a^{-n}u(-n),\quad 0<a<1$$

用直接计算线性卷积的方法，求系统的单位阶跃响应。

2.6　试证明线性卷积满足交换律、结合律和加法分配律。

2.7　判断下列系统是否为：(a)线性系统；(b)非移变系统；(c)稳定系统；(d)因果系统。并加

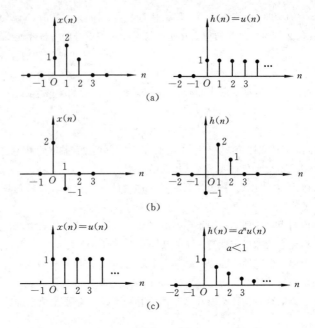

习题 2.2 图

以证明。

(1) $y(n) = 2x(n) + 3$

(2) $y(n) = x(n)\sin\left(\dfrac{2\pi}{3}n + \dfrac{\pi}{6}\right)$

(3) $y(n) = \displaystyle\sum_{k=-\infty}^{n} x(k)$

(4) $y(n) = \displaystyle\sum_{k=n_0}^{n} x(k)$

(5) $y(n) = x(n)g(n)$

2.8 讨论下列各线性非移变系统的因果性和稳定性。

(1) $h(n) = 2^n u(-n)$

(2) $h(n) = -a^n u(-n-1)$

(3) $h(n) = \delta(n+n_0), n_0 > 0$

(4) $h(n) = \left(\dfrac{1}{2}\right)^n u(n)$

(5) $h(n) = \dfrac{1}{n}u(n)$

(6) $h(n) = 2^n R_N(n)$

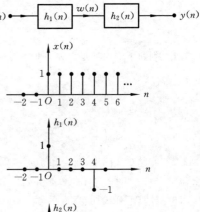

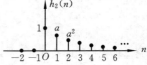

习题 2.4 图

2.9 已知 $y(n) - 2\cos\beta y(n-1) + y(n-2) = 0$，且 $y(0) = 0, y(1) = 1$，求证 $y(n) = \dfrac{\sin(n\beta)}{\sin\beta}$。

2.10 已知 $y(n) + 2\alpha y(n-1) + \beta y(n-2) = 0$，且 $y(0) = 0, y(1) = 3, y(2) = 6, y(3) = 36$，求

$y(n)$。

2.11 用特征根法和递推法求解下列差分方程：

$$y(n)-y(n-1)-y(n-2)=0, 且\ y(0)=1, y(1)=1。$$

2.12 用 D 算子计算由下列差分方程描述的因果线性非移变系统的单位取样响应 $h(n)$。

(1) $y(n)-2y(n-1)-8y(n-2)=5x(n)-8x(n-1)$

(2) $y(n)-\dfrac{1}{3}y(n-1)=x(n)+\dfrac{1}{3}x(n-1)$

2.13 一系统的框图如习题 2.13 图所示，试求该系统的单位取样响应 $h(n)$ 和单位阶跃响应 $y(n)$。

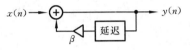

习题 2.13 图

2.14 设序列 $x(n)$ 的傅里叶变换为 $X(e^{j\omega})$，求下列各序列的傅里叶变换(要有导出的过程)。

(1) $ax_1(n)+bx_2(n)$ 　　　　(2) $x(n-k)$

(3) $e^{j\omega_0 n}\cdot x(n)$ 　　　　(4) $x(-n)$

(5) $x^*(n)$ 　　　　(6) $x^*(-n)$

(7) $\mathrm{Re}[x(n)]$ 　　　　(8) $j\mathrm{Im}[x(n)]$

(9) $x^2(n)$ 　　　　(10) $g(n)=nx(n)$

2.15 设一个因果的线性非移变系统由下列差分方程描述：

$$y(n)-\frac{1}{2}y(n-1)=x(n)+\frac{1}{2}x(n-1)$$

(1) 求该系统的单位取样响应 $h(n)$。

(2) 用(1)得到的结果求输入为 $x(n)=e^{j\omega n}$ 时系统的响应。

(3) 求系统的频率响应。

(4) 求系统对输入 $x(n)=\cos\left(\dfrac{\pi}{2}n+\dfrac{\pi}{4}\right)$ 的响应。

2.16 某一因果线性非移变系统由下列差分方程描述：

$$y(n)-ay(n-1)=x(n)-bx(n-1)$$

试确定能使该系统成为全通系统的 b 值($b\neq a$)，所谓全通系统是指其频率响应的模为与频率 ω 无关的常数的系统。

2.17 (1) 一个线性非移变系统的单位冲激响应为 $h(n)=\alpha^n u(n)$，其中 α 为实数，且 $0<\alpha<1$。设输入为 $x(n)=\beta^n u(n)$，β 为实数，且 $0<\beta<1$。试利用线性卷积计算系统的输出 $y(n)$，并将结果写成下列形式：

$$y(n)=(k_1\alpha^n+k_2\beta^n)u(n)$$

(2) 分别计算 $x(n)$、$h(n)$ 和(1)中求得的 $y(n)$ 的傅里叶变换 $X(e^{j\omega})$、$H(e^{j\omega})$ 和 $Y(e^{j\omega})$，并证明：

$$Y(e^{j\omega})=H(e^{j\omega})X(e^{j\omega})$$

2.18 令 $x(n)$ 和 $X(e^{j\omega})$ 分别表示一个序列及其傅里叶变换，证明：

$$\sum_{n=-\infty}^{\infty}x(n)x^*(n)=\frac{1}{2\pi}\int_{-\pi}^{\pi}X(e^{j\omega})X^*(e^{j\omega})\mathrm{d}\omega$$

此式是帕塞瓦尔定理的一种形式。

2.19 当需要对带限模拟信号滤波时，经常采用数字滤波器，如习题 2.19 图所示，图中 T 表示取样周期，假设 T 很小，足以防止混叠失真。把从 $x_a(t)$ 到 $y_a(t)$ 的整个系统等效成一个模拟滤波器。

(1) 如果数字滤波器 $h(n)$ 的截止频率 ω 等于 $\pi/8,1/T=10\text{kHz}$,求整个系统的截止频率 f_{ac},并求出理想低通滤波器的截止频率 f_{c}。

(2) 对 $1/T=20\text{kHz}$,重复(1)的计算。

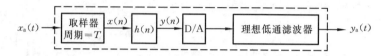

习题 2.19 图

2.20　求下列序列的 z 变换和收敛域。

(1) $\delta(n-m)$

(2) $\left(\dfrac{1}{2}\right)^n u(n)$

(3) $a^n u(-n-1)$

(4) $\left(\dfrac{1}{2}\right)^n [u(n)-u(n-10)]$

(5) $\cos(\omega_0 n) u(n)$

2.21　求下列序列的 z 变换、收敛域和极-零点分布图。

(1) $x(n)=a^{|n|},0<a<1$

(2) $x(n)=\text{e}^{(a+j\omega_0)n} u(n)$

(3) $x(n)=Ar^n \cos(\omega_0 n+\varphi) u(n),0<r<1$

(4) $x(n)=\dfrac{1}{n!} u(n)$

(5) $x(n)=\sin(\omega_0 n+\theta) u(n)$

2.22　用 3 种方法求下列 z 变换的逆变换。

(1) $X(z)=\dfrac{1}{1+\dfrac{1}{2}z^{-1}},\ |z|<\dfrac{1}{2}$

(2) $X(z)=\dfrac{1-\dfrac{1}{2}z^{-1}}{1+\dfrac{3}{4}z^{-1}+\dfrac{1}{8}z^{-2}},\ |z|>\dfrac{1}{2}$

(3) $X(z)=\dfrac{1-az^{-1}}{z^{-1}-a},|z|>|a^{-1}|$

2.23　求下列 z 变换的逆变换。

(1) $X(z)=\dfrac{1}{(1-z^{-1})(1-2z^{-1})},\ 1<|z|<2$

(2) $X(z)=\dfrac{z-5}{(1-0.5z^{-1})(1-0.5z)},\ 0.5<|z|<2$

(3) $X(z)=\dfrac{\text{e}^{-T}z^{-1}}{(1-\text{e}^{-T}z^{-1})^2},\ |z|>\text{e}^{-T}$

(4) $X(z)=\dfrac{z(2z-a-b)}{(z-a)(z-b)},\ |a|<|z|<|b|$

2.24　求 $X(z)=\mathrm{e}^z+\mathrm{e}^{1/z}$，$0<|z|<\infty$ 的逆变换。

2.25　试确定 $X(z)=z^*$ 是否代表某个序列的 z 变换，请说明理由。

2.26　如果 $X(z)$ 是 $x(n)$ 的 z 变换，证明：

(1) $z^{-m}X(z)$ 是 $x(n-m)$ 的 z 变换；

(2) $X(a^{-1}z)$ 是 $a^n x(n)$ 的 z 变换；

(3) $-z\dfrac{\mathrm{d}X(z)}{\mathrm{d}z}$ 是 $nx(n)$ 的 z 变换。

2.27　试证明：

$$\mathscr{Z}[x^*(n)]=X^*(z^*)$$

$$\mathscr{Z}[x(-n)]=X\left(\frac{1}{z}\right)$$

$$\mathscr{Z}\{\mathrm{Re}[x(n)]\}=\frac{1}{2}[X(z)+X^*(z^*)]$$

$$\mathscr{Z}\{\mathrm{Im}[x(n)]\}=\frac{1}{2\mathrm{j}}[X(z)-X^*(z^*)]$$

2.28　已知 $x(n)=u(n)$，$y(n)=a^n u(n)$，利用 z 变换求 $w(n)=x(n)*y(n)$。

2.29　已知 $x(n)$ 和 $y(n)$ 的 z 变换如下，用复卷积公式求 $\mathscr{Z}[x(n)\cdot y(n)]$。

(1) $X(z)=\dfrac{0.99}{(1-0.1z^{-1})(1-0.1z)}$，$0.1<|z|<10$

　　$Y(z)=\dfrac{1}{1-10z}$，$|z|>0.1$

(2) $X(z)=\dfrac{1}{(1-0.5z^{-1})}$，$|z|>0.5$

　　$Y(z)=\dfrac{1}{(1-2z)}$，$|z|<0.5$

2.30　一个因果的线性非移变系统的系统函数如下：

$$H(z)=\frac{1-a^{-1}z^{-1}}{1-az^{-1}},\quad a\text{ 为实数}$$

(1) 假设 $0<a<1$，画出极-零点分布图，并用阴影线画出收敛域。a 值在哪些范围内才能使系统稳定？

(2) 证明这个系统是全通系统，即其频率响应的幅度为一常数。

2.31　已知序列 $x(n)$ 的 z 变换 $X(z)$ 的极-零点分布图如习题 2.31 图所示。

(1) 如果已知 $x(n)$ 的傅里叶变换是收敛的，试求 $X(z)$ 的收敛域。并确定 $x(n)$ 是右边序列、左边序列或双边序列？

(2) 如果不知道序列 $x(n)$ 的傅里叶变换是否收敛，但知道序列是双边序列，试问习题 2.31 图所示的极-零点分布图能对应多少个不同的可能序列，并对每种可能的序列指出它的 z 变换收敛域。

2.32　某稳定系统的系统函数为

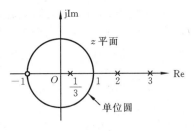

习题 2.31 图

$$H(z) = \frac{(z-1)^2}{z - \frac{1}{2}}$$

试确定其收敛域,并说明该系统是否为
因果系统?

2.33 设习题 2.33 图表示的是一
个因果线性非移变系统,试求:

(1) 该系统的差分方程;

习题 2.33 图

(2) 该系统的系统函数 $H(z)$ 和频率响应 $H(e^{j\omega})$;

(3) 该系统的单位阶跃响应。

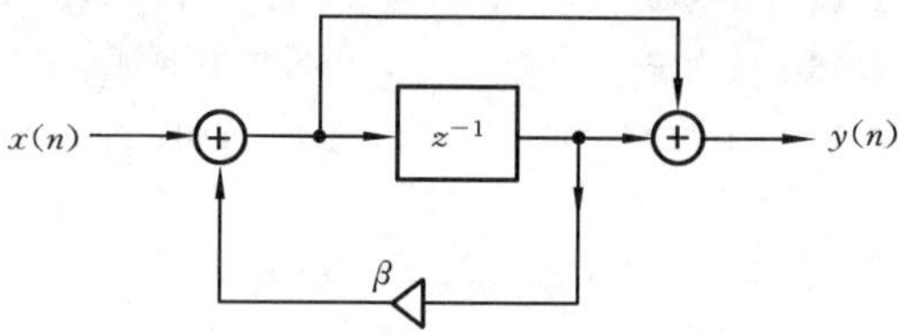

2.34 已知一个因果的线性非移变系统用下列差分方程描述:

$$y(n) = y(n-1) + y(n-2) + x(n-1)$$

(1) 求这个系统的系统函数 $H(z)$,画出 $H(z)$ 的极-零点分布图,并指出其收敛域;

(2) 求这个系统的单位取样响应 $h(n)$;

(3) 读者将会发现它是一个不稳定系统。求满足上述差分方程的一个稳定但非因果的系统的
单位取样响应 $h(n)$。

2.35 一个线性非移变离散时间系统的输入 $x(n)$ 和输出 $y(n)$ 满足差分方程

$$y(n-1) - \frac{5}{2}y(n) + y(n+1) = x(n)$$

(1) 试问该系统是否稳定,是否因果没有限制;

(2) 研究这个差分方程的极-零点分布图,求系统单位取样响应的 3 种可能选择方案,验证每
一种方案都满足差分方程。

2.36 已知一个线性非移变系统满足以下差分方程

$$y(n-1) - \frac{10}{3}y(n) + y(n+1) = x(n)$$

且系统是稳定的,试求其单位取样响应。

2.37 一个因果的线性非移变系统由下列差分方程描述:

$$y(n) - 2r\cos\theta y(n-1) + r^2 y(n-2) = x(n)$$

(1) 画出表示这个系统的框图;

(2) 求这个系统对输入 $x(n) = a^n u(n)$ 的响应。

以下习题都使用 Matlab 求解。

2.38 在给定的区间上产生信号,使用 stem( ) 函数画图,其中(4)题要分别画出幅度、相位、
实部和虚部,(3)题还要用 plot( ) 画图。

(1) $x(n) = 2\delta(n+3) - \delta(n+2) + 2\delta(n) + 4\delta(n-1)$,$-4 \leqslant n \leqslant 3$

(2) $x(n) = (0.8)^n [u(n) - u(n-10)]$,$0 \leqslant n \leqslant 12$

(3) $x(n) = 5\cos(0.04\pi n) + 0.3w(n)$,$0 \leqslant n \leqslant 50$,其中 $w(n)$ 是均值为 0,方差为 1 的高斯序列。

(4) $x(n) = e^{(-0.2+j0.4)n}$,$-10 \leqslant n \leqslant 10$

2.39 已知 $x(n) = \{0, 0.5, 1, 1.5\}$,$0 \leqslant n \leqslant 3$

$$h(n) = \{1, 1, 1\}, 0 \leqslant n \leqslant 2$$

计算 $y(n) = x(n) * h(n)$,并画出原序列 $x(n)$、$h(n)$ 和卷积结果 $y(n)$ 的图形。

2.40 已知
$$x(n) = \{1,2,3,4,5\}, 0 \leqslant n \leqslant 4$$
$$h(n) = \{1,-2,1,3\}, 0 \leqslant n \leqslant 3$$
计算 $y(n) = x(n) * h(n)$,并画出 $x(n)$、$h(n)$ 和卷积结果 $y(n)$ 的图形。

2.41 已知下面两个序列:
$$x(n) = \{3,11,7,\overline{0},-1,4,2\},\quad -3 \leqslant n \leqslant 3$$
$$h(n) = \{2,\overline{3},0,-5,2,1\},\quad -1 \leqslant n \leqslant 4$$
其中 $\overline{0}$ 和 $\overline{3}$ 表示在坐标原点 O 上的值(以后同)。求 $y(n) = x(n) * h(n)$,并画出 $y(n)$ 的图形。

2.42 已知某线性移不变系统由下列差分方程描述:
$$y(n) - y(n-1) + 0.9y(n-2) = x(n)$$
(1) 计算并画出在 $-20 \leqslant n \leqslant 100$ 内的冲激响应 $h(n)$;

(2) 计算并画出在 $-20 \leqslant n \leqslant 100$ 内的单位阶跃响应;

(3) 判断系统是否稳定。

本题使用 impseq( )、stepseq( ) 和 filter( ) 函数求解。

2.43 一个线性移不变系统由下列差分方程描述:
$$y(n) - 0.5y(n-1) + 0.25y(n-2) = x(n) + 2x(n-1) + x(n-3)$$
(1) 求出并画出在 $0 \leqslant n \leqslant 100$ 内系统的冲激响应;

(2) 如果系统的输入
$$x(n) = [5 + 3\cos(0.2\pi n) + 4\sin(0.6\pi n)]u(n)$$
求在 $0 \leqslant n \leqslant 200$ 内的响应 $y(n)$;

(3) 判断系统的稳定性。

本题可用 impseq( ) 函数和 filter( ) 函数求出 $h(n)$,再用 conv_m 函数求系统对 $x(n)$ 的响应。

2.44 某线性非移变系统由下列差分方程描述:
$$y(n) - 0.4y(n-1) + 0.8y(n-2) = x(n) + 0.7x(n-1)$$
(1) 计算并画出冲激响应 $h(n)$ 和阶跃响应 $s(n)$,$-10 \leqslant n \leqslant 80$;

(2) 计算并画出输入 $x(n) = (0.8)^n R_8(n)$ 时系统的响应 $y(n)$,$0 \leqslant n \leqslant 50$;

(3) 判断系统的稳定性。

2.45 计算下列序列的傅里叶变换(DTFT)$X(e^{j\omega})$,并画出其幅度和相位函数,使用 plot( ) 函数画图。

(1) $x(n) = \delta(n+1) + 2\delta(n) - 3\delta(n-1) + 4\delta(n-2) + 5\delta(n-3)$

(2) $x(n) = \begin{cases} 1, & 0 \leqslant n \leqslant 4 \\ 0, & \text{其它} \end{cases}$

(3) $x(n) = e^{-j0.3\pi n}, 0 \leqslant n \leqslant 7$

(4) $x(n) = 5\cos(0.5\pi n), 0 \leqslant n \leqslant 10$

2.46 设某因果系统由下列差分方程描述,计算系统的频率响应 $H(e^{j\omega})$,画出其幅度和相位函数的图形。
$$y(n) + 0.5y(n-1) - 0.3y(n-2) = x(n) + 0.5x(n-1)$$

2.47 使用 Matlab 内部函数 residuez( ) 求下列 z 变换的反变换。

(1) $X(z) = \dfrac{1-z^{-2}}{1-0.81z^{-2}}, |z| > 0.9$

(2) $X(z) = \dfrac{z^{-1}}{3 - 4z^{-1} + z^{-2}}, |z| > 1$

(3) $X(z) = \dfrac{1 - z^{-1} + 0.5z^{-2}}{1 + 0.25z^{-1} - 0.125z^{-2}}, |z| > 0.5$

(4) $X(z) = \dfrac{1 + 0.2z^{-1} + 0.4z^{-2}}{1 - z^{-1} + 0.16z^{-2}}, |z| > 0.8$

(5) $X(z) = \dfrac{1.5 + 0.98z^{-1} - 1.6z^{-2} + 1.1z^{-3} - 0.142z^{-4}}{1 - 1.4z^{-1} + 0.6z^{-2} - 0.072z^{-3}}, |z| > 0.6$

参 考 文 献

[1]　Oppenheim A V, Schaffer R W. Digital Signal Processing[M]. Englewood Cliffs(New Jersey):Prentice-Hall,Inc. ,1975.
中译本:数字信号处理[M].董士嘉,杨耀增,译.北京:科学出版社,1983.

[2]　Rabiner L R,Gold B. Theory and Application of Digital Signal Processing[M]. Englewood Cliffs(New Jersey):Prentice-Hall,Inc. ,1975.
中译本:数字信号处理的原理与应用[M].史令启,译.北京:国防工业出版社,1983.

[3]　Tretter S A. Introduction to Discrete-Time Signal Processing[M]. John Wiley&Sons,1976.
中译本:离散时间信号处理导论[M].王平孙,译.北京:高等教育出版社,1982.

[4]　Stanley W D. Digital Signal Processing[M]. Reston Publishing Company,Inc. ,1975.
中译本:数字信号处理[M].常迥,译.北京:科学出版社,1979.

[5]　Oppenheim A V,Willsky A S,Young I T. Signals and Systems[M]. Englewood Cliffs(New Jersey):Prentice-Hall,Inc. ,1983.
中译本:信号与系统[M].刘树棠,译.西安:西安交通大学出版社,1985.

[6]　邹理和.数字信号处理(上册)[M].北京:国防工业出版社,1985.

[7]　程佩青.数字信号处理教程[M].北京:清华大学出版社,1995.

[8]　黄顺吉.数字信号处理及其应用[M].北京:国防工业出版社,1982.

[9]　陈后金主编.数字信号处理[M].北京:高等教育出版社,2004.

[10]　[美]维纳·K·恩格尔,约翰·G·普罗克斯著.数字信号处理——使用 Matlab[M].刘树棠,译.西安:西安交通大学出版社,2002.

第3章 离散傅里叶变换及其快速算法

连续时间信号的傅里叶变换,和上一章中讨论过的离散时间信号的傅里叶变换(DTFT),一般都是频率的连续函数,因此不能用数字计算机直接计算它们的正变换和反变换。人们期望有一种不仅时间函数是离散的,而且频谱函数也是离散的变换,这就是本章要讨论的离散傅里叶变换(discrete Fourier transform,DFT)。在数字信号处理中,有限长序列在实际应用中有很重要的地位。为处理这种有限长序列,离散傅里叶变换的快速算法,即快速傅里叶变换(fast Fourier transform,FFT)起着极其重要的作用。本章内容安排如下:3.1 节讨论周期序列的傅里叶级数及其性质。3.2 节导出有限长序列的傅里叶表示——离散傅里叶变换,并较详细地介绍了离散傅里叶变换的基本性质,其中包括循环卷积的重要概念。3.3 节介绍利用循环卷积计算线性卷积的方法。3.4 节讨论频率取样理论。3.5 节以较大篇幅介绍本章的重点内容——快速傅里叶变换的时间抽选算法和频率抽选算法及一些细节上的考虑。3.6 节介绍变换点数为合数时的快速傅里叶变换算法。3.7 节介绍快速傅里叶变换算法的应用实例。3.8 节介绍线性调频 z 变换。最后一节介绍 Matlab 在 DFT 中的应用。

3.1 离散傅里叶级数及其性质

3.1.1 离散傅里叶级数(DFS)

一个周期为 N 的周期序列 $\tilde{x}(n)$ 可表示为

$$\tilde{x}(n) = \tilde{x}(n+kN), \quad k \text{ 为任意整数}$$

在第 2 章说明过,这样的周期序列的 z 变换是不收敛的。但是,可以用离散傅里叶级数,即用正弦序列和余弦序列或复指数序列的加权和表示 $\tilde{x}(n)$,这些序列的频率等于周期序列 $\tilde{x}(n)$ 的基频 $\dfrac{2\pi}{N}$ 的整数倍,其中基波成分为

$$e_1(n) = e^{j\frac{2\pi}{N}n}$$

离散傅里叶级数与连续傅里叶级数的差别在于,前者的 k 个谐波分量中只有 N 个是相互独立的,这是因为复指数序列是 k 的周期函数的缘故,即

$$e_{k+mN}(n) = \mathrm{e}^{\mathrm{j}\frac{2\pi}{N}(k+mN)n} = \mathrm{e}^{\mathrm{j}\frac{2\pi}{N}nk} = e_k(n)$$

例如,当 $m=1,N=4$ 时, $e_{k+4}(n)=e_k(n)$,即 $e_4(n)=e_0(n)$, $e_5(n)=e_1(n)$, $e_6(n)=e_2(n)$, $e_7(n)=e_3(n)$ 。因此,对于离散傅里叶级数,只取下标从 0 到 $N-1$ 的 N 个谐波分量就足以表示原来的信号。这样可把离散傅里叶级数表示为

$$\tilde{x}(n) = \frac{1}{N}\sum_{k=0}^{N-1}\tilde{X}(k)\mathrm{e}^{\mathrm{j}\frac{2\pi}{N}kn} \tag{3.1}$$

式中,乘以系数 $\frac{1}{N}$ 是为了下面计算的方便, $\tilde{X}(k)$ 是 k 次谐波的系数。

现在来确定 $\tilde{X}(k)$ 。将式(3.1)两边同乘以 $\mathrm{e}^{-\mathrm{j}\frac{2\pi}{N}nr}$,并从 $n=0$ 到 $N-1$ 求和得到

$$\sum_{n=0}^{N-1}\tilde{x}(n)\mathrm{e}^{-\mathrm{j}\frac{2\pi}{N}nr} = \frac{1}{N}\sum_{n=0}^{N-1}\sum_{k=0}^{N-1}\tilde{X}(k)\mathrm{e}^{\mathrm{j}\frac{2\pi}{N}(k-r)n}$$

交换上式右边求和的次序得

$$\sum_{n=0}^{N-1}\tilde{x}(n)\mathrm{e}^{-\mathrm{j}\frac{2\pi}{N}nr} = \sum_{k=0}^{N-1}\tilde{X}(k)\left[\frac{1}{N}\sum_{n=0}^{N-1}\mathrm{e}^{\mathrm{j}\frac{2\pi}{N}(k-r)n}\right]$$

因为

$$\frac{1}{N}\sum_{n=0}^{N-1}\mathrm{e}^{\mathrm{j}\frac{2\pi}{N}(k-r)n} = \begin{cases} 1, & k=r \\ 0, & k \neq r \end{cases}$$

所以

$$\sum_{n=0}^{N-1}\tilde{x}(n)\mathrm{e}^{-\mathrm{j}\frac{2\pi}{N}nr} = \tilde{X}(r)$$

或写成

$$\tilde{X}(k) = \sum_{n=0}^{N-1}\tilde{x}(n)\mathrm{e}^{-\mathrm{j}\frac{2\pi}{N}kn} \tag{3.2}$$

令 $W_N = \mathrm{e}^{-\mathrm{j}\frac{2\pi}{N}}$,则得到周期序列的离散傅里叶级数(DFS)变换对

$$\tilde{X}(k) = \mathrm{DFS}[\tilde{x}(n)] = \sum_{n=0}^{N-1}\tilde{x}(n)W_N^{kn}, \quad -\infty < k < \infty \tag{3.3a}$$

$$\tilde{x}(n) = \mathrm{IDFS}[\tilde{X}(k)] = \frac{1}{N}\sum_{k=0}^{N-1}\tilde{X}(k)W_N^{-kn}, \quad -\infty < n < \infty \tag{3.3b}$$

在式(3.3a)和式(3.3b)中, n 和 k 都为离散变量。如果将 n 当作时间变量, k 当作频率变量,则式(3.3a)表示的是时域到频域的变换,称为 DFS 的正变换。式(3.3b)表示的是由频域到时域的变换,称为 DFS 的逆变换。

由于

$$\tilde{X}(k+pN) = \sum_{n=0}^{N-1}\tilde{x}(n)\mathrm{e}^{-\mathrm{j}\frac{2\pi}{N}(k+pN)n} = \sum_{n=0}^{N-1}\tilde{x}(n)\mathrm{e}^{-\mathrm{j}\frac{2\pi}{N}kn} = \tilde{X}(k)$$

故 $\tilde{X}(k)$ 是周期为 N 的离散周期信号。图 3.1 所示的是周期序列 $\tilde{x}(n)$ 及其 DFS 系

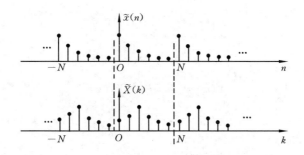

图 3.1　周期序列及其 DFS 示意图

数 $\widetilde{X}(k)$ 的示意图。

　　一个周期序列虽然是无限长的,但是只要知道它的一个周期,也就知道了它的整个序列。因此,周期序列的信息可以用它在一个周期中的 N 个值来代表。因此在式(3.3a)和式(3.3b)中只取 N 个值求和就够了。这正是周期序列与有限长序列之间的本质联系。

3.1.2　离散傅里叶级数的性质

1. 线性

设周期序列 $\widetilde{x}_1(n)$ 和 $\widetilde{x}_2(n)$ 的周期都为 N,且

$$\mathrm{DFS}[\widetilde{x}_1(n)] = \widetilde{X}_1(k)$$
$$\mathrm{DFS}[\widetilde{x}_2(n)] = \widetilde{X}_2(k)$$

若　　　　　　　　　$\widetilde{x}_3(n) = a\widetilde{x}_1(n) + b\widetilde{x}_2(n)$

则有

$$\widetilde{X}_3(k) = \mathrm{DFS}[a\widetilde{x}_1(n) + b\widetilde{x}_2(n)] = a\widetilde{X}_1(k) + b\widetilde{X}_2(k) \tag{3.4}$$

2. 周期序列的移位

设　　　　　　　　　$\mathrm{DFS}[\widetilde{x}(n)] = \widetilde{X}(k)$

则

$$\mathrm{DFS}[\widetilde{x}(n-m)] = W_N^{mk}\widetilde{X}(k) \tag{3.5}$$

证明　　$\mathrm{DFS}[\widetilde{x}(n-m)] = \displaystyle\sum_{n=0}^{N-1} \widetilde{x}(n-m)W_N^{kn} = \sum_{n=0}^{N-1} \widetilde{x}(n-m)W_N^{k(n-m)}W_N^{mk}$

$$= W_N^{mk}\widetilde{X}(k) \qquad\qquad\qquad 证毕。$$

根据 $\widetilde{x}(n)$ 与 $\widetilde{X}(k)$ 的对称特点,可以用类似的方法证明下式成立:

$$\mathrm{IDFS}[\widetilde{X}(k-l)] = W_N^{-nl} \cdot \widetilde{x}(n) \tag{3.6}$$

3. 周期卷积

设 $\widetilde{x}_1(n)$ 和 $\widetilde{x}_2(n)$ 都是周期为 N 的周期序列,它们的 DFS 系数分别为

$$\widetilde{X}_1(k) = \sum_{m=0}^{N-1} \widetilde{x}_1(m) W_N^{mk} \qquad (3.7)$$

$$\widetilde{X}_2(k) = \sum_{r=0}^{N-1} \widetilde{x}_2(r) W_N^{rk} \qquad (3.8)$$

令

$$\widetilde{Y}(k) = \widetilde{X}_1(k) \cdot \widetilde{X}_2(k) \qquad (3.9)$$

则

$$\widetilde{y}(n) = \text{IDFS}[\widetilde{X}_1(k) \cdot \widetilde{X}_2(k)] = \sum_{m=0}^{N-1} \widetilde{x}_1(m) \widetilde{x}_2(n-m)$$

$$= \widetilde{x}_1(n) * \widetilde{x}_2(n) \qquad (3.10)$$

证明　$\widetilde{y}(n) = \text{IDFS}[\widetilde{X}_1(k) \cdot \widetilde{X}_2(k)] = \dfrac{1}{N} \sum_{k=0}^{N-1} \widetilde{X}_1(k) \cdot \widetilde{X}_2(k) W_N^{-kn}$

将式(3.7)和式(3.8)代入上式得

$$\widetilde{y}(n) = \sum_{m=0}^{N-1} \widetilde{x}_1(m) \sum_{r=0}^{N-1} \widetilde{x}_2(r) \left[\frac{1}{N} \sum_{k=0}^{N-1} W_N^{-k(n-m-r)} \right]$$

因为

$$\frac{1}{N} \sum_{k=0}^{N-1} W_N^{-k(n-m-r)} = \frac{1}{N} \sum_{k=0}^{N-1} e^{jk(n-m-r)2\pi/N}$$

$$= \begin{cases} 1, & r = (n-m) + lN, l \text{ 为任意整数} \\ 0, & r \text{ 为其它值} \end{cases} \qquad (3.11)$$

所以

$$\widetilde{y}(n) = \sum_{m=0}^{N-1} \widetilde{x}_1(m) \widetilde{x}_2(n-m) = \widetilde{x}_1(n) * \widetilde{x}_2(n) \qquad \text{证毕。}$$

　　式(3.10)表示的是两个周期序列的卷积，称为周期卷积。周期卷积的计算步骤与非周期序列的线性卷积类似。但应注意：周期卷积中的序列 $\widetilde{x}_1(m)$ 和 $\widetilde{x}_2(n-m)$ 对 m 都是周期为 N 的周期序列，它们的乘积对 m 也是以 N 为周期的，周期卷积仅在一个周期内求和。

　　图 3.2 所示的是 $N=6$ 的两个周期序列 $\widetilde{x}_1(n)$ 和 $\widetilde{x}_2(n)$ 的周期卷积的计算过程。与线性卷积计算过程一样，首先将一个序列(如 $\widetilde{x}_2(m)$)进行折叠，然后移位、相乘，最后相加。相乘和相加运算仅在 $m=0$ 到 $N-1$ 的区间内进行。计算出 $n=0$ 到 $N-1$ (一个周期)的结果后，再将其进行周期延拓，就得到周期卷积 $\widetilde{y}(n)$。

　　周期卷积满足交换律，因此式(3.10)也可以表示为

$$\widetilde{y}(n) = \sum_{m=0}^{N-1} \widetilde{x}_2(m) \widetilde{x}_1(n-m) = \widetilde{x}_2(n) * \widetilde{x}_1(n) \qquad (3.12)$$

　　可以证明，两个周期序列的乘积 $\widetilde{y}(n) = \widetilde{x}_1(n) \cdot \widetilde{x}_2(n)$ 的 DFS 为

$$\widetilde{Y}(k) = \text{DFS}[\widetilde{x}_1(n) \cdot \widetilde{x}_2(n)] = \frac{1}{N} \sum_{l=0}^{N-1} \widetilde{X}_1(l) \cdot \widetilde{X}_2(k-l)$$

$$= \frac{1}{N} \widetilde{X}_1(k) * \widetilde{X}_2(k) \qquad (3.13)$$

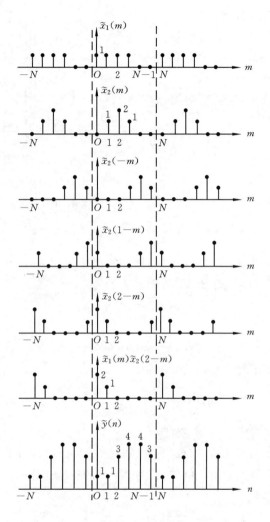

图 3.2　两个周期序列周期卷积过程

3.2　离散傅里叶变换及其性质

3.2.1　离散傅里叶变换（DFT）

在实际应用中,把无限长的周期序列送给计算机处理是不现实的,也是不必要的。通常只需对周期序列的一个周期的值进行处理就足够了。有限长序列的傅里叶变换称为离散傅里叶变换,简写为 DFT。DFT 可以按 3 个步骤由 DFS 推导出来:

① 将有限长序列延拓成周期序列;

② 求周期序列的 DFS；

③ 从 DFS 中取出一个周期便得到有限长序列的 DFT。图 3.3(a)所示的是一个有限长序列 $x(n)$，$0 \leqslant n \leqslant N-1$。

将 $x(n)$ 延拓成周期为 N 的周期序列 $\tilde{x}(n)$，即

$$\tilde{x}(n) = \sum_{r=-\infty}^{\infty} x(n+rN) \quad (3.14)$$

如图 3.3(b)所示。显然有

$$x(n) = \begin{cases} \tilde{x}(n), & 0 \leqslant n \leqslant N-1 \\ 0, & \text{其它} \end{cases}$$

$$(3.15)$$

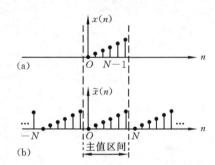

图 3.3　有限长序列及其周期延拓
(a) 有限长序列；　(b)延拓后的周期序列

$\tilde{x}(n)$ 的第一个周期，即 $n=0$ 到 $N-1$ 的序列称为主值序列，$n=0$ 到 $N-1$ 的范围称为主值区间。式(3.14)和式(3.15)可分别表示为

$$\tilde{x}(n) = x((n))_N \qquad (3.16)$$

和

$$x(n) = \tilde{x}(n) \cdot R_N(n) \qquad (3.17)$$

式中，$R_N(n)$ 是矩形序列

$$R_N(n) = \begin{cases} 1, & 0 \leqslant n \leqslant N-1 \\ 0, & \text{其它} \end{cases}$$

符号 $((n))_N$ 表示 n 对模 N 的余数，即

$$n = kN + ((n))_N, \quad 0 \leqslant ((n))_N \leqslant N-1$$

这里 k 是 n 除以 N 得到的商。例如，长为 $N=8$ 的有限长序列 $x(n)$ 延拓成周期序列 $\tilde{x}(n)$ 后，根据式(3.16)，有

$$\tilde{x}(13) = x(5), \quad \tilde{x}(-5) = x(3)$$

同理，可以认为周期序列 $\tilde{x}(n)$ 的 DFS 系数 $\tilde{X}(k)$ 是有限长序列 $X(k)$ 周期延拓的结果，而 $X(k)$ 是 $\tilde{X}(k)$ 的主值序列，即

$$\tilde{X}(k) = X((k))_N \qquad (3.18)$$

$$X(k) = \tilde{X}(k) \cdot R_N(k) \qquad (3.19)$$

由于式(3.3a)和式(3.3b)都仅在主值区间(0～N−1)内求和，因此它们也适用于式(3.17)和式(3.19)的主值序列 $x(n)$ 和 $X(k)$。这样，便可以得出有限长序列的离散傅里叶变换(DFT)的表示式

$$X(k) = \text{DFT}[x(n)] = \begin{cases} \sum_{n=0}^{N-1} x(n) W_N^{kn}, & 0 \leqslant k \leqslant N-1 \\ 0, & \text{其它} \end{cases} \quad (3.20a)$$

$$x(n) = \text{IDFT}[X(k)] = \begin{cases} \dfrac{1}{N}\sum_{k=0}^{N-1}X(k)W_N^{-kn}, & 0 \leqslant n \leqslant N-1 \\ 0, & \text{其它} \end{cases} \quad (3.20\text{b})$$

由此可见,有限长序列 $x(n)$ 的 DFT 即 $X(k)$ 仍是有限长序列,n 和 k 的含义与 DFS 相同。式(3.20a)称为 DFT 的正变换,式(3.20b)称为 DFT 的逆变换。要注意的是,如果 DFS 和 DFT 都是用 N 个值来定义的,那么它们之间没有本质区别,DFT 本身隐含着周期性,它可被看作 DFS 的主值;反之,DFS 可被看作 DFT 的周期延拓。

在一般情况下,$X(k)$ 是一个复量,可表示为

$$X(k) = X_R(k) + jX_I(k) \quad (3.21)$$

或

$$X(k) = |X(k)|\,e^{j\theta(k)} \quad (3.22)$$

式中

$$|X(k)| = [X_R^2(k) + X_I^2(k)]^{\frac{1}{2}}$$

$$\theta(k) = \arctan\frac{X_I(k)}{X_R(k)}$$

例 3.1　求有限长序列

$$x(n) = \begin{cases} a^n, & 0 \leqslant n \leqslant N-1 \\ 0, & \text{其它} \end{cases}$$

的 DFT,其中 $a=0.8,N=8$。

解　因为　$X(k) = \text{DFT}[x(n)] = \sum_{n=0}^{N-1}a^n W_N^{kn} = \sum_{n=0}^{N-1}(ae^{-j\frac{2\pi}{N}k})^n$

$$= \frac{1-a^8}{1-ae^{-j\frac{\pi}{4}k}}, \quad 0 \leqslant k \leqslant 7$$

所以

$$X(0) = 4.16114$$
$$X(1) = 0.71063 - j0.92558$$
$$X(2) = 0.50746 - j0.40597$$
$$X(3) = 0.47017 - j0.16987$$
$$X(4) = 0.46235$$
$$X(5) = 0.47017 + j0.16987$$
$$X(6) = 0.50746 + j0.40597$$
$$X(7) = 0.71063 + j0.92558$$

将 $x(n)$ 的 z 变换

$$X(z) = \mathscr{Z}[x(n)] = \sum_{n=0}^{N-1}x(n)z^{-n}$$

与 $x(n)$ 的 DFT

$$X(k) = \text{DFT}[x(n)] = \sum_{n=0}^{N-1} x(n)W_N^{kn}$$

进行对比,可以看出

$$X(k) = X(z) \mid_{z = W_N^{-k}} \quad (3.23)$$

式中,$z = W_N^{-k} = \text{e}^{\text{j}\frac{2\pi}{N}k}$ 表示 z 平面单位

圆上辐角 $\omega = \dfrac{2\pi}{N}k(k=0,1,\cdots,N-1)$

的 N 个等间隔点,如图 3.4(a)所示。

z 变换在这些点上的取样值就是
$X(k)$,如图 3.4(b)所示。在图 3.4(b)

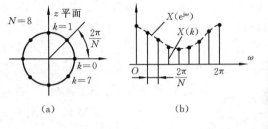

图 3.4   DFT 与 z 变换和傅里叶变换的关系

中的虚线包络是单位圆($z=\text{e}^{\text{j}\omega}$)上的 z 变换,即傅里叶变换 $X(\text{e}^{\text{j}\omega})$。

3.2.2   离散傅里叶变换的性质

DFT 隐含着周期性,因此在讨论 DFT 的性质时,常与 DFS 的概念联系起来,并把有限长序列看作周期序列的一个周期来处理。设 $x_1(n)$ 和 $x_2(n)$ 的长度都为 N,且它们对应的 DFT 分别为 $X_1(k)$ 和 $X_2(k)$。

1. 线性

设 $x_3(n)=ax_1(n)+bx_2(n)$,a 和 b 都为常数,则

$$X_3(k) = \text{DFT}[ax_1(n) + bx_2(n)] = aX_1(k) + bX_2(k) \quad (3.24)$$

读者可根据 DFT 的定义直接证明这一性质。

2. 对称性

最常遇到的是实序列。设 $x(n)$ 是一个长度为 N 的实序列,且 $\text{DFT}[x(n)] = X(k)$,则有

$$X(k) = X^*(N-k) \quad (3.25)$$

这意味着

$$\begin{cases} \text{Re}[X(k)] = \text{Re}[X(N-k)] \\ \text{Im}[X(k)] = -\text{Im}[X(N-k)] \end{cases} \quad (3.26)$$

或

$$\begin{cases} \mid X(k) \mid = \mid X(N-k) \mid \\ \arg[X(k)] = -\arg[X(N-k)] \end{cases} \quad (3.27)$$

这就是说,实序列的 DFT 系数 $X(k)$ 的模是偶对称序列,辐角是奇对称序列。

证明   因为 $x(n)$ 为实数序列,所以有

$$X(k) = \left[\sum_{n=0}^{N-1} x(n)W_N^{-kn} \right]^* = \left[\sum_{n=0}^{N-1} x(n)W_N^{(N-k)n} \cdot W_N^{-Nn} \right]^*$$

$$= X^* (N-k) \qquad\qquad 证毕。$$

利用式(3.26)可以方便地由一个复序列的 DFT 求得两个实序列的 DFT。设有长度均为 N 的两个实序列 $x(n)$ 和 $y(n)$，它们的 N 点 DFT 分别为 $X(k)$ 和 $Y(k)$。用 $x(n)$ 和 $y(n)$ 构成复序列 $w(n)$，即

$$w(n) = x(n) + \mathrm{j}y(n) \qquad\qquad (3.28)$$

求 $w(n)$ 的 DFT

$$W(k) = \sum_{n=0}^{N-1} \big[x(n) + \mathrm{j}y(n)\big]W_N^{kn} = X(k) + \mathrm{j}Y(k)$$

$$= \mathrm{Re}\big[X(k)\big] - \mathrm{Im}\big[Y(k)\big] + \mathrm{j}\{\mathrm{Im}\big[X(k)\big] + \mathrm{Re}\big[Y(k)\big]\} \qquad (3.29)$$

利用式(3.28)表示的 $w(n)$ 和相应的 $w^*(n)$，可得出

$$x(n) = \frac{1}{2}\big[w(n) + w^*(n)\big] \qquad\qquad (3.30)$$

和

$$y(n) = \frac{1}{2\mathrm{j}}\big[w(n) - w^*(n)\big] \qquad\qquad (3.31)$$

因此

$$X(k) = \frac{1}{2}\big[W(k) + W^*(N-k)\big] = \mathrm{Re}\big[X(k)\big] + \mathrm{j}\mathrm{Im}\big[X(k)\big]$$

$$Y(k) = \frac{1}{2\mathrm{j}}\big[W(k) - W^*(N-k)\big] = \mathrm{Re}\big[Y(k)\big] + \mathrm{j}\mathrm{Im}\big[Y(k)\big]$$

利用式(3.29)表示的 $W(k)$ 和相应的 $W^*(N-k)$，由式(3.26)和式(3.27)即可得出

$$\begin{cases} \mathrm{Re}\big[X(k)\big] = \dfrac{\mathrm{Re}\big[W(k)\big] + \mathrm{Re}\big[W(N-k)\big]}{2} \\[2mm] \mathrm{Im}\big[Y(k)\big] = \dfrac{\mathrm{Re}\big[W(N-k)\big] - \mathrm{Re}\big[W(k)\big]}{2} \\[2mm] \mathrm{Re}\big[Y(k)\big] = \dfrac{\mathrm{Im}\big[W(k)\big] + \mathrm{Im}\big[W(N-k)\big]}{2} \\[2mm] \mathrm{Im}\big[X(k)\big] = \dfrac{\mathrm{Im}\big[W(k)\big] - \mathrm{Im}\big[W(N-k)\big]}{2} \end{cases} \qquad (3.32)$$

证毕。

3. 序列的循环移位

一个长度为 N 的序列 $x(n)$ 的循环移位定义为

$$y(n) = x((n+m))_N \cdot R_N(n) \qquad\qquad (3.33)$$

式(3.33)分 3 步计算：

① 将 $x(n)$ 延拓成周期为 N 的周期序列 $\tilde{x}(n)$；

② 将 $\tilde{x}(n)$ 移位得 $\tilde{x}(n+m)$ 或 $x((n+m))_N$；

③ 对 $x((n+m))_N$ 取主值得 $x((n+m))_N \cdot R_N(n)$。

上述步骤如图 3.5 所示。从图中两虚线之间的主值序列的移位情况可以看出，当主值序列左移 m 个样本时，从右边会同时移进 m 个样本，而且好像是刚向左边移出的那些样本又从右边循环移了进来。因此取名"循环移位"。显然，循环移位不同于线性移位。

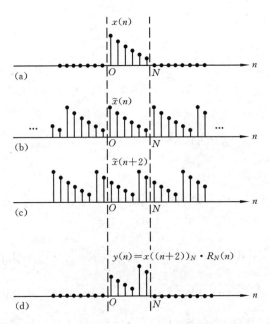

图 3.5　序列的循环移位

序列循环移位后的 DFT 为

$$Y(k) = \text{DFT}[x((n+m))_N \cdot R_N(n)] = W_N^{-km} \cdot X(k) \qquad (3.34)$$

证明　由周期序列的移位性质(式(3.5))得

$$\text{DFS}[x((n+m))_N] = \text{DFS}[\tilde{x}(n+m)] = W_N^{-km} \cdot \widetilde{X}(k)$$

因 $x((n+m))_N \cdot R_N(n)$ 是 $\tilde{x}(n+m)$ 的主值序列，所以它的 DFT 就是 $\tilde{x}(n+m)$ 的 DFS 的主值，即

$$\text{DFT}[x((n+m))_N \cdot R_N(n)] = \text{DFT}[\tilde{x}(n+m) \cdot R_N(n)]$$
$$= W_N^{-km}\widetilde{X}(k) \cdot R_N(k) = W^{-km}X(k) \qquad 证毕$$

根据时域和频域的对偶关系，可以得出离散傅里叶变换 $X(k)$ 循环移位时的类似结果，即若

$$Y(k) = X((k+l))_N \cdot R_N(k)$$

则

$$y(n) = \text{IDFT}[X((k+l))_N \cdot R_N(k)] = W_N^{nl}x(n) \qquad (3.35)$$

4. 循环卷积

设 $Y(k) = X_1(k) \cdot X_2(k)$，则

$$y(n) = \text{IDFT}[X_1(k) \cdot X_2(k)]$$

$$= \Big[\sum_{m=0}^{N-1} x_1((m))_N \cdot x_2((n-m))_N \Big] \cdot R_N(n)$$

$$= \Big[\sum_{m=0}^{N-1} \widetilde{x}_1(m) \cdot \widetilde{x}_2(n-m) \Big] \cdot R_N(n) \qquad (3.36)$$

或

$$y(n) = \sum_{m=0}^{N-1} x_1(m) x_2((n-m))_N \cdot R_N(n) = x_1(n) \, \textcircled{N} \, x_2(n) \qquad (3.37)$$

证明　将 $Y(k)$ 延拓成周期为 N 的周期序列，即

$$\widetilde{Y}(k) = \widetilde{X}_1(k) \cdot \widetilde{X}_2(k)$$

利用 DFS 的周期卷积性质得

$$\widetilde{y}(n) = \sum_{m=0}^{N-1} \widetilde{x}_1(m) \cdot \widetilde{x}_2(n-m) = \sum_{m=0}^{N-1} x_1((m))_N \cdot x_2((n-m))_N$$

对 $\widetilde{y}(n)$ 取主值，就得到式(3.36)的结果，即

$$y(n) = \widetilde{y}(n) \cdot R_N(n) = \Big[\sum_{m=0}^{N-1} \widetilde{x}_1(m) \cdot \widetilde{x}_2(n-m) \Big] \cdot R_N(n)$$

$$= \Big[\sum_{m=0}^{N-1} x_1((m))_N \cdot x_2((n-m))_N \Big] \cdot R_N(n)$$

在主值区间 $0 \leqslant m \leqslant N-1$ 内，$x_1(m) = x_1((m))_N$，因此式(3.36)又可表示成式(3.37)的形式。由式(3.36)或式(3.37)表示的卷积称为循环卷积，常记为 $y(n) = x_1(n) \, \textcircled{N} \, x_2(n)$。

证毕。

循环卷积的计算可用图 3.6 来说明。在图 3.6(a)中，$x_1(n)$ 的 N 个值按顺时针方向均匀分布在内圆周上，$x_2(n)$ 的 N 个值按逆时针方向均匀分布在外圆周上，把内外圆周上对应的数值两两相乘，然后把乘积相加就得到 $y(0)$。若将外圆周顺时针方向转动一格(如图 3.6(b)所示)，将内外圆周上对应的数值两两相乘并把乘积相加，便得到 $y(1)$。依次类推，可以得出 $y(n)$ 的其它值。因此循环卷积也称为圆卷积。

图 3.7 表示的是序列 $x_1(n)$ 和 $x_2(n)$ 的 4 点(即 $N=4$)循环卷积的计算过程。图中，

$$x_1(n) = \delta(n) + \delta(n-1) + \delta(n-2)$$

$$x_2(n) = \delta(n) + \frac{3}{2}\delta(n-1) + 2\delta(n-2) + \frac{5}{2}\delta(n-3)$$

这一计算过程分 5 步：

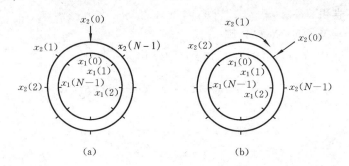

图 3.6　循环卷积计算的圆形示意图

① 周期延拓：先在哑变量坐标 m 上作出 $x_1(m)$ 和 $x_2(m)$。以将 $x_2(m)$ 延拓成周期为 N 的周期序列 $x_2((m))_N$，如图 3.7(c)所示。

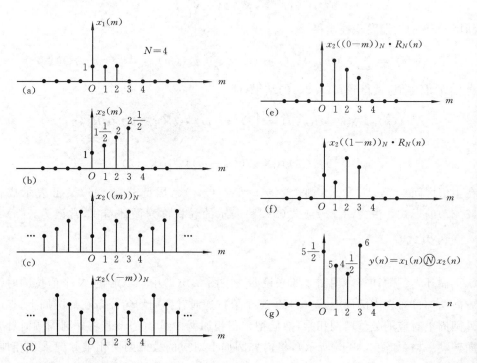

图 3.7　两个序列的循环卷积

② 折叠：将 $x_2((m))_N$ 折叠得到 $x_2((-m))_N$，如图 3.7(d)所示；

③ 移位和取主值：将 $x_2((-m))_N$ 移 n 位并取主值得 $x_2((n-m))_N \cdot R_N(n)$，如图 3.7(e)、(f)所示。

④ 相乘：将相同 m 值的 $x_2((n-m))_N \cdot R_N(n)$ 与 $x_1(m)$ 相乘。

⑤ 相加：将④得到的乘积累加起来，便得到 $y(n)$。如图 3.7(g)所示。

可以证明,长为 N 的两序列之积的 DFT 等于它们的 DFT 的循环卷积除以 N,即

$$Y(k) = \mathrm{DFT}[x_1(n) \cdot x_2(n)] = \frac{1}{N}\sum_{l=0}^{N-1} X_1(l)X_2((k-l))_N R_N(k)$$

$$= \frac{1}{N}X_1(k) \mathop{\text{N}}\limits_{\bigcirc} X_2(k) \tag{3.38}$$

表 3.1 列出了一些对偶性的变换。

表 3.1　一些对偶性的变换

变换名称	时　　域	频　　域
连续信号 傅氏变换	$w(t)=x(t)*y(t)$	$W(\mathrm{j}\Omega)=X(\mathrm{j}\Omega)Y(\mathrm{j}\Omega)$
	$w(t)=x(t)\cdot y(t)$	$W(\mathrm{j}\Omega)=\dfrac{1}{2\pi}X(\mathrm{j}\Omega)*Y(\mathrm{j}\Omega)=\dfrac{1}{2\pi}\displaystyle\int_{-\infty}^{\infty}X(\mathrm{j}\theta)\cdot Y[\mathrm{j}(\Omega-\theta)]\mathrm{d}\theta$
连续信号 拉氏变换	$w(t)=x(t)*y(t)$	$W(s)=X(s)Y(s)$
	$w(t)=x(t)\cdot y(t)$	$W(s)=\dfrac{1}{2\pi\mathrm{j}}X(s)*Y(s)=\dfrac{1}{2\pi\mathrm{j}}\displaystyle\oint X(p)Y(s-p)\mathrm{d}p$
离散信号 傅氏变换	$w(n)=x(n)*y(n)$	$W(\mathrm{e}^{\mathrm{j}\omega})=X(\mathrm{e}^{\mathrm{j}\omega})Y(\mathrm{e}^{\mathrm{j}\omega})$
	$w(n)=x(n)\cdot y(n)$	$W(\mathrm{e}^{\mathrm{j}\omega})=\dfrac{1}{2\pi}X(\mathrm{e}^{\mathrm{j}\omega})*Y(\mathrm{e}^{\mathrm{j}\omega})=\dfrac{1}{2\pi}\displaystyle\int_{-\pi}^{\pi}X(\mathrm{e}^{\mathrm{j}\theta})\cdot Y(\mathrm{e}^{\mathrm{j}(\omega-\theta)})\mathrm{d}\theta$
离散信号 z 变换	$w(n)=x(n)*y(n)$	$W(z)=X(z)Y(z)$
	$w(n)=x(n)\cdot y(n)$	$W(z)=\dfrac{1}{2\pi\mathrm{j}}\displaystyle\oint_C X\left(\dfrac{z}{v}\right)Y(v)v^{-1}\mathrm{d}v$
离散傅氏 变换	$w(n)=x(n)\mathop{\text{N}}\limits_{\bigcirc}y(n)$	$W(k)=X(k)Y(k)$
	$w(n)=x(n)\cdot y(n)$	$W(k)=\dfrac{1}{N}X(k)\mathop{\text{N}}\limits_{\bigcirc}Y(k)$ $=\dfrac{1}{N}\displaystyle\sum_{l=0}^{N-1}X(l)Y((k-l))_N\cdot R_N(k)$

　　至此,介绍了 3 种卷积:线性卷积、周期卷积和循环卷积。这 3 种卷积既有联系又有区别。具体说来,循环卷积与周期卷积没有本质区别,循环卷积可被看作是周期卷积的主值;但是循环卷积和线性卷积有明显的不同,循环卷积的计算是在主值区间中进行的,而线性卷积不受这个限制。上节的例题说明,两个长度都为 N 的因果序列的循环卷积仍是一个长度为 N 的序列,而它们的线性卷积却是一个长度为 $2N-1$ 的序列。例如,图 3.8 表示的是两个相同的矩形序列的线性卷积,$y(n)$ 是一个长度为 $2N-1$ 的三角形序列;图 3.9 表示的是同样的这两个矩形序列的循环卷积,$y(n)$ 却是一个长度为 N 的矩形序列。

　　离散傅里叶变换(DFT)、循环移位和循环卷积都可利用 Matlab 实现。在这些计算中使用 Matlab,将是非常方便的,这个问题将在 3.10 节中介绍。

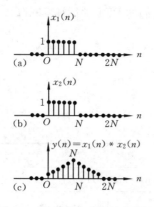

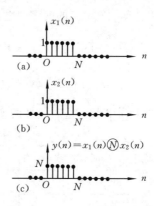

图 3.8 两矩形序列的线性卷积   图 3.9 两矩形序列的循环卷积

3.3 利用循环卷积计算线性卷积

在许多实际问题中常需要计算线性卷积,例如,一个 FIR 数字滤波器的输出等于输入与滤波器的单位取样响应的线性卷积,如图 3.10 所示。

如果能将线性卷积转化成循环卷积,那么根据 DFT 的循环卷积性质,就能够用循环卷积来计算线性卷积,而循环卷积可以用 FFT 进行快速计算。因此,首先需要讨论在什么条件下,循环卷积与线性卷积相等的问题。

设 $x_1(n)$ 和 $x_2(n)$ 都是长度为 N 的有限长因果序列,它们的线性卷积为

$$x_3(n) = \begin{cases} \displaystyle\sum_{m=0}^{n} x_1(m)x_2(n-m), & 0 \leqslant n \leqslant N-1 \\ \displaystyle\sum_{m=n-N+1}^{N-1} x_1(m)x_2(n-m), & N \leqslant n \leqslant 2N-2 \end{cases} \qquad (3.39)$$

它是长为 $2N-1$ 的序列。

现将 $x_1(n)$ 和 $x_2(n)$ 延长至 $L(L>N)$,延长部分(从 N 到 $L-1$)均填充为零值,如图3.11所示。

计算 $x_1(n)$ 和 $x_2(n)$ 的 L 点循环卷积,得到

$$x_4(n) = x_1(n) \enspace ⓛ \enspace x_2(n) \qquad (3.40)$$

为了下面分析方便,先将 $x_1(n)$ 和 $x_2(n)$ 以 L 为周期进行延拓,得到两个周期序列

$$\tilde{x}_1(n) = \sum_{p=-\infty}^{\infty} x_1(n+pL) = x_1((n))_L$$

$$(3.41)$$

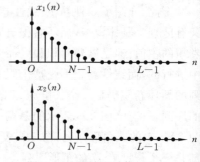

图 3.11 用填充零值的方法
         将序列延长

和
$$\tilde{x}_2(n) = \sum_{r=-\infty}^{\infty} x_2(n+rL) = x_2((n))_L \tag{3.42}$$

它们的周期卷积为
$$\tilde{x}_3(n) = \sum_{m=0}^{L-1} \tilde{x}_1(m)\tilde{x}_2(n-m) = \sum_{m=0}^{L-1} x_1((m))_L \sum_{r=-\infty}^{\infty} x_2(n+rL-m)$$

注意到在区间 $0 \leqslant m \leqslant L-1$ 中，$x_1((m))_L = x_1(m)$；并交换上式求和次序得
$$\tilde{x}_3(n) = \sum_{r=-\infty}^{\infty} \sum_{m=0}^{L-1} x_1(m) \cdot x_2(n+rL-m) = \sum_{r=-\infty}^{\infty} x_3(n+rL) \tag{3.43}$$

式(3.43)表明，$x_1(n)$ 和 $x_2(n)$ 的周期卷积是它们的线性卷积的周期延拓。对式(3.43)取主值得到循环卷积
$$x_4(n) = x_1(n) \ⓁＬ\ x_2(n) = \left[\sum_{r=-\infty}^{\infty} x_3(n+rL) \right] R_L(n) \tag{3.44}$$

因此，$x_1(n)$ 和 $x_2(n)$ 的循环卷积可被看作是它们的线性卷积的周期延拓的主值。现在来看一下延拓的周期 L，因为两个长度为 N 的序列的线性卷积是一个长度为 $2N-1$ 的序列，所以

① 如果 $L<2N-1$，则 $x_3(n)$ 的周期延拓必有一部分非零值序列相重叠，从而产生混叠失真，这时 L 点的循环卷积不等于 N 点的线性卷积，即
$$x_1(n) \ⓁＬ\ x_2(n) \neq x_1(n) * x_2(n)$$

② 如果 $L \geqslant 2N-1$，则 $x_3(n)$ 的周期延拓不会产生混叠失真，这时
$$x_1(n) \ⓁＬ\ x_2(n) = x_1(n) * x_2(n)$$

由此得出结论：两个长度为 N 的序列的线性卷积可用长度为 L 的循环卷积来代替，但 L 必须满足条件
$$L \geqslant 2N-1$$

这时 N 到 L 之间的值用零填充。如果 $x_1(n)$ 和 $x_2(n)$ 的长度分别为 N 和 M，则 L 应满足条件
$$L \geqslant M+N-1$$

图 3.12 所示的是用 $2N$ 点循环卷积计算两个长为 N 的矩形序列 $x_1(n)$ 与 $x_2(n)$ 的线性卷积的例子。图 3.12(a)和(b)所示的是 $x_1(n)$ 和 $x_2(n)$ 各增加 N 个零取样值后的图形，图 3.12(e)所示的是 $2N$ 点循环卷积的结果，它与图 3.8 所示的线性卷积结果相同。

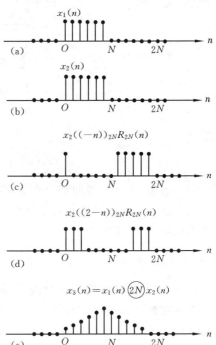

图 3.12　两个 N 点矩形序列的
$2N$ 点循环卷积

3.4 频 率 取 样

频率取样是指对序列的傅里叶变换或系统的频率特性进行取样。本节讨论在什么条件下能够用得到的频谱取样值无失真地恢复原信号或系统。

设任意长序列 $x(n)$ 绝对可和,其 z 变换表示为

$$X(z) = \sum_{n=-\infty}^{\infty} x(n) z^{-n}$$

如果在单位圆上对 $X(z)$ 进行等角距取样,取样点数为 M,则得

$$X(k) = X(z) \mid_{z=W_M^{-k}} = \sum_{n=-\infty}^{\infty} x(n) W_M^{kn} \tag{3.45}$$

根据 DFT 的定义,对 $X(k)$ 求反变换得

$$x_{\mathrm{p}}(n) = \frac{1}{M} \sum_{k=0}^{M-1} X(k) W_M^{-kn} \tag{3.46}$$

将式(3.45)代入式(3.46)得

$$x_{\mathrm{p}}(n) = \frac{1}{M} \sum_{k=0}^{M-1} \sum_{m=-\infty}^{\infty} x(m) W_M^{km} W_M^{-kn}$$

$$= \sum_{m=-\infty}^{\infty} x(m) \left[\frac{1}{M} \sum_{k=0}^{M-1} W_M^{-k(n-m)} \right]$$

因为

$$\frac{1}{M} \sum_{k=0}^{M-1} W_M^{-k(n-m)} = \begin{cases} 1, & m = n + rM \\ 0, & m \neq n + rM \end{cases} \quad (r \text{ 为任意整数})$$

所以

$$x_{\mathrm{p}}(n) = \sum_{r=-\infty}^{\infty} x(n + rM) \tag{3.47}$$

式(3.47)表明,在 z 平面的单位圆上对序列的 z 变换进行等角距取样,将导致时间序列的周期延拓。这一结果与对连续时间信号取样导致频谱周期延拓类似。$x_{\mathrm{p}}(n)$ 是一个周期序列,其主值为

$$x_N(n) = x_{\mathrm{p}}(n) R_N(n) = \left[\sum_{r=-\infty}^{\infty} x(n + rM) \right] R_N(n) \tag{3.48}$$

在 $x(n)$ 为有限长度 N 的情况下,如果取样点 $M \geqslant N$,那么 $x(n)$ 周期延拓的结果不会产生混叠。这时,$x_{\mathrm{p}}(n)$ 的主值 $x_N(n)$ 与原序列 $x(n)$ 一样,因此 $x_N(n)$ 完全能代表原序列 $x(n)$。如果 $M < N$,则 $x(n)$ 周期延拓后一定产生混叠,因而 $x_N(n)$ 不能无失真地代表原信号 $x(n)$。在 $x(n)$ 为无限长的情况下,对 z 变换取样必然导致混叠失真,因此 $x_N(n)$ 不能代表原序列 $x(n)$。

因此,对于长度为 N 的有限长序列,对 z 变换取样即频率取样不失真的条件,是取样点数 M 应等于或大于原序列的长度 N,即 $M \geqslant N$。在 $M = N$ 时,若 z 变换的取

样为 DFT 系数 $X(k)$，则利用 IDFT 公式可由 $X(k)$ 恢复原序列 $x(n)$，即

$$x(n) = \frac{1}{N} \sum_{k=0}^{N-1} X(k) W_N^{-kn} \qquad (3.49)$$

进一步利用 z 变换公式还可恢复 $x(n)$ 的 z 变换，即

$$
\begin{aligned}
X(z) &= \sum_{n=-\infty}^{\infty} x(n) z^{-n} = \sum_{n=0}^{N-1} \frac{1}{N} \sum_{k=0}^{N-1} X(k) W_N^{-kn} \cdot z^{-n} \\
&= \frac{1}{N} \sum_{k=0}^{N-1} X(k) \left[\sum_{n=0}^{N-1} W_N^{-kn} z^{-n} \right] \\
&= \frac{1}{N} \sum_{k=0}^{N-1} X(k) \frac{1 - W_N^{-kN} z^{-N}}{1 - W_N^{-k} z^{-1}} \\
&= \frac{1}{N} \sum_{k=0}^{N-1} X(k) \frac{1 - z^{-N}}{1 - W_N^{-k} z^{-1}} \qquad (3.50)
\end{aligned}
$$

或

$$X(z) = \sum_{k=0}^{N-1} X(k) \Phi(z) \qquad (3.51)$$

式中，

$$\Phi(z) = \frac{1 - z^{-N}}{N(1 - W_N^{-k} z^{-1})} \qquad (3.52)$$

式(3.50)或式(3.51)是用 $X(z)$ 在单位圆上的 N 个取样值表示 $X(z)$ 的内插公式，内插函数为 $\Phi(z)$。

　　将 $z = \mathrm{e}^{\mathrm{j}\omega}$ 代入式(3.51)，便得到傅里叶变换的内插公式

$$X(\mathrm{e}^{\mathrm{j}\omega}) = \sum_{k=0}^{N-1} X(k) \Phi(\mathrm{e}^{\mathrm{j}\omega}) \qquad (3.53)$$

式中，　　$\Phi(\mathrm{e}^{\mathrm{j}\omega}) = \dfrac{1 - \mathrm{e}^{-\mathrm{j}\omega N}}{N(1 - \mathrm{e}^{\mathrm{j}\frac{2\pi}{N}k} \mathrm{e}^{-\mathrm{j}\omega})} = \dfrac{\sin(\omega N/2)}{N\sin\left[\left(\omega - k\dfrac{2\pi}{N}\right)\Big/2\right]} \mathrm{e}^{-\mathrm{j}\left(\frac{N\omega}{2} - \frac{\omega}{2} + \frac{k\pi}{N}\right)}$

若将 $\Phi(\mathrm{e}^{\mathrm{j}\omega})$ 表示为

$$\Phi(\mathrm{e}^{\mathrm{j}\omega}) = \varphi\left(\omega - k\frac{2\pi}{N}\right) \qquad (3.54)$$

$$\varphi(\omega) = \frac{\sin(\omega N/2)}{N\sin(\omega/2)} \mathrm{e}^{-\mathrm{j}\omega\left(\frac{N-1}{2}\right)} \qquad (3.55)$$

则式(3.53)变为

$$X(\mathrm{e}^{\mathrm{j}\omega}) = \sum_{k=0}^{N-1} X(k) \varphi\left(\omega - k\frac{2\pi}{N}\right) \qquad (3.56)$$

式中，$\varphi\left(\omega - k\dfrac{2\pi}{N}\right)$ 是内插函数。式(3.56)表明，长度为 N 的序列的傅里叶变换可用

z 平面单位圆上的 N 个频率取样值 $X(k)$ 来恢复。插值函数 $\varphi\left(\omega - k\dfrac{2\pi}{N}\right)$ 的幅度函数

用 $\varphi_k\left(\omega-k\dfrac{2\pi}{N}\right)$ 表示为

$$\varphi_k\left(\omega-k\frac{2\pi}{N}\right)=\frac{\sin\left[\left(\omega-k\frac{2\pi}{N}\right)N/2\right]}{N\sin\left[\left(\omega-k\frac{2\pi}{N}\right)/2\right]}\tag{3.57}$$

这个函数的特点是当 $\omega=k\dfrac{2\pi}{N}$ 时,函数值均为 1。图 3.13(a)、(b)、(c)分别画出了 $N=5,k=0,1,2$ 时 $\varphi_k\left(\omega-k\dfrac{2\pi}{N}\right)$ 的曲线。从图中可以看出,在第 k 个取样点即 $\omega=k\dfrac{2\pi}{N}$ 上,$\varphi_k\left(\omega-k\dfrac{2\pi}{N}\right)$ 的函数值为 1,而在其它取样点上的函数值为 0。因此,第 k 个取样点上的 $X(e^{j\omega})$ 值等于 $X(k)$,而取样点之间的 $X(e^{j\omega})$,则是各取样值对应的内插函数叠加的结果,如图3.13(d)所示。

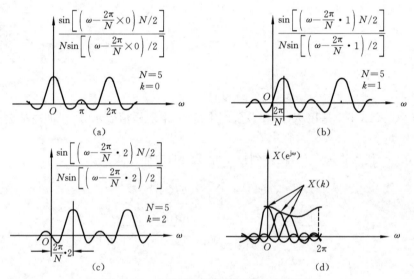

图 3.13   内插函数的特性及频谱取样恢复

3.5   快速傅里叶变换

3.5.1   离散傅里叶变换的计算量

离散傅里叶变换(DFT)在实际应用中是非常重要的,利用它可以计算信号的频谱、功率谱和线性卷积等。但是,如果使用式(3.20)来直接计算 DFT,则当 N 很大时,即使使用高速计算机,所花的时间也太多。因此,如何提高计算 DFT 的速度,便成了重要的研究课题。1965 年库利(Cooley)和图基(Tukey)在前人的研究成果的基础上提出了快速计算 DFT 的算法,之后,又出现了各种各样快速计算 DFT 的方法,这些方法统称为快速傅里叶变换(fast Fourier transform),简称为 FFT。FFT 的出现,使计算 DFT 的计算量减少了两个数量级,从而成为数字信号处理强有力的工具。

在导出 FFT 算法之前,首先来估计一下直接计算 DFT 所需的计算量。将式(3.20a)展开成方程组

$$
\begin{cases}
X(0) = x(0)W_N^{0 \cdot 0} + x(1)W_N^{0 \cdot 1} + \cdots + x(N-1)W_N^{0 \cdot (N-1)} \\
X(1) = x(0)W_N^{1 \cdot 0} + x(1)W_N^{1 \cdot 1} + \cdots + x(N-1)W_N^{1 \cdot (N-1)} \\
X(2) = x(0)W_N^{2 \cdot 0} + x(1)W_N^{2 \cdot 1} + \cdots + x(N-1)W_N^{2 \cdot (N-1)} \\
\vdots \\
X(N-1) = x(0)W_N^{(N-1) \cdot 0} + x(1)W_N^{(N-1) \cdot 1} + \cdots + x(N-1)W_N^{(N-1) \cdot (N-1)}
\end{cases}
$$

$$\tag{3.58}$$

将方程组写成矩阵形式

$$
\begin{bmatrix}
X(0) \\ X(1) \\ \vdots \\ X(N-1)
\end{bmatrix}
=
\begin{bmatrix}
W_N^{0 \cdot 0} & W_N^{0 \cdot 1} & \cdots & W_N^{0 \cdot (N-1)} \\
W_N^{1 \cdot 0} & W_N^{1 \cdot 1} & \cdots & W_N^{1 \cdot (N-1)} \\
\vdots & \vdots & & \vdots \\
W_N^{(N-1) \cdot 0} & W_N^{(N-1) \cdot 1} & \cdots & W_N^{(N-1) \cdot (N-1)}
\end{bmatrix}
\begin{bmatrix}
x(0) \\ x(1) \\ \vdots \\ x(N-1)
\end{bmatrix}
\tag{3.59}
$$

用向量表示为

$$\boldsymbol{X} = \boldsymbol{W}\boldsymbol{x} \tag{3.60}$$

式中,$\boldsymbol{X}$ 为 N 维列向量,称为变换列向量,为复数列向量;$\boldsymbol{W}$ 为 $N \times N$ 方阵,称为系数矩阵,为复数矩阵;$\boldsymbol{x}$ 为 N 维列向量,表示离散时间信号,可以是复数列向量。即使 $\boldsymbol{x}$ 是实数,也可用复数表示,于是

$$
\boldsymbol{Wx} = \{\mathrm{Re}[\boldsymbol{W}] \cdot \mathrm{Re}[\boldsymbol{x}] - \mathrm{Im}[\boldsymbol{W}] \cdot \mathrm{Im}[\boldsymbol{x}]\}
$$
$$
+ \mathrm{j}\{\mathrm{Re}[\boldsymbol{W}] \cdot \mathrm{Im}[\boldsymbol{x}] + \mathrm{Re}[\boldsymbol{x}] \cdot \mathrm{Im}[\boldsymbol{W}]\} \tag{3.61}
$$

从式(3.59)看出,由于计算一个 $X(k)$ 值需要 N 次复数乘法和 $(N-1)$ 次复数加法,因而计算 N 个 $X(k)$ 值,共需 N^2 次复数乘法和 $N(N-1)$ 次复数加法。式(3.61)说明,每次复数乘法包括 4 次实数乘法和 2 次实数加法,每次复数加法包括 2 次实数加法,因此计算 N 点 DFT 共需要 $4N^2$ 次实数乘法和 $2N^2 + 2N(N-1)$ 次实数加法。当 N 很大时,这是一个非常大的计算量。

FFT 算法主要利用了 W_N^k 的两个性质:对称性,即 $(W_N^k)^* = W_N^{N-k}$;周期性,即 $W_N^{k+rN} = W_N^k$,r 为任意整数。图 3.14 所示的是 $N=8$ 情况下这两个性质的示意图。

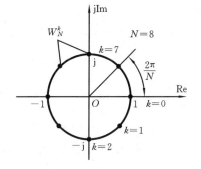

图 3.14　W_N^k 的特性

　　FFT 算法有许多种,本书主要介绍时间抽选(decimation-in-time)基 2 FFT 算法和频率抽选(decimation-in-frequency)基 2 FFT 算法,并简要介绍其它基的快速傅里叶变换算法。前两种算法特别适用于 N 等于 2 的幂的情况,后一种算法适合于 N 为复合数的情况。

3.5.2　时间抽选基 2 FFT 算法(库里-图基算法)

　　这种算法简称为时间抽选 FFT 算法,其基本出发点是,利用旋转因子 W_N^k 的对称性和周期性,将一个大的 DFT 分解成一些逐次变小的 DFT 来计算。分解过程遵循两条规则:

　　① 对时间进行偶奇分解;

　　② 对频率进行前后分解。

　　设 $N=2^M$,M 为正整数。为了推导方便,取 $N=2^3=8$,即离散时间信号为

$$x(n)=\{x(0),x(1),x(2),x(3),x(4),x(5),x(6),x(7)\} \tag{3.62}$$

　　按照规则①,将序列 $x(n)$ 分为两组,一组序号为偶数,另一组序号为奇数,即 $\{x(0),x(2),x(4),x(6)\mid x(1),x(3),x(5),x(7)\}$ 表示为

$$\begin{cases} g(r)=x(2r)\text{——偶数项} \\ h(r)=x(2r+1)\text{——奇数项} \end{cases} r=0,1,2,\cdots,\frac{N}{2}-1 \tag{3.63}$$

　　根据 DFT 的定义,有

$$X(k)=\sum_{n=0}^{N-1}x(n)W_N^{nk}=\sum_{\text{偶数}n}x(n)W_N^{nk}+\sum_{\text{奇数}n}x(n)W_N^{nk}$$

$$=\sum_{r=0}^{N/2-1}x(2r)W_N^{2rk}+\sum_{r=0}^{N/2-1}x(2r+1)W_N^{(2r+1)k}$$

$$=\sum_{r=0}^{N/2-1}g(r)(W_N^2)^{rk}+W_N^k\sum_{r=0}^{N/2-1}h(r)(W_N^2)^{rk}$$

因为 $W_N^2=W_{N/2}^1$,所以上式变为

$$X(k)=\sum_{r=0}^{N/2-1}g(r)W_{N/2}^{rk}+W_N^k\sum_{r=0}^{N/2-1}h(r)W_{N/2}^{rk}$$

$$=G(k)+W_N^kH(k),\quad k=0,1,2,\cdots,\frac{N}{2}-1 \tag{3.64}$$

式(3.64)中的 $G(k)$ 和 $H(k)$ 都是 $\frac{N}{2}$ 点的 DFT。

　　按照规则②,将 $X(k)$ 分成前后两组,即

$$X(k)=\{X(0),X(1),X(2),X(3)\mid X(4),X(5),X(6),X(7)\}$$

由式(3.64)表示的 $\frac{N}{2}$ 点 DFT,前 4 个 k 值的 $X(k)$ 可表示为

$$X(k) = G(k) + W_N^k H(k), \quad k = 0,1,2,\cdots,\frac{N}{2}-1 \tag{3.65}$$

后 4 个 k 值的 $X(k)$ 可表示为

$$X\left(k+\frac{N}{2}\right) = \sum_{r=0}^{N/2-1} g(r) W_{N/2}^{r(k+N/2)} + W_N^{(k+N/2)} \cdot \sum_{r=0}^{N/2-1} h(r) W_{N/2}^{r(k+N/2)}$$

因为 $W_N^{(k+N/2)} = -W_N^k, W_{N/2}^{N/2} = 1$，所以

$$X\left(k+\frac{N}{2}\right) = \sum_{r=0}^{N/2-1} g(r) W_{N/2}^{rk} - W_N^k \sum_{r=0}^{N/2-1} h(r) W_{N/2}^{rk}$$

$$= G(k) - W_N^k H(k), \quad k = 0,1,2,\cdots,\frac{N}{2}-1 \tag{3.66}$$

按照式(3.65)和式(3.66)可画出图 3.15 所示的信号流程图。

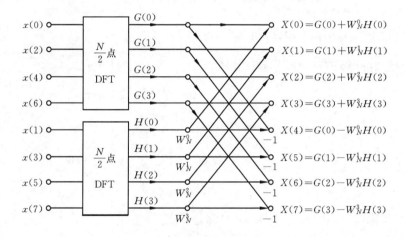

图 3.15　N 点的 DFT 计算分解成两个 $N/2$ 点的 DFT 计算的时间抽选流程图($N=8$)

图中,输入序列分成上一组偶数项和下一组奇数项。上下两组序列经 $\frac{N}{2}$ 点 DFT 变换后得到 $G(k)$ 和 $H(k)$。将 $G(k)$ 和 $H(k)$ 按信号流程图进行组合便得到输出 $X(k)$,例如,$X(0)=G(0)+W_N^0 H(0)$,$X(7)=G(3)-W_N^3 H(k)$ 等。

式(3.65)和式(3.66)把原来 N 点 DFT 的计算分解成两个 $\frac{N}{2}$ 点 DFT 的计算。照此可进一步把每个 $\frac{N}{2}$ 点 DFT 的计算再各分解成两个 $\frac{N}{4}$ 点 DFT 的计算。具体说来,是把 $\{x(0),x(2),x(4),x(6)\}$ 和 $\{x(1),x(3),x(5),x(7)\}$ 分为 $\{x(0)$, $x(4)|x(2),x(6)\}$ 和 $\{x(1),x(5)|x(3),x(7)\}$。这样,原信号序列被分成 $\{x(0)$, $x(4)|x(2),x(6)|x(1),x(5)|x(3),x(7)\}$ 四个 2 项信号。$G(k)$ 和 $H(k)$ 分别计算如下:

$$G(k) = \sum_{r=0}^{N/2-1} g(r)W_{N/2}^{rk} = \sum_{l=0}^{N/4-1} g(2l)W_{N/2}^{2lk} + \sum_{l=0}^{N/4-1} g(2l+1)W_{N/2}^{(2l+1)k}$$

$$= \sum_{l=0}^{N/4-1} g(2l)W_{N/4}^{lk} + W_N^{2k} \sum_{l=0}^{N/4-1} g(2l+1)W_{N/4}^{lk}$$

$$= M(k) + W_N^{2k}N(k) \tag{3.67}$$

如果再将 $G(k)$ 的 k 值前后分解，那么 $G(k)$ 的后两个值表示为

$$G\left(k+\frac{N}{4}\right) = \sum_{l=0}^{N/4-1} g(2l)W_{N/4}^{l(k+N/4)} + W_N^{2(k+N/4)} \cdot \sum_{l=0}^{N/4-1} g(2l+1)W_{N/4}^{l(k+N/4)}$$

$$= \sum_{l=0}^{N/4-1} g(2l)W_{N/4}^{lk} - W_N^{2k} \sum_{l=0}^{N/4-1} g(2l+1)W_{N/4}^{lk}$$

$$= M(k) - W_N^{2k}N(k), \quad k = 0,1,\cdots,\frac{N}{4}-1 \tag{3.68}$$

式(3.67)和式(3.68)中的 $M(k)$ 和 $N(k)$ 都是 $\frac{N}{4}$ 点 DFT。

类似地，可得到 $H(k)$ 的分解计算为

$$H(k) = \sum_{l=0}^{N/4-1} h(2l)W_{N/4}^{lk} + W_N^{2k} \sum_{l=0}^{N/4-1} h(2l+1)W_{N/4}^{lk}$$

$$= P(k) + W_N^{2k}Q(k) \tag{3.69}$$

$$H\left(k+\frac{N}{4}\right) = \sum_{l=0}^{N/4-1} h(2l)W_{N/4}^{lk} - W_N^{2k} \sum_{l=0}^{N/4-1} h(2l+1)W_{N/4}^{lk}$$

$$= P(k) - W_N^{2k}Q(k) \tag{3.70}$$

式(3.69)和式(3.70)中的 $P(k)$ 和 $Q(k)$ 都是 $\frac{N}{4}$ 点 DFT。

这样，用式(3.67)～式(3.70)四个公式就可计算图 3.15 中的两组 $\frac{N}{2}$ 点 DFT。图 3.16 所示的是其中一组 $G(k)$ 的计算。

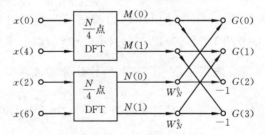

图 3.16　将 $\frac{N}{2}$ 点 DFT 计算分解为两个

$\frac{N}{4}$ 点 DFT 的计算流程图（$N=8$）

将图 3.16 与图 3.15 所示的信号流程图合并,便得到图 3.17 所示的信号流程图。

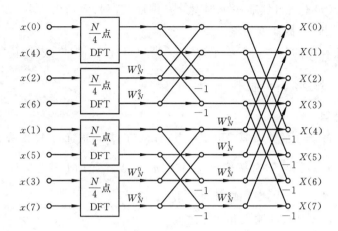

图 3.17　将图 3.16 移入图 3.15 的结果

因为 $N=8$,所以图 3.17 中 $\frac{N}{4}$ 点的 DFT 就是 2 点的 DFT,2 点的 DFT 不能再分解了,$x(0)$ 和 $x(4)$ 的 2 点 DFT 的计算如图 3.18 所示。

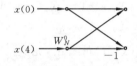

图 3.18　2 点 DFT 流程图

将 2 点 DFT 的信号流程图移入图 3.17,便得到图 3.19 所示的 8 点时间抽选的完整的 FFT 流程图。从图 3.19 中可看出以下几个特点:

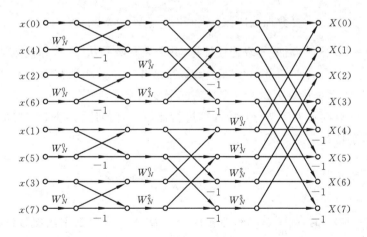

图 3.19　时间抽选的 FFT 流程图($N=8$)

① 流程图的每一级的基本计算单元都是一个蝶形;

② 输入 $x(n)$ 不按自然顺序排列,称为"混序"排列,而输出 $X(k)$ 按自然顺序排列,称为"正序"排列,因而要对输入进行"变址";

③ 由于流程图的基本运算单元为蝶形,所以可进行"同址"或"原位"计算。

3.5.3　蝶形、同址和变址计算

1. 蝶形计算

任何一个 N 为 2 的整数幂(即 $N=2^M$)的 DFT,都可以通过 M 次分解,最后成为 2 点的 DFT 来计算。M 次分解构成了从 $x(n)$ 到 $X(k)$ 的 M 级迭代计算,每级由 $\dfrac{N}{2}$ 个蝶形组成。图 3.19 中每个蝶形的一般形式表示在图 3.20 中,其输入和输出之间满足下列关系:

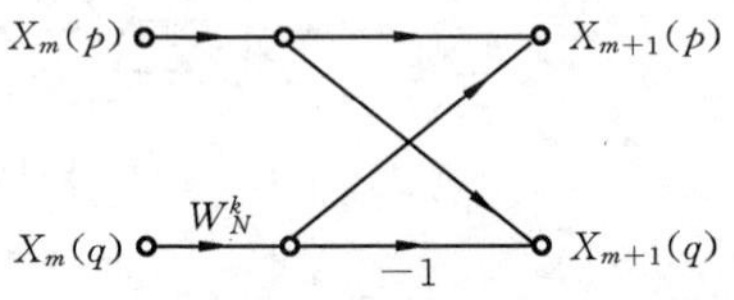

图 3.20　时间抽选基 2FFT 算法的蝶形计算流程图

$$\begin{cases} X_{m+1}(p) = X_m(p) + W_N^k X_m(q) \\ X_{m+1}(q) = X_m(p) - W_N^k X_m(q) \end{cases}$$

$$(3.71)$$

从式(3.71)可看出,完成一个蝶形计算需一次复数乘法和两次复数加法。因此,完成 N 点的时间抽选 FFT 计算的总运算量为

$$复数乘法次数:\alpha_F = \frac{N}{2}M = \frac{N}{2}\log_2 N$$

$$复数加法次数:\beta_F = 2 \times \frac{N}{2}M = N\log_2 N$$

例如,当 $N=2^3=8$ 时,需要 3 级迭代计算,共需要复数乘法 12 次和复数加法 24 次。考虑到 $W_N^0=1$,$W_N^{N/2}=-1$ 和 $W_N^{\pm N/4}=\pm j$,与这几个系数相乘实际上不需要乘法运算,所以实际的运算量要更少。大多数情况下复数乘法所花时间最多,所以下面仅以复数乘法的计算次数为例来与直接计算进行比较。直接计算 DFT 需要的乘法次数为 $\alpha_D=N^2$,于是有

$$\frac{\alpha_D}{\alpha_F} = \frac{N^2}{\dfrac{N}{2}\log_2 N} = \frac{2N}{\log_2 N}$$

例如,当 $N=1024$ 时,则 $\dfrac{\alpha_D}{\alpha_F}\approx205$,即直接计算 DFT 所需复数乘法次数约为 FFT 的 205 倍。显然,N 越大,FFT 的速度优势越大。

表 3.2 列出了不同 N 值所对应的两种计算方法的复数乘法次数和它们的比值。

表 3.2　FFT 算法与直接计算 DFT 的方法所需复数乘法次数的比较

N	所需复数乘法次数		α_D/α_F
	直接计算 DFT	用 FFT 计算 DFT	
2	4	1	4.0
4	16	4	4.0
8	64	12	5.4
16	256	32	8.0
32	1024	80	12.8
64	4096	192	21.4
128	16384	448	36.6
256	65536	1024	64.0
512	262144	2304	113.8
1024	1048576	5120	204.8
2048	4194304	11264	372.4

2. 同址(原位)计算

图 3.19 包含 $\log_2 N$ 级迭代运算,每级由 $\frac{N}{2}$ 个蝶形计算构成。蝶形计算的优点是可以进行所谓同址或原位计算的。现在来考察第一级的计算规律。设将输入 $x(0)$,$x(4),x(2),x(6),x(1),\cdots,x(7)$ 分别存入计算机的存储单元 $M(1),M(2),M(3)$,$\cdots,M(7)$ 和 $M(8)$ 中。首先,存储单元 $M(1)$ 和 $M(2)$ 中的数据 $x(0)$ 和 $x(4)$ 进入运算器并进行蝶形运算,由于以后的运算不需要用到这两个数据,因而不需要保留。这样,蝶形运算后的结果便可以送到 $M(1)$ 和 $M(2)$ 存储起来。类似地,$M(3)$ 和 $M(4)$ 中的 $x(2)$ 和 $x(6)$ 进入运算器进行蝶形运算后的结果也被送回到 $M(3)$ 和 $M(4)$ 保存,等等。第二级运算与第一级类似,不过,$M(1)$ 和 $M(3)$ 存储单元中的数据进行蝶形运算后的结果被送回 $M(1)$ 和 $M(3)$ 保存,$M(2)$ 和 $M(4)$ 中的数据进行蝶形运算后送回 $M(2)$ 和 $M(4)$ 保存,等等。这样一直到最后一级的最后一个蝶形运算完成。可以看出,每一级的蝶形的输入与输出在运算前后可以存储在同一地址(原来位置上)的存储单元中,这种同址运算的优点是可以节省存储单元的,从而降低对计算机存储量的要求或降低硬件实现的成本。

3. 变址计算

从图 3.19 所示的流程图中可看出,同址计算要求输入 $x(n)$ 是"混序"排列的。所谓输入为"混序",并不是说输入是杂乱无章的,实际上它是有规律的。如果输入 $x(n)$ 的序号用二进制码来表示,就可以发现输入的顺序恰好是正序输入的"码位倒置",表 3.3 列出了这种规律。

表 3.3　码位倒置顺序

自然顺序	二进制表示	码位倒置	码位倒置顺序
$x(0)$	$x(000)$	$x(000)$	$x(0)$
$x(1)$	$x(001)$	$x(100)$	$x(4)$
$x(2)$	$x(010)$	$x(010)$	$x(2)$
$x(3)$	$x(011)$	$x(110)$	$x(6)$
$x(4)$	$x(100)$	$x(001)$	$x(1)$
$x(5)$	$x(101)$	$x(101)$	$x(5)$
$x(6)$	$x(110)$	$x(011)$	$x(3)$
$x(7)$	$x(111)$	$x(111)$	$x(7)$

在实际运算中,按码位倒置顺序输入数据 $x(n)$,特别当 N 较大时,是很不方便的。因此,数据总是按自然顺序输入存储,然后通过"变址"运算将自然顺序转换成码位倒置顺序存储。实现这种转换的程序可用图 3.21 来说明。

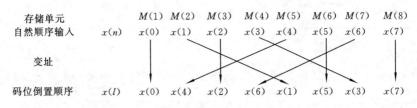

图 3.21　码位倒置的变址处理

图中用 n 表示自然顺序的标号,用 l 表示码位倒置的标号。当 $l=n$ 时,$x(n)$ 和 $x(l)$ 不必互相调换。例如,当 $l=n=0$ 时,原来存放 $x(0)$ 的存储单元 $M(1)$ 的数据保持不动;当 $l\neq n$ 时,必须将 $x(l)$ 和 $x(n)$ 互相调换,但只能调换一次,为此必须规定每当 $l>n$ 时,要将 $x(l)$ 和 $x(n)$ 互相调换,即把原来存放 $x(n)$ 的存储单元中的数据调入存储 $x(l)$ 的存储单元中,而把原来存储 $x(l)$ 的存储单元中的数据调入到存储 $x(n)$ 的存储单元中。例如,当 $l=4,n=1$,即 $l>n$ 时,必须把原来存放 $x(4)$ 的存储单元 $M(5)$ 中的数据调入原来存储 $x(1)$ 的存储单元 $M(2)$,而把原来 $M(2)$ 中的数据 $x(1)$ 调入 $M(5)$;当 $l=n=2$ 时,原来存放 $x(2)$ 的存储单元 $M(3)$ 中的数保持不动;当 $l=6,n=3$,即 $l>n$ 时,必须把存放 $x(3)$ 的存储单元 $M(4)$ 中的数据调入原来存储 $x(6)$ 的存储单元 $M(7)$,而把原来 $M(7)$ 中的数 $x(6)$ 调入 $M(3)$;当 $l<n$ 时,则存储 $x(l)$ 和 $x(n)$ 的存储单元的数据不必进行交换,因为这时 $x(n)$ 在前面已和 $x(l)$ 互换过了。这样,按自然顺序输入的数据 $x(n)$ 经过变址计算后变成了码位倒置的排列顺序,便可进入第一级的蝶形运算。在 FFT 的子程序中包括了实现这种转换的语句,读者可参考下一节介绍的用 C 语言编写的 FFT 程序。

最后介绍一下时间抽选 FFT 算法的另外一些形式的流程图。对于任何流程图,只要保持各节点所连支路及其传输系数不变,则不论节点位置怎样排列,所得到的流程图总是等效的,因而都能得到 DFT 的正确结果,只是数据的提取和存储次序不同而已。在图 3.19 中把与 $x(4)$ 水平相邻的所有节点和与 $x(1)$ 水平相邻的所有节点交换,把与 $x(6)$ 水平相邻的所有节点和与 $x(3)$ 水平相邻的所有节点交换,而与 $x(2)$、$x(5)$ 和 $x(7)$ 水平相邻各节点位置不变,就可以从图 3.19 得到图 3.22。图 3.22 与图 3.19 的区别只是节点的排列不同,而支路传输比,即 W_N 的各次幂保持不变。显然图 3.22 所示流程图的输入是正序(自然顺序)排列的,输出是码位倒置排列的,所以输出要进行变址计算。图 3.22 所示的流程图相当于最初由库利和图基给出的时间抽选算法。

　　另一种形式的流程图是将节点排列成输入和输出两者都是正序排列,如图 3.23 所示。但这类流程图不能进行同址计算,因而需要两列长度为 N 的复数存储器。

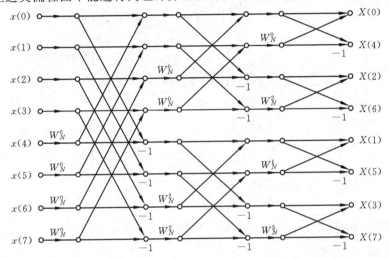

图 3.22　重排图 3.19 得到的另一种时间抽选 FFT 算法流程图

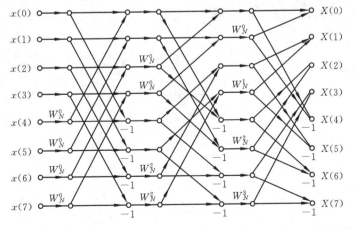

图 3.23　重排图 3.19 得到的输入和输出为正序排列的 FFT 流程图

3.5.4　频率抽选基 2 FFT 算法

这种 FFT 算法简称为频率抽选算法,它的推导过程遵循两个规则:

① 对时间前后分;

② 对频率偶奇分。

设 $N=2^M$,M 为正整数。为推导方便,取 $N=2^3=8$。

首先,根据规则①,将 $x(n)$ 分成前一半和后一半,即
$$x(n) = \{x(0),x(1),x(2),x(3),\mid x(4),x(5),x(6),x(7)\}$$
这样
$$X(k) = \sum_{n=0}^{N-1} x(n)W_N^{kn} = \sum_{n=0}^{N/2-1} x(n)W_N^{kn} + \sum_{n=N/2}^{N-1} x(n)W_N^{kn}$$
$$= \sum_{n=0}^{N/2-1} x(n)W_N^{kn} + W_N^{kN/2} \sum_{n=0}^{N/2-1} x\left(n+\frac{N}{2}\right)W_N^{kn} \tag{3.72}$$

式(3.72)虽然包含两个 $N/2$ 点求和公式,但是在每个求和公式中出现的是 W_N^{kn},而不是 $W_{N/2}^{kn}$,因此这两个求和公式都不是 $N/2$ 点的 DFT。如果合并这两个求和公式,并利用 $W_N^{kN/2}=(-1)^k$,则得

$$X(k) = \sum_{n=0}^{N/2-1} \left[x(n) + (-1)^k \cdot x\left(n+\frac{N}{2}\right)\right]W_N^{kn} \tag{3.73}$$

其次,按规则②,将频率偶奇分,即
$$X(k) = \{X(0),X(2),X(4),X(6),\mid X(1),X(3),X(5),X(7)\}$$
如果用 $X(2r)$ 和 $X(2r+1)$ 分别表示频率的偶数项和奇数项,则有
$$X(2r) = \sum_{n=0}^{N/2-1} \left[x(n) + (-1)^{2r} \cdot x\left(n+\frac{N}{2}\right)\right]W_N^{2m}$$
$$= \sum_{n=0}^{N/2-1} \left[x(n) + x\left(n+\frac{N}{2}\right)\right]W_{N/2}^{m}, \quad r=0,1,2,\cdots,\frac{N}{2}-1 \tag{3.74}$$

和 $X(2r+1) = \sum_{n=0}^{N/2-1} \left[x(n) + (-1)^{2r+1} \cdot x\left(n+\frac{N}{2}\right)\right]W_N^{(2r+1)n}$
$$= \sum_{n=0}^{N/2-1} \left[x(n) - x\left(n+\frac{N}{2}\right)\right]W_N^{n} \cdot W_{N/2}^{m}, \quad r=0,1,2,\cdots,\frac{N}{2}-1$$
$$\tag{3.75}$$

令
$$\begin{cases} g(n) = x(n) + x\left(n+\dfrac{N}{2}\right) \\ h(n) = x(n) - x\left(n+\dfrac{N}{2}\right) \end{cases}$$

得到

$$X(2r) = \sum_{n=0}^{N/2-1} g(n) W_{N/2}^m \tag{3.76}$$

$$X(2r+1) = \sum_{n=0}^{N/2-1} h(n) W_N^n \cdot W_{N/2}^m \tag{3.77}$$

式(3.76)和式(3.77)所表示的是 $N/2$ 点的 DFT。在实际计算中，首先形成序列 $g(n)$ 和 $h(n)$，然后计算 $h(n)W_N^n$，最后分别计算 $g(n)$ 和 $h(n)W_N^n$ 的 $N/2$ 点 DFT，便得到偶数输出点和奇数输出点的 DFT。计算流程图如图 3.24 所示。

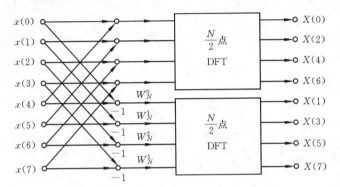

图 3.24　N 点的 DFT 计算分解成两个 $N/2$
点的 DFT 计算的频率抽选流程图($N=8$)

由于 N 是 2 的整数幂，所以 $N/2$ 仍然是偶数。这样，可以将 $N/2$ 点 DFT 的输出再分为偶数组和奇数组，也就是将 $N/2$ 点的 DFT 计算进一步分解为两个 $N/4$ 点的 DFT 计算，其推导过程如下。

将 $g(n)$ 分为前后两组，得到

$$G(k) = \sum_{n=0}^{N/4-1} g(n) W_{N/2}^{nk} + \sum_{n=N/4}^{N/2-1} g(n) W_{N/2}^{nk}$$

$$= \sum_{n=0}^{N/4-1} g(n) W_{N/2}^{nk} + W_{N/2}^{\frac{N}{4}k} \cdot \sum_{n=0}^{N/4-1} g\left(n+\frac{N}{4}\right) W_{N/2}^{nk}$$

因为 $W_{N/2}^{Nk/4} = (-1)^k$，所以

$$G(k) = \sum_{n=0}^{N/4-1} \left[g(n) + (-1)^k g\left(n+\frac{N}{4}\right) \right] W_{N/2}^{nk} \tag{3.78}$$

对频率再进行偶奇分，则得频率的偶数项为

$$G(2r) = \sum_{n=0}^{N/4-1} \left[g(n) + g\left(n+\frac{N}{4}\right) \right] W_{N/4}^m, \quad r = 0,1,2,\cdots,\frac{N}{4}-1 \tag{3.79}$$

频率的奇数项为

$$G(2r+1) = \sum_{n=0}^{N/4-1} \left[g(n) - g\left(n+\frac{N}{4}\right) \right] W_N^{2n} \cdot W_{N/4}^m, \quad r = 0,1,2,\cdots,\frac{N}{4}-1$$

$$\tag{3.80}$$

通过类似的推导可得

$$H(2r) = \sum_{n=0}^{N/4-1} \left[h(n)W_N^n + h\left(n+\frac{N}{4}\right) \cdot W_N^{n+\frac{N}{4}} \right] \cdot W_{N/4}^m, \quad r = 0,1,2,\cdots,\frac{N}{4}-1$$

$$(3.81)$$

和

$$H(2r+1) = \sum_{n=0}^{N/4-1} \left[h(n)W_N^n - h\left(n+\frac{N}{4}\right)W_N^{n+\frac{N}{4}} \right] W_N^{2n} \cdot W_{N/4}^m,$$

$$r = 0,1,2,\cdots,\frac{N}{4}-1 \tag{3.82}$$

式(3.79)到式(3.82)所表示的计算都是 $N/4$ 点的 DFT 计算。这样,可将图 3.24 表示成图3.25所示的形式。

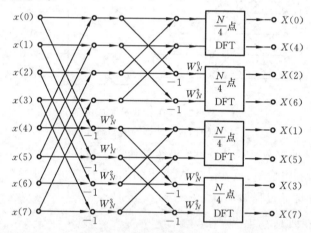

图 3.25　按频率抽选将 N 点的 DFT 分解成 4 个 $N/4$ 点的 DFT($N=8$)

对于图 3.25 所示的 $N=8$ 的情况,$N/4$ 点的 DFT 就是 2 点的 DFT,不能再分解了。例如,图3.25右上角的 2 点 DFT 的流程图如图 3.26 所示。这样,如果把 4 个 2 点 DFT 流程图移入图3.25,就得到一个完整的 $N=8$ 的频率抽选 FFT 流程图,如图 3.27 所示。

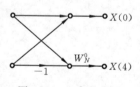

图 3.26　2 点的 DFT 流程图

与时间抽选的 FFT 算法一样,图 3.27 所示的流程图的基本运算也是蝶形运算,但是这里的蝶形单元与时间抽选中的蝶形单元有所不同。图 3.28 所示的是频率抽选 FFT 算法的蝶形单元的一般化的流程图,满足以下关系式

$$\begin{cases} X_{m+1}(p) = X_m(p) + X_m(q) \\ X_{m+1}(q) = [X_m(p) - X_m(q)]W_N^r \end{cases} \tag{3.83}$$

显然,一个蝶形的计算包括 1 次复数乘法和 2 次复数加法。图 3.27 所示的整个流程图共有 $\log_2 N$ 级迭代运算,每级有 $N/2$ 个蝶形。因此,总计算量为

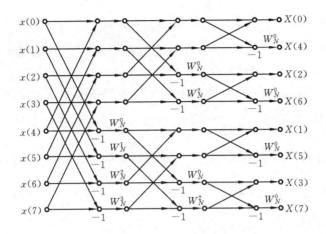

图 3.27　频率抽选的 FFT 流程图($N=8$)

复数乘法次数：$\alpha_F = \dfrac{N}{2}\log_2 N$

复数加法次数：$\beta_F = N\log_2 N$

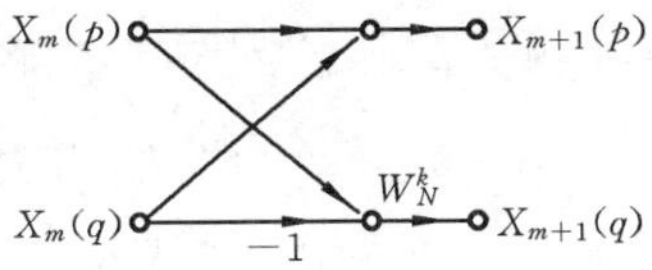

频率抽选的 FFT 算法的计算量与时间抽选 FFT 算法的计算量是一样的。

图 3.28　频率抽选的蝶形运算单元

与时间抽选算法一样，频率抽选 FFT 算法也具有同址（原位）计算的优点。但是，与时间抽选不同的是，频率抽选 FFT 算法的信号输入为正序排列，输出为码位倒置排列，因此输出要进行变址计算。

附录 1 列出的文件中是一个用 C 语言编写的频率抽选 FFT 子程序和将在下一节讨论的快速傅里叶变换的反变换(IFFT)子程序。读者可参照图 3.27 的流程图阅读该文件。在 Matlab 信号处理工具箱中提供 fft( ) 和 ifft( ) 内部函数，在实际应用中可直接调用。关于使用 Matlab 中的 fft( ) 和 ifft( ) 来对信号进行谱分析的问题将在 3.10.2 节中介绍。

3.5.5　IFFT 的计算方法

FFT 算法同样可以用于 IDFT 的计算，称为快速傅里叶逆变换，简写为 IFFT。现将 DFT 和 IDFT 公式重写如下：

$$X(k) = \mathrm{DFT}[x(n)] = \sum_{n=0}^{N-1} x(n) W_N^{kn} \tag{3.84}$$

$$x(n) = \mathrm{IDFT}[X(k)] = \frac{1}{N} \sum_{k=0}^{N-1} X(k) W_N^{-kn} \tag{3.85}$$

比较式(3.84)和式(3.85)，可以看出，只要把 DFT 公式中的系数 W_N^{kn} 改为 W_N^{-kn}，并

乘以系数 $\frac{1}{N}$，就可用 FFT 算法来计算 IDFT，这就得到了 IFFT 的算法。当把时间抽选 FFT 算法用于 IFFT 计算时，由于原来输入的时间序列 $x(n)$ 现在变为频率序列 $X(k)$，原来是将 $x(n)$ 偶奇分的，而现在变成对 $X(k)$ 进行偶奇分了，因此这种算法改称为频率抽选 IFFT 算法。类似地，当把频率抽选 FFT 算法用于计算 IFFT 时，应该称为时间抽选 IFFT 算法。在 IFFT 计算中经常把常量 $\frac{1}{N}$ 分解成 M 个 $\frac{1}{2}$ 连乘，即 $\frac{1}{N}$ $=\left(\frac{1}{2}\right)^M$，并且在 M 级的迭代运算中，每级的运算都分别乘上一个 $\frac{1}{2}$ 因子。图 3.29 表示的是时间抽选 IFFT 流程图。在附录 1 中的时间抽选 IFFT 程序块中没有把 $\frac{1}{N}$ 分解成 M 个 $\frac{1}{2}$ 连乘，而是最后乘上 $\frac{1}{N}$。

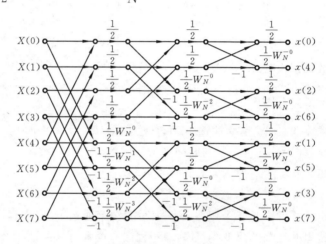

图 3.29　时间抽选的 IFFT 流程图（$N=8$）

3.6　N 为合数的 FFT 算法

上面讨论的是以 2 为基（即 $N=2^M$）的时间抽选和频率抽选 FFT 算法，由于此算法具有程序简单、计算效率高、对存储量要求不很高等优点，因而在实际中得到了最广泛的应用。如果 N 不等于 2 的幂 2^M，通常有以下两种处理办法。

① 用补零的办法将 $x(n)$ 延长为 2^M。例如，$N=60$，可在序列 $x(n)$ 的末尾填补 4 个 0，即令 $x(60)=x(61)=x(62)=x(63)=0$，使 N 达到 $2^6=64$，这样就可使用基 2 FFT 算法。有限长序列补零以后，只是频谱的取样点有所增加而不会影响它的频谱 $X(e^{j\omega})$ 的形状。

② 采用以任意数为基数的 FFT 算法。这种算法举例说明如下：设 N 等于两个

整数 p 和 q 的乘积,即 $N=p\cdot q$,则可将 N 点 DFT 分解成 p 个 q 点 DFT 或 q 个 p 点 DFT 来计算。为此,首先将 $x(n)$ 分为 p 组,每组长为 q,即

$$p\,组\begin{cases}x(pr),\\ x(pr+1),\\ \vdots \\ x(pr+p-1),\end{cases}\qquad r=0,1,2,\cdots,q-1 \qquad (3.86)$$

例如,$N=18=3\times6$,即 $p=3$,$q=6$;将 $x(n)$ 分为 3 组,每组各有 6 个序列值,也就是

$$p=3\,组\begin{cases}x(0)\quad x(3)\quad x(6)\quad x(9)\quad x(12)\quad x(15)\\ x(1)\quad x(4)\quad x(7)\quad x(10)\quad x(13)\quad x(16)\\ x(2)\quad x(5)\quad x(8)\quad x(11)\quad x(14)\quad x(17)\end{cases}$$

$$\underbrace{}_{\text{长}q=6}$$

然后,将 N 点 DFT 也分解为 p 组来计算,即

$$X(k)=\sum_{n=0}^{N-1}x(n)W_N^{nk}=\sum_{r=0}^{q-1}x(pr)W_N^{prk}+\sum_{r=0}^{q-1}x(pr+1)W_N^{(pr+1)k}+\cdots$$
$$+\sum_{r=0}^{q-1}x(pr+p-1)W_N^{(pr+p-1)k}$$
$$=\sum_{r=0}^{q-1}x(pr)W_N^{prk}+W_N^{k}\sum_{r=0}^{q-1}x(pr+1)W_N^{prk}+W_N^{2k}\sum_{r=0}^{q-1}x(pr+2)W_N^{prk}+\cdots$$
$$+W_N^{(p-1)k}\sum_{r=0}^{q-1}x(pr+p-1)W_N^{prk}$$
$$=\sum_{l=0}^{p-1}W_N^{lk}\sum_{r=0}^{q-1}x(pr+l)W_N^{prk} \qquad (3.87)$$

由于 $W_N^{prk}=W_{N/p}^{rk}=W_q^{rk}$,因此,

$$Q_l(k)=\sum_{r=0}^{q-1}x(pr+l)W_q^{rk} \qquad (3.88)$$

是一个 q 点 DFT,这样式(3.87)可写成

$$X(k)=\sum_{l=0}^{p-1}W_N^{lk}Q_l(k) \qquad (3.89)$$

式(3.89)说明:一个 $N=pq$ 点的 DFT 可以用 p 个 q 点 DFT 来组成,如图 3.30 所示。图3.31所示的是 $N=p\times q=3\times2$ 的例子。

在最一般的情况下,设

$$N=p_1p_2\cdots p_m \qquad (3.90)$$

式中,$p_1\sim p_m$ 是 m 个素因子。首先把 N 分解为两个因子,即 $N=p_1q_1$,其中 $q_1=p_2p_3\cdots p_m$,并用以上讨论的方法将 DFT 分解为 p_1 个 q_1 点 DFT;然后,将 q_1 分解为

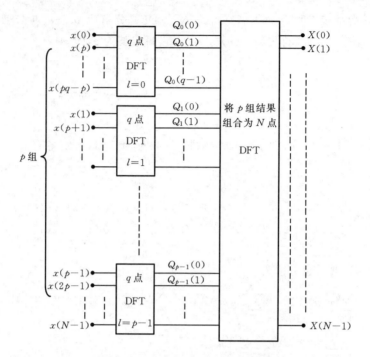

图 3.30　一个 $N=pq$ 点的 DFT 分组示意图

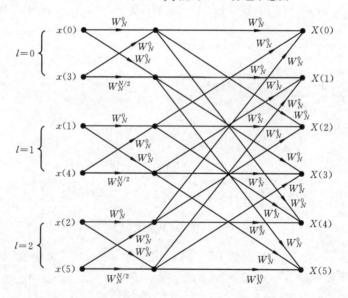

图 3.31　一个 $N=6=3\times2$ 的 DFT 流程图

$q_1=p_2q_2$，其中 $q_2=p_3p_4\cdots p_m$，即将每一个 q_1 点 DFT 分解为 p_2 个 q_2 点 DFT；这样，通过 m 次分解，最后达到 p_m 点 DFT。这种算法可以使 DFT 的运算获得最高效率。

3.7　利用 FFT 计算线性卷积

信号 $x(n)$ 通过 FIR 数字滤波器得到的输出等于 $x(n)$ 与 $h(n)$ 的线性卷积,即

$$y(n) = x(n) * h(n) = \sum_{m=-\infty}^{\infty} x(m)h(n-m)$$

设信号 $x(n)$ 的长度为 N_1,FIR 数字滤波器的单位取样响应 $h(n)$ 的长度为 N_2,即

$$x(n) = \begin{cases} x(n), & 0 \leqslant n \leqslant N_1 - 1 \\ 0, & \text{其它} \end{cases}$$

$$h(n) = \begin{cases} h(n), & 0 \leqslant n \leqslant N_2 - 1 \\ 0, & \text{其它} \end{cases}$$

不失一般性,假设 $N_2 < N_1$,则可求得 $y(n)$:

① 当 $n < 0$ 或 $n > N_1 + N_2 - 2$ 时,

　$y(n) = 0$

② 当 $0 \leqslant n \leqslant N_2 - 1$ 时,

$$y(n) = \sum_{m=0}^{n} x(m)h(n-m) \tag{3.91}$$

③ 当 $N_2 \leqslant n \leqslant N_1 - 1$ 时,

$$y(n) = \sum_{m=n-N_2+1}^{n} x(m)h(n-m) \tag{3.92}$$

④ 当 $N_1 \leqslant n \leqslant N_1 + N_2 - 2$ 时,

$$y(n) = \sum_{m=n-N_2+1}^{N_1-1} x(m)h(n-m) \tag{3.93}$$

因此,$x(n)$ 和 $h(n)$ 的线性卷积的结果 $y(n)$ 是一个有限长序列,其非零值长度为 $N_1 + N_2 - 1$。利用式(3.91)、式(3.92)和式(3.93)直接计算线性卷积的计算量为

$$乘法次数:P_D = N_1 N_2 \tag{3.94}$$

$$加法次数:Q_D = (N_1 - 1)(N_2 - 1) \tag{3.95}$$

　　两个有限长序列的线性卷积可以用循环卷积来代替,而循环卷积可使用 FFT 来计算。为了使循环卷积与线性卷积计算结果相等,必须把 $x(n)$ 和 $h(n)$ 都延长到 N 点($N = N_1 + N_2 - 1$),延长的部分均为零取样值。这样,$y(n)$ 的计算由以下 5 步来完成。

　　① 将 $x(n)$ 和 $h(n)$ 都延长到 N 点,$N = N_1 + N_2 - 1$;

　　② 计算 $x(n)$ 的 N 点 FFT,即 $X(k) = \text{FFT}[x(n)]$;

　　③ 计算 $h(n)$ 的 N 点 FFT,即 $H(k) = \text{FFT}[h(n)]$;

　　④ 计算 $Y(k) = X(k) \cdot H(k)$;

⑤ 计算 $Y(k)$ 的反变换,即 $y(n)=\text{IFFT}[X(k)\cdot H(k)]$。

实际中常使用基 2 FFT 算法,因此,当 $N=N_1+N_2-1$ 不为 2 的整数幂时,应该用补零取样值的方法将序列 $x(n)$ 和 $h(n)$ 都延长到最邻近的 2 的整数幂的值。第 2、第 3 和第 5 步各需要做一次 FFT,第 4 步要做 N 次乘法,因此总计算量为

$$\text{乘法次数}:P_\mathrm{F}=\frac{3}{2}N\log_2 N+N \tag{3.96}$$

$$\text{加法次数}:Q_\mathrm{F}=3N\log_2 N \tag{3.97}$$

现以乘法运算次数为例,对线性卷积的直接计算方法和 FFT 计算方法进行比较。令 r 表示 P_D 与 P_F 的比值,考虑到 $N=N_1+N_2-1$,有

$$r=\frac{P_\mathrm{D}}{P_\mathrm{F}}=\frac{2N_1 N_2}{3(N_1+N_2-1)\log_2(N_1+N_2-1)+2(N_1+N_2-1)} \tag{3.98}$$

首先讨论 $x(n)$ 与 $h(n)$ 的长度相等的情况,这时 $N=2N_1-1\approx 2N_1$,于是

$$r=\frac{N_1}{3\log_2(2N_1)+2}$$

对于不同的 N_1 值按上式计算得到的 r 值如下:

N_1	8	16	1024	4096
r	0.57	0.94	29.2	100

由此可见,N_1 越大,用 FFT 或循环卷积计算线性卷积的优越性就越大。因此,通常把循环卷积称为快速卷积,而把直接(线性)卷积称为慢速卷积。

其次,讨论信号 $x(n)$ 相对于单位取样响应很长即 $N_1\gg N_2$ 的情况,这时 $N\approx N_1$,于是

$$r=\frac{P_\mathrm{D}}{P_\mathrm{F}}\approx\frac{2N_1 N_2}{(3N_1\log_2 N_1)+2N_1}=\frac{2N_2}{3\log_2 N_1+2}$$

显然,r 值将下降,从而使循环卷积算法的优点不能发挥。下一节将介绍的分段卷积方法,适合于 $N_1\gg N_2$ 的情况。利用 FFT 计算线性卷积可用 Matlab 来实现,具体例子将在 3.10.3 节介绍。

3.8 分段卷积

从上面的讨论知道,当信号 $x(n)$ 的长度和滤波器的单位取样响应 $h(n)$ 的长度相差不大时,用循环卷积计算线性卷积比直接计算线性卷积的速度要快。但是,当 $x(n)$ 是一个很长的序列时,由于 $h(n)$ 必须补很多零,因而循环卷积计算工作的效率将降低。同时,如果一次输入点数太多,则要求计算时占用很大的存储量。为了克服这些困难,可采用分段卷积的方法。分段卷积方法的计算过程是:首先把 $x(n)$ 分成长度为 L 的若干段,这里 L 比 $h(n)$ 的长度 M 略长,如图 3.32 所示;然后用循环卷

方法计算每段与 $h(n)$ 的卷积;最后把各段的卷积结果以适当的方式拟合在一起。分段卷积方法有重叠相加法和重叠保留法两种。

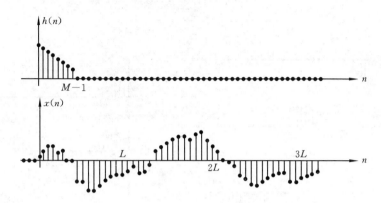

图 3.32　有限长单位取样响应 $h(n)$ 和信号 $x(n)$

1. 重叠相加法

将 $x(n)$ 分成长为 L 的段,每段表示为

$$x_k(n) = \begin{cases} x(n), & kL \leqslant n \leqslant (k+1)L-1, \quad k=0,1,2,\cdots \\ 0, & \text{其它} \end{cases} \tag{3.99}$$

$x(n)$ 可表示为 $x_k(n)$ 之和,即

$$x(n) = \sum_{k=-\infty}^{\infty} x_k(n) \tag{3.100}$$

图 3.33(a)表示的是 $x(n)$ 的分段情况。于是

$$y(n) = x(n)*h(n) = \sum_{k=-\infty}^{\infty} x_k(n)*h(n) = \sum_{k=-\infty}^{\infty} y_k(n) \tag{3.101}$$

式中,$y_k(n)=x(n)*h(n)$,$y_k(n)$ 的长度为 $L+M-1$。

对 $h(n)$ 和 $x_k(n)$ 都增添零取样值,使它们的长度都为 $N=L+M-1$。计算 $h(n)$ 与 $x_k(n)$ 的 N 点循环卷积,得到

$$y_k(n) = x_k(n)*h(n) = x_k(n) ⓃＮ h(n), \quad N=L+M-1$$

由于 $y_k(n)$ 的长度为 $L+M-1$,而 $x_k(n)$ 长度为 L,所以相邻两段 $y_k(n)$ 序列必然有 $M-1$ 个点发生重叠,如图 3.33(b)所示。这些重叠部分应该相加起来才能构成最后的输出序列,这就是"重叠相加法"这一名称的由来。重叠相加法用 FFT 处理的步骤归纳如下。

① 计算 $h(n)$ 的 N 点 FFT,$N=L+M-1$;
② 计算 $x_k(n)$ 的 N 点 FFT,$N=L+M-1$;
③ 计算 $Y_k(k)=X_k(k)\cdot H(k)$;
④ 求 $Y_k(k)$ 的 N 点反变换,即 $y_k(n)=\text{IFFT}[X_k(k)\cdot H(k)]$;

⑤ 将 $y_k(n)$ 的重叠部分相加起来,最后输出为

$$y(n) = \sum_{k=-\infty}^{\infty} y_k(n)$$

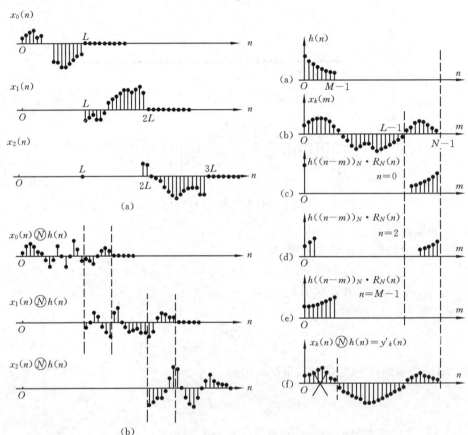

图 3.33　重叠相加法计算过程

(a) 将 $x(n)$ 分成长度为 L 的互不重叠的几段;

(b) 每一段与 $h(n)$ 卷积的结果

图 3.34　补零部分保留原输入信号 $x(n)$
序列后的局部混叠现象

2. 重叠保留法

如果将重叠相加法中分段序列中补零的部分改为保留原来输入序列的值,如图
3.34(b) 中的虚线间的部分所示,且用 $y'_k(n)$ 表示每段与 $h(n)$ 的循环卷积,那么
$y'_k(n)$ 将出现混叠,混叠发生在 $y'_k(n)$ 的起始部分,因此,$y'_k(n)$ 的开始部分有 $M-1$
个点是不正确的,$y'_k(n)$ 可表示为

$$y'_k(n) = \sum_{m=0}^{N-1} x_k(m)h((n-m))_N \cdot R_N(n), \quad N = M+L-1$$

现在,来分析图3.35中$y'_k(n)$的局部混叠是怎样产生的。由于 $h(n)$ 长为 M,当

$0 \leqslant n \leqslant M-2$ 时, $h((n-m))_N \cdot R_N(n)$ 在 $x_k(n)$ 的尾部出现非零值, 所以 $y'_k(n)$ 中混有 $x_k(n)$ 与 $h((n-m))_N \cdot R_N(n)$ 的卷积值, 于是 $x_k(n) \textcircled{N} h(n) \neq x_k(n) * h(n)$, 如图3.34(c) 和(d) 所示。当 $M-1 \leqslant n \leqslant N-1$ 时, $h((n-m))_N \cdot R_N(n)$ 在 $x_k(n)$ 尾部无非零值, 这样, $x_k(n) \textcircled{N} h(n) = x_k(n) * h(n)$, 如图3.34(e) 所示。因此, $y'_k(n)$ 的前 $M-1$ 个点, 即图3.34(f) 打叉部分不是 $x_k(n)$ 与 $h(n)$ 的真正卷积值, 应把它去掉, $y'_k(n)$ 中只有后面 L 个点才是正确的。

现将 $x(n)$ 分解为

$$x_k(n) = \begin{cases} x(n+kL-M+1), & 0 \leqslant n \leqslant N-1, N=L+M-1 \\ 0, & \text{其它} \end{cases}$$

用 FFT 计算循环卷积

$$y'_k(n) = x_k(n) \textcircled{N} h(n)$$

令

$$y_k(n) = \begin{cases} y'_k(n), & M-1 \leqslant n \leqslant N-1 \\ 0, & \text{其它} \end{cases}$$

因此

$$y(n) = \sum_{k=0}^{\infty} y_k(n)$$

重叠保留法的计算过程如图 3.35 所示。

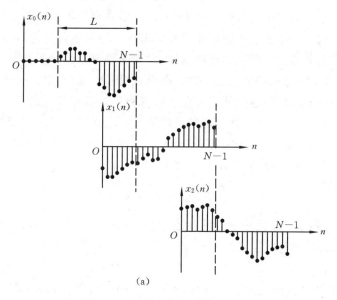

(a)

图 3.35 重叠保留法计算过程

(a) 将 $x(n)$ 分解成长为 N 的重叠 n 段; (b) 每一段与 $h(n)$ 循环卷积的结果

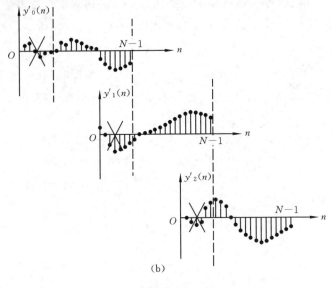

续图 3.35

3.9　线性调频 z 变换

在实际应用中,有时只对信号的某一频段感兴趣,或只需计算单位圆上某一段的频谱值。例如,在对窄带信号进行分析时,常希望在窄频带内对频率的取样很密集,以便提高频率分辨率,而在窄频带外不予以考虑。对于这种情况,如果采用 DFT 方法,则需要在窄频带内外都增加频域取样点,而窄频带外的计算量是浪费的。此外,有时对非单位圆上的取样感兴趣,例如,在语音信号处理中,常常需要知道其 z 变换的极点所在处的复频率,这时就需要在这些极点附近的曲线上进行频域取样,这样就要沿着螺旋线对 z 变换取样。这种沿螺旋线上取样点计算的 z 变换,称为线性调频 z 变换(简称 CZT)。下面就来讨论这种变换的原理及其计算方法。

一个长度为 N 的序列 $x(n)$,其 z 变换为

$$X(z) = \sum_{n=0}^{N-1} x(n) z^{-n} \tag{3.102}$$

为了使 z 可以沿着 z 平面更一般的路径(不只是单位圆)取值,可以沿一段螺旋线对 z 作等分角取样,这些取样点上的 z_k 表示为

$$z_k = AW^{-k}, \quad k = 0,1,2,\cdots,M-1 \tag{3.103}$$

式中,M 为所要分析的复频谱的点数,不一定等于 N。W 和 A 为任意复数,可表示为

$$W = W_0 e^{-j\varphi_0} \tag{3.104}$$

$$A = A_0 e^{j\theta_0} \qquad (3.105)$$

将式(3.104)和式(3.105)代入式(3.103)得

$$z_k = A_0 e^{j\theta_0} W_0^{-k} e^{jk\varphi_0} = A_0 W_0^{-k} e^{j(\theta_0 + k\varphi_0)} \qquad (3.106)$$

取样点 z_k 所在的路径如图 3.36 所示,图中:

① A_0 表示起始取样点 z_0 的矢量长度,通常 $A_0 \leqslant 1$,否则将处于单位圆 $|z|=1$ 之外。

② θ_0 表示起始取样点 z_0 的矢量的相角,它可以是正值或负值。

③ φ_0 表示两相邻取样点矢量之间的角度差。当 φ_0 为正时,表示 z_k 的路径沿逆时针方向旋转;当 φ_0 为负时,z_k 的路径沿顺时针方向旋转。

④ W_0 表示螺旋线的伸展率。当 $W_0 > 1$ 时,随着 k 的增加螺旋线向内盘旋;当 $W_0 < 1$ 时,随着 k 的增加螺旋线向外盘旋;$W_0 = 1$ 对

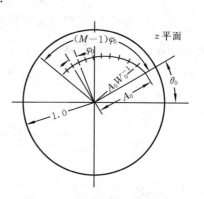

图 3.36　线性调频 z 变换在 z 平面的螺旋线取样

应于半径为 A_0 的一段弧线,在 $A_0 = 1$ 时这段弧线是单位圆的一部分。

在 $M=N,A=A_0 e^{j\theta_0}=1,W=W_0 e^{-j\varphi_0}=e^{-j\frac{2\pi}{N}}$ $\left(\text{即 } W_0=1,\varphi_0=\dfrac{2\pi}{N}\right)$ 的特殊情况下,各 z_k 值等间隔均匀分布在单位圆上,这对应于计算序列的 DFT。

将式(3.103)代入式(3.102)得

$$X(z_k) = \sum_{n=0}^{N-1} x(n) z_k^{-n} = \sum_{n=0}^{N-1} x(n) A^{-n} W^{nk}, \quad 0 \leqslant k \leqslant M-1 \qquad (3.107)$$

直接计算式(3.107),总共要算 M 个取样点,需要 NM 次复数乘法和 $(N-1)M$ 次复数加法,这与 DFT 的直接计算类似。当 N 和 M 很大时,这个计算量是很大的,因而限制了运算速度。如果将式(3.107)中的因子 W^{nk} 的幂 nk 作如下的变换,则可以将以上运算转换成卷积的形式,并可采用 FFT 来计算,从而大大提高运算速度。具体来说,将 nk 写成以下形式:

$$nk = \frac{1}{2}\left[n^2 + k^2 - (k-n)^2\right] \qquad (3.108)$$

将式(3.108)代入式(3.107)得

$$X(z_k) = \sum_{n=0}^{N-1} x(n) A^{-n} W^{\frac{n^2}{2}} W^{-\frac{(k-n)^2}{2}} W^{\frac{k^2}{2}} = W^{\frac{k^2}{2}} \sum_{n=0}^{N-1} \left[x(n) A^{-n} W^{\frac{n^2}{2}}\right] W^{-\frac{(k-n)^2}{2}}$$

$$g(n) = x(n) A^{-n} W^{\frac{n^2}{2}}, \quad n = 0, 1, 2, \cdots, N-1 \qquad (3.109)$$

$$h(n) = W^{-\frac{n^2}{2}} \qquad\qquad (3.110)$$

则

$$X(z_k) = W^{\frac{k^2}{2}} \sum_{n=0}^{N-1} g(n)h(n-k), \quad k = 0,1,2,\cdots,M-1 \qquad (3.111)$$

从式(3.111)可看出,可以通过计算 $g(k)$ 与 $h(k)$（此处用变量 k 代替 n）的线性卷积,然后再乘上 $W^{\frac{k^2}{2}}$ 来得到 $X(z_k)$,即

$$X(z_k) = W^{\frac{k^2}{2}}\left[g(k) * h(k)\right], \quad k = 0,1,2,\cdots,M-1 \qquad (3.112)$$

式(3.112)的计算可用图 3.37 来表示。

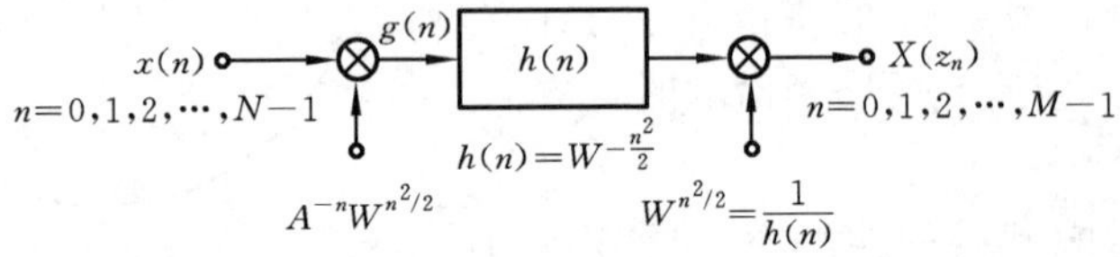

图 3.37　线性调频 z 变换的计算流程图

序列 $g(n)$ 可被看成是一个具有二次相位的复指数序列,这种信号在雷达系统中称为 chirp 信号（线性调频信号）,线性调频 z 变换的名称即来源于此。

现在讨论线性调频 z 变换的计算步骤。从式(3.111)可看出,线性系统 $h(n)$ 是一个非因果系统,因为当 n 从 0 到 $N-1$,k 从 0 到 $M-1$ 取值时,$h(n)$ 在 $n=-(N-1)$ 到 $n=M-1$ 之间有非零值,$h(n)$ 是一个长度为 $N+M-1$ 的有限长序列,如图 3.38(a)所示。输入信号 $g(n)$ 是长度为 N 的有限长序列。因此,$g(n) * h(n)$ 的长度为 $2N+M-2$。如果用循环卷积来计算线性卷积,为了不产生混叠失真,则要求循环卷积的点数大于或等于 $2N+M-2$。但是,由于只需要前 M 个 $X(z_k)$ 值($k=0,1,2,\cdots,M-1$),其它值是否有混叠失真并不重要,所以,循环卷积的点数可以减到最小为 $N+M-1$,即 $L \geqslant N+M-1$。为了能使用基 2 FFT 算法,L 还应取满足 $L=2^K$ 的最邻近的值。这样,首先从 $n=M$ 到 $n=L-N$,对 $h(n)$ 添补 $L-(N+M-1)$ 个零或任意取样值,使 $h(n)$ 长为 L;然后,将 $h(n)$ 延拓成周期为 L 的周期序列,并取出主值序列,如图 3.38(b)所示。这就是进行循环卷积运算的一个序列。进行循环卷积运算的另一个序列是对 $g(n)$ 补零值至 L 点得到的,如图 3.38(c)所示。归纳起来,CZT 的计算步骤如下:

① 选择满足条件 $L \geqslant (N+M-1)$ 和 $L=2^K$ 的整数 L 值。

② 对 $g(n) = A^{-n}W^{\frac{n^2}{2}}x(n)$ 添补零取样值,构成长度为 L 点的序列 $g(n)$,

$$g(n) = \begin{cases} A^{-n}W^{\frac{n^2}{2}}x(n), & 0 \leqslant n \leqslant N-1 \\ 0, & N \leqslant n \leqslant L-1 \end{cases} \qquad (3.113)$$

如图 3.38(c)所示。用 FFT 计算 $g(n)$ 的 L 点 DFT,得

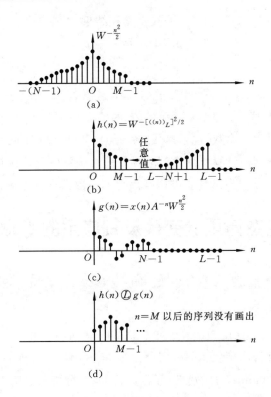

图 3.38　线性调频 z 变换的循环卷积所用到的序列

$$G(r) = \sum_{n=0}^{L-1} g(n) \mathrm{e}^{-\mathrm{j}\frac{2\pi}{L}rn}, \quad 0 \leqslant r \leqslant L-1 \tag{3.114}$$

③ 按下式构造长为 L 的序列 $h(n)$，

$$h(n) = \begin{cases} W^{-\frac{n^2}{2}}, & 0 \leqslant n \leqslant M-1 \\ 0(\text{或任意值}), & M \leqslant n \leqslant L-N \\ W^{-\frac{(L-n)^2}{2}}, & L-N+1 \leqslant n \leqslant L-1 \end{cases} \tag{3.115}$$

如图 3.38(b)所示，这就是图 3.38(a)所示的序列经周期延拓得到的周期为 L 的周期序列的主值序列。

用 FFT 计算式(3.115)的序列 $h(n)$ 的 L 点 DFT：

$$H(r) = \sum_{n=0}^{L-1} h(n) \mathrm{e}^{-\mathrm{j}\frac{2\pi}{L}rn}, \quad 0 \leqslant r \leqslant L-1 \tag{3.116}$$

④ 计算 $Q(r) = H(r) \cdot G(r)$。

⑤ 求 $Q(r)$ 的 L 点 IFFT，得到 $h(n)$ 与 $g(n)$ 的循环卷积，即

$$q(n) = h(n) \textcircled{L} g(n) = \frac{1}{L} \sum_{r=0}^{L-1} H(r) G(r) \mathrm{e}^{\mathrm{j}\frac{2\pi}{L}rn}$$

$q(n)$ 的前 M 个值等于 $h(n)$ 与 $g(n)$ 的线性卷积结果,对应于 $n \geqslant M$ 的值没有意义,不必计算。$q(n)$ 的前 M 个值如图 3.38(d)所示。

⑥ 最后计算 $X(z_k)$,即

$$X(z_k) = W^{\frac{k^2}{2}} q(k), \quad 0 \leqslant k \leqslant M-1 \tag{3.117}$$

可以看出,CZT 算法是非常灵活的。它的输入序列长度 N 和输出序列长度 M 可以不相等,且均可为任意数,包括素数;各 z_k 点间的角度间隔 φ_0 可以是任意的,因而频率分辨率可以调整;计算 z 变换的取样点的轨迹可以不是圆而是螺旋线;起始点 z_0 可任意选定,也就是可以从任意频率开始对输入数据进行分析。

3.10　离散傅里叶变换及其应用的 Matlab 实现

3.10.1　离散傅里叶变换、循环移位和循环卷积的 Matlab 实现

从式(3.20a)和(3.20b)可看出,DFT 是从时域到频域或从频域到时域的变换,所以 DFT 可用来进行信号的频谱分析。在 Matlab 中没有实现 DFT 的内部函数,这样,需要设计 dft( )和 idft( )函数,以便在进行 DFT 分析时被调用,这两个函数人们已设计好了,现将它们表示如下:

```
function[Xk]=dft(xn,N) % 计算 N 点 DFT
    n=[0:1:N-1];
    k=[0:1:N-1];
    WN=exp(-j*2*pi/N);
    nk=n'*k;
    WNnk=WN.^nk;
    Xk=xn*WNnk;
    function[xn]=idft(Xk,N) % 计算 N 点的逆 DFT
    n=[0:1:N-1];
    k=[0:1:N-1];
    WN=exp(-j*2*pi/N);
    nk=n'*k;
    WNnk=WN.^(-nk);
    xn=(Xk*WNnk)/N;
```

例 3.2　设 $x(n)$ 如下:

$$x(n) = \begin{cases} 1, & 0 \leqslant n \leqslant 5 \\ 0, & 其它 \end{cases}$$

(1) 计算离散时间傅里叶变换(DTFT)$X(e^{j\omega})$,并画出它的幅度和相位;

(2) 计算 $x(n)$ 的 DFT,并画图。

解　Matlab 的 m 文件如下:

```
%  计算 DTFT 和 DFT
%   输入序列
x=[1,1,1,1,1,1];n=0:5;
%   计算 DTFT 和画图
k=-200:200;w=(pi/100)*k;
X=x*(exp(-j*pi/100)).^(n'*k);
magX=abs(X);angX=angle(X)*180/pi;
figure(1)
subplot(2,1,1);plot(w/pi,magX);
axis([-1  1  0  6]);grid;
title('DTFT 的幅度');xlabel('以\pi 为单位的频率');ylabel('幅度');
subplot(2,1,2);plot(w/pi,angX);grid;
axis([-1  1  -200  200]);title('DTFT 的相位');
xlabel('以\pi 为单位的频率');ylabel('相位');
%   计算 DFT 和画图
N=6;
X=dft(x,N);
magX=abs(X);phaX=angle(X)*180/pi
k=0:5;
figure(2)
subplot(2,1,1);stem(k,magX);
title('DFT 的幅度');xlabel('k');
subplot(2,1,2);stem(k,phaX);
title('DFT 的相位');xlabel('k');
```

程序运行后,$x(n)$ 的 DFT 的幅度 magX 和相位 phaX 的值如下:

magX=

　　　　6.0000　0.0000　0.0000　0.0000　0.0000　0.0000

phaX=

　　　　0　-165.9638　-126.8699　-90.0000　-68.7495　-43.0908

$x(n)$ 的 DTFT 和 DFT 的图形分别如图 3.39 和图 3.40 所示。

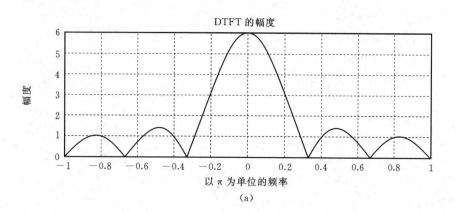

(a)

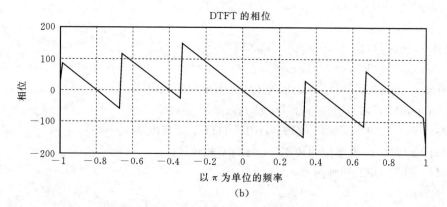

(b)

图 3.39　例 3.2 的 DTFT 的幅度和相位

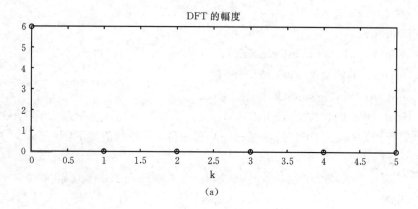

(a)

图 3.40　例 3.2 的 DFT 的幅度和相位

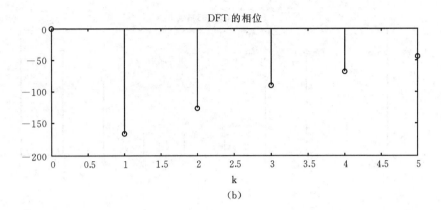

续图 3.40

例 3.3　设 $x(n)=0.8\cos(0.47\pi n)+0.4\cos(0.53\pi n),0\leqslant n\leqslant 9$。计算 $x(n)$ 的 DFT,并画出它的幅度和相位。

解　令变换的长度 $N=10$,程序如下:

```
％ 计算余弦组合信号的 DFT
n=0：9;x=0.8 * cos(0.47 * pi * n)+0.4 * cos(0.53 * pi * n);
N=10;
X=dft(x,N);
magX=abs(X),angX=angle(X)
k=0：9;
subplot(2,1,1);stem(k,magX);title('DFT 的幅度');
xlabel('k');
subplot(2,1,2);stem(k,angX);title('DFT 的相位');
xlabel('k');
```

程序运行后,$x(n)$ 的 DFT 幅度和相位如下,它的图形如图 3.41 所示。

```
magX=
    Columns 1 through 7
    1.1611    1.4254    4.1090    3.0409    1.0627    0.8360    1.0627
    Columns 8 through 10
    3.0409    4.1090    1.4254


angX=
    Columns 1 through 7
         0    0.5367    1.0478    -1.2693    -0.6875    -0.0000    0.6875
```

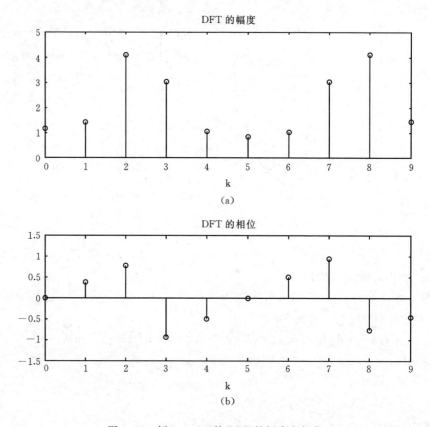

图 3.41 例 3.3 $x(n)$ 的 DFT 的幅度和相位

Columns 8 through 10

1.2693　−1.0478　−0.5367

循环移位利用 Matlab 来实现时,会更加快捷。为了实现循环移位,在时域对变量 $(n-m)$ 运用 modulo-N 运算时,可以构造一个循环移位函数,如下所示:

```
function[y]=cirshift(x,m,N) ％ 循环移位函数
if length(x)>N
    error ('N 必须大于等于 x(n)的长度')
end
x=[x zeros(1,N−length(x))];
n=0：N−1;
n=mod(n−m,N);
y=x(n+1);
```

例 3.4 设 $x(n)=8\times(0.8)^{n}$,$0\leqslant n\leqslant 10$。计算如下的循环移位,

$$y(n)=x((n-6))_{11}\cdot R_{11}(n)$$

提求画出原序列 $x(n)$ 和循环移位结果 $y(n)$ 的图形。

　　解　程序如下,在该程序中调用了 cirshift( )函数。

　　% 序列 x(n)的循环移位

　　n=[0:10];x=8*(0.8).^n;N=11;

　　y=cirshift(x,6,N);

　　subplot(2,1,1);stem(n,x);title('序列 x(n)');

　　xlabel('n');ylabel('x(n)');

　　subplot(2,1,2);stem(n,y);title('x(n)的循环移位');

　　xlabel('n');ylabel('y(n)');

程序运行后,结果如图 3.42 所示。

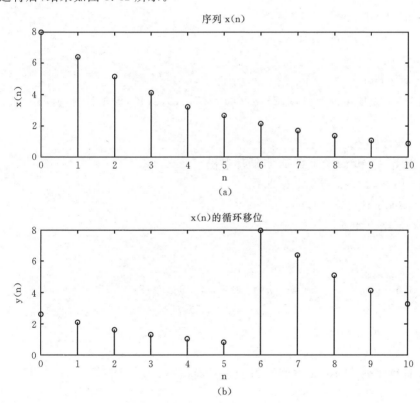

图 3.42　例 3.4 的循环卷积结果

　　循环卷积利用 Matlab 来实现时,同样需要设计一个函数,这个循环卷积函数利用循环移位函数,该函数用 circonvt( )表示,如下所示:

　　% 　计算序列 x1(n)和 x2(n)之间的 N 点循环卷积函数

　　function[y]=circonvt(x1,x2,N)

　　if length(x1)>N

```
    error('N 必须大于等于 x1 的长度')
end
if length(x2)>N
    error('N 必须大于等于 x2 的长度')
end
x1=[x1 zeros(1,N−length(x1))];
x2=[x2 zeros(1,N−length(x2))];
m=[0：1：N−1];
x2=x2(mod(−m,N)+1);
H=zeros(N,N);
for n=1：1：N
    H(n,：)=cirshift(x2,n−1,N);
end
y=x1 * H';
```

例 3.5　设 $x_1(n)=\{1,2,2\}$，$x_2(n)=\{5,4,3,2,1\}$，要求计算 $y(n)=x_1(n)⑤x_2(n)$。

解　程序如下：

```
% 计算 x1 和 x2 之间的 N 点循环卷积
x1=[1,2,2];x2=[5,4,3,2,1];N=5;
y=circonvt(x1,x2,N)
```

程序运行后结果如下：

```
y=
    11    16    21    16    11
```

例 3.6　设　　　　　　　$x_1(n)=(0.8)^n,\quad 0\leqslant n\leqslant 9$

$$x_2(n)=e^{-n},\quad 0\leqslant n\leqslant 6$$

求 $y(n)=x_1(n)⑩x_2(n)$。

解　程序如下：

```
% 计算序列 x1 和 x2 之间的 N 点循环卷积
n=0：9;x1=(0.8).^n;
n=0：6;x2=exp(−n);N=10;
y=circonvt(x1,x2,N)
```

程序运行后结果如下：

```
y=
    Columns 1 through 7
    1.0905    1.2008    1.0815    0.9096    0.7440    0.6012    0.4832
```

Columns 8 through 10

　　0.3866　　0.3093　　0.2474

3.10.2　使用 FFT 进行信号谱分析的 Matlab 实现

　　所谓谱分析就是计算信号的频谱,包括振幅谱、相位谱和功率谱。在利用 FFT 对模拟信号进行谱分析时,应将模拟信号离散化以得到离散时间信号,同时要考虑谱分析中参数的选择。

　　假设所处理的离散时间信号 $x(n)$ 是从连续时间信号 $x_a(t)$ 中取样得到的。

　　下面的讨论采用如下符号。

　　① T:取样周期,单位为 s。

　　② f_s:取样频率,单位为 Hz,$f_s = \dfrac{1}{T}$。

　　③ f_0:连续时间信号 $x_a(t)$ 的最高频率,单位为 Hz。

　　④ F:$x_a(t)$ 的频率分辨率,单位为 Hz。所谓频率分辨率是指频域取样中两相邻点间的频率间隔。也就是说,对 $x_a(t)$ 的振幅谱 $|X_a(f)|$ 进行离散观察时,如果两个频率间隔用 Δf 表示,则 F 不能大于 Δf。否则,对 $x_a(t)$ 所包含的这两个频率成分就不可能加以分辨。当 $x_a(t)$ 的振幅谱 $|X_a(f)|$ 变化比较剧烈时,F 应取得小一些;而当 $|X_a(f)|$ 变化较平缓时,F 可取得较大。

　　⑤ t_p:信号 $x_a(t)$ 的最小记录长度,$t_p = \dfrac{1}{F}$,单位为 s。

　　⑥ N:一个记录长度中的取样数。

　　基带信号的频谱主要集中在低频段。根据取样定理,为了避免混叠失真,要求

$$f_s \geqslant 2f_0 \quad 或 \quad T \leqslant \frac{1}{2f_0} \tag{3.118}$$

最小记录长度必须按所需的频率分辨率来选择,即

$$t_p = NT = \frac{1}{F} \tag{3.119}$$

从式(3.118)可看出,当提高信号最高频率 f_0 时,必须减少 T;在 N 固定的情况下,由式(3.119)看出,记录长度 t_p 将缩短,这意味着频率分辨率要降低。反之,若要提高频率分辨率,在给定 N 的情况下,就必须增加 t_p,这必然导致 T 的增加,结果使能分析的最高频率降低。

　　在保持分辨率不变的情况下,若希望增加所分析的信号的最高频率,或在保持信号最高频率不变的情况下,提高分辨率,唯一的办法是增加在记录长度内的取样点数 N。如果 f_0 和 F 都给定,那么 N 必须满足条件

$$N \geqslant \frac{2f_0}{F} \tag{3.120}$$

在 Matlab 信号处理工具箱中提供了 4 个 FFT 内部函数用于计算 DFT 和 IDFT,它们分别是

$$\text{fft(x)}, \quad \text{fft(x,L)}, \quad \text{ifft(X)}, \quad \text{ifft(X,L)}$$

① fft(x):计算 N 点的 DFT,N 是序列的长度。

② fft(x,L):计算 L 点的 DFT,若 $N>L$,则将原序列截短为 L 点的序列,再计算其 L 点的 DFT;若 $N<L$,则将原序列补零至 L 点,再计算其 DFT。

③ ifft(X):计算 N 点的 IDFT,N 是频域序列的长度。

④ ifft(X,L):计算 L 点的 IDFT。若 $N>L$,则将原序列截短为 L 点的序列,再计算其 IDFT;若 $N<L$,则将原序补零至 L 点,再计算其 IDFT。

为了提高 fft 和 ifft 的计算效率,应尽量使序列长度 $N=2^M$,或将序列补零使 $L=2^M$。

例 3.7　设模拟信号 $x(t)=te^t, t \geqslant 0$。对它进行 FFT 分析,设信号的最高频率为 $f_0=50$ Hz,频率分辨率 $F=4$ Hz。

解　因为信号的最高频率 $f_0=50$ Hz,所以取样频率

$$f_s = 2f_0 = 100 \text{ Hz}$$

取样周期

$$T = \frac{1}{f_s} = \frac{1}{100}\text{s} = 0.01 \text{ s}$$

取样数

$$N = \frac{2f_0}{F} = \frac{2 \times 50}{4} = 25$$

取 $N=32$。于是,对模拟信号取样得

$$x(n) = x(t)|_{t=nT} = (nT)e^{nT}, \quad 0 \leqslant n \leqslant 31$$

程序如下:

```
% 计算 x(n)的 FFT
N=32;fs=100;T=1/fs;
n=0:N-1;r=n*T;x=r.*exp(r);
X=fft(x,N);
magX=abs(X),phaX=angle(X)
subplot(3,1,1);stem(n,x);axis([0  32  0  1]);
xlabel('n');title('序列 x(n)');
k=0:N-1;
subplot(3,1,2);stem(k,magX);axis([0  32  0  8]);
xlabel('k');ylabel('DFT 的幅度');
subplot(3,1,3);stem(k,phaX);axis([ 0  32  -4  4]);
xlabel('k');ylabel('DFT 的相位');
```

程序运行结果如图 3.43 所示。从原序列的 DFT 幅度可看出其频谱分量主要集中在低频段。

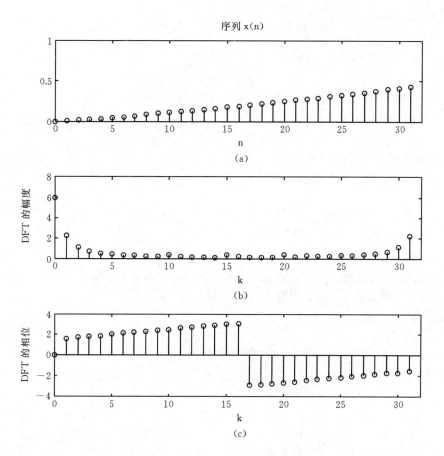

图 3.43　例 3.7 程序运行的结果

例 3.8　已知一连续时间信号为

$$x(t) = \cos(2\pi f_1 t) + \cos(2\pi f_2 t)$$

式中，$f_1 = 120$ Hz，$f_2 = 140$ Hz。若以取样频率 $f_s = 400$ Hz 对该信号进行取样，试求出用 FFT 进行分析时，能够分辨此两个谱峰所需的点数。并使用 FFT 进行分析。

解　因为

$$f_s = 400 \text{ Hz}, F = (140 - 120) \text{ Hz} = 20 \text{ Hz}$$

所以由式(3.119)得

$$N = \frac{1}{FT} = \frac{f_s}{F} = \frac{400}{20} = 20$$

即最少取样点数为 20。对 $x(t)$ 取样得

$$x(n) = x(t)\big|_{t=nT} = \cos(2\pi f_1 nT) + \cos(2\pi f_2 nT)$$

程序如下：

％ 信号的 FFT 分析

```
N=21;L=256;
f1=120;f2=140;fs=400;
T=1/fs;ws=2*pi*fs;
n=0:N-1;
x=cos(2*pi*f1*n*T)+cos(2*pi*f2*n*T);
X=fftshift(fft(x,L));
w=(-ws/2+(0:L-1)*ws/L)/(2*pi);
subplot(2,1,1);plot(w,abs(X));
ylabel('幅度谱');xlabel('频率(Hz)  N=21');axis([-200 200 0 15]);
%
N=11;n=0:N-1;
x=cos(2*pi*f1*n*T)+cos(2*pi*f2*n*T);
X=fftshift(fft(x,L));
subplot(2,1,2);plot(w,abs(X));axis([-200 200 0 15]);
ylabel('幅度谱');xlabel('频率(Hz)  N=11');
```

程序运行结果如图 3.44 所示,图 3.44(a)表示 $N=21$ 的情况,图 3.44(b)表示 $N=$

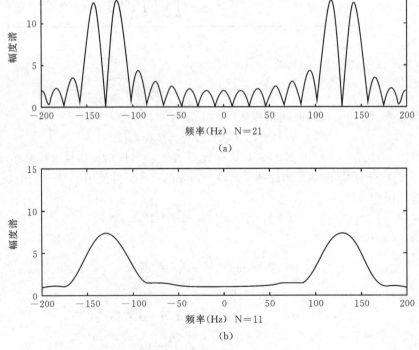

(a)

(b)

图 3.44　例 3.8 程序在不同 N 时运行的结果

11 的情况。显然,当 $N=21$ 时,能把 f_1 和 f_2 这两个谱峰分辨出来。当 $N=11$ 时,这两个谱峰不能分辨出来。

例 3.9　已知连续信号为

$$x(t)=0.12\cos(2\pi f_1 t)+\cos(2\pi f_2 t)$$

式中,$f_1=150$ Hz,$f_2=100$ Hz。现以取样频率 $f_s=400$ Hz 对信号进行取样,试用 FFT 分析其频谱。

解　因为信号 $x(t)$ 存在一个幅度较小的频率分量 f_1,若利用矩形窗(关于窗的概念在第 4 章中说明)来加窗,由于其旁瓣过高,很难检测到信号 $x(t)$ 中幅度较小的频率分量 f_1。为此,我们在实验中既采用矩形窗,又采用了哈明(Hamming)窗,以作比较。截取信号的点数 N 的大小也会影响分辨率。图 3.45 和图 3.46 分别表示 $N=21$ 和 $N=51$ 的实验结果。显然,$N=21$ 时,效果不理想,$N=51$ 时,能将 $f_1=150$ Hz 的信号检测出来。在实验程序中 $L=256$,大于 N 的部分用零值充当。实验程序如下:

```
% 信号的 FFT 分析
N=21;
L=256;
f1=150;f2=100;fs=400;
T=1/fs;ws=2 * pi * fs;
n=0:N-1;
x=0.12 * cos(2 * pi * f1 * n * T)+cos(2 * pi * f2 * n * T);
wh=(boxcar(N))';
x=x. * wh;
Xb=fftshift(fft(x,L));
w=(-ws/2+(0:L-1) * ws/L)/(2 * pi);
figure(1)
subplot(2,1,1);plot(w,abs(Xb));axis([-200 200 0 20]);
ylabel('幅度谱');xlabel('频率(Hz)   矩形窗  N=21');
%
wh=(hamming(N))';
x=x. * wh;
Xh=fftshift(fft(x,L));
subplot(2,1,2);plot(w,abs(Xh));axis([-200 200 0 20]);
ylabel('幅度谱');xlabel('频率(Hz)   哈明窗  N=21');
%
N=51;
```

n＝0：N－1；
x＝0.12 * cos(2 * pi * f1 * n * T)＋cos(2 * pi * f2 * n * T)；
wh＝(boxcar(N))′；
x＝x. * wh；
Xb＝fftshift(fft(x,L))；
figure(2)
subplot(2,1,1)；plot(w,abs(Xb))；axis([－200 200 0 25])；
ylabel('幅度谱')；xlabel('频率(Hz)　矩形窗　N＝51')；
％
wh＝(hamming(N))′；
x＝x. * wh；
Xh＝fftshift(fft(x,L))；
subplot(2,1,2)；plot(w,abs(Xh))；axis([－200 200 0 25])；
ylabel('幅度谱')；xlabel('频率(Hz)　哈明窗　N＝51')

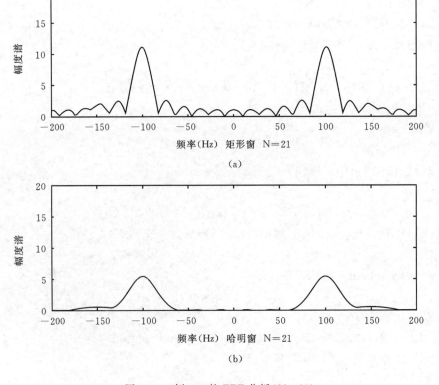

(a)

(b)

图 3.45　例 3.9 的 FFT 分析(N＝21)

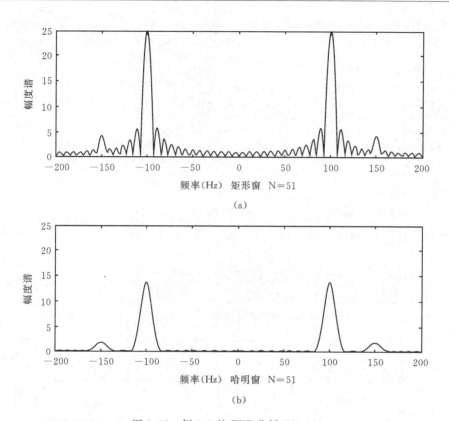

图 3.46　例 3.9 的 FFT 分析($N=51$)

3.10.3　利用 FFT 计算线性卷积的 Matlab 实现

在 3.7 节中已说明,当 N 足够大时,利用 FFT 来计算线性卷积比直接计算线性卷积在速度上具有更大的优势。设序列 $x(n)$ 长度为 N_1,序列 $h(n)$ 的长度为 N_2,则用 FFT 计算线性卷积的步骤如下:

① 将 $x(n)$ 和 $h(n)$ 补零延长至 L 点,$L=N_1+N_2-1$,若 L 不为 2 的整数幂,则再补零至 L 为 2 的整数幂;

② 分别计算 $x(n)$ 和 $h(n)$ 的 L 点 FFT,得 $X(k)$ 和 $H(k)$;

③ 计算 $Y(k)=X(k)\cdot H(k)$;

④ 计算 $y(n)=\text{IFFT}[Y(k)]=\text{IFFT}[X(k)\cdot H(k)]$。

例 3.10　已知序列 $x(n)$ 和 $h(n)$ 如下:

$$x(n)=\cos(0.1\pi n),\quad 0\leqslant n\leqslant 20$$
$$h(n)=(0.8)^n,\quad 0\leqslant n\leqslant 20$$

求 $y(n)=x(n)*h(n)$。

解　利用 FFT 计算 $y(n)$ 的程序如下:

```
% 利用 FFT 实现两序列的线性卷积
n=0:20;
x=cos(0.1*pi*n);
h=(0.8).^n;
%
L=length(x)+length(h)-1;
X=fft(x,L);
H=fft(h,L);
y=ifft(X.*H)
subplot(3,1,1);stem(n,x);ylabel('序列 x(n)');xlabel('n');
subplot(3,1,2);stem(n,h);ylabel('序列 h(n)');xlabel('n');
n=0:L-1;
subplot(3,1,3);stem(n,real(y));
ylabel('卷积结果 y(n)');xlabel('n');
```

程序运行以后,原序列 $x(n)$、$h(n)$ 和卷积结果 $y(n)$ 的图形如图 3.47 所示。

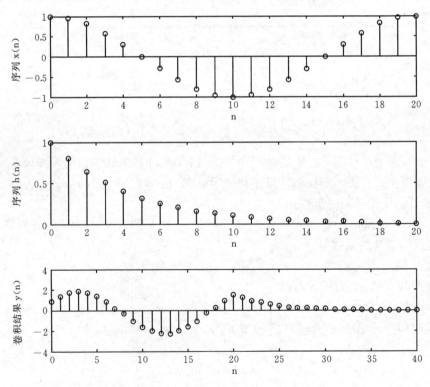

图 3.47　例 3.10 程序运行的结果

例 3.11　设一因果系统由下列差分方程描述：

$$y(n)-1.76y(n-1)+1.1829y(n-2)-0.2781y(n-3)$$
$$=0.0181x(n)+0.0543x(n-1)+0.0543x(n-2)+0.0181x(n-3)$$

设输入信号 $x(n)=\cos(0.1\pi n)+0.32w(n)$，其中 $w(n)$ 是零均值、方差为 1 的随机高斯序列。要求用 FFT 实现系统对输入 $x(n)$ 进行滤波，并用图形表示。

解　由例 2.31 可知，该系统是一个良好的低通滤波器，而输入信号是一个被高斯随机噪声干扰了的信号，可以预料，信号 $x(n)$ 经过系统滤波后应变得平滑些。程序如下：

```
% 利用 FFT 实现线性滤波
% 计算系统的冲激响应
b=[0.0181,0.0543,0.0543,0.0181];
a=[1,-1.7600,1.1829,-0.2781];
ch=impseq(0,0,20);n=0:20;
h=filter(b,a,ch);
% 输入信号序列
x=cos(0.1*pi*n)+0.32*randn(size(n));
% 计算线性卷积
L=length(x)+length(h)-1;
X=fft(x,L);
H=fft(h,L);
y=ifft(X.*H)
% 画图
subplot(3,1,1);plot(n,x);axis([0 20 -1.5 1.5]);
ylabel('信号 X(n)');xlabel('n');
subplot(3,1,2);stem(n,h);axis([0 20 -0.5 0.5]);
ylabel('系统冲激响应 h(n)');xlabel('n');
n=0:L-1;
subplot(3,1,3);plot(n,y);axis([0 20 -1.5 1.5]);
ylabel('x(n)滤波的结果 y(n)');xlabel('n')
```

程序运行后的结果如图 3.48 所示。从图中的输出 $y(n)$ 可看出，系统对输入 $x(n)$ 确实有很好的平滑作用。

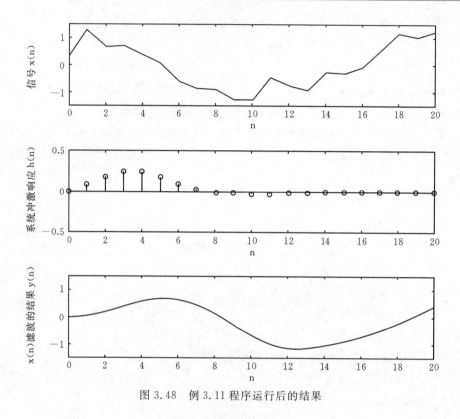

图 3.48　例 3.11 程序运行后的结果

复习思考题

　　3.1　离散傅里叶级数与连续傅里叶级数有什么不同？一个周期为 N 的周期序列的傅里叶级数为什么只用 N 个谐波分量来表示，而不需要用无穷个谐波分量来表示？

　　3.2　有限长序列的 DFT 与周期序列的离散傅里叶级数有何联系？它们有本质区别吗？

　　3.3　有限长序列的 DFT 与其 z 变换和傅里叶变换有什么关系？

　　3.4　设长度为 N 的序列 $x(n)$ 为实序列，其 DFT 系数 $X(k)$ 的实部 $\text{Re}[X(k)]$、虚部 $\text{Im}[X(k)]$ 或其模 $|X(k)|$ 和相角 $\arg[X(k)]$ 各有什么特点？

　　3.5　线性卷积、周期卷积和循环卷积有什么不同？又有什么关系？

　　3.6　设序列 $x_1(n)$ 和 $x_2(n)$ 的长度分别为 N 和 M，现在要用它们的循环卷积来代替它们的线性卷积，应该如何处理？

　　3.7　频域取样和时域取样有什么不同？所导致的结果有什么类似的地方？

　　3.8　设序列的长度为 N，直接计算 DFT 和使用时间抽选或频率抽选 FFT 算法各需要多少次复数乘法和复数加法？

　　3.9　时间抽选和频率抽选 FFT 算法的推导各遵循什么样的规则？时间抽选和频率抽选 FFT 的流程图各有什么特点？

　　3.10　什么是蝶形运算、同址运算和变址运算？

3.11　什么是频率分辨率？使用 FFT 对信号进行谱分析时,频率分辨率与所分析信号的最高频率有何关系？

3.12　试说明使用 FFT 来计算线性卷积的步骤。

3.13　什么是调频 z 变换？试说明计算调频 z 变换的步骤。

3.14　至今你所遇到的频率变量有哪些？试举例说明。并说明它们的单位之间有何区别。

3.15　在 Matlab 中,有用来直接计算 DFT 的内部函数吗？如果没有,需设计哪几个用来计算 DFT 的函数？

3.16　使用 Matlab 实现序列的循环移位和循环卷积时,需设计哪两个函数？

3.17　在 Matlab 信号处理工具箱中,提供了哪 4 个 FFT 内部函数来计算 DFT,它们的功能是什么？

习　　题

3.1　习题 3.1 图所示的序列 $\tilde{x}(n)$ 是周期为 4 的周期性序列。请确定其傅里叶级数的系数 $\tilde{X}(k)$。

3.2　(1) 设 $\tilde{x}(n)$ 为实周期序列,证明 $\tilde{x}(n)$ 的傅里叶级数 $\tilde{X}(k)$ 是共轭对称的,即 $\tilde{X}(k)=\tilde{X}^*(-k)$。

(2) 证明当 $\tilde{x}(n)$ 为实偶函数时,$\tilde{X}(k)$ 也是实偶函数。

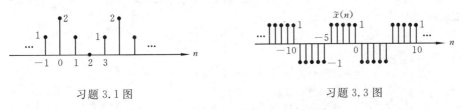

习题 3.1 图　　　　　　　　　　　　习题 3.3 图

3.3　习题 3.3 图所示的是一个实数周期信号 $\tilde{x}(n)$。利用 DFS 的特性及习题 3.2 的结果,不直接计算其傅里叶级数的系数 $\tilde{X}(k)$,确定以下式子是否正确。

(1) $\tilde{X}(k)=\tilde{X}(k+10)$,对于所有的 k

(2) $\tilde{X}(k)=\tilde{X}(-k)$,对于所有的 k

(3) $\tilde{X}(0)=0$

(4) $\tilde{X}(k)e^{jk\frac{2\pi}{5}}$,对所有的 k 是实函数

3.4　设 $x(n)=R_3(n)$,$\tilde{x}(n)=\sum\limits_{r=-\infty}^{\infty}x(n+6r)$,求 $\tilde{X}(k)$,并作图表示 $\tilde{x}(n)$ 和 $\tilde{X}(k)$（分别画出其实部 $\tilde{X}_R(k)$ 和虚部 $\tilde{X}_I(k)$）。

3.5　在习题 3.5 图中表示了两个周期序列 $\tilde{x}_1(n)$ 和 $\tilde{x}_2(n)$,两者的周期都为 6,计算这两个序列的周期卷积 $\tilde{x}_3(n)$,并画图表示。

3.6　计算下列序列的 N 点 DFT。

(1) $x(n)=\delta(n)$

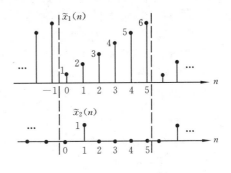

习题 3.5 图

(2) $x(n)=\delta((n-n_0))_N \cdot R_N(n)$, $0<n_0<N$

(3) $x(n)=a^n$, $0 \leqslant n \leqslant N-1$

(4) $x(n)=\cos\left(\dfrac{2\pi}{N}nm\right)$, $0 \leqslant n \leqslant N-1$, $0<m<N$

(5) $x(n)=\begin{cases} 1, & 0 \leqslant n \leqslant 7 \\ 0, & \text{其它} \end{cases}$

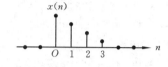

3.7 习题 3.7 图表示的是一个有限长序列 $x(n)$,画出 $x_1(n)$ 和 $x_2(n)$ 的图形。

(1) $x_1(n)=x((n-2))_4 R_4(n)$

(2) $x_2(n)=x((2-n))_4 R_4(n)$

习题 3.7 图

3.8 习题 3.8 图表示一个 4 点序列 $x(n)$,即 $x(n)=\delta(n)+2\delta(n-1)+2\delta(n-2)+\delta(n-3)$。

(1) 绘出 $x(n)$ 与 $x(n)$ 的线性卷积结果的图形。

(2) 绘出 $x(n)$ 与 $x(n)$ 的 4 点循环卷积结果的图形。

(3) 绘出 $x(n)$ 与 $x(n)$ 的 8 点循环卷积结果的图形,并将结果与(1)比较,说明线性卷积与循环卷积之间的关系。

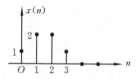

习题 3.8 图

3.9 $x(n)$ 是一个长度为 N 的序列,试证明 $x((-n))_N=x((N-n))_N$

3.10 已知序列 $x(n)=a^n u(n)$,$0<a<1$。现在对其 z 变换在单位圆上进行 N 等分取样,取样值为

$$X(k) = X(z)\big|_{z=W_N^{-k}}$$

求有限长序列的 IDFT。

3.11 若长为 N 的有限长序列 $x(n)$ 是矩形序列,即 $x(n)=R_N(n)$。

(1) 求 $\mathscr{Z}[x(n)]$,并画出其极-零点分布图。

(2) 求频谱 $X(e^{j\omega})$,并画出幅度 $|X(e^{j\omega})|$ 的函数曲线。

(3) 求 $x(n)$ 的 DFT 的闭式表示,并与 $X(e^{j\omega})$ 对照。

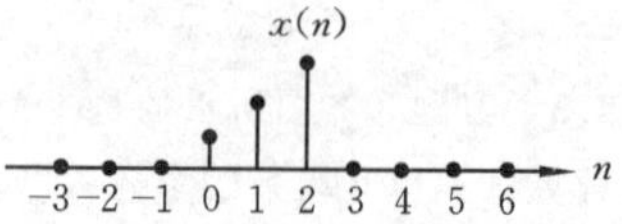

3.12 在习题 3.12 图中画出了有限长序列 $x(n)$,试画出序列 $x((-n))_4$ 的略图。

习题 3.12 图

3.13 有限长序列的离散傅里叶变换相当于其 z 变换在单位圆上的取样。例如,10 点序列 $x(n)$ 的离散傅里叶变换相当于 $X(z)$ 在单位圆 10 个等分点上的取样,如习题 3.13 图(a)所示。为求出习题 3.13 图(b)所示圆周上 $X(z)$ 的等间隔取样,即 $X(z)$ 在 $z=0.5\mathrm{e}^{\mathrm{j}[(2\pi k/10)+(\pi/10)]}$ 各点上的取样,试指出如何修改 $x(n)$,才能得到序列 $x_1(n)$,使其傅里

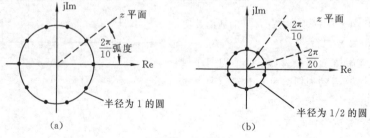

习题 3.13 图

叶变换相当于上述 z 变换的取样。

3.14　如果一台通用计算机计算一次复数乘法需要 $100\mu s$,计算一次复数加法需要 $20\mu s$,现在用它来计算 $N=1024$ 点的 DFT,问直接计算 DFT 和用 FFT 计算 DFT 各需要多少时间?

3.15　仿照本教材中的图 3.15,画出通过计算两个 8 点 DFT 的办法来完成一个 16 点 DFT计算的流程图。

3.16　设 $x(n)=\{0,1,0,1,1,1\}$,现对 $x(n)$ 进行谱分析。画出 FFT 的流程图,FFT 算法任选。并计算出每级蝶形运算的结果。

3.17　根据本教材中图 3.27 所示的流程图,研究基 2 频率抽选 FFT 算法。设 N 为 2 的任意整数幂,但不等于 8。为了给数据全部加上标号,假设数组中的数据被存在依次排列的复数寄存器中,这些寄存器的编号从 0 到 $N-1$,而数组的编号从 0 到 $\log_2 N$。具有最初数据的数组是第 0 列,蝶形的第一级输出是第 1 列,依此类推。下列问题均与第 m 列的计算有关,这里 $1\leqslant m\leqslant\log_2 N$,答案应通过 m 和 N 表示。

(1) 要计算多少个蝶形? 每个蝶形有多少次复数乘法和复数加法运算? 整个流程图需要多少次复数加法和复数乘法运算?

(2) 由第 $m-1$ 列到 m 列,包含的 W_N 的幂是什么?

(3) 蝶形的两个复数输入点的地址之间的间隔是多少?

(4) 利用同样系数的各蝶形的数据地址间隔是什么? 注意这种算法的蝶形计算的系数相乘是置于蝶形的输出端的。

3.18　使用 FFT 对一模拟信号作谱分析,已知:①频率分辨率 $F\leqslant5Hz$;②信号最高频率 $f_0=1.25kHz$。试确定下列参数:

(1) 最小记录长度 t_p;

(2) 取样点的最大时间间隔 T;

(3) 一个记录长度中的最少点数。

3.19　已知信号 $x(n)$ 和 FIR 数字滤波器的单位取样响应 $h(n)$ 分别为

$$x(n) = \begin{cases} 1, & 0\leqslant n\leqslant 15 \\ 0, & \text{其它} \end{cases}$$

$$h(n) = \begin{cases} a^n, & 0\leqslant n\leqslant 10 \\ 0, & \text{其它} \end{cases}$$

(1) 使用基 2 FFT 算法计算 $x(n)$ 与 $h(n)$ 的线性卷积,写出计算步骤。

(2) 用 C 或 Matlab 语言编写程序,并上机计算。

3.20　已知两个实序列 $x_1(n)$ 和 $x_2(n)$ 的离散傅里叶变换分别为 $X_1(k)$ 和 $X_2(k)$。设复序列 $g(n)$ 为

$$g(n) = x_1(n) + jx_2(n)$$

其离散傅里叶变换为 $G(k)$。令 $G_{OR}(k)$、$G_{ER}(k)$、$G_{OI}(k)$、$G_{EI}(k)$ 分别表示 $G(k)$ 的实部的奇数部分、实部的偶数部分、虚部的奇数部分和虚部的偶数部分。试用 $G_{OR}(k)$、$G_{OI}(k)$、$G_{ER}(k)$ 和 $G_{EI}(k)$ 来表示 $X_1(k)$ 和 $X_2(k)$。

3.21　线性调频 z 变换算法的一个用途是使频谱的谐振峰变尖。一般说来,如果在 z 平面内靠近极点的一条圆周线上计算序列的 z 变换,则可以观察到谐振。在应用线性调频 z 变换算法或

计算离散傅里叶变换时,被分析的序列必须是有限长的,否则必须先将序列截断。截断序列的变换只能有零点(除 $z=0$ 或 $z=\infty$ 外),而原始序列的变换却有极点。本题的目的是要证明,在有限长序列的变换中仍可以看到谐振型响应。

(1) 令 $x(n)=u(n)$,画出它的 z 变换 $X(z)$ 的极-零点略图。

(2) 令

$$\hat{x}(n)=\begin{cases}1, & 0\leqslant n\leqslant N-1\\0, & \text{其它}\end{cases}$$

即 $\hat{x}(n)$ 等于从 N 点以后截断的 $x(n)$。画出 $\hat{x}(n)$ 的 z 变换 $\hat{X}(z)$ 的极-零点略图。

(3) 画出 $|\hat{X}(e^{j\omega})|$ 随 ω 变化的略图。并在你的图中画出 N 增加时对 $|\hat{X}(e^{j\omega})|$ 的影响。

以下习题利用 Matlab 求解。

3.22 设 $x(n)$ 为

$$x(n)=\begin{cases}1, & 0\leqslant n\leqslant 3\\0, & \text{其它}\end{cases}$$

(1) 计算离散时间变换(DTFT)$X(e^{j\omega})$,并画出它的幅度和相位;

(2) 计算 $x(n)$ 的 4 点的 DFT。

3.23 在习题 3.22 的 $x(n)$ 后面补 4 个零构成一个 8 点的序列,即

$$x(n)=\{1,1,1,1,0,0,0,0\}, \quad 0\leqslant n\leqslant 7$$

求 $x(n)$ 的 8 点 DFT,画出它的幅度和相位,并与习题 3.22 比较。

3.24 设序列 $x(n)=10(0.8)^n, 0\leqslant n\leqslant 10$,求出并画出 $y(n)=x((-n))_{11}$ 的图形。

提示:本题可使用函数 mod( ),于是 $y=x(\text{mod}(\quad)+1)$。

3.25 设 $x(n)=5(0.6)^n, 0\leqslant n\leqslant 9$。

(1) 画出 $x(n)$ 和 $y(n)=x((n+4))_{10}\cdot R_{10}(n)$ 的图形;

(2) 画出 $x(n)$ 和 $y(n)=x((n-3))_{10}\cdot R_{10}(n)$ 的图形。

3.26 设序列 $x_1(n)=\{1,2,2\}, x_2(n)=\{1,2,3,4\}$。

(1) 计算 $y_1(n)=x_1(n)⑤x_2(n)$,并画出 $x_1(n)$、$x_2(n)$ 和 $y_1(n)$ 的图形;

(2) 计算 $y_2(n)=x_2(n)⑧x_2(n)$,并画出 $x_1(n)$、$x_2(n)$ 和 $y_2(n)$ 的图形。

3.27 设 $x(n)=5(0.8)^n, 0\leqslant n\leqslant 7$,用 fft 函数计算 $x(n)$ 的 DFT,并画出原序列 $x(n)$ 和 $x(n)$ 的 DFT 的幅度和相位的图形。

3.28 序列后面增加零可以提高信号频谱的密度,即能得到更加光滑的频谱,但不能增加更多的信息。若增加样点,则可以使频谱信息更大,即可得到更高分辨率的频谱。设信号 $x(n)$ 如下:

$$x(n)=\cos(0.47\pi n)+\cos(0.53\pi n)$$

(1) 当 $0\leqslant n\leqslant 10$ 时,求 $x(n)$ 的 FFT,并画出 $x(n)$ 和其 DFT 幅度的图形;

(2) 给原序列 $x(n)$ 尾部增添 90 个零,即

$$x(n)=\begin{cases}\cos(0.4\pi n)+\cos(0.53\pi n), & 0\leqslant n\leqslant 10\\0, & 11\leqslant n\leqslant 90\end{cases}$$

求该序列的 FFT,并用 stem 函数画出 $x(n)$ 的图形,用 plot 函数画出其 FFT 幅度的图形;

(3) 现在将序列样本数增加至 500,即

$$x(n)=\cos(0.47\pi n)+\cos(0.53\pi n), \quad 0\leqslant n\leqslant 499$$

求这个序列的 FFT,并分别用 stem 函数和 plot 函数画出 $x(n)$ 的图形和 $x(n)$ 的 FFT 幅度图形。

我们知道原序列 $x(n)$ 在 0.5π 附近有两个谱峰,用在序列尾部补零的方法,即第 2 种情况,经过实验,会发现这两个谱峰不能被分开。通过增加样本数,即第 3 种情况,可以把这两个谱峰分开。

3.29　已知一连续信号为

$$x(t) = \sin(2\pi f_1 t) + \sin(2\pi f_2 t)$$

式中,$f_1 = 100$ Hz,$f_2 = 145$ Hz。若以取样频率 $f_s = 500$ Hz 对该信号进行取样,试求出用 FFT 进行分析时,能够分辨此两个谱峰所需要的点 N。使用 FFT 对该信号进行 N 点 FFT 分析,并画出其 FFT 的幅度函数(使用 plot)。使用低于 N 的点数进行分析,看能否分辨这两个谱峰?

3.30　已知一连续信号为

$$x(t) = \cos(2\pi f_1 t) + 0.15\cos(2\pi f_2 t)$$

式中,$f_1 = 100$ Hz,$f_2 = 150$ Hz。现以取样频率 $f_s = 500$ Hz 对信号进行取样,试用 FFT 进行分析,要求能检测出幅度较小的频率分量 f_2。在实验中,使用不同的窗宽 N 和不同的窗函数进行分析。

3.31　设 $x_1(n) = (0.9)^n$,$0 \leqslant n \leqslant 14$;$h(n) = n \cdot \mathrm{e}^{-0.3n}$,$0 \leqslant n \leqslant 9$。用 FFT 计算 $y(n) = x(n) * h(n)$。

3.32　一因果系统由下列方差描述:

$$y(n) - 0.9y(n-1) + 0.081y(n-2) = 0.167x(n) + 0.315x(n-2) + 0.3x(n-3)$$

设输入信号 $x(n) = 1.2\cos(0.12\pi n) + 0.32w(n)$,其中 $w(n)$ 是零均值,方差为 1 的随机高斯序列。要求使用 FFT 实现对受随机噪声干扰的输入 $x(n)$ 进行滤波。由于该系统为低通滤波器,可以预料,系统对输入信号有平滑作用。要求画出原序列 $x(n)$、系统的冲激响应和滤波后的输出信号 $y(n)$。

参 考 文 献

[1]　Oppenheim A V, Schaffer R W. Digital Signal Processing[M]. Englewood Cliffs (New Jersey):Prentice-Hall, Inc. , 1975.
　　　中译本:数字信号处理[M]. 董士嘉,杨耀增,译. 北京:科学出版社,1983.

[2]　Rabiner L R, Gold B. Theory and Application of Digital Signal Processing[M]. Englewood Cliffs (New Jersey):Prentice-Hall Inc. , 1975.
　　　中译本:数字信号处理的原理与应用[M]. 史令启,译. 北京:国防工业出版社,1983.

[3]　Stanley W D. Digital Signal Processing[M]. Reston Publishing Company,Inc. , 1975.
　　　中译本:数字信号处理[M].常迥,译. 北京:科学出版社,1979.

[4]　程佩青. 数字信号处理教程[M]. 北京:清华大学出版社,1995.

[5]　邹理和. 数字信号处理(上册)[M]. 北京:国防工业出版社,1985.

[6]　黄顺吉等. 数字信号处理及其应用[M]. 北京:国防工业出版社, 1982.

[7]　陈后金主编.数字信号处理[M].北京:高等教育出版社,2004.

[8]　[美]维纳·K·恩格尔,约翰·G·普罗克斯著.数字信号处理——使用 Matlab[M].刘树棠,译.西安:西安交通大学出版社,2002.

第 4 章 数字滤波器的原理和设计方法

数字滤波器和快速傅里叶变换一样,是数字信号处理的重要组成部分。在许多科学技术领域中广泛使用着各种滤波器。模拟滤波器主要用来处理连续时间信号,而数字滤波器用来处理离散时间信号和数字信号。数字滤波器是在模拟滤波器的基础上发展起来的,但它们之间存在着一些重要差别。与模拟滤波器比较,数字滤波器有以下优点:① 精度和稳定性高;② 改变系统函数比较容易,因而比较灵活;③ 不存在阻抗匹配问题;④ 便于大规模集成;⑤ 可以实现多维滤波。本章内容安排如下:4.1 节概述数字滤波器的表述方法;4.2 节讨论无限冲激响应(IIR)数字滤波器的基本网络结构;4.3 节讨论有限冲激响应(FIR)数字滤波器的基本网络结构;4.4 节详细介绍 IIR 数字滤波器的设计方法;4.5 节讨论 IIR 数字滤波器的频率变换设计方法;4.6 节详细介绍 FIR 数字滤波器的设计方法;4.7 节对 FIR 和 IIR 数字滤波器进行比较。本章中许多 IIR 和 FIR 滤波器设计的例子利用了 Matlab 实现。

4.1 概   述

在第 2 章中已讲过,数字滤波器可以用差分方程来表示,即

$$y(n) = \sum_{k=1}^{N} a_k y(n-k) + \sum_{k=0}^{M} b_k x(n-k) \tag{4.1}$$

对应的系统函数为

$$H(z) = \frac{Y(z)}{X(z)} = \frac{\sum_{k=0}^{M} b_k z^{-k}}{1 - \sum_{k=1}^{N} a_k z^{-k}} \tag{4.2}$$

数字滤波器的功能是把输入序列通过一定的运算,变换成输出序列。数字滤波器一般可用两种方法实现:一种是根据描述数字滤波器的数学模型或信号流程图,用数字硬件构成专用的数字信号处理机;另一种是编写滤波运算程序,在计算机上运行。

由式(4.1)可看出,实现数字滤波器需要 3 种基本运算单元,即加法器、单位延迟器和常数乘法器。这些单元有方框图法和流程图法两种表示法,因此,数字滤波器的

运算结构也有两种表示法,如图 4.1 所示。例如,一个二阶的 IIR 数字滤波器可用差

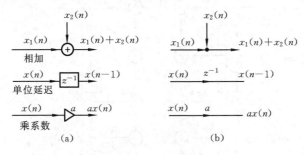

图 4.1 3 种运算符号

(a) 方框图表示; (b) 流程图表示

分方程表示为

$$y(n) = a_1 y(n-1) + a_2 y(n-2) + b_0 x(n)$$

其方框图和信号流程图如图 4.2(a)、(b)所示。

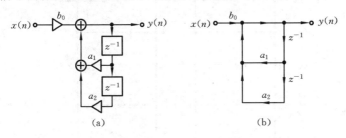

图 4.2 二阶数字滤波器的方框图和流程图结构

(a) 方框图结构; (b) 流程图结构

　　数字滤波器有无限冲激响应(IIR)和有限冲激响应(FIR)两种。IIR 数字滤波器常采用递归结构,而 FIR 数字滤波器主要采用非递归结构。

4.2　无限冲激响应(IIR)数字滤波器的基本网络结构

　　关于数字滤波器运算结构的研究是一个重要课题。运算结构的不同将会影响系统运算的精度、误差、速度和经济性等性能指标。在一般情况下,都要求使用尽可能少的常数乘法器和延迟器来实现系统,并要求运算误差尽可能小。然而,这些要求有时是互相矛盾的,例如,为了获得具有较小运算误差的结构,使用的乘法器和延迟器的数目往往并不是最少的。对于同一个系统函数,可以有多种不同的结构。例如,IIR 数字滤波器有如下几种基本网络结构。

1. 直接 I 型

　　IIR 数字滤波器是一种递归系统,可以用式(4.1)所示的差分方程或式(4.2)所示的系统函数来描述。图 4.3 和图 4.4 所示的分别是根据式(4.1)画出的 IIR 数字

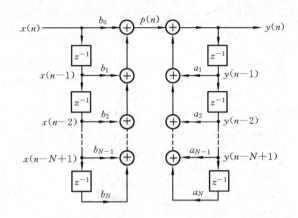

图 4.3　N 阶 IIR 系统的直接 I 型方框图

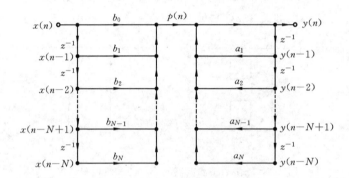

图 4.4　N 阶 IIR 系统的直接 I 型流程图

滤波器的方框图和流程图,这里假设 $M=N$,是 IIR 数字滤波器的直接 I 型结构。

图 4.3 或图 4.4 所示的网络可看作由两个网络级联组成。第一个网络对应于式(4.1)右边的第二个和式,或式(4.2)的系统函数的分子;第二个网络对应于式(4.1)右边的第一个和式,或式(4.2)的系统函数的分母。这意味着,第一个网络实现的是系统函数的各零点,第二个网络实现的则是系统函数的各极点。从图中可看出,直接 I 型结构需要 $2N$ 个延迟器和 $2N$ 个乘法器。

2. 直接 II 型

直接 I 型结构的系统函数可看作两个独立的系统函数的乘积,即

$$H(z) = H_1(z)H_2(z) = \frac{\sum_{k=0}^{N} b_k z^{-k}}{1 - \sum_{k=1}^{N} a_k z^{-k}}$$

式中

$$H_1(z) = \sum_{k=0}^{N} b_k z^{-k}, \quad H_2(z) = \frac{1}{1 - \sum_{k=1}^{N} a_k z^{-k}}$$

$H_1(z)$对应的差分方程为

$$p(n) = \sum_{k=0}^{N} b_k x(n-k)$$

$H_2(z)$对应的差分方程为

$$y(n) = \sum_{k=1}^{N} a_k y(n-k) + p(n)$$

假设所讨论的 IIR 数字滤波器是线性非移变系统的,那么交换 $H_1(z)$ 和 $H_2(z)$ 的次序不会影响系统的传输效果,即

$$H(z) = H_1(z)H_2(z) = H_2(z)H_1(z)$$

这样,可以将图 4.4 所示的直接 I 型结构画成如图 4.5 所示的形式。

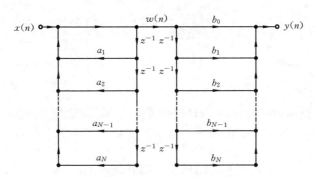

图 4.5　调换图 4.4 两个级联网络位置后的流程图

图 4.5 中所示的两条延迟链都起着对中间变量 $w(n)$ 进行延迟的作用,因此可以进行合并,于是得到图 4.6 所示的直接 II 型结构。比较图 4.4 和图 4.6 可看出,直接 II 型结构和直接 I 型结构的不同之处是,直接 II 型结构首先实现系统的各极点,然后

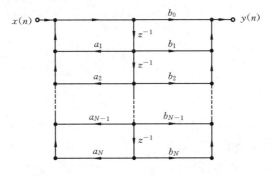

图 4.6　IIR 系统的直接 II 型流程图

实现系统的各零点；对于一个 N 阶数字滤波器，直接 II 型结构仅需要 N 个延迟单元。因此，用硬件实现数字滤波器时，直接 II 型结构比直接 I 型结构少用寄存器；用软件实现时，则直接 II 型结构少占用存储单元。

3. 级联型

如果将 N 阶 IIR 系统函数分解成二阶因式连乘积，则可得到级联结构，即

$$H(z) = H_1(z)H_2(z)\cdots H_M(z)$$

这样，整个系统将由 M 个二阶系统级联构成，如图 4.7 所示。

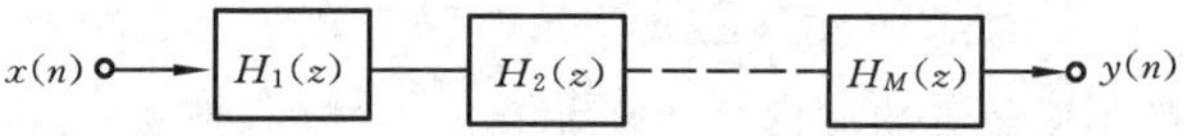

$$x(n) \longrightarrow \boxed{H_1(z)} \longrightarrow \boxed{H_2(z)} - - - - \boxed{H_M(z)} \longrightarrow y(n)$$

图 4.7　将 N 阶系统函数分解成 M 个二阶系统级联

具体地，将式(4.2)的分子多项式和分母多项式都进行因式分解，得到

$$H(z) = \frac{\displaystyle\sum_{k=0}^{M} b_k z^{-k}}{1 - \displaystyle\sum_{k=1}^{N} a_k z^{-k}} = A \cdot \frac{\displaystyle\prod_{k=1}^{M_1}(1 - g_k z^{-1})}{\displaystyle\prod_{k=1}^{N_1}(1 - c_k z^{-1})} \times \frac{\displaystyle\prod_{k=1}^{M_2}(1 - h_k z^{-1})(1 - h_k^* z^{-1})}{\displaystyle\prod_{k=1}^{N_2}(1 - d_k z^{-1})(1 - d_k^* z^{-1})}$$

$$(4.3)$$

由于 $H(z)$ 的系数都为实数，所以 $H(z)$ 的零点和极点或者是实数或者是共轭复数。若将式(4.3)中每对共轭复数因子合并起来构成一个实系数因子，则式(4.3)可写成

$$H(z) = A \cdot \frac{\displaystyle\prod_{k=1}^{M_1}(1 - g_k z^{-1})\prod_{k=1}^{M_2}(1 + \beta_{1k} z^{-1} + \beta_{2k} z^{-2})}{\displaystyle\prod_{k=1}^{N_1}(1 - c_k z^{-1})\prod_{k=1}^{N_2}(1 - \alpha_{1k} z^{-1} - \alpha_{2k} z^{-2})}$$

如果把实数因子看作二阶实数因子的特例，即看作二次项系数 β_{2k} 和 α_{2k} 等于零的二阶因子，那么 $H(z)$ 可被看成是全部由实系数二阶因子连乘来构成的，即

$$H(z) = A \cdot \prod_{k=1}^{M} \frac{1 + \beta_{1k} z^{-1} + \beta_{2k} z^{-2}}{1 - \alpha_{1k} z^{-1} - \alpha_{2k} z^{-2}} = A \cdot \prod_{k=1}^{M} H_k(z) \qquad (4.4)$$

式中，

$$H_k(z) = \frac{1 + \beta_{1k} z^{-1} + \beta_{2k} z^{-2}}{1 - \alpha_{1k} z^{-1} - \alpha_{2k} z^{-2}}$$

称为滤波器的二阶基本节。

如果每个二阶基本节都采用直接 II 型结构来实现，那么整个滤波器的级联结构如图 4.8 所示。这种结构的主要优点是，二阶基本节搭配灵活，可以按实际需要调换二阶基本节的次序，还可以直接控制系统的零点和极点。因为每个二阶基本节有一对零点和一对极点，所以通过调整系数 β_{1k} 和 β_{2k}，就可以独立调整第 k 个二阶基本节

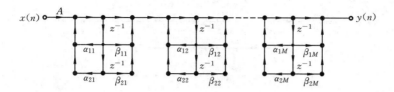

图 4.8　每个二阶基本节都用直接 Ⅱ 型结构的级联形式

的零点而不影响其它零点；调整系数 α_{1k} 和 α_{2k} 就能独立调整第 k 个二阶基本节的极点。这种级联结构是一种常用的结构。一个直接型 IIR 结构转换成以直接 Ⅱ 型二阶基本节构成的级联型可利用 Matlab 来实现，这个问题将在 4.4.4 小节中说明。

4. 并联型

如果将系统函数 $H(z)$ 化成部分分式之和，则可得到 IIR 数字滤波器的并联结构。

$$
\begin{aligned}
H(z) &= \frac{\displaystyle\sum_{k=0}^{M} b_k z^{-k}}{1 - \displaystyle\sum_{k=1}^{N} a_k z^{-k}} \\
&= c_0 + \sum_{k=1}^{P} \frac{A_k}{1 - c_k z^{-1}} + \sum_{k=1}^{Q} \frac{B_k(1 - e_k z^{-1})}{(1 - d_k z^{-1})(1 - d_k^* z^{-1})} \\
&= c_0 + \sum_{k=1}^{P} \frac{A_k}{1 - c_k z^{-1}} + \sum_{k=1}^{Q} \frac{\gamma_{0k} + \gamma_{1k} z^{-1}}{1 - \alpha_{1k} z^{-1} - \alpha_{2k} z^{-2}}
\end{aligned}
\tag{4.5}
$$

式(4.5)表明，滤波器可由 P 个一阶网络、Q 个二阶网络和一个常数支路并联构成，其结构如图 4.9 所示。

在这里，顺便介绍一下网络转置定理：如果将原网络中所有支路的方向加以反转，并将输入 $x(n)$ 和输出 $y(n)$ 相互交换，则网络的系统函数 $H(z)$ 不会改变。利用转置定理，可以将以上讨论的各种结构进行转置处理，从而得到各种新的网络结构。例如，将图 4.6 所示的直接 Ⅱ 型结构转置后得到如图 4.10 所示的结构，画成输入在左、输出在右的习惯形式，便成为图 4.11 所示的结构。

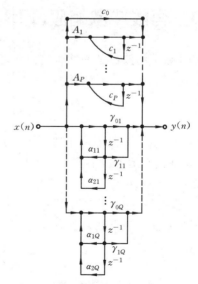

图 4.9　IIR 系统的并联结构

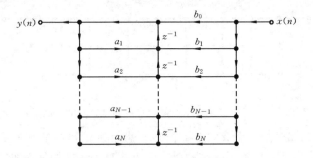

图 4.10　图 4.6 转置后的形式

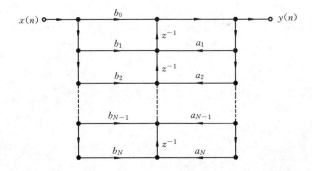

图 4.11　将图 4.10 画成输入在左、输出在右的习惯形式

4.3　有限冲激响应(FIR)数字滤波器的基本网络结构

FIR 数字滤波器是一种非递归系统,其冲激响应 $h(n)$ 是有限长序列,其系统函数的一般形式为

$$H(z) = \sum_{k=0}^{N-1} h(k) z^{-k} \qquad (4.6)$$

在式(4.6)中,$h(n)$ 是因果序列,$H(z)$ 是 z^{-1} 的 $N-1$ 次多项式,仅在 $z=0$ 处有 $N-1$ 阶极点,在其它地方没有极点,有 $N-1$ 个零点处在有限 z 平面内的任何位置上。FIR 系统的基本结构有以下几种。

1. 直接型

FIR 数字滤波器的差分方程为

$$y(n) = \sum_{k=0}^{N-1} h(k) x(n-k) \qquad (4.7)$$

由式(4.7)可画出 FIR 数字滤波器的方框图和流程图,分别如图 4.12 和图 4.13 所示。因为式(4.7)所表示的是输出信号 $y(n)$ 与输入信号 $x(n)$ 之间的线性卷积关系

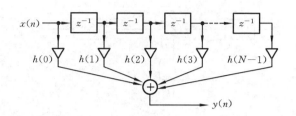

图 4.12　FIR 系统直接实现的方框图

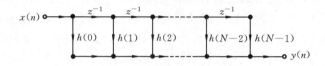

图 4.13　FIR 系统直接实现的流程图

所以直接型结构也称为卷积型结构,有时还称为横向滤波器结构。

2. 级联型

若将 $H(z)$ 分解成二阶因子的乘积,则得到 FIR 系统的级联结构:

$$H(z) = \sum_{k=0}^{N-1} h(k) z^{-k} = \prod_{k=1}^{M} (\beta_{0k} + \beta_{1k} z^{-1} + \beta_{2k} z^{-2}) \qquad (4.8)$$

对应于式(4.8)的流程图如图 4.14 所示。图中每一基本节控制一对零点。在需要控制系统传输零点的场合可使用这种结构。级联型所用的系数乘法次数较直接型的多,运算时间较直接型的长。

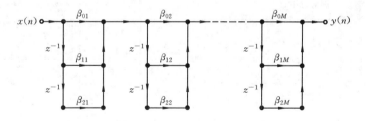

图 4.14　FIR 系统的级联结构

3. 快速卷积型

如第 3 章所述,两个长度为 N 的序列的线性卷积,可以用 $2N-1$ 点的循环卷积来代替。式(4.7)表示 FIR 滤波器的输出 $y(n)$ 是输入 $x(n)$ 和冲激响应 $h(n)$ 的线性卷积。因此,可以通过增添零取样值的方法将序列 $x(n)$ 和 $h(n)$ 延长,然后计算它们的循环卷积,从而得到 FIR 系统的输出 $y(n)$。循环卷积的计算可以使用 FFT,于是得到图 4.15 所示的快速卷积结构。图中输出 $y(n)$ 为

$$y(n) = \text{IFFT}[X(k) \cdot H(k)]$$

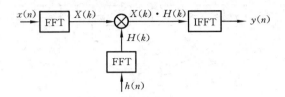

图 4.15　FIR 系统的快速卷积结构

4. 线性相位 FIR 数字滤波器的网络结构

在许多实际应用中,希望数字滤波器具有线性相位,FIR 数字滤波器最吸引人的特点之一就是能将其设计成具有线性相位。具有线性相位的因果 FIR 数字滤波器的冲激响应具有偶对称或奇对称(反对称)的特性,即

$$h(n) = h(N-1-n) \quad (偶对称) \tag{4.9}$$

或

$$h(n) = -h(N-1-n) \quad (奇对称) \tag{4.10}$$

图 4.16 和图 4.17 分别表示的是线性相位 FIR 系统的偶对称和奇对称的典型冲激响

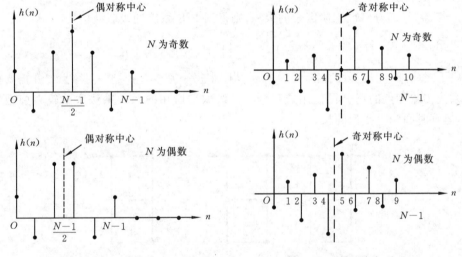

图 4.16　偶对称序列 $h(n)$　　　　　图 4.17　奇对称序列 $h(n)$

应 $h(n)$。现在来分析具有式(4.9)和式(4.10)这样冲激响应的 FIR 系统的频率响应的幅度和相位特点。首先来分析偶对称的情况,将 FIR 系统的系统函数重写为

$$H(z) = \sum_{n=0}^{N-1} h(n)z^{-n} = \sum_{n=0}^{N/2-1} h(n)z^{-n} + \sum_{n=N/2}^{N-1} h(n)z^{-n}$$

$$= \sum_{n=0}^{N/2-1} h(n)z^{-n} + \sum_{n=0}^{N/2-1} h(N-n-1)z^{-(N-1-n)} \tag{4.11}$$

下面分 4 种情况进行讨论。

(1) $h(n)$ 偶对称,N 为奇数

利用式(4.9)得

$$H(z) = \sum_{n=0}^{(N-1)/2-1} h(n) \left[z^{-n} + z^{-(N-1-n)} \right] + h\left(\frac{N-1}{2}\right) z^{-(N-1)/2} \qquad (4.12)$$

将 $z = \mathrm{e}^{\mathrm{j}\omega}$ 代入上式,得到频率响应

$$H(\mathrm{e}^{\mathrm{j}\omega}) = \mathrm{e}^{-\mathrm{j}\omega(N-1)/2} \left\{ h\left(\frac{N-1}{2}\right) + \sum_{n=0}^{(N-3)/2} 2h(n)\cos\left[\omega\left(\frac{N-1}{2}-n\right)\right] \right\} \qquad (4.13)$$

令 $m=(N-1)/2-n$,式(4.13)变成

$$H(\mathrm{e}^{\mathrm{j}\omega}) = \mathrm{e}^{-\mathrm{j}\omega(N-1)/2} \left\{ h\left(\frac{N-1}{2}\right) + \sum_{m=1}^{(N-1)/2} 2h\left(\frac{N-1}{2}-m\right)\cos(\omega m) \right\} \qquad (4.14)$$

再令 $a(0)=h\left(\dfrac{N-1}{2}\right)$,$a(n)=2h\left[\dfrac{N-1}{2}-n\right]$,$n=1,2,\cdots,\dfrac{N-1}{2}$,可以把式(4.14)写成

$$H(\mathrm{e}^{\mathrm{j}\omega}) = \mathrm{e}^{-\mathrm{j}\omega(N-1)/2} \left\{ \sum_{n=0}^{(N-1)/2} a(n)\cos(\omega n) \right\} \qquad (4.15)$$

于是滤波器的幅度响应 $H(\omega)$ 和相位响应 $\varphi(\omega)$ 分别为

$$H(\omega) = \sum_{n=0}^{(N-1)/2} a(n)\cos(\omega n) \qquad (4.16)$$

和

$$\varphi(\omega) = -\omega(N-1)/2 \qquad (4.17)$$

从式(4.16)可看出,$H(\omega)$ 对于 $\omega=0,\pi,2\pi$ 各点是偶对称的。由式(4.17)看出,相位响应是 ω 的线性函数,且系统共有 $(N-1)/2$ 个取样周期,即 $h(n)$ 长度的一半的时延。

(2) $h(n)$ 偶对称,N 为偶数

这时,利用式(4.9)得

$$H(z) = \sum_{n=0}^{N/2-1} h(n) z^{-n} + \sum_{n=0}^{N/2-1} h(n) z^{-(N-1-n)}$$

$$= \sum_{n=0}^{N/2-1} h(n)(z^{-n} + z^{-(N-1-n)}) \qquad (4.18)$$

令 $z = \mathrm{e}^{\mathrm{j}\omega}$,得系统的频率响应为

$$H(\mathrm{e}^{\mathrm{j}\omega}) = \sum_{n=0}^{N/2-1} h(n) \left[\mathrm{e}^{-\mathrm{j}\omega n} + \mathrm{e}^{-\mathrm{j}\omega(N-1-n)} \right]$$

$$= \mathrm{e}^{-\mathrm{j}\omega(N-1)/2} \left\{ \sum_{n=0}^{N/2-1} 2h(n)\cos\left[\omega\left(n-\frac{N-1}{2}\right)\right] \right\} \qquad (4.19)$$

令 $b(n)=2h\left(\dfrac{N}{2}-n\right)$,$n=1,2,\cdots,\dfrac{N}{2}$,则可将式(4.19)写成

$$H(\mathrm{e}^{\mathrm{j}\omega}) = \mathrm{e}^{-\mathrm{j}\omega(N-1)/2} \left\{ \sum_{n=1}^{N/2} b(n)\cos\left[\omega\left(n-\frac{1}{2}\right)\right] \right\} \qquad (4.20)$$

于是系统的幅度响应和相位响应分别为

$$H(\omega) = \sum_{n=1}^{N/2} b(n)\cos\left[\omega\left(n-\frac{1}{2}\right)\right] \qquad (4.21)$$

$$\varphi(\omega) = -\omega(N-1)/2 \tag{4.22}$$

从式(4.21)可以看出,系统的幅度响应 $H(\omega)$ 是一个标量函数,当 $\omega = \pi$ 时,$H(\pi) = 0$,这说明 $H(\omega)$ 在 $\omega = \pi$ 处不依赖于 $b(n)$ 或 $h(n)$。因此,频率响应在 $\omega = \pi$ 处不为零的滤波器(如高通滤波器)不能用这种类型的滤波器来逼近。此外,由于 $\cos\left[\omega\left(n-\frac{1}{2}\right)\right]$ 对 $\omega = \pi$ 呈奇对称,所以 $H(\omega)$ 对 π 也呈奇对称。从式(4.22)可以看出,滤波器的相位特性与 N 为奇时一样是严格线性的,且系统具有 $(N-1)/2$ 个取样周期,即 $h(n)$ 长度的一半的时延。

(3) $h(n)$ 为奇对称,N 为奇数

对于这种情况,$H(e^{j\omega})$ 的推导除了由 $h(n)$ 的反对称性质,把式(4.13)中的余弦总和换成正弦总和乘以 j 外,几乎同第一种情况的推导一样,即把式(4.13)换成

$$H(e^{j\omega}) = e^{-j\omega(N-1)/2} \cdot e^{j\pi/2}\left[\sum_{m=0}^{(N-3)/2} 2h\left(\frac{N-1}{2}-m\right)\sin(\omega m)\right] \tag{4.23}$$

在目前所研究的情况下,$h[(N-1)/2] = 0$,令

$$c(n) = 2h[(N-1)/2-n], \quad n = 1,2,\cdots,(N-1)/2$$

代入式(4.23)得

$$H(e^{j\omega}) = e^{-j\left[\omega(N-1)/2-\frac{\pi}{2}\right]} \cdot \left[\sum_{n=1}^{(N-1)/2} c(n)\sin(\omega n)\right] \tag{4.24}$$

于是系统的幅度响应和相位响应分别为

$$H(\omega) = \sum_{n=1}^{(N-1)/2} c(n)\sin(\omega n) \tag{4.25}$$

$$\varphi(\omega) = -\omega(N-1)/2 + \frac{\pi}{2} \tag{4.26}$$

由式(4.25)可以看出,在 $\omega = 0$ 和 $\omega = \pi$ 处,$H(\omega) = 0$,从而不依赖于 $c(n)$ 或 $h(n)$。从式(4.26)可以看出,系统的相位响应 $\varphi(\omega)$ 除了位移 $\frac{\pi}{2}$ 外,与以上两种情况一样,是严格线性的。

(4) $h(n)$ 为奇对称,N 为偶数

对于这种情况,$H(e^{j\omega})$ 除了把式(4.19)总和中余弦项换成正弦项外,同第二种情况所得的结果是一样的。因此把式(4.19)换成

$$H(e^{j\omega}) = e^{-j\omega(N-1)/2} \cdot e^{j\pi/2}\left\{\sum_{n=0}^{(N/2)-1} 2h(n)\sin\left[\omega\left(\frac{n}{2}-\frac{N-1}{2}\right)\right]\right\} \tag{4.27}$$

令

$$d(n) = 2h\left(\frac{N}{2}-n\right), \quad n = 1,2,\cdots,\frac{N}{2}$$

式(4.27)变成

$$H(e^{j\omega}) = e^{-j\omega(N-1)/2} \cdot e^{j\pi/2}\left\{\sum_{n=1}^{N/2} d(n)\sin\left[\omega\left(n-\frac{1}{2}\right)\right]\right\} \tag{4.28}$$

于是系统的幅度响应和相位响应分别为

$$H(\omega) = \sum_{n=1}^{N/2} d(n)\sin\left[\omega\left(n - \frac{1}{2}\right)\right] \tag{4.29}$$

$$\varphi(\omega) = -\omega(N-1)/2 + \frac{\pi}{2} \tag{4.30}$$

对于第四种情况,在 $\omega = 0$ 处, $H(\omega) = 0$,所以这种滤波器最适合用来逼近诸如微分器、希尔伯特变换器。从式(4.30)看出,相位 $\varphi(\omega)$ 是严格线性的。

图 4.18 是本节所得的 4 种情况的幅度响应的图形。图中示出了典型的冲激响应 $h(n)$ 产生的延迟序列(根据各种情况分别为 $a(n)$ 到 $d(n)$)的幅度响应。这 4 种情

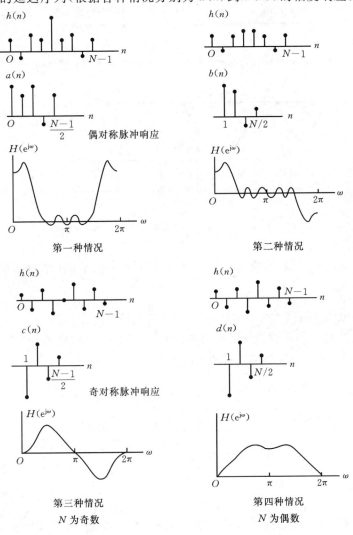

图 4.18　四种线性相位 FIR 滤波器的性能概括

况的幅度响应,可以用 Matlab 中的函数 Hr_type1～Hr_type4 来计算,可参考文献12。

根据式(4.18)和式(4.12)分别画出 N 为偶数和奇数时,线性相位 FIR 滤波器的结构流程图,如图 4.19 和图 4.20 所示。

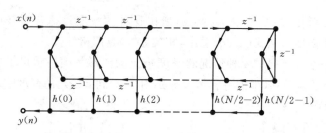

图 4.19　具有线性相位的偶数 N 的 FIR 系统直接结构

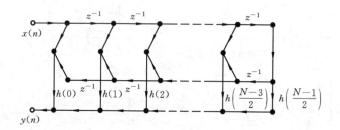

图 4.20　具有线性相位的奇数 N 的 FIR 系统直接结构

从图中可以看出,线性相位 N 阶 FIR 滤波器只需要 $\dfrac{N}{2}$ 次(N 为偶数)或 $\dfrac{N+1}{2}$ 次(N 为奇数)乘法。

下面来说明具有线性相位 FIR 数字滤波器的零点分布特点。

由于线性相位 FIR 滤波器的冲激响应 $h(n)$ 必须满足对称条件 $h(n)=h(N-1-n)$,因此它的零点位置受到严格的限制。根据对称条件,有

$$H(z) = \sum_{n=0}^{N-1} h(n) z^{-n} = \sum_{n=0}^{N-1} h(N-1-n) z^{-n}$$

令 $m=N-1-n$,得到

$$H(z) = \sum_{n=0}^{N-1} h(n) z^{-n} = \sum_{m=0}^{N-1} h(m) z^{-(N-1-m)}$$

$$= z^{-(N-1)} \sum_{m=0}^{N-1} h(m) z^{m} = z^{-(N-1)} H(z^{-1}) \tag{4.31}$$

式(4.31)表明,$H(z)$ 和 $H(z^{-1})$ 除相差 $N-1$ 个样本间隔外,没有什么不同。因此,如果 z_k 是 $H(z)$ 的零点,那么 z_k^{-1} 也是 $H(z)$ 的零点。这就是说,线性相位 FIR 滤波

器的零点必互为倒数出现,在 $h(n)$ 为实数情况下,$H(z)$ 的零点必然互为共轭出现。因此,线性相位 FIR 滤波器的零点必须是互为倒数的共轭对。具体来说,有图 4.21 所示的几种情况:

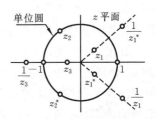

① 若 $H(z)$ 的零点 z_k 既不在实轴上,又不在单位圆上,则 z_k 必是 4 个互为倒数的两组共轭对,如 z_1、$\dfrac{1}{z_1}$、z_1^* 和 $\dfrac{1}{z_1^*}$ 所示。

图 4.21 线性相位 FIR 系统的零点分布特点

② 如果零点 z_k 在单位圆上,则零点以共轭对出现,如 z_2 和 z_2^* 所示。

③ 如果零点 z_k 在实轴上,则零点互为倒数出现,如 z_3 和 $\dfrac{1}{z_3}$ 所示。

④ 若零点 z_k 既在单位圆上,又在实轴上,则零点为 1 和 -1。

冲激响应为偶对称的线性相位 FIR 滤波器,它的系统函数多项式的系数是镜像对称的。例如,四阶系统的系统函数的形式是

$$a + bz^{-1} + cz^{-2} + bz^{-3} + az^{-4}$$

而五阶系统的系统函数的形式是

$$a + bz^{-1} + cz^{-2} + cz^{-3} + bz^{-4} + az^{-5}$$

4.4 IIR 数字滤波器的设计方法

实际中的数字滤波器都是用有限精度算法实现的线性非移变离散系统,一般的设计步骤包括:

① 根据实际需要确定滤波器的技术指标,例如,滤波器频率响应的幅度特性和截止频率等。

② 用一个稳定的因果系统逼近这些指标,具体来说,就是由这些指标计算系统函数 $H(z)$。

③ 用有限精度的运算实现 $H(z)$,包括选择运算结构、进行误差分析和选择存储单元的字长。

第一步与实际应用有关。第三步关于滤波器的结构问题已在上节讨论了,而有关滤波器的误差分析和存储器字长的选择等问题将在第 6 章中研究。本节和下一节主要讨论第二步涉及的问题。

首先简要介绍滤波器的容差配合问题。一个滤波器的技术指标,除了通带和阻带外,过渡带是必不可少的。低通滤波器的容限图如图 4.22 所示。图中的曲线表示满足预定技术指标的频率响应,通带内的幅度必须以误差 $\pm\delta_1$ 逼近于 1,即

$$1-\delta_1\leqslant|H(\mathrm{e}^{\mathrm{j}\omega})|\leqslant1+\delta_1,\quad|\omega|\leqslant\omega_\mathrm{p}$$

阻带内幅度以误差 δ_2 逼近于零,即

$$|H(\mathrm{e}^{\mathrm{j}\omega})|\leqslant\delta_2,\quad\omega_\mathrm{s}\leqslant|\omega|\leqslant\pi$$

ω_p 和 ω_s 分别称为通带截止频率和阻带截
止频率。为了能按照这种误差要求逼近理
想低通滤波器,必须有一个宽度不为零的
过渡带。过渡带内幅度响应从通带平滑地
下降到阻带。

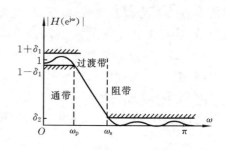

图 4.22　逼近理想低通滤波器的容限图

　　按图 4.22 的规定给出滤波器的一组
技术指标之后,下一步就是寻找一个频率响应符合允许指标的离散时间线性系统。
这样,滤波器的设计问题便归结为数学逼近问题。显然,对于 IIR 系统,可以应用有
理函数去逼近所希望的频率响应;对于 FIR 系统,则可用多项式逼近所希望的频率
响应。

　　设计 IIR 数字滤波器的方法主要有两种。一种是利用模拟滤波器的理论来设
计,另一种是计算机辅助设计,也就是使用最优技术进行设计。本书只介绍第一种设
计方法,第二种设计方法读者可参考文献 1 和 2。利用模拟滤波器的设计理论来设
计 IIR 数字滤波器,就是首先根据实际要求设计一个模拟滤波器,然后再将这个模拟
滤波器转换成数字滤波器。由于模拟网络综合理论已经发展得很成熟,故许多常用
的模拟滤波器不仅有了简单而严格的设计公式,而且设计参数已经表格化,所以设计
起来很方便。这种设计方法又可分为冲激响应不变法、阶跃响应不变法和双线性变
换法等 3 种。

4.4.1　冲激响应不变法

　　冲激响应不变法遵循的准则是:使数字滤波器的单位取样响应与所参照的模拟
滤波器的冲激响应的取样值完全一样,即

$$h(n)=h_\mathrm{a}(nT)\tag{4.32}$$

式中,T 为取样周期。实际上,由模拟滤波器转换成数字滤波器,就是要建立模拟系
统函数 $H_\mathrm{a}(s)$ 与数字系统函数 $H(z)$ 之间的关系。在第 2 章已经讨论了 z 变换与拉
氏变换之间的关系,即

$$H(z)\Big|_{z=\mathrm{e}^{sT}}=\frac{1}{T}\sum_{r=-\infty}^{\infty}H_\mathrm{a}\left(s-\mathrm{j}\frac{2\pi}{T}r\right)\tag{4.33}$$

冲激响应不变法是要从 s 平
面映射到 z 平
面,如图 4.23 所示。这种映射不是简单的
代数映射,而是 s 平面上每一条宽为 $2\pi/T$

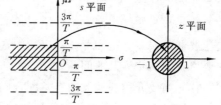

图 4.23　s 平面到 z 平面的映射

的横带重复地映射成整个 z 平面。具体来说,是反映 $H_a(s)$ 的周期延拓与 $H(z)$ 的关系,而不是 $H_a(s)$ 本身与 $H(z)$ 的关系。这正是用冲激响应不变法设计的数字滤波器的频率响应产生混叠失真的根本原因,关于这一点下面将详加说明。

现在来讨论用冲激响应不变法得到的数字滤波器与所参照的模拟滤波器的频率响应之间的关系。令 $z=e^{j\omega}$ 和 $s=j\Omega$,并代入式(4.33),得

$$H(e^{j\omega})\Big|_{\omega=T\Omega} = \frac{1}{T}\sum_{r=-\infty}^{\infty} H_a\left(j\frac{\omega}{T} - j\frac{2\pi}{T}r\right) \tag{4.34}$$

上式表明,数字滤波器的频率响应是模拟滤波器频率响应的周期延拓。如果模拟滤波器频率响应的带宽被限制在折叠频率以内,即

$$H_a(j\Omega) = 0, \quad |\Omega| \geqslant \pi/T$$

那么,数字滤波器的频率响应能够重现模拟滤波器的频率响应,即

$$H(e^{j\omega}) = \frac{1}{T}H_a\left(j\frac{\omega}{T}\right), \quad |\omega| < \pi$$

然而,任何实际的模拟滤波器都不是带限的,因此,数字滤波器的频谱必然产生混叠,如图 4.24 所示。这样,数字滤波器的频率响应就与原模拟滤波器不同,即产生了失真。但是,如果模拟滤波器在折叠频率以上的频率响应衰减很大,那么这种失真很小,采用冲激不变法设计数字滤波器就能得到良好的结果,这时有

$$H(e^{j\omega}) \approx \frac{1}{T}H_a\left(j\frac{\omega}{T}\right), \quad |\omega| < \pi$$

$$(4.35)$$

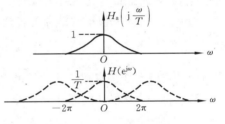

图 4.24　冲激响应不变法设计中
频率响应混叠效应图解

上面讨论用冲激响应不变法设计 IIR 数字滤波器时,涉及参数 T。但是,如果用数字域频率 ω 来规定数字滤波器的指标,那么在冲激响应不变法设计中 T 是一个无关紧要的参数,因此,为了方便常取 T 等于 1。冲激响应不变法最适合于可以用部分分式表示的传递函数。

用冲激响应不变法设计 IIR 数字滤波器的步骤如下。

① 假设模拟滤波器的传递函数 $H_a(s)$ 具有一阶极点,且分母的阶数高于分子的阶数。将 $H_a(s)$ 展开成部分分式

$$H_a(s) = \sum_{k=1}^{N} \frac{A_k}{s - s_k} \tag{4.36}$$

式中,s_k 为极点。对 $H_a(s)$ 求反拉氏变换得

$$h_a(t) = \sum_{k=1}^{N} A_k e^{s_k t} u(t) \tag{4.37}$$

② 使用冲激响应不变法求数字滤波器的冲激响应 $h(n)$,即令 $t=nT$,并代入式

(3.37)得

$$h(n) = h_a(nT) = \sum_{k=1}^{N} A_k e^{s_k nT} \cdot u(nT) \tag{4.38}$$

③ 求 $h(n)$ 的 z 变换,得

$$H(z) = \mathscr{Z}[h(n)] = \sum_{n=0}^{\infty} \left[\sum_{k=1}^{N} A_k e^{s_k nT} \right] z^{-n} = \sum_{k=1}^{N} \frac{A_k}{1 - e^{s_k T} z^{-1}} \tag{4.39}$$

比较式(4.39)和式(4.36)可以看出,经冲激响应不变法变换之后,s 平面的极点 s_k 变换成 z 平面的极点 $e^{s_k T}$,而 $H(z)$ 和 $H_a(s)$ 的系数相等,都为 A_k。如果模拟滤波器是稳定的,那么由冲激响应不变法设计得到的数字滤波器也是稳定的。这是因为,如果极点 $s_k(s_k = \sigma_k + j\Omega)$ 都在 s 平面的左半平面,即 $\sigma_k < 0$,那么 $|e^{s_k T}| = |e^{(\sigma_k + j\Omega)T}| = |e^{\sigma_k T}|$ <1,即变换后得到的 $H(z)$ 的极点 $e^{s_k T}$ 都在单位圆内。

当取样率很高,即 T 很小时,数字滤波器有很高的增益。但是人们常常不希望增益太高。为此,在高取样率时一般不采用式(4.39)而采用下式

$$H(z) = \sum_{k=1}^{N} \frac{TA_k}{1 - e^{s_k T} z^{-1}} \tag{4.40}$$

这样,数字滤波器的增益不随 T 变化。

例 4.1 已知一模拟滤波器的传递函数为

$$H_a(s) = \frac{2}{s^2 + 4s + 3}$$

使用冲激响应不变法求数字滤波器的系统函数。

解 将 $H_a(s)$ 展开成部分分式得

$$H_a(s) = \frac{2}{s^2 + 4s + 3} = \frac{1}{s+1} - \frac{1}{s+3}$$

于是极点 $s_1 = -1, s_2 = -3$。直接使用式(4.40)得

$$H(z) = \frac{T}{1 - e^{-T} z^{-1}} - \frac{T}{1 - e^{-3T} z^{-1}}$$

设 $T = 0.1667$ s,则得

$$H(z) = \frac{0.0400 z^{-1}}{1 - 0.2399 z^{-1} + 0.5133 z^{-2}}$$

因此,数字滤波器的频率响应为

$$H(e^{j\omega}) = \frac{0.0400 e^{-j\omega}}{1 - 0.2399 e^{-j\omega} + 0.5133 e^{-j2\omega}}$$

图 4.25(a)所示的是模拟滤波器的频率响应

$$H_a(j\Omega) = \frac{2}{(3 - \Omega^2) + j4\Omega}$$

的幅度响应。图 4.25(b)所示的是相应的数字滤波器的幅度响应。可以看出,数字滤波器的幅度响应在高频段有较大的失真,而在低频段很接近模拟滤波器的幅度响应。

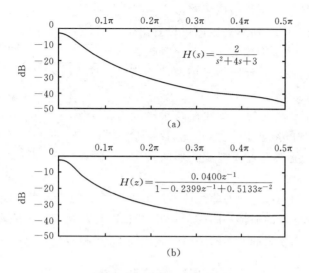

图 4.25　模拟滤波器和数字滤波器的幅度响应

在冲激响应不变法中,由于映射 $z=\mathrm{e}^{sT}$ 不是简单的代数映射,从而使设计的数字滤波器的频率响应产生失真。但是由于模拟频率和数字域频率之间有线性关系,即 $\omega=T\Omega$,因此频率之间不存在失真。需要指出,冲激响应不变法仅适合于基本上是限带的低通滤波器,对于高通或带阻滤波器应该附加限带要求,以避免严重的混叠失真。

4.4.2　双线性变换法

双线性变换也是一种由 s 平面到 z 平面的映射过程,定义为

$$s = \frac{2}{T} \cdot \frac{1-z^{-1}}{1+z^{-1}} \tag{4.41}$$

因此

$$H(z) = H_a(s)\bigg|_{s=\frac{2}{T} \cdot \frac{1-z^{-1}}{1+z^{-1}}} = H_a\left(\frac{2}{T} \cdot \frac{1-z^{-1}}{1+z^{-1}}\right) \tag{4.42}$$

式中,T 是取样周期,常数因子 $\dfrac{2}{T}$ 不是主要参数,因此常取 $T=1$。双线性变换法与冲激响应不变法不同,它是一种从 s 平面到 z 平面的简单映射。

将 $s=\mathrm{j}\Omega$ 和 $z=\mathrm{e}^{\mathrm{j}\omega}$ 代入式(4.41)得

$$\mathrm{j}\Omega = \frac{2}{T} \cdot \frac{1-\mathrm{e}^{-\mathrm{j}\omega}}{1+\mathrm{e}^{-\mathrm{j}\omega}} = \frac{2}{T}\mathrm{j}\tan\frac{\omega}{2}$$

或

$$\omega = 2\arctan\frac{T\Omega}{2} \tag{4.43}$$

由此看出,数字域频率 ω 与模拟频率 Ω 之间呈非线性关系,如图 4.26 所示。由图可以看出,当 Ω 从 0 变到 ∞ 时,ω 从 0 变到 π。这意味着模拟滤波器的全部频率特性,被压缩成数字滤波器在 $0 < \omega < \pi$ 频率范围内的特性。

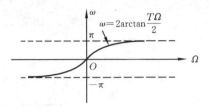

这种频率标度之间的非线性在高频段较为严重,而在低频段接近于线性,因此,数字滤波器的频率特性能够逼近模拟滤波器的频率特性。

图 4.26　双线性变换的模拟频率与
数字域频率之间的关系

双线性变换的频率标度的非线性失真可以用图 4.27 所示的预畸变方法来补偿。设所求的数字滤波器的通带和阻带的截止频率分别为 ω_p 和 ω_s,按式(4.44)进行频率变换求出对应的模拟滤波器的预畸变截止频率 Ω_p 和 Ω_s:

$$\begin{cases} \Omega_p = \dfrac{2}{T}\tan\dfrac{\omega_p}{2} \\[3mm] \Omega_s = \dfrac{2}{T}\tan\dfrac{\omega_s}{2} \end{cases} \tag{4.44}$$

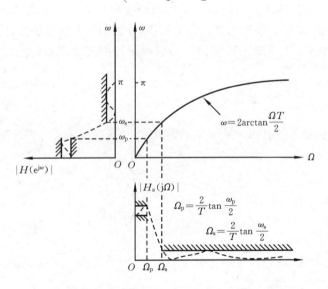

图 4.27　双线性变换频率非线性畸变的补偿方法

若模拟滤波器按这两个预畸变了的频率 Ω_p 和 Ω_s 来设计,那么用双线性变换所得到的数字滤波器便具有所希望的截止频率特性。

由式(4.41)可以得到

$$z = \frac{1 + sT/2}{1 - sT/2} \tag{4.45}$$

将 $s=\sigma+\mathrm{j}\Omega$ 代入上式得

$$|z|=\sqrt{\dfrac{\left(1+\dfrac{\sigma T}{2}\right)^2+\left(\dfrac{\Omega T}{2}\right)^2}{\left(1-\dfrac{\sigma T}{2}\right)^2+\left(\dfrac{\Omega T}{2}\right)^2}} \qquad (4.46)$$

从式(4.46)可以看出,当 $\sigma=0$ 时, $|z|=1$;当 $\sigma<0$ 时, $|z|<1$;当 $\sigma>0$ 时, $|z|>1$ 。这说明 s 平面的 $\mathrm{j}\Omega$ 轴映射成 z 平面的单位圆周,左半平面映射成单位圆内部,右半平面映射成单位圆外部,如图 4.28 所示。这种映射是简单的代数映射,因此变换后的数字滤波器的幅度响应没有混叠失真。因此,如果模拟滤波器是稳定的,即 $H_\mathrm{a}(s)$ 的所有极点都在 s 平面的左半平面内,那么经双线性变换映射后的极点都在 z 平面的单位圆内,因此对应的数字滤波器也是稳定的。

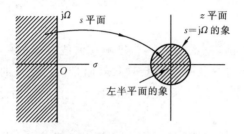

图 4.28　利用双线性变换将 s 平面映射成 z 平面

双线性变换中数字域频率 ω 和模拟频率 Ω 之间的非线性关系限制了它的应用范围,只有当非线性失真是允许的或能被补偿时,才能采用双线性变换。通常,低通、高通、带通和带阻等滤波器具有分段恒定的频率特性,可以采用预畸变的方法来补偿频率畸变,因此,可以采用双线性变换设计方法。但对于频率响应起伏较大的系统,如模拟微分器,就不能使用双线性变换使之数字化。此外,若希望得到具有严格线性相位的数字滤波器,也不能使用双线性变换设计方法。

冲激响应不变法和双线性变换法都要求先设计出模拟滤波器。下面就来讨论几种逼近模拟低通滤波器的方法。

4.4.3　数字巴特沃斯滤波器

要设计一个数字巴特沃斯滤波器,必须先设计一个模拟巴特沃斯滤波器,然后再通过冲激不变法或双线性变换法转成数字滤波器。因此,我们先介绍巴特沃斯模拟低通滤波器的设计方法。

巴特沃斯(Butterworth)低通滤波器的幅度响应在通带内具有最平坦的特性,且在通带和阻带内幅度特性是单调变化的。模拟巴特沃斯滤波器的幅度平方(模平方)函数为

$$|H_a(j\Omega)|^2 = \frac{1}{1 + (\Omega/\Omega_c)^{2N}} \tag{4.47}$$

如图 4.29 所示。其中 Ω 为角频率,在 Ω_c 处幅度响应的平方为 $\frac{1}{2}$,这意味着在 Ω_c 处有 3dB 衰减,N 为滤波器的阶数。当 $\Omega=0$ 时,幅度响应为 1,即 $|H_a(j0)|^2=1$。

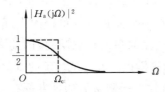

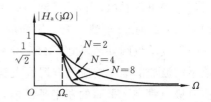

图 4.29　模拟巴特沃斯滤波器
平方幅度特性

图 4.30　巴特沃斯滤波器幅度
特性与 N 的关系

从式(4.47)看出,随着 N 的增大,幅度响应曲线在截止频率附近变得越来越陡峭,即在通带内有更大部分的幅度接近于 1,在阻带内以更快的速度下降至 0。巴特沃斯滤波器特性与参数 N 的关系如图 4.30 所示。巴特沃斯滤波器存在极点,而零点在 $\Omega=\infty$ 处。

现在来分析巴特沃斯滤波器极点的分布特点。如果用 s 代替 $j\Omega$,即经解析延拓,则式(4.47)可写为

$$H_a(s) \cdot H_a(-s) = \frac{1}{1 + \left(\dfrac{s}{j\Omega_c}\right)^{2N}} \tag{4.48}$$

由此得到极点

$$s_k = \Omega_c e^{j\left(\frac{\pi}{2N} + \frac{k\pi}{N} + \frac{\pi}{2}\right)}, \quad k = 0,1,2,\cdots,2N-1 \tag{4.49}$$

从上式可看出巴特沃斯滤波器极点分布的特点:在 s 平面上共有 $2N$ 个极点等角距地分布在半径为 Ω_c 的圆周上,这些极点对称于虚轴,而虚轴上无极点;N 为奇数时,实轴上有两个极点;N 为偶数时,实轴上无极点;各极点间的角度距为 $\frac{\pi}{N}$。图 4.31 所示的是 $N=3$ 时各极点的分布情况。

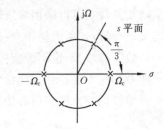

图 4.31　三阶巴特沃斯滤波器在
s 平面上的极点位置

知道巴特沃斯滤波器的极点分布后,便可以由 s 平面左半平面的极点构成传递函数 $H_a(s)$。将式(4.48)写成以下形式:

$$H_a(s) \ H_a(-s) = \cfrac{A}{\displaystyle\prod_{k=1}^{N}(s-s_k)} \cdot \cfrac{B}{\displaystyle\prod_{r=1}^{N}(s-s_r)}$$

式中,s_k 是 s 平面左半平面的极点,s_r 是 s 平面右半平面的极点,A 和 B 都为常数。因巴特沃斯滤波器有 $2N$ 个极点,且对称于虚轴,所以可将左半平面的极点分配给 $H_a(s)$,以便得到一个稳定的系统。把右半平面的极点分配给 $H_a(-s)$,$H_a(-s)$ 不是所需要的,可以不管它。于是有

$$H_a(s) = \cfrac{A}{\displaystyle\prod_{k=1}^{N}(s-s_k)} = \cfrac{A}{\displaystyle\prod_{k=1}^{N/2}(s-s_k)(s-s_k^*)} \qquad (4.50)$$

式中,s_k^* 是 s_k 的共轭极点,N 为偶数,A 由滤波器在 $\Omega = 0$ 处的单位响应来确定,即令

$$H_a(0) = \cfrac{A}{\displaystyle\prod_{k=1}^{N/2}s_k s_k^*} = 1$$

于是得到

$$A = \prod_{k=1}^{N/2}|\ s_k\ |^2 = \prod_{k=1}^{N/2}\Omega_c^2 = \Omega_c^N$$

当 N 为奇数时,可得到一样的结果。

这样,模拟巴特沃斯滤波器传递函数 $H_a(s)$ 的公式可写为

$$H_a(s) = \cfrac{\Omega_c^N}{\displaystyle\prod_{k=1}^{N/2}(s-s_k)(s-s_k^*)} \qquad (4.51)$$

式中,s_k 为左半平面的极点,s_k^* 为 s_k 的共轭极点,N 为偶数。当 N 为奇数时,应使用公式

$$H_a(s) = \cfrac{\Omega_c^N}{(s-s_p)\displaystyle\prod_{k=1}^{(N-1)/2}(s-s_k)(s-s_k^*)} \qquad (4.52)$$

式中,s_p 为负实轴上的极点,其它参数与式(4.51)相同。

设计数字巴特沃斯低通滤波器的步骤如下。

① 根据实际需要规定滤波器在数字截止频率 ω_p 和 ω_s 处的衰减(单位为 dB)。

② 由数字截止频率 ω_p 和 ω_s 处的衰减计算模拟巴特沃斯滤波器的阶数 N 和频率 Ω_c。

③ 求模拟巴特沃斯滤波器的极点,并由 s 平面左半平面的极点构成传递函数 $H_a(s)$。

左半平面极点:

$$s_k = \Omega_c \mathrm{e}^{\mathrm{j}\left(\frac{\pi}{2N}+\frac{k\pi}{N}+\frac{\pi}{2}\right)}, \quad k=0,1,2,\cdots,N-1$$

传递函数：

$$H_a(s) = \frac{\Omega_c^N}{\displaystyle\prod_{k=1}^{N/2}(s-s_k)(s-s_k^*)} \quad (N \text{ 为偶数})$$

$$H_a(s) = \frac{\Omega_c^N}{(s-s_p)\displaystyle\prod_{k=1}^{(N-1)/2}(s-s_k)(s-s_k^*)} \quad (N \text{ 为奇数})$$

④ 使用冲激响应不变法或双线性变换法将 $H_a(s)$ 转换成数字滤波器的系统函数 $H(z)$。

例 4.2　设计一个数字巴特沃斯低通滤波器，在通带截止频率 $\omega_p = 0.2\pi$ 处的衰减不大于 1dB，在阻带截止频率 $\omega_s = 0.3\pi$ 处衰减不小于 15dB。

解　(1) 根据滤波器的指标得

$$\begin{cases} 20\lg|H(e^{j0.2\pi})| \geqslant -1 \\ 20\lg|H(e^{j0.3\pi})| \leqslant -15 \end{cases}$$

设 $T=1$，将数字域指标转换成模拟域指标得

$$\begin{cases} 20\lg|H_a(j0.2\pi)| \geqslant -1 \\ 20\lg|H_a(j0.3\pi)| \leqslant -15 \end{cases}$$

将式(4.47)所示的巴特沃斯滤波器的幅度平方函数代入以上两式得

$$1 + \left(\frac{0.2\pi}{\Omega_c}\right)^{2N} = 10^{0.1} \tag{4.53}$$

$$1 + \left(\frac{0.3\pi}{\Omega_c}\right)^{2N} = 10^{1.5} \tag{4.54}$$

解这两个方程得 $N=5.8858$ 和 $\Omega_c = 0.70474$。为保证满足技术指标，取 $N=6$。将 $N=6$ 代入式(4.53)，则得 $\Omega_c = 0.7032$。按这个数值设计的滤波器不管通带或阻带都能满足指标。

(2) 把 $N=6$，$\Omega_c = 0.7032$ 代入式(4.49)，求得 s 平面左半平面的 3 对极点分别为

极点对 1：$-0.1820 \pm j0.6792$

极点对 2：$-0.4972 \pm j0.4972$

极点对 3：$-0.6792 \pm j0.1820$

由这 3 对极点构成的滤波器的传递函数为

$$H_a(s) = \frac{\Omega_c^N}{\displaystyle\prod_{k=1}^{N/2}(s-s_k)(s-s_k^*)}$$

$$= \frac{0.12093}{(s^2+0.3640s+0.4945)(s^2+0.9945s+0.4945)(s^2+1.3585s+0.4945)}$$

（3）将 $H_a(s)$ 用部分分式展开，用式（4.40）求得数字滤波器的系统函数为

$$H(z) = \frac{0.2871 - 0.4466z^{-1}}{1 - 0.1297z^{-1} + 0.6949z^{-2}} + \frac{-2.1428 + 1.1454z^{-1}}{1 - 1.0691z^{-1} + 0.3699z^{-2}}$$
$$+ \frac{1.8558 - 0.6304z^{-1}}{1 - 0.9972z^{-1} + 0.2570z^{-2}}$$

显然，根据冲激不变法设计出来的系统函数可以直接用并联型实现。若要求用级联型或直接型实现，则各二阶项需以恰当的方式加以合并。

例 4.3　用双线性变换法设计一个数字巴特沃斯低通滤波器。设取样频率为 10 kHz，在通带截止频率 $f_p = 1$ kHz 处衰减不大于 1 dB，在阻带截止频率 $f_s = 1.5$ kHz处衰减不小于 15 dB。

解　（1）将模拟截止频率转换成数字截止频率。因为

$$\Omega_p = 2\pi f_p = 2000\pi, \quad \Omega_s = 2\pi f_s = 3000\pi, \quad T = \frac{1}{10\times10^3} \text{ s} = 0.0001 \text{ s}$$

所以　　　　　　　　　$\omega_p = T\Omega_p = 0.2\pi, \quad \omega_s = T\Omega_s = 0.3\pi$

（2）计算 N 和 Ω_c。将模拟截止频率进行预畸变，即

$$\begin{cases} \Omega_p = \dfrac{2}{T}\tan\dfrac{\omega_p}{2} \\[2mm] \Omega_s = \dfrac{2}{T}\tan\dfrac{\omega_s}{2} \end{cases} \tag{4.55}$$

于是得到

$$\begin{cases} 20\lg \mid H_a(j\Omega_p) \mid \geqslant -1 \\[2mm] 20\lg \mid H_a(j\Omega_s) \mid \leqslant -15 \end{cases}$$

将式（4.55）代入以上两式得

$$\begin{cases} 20\lg\left|H_a\left(j\,\dfrac{2}{T}\tan\dfrac{0.2\pi}{2}\right)\right| \geqslant -1 \\[3mm] 20\lg\left|H_a\left(j\,\dfrac{2}{T}\tan\dfrac{0.3\pi}{2}\right)\right| \leqslant -15 \end{cases}$$

T 是无关紧要的参数，为计算方便，令 $T=1$，则有

$$\begin{cases} 20\lg\left|H_a\left(j2\tan\dfrac{0.2\pi}{2}\right)\right| \geqslant -1 \\[3mm] 20\lg\left|H_a\left(j2\tan\dfrac{0.3\pi}{2}\right)\right| \leqslant -15 \end{cases}$$

将式（4.47）所示的巴特沃斯滤波器的幅度平方函数代入以上两式得到

$$1 + \left(\frac{2\tan\dfrac{0.2\pi}{2}}{\Omega_c}\right)^{2N} = 10^{0.1} \tag{4.56}$$

$$1 + \left(\frac{2\tan\dfrac{0.3\pi}{2}}{\Omega_c}\right)^{2N} = 10^{1.5} \tag{4.57}$$

解以上两个方程得

$$N = \frac{1}{2} \frac{\lg[(10^{1.5}-1)/(10^{0.1}-1)]}{\lg[\tan(0.15\pi)/\tan(0.1\pi)]} = 5.30466$$

取 $N=6$,并代入式(4.56)解得

$$\Omega_c = 0.76622$$

可以验算这个 Ω_c 值所对应的阻带指标刚好满足要求,而通带指标已经超过要求。

（3）由 N 和 Ω_c 求模拟巴特沃斯滤波器的极点,并由左半平面的极点构成 $H_a(s)$。将 $N=6$ 和 $\Omega_c=0.76622$ 代入式(4.49),求得 s 平面左半平面的 3 对极点分别为

极点对 1:$-\Omega_c\cos15°\pm j\Omega_c\sin15°$

极点对 2:$-\Omega_c\cos45°\pm j\Omega_c\sin45°$

极点对 3:$-\Omega_c\cos75°\pm j\Omega_c\sin75°$

由此得传递函数为

$$H_a(s) = \frac{0.20238}{(s^2+0.3960s+0.5871)(s^2+1.0835s+0.5871)}$$
$$\times \frac{1}{(s^2+1.4802s+0.5871)}$$

（4）使用双线性变换求得数字巴特沃斯滤波器的系统函数为

$$H(z) = H_a(s)\Big|_{s=2\cdot\frac{1-z^{-1}}{1+z^{-1}}}$$
$$= \frac{0.0384+0.1691z^{-1}+0.0858z^{-2}}{1-0.9459z^{-1}+0.2342z^{-2}} \times \frac{0.0834+0.1667z^{-1}+0.0834z^{-2}}{1-1.0541z^{-1}+0.3753z^{-2}}$$
$$\times \frac{0.0834+0.1644z^{-1}+0.0811z^{-2}}{1-1.3143z^{-1}+0.7149z^{-2}}$$

这个滤波器由 3 个二阶节级联构成。如果每个二阶节都采用直接Ⅱ型,那么这个滤波器的流程图如图 4.32 所示。

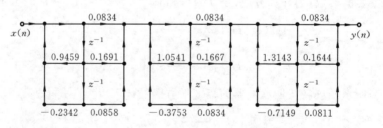

图 4.32　实现六阶数字巴特沃斯滤波器的级联结构

从以上两个例题看出,利用冲激响应不变法或双线性不变法设计数字巴特沃斯滤波器的计算相当复杂。然而,如果利用 Matlab 进行设计,则显得很方便。

4.4.4　利用 Matlab 设计数字巴特沃斯滤波器

本节将首先介绍模拟巴特沃斯低通滤波器利用 Matlab 的设计过程。然后再说明 Matlab 在冲激响应不变法和双线性不变法中的应用。

1. 利用 Matlab 设计模拟巴特沃斯低通滤波器

Matlab 提供了一个称为[z,p,k]＝buttap(N)的内部函数用于设计一个归一化（即 Ω_c＝1）的 N 阶模拟巴特沃斯原型滤波器。然而,需要的是具有任意 Ω_c 的非归一化的巴特沃斯滤波器。因此,必须设计一个非归一化的模拟巴特沃斯滤波器的原型函数,这个函数称为 buttap_o(N,omega),表示如下:

％　非归一化的巴特沃斯模拟低通滤波器原型函数

function[b,a]＝buttap_o(N,omega)

[z,p,k]＝buttap(N);

p＝p＊omega;k＝k＊omega^N;B＝real(poly(z));

b0＝k;b＝k＊B;a＝real(poly(p));

利用 buttap_o 函数,可以编制一个能设计给定指标的模拟巴特沃斯低通滤波器的函数 afd_buttap( ),这个函数表示如下:

％　非归一化巴特沃斯模拟滤波器设计函数

function[b,a]＝afd_buttap(wp,ws,Rp,As)

if wp＜＝0

　　error('通带边缘必须大于 0')

end

if ws＜＝0

　　error('阻带边缘必须大于通带边缘');

end

if (Rp＜＝0)|(As＜0)

　　error('通带波动或阻带波动衰减必须大于 0')

end

N＝ceil((log10((10^(Rp/10)−1)/(10^(As/10)−1)))/(2＊log10(wp/ws)));

fprintf('\n＊＊＊Butterworth Filter Order＝％2.0f \n',N)

omega＝wp/((10^(Rp/10)−1)^(1/(2＊N)));

[b,a]＝buttap_o(N,omega);

还要介绍两个函数,一个是计算模拟滤波器频率响应的函数 freqs_m,这个函数以绝对值和相对值 dB 尺度计算幅度响应以及相位响应。另一个函数是 sdirzcas( ),它能将模拟滤波器的系统函数由直接型转换成级联型。这两个函数表示如下:

％ 计算模拟滤波器频率响应的函数

```
function[db,mag,pha,w]=freqs_m(b,a,wmax);
w=[0:1:500] * wmax/500;
H=freqs(b,a,w);
mag=abs(H);pha=angle(H);
db=20 * log10((mag+eps)/max(mag));


% 将模拟滤波器直接形式转换为级联形式的函数
function[C,B,A]=sdir2cas(b,a)
% 计算增益系数 C
b0=b(1);b=b/b0;a0=a(1);a=a/a0;c=b0/a0;
Na=length(a)-1;Nb=length(b)-1;
% 计算分母的二阶因子部分
p=cplxpair(roots(a));K=floor(Na/2);
if K * 2==Na
    A=zeros(K,3);
    for n=1:2:Na
        Arow=p(n:1:n+1,:);
        Arow=poly(Arow);
        A(fix((n+1)/2),:)=real(Arow);
    end
elseif Na==1
    A=[0 real(poly(p))];
else
    A=zeros(K+1,3);
    for n=1:2:2 * K
        Arow=p(n:1:n+1,:);
        Arow=poly(Arow);
        A(fix((n+1)/2),:)=real(Arow);
    end
    A(K+1,:)=[0 real(poly(p(Na)))];
end
% 计算分子的二阶因子部分
z=cplxpair(roots(b));
K=floor(Nb/2);
if Nb==0
```

```
    B=[0 0 poly(z)];
elseif K * 2==Nb
    B=zeros(K,3);
    for n=1：2：Nb
        Brow=z(n：1：n+1,：);
        Brow=poly(Brow);
        B(fix((n+1)/2),：)=real(Brow);
    end
elseif Nb==1
    B=[0 real(poly(z))];
else
    B=zeros(K+1,3);
    for n=1：2：2 * K
        Brow=z(n：1：n+1,：);
        Brow=poly(Brow);
        B(fix((n+1)/2),：)=real(Brow);
    end
    B(K+1,：)=[0 real(poly(z(Nb)))];
end
```

以上函数是在模拟巴特沃斯滤波器设计中要调用的函数。使用 Matlab 设计模拟巴特沃斯滤波器时用到的参数有通带截止频率 Ω_p,阻带截止频率 Ω_s,通带的衰减波动 R_p(dB),阻带的衰减波动 A_s(dB)。

例 4.4　用 Matlab 设计一个模拟巴特沃斯低通滤波器,指标与例 4.2 相同,即

$\Omega_p=0.2\pi$,通带衰减 $R_p=1$ dB

$\Omega_s=0.3\pi$,阻带衰减 $A_s=15$ dB

解　程序如下,程序运行后输出参数有 C、B 和 A,C 是滤波器的增益,B 是级联型(每节以二阶为基本节)分子各因式的系数,A 为分母各因式的系数。

```
% 模拟巴特沃斯滤波器设计
wp=0.2 * pi; ws=0.3 * pi; Rp=1; As=15;
R=10^(-Rp/20); A=10^(-As/20);
[b,a]=afd_buttap(wp,ws,Rp,As);
[C,B,A]=sdir2cas(b,a) % 将直接型转换成级联型
[db,mag,pha,w]=freqs_m(b,a,0.5 * pi); % 计算系统频率响应
[ha,x,t]=impulse(b,a); % 计算冲激响应
subplot(2,2,1);plot(w/pi,mag);title('幅度响应');grid;
```

axis([0 0.6 0 1]);ylabel('幅度');xlabel('以\pi 为单位的频率');

subplot(2,2,2);plot(w/pi,pha);title('相位响应');grid;

axis([0 0.6 −4 4]);ylabel('相位');xlabel('以\pi 为单位的频率');

subplot(2,2,3);plot(w/pi,db);title('幅度响应(dB)');grid;

axis([0 0.6 −50 0]);ylabel('对数幅度/dB');xlabel('以\pi 为单位的频率');

subplot(2,2,4);plot(t,ha);title('冲激响应');grid;

ylabel('ha(t)');xlabel('t(秒)');

程序运行后,滤波器的阶数、C、B 和 A 如下所示,滤波器的频率响应和冲激响应如图 4.33 所示。

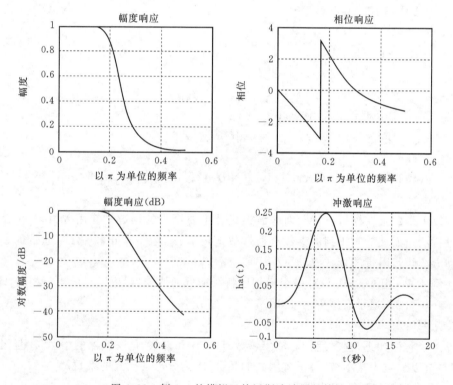

图 4.33　例 4.4 的模拟巴特沃斯滤波器的特性

＊ ＊ ＊ Butterworth Filter Order＝6

C＝

　　0.1209

B＝

　　0　0　1

A＝

　　1.0000　1.3585　0.4945

　　1.0000　0.9945　0.4945

　　1.0000　0.3640　0.4945

因此滤波器的系统函数为

$$H_a(s) = \frac{0.1209}{(s^2 + 1.3585s + 0.4945)(s^2 + 0.9945s + 0.4945)(s^2 + 0.3640s + 0.4945)}$$

2. 利用 Matlab 实现冲激响应不变法设计

　　为实现利用 Matlab 设计,必须建立一个函数实现冲激响应不变法的变换。在以上介绍的模拟巴特沃斯滤波器的设计中可以得到一个模拟系统函数 $H_a(s)$,用内部函数 residue 求得它的零点、极点,然后用 $z = e^{sT}$,将每个模拟极点映射成数字极点,最后用 residuez 函数将 $H(z)$ 转换成有理函数的形式,这个函数称为 imp_invr 函数,表示如下:

％　冲激响应不变法设计 IIR 数字滤波器的函数

function[b,a]＝imp_invr(c,d,T)

[R,p,k]＝residue(c,d);

p＝exp(p * T);

[b,a]＝residuez(R,p,k);

b＝real(b′);a＝real(a′);

　　还要用到两个函数,一个是能将直接形式的 $H(z)$ 转换为并联形式的函数,这个函数为 dir2par( )。另一个是能计算数字滤波器的频率响应,这就是 freqz_m。这两个函数表示如下:

％　计算离散系统频率响应的函数

function[db,mag,pha,grd,w]＝freqz_m(b,a)

[H,w]＝freqz(b,a,1000,′whole′);

　　　H＝(H(1:1:501))′; w＝(w(1:1:501))′;

　mag＝abs(H);

　　　db＝20 * log10((mag＋eps)/max(mag));

　pha＝angle(H);

　　　grd＝grpdelay(b,a,w);

％　将 IIR 滤波器的直接型转换成并联型的函数

function[C,B,A]＝dir2par(b,a)

M＝length(b); N＝length(a);

[r1,p1,C]＝residuez(b,a);

p＝cplxpair(p1,10000000 * eps);

I＝cplxcomp(p1,p); r＝r1(I);

```
K＝floor(N/2);B＝zeros(K,2);A＝zeros(K,3);
if K * 2 ＝＝ N;
for i＝1:2:N－2
    Brow＝r(i:1:i+1,:);
    Arow＝p(i:1:i+1,:);
    [Brow,Arow]＝residuez(Brow,Arow,[ ]);
    B(fix((i+1)/2),:)＝real(Brow);
    A(fix((i+1)/2),:)＝real(Arow);
end
[Brow,Arow]＝residuez(r(N－1),p(N－1),[ ]);
B(K,:)＝[real(Brow) 0];A(K,:)＝[real(Arow) 0];
else
    for i＝1:2:N－1
Brow＝r(i:1:i+1,:);
Arow＝p(i:1:i+1,:);
[Brow,Arow]＝residuez(Brow,Arow,[ ]);
B(fix((i+1)/2),:)＝real(Brow);
A(fix((i+1)/2),:)＝real(Arow);
end
end
```

以上 dir2par( )函数调用了 cplxcomp( )函数,cplxcomp( )函数不是内部函数,现将编制好的 cplxcomp( )函数表示如下:

```
function I＝cplxcomp(p1,p2)
I＝[ ];
for j＝1:1:length(p2)
    for i＝1:1:length(p1)
if (abs(p1(i)－p2(j)) <0.0001)
    I＝[I,i];
        end
    end
end
I＝I';
```

例 4.5　利用 Matlab 实现设计一个数字巴特沃斯低通滤波器,采用冲激响应不变法,数字滤波器的指标与例 4.3 相同,即

$\omega_p＝0.2\pi$,通带衰减 $R_p＝1$ dB

$\omega_s = 0.3\pi$,阻带衰减 $A_s = 15$ dB

解　程序如下,程序运行后得到的参数有 C、B 和 A,C 为数字滤波器的直流增益,B 为并联型系统函数分子的各系数,A 为分母的各系数。

```
% 冲激响应不变法设计数字巴特沃斯低通滤波器
% 数字滤波器指标
wp=0.2 * pi;ws=0.3 * pi;Rp=1;As=15;
% 转换为模拟域指标
T=1;
omegap=wp/T;omegas=ws/T;
% 模拟巴特沃斯滤波器的计算
[cs,ds]=afd_buttap(omegap,omegas,Rp,As)
% 冲激不变法
[b,a]=imp_invr(cs,ds,T);
[C,B,A]=dir2par(b,a)
% 计算数字滤波器频率响应
[db,mag,pha,grd,w]=freqz_m(b,a);
subplot(2,2,1);plot(w/pi,mag);title('幅度响应');grid;
axis([0 0.8 0 1]);ylabel('|幅度|');xlabel('以\pi 为单位的频率');
subplot(2,2,3);plot(w/pi,db);title('幅度响应(dB)');grid;
axis([0 0.8 -80 0]);
ylabel('对数幅度/dB');xlabel('以\pi 为单位的频率');
subplot(2,2,2);plot(w/pi,pha);title('相位响应');grid;
axis([0 0.8 -4 4]);ylabel('相位');xlabel('以\pi 为单位的频率');
subplot(2,2,4);plot(w/pi,grd);title('群延迟');grid;
axis([0 0.8 0 10]);
xlabel('以\pi 为单位的频率');ylabel('样本');
```

程序运行后,滤波器的阶数,参数 C、B 和 A 的值如下,数字滤波器的频率响应如图 4.34 所示。

```
* * * Butterworth Filter Order=6
C=
    [ ]
B=
     1.8557   -0.6304
    -2.1428    1.1454
     0.2871   -0.4466
```

A=

　　1.0000　−0.9973　0.2570
　　1.0000　−1.0691　0.3699
　　1.0000　−1.2972　0.6949

因此,这个六阶的数字滤波器的系统函数 $H(z)$ 以并联的形式给出:

$$H(z)=\frac{1.8557-0.6304z^{-1}}{1-0.9973z^{-1}+0.2570z^{-2}}+\frac{-2.1428+1.1454z^{-1}}{1-1.0691z^{-1}+0.3699z^{-2}}$$
$$+\frac{0.2871-0.4466z^{-1}}{1-1.2972z^{-1}+0.6949z^{-2}}$$

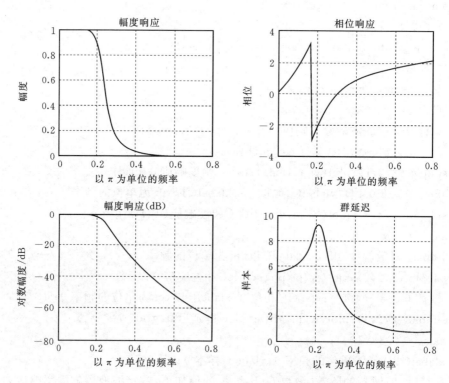

图 4.34　例 4.5 的数字滤波器的特性

3. 利用 Matlab 实现双线性变换法的设计

Matlab 提供了一个称为 bilinear 的内部函数来实现双线性变换法的设计。在双线性变换法设计中还需要一个将 IIR 滤波器的直接型转换成级联型的函数,这个函数称为 dir2cas,表示如下:

```
% IIR DF　直接型到级联型的转换函数
function[b0,B,A]=dir2cas(b,a)
% 计算增益系数
```

```
b0＝b(1)；b＝b/b0；
a0＝a(1)；a＝a/a0；
b0＝b0/a0；
%
M＝length(b)；N＝length(a)；
if N>M
    b＝[b zeros(1,N－M)];
elseif M>N
    a＝[a zeros(1,M－N)];N＝M；
else
    NM＝0；
end
%
K＝floor(N/2)；B＝zeros(K,3);A＝zeros(K,3);
if K * 2 == N；
    b＝[b 0]；a＝[a 0]；
end
%
broots＝cplxpair(roots(b));
aroots＝cplxpair(roots(a));
for i＝1：2：2 * K
    Brow＝broots(i：1：i+1,：);
    Brow＝real(poly(Brow));
    B(fix((i+1)/2),：)＝Brow；
    Arow＝aroots(i：i+1,：);
    Arow＝real(poly(Arow));
    A(fix((i+1)/2),：)＝Arow；
end
```

例 4.6　采用双线性变换法设计一个数字巴特沃斯低通滤波器,指标与例 4.3 相同,即

$\omega_p=0.2\pi$,通带衰减 $R_p=1$ dB

$\omega_s=0.3\pi$,阻带衰减 $A_s=15$ dB

解　程序如下,程序运行后,输出的参数有 C、B 和 A,C 为系统的增益,B 为级联型各二阶节分子各因式的系数,A 为分母各因式的系数。

% 双线性变换设计数字巴特沃斯低通滤波器

% 数字滤波器指标

wp=0.2 * pi；ws=0.3 * pi；Rp=1；As=15；

% 转换成模拟域指标

　T=1；Fs=1/T；

　omegap=(2/T) * tan(wp/2)；

　omegas=(2/T) * tan(ws/2)；

　% 模拟巴特沃斯滤波器的计算

　[cs,ds]=afd_buttap(omegap,omegas,Rp,As)；

　% 双线性变换

　[b,a]=bilinear(cs,ds,Fs)；

　[C,B,A]=sdir2cas(b,a)

　[db,mag,pha,grd,w]=freqz_m(b,a)；

　subplot(2,2,1)；plot(w/pi,mag)；ylabel('|幅度|')；xlabel('以\pi 为单位的频率')；

　title('幅度响应')；grid；

　axis([0,0.8 0 1])；

　subplot(2,2,3)；plot(w/pi,db)；title('幅度响应(dB)')；grid；

　xlabel('以\pi 为单位的频率')；ylabel('对数幅度/dB')；

　axis([0 0.8 −60 0])；

　subplot(2,2,2)；plot(w/pi,pha)；title('相位响应')；grid；

　axis([0,0.8 −4 4])；ylabel('相位')；xlabel('以\pi 为单位的频率')；

　subplot(2,2,4)；plot(w/pi,grd)；title('群延迟')；grid；

　axis([0 0.8 0 10])；

　xlabel('以\pi 为单位的频率')；ylabel('样本')；

程序运行后,滤波器的阶数,C、B 和 A 的值如下,滤波器的频率特性如图 4.35 所示。

　* * * Butterworth Filter Order=6

　C=

　　5.7969e−004

　B=

　　　1.0000　　2.0284　　1.0287

　　　1.0000　　1.9997　　0.9999

　　　1.0000　　1.9719　　0.9722

　A=

　　　1.0000　　−0.9459　　0.2342

　　　1.0000　　−1.0541　　0.3753

$$1.0000 \qquad -1.3143 \qquad 0.7149$$

这是一个六阶的数字滤波器,其系统函数为

$$H(z) = \frac{0.0834 + 0.1691z^{-1} + 0.0858z^{-2}}{1 - 0.9459z^{-1} + 0.2342z^{-2}} \times \frac{0.0834 + 0.1667z^{-1} + 0.0834z^{-2}}{1 - 1.0541z^{-1} + 0.3753z^{-2}}$$

$$\times \frac{0.0834 + 0.1644z^{-1} + 0.0811z^{-2}}{1 - 1.3143z^{-1} + 0.7149z^{-2}}$$

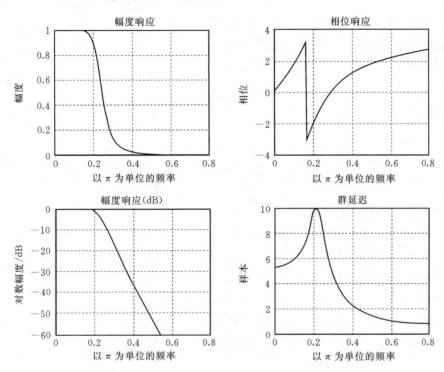

图 4.35　例 4.6 的数字滤波器的频率特性

4.4.5　数字切比雪夫滤波器

切比雪夫(Chebyshev)滤波器分为Ⅰ型和Ⅱ型两类。切比雪夫Ⅰ型滤波器在通带内的幅度响应是等波纹的,而在阻带内的幅度响应是单调下降的;切比雪夫Ⅱ型滤波器在通带内的幅度响应是单调减的,而在阻带内的幅度响应是等波纹的。本节主要介绍Ⅰ型切比雪夫滤波器的设计方法,Ⅱ型切比雪夫滤波器主要在 Matlab 实现中介绍。

模拟切比雪夫滤波器的幅度平方函数是由切比雪夫多项式定义的。下面首先讨论切比雪夫多项式的定义及其特点,然后研究切比雪夫滤波器的幅度平方函数及其极点分布,最后介绍切比雪夫滤波器的参数的计算方法和滤波器的设计步骤。

1. 切比雪夫多项式及其特点

切比雪夫多项式的定义有以下几种。

(1) 二项式定义

切比雪夫多项式可用二项式表示为

$$V_N(x) = \frac{1}{2}\left[(x + \sqrt{x^2-1})^N + (x - \sqrt{x^2-1})^N \right], \quad -\infty < x < \infty \quad (4.58)$$

式中，N 为阶数。不同 N 值对应的 $V_N(x)$ 如下：

N	$V_N(x)$
0	1
1	x
2	$2x^2 - 1$
3	$4x^3 - 3x$
4	$8x^4 - 8x^2 + 1$
5	$16x^5 - 20x^3 + 5x$
⋮	⋮

由以上定义可直接推出切比雪夫多项式的递推公式为

$$V_{N+1}(x) = 2xV_N(x) - V_{N-1}(x)$$

(2) 实三角函数定义

由式(4.58)可以直接得到切比雪夫多项式的实三角函数表示，即

$$V_N(x) = \begin{cases} \cos(N\cos^{-1}x), & |x| \leqslant 1 & (4.59) \\ \mathrm{ch}(N\mathrm{ch}^{-1}x), & x > 1 & (4.60) \\ (-1)^N \mathrm{ch}[N\mathrm{ch}^{-1}(-x)], & x < -1 & (4.61) \end{cases}$$

(3) 复三角函数定义

切比雪夫多项式可以用复三角函数定义为

$$V_N(x) = \cos(N\cos^{-1}x) \quad (4.62)$$

或

$$V_N(x) = \mathrm{ch}(N\mathrm{ch}^{-1}x) \quad (4.63)$$

式中，x 为复数。

不同 N 值的切比雪夫多项式的函数曲线如图 4.36 所示。从图中可看出，当 $|x| < 1$ 时，$V_N(x)$ 具有等波纹性质，即在 -1 和 1 之间呈等幅振荡，且 N 越大，振荡越快；当 $x > 1$ 时，$V_N(x)$ 曲线按双曲余弦函数单调上升，N 越大曲线上升越快；当 $x < -1$ 时，偶数 N 对应的 $V_N(x)$ 按双曲余弦函数单调下降，奇数 N 对应的 $V_N(x)$ 按双曲余弦函数单调上

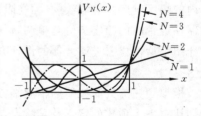

图 4.36　切比雪夫多项式的曲线

升;偶数 N 对应的 $V_N(x)$ 为偶函数,奇数 N 对应的 $V_N(x)$ 为奇函数。

2. 切比雪夫滤波器的幅度平方函数及其极点分布

切比雪夫滤波器 I 型的幅度平方函数定义为

$$|H_a(\mathrm{j}\Omega)|^2 = \frac{1}{1+\varepsilon^2 V_N^2(\Omega/\Omega_c)} \tag{4.64}$$

式中,ε 称为纹波参数,它与通带内幅度响应的纹波有关;Ω_c 为有效通带截止频率,它与巴特沃斯滤波器的 Ω_c 有些不同,巴特沃斯滤波器的幅度响应在 Ω_c 处衰减为 3dB,而切比雪夫 I 型滤波器只有当 $\varepsilon=1$ 时,其幅度响应在 Ω_c 处的衰减才为 3dB;N 是滤波器的阶数。图 4.37(a)和(b)所示的分别是 N 为奇数($N=3$)和 N 为偶数($N=4$)时的切比雪夫 I 型滤波器的幅度响应曲线。

切比雪夫滤波器由 ε、Ω_c 和 N 等 3 个参数确定。从图 4.37 可看出,在通带内,切比雪夫 I 型滤波器的幅度响应在 1 和 $\frac{1}{\sqrt{1+\varepsilon^2}}$ 之间起伏变化,而在阻带内是单调下降的。当 N 为奇数时,滤波器在 $\Omega=0$ 处的幅

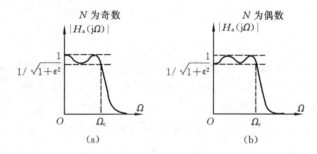

图 4.37　模拟切比雪夫 I 型滤波器幅度响应

度响应为 1;当 N 为偶数时,滤波器在 $\Omega=0$ 处的幅度响应为 $\dfrac{1}{\sqrt{1+\varepsilon^2}}$;切比雪夫 I 型滤波器有极点,而零点在 $\Omega=\infty$ 处。现在来确定模拟切比雪夫 I 型滤波器的极点分布。将式(4.64)写为

$$|H_a(\mathrm{j}\Omega)|^2 = \frac{1}{1+\varepsilon^2 V_N^2\left(\dfrac{s}{\mathrm{j}\Omega_c}\right)}$$

于是可以得

$$V_N\left(\frac{s}{\mathrm{j}\Omega_c}\right) = \sqrt{-\frac{1}{\varepsilon^2}}$$

令 $x=\dfrac{s}{\mathrm{j}\Omega_c}$,$y=\sqrt{-\dfrac{1}{\varepsilon^2}}$,则上式为

$$V_N(x) = y$$

由上式和切比雪夫多项式的复三角函数定义(见式(4.63)),可以求得切比雪夫多项式的反函数为

$$x = \frac{1}{2}\left[(y+\sqrt{y^2-1})^{\frac{1}{N}} + (y+\sqrt{y^2-1})^{-\frac{1}{N}}\right] \tag{4.65}$$

把 $x=\dfrac{s}{\mathrm{j}\Omega_{\mathrm{c}}}$ 和 $y=\sqrt{-\dfrac{1}{\varepsilon^2}}$ 代入上式得

$$\frac{s}{\mathrm{j}\Omega_{\mathrm{c}}}=\frac{1}{2}\Big[\Big(\sqrt{-\frac{1}{\varepsilon^2}}+\sqrt{-\frac{1}{\varepsilon^2}-1}\Big)^{\frac{1}{N}}+\Big(\sqrt{-\frac{1}{\varepsilon^2}}+\sqrt{-\frac{1}{\varepsilon^2}-1}\Big)^{-\frac{1}{N}}\Big]$$

由此得到计算切比雪夫滤波器极点的公式

$$s_k=-a\Omega_{\mathrm{c}}\sin\Big(\frac{\pi}{2N}+\frac{k\pi}{N}\Big)+\mathrm{j}b\Omega_{\mathrm{c}}\cos\Big(\frac{\pi}{2N}+\frac{k\pi}{N}\Big),\quad k=0,1,2,\cdots,2N-1 \quad(4.66)$$

式中,$k=0,1,2,\cdots,N-1$ 时,对应于 s 平面左半平面的极点。

$$a=\frac{1}{2}(\alpha^{\frac{1}{N}}-\alpha^{-\frac{1}{N}})$$

$$b=\frac{1}{2}(\alpha^{\frac{1}{N}}+\alpha^{-\frac{1}{N}})$$

$$\alpha=\varepsilon^{-1}+\sqrt{\varepsilon^{-2}+1}$$

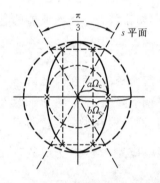

式(4.66)是一个复数椭圆方程,椭圆的长半轴为 $b\Omega_{\mathrm{c}}$,短半轴为 $a\Omega_{\mathrm{c}}$。切比雪夫滤波器共有 $2N$ 个极点,它们关于虚轴对称地分布在一个椭圆上,虚轴上无极点,极点的纵坐标和横坐标分别由长轴圆(大圆)和短轴圆(小圆)上等角距为 $\dfrac{\pi}{N}$ 的点所确定。N 为偶数时实轴上无极点,N 为奇数时实轴上有两个极点。图 4.38 所示的是 $N=3$ 时极点的分布情况。

图 4.38 三阶切比雪夫滤波器的极点位置

3. 参量 ε、Ω_{c} 和 N 的确定

(1) 确定 ε

ε 由允许的通带波纹确定。如果在 Ω_{c} 处允许的通带衰减为 α dB,那么 ε 可以这样确定:

$$\alpha(\mathrm{dB})=-10\lg\Big(\frac{1}{1+\varepsilon^2 V_N^2(\Omega_{\mathrm{c}}/\Omega_{\mathrm{c}})}\Big)=10\lg(1+\varepsilon^2)$$

因此

$$\varepsilon=(10^{\frac{\alpha}{10}}-1)^{\frac{1}{2}} \quad(4.67)$$

由式(4.67)可以求得不同 α 所对应的 ε 值如下:

α/dB	0.5	1	2	3
ε	0.34931	0.50885	0.76478	0.99762

(2) Ω_{c} 的确定

Ω_{c} 是切比雪夫有效通带截止频率,在有效通带内滤波器的幅度被限制在两常数之间波动,Ω_{c} 常常是给定的。当 ε 为 1 时,Ω_{c} 就是通带的 3dB 截止频率,这与巴特斯滤波器的 3dB 截止频率 Ω_c 相对应。

（3）滤波器阶数 N 的确定

切比雪夫滤波器的阶数 N 是由阻带允许的衰减确定的。设在阻带截止频率 Ω_s 处的允许衰减为 β dB，即

$$\beta \geqslant -10\lg\left(\frac{1}{1+\varepsilon^2 V_N^2(\Omega_s/\Omega_c)}\right)$$

由此得到计算滤波器阶数 N 的公式

$$N \geqslant \frac{\text{ch}^{-1}\left[(A-1)^{\frac{1}{2}}/\varepsilon\right]}{\text{ch}^{-1}(\Omega_s/\Omega_c)} \tag{4.68}$$

式中，$A = 10^{\frac{\beta}{10}}$。

4. 数字切比雪夫滤波器的设计步骤

数字切比雪夫滤波器的设计步骤可归纳如下。

① 根据滤波器的指标确定参数 ε、Ω_c 和 N。

Ω_c 为有效通带截止频率，常常是预先给定的。ε 和 N 分别由式（4.67）和式（4.68）求出。

② 计算常量 α、a 和 b，并求出极点 s_k。

$$\alpha = \varepsilon^{-1} + \sqrt{\varepsilon^{-2}+1}$$

$$a = \frac{1}{2}(\alpha^{\frac{1}{N}} - \alpha^{-\frac{1}{N}})$$

$$b = \frac{1}{2}(\alpha^{\frac{1}{N}} + \alpha^{-\frac{1}{N}})$$

$$s_k = -a\Omega_c \sin\left(\frac{\pi}{2N}+\frac{k\pi}{N}\right) + jb\Omega_c \cos\left(\frac{\pi}{2N}+\frac{k\pi}{N}\right), \quad k=0,1,2,\cdots,2N-1$$

③ 由 s 平面左半平面的极点构成传递函数 $H_a(s)$，即

$$H_a(s) = \frac{B}{\prod\limits_{k=0}^{(N/2)-1}(s-s_k)(s-s_k^*)} \quad （N \text{ 为偶数}） \tag{4.69}$$

$$H_a(s) = \frac{B}{(s-s_p)\prod\limits_{k=0}^{[(N-1)/2]-1}(s-s_k)(s-s_k^*)} \quad （N \text{ 为奇数}） \tag{4.70}$$

式中，s_k 为 s 平面左半平面的极点，s_k^* 是 s_k 的共轭极点，s_p 是左半平面实轴上的极点。系数 B 由 $s=0$ 时滤波器幅度响应的值确定。当 N 为奇数时，$|H_a(0)|=1$；当 N 为偶数时，$|H_a(0)|=\dfrac{1}{\sqrt{1+\varepsilon^2}}$。

④ 利用冲激响应不变法或双线性变换法将 $H_a(s)$ 转换成 $H(z)$。

例 4.7　采用冲激响应不变法设计一个数字切比雪夫 I 型低通滤波器。在通带

截止频率 $\omega_{\mathrm{p}}=0.2\pi$ 处的衰减 α 不大于 1 dB,在阻带截止频率 $\omega_{\mathrm{s}}=0.3\pi$ 处的衰减 β 不小于 15 dB。

解 (1) 根据滤波器的指标求 ε、Ω_{c} 和 N

设 $T=1$,则 $\Omega_{\mathrm{p}}=\dfrac{\omega_{\mathrm{p}}}{T}=0.2\pi$,$\Omega_{\mathrm{s}}=\dfrac{\omega_{\mathrm{s}}}{T}=0.3\pi$,因此,有效通带截止频率 $\Omega_{\mathrm{c}}=0.2\pi$。

$$\varepsilon=(10^{\frac{\alpha}{10}}-1)^{\frac{1}{2}}=(10^{\frac{1}{10}}-1)^{\frac{1}{2}}=0.50885$$

$$N\geqslant\frac{\mathrm{ch}^{-1}\left[(A-1)^{\frac{1}{2}}/\varepsilon\right]}{\mathrm{ch}^{-1}(\Omega_{\mathrm{s}}/\Omega_{\mathrm{c}})}=\frac{\mathrm{ch}^{-1}\left[(10^{\frac{15}{10}}-1)^{\frac{1}{2}}/0.50885\right]}{\mathrm{ch}^{-1}(0.3\pi/0.2\pi)}=3.19767$$

取 $N=4$。验算表明,通带内满足技术指标,在阻带截止频率 $\Omega_{\mathrm{s}}=0.3\pi$ 处的幅度响应衰减为 $20\lg|H_{\mathrm{a}}(\mathrm{j}0.3\pi)|=-21.5834$ dB,超过了指标。

(2) 求滤波器的极点

$$\alpha=0.50885^{-1}+\sqrt{0.50885^{-2}+1}=4.170226$$

$$a=\frac{1}{2}(\alpha^{\frac{1}{N}}-\alpha^{-\frac{1}{N}})=\frac{1}{2}\left[(4.170226)^{\frac{1}{4}}-(4.170226)^{-\frac{1}{4}}\right]=0.3646235$$

$$b=\frac{1}{2}(\alpha^{\frac{1}{N}}+\alpha^{-\frac{1}{N}})=\frac{1}{2}\left[(4.170226)^{\frac{1}{4}}+(4.170226)^{-\frac{1}{4}}\right]=1.0644015$$

因此得到

$$a\Omega_{\mathrm{c}}=0.2291$$
$$b\Omega_{\mathrm{c}}=0.6688$$

将 $a\Omega_{\mathrm{c}}$ 和 $b\Omega_{\mathrm{c}}$ 的值代入式(4.66),求得 s 平面左半平面的共轭极点对为 $-0.0877\pm\mathrm{j}0.6177$,$-0.2117\pm\mathrm{j}0.2558$。

(3) 由左半平面极点构成 $H_{\mathrm{a}}(s)$

利用式(4.69)可得到滤波器的传递函数:

$$H_{\mathrm{a}}(s)=\frac{B}{(s^2+0.1753s+0.3894)(s^2+0.4234s+0.1103)}$$

系数 B 由 $s=0$ 时滤波器的幅度响应确定。因为 N 为偶数,所以 $|H_{\mathrm{a}}(0)|=\dfrac{1}{\sqrt{1+\varepsilon^2}}$

由此可以得到 $B=0.03828$。因此

$$H_{\mathrm{a}}(s)=\frac{0.03828}{(s^2+0.17535s+0.3894)(s^2+0.4234s+0.1103)}$$

(4) 采用冲激响应不变法将 $H_{\mathrm{a}}(s)$ 转换成 $H(z)$

将 $H_{\mathrm{a}}(s)$ 表示成部分分式,并采用冲激响应不变法将 $H_{\mathrm{a}}(s)$ 转换为 $H(z)$,得

$$H(z)=\frac{0.08327+0.02339z^{-1}}{1-1.5658z^{-1}+0.6549z^{-2}}-\frac{0.08327+0.0246z^{-1}}{1-1.4934z^{-1}+0.8392z^{-2}}$$

例 4.8 将上例改用双线性变换法来设计,其它条件不变。

解 因为滤波器的指标不变,所以 ε、N、α、a 和 b 都与上例相同,但 Ω_{c} 应进行

畸变,即

$$\Omega_c = 2\tan\frac{0.2\pi}{2} = 0.6498$$

由此求得 s 平面左半平面的极点对为 $-0.06699\pm j0.63899$, $-0.21889\pm j0.26468$。这样,得到模拟切比雪夫滤波器的传递函数为

$$H_a(s) = \frac{0.04381}{(s^2+0.1814s+0.4166)(s^2+0.4378s+0.1180)}$$

使用双线性变换得

$$H(z) = \frac{0.001836(1+z^{-1})^4}{(1-1.4996z^{-1}+0.8482z^{-2})(1-1.5448z^{-1}+0.6493z^{-2})}$$

从上面两个例子可看出,切比雪夫滤波器的计算颇为复杂,这两个数字滤波器的频率响应如何,也未做交代。在下节我们将利用 Matlab 来实现以上的设计,并计算出系统的频率响应。

最后,简要介绍切比雪夫Ⅱ型低通滤波器。切比雪夫Ⅱ型低通滤波器具有一个单调衰减的通带和一个等波纹的阻带。这意味着这种滤波器在 s 平面有极点,也有零点。因此在通带的群延迟特性比切比雪夫Ⅰ型滤波器的要更好一些(相位响应更为线性)。切比雪夫Ⅱ型滤波器的幅度平方响应为

$$|H_a(j\Omega)|^2 = \frac{1}{1+[\varepsilon^2 V_N^2(\Omega/\Omega_c)]^{-1}} \tag{4.71}$$

这里,我们不打算讨论这种滤波器的细节,但它可以利用 Matlab 来设计,给设计者带来很多方便。

4.4.6　利用 Matlab 设计切比雪夫滤波器

1. 模拟切比雪夫Ⅰ型低通滤波器的设计

Matlab 提供了一个称为[z,p,k]＝cheb1ap(N,R_p)的函数用于设计一个阶数为 N,通带波纹为 R_p 的归一化切比雪夫Ⅰ型模拟原型滤波器,而我们需要的是设计任意 Ω_c 的非归一化的切比雪夫Ⅰ型滤波器,于是便形成了一个称为 cheb1ap_o 函数用于设计非归一化的切比雪夫Ⅰ型模拟原型滤波器,这个函数表示如下:

```
function[b,a]＝cheb1ap_o(N,Rp,omega)
％ 非归一化的切比雪夫Ⅰ型模拟原型低通滤波器设计函数
[z,p,k]＝cheb1ap(N,Rp);
a＝real(poly(p));
aNn＝a(N+1);p＝p * omega;
a＝real(poly(p));aNu＝a(N+1);
k＝k * aNu/aNn;b0＝k;
B＝real(poly(z));b＝k * B;
```

已知滤波器技术要求,利用 cheb1ap_o( )函数,则提供了一个称为 afd_cheb1 的函数用于设计模拟切比雪夫 I 型低通滤波器,这个函数给出如下,并在下面的例题中使用。

```
% 切比雪夫 I 型模拟滤波器的设计函数
function[b,a]=afd_cheb1(wp,ws,Rp,As)
    %
    if wp<=0
        error('通带必须大于 0')
    end
    if ws<=wp
        error('阻带边缘必须大于通带边缘');
    end
    if (Rp<=0)|(As<0)
        error('通带波动或阻带衰减必须大于 0');
    end
    %
    ep=sqrt(10^(Rp/10)-1);
    A=10^(As/20);omegac=wp;omegar=ws/wp;g=sqrt(A*A-1)/ep;
    N=ceil(log10)(g+sqrt(g*g-1))/log10(omegar+sqrt(omegar*omega
-1)));
    fprintf('\n * * * 切比雪夫滤波器的阶数=%2.0f\n',N);
    [b,a]=cheb1ap_o (N,Rp,omegac);
```

利用 Matlab 设计切比雪夫滤波器时,已知的参数有:通带截止频率 Ω_p,通带的波纹衰减 R_p(dB),阻带截止频率 Ω_s,阻带波纹衰减 A_s(dB)。通常 $\Omega_c=\Omega_p$。

例 4.9　设计一个模拟切比雪夫 I 型低通滤波器,指标如下:
$$\Omega_p=0.2\pi,\quad R_p=1 \text{ dB}$$
$$\Omega_s=0.3\pi,\quad A_s=15 \text{ dB}$$

解　Matlab 的 m 文件如下:

```
% 模拟切比雪夫 I 型低通滤波器设计
wp=0.2*pi;ws=0.3*pi;Rp=1;As=15;
R=10^(-Rp/20);A=10^(-As/20);
[b,a]=afd_cheb1(wp,ws,Rp,As);
[C,B,A]=sdir2cas(b,a)
[db,mag,pha,w]=freqs_m(b,a,0.5*pi);
[ha,x,t]=impulse(b,a);
```

subplot(2,2,1);plot(w/pi,mag);title('幅度响应');grid;

axis([0 0.8 0 1.1]);ylabel('幅度');xlabel('以\pi 为单位的频率');

subplot(2,2,3);plot(w/pi,db);title('幅度响应(dB)');grid;

axis([0 0.8 −50 1]);ylabel('对数幅度/dB');xlabel('以\pi 为单位的频率');

subplot(2,2,2);plot(w/pi,pha);title('相位响应');grid;

axis([0 0.8 −4 4]);ylabel('相位');

xlabel('以\pi 为单位的频率');

subplot(2,2,4);plot(t,ha);title('冲激响应');grid;

xlabel('t(秒)');ylabel('ha(t)');

程序运行后输出参数有 C、B 和 A，C 为滤波器的增益，B 和 A 分别为系统函数级联形式的分子和分母的各二阶节的系数，结果如下，系统的频率响应和冲激响应如图 4.39 所示。

＊＊＊切比雪夫滤波器的阶数＝4

C＝

    0.0383

B＝

    0   0   1

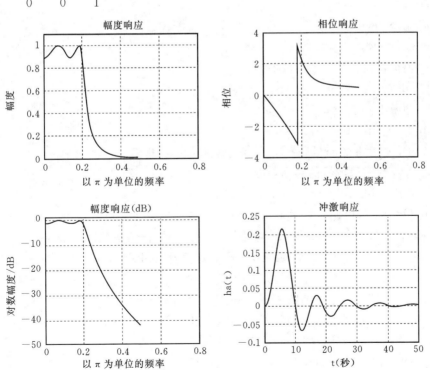

图 4.39　例 4.9 的四阶模拟切比雪夫 I 型低通滤波器的特性

A=

    1.0000   0.4233   0.1103

    1.0000   0.1753   0.3895

这是一个四阶的模拟切比雪夫 I 型低通滤波器,系统函数为

$$H_a(s) = \frac{0.0383}{(s^2 + 0.4233s + 0.1103)(s^2 + 0.1753s + 0.3895)}$$

2. 冲激响应不变法设计数字切比雪夫 I 型低通滤波器

例 4.10 用冲激响应不变法设计一个数字切比雪夫 I 型低通滤波器,指标与例 4.7 相同,即

$$\omega_p = 0.2\pi, \quad R_p = 1 \text{ dB}$$

$$\omega_s = 0.3\pi, \quad A_s = 15 \text{ dB}$$

解 程序如下:

% 冲激响应不变法设计数字切比雪夫 I 型低通滤波器

% 数字滤波器指标

wp=0.2 * pi;ws=0.3 * pi;Rp=1;As=15;

% 转换为模拟原型低通指标

T=1;

omegap=wp/T;

omegas=ws/T;

% 模拟切比雪夫 I 型滤波器的计算

[cs,ds]=afd_cheb1(omegap,omegas,Rp,As);

% 冲激不变法

[b,a]=imp_invr(cs,ds,T);

[C,B,A]=dir2par(b,a) % 直接型转换为并联型

% 计算数字滤波器的频率响应

[db,mag,pha,grd,w]=freqz_m(b,a);

subplot(2,2,1);plot(w/pi,mag);title('幅度响应');grid;

axis([0 0.8 0 1.1]);ylabel('幅度');xlabel('以\pi 为单位的频率');

subplot(2,2,3);plot(w/pi,dB);title('幅度响应(dB)');grid;

axis([0 0.8 −60 1]);

xlabel('以\pi 为单位的频率');ylabel('对数幅度/dB');

subplot(2,2,2);plot(w/pi,pha);title('相位响应');grid;

axis([0 0.8 −4 4]);

ylabel('相位');xlabel('以\pi 为单位的频率');

subplot(2,2,4);plot(w/pi,grd);title('群延迟');grid;

axis([0 0.8 0 15]);

xlabel('以\pi 为单位的频率');ylabel('样本');

程序运行后结果如下,滤波器的频率特性如图 4.40 所示。

＊＊＊切比雪夫滤波器的阶数＝4

C＝

    [ ]

B＝

    −0.0833   −0.0246

     0.0833   0.0239

A＝

    1.0000   −1.4934   0.8392

    1.0000   −1.5658   0.6549

这是一个四阶的数字滤波器,其系统函数以并联形式给出,即

$$H(z)=\frac{0.0833+0.0239z^{-1}}{1-1.4934z^{-1}+0.8392z^{-2}}-\frac{0.0833+0.0246z^{-1}}{1-1.5658z^{-1}+0.6549z^{-2}}$$

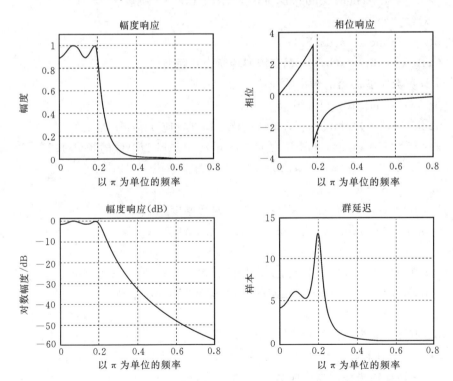

图 4.40　用冲激响应不变法设计的四阶数字切比雪夫 I 型低通滤波器的频率响应

3. 双线性变换法设计数字切比雪夫Ⅰ型低通滤波器

例 4.11　使用双线性变换法设计一个数字切比雪夫Ⅰ型低通滤波器,指标与上例相同,即

$$\omega_p = 0.2\pi, \quad R_p = 1 \text{ dB}$$
$$\omega_s = 0.3\pi, \quad A_s = 15 \text{ dB}$$

解　程序如下:

```
% 双线性变换法设计数字切比雪夫Ⅰ型低通滤波器
% 数字滤波器指标
wp=0.2*pi;ws=0.3*pi;Rp=1;As=15;
% 转换为模拟原型低通指标
T=1;Fs=1/T;
omegap=(2/T)*tan(wp/2);
omegas=(2/T)*tan(ws/2);
% 模拟切比雪夫Ⅰ型滤波器的计算
[cs,ds]=afd_cheb1(omegap,omegas,Rp,As);
% 双线性变换法
[b,a]=bilinear(cs,ds,Fs);
[C,B,A]=dir2cas(b,a) % 直接型转换为并联型
% 计算数字滤波器的频率响应
[db,mag,pha,grd,w]=freqz_m(b,a);
subplot(2,2,1);plot(w/pi,mag);title('幅度响应');grid;
axis([0 0.8 0 1.1]);ylabel('幅度');xlabel('以\pi 为单位的频率');
subplot(2,2,3);plot(w/pi,db);title('幅度响应(dB)');grid;
axis([0 0.8 -60 1]);
xlabel('以\pi 为单位的频率');ylabel('对数幅度/dB');
subplot(2,2,2);plot(w/pi,pha);title('相位响应');grid;
axis([0 0.8 -4 4]);
ylabel('相位');xlabel('以\pi 为单位的频率');
subplot(2,2,4);plot(w/pi,grd);title('群延迟');grid;
axis([0 0.8 0 15]);
xlabel('以\pi 为单位的频率');ylabel('样本');
```

程序运行后,C、B 和 A 的值如下,系统的频率响应如图 4.41 所示。

　　＊＊＊切比雪夫滤波器的阶数＝4

　　C=

　　　　0.0018

B=

| 1.0000 | 2.0000 | 1.0000 |
| 1.0000 | 2.0000 | 1.0000 |

A=

| 1.0000 | -1.4996 | 0.8482 |
| 1.0000 | -1.5548 | 0.6493 |

这是一个四阶滤波器,其系统函数以级联形式给出,即

$$H(z) = \frac{0.0018(1+z^{-1})^4}{(1-1.4996z^{-1}+0.8482z^{-2})(1-1.5548z^{-1}+0.6493z^{-2})}$$

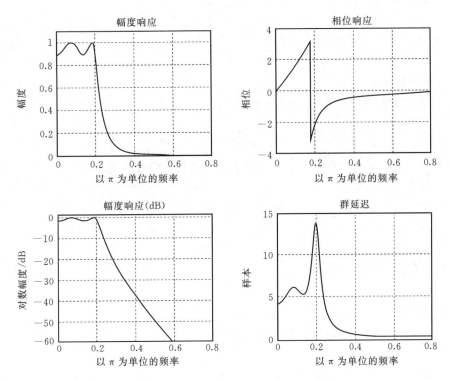

图 4.41 用双线性变换法设计的四阶数字切比雪夫 I 型滤波器的频率响应

4. 模拟切比雪夫 II 型低通滤波器的设计

Matlab 提供了一个称为$[z,p,k]$=cheb2ap(N,A_s)的内部函数用于设计一个阶数为 N,阻带波纹为 A_s 的归一化切比雪夫 II 型模拟原型滤波器。我们需要一个具有任意 Ω_c 的非归一化切比雪夫 II 型滤波器,因此必须编制一个能设计非归一化的切比雪夫 II 型模拟原型低通滤波器的函数,这函数称为 cheb2ap_o$(N,A_s,omegac)$,如下所示:

function$[b,a]$=cheb2ap_o$(N,As,omegac)$

```
% 非归一化的切比雪夫Ⅱ型模拟原型低通滤波器设计函数
[z,p,k]=cheb2ap(N,As);
    a=real(poly(p));
aNn=a(N+1);
    p=p*omegac;
    a=real(poly(p));
aNu=a(N+1);
    b=real(poly(z));
    M=length(b);
bNn=b(M);
    z=z*omegac;
    b=real(poly(z));
bNu=b(M);
    k=k*(aNu*bNn)/(aNn*bNu);
    b0=k;
    b=k*b;
```

利用 cheb2_o( )函数再建立一个用于设计切比雪夫Ⅱ型模拟低通滤波器的函数 afd_cheb2( )，如下所示：

```
function[b,a]=afd_cheb2(wp,ws,Rp,As)
% 切比雪夫Ⅱ型模拟低通滤波器设计函数
if wp<=0
    error('通带必须大于0')
end
if ws<=wp
    error('阻带边缘必须大于通带边缘');
end
if (Rp<=0)|(As<0)
    error('通带波动或阻带衰减必须大于0');
end
ep=sqrt(10^(Rp/10)-1);
A=10^(As/20);
omegac=wp;omegar=ws/wp;
g=sqrt(A*A-1)/ep;
N=ceil(log10(g+sqrt(g*g-1))/log10(omegar+sqrt(omegar*omegar-1)));
```

```
fprintf('\n＊＊＊切比雪夫Ⅱ型滤波器的阶数＝％2.0f\n',N);
[b,a]＝cheb2ap_o (N,As,ws);
```

例 4.12　设计一个切比雪夫Ⅱ型模拟低通滤波器,指标如下:

通带截止频率 $\Omega_p＝0.2\pi$,通带波纹衰减 $R_p＝1$ dB

阻带截止频率 $\Omega_s＝0.3\pi$,阻带波纹衰减 $A_s＝15$ dB

解　程序如下:

```
％ 模拟切比雪夫Ⅱ型低通滤波器的设计
％ 数字滤波器指标
wp＝0.2＊pi;ws＝0.3＊pi;Rp＝1;As＝15;
Ripple＝10.^(－Rp/20);Attn＝10.^(－As/20);
％ 模拟滤波器设计
[b,a]＝afd_cheb2(wp,ws,Rp,As);
％ 将直接型转换为二阶节级联型
[C,B,A]＝sdir2cas(b,a)
％ 计算频率响应
[db,mag,pha,w]＝freqs_m(b,a,0.5＊pi);
[ha,x,t]＝impulse(b,a);
subplot(1,1,1)
subplot(2,2,1);plot(w/pi,mag);title('幅度响应');
ylabel('幅度');xlabel('以\pi 为单位的频率');grid;
subplot(2,2,3);plot(w/pi,db);title('幅度响应(dB)');
ylabel('对数幅度/dB');xlabel('以\pi 为单位的频率');grid;
subplot(2,2,2);plot(w/pi,pha);title('相位响应');
xlabel('以\pi 为单位的频率');ylabel('相位');grid;
subplot(2,2,4);plot(t,ha);title('冲激响应');
xlabel('t(秒)');ylabel('ha(t)');grid;
```

程序运行后,该模拟滤波器的阶数为 4,C、B 和 A 的值如下,系统的频率响应如图 4.42所示。

```
＊＊＊切比雪夫Ⅱ型滤波器的阶数＝4
C＝
    0.1778
B＝
    1.0000        0      6.0654
    1.0000        0      1.0407
```

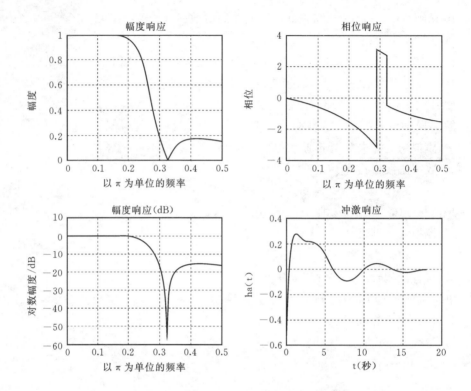

图 4.42　例 4.12 的模拟切比雪夫 II 型低通滤波器的频率响应

A=

1.0000	2.0041	1.5966
1.0000	0.3655	0.7030

滤波器的系统函数以二阶节级联形式给出,即

$$H_a(s)=\frac{0.1778(s^2+6.0654)(s^2+1.0407)}{(s^2+2.0041s+1.5966)(s^2+0.3655s+0.7030)}$$

5. 使用双线性变换法设计数字切比雪夫 II 型低通滤波器

冲激响应不变法不适用于数字切比雪夫 II 型滤波器的设计,因为它使滤波器产生严重的混叠,使滤波器的通带和阻带的频率响应变坏。因此,这里只讨论双线性变换法设计数字切比雪夫 II 型滤波器。

例 4.13　用双线性变换法设计一个数字切比雪夫 II 型低通滤波器,技术指标如下:

通带截止频率 $\omega_p=0.2\pi$,通带的波纹衰减 $R_p=1$ dB

阻带截止频率 $\omega_s=0.3\pi$,阻带的波纹衰减 $A_s=15$ dB

解　程序如下:

％ 双线性变换法设计数字切比雪夫 II 型低通滤波器

％ 数字滤波器指标

wp＝0.2 * pi;ws＝0.3 * pi;Rp＝1;As＝15;

％ 转换为模拟原型低通指标

T＝1;Fs＝1/T;

omegap＝(2/T) * tan(wp/2);

omegas＝(2/T) * tan(ws/2);

％ 模拟切比雪夫Ⅱ型滤波器的计算

[cs,ds]＝afd_cheb2(omegap,omegas,Rp,As);

％ 双线性变换法

[b,a]＝bilinear(cs,ds,Fs);

[C,B,A]＝dir2cas(b,a) ％ 直接型转换为级联型

％ 计算数字滤波器的频率响应

[db,mag,pha,grd,w]＝freqz_m(b,a);

subplot(2,2,1);plot(w/pi,mag);title('幅度响应');grid;

axis([0 0.8 0 1.1]);ylabel('幅度');xlabel('以\pi 为单位的频率');

subplot(2,2,3);plot(w/pi,db);title('幅度响应(dB)');grid;

axis([0 0.8 −60 1]);

xlabel('以\pi 为单位的频率');ylabel('对数幅度/dB');

subplot(2,2,2);plot(w/pi,pha);title('相位响应');grid;

axis([0 0.8 −4 4]);

ylabel('相位');xlabel('以\pi 为单位的频率');

subplot(2,2,4);plot(w/pi,grd);title('群延迟');grid;

axis([0 0.8 0 15]);

xlabel('以\pi 为单位的频率');ylabel('样本');

程序运行后,结果如下,滤波器的频率响应如图 4.43 所示。

　* * * 切比雪夫Ⅱ型滤波器的阶数＝4

　C＝

　　　0.1797

　B＝

　　1.0000　　　0.5574　　1.0000

　　1.0000　　−1.0671　　1.0000

　A＝

　　　1.0000　　−0.4183　　0.1503

　　　1.0000　　−1.1325　　0.7183

这是一个四阶的滤波器,系统函数以级联形式给出,即

$$H(z) = \frac{0.1797(1+0.5574z^{-1}+z^{-2})(1-1.0671z^{-1}+z^{-2})}{(1-0.4183z^{-1}+0.1503z^{-2})(1-1.1325z^{-1}+0.7183z^{-2})}$$

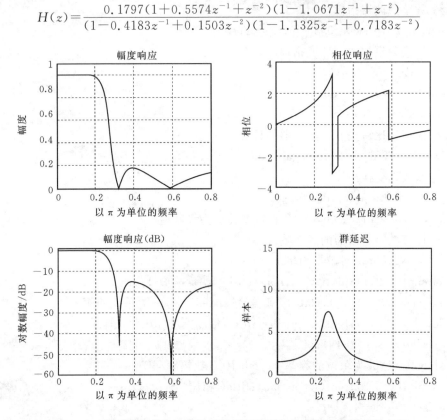

图 4.43　用双线性变换法设计的数字切比雪夫 Ⅱ 型滤波器的频率响应

4.4.7　椭圆函数滤波器

椭圆函数滤波器在通带和阻带都呈现等波纹特性。在给定指标要求下能实现最小阶数 N 的意义上,椭圆函数滤波器是最优的,也可这样说,在给定阶数 N 下,椭圆滤波器能得到最陡的过渡带。椭圆滤波器的幅度平方响应为

$$|H_a(j\Omega)|^2 = \frac{1}{1+\varepsilon^2 U_N^2(\Omega/\Omega_c)} \tag{4.72}$$

式中,N 为阶数,ε 为通带波纹(它与 R_p 有关),$U_N(\cdot)$ 是 N 阶雅可比(Jacobian)椭圆函数。图 4.44 示出了 N 为奇数时和 N 为偶数时的椭圆函数滤波器的幅度响应。关于椭圆函数的分析是相当复杂的,我们只引进一些结论,然后利用 Matlab 实现椭圆滤波器的计算。滤波器的阶数 N 由下式确定:

$$N = \frac{K(k)K(\sqrt{1-k_1^2})}{K(k_1)K(\sqrt{1-k^2})} \tag{4.73}$$

式中

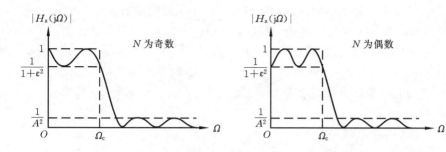

图 4.44　椭圆函数滤波器的幅度响应

$$k = \Omega_p / \Omega_s, \quad k_1 = \frac{\varepsilon}{\sqrt{A^2 - 1}}, \quad K(x) = \int_0^{\pi/2} \frac{\mathrm{d}\theta}{\sqrt{1 - x^2 \sin^2\theta}}$$

$K(x)$ 是第一类完全椭圆积分，Matlab 提供了函数 ellipke 用于数值计算上面的积分，从而可用于计算 N 和设计椭圆滤波器。

Matlab 提供了一个称为 $[z, p, k] = $ellipap$(N, R_p, A_s)$ 的函数用于设计一个阶数为 N，通带波纹为 R_p 和阻带衰减为 A_s 的归一化椭圆模拟原型滤波器，但我们需要的是设计非归一化的椭圆模拟原型低通滤波器，完成这一任务的函数表示如下，它调用了 ellipap( )函数。

```
% 非归一化的椭圆模拟原型低通滤波器设计函数
function[b,a]=ellipap_o(N,Rp,As,omegac)
[z,p,k]=ellipap(N,Rp,As);
    a=real(poly(p));
aNn=a(N+1);
    p=p * omegac;
    a=real(poly(p));
aNu=a(N+1);
    b=real(poly(z));
    M=length(b);
bNn=b(M);
    z=z * omegac;
    b=real(poly(z));
bNu=b(M);
    k=k * (aNu * bNn)/(aNn * bNu);
    b0=k;
    b=k * b;
```

利用 ellipap_o( )函数，可以得到一个称为 afd_elip( )的函数，afd_elip( )函数用于设计一个已知技术指标时的椭圆低通滤波器。这个函数描述如下：

```
function[b,a]=afd_elip(wp,ws,Rp,As);
% 模拟椭圆函数低通滤波器的设计函数
if wp<=0
    error('通带边缘必须大于 0')
end
if ws<=wp
    error('阻带边缘必须大于通带边缘')
end
if (Rp<=0)|(As<0)
    error('通带波动或阻带衰减必须大于 0')
end
ep=sqrt(10.^(Rp/10)-1);
A=10.^(As/20);
omegac=wp;
k=wp/ws;
k1=ep/sqrt(A*A-1);
capk=ellipke([(k.^2)1-(k.^2)]);
capk1=ellipke([(k1.^2)1-(k1.^2)]);
N=ceil(capk(1)*capk1(2)/(capk(2)*capk1(1)));
fprintf('n * * 椭圆滤波器的阶数=%2.0f\n',N)
[b,a]=ellipap_o (N,Rp,As,omegac);
```

例 4.14　设计一个椭圆模拟低通滤波器,技术指标如下:

通带截止频率 $\Omega_p=0.2\pi$,通带波纹衰减 $R_p=1.5$ dB

阻带截止频率 $\Omega_s=0.3\pi$,阻带波纹衰减 $A_s=18$ dB

解　程序如下:

```
% 模拟椭圆函数低通滤波器的设计
wp=0.2*pi;ws=0.3*pi;Rp=1.5;As=18;
[b,a]=afd_elip(wp,ws,Rp,As);
[C,B,A]=sdir2cas(b,a)
[db,mag,pha,w]=freqs_m(b,a,0.5*pi);
[ha,x,t]=impulse(b,a);
% 画图
subplot(2,2,1);plot(w/pi,mag);title('幅度响应');grid;
ylabel('幅度');xlabel('以\pi 为单位的频率');
```

subplot(2,2,3);plot(w/pi,db);title('幅度响应(dB)');grid;
ylabel('对数幅度/dB');xlabel('以\pi 为单位的频率');
subplot(2,2,2);plot(w/pi,pha);title('相位响应');grid;
xlabel('以\pi 为单位的频率');ylabel('相位');
subplot(2,2,4);plot(t,ha);title('冲激响应');grid;
xlabel('t(秒)');ylabel('ha(t)');

程序运行后,输出滤波器的阶数,级联形式的系统函数的参数 C、B 和 A 的值如下所示,系统的频率响应如图 4.45 所示。

>> n＊＊＊ 椭圆滤波器的阶数＝3

C＝

    0.2168

B＝

    1.0000   0   0.6647

A＝

| 1.0000 | 0.1518 | 0.3909 |
| 0 | 1.0000 | 0.3686 |

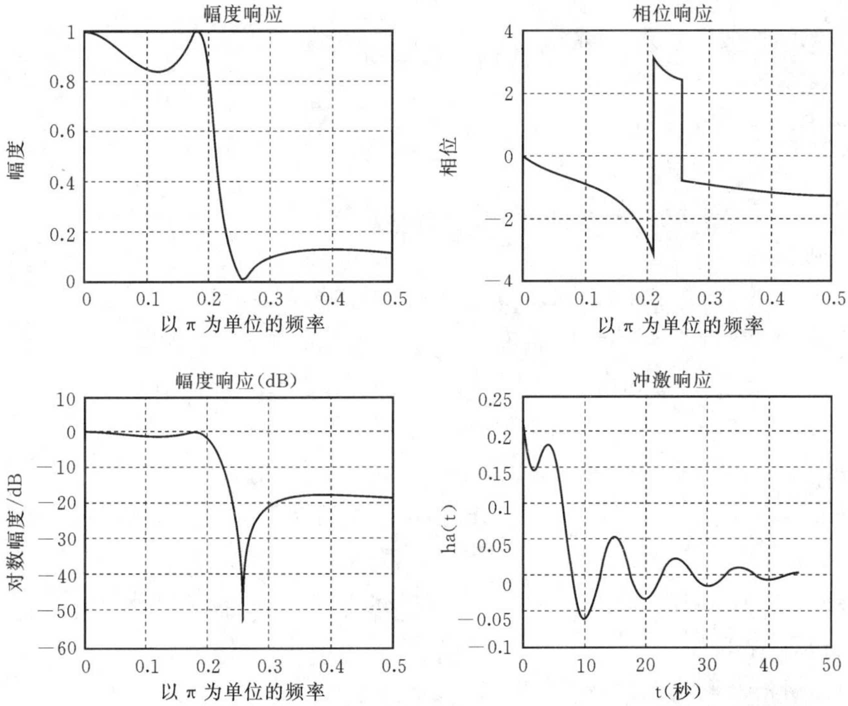

图 4.45 例 4.14 的三阶模拟椭圆低通滤波器的特性

这是一个三阶的模拟滤波器,系统函数为

$$H_a(s) = \frac{0.2168(s^2 + 0.6647)}{(s^2 + 0.1518s + 0.3909)(s + 0.3686)}$$

例 4.15　用双线性变换设计一个数字椭圆低通滤波器,技术指标如下:

$$\omega_p = 0.2\pi, \quad R_p = 1.5 \text{ dB}$$
$$\omega_s = 0.3\pi, \quad A_s = 18 \text{ dB}$$

解　程序如下:

```
% 双线性变换法设计数字椭圆函数低通滤波器
% 数字滤波器指标
wp=0.2 * pi;ws=0.3 * pi;Rp=1.5;As=18;
% 转换为模拟滤波器指标
T=1;Fs=1/T;
omegap=(2/T) * tan(wp/2);
omegas=(2/T) * tan(ws/2);
% 模拟椭圆函数滤波器的计算
[cs,ds]=afd_elip(omegap,omegas,Rp,As);
% 双线性变换计算
[b,a]=bilinear(cs,ds,Fs);
[C,B,A]=dir2cas(b,a)
% 计算频率响应
[db,mag,pha,grd,w]=freqz_m(b,a);
% 画图
subplot(2,2,1);plot(w/pi,mag);title('幅度响应');grid;
axis([0 0.8 0 1]);ylabel('幅度');xlabel('以\pi 为单位的频率');
subplot(2,2,3);plot(w/pi,db);title('幅度响应(dB)');grid;
axis([0 0.8 -60 0]);ylabel('对数幅度/dB');xlabel('以\pi 为单位的频率');
subplot(2,2,2);plot(w/pi,pha);title('相位响应');grid;
axis([0 0.8 -4 4]);xlabel('以\pi 为单位的频率');ylabel('相位');
subplot(2,2,4);plot(w/pi,grd);title('群延迟');grid;
axis([0 0.8 0 15]);xlabel('以\pi 为单位的频率');ylabel('样本');
```

程序运行后,结果如下,系统的频率响应如图 4.46 所示。

```
>> n * * * 椭圆滤波器的阶数=3
C=
    0.0937
```

B=
　　1.0000　　　−1.3963　　1.0000
　　1.0000　　　1.0000　　　0
A=
　　1.0000　　　−1.5138　　0.8673
　　1.0000　　　−0.6798　　　0

因此,系统函数为

$$H(z) = \frac{0.0937(1+z^{-1})(1-1.3963z^{-1}+z^{-2})}{(1-0.6798z^{-1})(1-1.5138z^{-1}+0.8673z^{-2})}$$

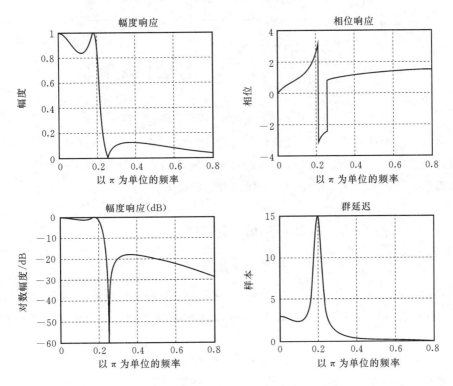

图 4.46　用双线性变换法设计的椭圆低通滤波器的频率响应

4.5　IIR 数字滤波器的频率变换

　　前几节讨论了低通 IIR 数字滤波器的设计方法,本节讨论高通、带通和带阻等 IIR 数字滤波器的设计问题。图 4.47 所示的是两种常用设计方法。方法 1 首先设计一个模拟原型低通滤波器,然后通过频率变换把它变换成所需要的模拟高通、带通或带阻滤波器,最后再使用冲激不变法或双线性变换法变换成相应的数字高通、带通和带阻滤波器。方法 2 则先设计了一个模拟原型低通滤波器,然后采用冲激响应不变法或双线性变换法将它转换成数字原型低通滤波器,最后通过频率变换把数字原型低通滤波器变换成所需要的数字高通、带通或带阻滤波器。方法 1 的缺点是,由于产生混叠失真,因此不能用冲激不变法来变换成高通或带阻滤波器。本节只讨论方法 2。在方法 2 中,从模拟低通滤波器到数字低通滤波器的转换,前面已经讨论过了,因此下面只讨论数字低通滤波器到数字高通、带通和带阻滤波器的转换问题。

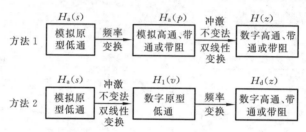

图 4.47　设计高通、带通和带阻 IIR 数字滤波器的不同方法

从数字原型低通滤波器变换到数字高通、带通或带阻滤波器的设计过程,类似于双线性变换方法。设 $H_1(v)$ 是数字原型低通滤波器的系统函数,$H_d(z)$ 是所要求的滤波器的系统函数。从 v 平面到 z 平面的映射定义为

$$v^{-1} = F(z^{-1}) \tag{4.74}$$

式中,$F(\cdot)$ 为变换函数。因此,所要求的系统函数为

$$H_d(z) = H_1(v^{-1}) \bigg|_{v^{-1} = F(z^{-1})} \tag{4.75}$$

因此,如果 $H_1(v)$ 是稳定和因果的低通数字滤波器的有理系统函数,那么经变换后得到的 $H_d(z)$ 仍然是稳定和因果的数字滤波器的有理系统函数。为此必须满足两个要求:

① $F(z^{-1})$ 必须是 z^{-1} 的有理函数;

② v 平面的单位圆内部映射到 z 平面的单位圆内部。

设 θ 和 ω 分别表示 v 平面和 z 平面的频率变量,即 $v = e^{j\theta}$,$z = e^{j\omega}$,则

$$e^{-j\theta} = |F(e^{-j\omega})| e^{jarg[F(e^{-j\omega})]}$$

因而要求

$$|F(e^{-j\omega})| = 1 \tag{4.76a}$$

和

$$\theta = -\arg[F(e^{-j\omega})] \tag{4.76b}$$

式(4.76a)表明函数 $F(z^{-1})$ 在单位圆上的幅度必须恒等于 1,这样的函数就是全通函

数,任何全通函数都可表示为

$$F(z^{-1}) = \pm \prod_{k=1}^{N} \frac{z^{-1} - \alpha_k}{1 - \alpha_k z^{-1}} \tag{4.77}$$

式中,α_k 是 $F(z^{-1})$ 的极点。为了满足稳定性的要求,必须有 $|\alpha_k| < 1$。这样,通过选择适当的 N 值和 α_k 值,可以得出各种各样的映射。最简单的映射就是把一个低通滤波器变换成另一个低通滤波器的映射,对于这种情况,有

$$v^{-1} = F(z^{-1}) = \frac{z^{-1} - \alpha}{1 - \alpha z^{-1}} \quad \text{或} \quad z^{-1} = \frac{\alpha + v^{-1}}{1 + \alpha v^{-1}} \tag{4.78}$$

将 $z = \mathrm{e}^{\mathrm{j}\omega}$ 和 $v = \mathrm{e}^{\mathrm{j}\theta}$ 代入上式得

$$\mathrm{e}^{-\mathrm{j}\omega} = \frac{\alpha + \mathrm{e}^{-\mathrm{j}\theta}}{1 + \alpha \mathrm{e}^{-\mathrm{j}\theta}}$$

因此

$$\omega = \arctan\left[\frac{(1 - \alpha^2)\sin\theta}{2\alpha + (1 + \alpha^2)\cos\theta}\right]$$

对于不同的 α 值,ω 与 θ 之间的关系示于图 4.48 中。由图可见,除 $\alpha = 0$ 外,频率标度有明显的扭曲。但对低通滤波器来说,只利用曲线的下部,因此,如果原始系统的低通频率特性是分段恒定的,且截止频率为 θ_p,那么变换后的系统将具有类似的低通特性,其截止频率 ω_p 可以通过选择 α 来确定。由式(4.78)解出 α,得

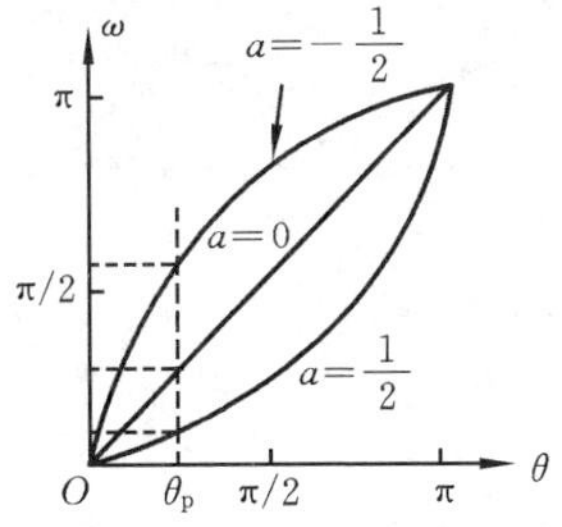

$$\alpha = \frac{\sin[(\theta_\mathrm{p} - \omega_\mathrm{p})/2]}{\sin[(\theta_\mathrm{p} + \omega_\mathrm{p})/2]}$$

图 4.48　低通-低通变换的
频率标度畸变

由此得到所要求的低通滤波器的系统函数为

$$H_\mathrm{d}(z) = H_1(v) \Big|_{v^{-1} = (z^{-1} - a)/(1 - az^{-1})}$$

用类似的方法可导出从低通滤波器得到高通、带通或带阻滤波器的其它变换式,如表 4.1 所示。

例 4.16　用频率变换方法从例 4.11 中的切比雪夫 I 型低通数字滤波器求一个截止频率 $\omega_\mathrm{p} = 0.6\pi$ 的高通滤波器。

解　由例 4.11 得到的切比雪夫 I 型低通滤波器的截止频率 $\theta_\mathrm{p} = 0.2\pi$,系统函数为

$$H_1(v) = \frac{0.0018(1 + v^{-1})^4}{(1 - 1.5548v^{-1} + 0.6493v^{-2})(1 - 1.4996v^{-1} + 0.8482v^{-2})}$$

从表 4.1 得出

$$\alpha = -\frac{\cos[(0.6\pi + 0.2\pi)/2]}{\cos[(0.6\pi - 0.2\pi)/2]} = -0.38197$$

表 4.1　根据截止频率为 θ_p 的数字式低通滤波器原型作变换的公式

滤波器类型	变换公式	有关设计公式
低　通	$v^{-1}=\dfrac{z^{-1}-\alpha}{1-\alpha z^{-1}}$	$\alpha=\dfrac{\sin\left(\dfrac{\theta_p-\omega_p}{2}\right)}{\sin\left(\dfrac{\theta_p+\omega_p}{2}\right)}$ ω_p＝要求的截止频率
高　通	$v^{-1}=-\dfrac{z^{-1}+\alpha}{1+\alpha z^{-1}}$	$\alpha=-\dfrac{\cos\left(\dfrac{\omega_p+\theta_p}{2}\right)}{\cos\left(\dfrac{\omega_p-\theta_p}{2}\right)}$ ω_p＝要求的截止频率
带　通	$v^{-1}=-\dfrac{z^{-2}-\dfrac{2\alpha k}{k+1}z^{-1}+\dfrac{k-1}{k+1}}{\dfrac{k-1}{k+1}z^{-2}-\dfrac{2\alpha k}{k+1}z^{-1}+1}$	$\alpha=\dfrac{\cos\left(\dfrac{\omega_2+\omega_1}{2}\right)}{\cos\left(\dfrac{\omega_2-\omega_1}{2}\right)}$ $k=\cot\left(\dfrac{\omega_2-\omega_1}{2}\right)\tan\dfrac{\theta_p}{2}$ ω_2,ω_1＝要求的上、下截止频率
带　阻	$v^{-1}=\dfrac{z^{-2}-\dfrac{2\alpha}{1+k}z^{-1}+\dfrac{1-k}{1+k}}{\dfrac{1-k}{1+k}z^{-2}-\dfrac{2\alpha}{1+k}z^{-1}+1}$	$\alpha=\dfrac{\cos\left(\dfrac{\omega_2+\omega_1}{2}\right)}{\cos\left(\dfrac{\omega_2-\omega_1}{2}\right)}$ $k=\tan\left(\dfrac{\omega_2-\omega_1}{2}\right)\tan\dfrac{\theta_p}{2}$ ω_2,ω_1＝要求的上、下截止频率

$$H_d(z)=H_l(v)\Big|_{v^{-1}=-(z^{-1}-0.38197)/(1-0.38197z^{-1})}$$

$$=\frac{0.0243(1-z^{-1})^4}{(1+1.0416z^{-1}+0.4019z^{-2})(1+0.5561z^{-1}+0.7647z^{-2})}$$

将 $z=e^{j\omega}$ 代入 $H_d(z)$，得到幅度响应和相位响应，如图 4.49 所示。

从上面的例子看出，为了从原型数字低通滤波器得到一个新的数字滤波器的有理函数，应该实现表 4.1 所示的各种有理函数的代换。这看起来是一件困难的事情，但是由于这些都是代数函数，能够反复利用 Matlab 中的 conv 函数来实现这些函数的计算。下面的 zmapping 函数具有这些功能。

```
% 从 v 域到 z 域的频带变换
function[bz,az]=zmapping(bv,av,Nz,Dz)
% performs：
%   b(z) = b(v) |
%   a(z)   a(v) | v=N(z)
%                     D(z)
```

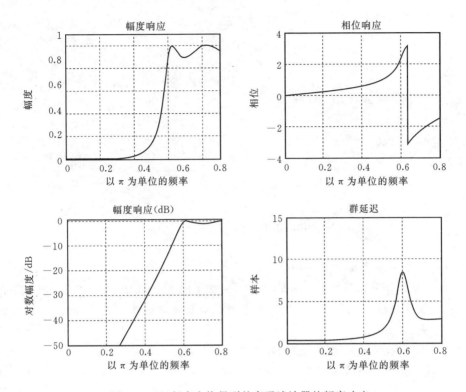

图 4.49　经频率变换得到的高通滤波器的频率响应

```
bzord=(length(bv)-1)*(length(Nz)-1);
azord=(length(av)-1)*(length(Dz)-1);
%
bz=zeros(1,bzord+1);
for k=0:bzord
    pln=[1];
    for l=0:k-1
        pln=conv(pln,Nz);
    end
    pld=[1];
    for l=0:bzord-k-1
        pld=conv(pld,Dz);
    end
    bz=bz+bv(k+1)*conv(pln,pld);
end
```

```
az＝zeros(1,azord＋1);
for k＝0∶azord
    pln＝[1];
    for l＝0∶k－1
        pln＝conv(pln,Nz);
    end
    pld＝[1];
    for l＝0∶azord－k－1
        pld＝conv(pld,Dz);
    end
    az＝az＋av(k＋1) ∗ conv(pln,pld);
end
az1＝az(1);az＝az/az1;bz＝bz/az1;
```

有了 zmapping 函数,例 4.16 的计算可由如下的 Matlab 程序来完成。该程序先用双线性变换法设计一个数字切比雪夫Ⅰ型原型低通滤波器,再经 zmapping 函数转换为数字高通滤波器。

```
% 从原型数字低通滤波器到数字高通滤波器的变换
% 数字原型低通指标
wplp＝0.2 ∗ pi;
wslp＝0.3 ∗ pi;
Rp＝1;As＝15;

% 转换为模拟原型低通指标
  T＝1;Fs＝1/T;
  omegap＝(2/T) ∗ tan(wplp/2);
  omegas＝(2/T) ∗ tan(wslp/2);

% 模拟切比雪夫Ⅰ型原型低通滤波器的计算
[cs,ds]＝afd_cheb1(omegap,omegas,Rp,As);
% 双线性变换
[blp,alp]＝bilinear(cs,ds,Fs);
% 数字高通滤波器的截止频率
wphp＝0.6 ∗ pi;
% 低通到高通的变换
alpha＝－(cos((wplp＋wphp)/2))/(cos((wplp－wphp)/2))
```

Nz＝－[alpha,1];Dz＝[1,alpha];

[bhp,ahp]＝zmapping(blp,alp,Nz,Dz);

[C,B,A]＝dir2cas(bhp,ahp)

% 计算高通滤波器的频率响应

[db,mag,pha,grd,w]＝freqz_m(bhp,ahp);

subplot(2,2,1);plot(w/pi,mag);title('幅度响应');grid;

axis([0 0.9 0 1.1]);ylabel('幅度');xlabel('以\pi 为单位的频率');

subplot(2,2,3);plot(w/pi,db);title('幅度响应(dB)');grid;

axis([0 0.8 −50 0.5]);ylabel('对数幅度/dB');xlabel('以\pi 为单位的频率');

subplot(2,2,2);plot(w/pi,pha);title('相位响应');grid;

axis([0 0.8 −4 4]);xlabel('以\pi 为单位的频率');ylabel('相位');

subplot(2,2,4);plot(w/pi,grd);title('群延迟');grid;

axis([0 0.8 0 15]);xlabel('以\pi 为单位的频率');ylabel('样本');

程序运行后结果如下,滤波器的频率响应如图 4.49 所示。

　　＊ ＊ ＊ 切比雪夫滤波器的阶数＝4

alpha＝

　　−0.3820

C＝

　　0.0243

B＝

　　1.0000　　　−2.0000　　　1.0000

　　1.0000　　　−2.0000　　　1.0000

A＝

　　1.0000　　　1.0416　　　0.4019

　　1.0000　　　0.5561　　　0.7647

因此,这个四阶数字高通滤波器的系统函数是

$$H(z)＝\frac{0.0243(1-z^{-1})^4}{(1+1.0416z^{-1}+0.4019z^{-2})(1+0.5561z^{-1}+0.7647z^{-2})}$$

这与例 4.16 得到的系统函数是一致的。

4.6　FIR 数字滤波器的设计方法

　　IIR 数字滤波器的设计方法利用了模拟滤波器的研究成果,设计方法简单而有效,能得到较好的幅度特性,特别是双线性变换方法由于没有频谱混叠,因而很受欢迎。但是,由于 IIR 数字滤波器的相位特性是非线性的,因而相位特性不好控制,这

是它的主要缺点。FIR 数字滤波器的独特优点是容易得到严格的线性相位。此外，FIR 数字滤波器的极点都位于原点，所以 FIR 数字滤波器总是稳定的。FIR 滤波器可以采用非递归结构，也可以采用一些递归环节来实现，但主要采用非递归结构。在第 6 章将会看到，在有限字长的情况下，非递归结构不会出现递归结构中的极限环振荡现象，而且舍入噪声可以很小。FIR 滤波器还可以用 FFT 来计算，从而大大提高运算效率。正是这些特点才使得 FIR 滤波器越来越为人们所重视，其应用也越来越广泛。FIR 滤波器的主要缺点是，必须用很长冲激响应的 FIR 滤波器才能很好地逼近锐截止滤波器，这意味着需要很大的运算量。另一个缺点是，线性相位 FIR 滤波器的时延不一定总是样本间隔的整数倍，在某些信号处理应用中，这种非整数时延会带来一些不希望有的问题。

　　FIR 数字滤波器的设计方法与 IIR 数字滤波器的设计方法很不一样，它不能利用模拟滤波器的设计方法。FIR 数字滤波器的设计方法主要有窗函数法、频率取样法和等波纹逼近法等 3 种，本书主要介绍窗函数法，也简要地介绍频率取样法。

4.6.1　窗函数法

　　先看一个例题。图 4.50(a)和(b)所示的是理想低通滤波器的频率响应，即

$$H_{\mathrm{d}}(\mathrm{e}^{\mathrm{j}\omega}) = \begin{cases} 1, & |\omega| \leqslant \omega_{\mathrm{c}} \\ 0, & \omega_{\mathrm{c}} < |\omega| \leqslant \pi \end{cases}$$

对应的冲激响应为

$$h_{\mathrm{d}}(n) = \frac{1}{2\pi}\int_{-\omega_{\mathrm{c}}}^{\omega_{\mathrm{c}}} \mathrm{e}^{\mathrm{j}\omega n}\,\mathrm{d}\omega = \frac{\sin(\omega_{\mathrm{c}} n)}{\pi n} \tag{4.79}$$

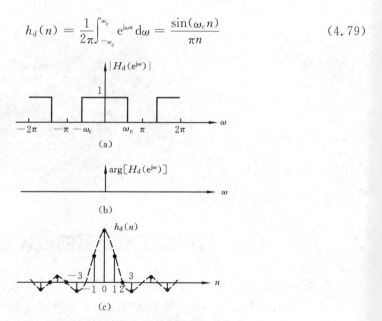

图 4.50　理想低通滤波器的频率响应和冲激响应

如图 4.50(c)所示。从式(4.79)和图 4.50(c)可以看出,理想低通滤波器是非因果的,它的冲激响应是无限长的。可以证明 $\dfrac{\sin(\omega_c n)}{\pi n}$ 不是绝对可和的,因而理想低通滤波器是不稳定的。但是,可以将无限长冲激响应序列截断,得到一个有限长序列,并用它逼近理想低通滤波器。这是利用窗函数设计 FIR 数字滤波器的基本原理。

在上面的例子中,没有考虑理想低通滤波器的时延。设一理想低通滤波器的截止频率为 ω_c,时延为 α,即

$$H_d(e^{j\omega}) = \begin{cases} e^{-j\omega\alpha}, & |\omega| \leqslant \omega_c \\ 0, & \omega_c < |\omega| \leqslant \pi \end{cases}$$

对应的冲激响应为

$$h_d(n) = \frac{1}{2\pi}\int_{-\omega_c}^{\omega_c} e^{-j\omega\alpha} \cdot e^{j\omega n}\,d\omega = \frac{\sin[\omega_c(n-\alpha)]}{\pi(n-\alpha)} \tag{4.80}$$

显然,$h_d(n)$ 是以 α 为中心的无限长非因果序列,如图 4.51(a)所示。现在需要寻找一个有限长序列 $h(n)$ 来逼近 $h_d(n)$,$h(n)$ 应满足 FIR 滤波器的基本条件,即它是偶对称或奇对称的,以满足线性相位的要求,它还应当是因果的。这样,有

$$h(n) = \begin{cases} h_d(n), & 0 \leqslant n \leqslant N-1 \\ 0, & \text{其它} \end{cases}$$

和

$$\alpha = \frac{N-1}{2}$$

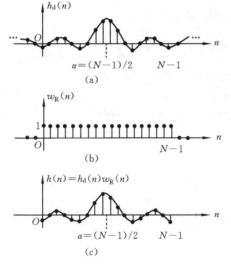

图 4.51   理想低通冲激响应的直接截取

$\alpha = \dfrac{N-1}{2}$ 是为了满足偶对称的要求。可以把 $h(n)$ 看作是 $h_d(n)$ 与一矩形序列 $w_R(n)$

（如图 4.51(b)所示）相乘的结果，即

$$h(n) = h_\mathrm{d}(n)\, w_\mathrm{R}(n) \tag{4.81}$$

式中
$$w_\mathrm{R}(n) = \begin{cases} 1, & 0 \leqslant n \leqslant N-1 \\ 0, & \text{其它} \end{cases}$$

$h(n)$ 如图 4.51(c)所示。$w_\mathrm{R}(n)$ 称为矩形窗函数。窗函数不一定是矩形窗函数，也可以是其它窗函数，因此一般将 $h(n)$ 表示为

$$h(n) = h_\mathrm{d}(n)\, w(n) \tag{4.82}$$

根据傅里叶变换的卷积性质，$h(n)$ 的频谱函数可表示为

$$H(\mathrm{e}^{\mathrm{j}\omega}) = \frac{1}{2\pi} H_\mathrm{d}(\mathrm{e}^{\mathrm{j}\omega}) * W(\mathrm{e}^{\mathrm{j}\omega}) \tag{4.83}$$

即 FIR 数字滤波器的频谱函数是理想低通滤波器的频谱函数与窗函数频谱的卷积。采用不同的窗函数，对应的 $H(\mathrm{e}^{\mathrm{j}\omega})$ 有不同的形状。

矩形窗 $w_\mathrm{R}(n)$ 的频谱为

$$W_\mathrm{R}(\mathrm{e}^{\mathrm{j}\omega}) = \sum_{n=0}^{N-1} \mathrm{e}^{-\mathrm{j}\omega n} = \frac{\sin(\omega N/2)}{\sin(\omega/2)} \mathrm{e}^{-\mathrm{j}\omega(\frac{N-1}{2})} = W_\mathrm{R}(\omega) \mathrm{e}^{-\mathrm{j}\omega\alpha}$$

式中

$$\begin{cases} W_\mathrm{R}(\omega) = \dfrac{\sin(\omega N/2)}{\sin(\omega/2)} \\[2mm] \alpha = \dfrac{N-1}{2} \end{cases} \tag{4.84}$$

矩形窗的频谱 $W_\mathrm{R}(\omega)$ 的图形如图 4.52 所示。

ω 从 $-\dfrac{2\pi}{N}$ 到 $\dfrac{2\pi}{N}$ 之间的 $W_\mathrm{R}(\omega)$ 称为窗函数频谱的主瓣，主瓣两侧呈衰减振荡的部分称为旁瓣。

理想低通滤波器的频率响应可表示为

$$H_\mathrm{d}(\mathrm{e}^{\mathrm{j}\omega}) = H_\mathrm{d}(\omega) \mathrm{e}^{-\mathrm{j}\omega\alpha}$$

其幅度响应 $H_\mathrm{d}(\omega)$ 为

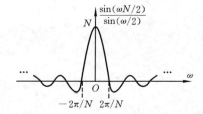

图 4.52　矩形窗的频谱曲线

$$H_\mathrm{d}(\omega) = \begin{cases} 1, & |\omega| \leqslant \omega_\mathrm{c} \\ 0, & \omega_\mathrm{c} < |\omega| \leqslant \pi \end{cases}$$

由式(4.83)知，FIR 数字滤波器的频率响应表示为

$$H(\mathrm{e}^{\mathrm{j}\omega}) = \frac{1}{2\pi} H_\mathrm{d}(\mathrm{e}^{\mathrm{j}\omega}) * W_\mathrm{R}(\mathrm{e}^{\mathrm{j}\omega}) = \frac{1}{2\pi} \int_{-\pi}^{\pi} H_\mathrm{d}(\mathrm{e}^{\mathrm{j}\theta}) W_\mathrm{R}(\mathrm{e}^{\mathrm{j}(\omega-\theta)}) \mathrm{d}\theta$$

$$= \mathrm{e}^{-\mathrm{j}\omega\alpha} \left[\frac{1}{2\pi} \int_{-\pi}^{\pi} H_\mathrm{d}(\theta) W_\mathrm{R}(\omega-\theta) \mathrm{d}\theta \right]$$

因此 FIR 数字滤波器的幅度响应为

$$H(\omega) = \frac{1}{2\pi}\int_{-\pi}^{\pi} H_{\mathrm{d}}(\theta) W_{\mathrm{R}}(\omega-\theta)\mathrm{d}\theta \qquad (4.85)$$

上式表明,由理想低通滤波器的冲激响应加窗得到的 FIR 滤波器,它的幅度响应等于理想低通滤波器的幅度响应与窗函数频谱的幅度响应的周期卷积,如图 4.53 所示。应特别注意周期卷积给 FIR 数字滤波器的幅度响应造成的起伏现象。先来看 ω $=0$ 时的响应 $H(0)$。根据式(4.85),$H(0)$ 等于图 4.53 中(a)与(b)两个函数乘积的积分,即 $W_{\mathrm{R}}(\theta)$ 在 $\theta=-\omega_{\mathrm{c}}$ 到 $\theta=\omega_{\mathrm{c}}$ 这一段的面积,当 $\omega_{\mathrm{c}}\gg 2\pi/N$ 时(这个条件一般能满足),$H(0)$ 实际上就很近似于 $W_{\mathrm{R}}(\theta)$ 全部(θ 从 $-\pi$ 到 π)的面积。再看 $\omega=\omega_{\mathrm{c}}$ 时的卷积值,这时 $H_{\mathrm{d}}(\theta)$ 正好与 $W_{\mathrm{R}}(\omega-\theta)$ 的一半重叠,如图4.53(c)所示,因此卷积值正好是零频响应 $H(0)$ 的一半,即 $H(\omega_{\mathrm{c}})/H(0)=0.5$,如图 4.53(f)所示。当 ω 在通带截止频率 ω_{c} 以内,即 $\omega=\omega_{\mathrm{c}}-2\pi/N$ 时,$W_{\mathrm{R}}(\omega-\theta)$ 的整个主瓣都在 $H_{\mathrm{d}}(\theta)$ 的通带内,如图 4.53(d)所示,因此卷积结果有最大值,这时频率响应出现正肩峰。对于 $\omega=\omega_{\mathrm{c}}$ $+2\pi/N$,$W_{\mathrm{R}}(\omega-\theta)$ 的主瓣全部在 $H_{\mathrm{d}}(\theta)$ 的通带外,如图 4.53(e)所示,在通带内旁瓣负的面积大于正的面积,因此卷积值达到最大负值,$H(\omega)$ 在这里出现负肩峰。当 ω 进一步增大时,卷积值也将随着 $W_{\mathrm{R}}(\omega-\theta)$ 的旁瓣在通带内的面积的变化而变化,这样就造成 $H(\omega)$ 以零值为中心的上下起伏波动。当 ω 由 $\omega-2\pi/N$ 向通带内减小时,$W_{\mathrm{R}}(\omega-\theta)$ 的右旁瓣进入 $H_{\mathrm{d}}(\omega)$ 的通带,这时,卷积值 $H(\omega)$ 在 $W_{\mathrm{R}}(\omega-\theta)$ 的主瓣和左右旁瓣的共同作用下将以 $H(0)$ 为中心上下波动。整个卷积结果如图 4.53(f)所示。

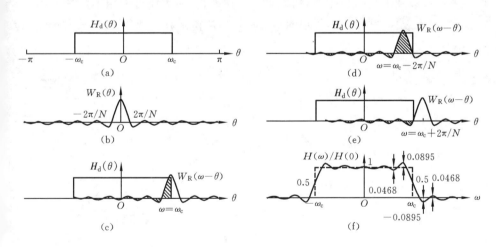

图 4.53　理想低通与矩形窗频谱函数卷积过程

　　从以上分析及图 4.53(f)可以看出,理想低通滤波器经加窗处理后,主要受到两方面的影响。第一,滤波器的频率响应在不连续点处出现过渡带,它主要是由窗函数频谱的主瓣引起的,过渡带的宽度取决于窗函数主瓣的宽度,矩形窗对应的过渡带的宽度 $\Delta\omega=4\pi/N$。一般来说,过渡带的宽度与 N 成反比;第二,滤波器在通带和阻带内产生波纹,这种现象称为吉布斯(Gibbs)现象,主要是由窗函数的频谱的旁瓣造成的。不同窗函数的频谱的主瓣和旁瓣的形状是不同的。在一般情况下,对窗函数的要求有二:旁瓣高度尽可能小,即尽可能让能量集中于主瓣,以减少通带和阻带中的波纹;主瓣宽度尽量窄,以获得尽可能陡的过渡带。但是,这两个要求是互相矛盾的,不可能同时满足。具体来说,降低旁瓣高度必然会使主瓣变宽;反之,压窄主瓣宽度,不可避免地会使旁瓣变高。以矩形窗为例,它的频谱为

$$W_R(\omega) = \frac{\sin(\omega N/2)}{\sin(\omega/2)} \approx \frac{\sin(\omega N/2)}{\omega/2}$$

$$= N \frac{\sin(\omega N/2)}{N\omega/2} = N \left(\frac{\sin x}{x} \right)$$

可以看出,窗函数长度 N 的改变只能改变 ω 坐标的比例和 $W_R(\omega)$ 的绝对大小,而不能改变主瓣和旁瓣的相对比例,这个相对比例是由 $\frac{\sin x}{x}\left(x = \frac{\omega N}{2} \right)$ 决定的,与 N 无关。但是,N 的大小能改变所设计的 FIR 数字滤波过渡带的宽度。

用矩形窗截取无限长序列 $h_d(n)$ 来得到有限长序列 $h(n)$,由于突然将 $h_d(n)$ 截短,因而破坏了序列 $h_d(n)$ 的均匀收敛性,这意味着人为地强迫 $h_d(n)$ 收敛。不均匀收敛性在频谱中是以吉布斯现象反映出来的。矩形窗所形成的 FIR 滤波器的频率响应的波纹幅度很大,最大肩峰值达 8.95%,如图 4.53(f)所示。为了减小波纹幅度,一方面可以加大窗的长度 N,但效果并不显著;另一方面可采用不同的窗函数来改善不均匀收敛性。图 4.54 所示的是几种常用的窗函数,它们的定义式和频谱函数分述如下。

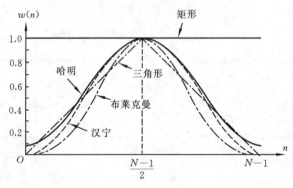

图 4.54　几种窗函数

1. 矩形(Boxcar)窗

$$w(n) = \begin{cases} 1, & 0 \leqslant n \leqslant N-1 \\ 0, & \text{其它} \end{cases} \tag{4.86}$$

$$W_R(\omega) = \frac{\sin(\omega N/2)}{\sin(\omega/2)} \tag{4.87}$$

2. 巴特利特(Bartlett)窗(三角形窗)

$$w(n) = \begin{cases} \dfrac{2n}{N-1}, & 0 \leqslant n \leqslant \dfrac{N-1}{2} \\ 2 - \dfrac{2n}{N-1}, & \dfrac{N-1}{2} \leqslant n \leqslant N-1 \end{cases} \quad (4.88)$$

$$W(\omega) = \frac{1}{M} \left| \frac{\sin(\omega N/2)}{\sin(\omega/2)} \right|^2, \quad M = \frac{N-1}{2} \quad (4.89)$$

3. 汉宁(Hanning)窗(升余弦窗)

$$w(n) = \frac{1}{2} \left[1 - \cos\left(\frac{2\pi n}{N-1}\right) \right], \quad 0 \leqslant n \leqslant N-1 \quad (4.90)$$

或

$$w(n) = \frac{1}{2} \left[1 - \cos\left(\frac{2\pi n}{N-1}\right) \right] w_R(n) \quad (4.91)$$

$$W(e^{j\omega}) = W(\omega) e^{-j\alpha\omega}$$

利用序列的傅里叶变换的调制性质,由式(4.91)可得出汉宁窗的频谱幅度函数为

$$W(\omega) = 0.5 W_R(\omega) + 0.25 \left[W_R\left(\omega - \frac{2\pi}{N-1}\right) + W_R\left(\omega + \frac{2\pi}{N-1}\right) \right] \quad (4.92)$$

式中,$W_R(\omega)$是矩形窗的频谱幅度函数。当 $N \gg 1$ 时,上式可近似为

$$W(\omega) = 0.5 W_R(\omega) + 0.25 \left[W_R\left(\omega - \frac{2\pi}{N}\right) + W_R\left(\omega + \frac{2\pi}{N}\right) \right] \quad (4.93)$$

因此可以认为汉宁窗的频谱由图 4.55 所示的 3 部分组成,3 部分频谱相加的结果使旁瓣大大抵消,而使能量有效地集中在主瓣内,代价是使主瓣的宽度加大了一倍。

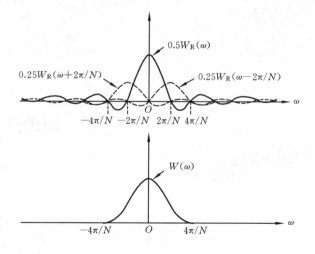

图 4.55 汉宁窗的频谱

4. 哈明(Hamming)窗

$$w(n) = \left[0.54 - 0.46\cos\left(\frac{2\pi n}{N-1}\right)\right]w_R(n) \tag{4.94}$$

$$W(\omega) = 0.54W_R(\omega) + 0.23\left[W_R\left(\omega - \frac{2\pi}{N-1}\right) + W_R\left(\omega + \frac{2\pi}{N-1}\right)\right] \tag{4.95}$$

5. 布莱克曼(Blackman)窗

$$w(n) = \left[0.42 - 0.5\cos\left(\frac{2\pi n}{N-1}\right) + 0.08\cos\left(\frac{4\pi n}{N-1}\right)\right]w_R(n) \tag{4.96}$$

$$W(\omega) = 0.42W_R(\omega) + 0.25\left[W_R\left(\omega - \frac{2\pi}{N-1}\right) + W_R\left(\omega + \frac{2\pi}{N-1}\right)\right]$$

$$+ 0.04\left[W_R\left(\omega - \frac{4\pi}{N-1}\right) + W_R\left(\omega + \frac{4\pi}{N-1}\right)\right] \tag{4.97}$$

图 4.56 描绘的是 $N=51$ 时上列 5 种窗函数的频谱函数图形,图中以相对衰减 $A = 20\lg|W(\omega)/W(0)|$ dB为纵坐标。从图中可以看出,这 5 种窗函数的旁瓣衰减依次增大,主瓣宽度依次加宽。

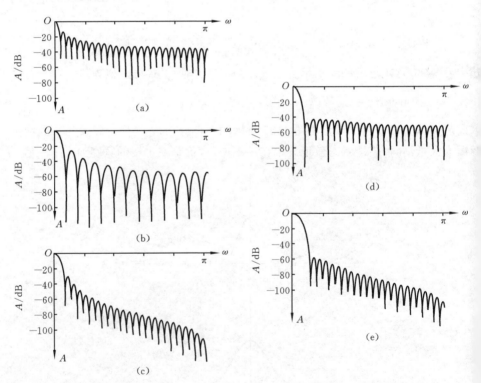

图 4.56 窗函数的频谱

(a) 矩形窗; (b) 巴特利特窗; (c) 汉宁窗; (d) 哈明窗; (e) 布莱克曼窗

　　图 4.57 所示的是用这 5 种窗函数设计的低通 FIR 数字滤波器的频率响应特性。

窗函数的长度 $N = 51$,理想低通滤波器的截止频率 $\omega_c = \dfrac{\pi}{2}$。从图中可看出,用矩形窗

设计的滤波器的过渡带最窄,但阻带衰减指标最差,仅有 -21 dB 左右。而用布莱克曼

窗设计的阻带衰减指标最好,可达 -74 dB,但过渡带最宽,约为矩形窗的 3 倍。

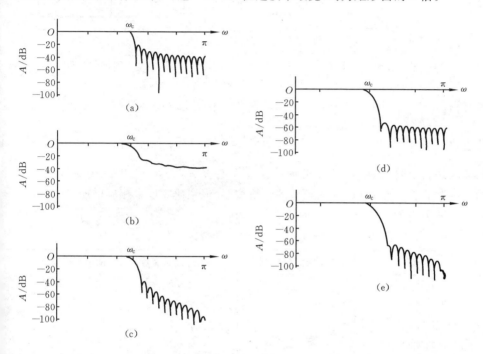

图 4.57　用不同的窗函数设计的 FIR 数字滤波器 $\left(N = 51, \omega_c = \dfrac{\pi}{2} \right)$

（a）矩形窗；（b）巴特利特窗；（c）汉宁窗；（d）哈明窗；（e）布莱克曼窗

6. 凯泽(Kaiser)窗

$$w(n) = \frac{\mathrm{I}_0 \left[\beta \sqrt{1 - \left(\dfrac{2n}{N-1} - 1 \right)^2} \right]}{\mathrm{I}_0(\beta)} \tag{4.98}$$

中,$\mathrm{I}_0(x)$ 是第一类修正零阶贝塞尔函数。它可用以下的级数来计算:

$$\mathrm{I}_0(x) = 1 + \sum_{k=1}^{\infty} \left[\frac{(x/2)^k}{k!} \right]^2 \tag{4.99}$$

实际应用中,级数取 15～25 项就可以达到足够的精度。零阶贝塞尔函数如图4.58

示。

　　凯泽窗是一族窗函数。β 是可调参数,调节 β 值可以改变主瓣的宽度和旁瓣的

度,β 的典型值在 4～9 范围内。凯泽窗的曲线示于图 4.59 中。当 $n = \dfrac{N-1}{2}$(即中

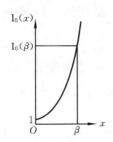

图 4.58 零阶贝塞尔函数

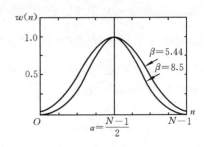

图 4.59 凯泽窗函数

点)时,$w(n)=\dfrac{I_0(\beta)}{I_0(\beta)}=1$,当 n 从中点向两边变化时,$w(n)$ 逐渐减小,β 愈大,$w(n)$ 变化愈快。当 $n=0$ 和 $n=N-1$ 时,$w(0)=w(N-1)=\dfrac{1}{I_0(\beta)}$。在图 4.59 中,$\beta=5.44$ 的曲线接近于哈明窗,$\beta=8.5$ 的曲线与布莱克曼窗相近,而 $\beta=0$ 的曲线就是矩形窗。参数 β 选得愈大,$w(n)$ 的频谱的旁瓣愈小,但主瓣宽度也相应增加。

这 6 种窗的主要特性参数列于表 4.2 中。

表 4.2 6 种窗的主要特性参数

窗函数	旁瓣峰值幅度/dB	主瓣过渡带宽度	最小阻带衰减/dB
矩形窗	−13	$4\pi/N$	−21
巴特利特窗	−25	$8\pi/N$	−25
汉宁窗	−31	$8\pi/N$	−44
哈明窗	−41	$8\pi/N$	−53
布莱克曼窗	−57	$12\pi/N$	−74
凯泽窗($\beta=7.865$)	−57	$10\pi/N$	−80

现在把用窗函数设计 FIR 数字滤波器的步骤归纳如下:

① 给出所要设计的 FIR 数字滤波器的技术指标,如通带截止频率 ω_p,阻带截止频率 ω_s,通带衰减 R_p(dB)和阻带衰减 A_s(dB)。

② 根据允许的过渡带宽度及阻带衰减,初步选择窗函数和 N 值。

③ 若选用理想低通逼近,则计算如下积分,求出理想低通的冲激响应 $h_d(n)$。理想低通的截止频率选择为

$$\omega_c = (\omega_p + \omega_s)/2 \tag{4.100}$$

这样

$$h_d(n) = \frac{1}{2\pi}\int_{-\omega_c}^{\omega_c} e^{-j\omega\alpha} \cdot e^{j\omega n}\,\mathrm{d}\omega = \frac{\sin[\omega_c(n-\alpha)]}{\pi(n-\alpha)} \tag{4.101}$$

④ 将 $h_d(n)$ 与窗函数相乘得 FIR 数字滤波器的冲激响应 $h(n)$:

$$h(n) = h_d(n)w(n) \tag{4.102}$$

⑤ 计算 FIR 数字滤波器的频率响应,并验证是否达到所要求的指标。

$$H(e^{j\omega}) = \sum_{n=0}^{N-1} h(n)e^{-j\omega n} \tag{4.103}$$

由 $H(e^{j\omega})$ 计算幅度响应 $H(\omega)$ 和相位响应 $\varphi(\omega)$。

在实际设计中,有许多问题要处理,窗函数和 N 的选择要经过多次实验才能确定。在 Matlab 中 N 也可以由过渡带的宽度 $\omega_s - \omega_p$ 来计算,注意后面的例题。

例 4.17　利用窗函数法设计一个 FIR 滤波器,技术指标如下:

$$\omega_p = 0.2\pi, \quad 通带衰减 R_p = 0.35 \text{ dB}$$
$$\omega_s = 0.3\pi, \quad 阻带衰减 A_s = 30 \text{ dB}$$

解　根据阻带衰减,选用哈明窗,N 取 51。采用理想低通逼近,于是理想低通的截止频率 $\omega_c = (\omega_p + \omega_s)/2 = 0.25\pi$,其冲激响应为

$$h_d(n) = \frac{1}{2\pi}\int_{-0.25\pi}^{0.25\pi} e^{-j\alpha\omega} \cdot e^{j\omega n} d\omega = \frac{\sin[0.25\pi(n-\alpha)]}{\pi(n-\alpha)}$$

式中,$\alpha = \dfrac{51-1}{2} = 25$,于是所设计的 FIR 滤波器的冲激响应 $h(n)$ 为

$$h(n) = h_d(n) \cdot w(n) = \frac{\sin[0.25\pi(n-25)]}{\pi(n-25)} \cdot w(n), \quad 0 \leqslant n \leqslant 50$$

式中,$w(n)$ 为哈明窗。

使用 Matlab 来实现本例的计算时,首先要用到求理想低通冲激响应 $h_d(n)$ 的函数 ideal_lp( )。这个函数的计算如下所示:

```
% 理想低通滤波器的计算函数
function hd = ideal_lp(wc,M);
alpha = (M-1)/2;
n = [0:1:(M-1)];
m = n - alpha + eps;能够% 加一个很小的数以避免用零来除
hd = sin(wc * m) ./(pi * m);
```

实现本例设计的程序如下:

```
% 用 Hamming 窗函数设计 FIR 数字滤波器
wp = 0.2 * pi;ws = 0.3 * pi;
N = 51;
n = [0:1:N-1];
wc = (ws+wp)/2;% 理想低通的截止频率
hd = ideal_lp(wc,N);% 理想低通的冲激响应
w_ham = (hamming(N))';
h = hd .* w_ham % FIR 滤波器的冲激响应
[db,mag,pha,grd,w] = freqz_m(h,[1]);
```

delta_w＝2 * pi/1000;

Rp＝－(min(db(1：1：wp/delta_w＋1))) ％ 实际的通带衰减

As＝－round(max(db(ws/delta_w＋1：1：501))) ％ 实际的最小阻带衰减

％ plots

subplot(2,2,1);stem(n,hd);title('理想冲激响应')

axis([0 N－1 －0.1 0.3]);xlabel('n');ylabel('hd(n)')

　subplot(2,2,2);stem(n,w_ham);title('Hamming 窗')

　axis([0 N－1 0 1.1]);xlabel('n');ylabel('w(n)')

　subplot(2,2,3);stem(n,h);title('实际冲激响应')

　axis([0 N－1 －0.1 0.3]);xlabel('n');ylabel('h(n)')

　subplot(2,2,4);plot(w/pi,db);title('幅度响应(dB)');grid

　axis([0 0.8 －100 0]);

　xlabel('以\pi 为单位的频率');ylabel('对数幅度/dB');

程序运行后,FIR 滤波器的通带衰减 R_p＝0.3150 dB,阻带衰减 A_s＝30 dB,都满足原来的技术指标。滤波器的冲激响应 $h(n)$ 由于数据过多不便列出。图 4.60 示出了该 FIR 滤波器以 dB 计的幅度响应等。

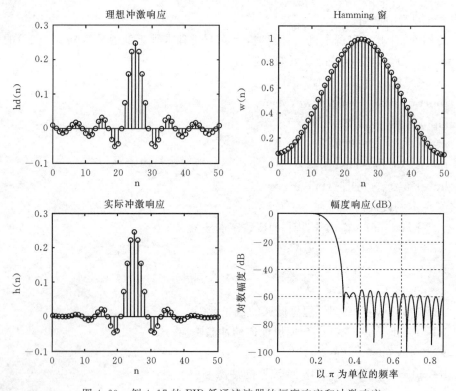

图 4.60　例 4.17 的 FIR 低通滤波器的幅度响应和冲激响应

例 4.18 利用凯泽(Kaiser)窗设计一个 FIR 低通滤波器,技术指标如下:

$$\omega_p = 0.2\pi, \quad 通带衰减 R_p = 0.25 \text{ dB}$$
$$\omega_s = 0.3\pi, \quad 阻带衰减 A_s = 50 \text{ dB}$$

解 程序如下:

```
% 用 Kaiser 窗函数设计 FIR 数字滤波器
wp＝0.2 * pi;ws＝0.3 * pi;As＝50;
tr_width＝ws－wp;
N＝ceil((As－7.95)/(14.36 * tr_width/(2 * pi))＋1)＋1
n＝[0:1:N－1];
beta＝0.1102 * (As－8.7)
wc＝(ws＋wp)/2;% 理想低通的截止频率
hd＝ideal_lp(wc,N);% 理想低通的冲激响应
w_kai＝(kaiser(N,beta))';
h＝hd . * w_kai % FIR 滤波器的冲激响应
[db,mag,pha,grd,w]＝freqz_m(h,[1]);
delta_w＝2 * pi/1000;
Rp＝－(min(db(1:1:wp/delta_w＋1)))   % 实际的通带衰减
As＝－round(max(db(ws/delta_w＋1:1:501)))  % 实际的最小阻带衰减
subplot(2,2,1);plot(w/pi,db);title('幅度响应(dB)');grid
axis([0 0.5 －100 0]);
ylabel('对数幅度/dB');xlabel('以\pi 为单位的频率');
subplot(2,2,2);plot(w/pi,pha);title('相位响应');grid;
axis([0 0.5 －4 4]);
xlabel('以\pi 为单位的频率');ylabel('相位');
```

程序运行后,得到 $N = 61$, beta＝4.5513, $R_p = 0.0442$ dB, $A_s = 52$ dB,完全满足原来的技术指标。滤波器的频率响应如图 4.61 所示。

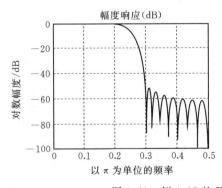
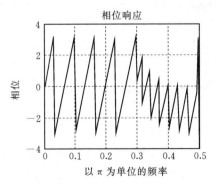

图 4.61 例 4.18 的 FIR 滤波器的频率响应

例 4.19　利用布莱克曼(Blackman)窗函数设计一个 FIR 带通滤波器,技术指标如下:

$$下阻带边缘: \omega_{1s} = 0.2\pi, A_s = 55 \text{ dB}$$
$$下通带边缘: \omega_{1p} = 0.3\pi, R_p = 1 \text{ dB}$$
$$上通带边缘: \omega_{2p} = 0.65\pi, R_p = 1 \text{ dB}$$
$$上阻带边缘: \omega_{2s} = 0.8\pi, A_s = 55 \text{ dB}$$

解　本设计需要一个理想带通滤波器,它可由两个理想低通相减得到,如图4.62所示。这样,仍然可利用 ideal_lp( )函数。程序如下:

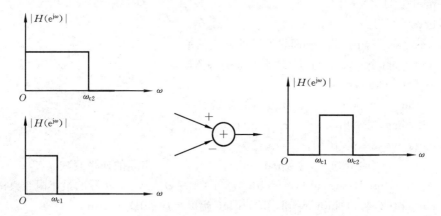

图 4.62　从两个理想低通滤波器获得一理想带通滤波器

```
% 用 Blackman 窗函数设计 FIR 带通滤波器
ws1=0.2 * pi;wp1=0.35 * pi;
wp2=0.65 * pi;ws2=0.8 * pi;
N=65;
n=[0:1:N-1];
wc1=(ws1+wp1)/2; wc2=(wp2+ws2)/2;
hd=ideal_lp(wc2,N)-ideal_lp(wc1,N);
w_bla=(blackman(N))';
h=hd .* w_bla;
[db,mag,pha,grd,w]=freqz_m(h,[1]);
delta_w=2 * pi/1000;
Rp=-min(db(wp1/delta_w+1:1:wp2/delta_w))
As=-round(max(db(ws2/delta_w+1:1:501)))
% plots
subplot(2,2,1);plot(w/pi,db);title('幅度响应(dB)');grid;
```

axis([0 1 −150 10]);

xlabel('以\pi 为单位的频率');ylabel('对数幅度/dB');

subplot(2,2,2);plot(w/pi,pha);title('相位响应');grid;

axis([0 1 −4 4]);xlabel('以\pi 为单位的频率');ylabel('相位');

程序运行后,$R_p = 0.0168$ dB,$A_s = 55$ dB,满足技术指标。该带通滤波器的频率响应如图 4.63 所示。

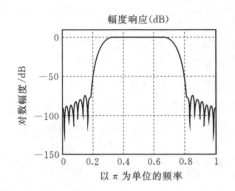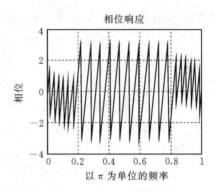

图 4.63　例 4.19 的 FIR 带通滤波器的频率响应

4.6.2　频率取样法

FIR 数字滤波器既可由冲激响应 $h(n)$ 确定,也可由 $h(n)$ 的离散傅里叶变换 $H(k)$ 确定,$H(k)$ 可表示为

$$H(k) = H(z)\Big|_{z=e^{j\frac{2\pi}{N}k}} = \sum_{n=0}^{N-1} h(n)e^{-j\frac{2\pi}{N}kn}, \quad k = 0,1,2,\cdots,N-1 \quad (4.104)$$

根据内插公式(3.50)有

$$H(z) = \frac{1-z^{-N}}{N} \sum_{k=0}^{N-1} \frac{H(k)}{1-e^{j\frac{2\pi}{N}k}z^{-1}} \quad (4.105)$$

FIR 滤波器的频率响应也可用 $H(k)$ 表示:

$$H(e^{j\omega}) = \sum_{k=0}^{N-1} H(k)\varphi\left(\omega - \frac{2\pi}{N}k\right) \quad (4.106)$$

式中,$\varphi(\omega)$ 为内插函数,

$$\varphi(\omega) = \frac{\sin(\omega N/2)}{N\sin(\omega/2)} e^{-j\omega\left(\frac{N-1}{2}\right)} \quad (4.107)$$

在式(4.104)中,$H(k)$ 可表示为

$$H(k) = H(e^{j\frac{2\pi}{N}k}) = \begin{cases} H(0), & k = 0 \\ H^*(N-K), & K = 1,2,\cdots,N-1 \end{cases} \quad (4.108)$$

因此,对于线性相位 FIR 滤波器,有

$$h(n) = \pm h(N-1-n), \quad n=0,1,2,\cdots,N-1$$

式中,正号对应于 1 型和 2 型滤波器,负号对应于 3 型和 4 型滤波器(见 4.3 节有关线性相位 FIR 数字滤波器结构的说明)。

如果使用理想低通滤波器进行逼近,则对给定的理想低通滤波器的频率响应 $H_d(e^{j\omega})$,在 0 到 2π 上等间隔取 N 个样本,可得到

$$H(k) = H_d(e^{j\omega})\Big|_{\omega=\frac{2\pi}{N}k} = H_d(e^{j\frac{2\pi}{N}k}), \quad k=0,1,2,\cdots,N-1 \quad (4.109)$$

于是 FIR 滤波器的冲激响应可由 ifft 求得,即

$$h(n) = \mathrm{ifft}[H(k)] = \mathrm{ifft}[H_d(e^{j\frac{2\pi}{N}k})], \quad n=0,1,2,\cdots,N-1 \quad (4.110)$$

例 4.20 使用频率取样法设计一个 FIR 低通滤波器,技术指标如下:

通带截止频率 $\omega_p=0.2\pi$,通带衰减 $R_p=0.25$ dB

阻带截止频率 $\omega_s=0.3\pi$,阻带衰减 $A_s=40$ dB

解 采用理想低通逼近,选 $N=40$,在 0 到 2π 上对理想低通频率响应进行等间隔取样,即

$$H(k) = H_d(e^{j\frac{2\pi}{N}k}), \quad k=0,1,2,\cdots,39$$

现在来计算通带内,应有几个样本值,因为 $\omega_p=0.2\pi$,因此它所对应的 k 值可计算如下:

$$0.2\pi = \frac{2\pi}{N}k = \frac{2\pi}{40}k$$

于是得 $\qquad\qquad\qquad\qquad k=4$

这说明在 $0 \leqslant \omega \leqslant \omega_p$ 上应有 5 个 1 的取样值(即 $k=0,1,2,3,4$)。根据 DFT 的幅度的偶对称性质,可得到在 $0 \leqslant \omega \leqslant 2\pi$ 上 $H(k)$ 的样本值,即

$$H(k) = |H(k)| = \{1,1,1,1,1,\underbrace{0,\cdots,0}_{31个零},1,1,1,1\}$$

因为 $N=40$,延迟 $\alpha=\dfrac{40-1}{2}=19.5$,并且这是一个 2 型线性相位 FIR 滤波器。

使用 Matlab 实现频率取样设计 FIR 滤波器时,在这里需要一个计算线性相位 2 型 FIR 滤波频率响应的函数,这个函数称为 Hr_Type2(h),如下所示(参考文献 12):

```
% 线性相位 2 型 FIR 滤波器频率响应的计算
function[Hr,w,b,L]=Hr_Type2(h);
M=length(h);
L=M/2;
b=2*[h(L:-1:1)];
n=[1:1:L];n=n-0.5;
w=[0:1:500]'*pi/500;
```

Hr＝cos(w ∗ n) ∗ b′;

实现本例的 Matlab 程序如下:

```
% 频率取样 FIR 滤波器设计
N＝40;alpha＝(N−1)/2;m＝0:N−1;w1＝(2 ∗ pi/N) ∗ m;
Hrs＝[ones(1,5),zeros(1,31),ones(1,4)];
Hdr＝[1,1,0,0];wd1＝[0,0.25,0.25,1];
k1＝0:floor((N−1)/2);k2＝floor((N−1)/2)+1:N−1;
angH＝[−alpha ∗ (2 ∗ pi)/N ∗ k1,alpha ∗ (2 ∗ pi)/N ∗ (N−k2)];
H＝hrs. ∗ exp(j ∗ angH);
h＝real(ifft(H,N))
[db,mag,pha,grd,w]＝freqz_m(h,1);
[Hr,ww,a,L]＝Hr_Type2(h);
subplot(1,1,1)
subplot(2,2,1);plot(w1(1:21)/pi,Hrs(1:21),′o′,wd1,Hdr);
axis([0,1,−0.1,1.1]);title(′频率取样样本(N＝40)′);grid;
xlabel(′以\pi 为单位的频率′);ylabel(′Hr(k),|H(k)|′);
subplot(2,2,2);stem(m,h);axis([−1,N,−0.1,0.3]);grid;
title(′冲激响应′);xlabel(′n′);ylabel(′h(n)′);
subplot(2,2,3);plot(ww/pi,Hr,w1(1:21)/pi,Hrs(1:21),′o′);
axis([0,1,−0.2,1.2]);title(′幅度响应′);grid;
xlabel(′以\pi 为单位的频率′);ylabel(′Hr(w),|H(w)|′)
subplot(2,2,4);plot(w/pi,db);axis([0,1,−60,10]);grid;
title(′幅度响应(dB)′);xlabel(′以\pi 为单位的频率′);ylabel(′对数幅度/dB′);
```

程序运行后,输出的图形如图 4.64 所示,图中示出了理想低通滤波器在 $0 \leqslant \omega \leqslant \pi$ 上的取样样本。FIR 滤波器的频率响应和冲激响应。从图中看出,其频率响应是令人失望的,阻带衰减在 −16 dB 左右,是不符合要求的。

增加阻带衰减的一种方法是加宽过渡带。具体做法是,在通带和阻带的交界处安排一个小于 1 的过渡取样值 H_1。为此,我们取 $H_1 = 0.5$,将例 4.20 的程序改为如下的程序:

```
% 频率取样设计 FIR 滤波器
H1＝0.5;
N＝40;alpha＝(N−1)/2;m＝0:N−1;w1＝(2 ∗ pi/N) ∗ m;
Hrs＝[ones(1,5),H1,zeros(1,29),H1,ones(1,4)];
Hdr＝[1,1,0,0];wd1＝[0,0.25,0.25,1];
```

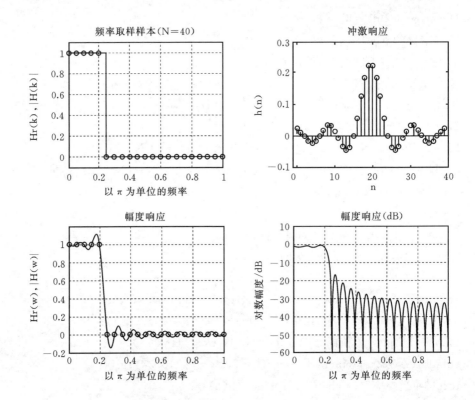

图 4.64　频率取样设计的 FIR 滤波器的频率响应等

k1＝0∶floor((N−1)/2);k2＝floor((N−1)/2)+1∶N−1;
angH＝[−alpha * (2 * pi)/N * k1,alpha * (2 * pi)/N * (N−k2)];
H＝Hrs. * exp(j * angH);
h＝real(ifft(H,N))
[db,mag,pha,grd,w]＝freqz_m(h,1);
[Hr,ww,a,L]＝Hr_Type2(h);
%
subplot(2,2,1);plot(ww/pi,Hr,wl(1∶21)/pi,Hrs(1∶21),′o′);
axis([0,1,−0.2,1.2]);title(′幅度响应′);grid;
xlabel(′以\pi 为单位的频率′);ylabel(′Hr(w),|H(w)|′)
subplot(2,2,2);plot(w/pi,db);axis([0,1,−60,10]);grid;
title(′幅度响应(dB)′);xlabel(′以\pi 为单位的频率′);ylabel(′对数幅度/dB′)
程序运行后,FIR 滤波器的频率响应如图 4.65 所示。显然过渡带加宽了一倍左右
阻带衰减达−30 dB 左右。H_1 的取值不同,所得到的效果也不同。合适的 H_1 的
取可以用计算机辅助设计(CAD)方法来确定,也就是通过最优法来选取。图 4.6

所示的是 $H_1 = 0.3904$ 时对应的频率响应,显然,滤波器的阻带衰减进一步增加了,可达到 -40 dB,但过渡带也加宽了。

为了进一步增加阻带衰减,在 N 不变的情况下,可增添第二个过渡取样值,但过渡带增加一倍。

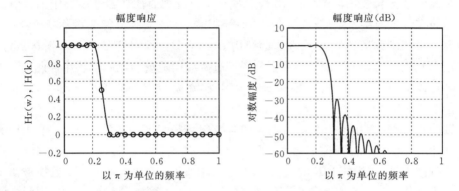

图 4.65　有一个过渡取样 $H_1 = 0.5$ 时的滤波器频率响应

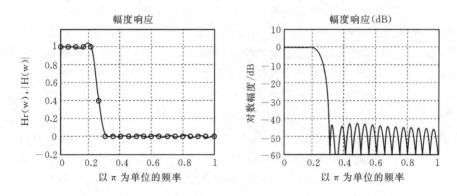

图 4.66　有一个过渡取样 $H_1 = 0.3904$ 时的滤波器频率响应

频率取样方法的优点是,可以直接在频域中用选择过渡取样值的方法来得到良好的设计效果,适合于最优化设计。这种方法的缺点是,频率控制点的位置受到频率轴上的 N 个取样点的限制,因而滤波器的截止频率不易控制。如果要自由地选择截止频率,就必须增加取样点数 N,这样做是不经济的。

上面讨论的设计方法,能够得到很接近于最优化的结果,但它却不是最优化设计,因为它的变量的选择仅限于过渡带的取样值,其它各取样值都是固定的常数,例如,通带内的取样值都等于 1,阻带内的取样值都等于 0。最优化设计是将所有取样值都当作变量,以获得最优化结果。要了解更多的频率取样设计 FIR 滤波器的实际内容,可参考文献 12。

4.7　FIR 数字滤波器与 IIR 数字滤波器的比较

　　IIR 滤波器的系统函数是有理分式,其分母多项式对应于反馈支路,因而这种滤波器是递归结构的系统,只有当所有极点都在单位圆内时滤波器才是稳定的。但实际中由于存在有限字长效应(将在第 6 章中讨论),滤波器有可能变得不稳定。FIR 滤波器的系统函数是多项式,是非递归结构系统,它只在原点处有一个 N 阶极点,因而系统总是稳定的。FIR 滤波器由于有限字长效应而造成的误差也较小。此外 FIR 滤波器可以采用快速傅里叶变换(FFT)来实现,在阶数相等的条件下,运算速度比 IIR 滤波器快得多。

　　IIR 滤波器可以用比 FIR 滤波器少的阶数来满足相同的技术指标,这样,IIR 滤波器所用的存储单元和所需的运算次数都比 FIR 滤波器少。例如,用频率取样法设计阻带衰减为 −20 dB 的 FIR 滤波器,其阶数要有 33 阶才能达到要求。但如果使用双线性变换法设计一个切比雪夫 IIR 数字滤波器,则只要 4～5 阶就可以达到同样的指标,这里 FIR 滤波器的阶数比 IIR 滤波器要高 5～10 倍。FIR 滤波器可得到严格的线性相位,而 IIR 滤波器则不能得到。事实上,IIR 滤波器的选频特性越好,它的相位的非线性就越严重。如果要求 IIR 滤波器具有线性相位,同时又要求它满足幅度响应要求,那么就必须用一个全通网络进行相位校正,这必然会大大增加滤波器的节数和复杂性。因此,在需要严格线性相位的情况下应该选择 FIR 滤波器。

　　IIR 滤波器可利用模拟滤波器现成的设计公式、数据和表格,因而计算工作量较小,对计算工具要求不高。FIR 滤波器没有现成的设计公式,窗函数法只给出窗函数的计算公式,但计算通带和阻带衰减仍无显式表示式。一般,FIR 滤波器的设计只有计算机程序可以利用,因此对计算工具要求较高,要借助电子计算机来设计。另外,IIR 滤波器主要是设计规格化的、频率特性为分段常数的标准低通、高通、带通、带阻和全通滤波器,而 FIR 滤波器可设计出理想正交变换器、理想微分器、线性调频器等各种网络,适应性较广。现在,IIR 和 FIR 数字滤波器都可使用 Matlab 来设计,十分方便。

　　总的看来,IIR 和 FIR 这两种滤波器各有特点,在实际应用中究竟选择哪种滤波器,应从多方面的因素来考虑。例如,用于语音通信的滤波器,对相位要求不是主要的,因此,选用 IIR 滤波器较为合适,可以充分发挥其经济和高效的特点。而图像信号处理和数据传输等以波形携带信息的系统,对相位的线性要求较高,因此采用 FIR 滤波器较好。

复习思考题

　4.1　数字滤波器分为哪几种类型?它们用差分方程来描述时有什么不同?各有什么特性?

4.2　IIR 和 FIR 数字滤波器有哪些基本网络结构？

4.3　若要求一个 FIR 数字滤波器具有线性相位,其冲激响应 $h(n)$ 应具有什么样的特性？

4.4　用冲激响应不变法和双线性变换法设计 IIR 滤波器时,在从模拟滤波器到数字滤波器的转换过程中,其幅度响应和相位响应各有什么样的特性？

4.5　巴特沃斯和切比雪夫模拟滤波器的极点分布各有什么特点？

4.6　试写出设计数字巴特沃斯和切比雪夫滤波器的步骤。

4.7　试说明用窗函数法设计 FIR 数字滤波器的原理。

4.8　使用窗函数法设计 FIR 滤波器时,一般对窗函数的频谱有什么要求？ 这些要求能同时得到满足吗？ 为什么？

4.9　使用窗函数法设计 FIR 滤波器时,增加窗函数的长度 N 值,会产生什么样的效果？ 能减小所形成的 FIR 滤波器幅度响应的肩峰和余振吗？ 为什么？

4.10　试写出使用窗函数法设计 FIR 滤波器的步骤。

4.11　说明用频率取样法设计 FIR 滤波器的原理。

4.12　用频率取样法设计 FIR 滤波器,为了增加阻带衰减,一般可采用什么措施？

习　　题

4.1　一个离散时间系统由下列差分方程表示：

$$y(n) - \frac{3}{4}y(n-1) + \frac{1}{8}y(n-2) = x(n)$$

(1) 画出实现该系统的方框图。

(2) 画出该系统的信号流程图。

4.2　试求出习题 4.2 图所示的两个网络的系统函数,并证明它们具有相同的极点。

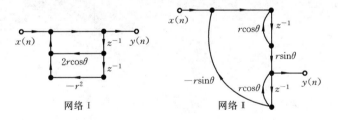

习题 4.2 图

4.3　一个因果线性离散系统由下列差分方程描述：

$$y(n) - \frac{3}{4}y(n-1) + \frac{1}{8}y(n-2) = x(n) + \frac{1}{3}x(n-1)$$

试画出下列形式的信号流程图,对于级联和并联形式只用一节。

(1) 直接 I 型；

(2) 直接 II 型；

(3) 级联型；

(4) 并联型。

4.4 用直接 I 型和直接 II 型结构实现以下系统函数:

(1) $H(z) = \dfrac{-5 + 2z^{-1} - 0.5z^{-2}}{1 + 3z^{-1} + 3z^{-2} + z^{-3}}$

(2) $H(z) = 0.8\,\dfrac{3z^3 + 2z^2 + 2z + 5}{z^3 + 4z^2 + 3z + 2}$

4.5 用级联型和并联型结构实现以下系统函数,每个二阶节都采用直接 II 型结构。

$$H(z) = \frac{5(1 - z^{-1})(1 - 1.4412z^{-1} + z^{-2})}{(1 - 0.5z^{-1})(1 - 1.2728z^{-1} + 0.81z^{-2})}$$

4.6 试证明当 FIR 滤波器的冲激响应具有奇对称性质,即 $h(n) = -h(N-1-n)$ 时,其相位具有分段线性的性质,即

$$\varphi(\omega) = -\omega\left(\frac{N-1}{2}\right) + \frac{\pi}{2}$$

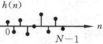
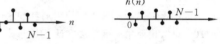

且有

(1) 当 N 为奇数时,滤波器的幅度响应为

$$H(\omega) = \sum_{n=1}^{(N-1)/2} c(n)\sin(\omega n)$$

式中,$c(n) = 2h\left(\dfrac{N-1}{2} - n\right), n = 1, 2, \cdots,$ $\dfrac{N-1}{2}$。

(2) 当 N 为偶数时,滤波器的幅度响应为

$$H(\omega) = \sum_{n=1}^{N/2} d(n)\sin\left[\omega\left(n - \frac{1}{2}\right)\right]$$

式中,$d(n) = 2h\left(\dfrac{N}{2} - n\right), n = 1, 2, \cdots,$ $\dfrac{N}{2}$。

对于以上两种情况,幅度响应和相位响应曲线如习题 4.6 图所示。

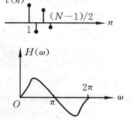
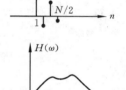

N 为奇数 N 为偶数

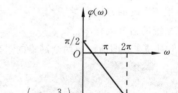

习题 4.6 图

4.7 某因果数字滤波器如下列差分方程所示:

$$y(n) = 0.25x(n) + 0.35x(n-1) + 0.45x(n-2) + a_1 x(n-3) + a_2 x(n-4) + a_3 x(n-5)$$

(1) 求出系统函数 $H(z)$ 和 $h(n)$,并说明该滤波器属于哪类数字滤波器。

(2) 为了使该滤波器具有线性相位,a_1、a_2、a_3 应取何值,并画出线性相位数字滤波器的结构流程图。

4.8 已知一模拟滤波器的传递函数为

$$H_a(s) = \frac{3s + 2}{2s^2 + 3s + 1}$$

试分别用冲激响应不变法和双线性变换法将它转换成数字滤波器的系统函数 $H(z)$,设 $T = 0.5$。

4.9 设 $h_a(t)$ 表示一模拟滤波器的冲激响应

$$h_a(t) = \begin{cases} e^{-0.9t}, & t \geqslant 0 \\ 0, & t < 0 \end{cases}$$

用冲激响应不变法将此模拟滤波器转换成数字滤波器。把 T 当作参数,证明 T 为任何正值时,数字滤波器是稳定的,并说明此滤波器是近似为低通滤波器还是近似为高通滤波器。

4.10　已知一模拟系统的转移函数为

$$H_a(s) = \frac{s+a}{(s+a)^2 + b^2}$$

试根据这个系统求满足下列两条件的离散系统的系统函数 $H(z)$。

(1) 冲激不变条件,也就是

$$h(n) = h_a(nT)$$

(2) 阶跃不变条件,也就是

$$s(n) = s_a(nT)$$

式中

$$s(n) = \sum_{k=-\infty}^{n} h(k), \quad s_a(t) = \int_{-\infty}^{t} h_a(\tau)d\tau$$

4.11　一延迟为 τ 的理想限带微分器的频率响应为

$$H_a(j\Omega) = \begin{cases} j\Omega e^{-j\Omega\tau}, & |\Omega| \leqslant \Omega_c \\ 0, & \text{其它} \end{cases}$$

(1) 用冲激不变法,由此模拟滤波器求数字滤波器的频率响应 $H_d(e^{j\omega})$,假定 $\frac{\pi}{T} > \Omega_c$。

(2) 若 $\hat{h}_d(n)$ 是 $\tau = 0$ 时由(1)确定的滤波器冲激响应,对某些 τ 值,$h_d(n)$ 可用 $\hat{h}_d(n)$ 的延迟表示,即

$$h_d(n) = \hat{h}_d(n - n_\tau)$$

式中,n_τ 为整数。确定这些 τ 值应满足的条件及延迟 n_τ 的值。

4.12　习题 4.12 图表示一数字滤波器的频率响应。

(1) 假设它是用冲激响应不变法由一个模拟滤波器的频率响应映射得到的。试用作图的方法求该模拟滤波器的频率响应特性。

(2) 假设它是用双线性变换得到的,重做(1)。

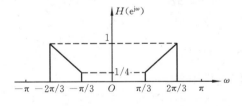

习题 4.12 图

4.13　用冲激不变法设计一个数字巴特沃斯低通滤波器。这个滤波器的幅度响应在通带截止频率 $\omega_p = 0.2613\pi$ 处的衰减不大于 0.75 dB,在阻带截止频率 $\omega_s = 0.4018\pi$ 处的衰减不小于 20 dB。

4.14　使用双线性变换法设计一个巴特沃斯低通滤波器。假定取样频率为 10 kHz,在通带截止频率 $f_p = 1$ kHz 处衰减不大于 1.8 dB,在阻带截止频率 $f_s = 1.5$ kHz 处衰减不小于 12 dB。

4.15　用双线性变换法设计一个数字切比雪夫低通滤波器,各指标与习题 4.14 相同。

4.16　通过频率变换法设计一个数字切比雪夫高通滤波器,从模拟到数字的转换采用双线性变换法。假设取样频率为 2.4 kHz,在频率 160 Hz 处衰减不大于 3 dB,在 40 Hz 处衰减不小于 48 dB。

4.17　设 $h_1(n)$ 是一个偶对称序列,$N=8$,见习题 4.17(a)图。$h_2(n)$ 是 $h_1(n)$ 的四点循环移位,即

$$h_2(n) = h_1((n-4))_8 \cdot R_8(n)$$

（1）求出 $h_1(n)$ 的 DFT 与 $h_2(n)$ 的 DFT 之间的关系,即确定模 $|H_1(k)|$ 与 $|H_2(k)|$ 及相位 $\theta_1(k)$ 与 $\theta_2(k)$ 之间的关系。

（2）由 $h_1(n)$ 和 $h_2(n)$ 可以构成两个 FIR 数字滤波器,试问它们都属于线性相位数字滤波器吗？为什么？时延为多少？

（3）如果 $h_1(n)$ 对应一个截止频率为 $\dfrac{\pi}{2}$ 的低通滤波器,如习题 4.17(b)图所示,那么认为 $h_2(n)$ 也对应一个截止频率为 $\dfrac{\pi}{2}$ 的低通滤波器合理吗？为什么？

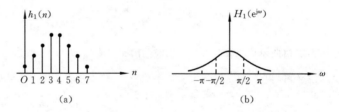

习题 4.17 图

4.18　用矩形窗设计一个线性相位高通滤波器,其中

$$H_d(e^{j\omega}) = \begin{cases} e^{-j(\omega-\pi)\alpha}, & \pi - \omega_c \leqslant \omega \leqslant \pi \\ 0, & 0 \leqslant \omega_c < \pi - \omega_c \end{cases}$$

（1）求出 $h(n)$ 的表示式,确定 α 与 N 的关系。

（2）改用汉宁窗设计,求出 $h(n)$ 的表示式。

4.19　用哈明窗设计一个线性相位 FIR 滤波器,其中

$$H_d(e^{j\omega}) = \begin{cases} e^{-j\omega\alpha}, & |\omega| \leqslant 0.25\pi \\ 0, & \text{其它} \end{cases}$$

设 $N=21$,求 $h(n)$ 的表示式及其数值。

4.20　如果一个线性相位带通滤波器的频率响应为

$$H_B(e^{j\omega}) = H_B(\omega)e^{j\varphi(\omega)}$$

试证明

（1）一个线性相位带阻滤波器可以按下式构成

$$H_R(e^{j\omega}) = [1 - H_B(\omega)]e^{j\varphi(\omega)}, 0 \leqslant \omega \leqslant \pi$$

（2）试用带通滤波器的冲激响应 $h_B(n)$ 来表示带阻滤波器的冲激响应 $h_R(n)$。

4.21　用频率取样法设计一个线性相位低通滤波器,已知 $N=33$,$\omega_c=\pi/2$,过渡区取样值 H_1

＝0.39。

(1) 试求各取样点的幅值 $|H(k)|$ 和相角 $\theta(k)$。

(2) 用 IFFT 求出 $h(n)$。

以下习题都使用 Matlab 求解。

4.22　某 IIR 滤波器由下列差分方程描述,使用 dir2cas( )函数求它的级联结构。

$$16y(n)+12y(n-1)+2y(n-2)-4y(n-3)-y(n-4)$$
$$=x(n)-3x(n-1)+11x(n-2)-27x(n-3)+18x(n-4)$$

4.23　使用 dir2par( )函数将上题的系统用并联型实现。

4.24　设计一个模拟巴特沃斯低通滤波器,技术指标如下:

通带截止频率 $\Omega_p=0.2\pi$,通带衰减 $R_p=2$ dB

阻带截止频率 $\Omega_s=0.3\pi$,阻带衰减 $A_s=16$ dB

4.25　使用冲激响应不变法和双线性变换法分别设计数字巴特沃斯滤波器,数字滤波器技术指标如下:

$$\omega_p=0.2\pi,\quad R_p=1.5 \text{ dB}$$
$$\omega_s=0.3\pi,\quad A_s=16 \text{ dB}$$

4.26　设计一个模拟切比雪夫 I 型低通滤波器,技术指标如下:

通带截止频率 $\Omega_p=0.2\pi$,通带衰减 $R_p=1$ dB

阻带截止频率 $\Omega_s=0.3\pi$,阻带衰减 $A_s=18$ dB

4.27　设计一个模拟切比雪夫 II 型低通滤波器,技术指标如下:

通带截止频率 $\Omega_p=0.2\pi$,通带衰减 $R_p=1$ dB

阻带截止频率 $\Omega_s=0.3\pi$,阻带衰减 $A_s=16$ dB

4.28　设计一个模拟椭圆函数低通滤波器,技术指标与习题 4.26 相同。

4.29　用冲激响应不变法和双线性变换法设计一个数字切比雪夫 I 型低通滤波器,技术指标如下:

通带截止频率 $\omega_p=0.25\pi$,通带衰减 $R_p=1.5$ dB

阻带截止频率 $\omega_s=0.35\pi$,阻带衰减 $A_s=16$ dB

4.30　用双线性变换法设计一个数字切比雪夫 II 型低通滤波器,指标与习题 4.29 相同。

4.31　用双线性变换法设计一个椭圆函数字低通滤波器,技术指标如下:

通带截止频率 $\omega_p=0.2\pi$,通带衰减 $R_p=1$ dB

阻带截止频率 $\omega_s=0.3\pi$,阻带衰减 $A_s=15$ dB

4.32　设计一个高通滤波器满足如下指标:

$$\omega_p=0.6\pi,\quad R_p=1 \text{ dB}$$
$$\omega_s=0.4586\pi,\quad A_s=15 \text{ dB}$$

采用频率变换,原型低通使用切比雪夫 I 型滤波器。

4.33　设计一个数字 FIR 低通滤波器,技术指标如下所示:

$$\omega_p=0.2\pi,\quad R_p=0.25 \text{ dB}$$
$$\omega_s=0.3\pi,\quad A_s=50 \text{ dB}$$

选择适当的 N 值和窗函数,程序运行后,显示 R_p 和 A_s 的值,并画出已设计好的 FIR 滤波器的冲激响应和频率响应的图形。

4.34 试设计下面 FIR 带通滤波器：

$$下阻带边缘：\omega_{1s}=0.2\pi, A_s=60\text{ dB}$$
$$下通带边缘：\omega_{1p}=0.35\pi, R_p=1\text{ dB}$$
$$上通带边缘：\omega_{2p}=0.65\pi, R_p=1\text{ dB}$$
$$上阻带边缘：\omega_{2s}=0.8\pi, A_s=60\text{ dB}$$

程序运行后显示 R_p 和 A_s 的值，并且画出所得到的带通滤波器频率响应的图形。

4.35 用频率取样法设计一个 FIR 滤波器，使用理想低通逼近。技术指标如下：

$$通带截止频率 \omega_p=0.2\pi，通带衰减 R_p=0.25\text{ dB}$$
$$阻带截止频率 \omega_s=0.3\pi，阻带衰减 A_s=50\text{ dB}$$

若选取 $N=30$，请考察如下三种情况，每种情况都画出其滤波器的冲激响应和频率响应。

（1）过渡带没有设置样本值；

（2）在过渡带设置一个样本值 $H_1=0.39$；

（3）在过渡带设置两个样本值 $H_1=0.5886$ 和 $H_2=0.1065$。

参 考 文 献

［1］　Oppenheim A V, Schaffer R W. Digital Signal Processing[M]. Englewood Cliffs（New Jersey）:Prentice-Hall, Inc. ,1975.
中译本:数字信号处理[M].董士嘉,杨耀增,译.北京:科学出版社,1983.

［2］　Rabiner L R, Gold B. Theory and Application of Digital Signal Processing[M]. Englewood Cliffs（New Jersey）: Prentice-Hall, Inc. , 1975.
中译本:数字信号处理的原理与应用[M].史令启,译.北京:国防工业出版社,1983.

［3］　Stanley W D. Digital Signal Processing[M]. Reston Publishing Company, Inc. ,1975.
中译本:数字信号处理[M].常迥,译.北京:科学出版社,1982.

［4］　Hammig R W. Digital Filters[M]（2nd ed.）. Englewood Cliffs（New Jersey）:Prentice-Hall, 1983.

［5］　Constantinides A G. Frequency Transform Digital Filters[J]. Elec. Lett. ,1967,3(11):487-489.

［6］　Constantinides A G. Frequency Transformations for Digital Filters[J]. Elec. Lett. ,1968, 4(7):115-116.

［7］　 Constantinides A G. Spectral Transformations for Digital Filters[J]. Proc. IEE, 1970, 117(8):1585-1590.

［8］　邹理和.数字信号处理(上册)[M].北京:国防工业出版社,1985.

［9］　程佩青.数字信号处理教程[M].北京:清华大学出版社,1995.

［10］　何振亚.数字信号处理的理论与应用[M].北京:人民邮电出版社,1981.

［11］　黄顺吉等.数字信号处理及其应用[M].北京:国防工业出版社,1982.

［12］　[美]维纳·K·恩格尔,约翰·G·普罗克斯著.数字信号处理——使用 Matlab[M].刘树棠,译.西安:西安交通大学出版社,2002.

第5章 离散时间随机信号

前几章讨论的离散时间信号都是确定信号,这类信号能够用数学表达式、数据表格或图形等形式唯一和准确地表示出来。从本章开始将要讨论与此不同的另一类信号,它们的各个取样值是不确定的,也不能预知,当然也就不能用数学公式、数据表格或图形等形式准确地加以表示,但是它们有可能取哪些值、以多大的概率取每个值却是能够知道的,因而能够用统计分析方法来描述和研究它们,这类信号称为离散时间随机信号。本章主要讨论离散时间随机信号的表示方法、特性、数字特征及其估计,以及通过线性移不变系统时所产生的响应。此外,还要介绍如何用 Matlab 对离散时间随机信号进行分析,包括离散随机信号的产生方法、时域和频域特性的分析和线性滤波等问题。本章讨论的内容,是下面两章关于有限字长效应分析和功率谱估计的重要基础,也是进一步学习研究生课程《现代数字信号处理》的重要理论基础。

5.1 概　　述

离散时间信号可以分成两大类,即离散时间确定信号和离散时间随机信号。前一类信号总能够用数学公式、数据表格或函数图形等形式唯一和准确地表示出来,因而也总能够按照一定的规则精确地产生出来。例如,前几章中讨论过的单位取样序列、单位阶跃序列、指数序列、正弦序列、滤波器的单位冲激响应序列等都是离散时间确定信号。但在实际应用中,最常遇到的是后一类信号。例如,不断地投掷一枚硬币所产生的由 1 和 -1 两种数字组成的序列(设出现正面记为 1,出现反面记为 -1);在等间隔时间点投掷一粒骰子所得到的由 1 到 6 六个整数构成的序列。这两种序列都是离散时间随机信号,不可能用确定信号的描述方法来加以描述,而只能用概率或统计的方法描述。事实上,自然界中的信号通常都是随机信号。例如,语音信号是随机信号。任何两个人讲出的同样一句话的波形是绝不可能完全相同的。即使让同一个人把同一句话讲两次,两次得到的语音信号也不可能完全相同。又例如,仪器记录下来的地震信号,接收机收到的通信信号、广播信号和电视信号,各种噪声和干扰信号,它们都是随机信号。随机信号是无法预测也不可能准确地加以复现的。

随机信号不仅不可能用确定信号的表示方法来描述,而且它们通常都是无限时宽和无限能量的信号,因而它们的傅里叶变换和 z 变换都是不存在的。为了描述和研究这类信号,通常是采用随机过程作为这类信号的数学模型。具体来说,就是把每次测得的离散时间随机信号看成是相应的离散时间随机过程的每次实现所获得的取样序列,多次实现得到的许多取样序列的全体构成了离散时间随机过程的取样序列总集。这个总集的特征也就是该离散时间随机过程的特征,这些特征是由一组概率分布函数或概率密度函数来描述的。这就是数学上的统计表示和分析方法。

今后把离散时间随机过程和离散时间随机信号分别简称为离散随机过程和离散随机信号。下面用一个浅显的例子来进一步说明离散随机过程的物理意义。

假设在给定时刻 n 投掷一枚硬币,出现正面时记为 1,出现反面时记为 -1。在经过许多次投掷后便得到一个由 1 和 -1 构成的序列 $x(n)$, $-\infty < n < \infty$。还假设每次投掷硬币出现正面的概率是 p,当然出现反面的概率应当是 $1-p$。最后假设,每次投掷结果与其它任何次投掷结果是互不影响的。这样的离散随机过程称为伯努利(Bernoulli)随机过程。经过许多次投掷后得到一个取样序列 $x(n)$,叫做一次实现。显然,每次实现得到的取样序列都是随机产生的,这种随机性来源于每次投掷出现正面或反面的随机性。因此,可以把在某时刻 n 的投掷结果看成是随机变量 x_n 取值的结果,而整个随机过程可以被看成是由各个时刻的随机变量构成的一个时间序列 $\{x_n\}$, $-\infty < n < \infty$。对于上述的伯努利随机过程,其中的随机变量称为伯努利随机变量。这样,对离散随机信号的研究,也就可以归结为对相应的离散随机过程及其中的随机变量的研究。

5. 2　随机变量的描述

随机变量如果在连续值域中取值,则称为连续随机变量;如果只在离散值域上取值,则称为离散随机变量,或称量化随机变量。单个随机变量 x 可以用概率分布函数来描述,x 的概率分布函数定义为:它的取值不超过某个特定值 X 的概率,表示为 $P_x(X)$,即

$$P_x(X) \triangleq [x \leqslant X] \text{ 的概率} \tag{5.1}$$

随机变量 x 的概率分布函数具有以下重要性质。

① $P_x(X)$ 是单调非减函数,即如果 $X_1 > X_2$,则有

$$P_x(X_1) - P_x(X_2) \geqslant 0$$

或

$$P_x(X_1) \geqslant P_x(X_2) \tag{5.2}$$

②
$$P_x(-\infty) = \lim_{X \to -\infty} P_x(X) = 0 \tag{5.3}$$

$$P_x(\infty) = \lim_{X \to \infty} P_x(X) = 1 \tag{5.4}$$

③ $P_x(X)$ 右连续,即

$$P_x(X+0) = P_x(X) \tag{5.5}$$

④ 如果 $P_x(X)$ 在 $X=X_i$ 处不连续,则在这一点的阶跃等于随机变量 x 取值等于 X_i 的概率 $P(X_i)$。

如果 x 是连续随机变量,则它也可以用它的概率密度函数来描述。x 的概率密度函数定义为

$$p_x(X) \triangleq \frac{\partial P_x(X)}{\partial X} \tag{5.6}$$

或

$$P_x(X) = \int_{-\infty}^{X} p_x(x)\mathrm{d}x \tag{5.7}$$

如果 x 是离散随机变量,则它的概率分布函数的导数即概率密度函数是不存在的,因此需要按下式来定义一个概率质量函数来描述它

$$p_x(X) = [x = X] \text{ 的概率} \tag{5.8}$$

概率质量函数与概率分布函数之间有以下关系

$$P_x(X) = \sum_{x \leqslant X} p_x(X) \tag{5.9}$$

随机变量 x 的概率密度函数具有以下性质。

① $p_x(X) \geqslant 0$,即它是非负的 $\tag{5.10}$

② $\displaystyle\int_{-\infty}^{\infty} p_x(X)\mathrm{d}X = 1$ $\tag{5.11}$

③ $\displaystyle\int_{a}^{b} p_x(X)\mathrm{d}X = P_x(b) - P_x(a)$ $\tag{5.12}$

例 5.1　设投掷一枚硬币出现正面(记为 1)的概率是 p,出现反面(记为 -1)的概率是 $1-p$。求该随机变量(所谓伯努利随机变量)的概率分布函数和概率质量函数。

解　根据概率分布函数的定义式(5.1)不难知道,当 $X \geqslant 1$ 时,随机变量取值不超过 X 的概率等于 1;当 $-1 \leqslant X < 1$ 时,随机变量取值不超过 X 的概率等于 $1-p$;当 $X < -1$ 时,随机变量取值不超过 X 的概率等于零。故可将该随机变量的概率分布函数写成下式:

$$P_x(X) = \begin{cases} 1, & X \geqslant 1 \\ 1-p, & -1 \leqslant X < 1 \\ 0, & X < -1 \end{cases}$$

根据式(5.8)可求出该离散随机变量的概率质量函数为

$$p_x(X) = \begin{cases} p, & X = 1 \\ 1-p, & X = -1 \\ 0, & \text{其它} \end{cases}$$

图 5.1 画出了该随机变量的概率分布函数和概率质量函数的图形。

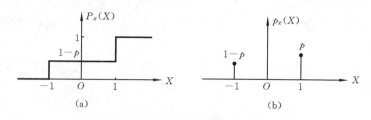

图 5.1 伯努利随机变量的概率分布函数和概率质量函数

(a) 概率分布函数； (b) 概率质量函数

例 5.2 设一个连续随机变量 x，它在 $[0,1]$ 上取任何值的概率相等。求它的概率分布函数和概率密度函数。

解 根据题意不难写出它的概率密度函数为

$$p_x(X) = \begin{cases} 1, & 0 \leqslant X < 1 \\ 0, & \text{其它} \end{cases}$$

由式(5.7)和上式结果可求出相应的概率分布函数为

$$P_x(X) = \begin{cases} 0, & X < 0 \\ X, & 0 \leqslant X < 1 \\ 1, & X \geqslant 1 \end{cases}$$

图 5.2 所示的是本题给出的随机变量的概率分布函数和概率密度函数的图形。

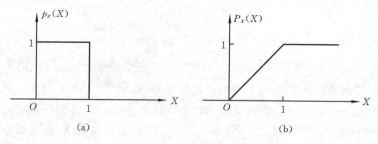

图 5.2 例 5.2 所给的连续随机变量

(a) 概率密度函数； (b) 概率分布函数

例 5.3 设模拟信号的取样值 $x(n)$ 被量化成数字信号 $\hat{x}(n)$，量化阶距用 q 表示。因此，量化误差 $e(n) = x(n) - \hat{x}(n)$ 的大小将限制在 $\left(-\dfrac{q}{2}, \dfrac{q}{2}\right)$ 范围内。假设量化误差在该范围内取任何值的机会都相等，求量化误差的概率密度函数和概率分布函数。

解 该题与例 5.2 十分相似。根据题意立即能够得到量化误差的概率密度函数为

$$p_e(e) = \begin{cases} k, & |e| \leqslant \dfrac{q}{2} \\ 0, & |e| > \dfrac{q}{2} \end{cases} \tag{5.13}$$

式中,k 值可以利用式(5.11)求出,对于本例的情况,式(5.11)变成如下形式:

$$\int_{-\infty}^{\infty} p_e(e)\mathrm{d}e = 1$$

将式(5.13)代入上式,得出

$$\int_{-q/2}^{q/2} k\mathrm{d}e = 1$$

由此得出 $k = \dfrac{1}{q}$。故量化误差的概率密度函数为

$$p_e(e) = \begin{cases} \dfrac{1}{q}, & |e| \leqslant \dfrac{q}{2} \\[2mm] 0, & |e| > \dfrac{q}{2} \end{cases}$$

由式(5.7)可计算得到概率分布函数为

$$P_e(e) = \int_{-\infty}^{\infty} p_e(e)\mathrm{d}e = \begin{cases} 0, & e < -\dfrac{q}{2} \\[2mm] \dfrac{1}{q}\left(e + \dfrac{q}{2}\right), & -\dfrac{q}{2} \leqslant e < \dfrac{q}{2} \\[2mm] 1, & e \geqslant \dfrac{q}{2} \end{cases}$$

图 5.3 画出了量化误差的概率密度函数和概率分布函数的图形。

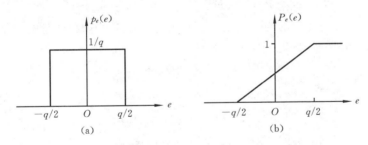

图 5.3　量化误差的概率密度函数和概率分布函数

(a) 概率密度函数;　(b) 概率分布函数

概率分布函数或概率密度函数都能完全描述一个随机变量的特征,但它们通常都是较难计算的,因此人们常常需要引入另外一些能够描述随机变量特征的参数,这就是随机变量的数值特征参数,简称为数值特征。数值特征用于描述随机变量,虽然不如概率分布函数或概率密度函数那样精确和全面,但它们却具有易于计算的优点,而且它们能够揭示随机变量足够多的特性。随机变量的数字特征有均值和方差。

随机变量 x 的均值定义为

$$m_x \triangleq E[x] \triangleq \int_{-\infty}^{\infty} x p_x(x)\mathrm{d}x \tag{5.14}$$

式中,m_x 表示随机变量 x 的统计平均或集合平均,简称为均值,$E[\ ]$ 是数学期望算

子,因此又可将随机变量的均值称为它的期望值。如果 x 是离散随机变量,则式(5.14)中的积分运算应代之以求和运算,即

$$m_x \triangleq E[x] \triangleq \sum_{x \in X} x p_x(x) \tag{5.15}$$

式中,X 是 x 的离散值域,$p_x(x)$ 是概率质量函数。

如果随机变量 x 是电压或电流,那么其均值就是该电压或电流的直流分量。

随机变量的均值具有以下性质。

① 两随机变量之和的均值等于它们的均值之和,即

$$E[x+y] = E[x] + E[y] \tag{5.16}$$

② 随机变量乘以常数后的均值等于随机变量的均值乘以该常数,即

$$E[ax] = aE[x] \tag{5.17}$$

式中,a 为常数。式(5.16)和式(5.17)即是所谓线性性质。

③ 两随机变量之积的均值不一定等于它们的均值之积。但如果它们之积的均值等于它们的均值之积,则称此二随机变量是线性独立的。这就是说,对于互相是线性独立的两随机变量 x 和 y 有

$$E[xy] = E[x]E[y] \tag{5.18}$$

随机变量的不同取值分布在它的均值附近。为了度量随机变量的取值相对于它的均值分散的程度,引入了方差的概念。随机变量 x 的方差用 σ_x^2 表示并定义为

$$\sigma_x^2 \triangleq E[(x - E[x])^2] \triangleq E[(x - m_x)^2] \tag{5.19}$$

也就是说,随机变量与它的均值之差的平方的期望值,称为随机变量的方差。

将式(5.19)展开,得到

$$\sigma_x^2 = E[x^2] - m_x^2 \tag{5.20}$$

式中

$$E[x^2] \triangleq \int_{-\infty}^{\infty} x^2 p_x(x) \mathrm{d}x \tag{5.21}$$

称为随机变量 x 的均方值。如果 x 是离散随机变量,则式(5.21)应写成

$$E[x^2] \triangleq \sum_{x \in X} x^2 p_x(x) \tag{5.22}$$

式中,X 是 x 离散取值的值域,$p_x(x)$ 是概率质量函数。式(5.20)是说明方差、均方值和均值之间关系的公式。当均值为零时,方差就等于均方值。方差的平方根即 σ_x 称为标准差。

当 x 是电压或电流时,均方值 $E[x^2]$ 是该电压或电流在单位电阻上消耗的平均功率,方差 σ_x^2 则表示该电压或电流中的交流成分在单位电阻上消耗的平均功率。式(5.20)说明,电压或电流 x 在单位电阻上消耗的总平均功率 $E[x^2]$ 等于它在单位电阻上消耗的直流平均功率 m_x^2 与交流平均功率 σ_x^2 之和。

在数学上,把随机变量 x 的 n 次幂即 x^n 的统计平均

$$E[x^n] \triangleq \int_{-\infty}^{\infty} x^n p_x(x) \mathrm{d}x \tag{5.23}$$

称为 x 的 n 阶原点矩,有时用 m_n 表示。显然,零阶原点矩 $m_0 = 1$,一阶原点矩 $m_1 = E[x]$ 即 x 的均值,二阶原点矩 $m_2 = E[x^2]$ 即 x 的均方值。

随机变量 x 相对于均值(一阶原点矩)m_1 的 n 阶矩,即

$$E[(x - m_1)^n] \triangleq \int_{-\infty}^{\infty} (x - m_1)^n p_x(x) \mathrm{d}x \tag{5.24}$$

称为 x 的 n 阶中心矩,常用符号 μ_n 表示。显然,一阶中心矩 $\mu_1 = 0$,二阶中心矩 $\mu_2 = E[(x - m_1)^2]$ 即是方差。

如果一个随机变量的各阶矩都存在,那么就可用各阶矩来充分描述该随机变量的统计特性。当然,并非任何随机变量的各阶矩都存在。

例 5.4　若随机变量 x 的概率密度函数为

$$p_x(x) = \begin{cases} \dfrac{1}{b-a}, & a \leqslant x < b \\ 0, & \text{其它} \end{cases} \tag{5.25}$$

则称 x 在区间 (a, b) 呈均匀分布。区间 (a, b) 可以处在 x 轴上任何位置。求该均匀分布随机变量的均值和方差。

解　由式(5.14)求得均值

$$m_x = \int_{-\infty}^{\infty} x p_x(x) \mathrm{d}x = \int_a^b \frac{x}{b-a} \mathrm{d}x = \frac{1}{2}(a+b) \cdot$$

由式(5.19)计算方差

$$\sigma_x^2 = E[(x - m_x)^2] = \int_{-\infty}^{\infty} (x - m_x)^2 p_x(x) \mathrm{d}x$$

$$= \int_a^b \left[x - \frac{1}{2}(a+b) \right]^2 \frac{1}{b-a} \mathrm{d}x = \frac{1}{12}(b-a)^2$$

均匀分布是常见的概率密度函数。例如,例 5.3 中的量化误差在区间 $(-q/2, q/2)$ 呈均匀分布,又例如正弦振荡器输出的正弦信号的初始相位是在区间 $(0, 2\pi)$ 内呈均匀分布的随机变量。

例 5.5　在通信中,一般的窄带噪声包络的瞬时值和一般的衰落信道的包络瞬时值,都是服从瑞利分布的随机变量,瑞利分布随机变量的概率密度函数为

$$p_x(x) = \begin{cases} \dfrac{x}{\sigma^2} \exp\left(-\dfrac{x^2}{2\sigma^2} \right), & x \geqslant 0 \\ 0, & \text{其它} \end{cases} \tag{5.26}$$

式中,σ 是正的常数。计算瑞利分布随机变量的均值和方差。

解

$$m_x = \int_0^{\infty} \frac{x^2}{\sigma^2} \exp\left(-\frac{x^2}{2\sigma^2} \right) \mathrm{d}x = \sqrt{\frac{\pi}{2}} \sigma$$

$$\sigma_x^2 = \int_{-\infty}^{\infty} (x - m_x)^2 p_x(x)\mathrm{d}x = \int_0^{\infty} \left(x - \sqrt{\frac{\pi}{2}}\sigma\right)^2 \frac{x}{\sigma^2}\exp\left(-\frac{x^2}{2\sigma^2}\right)\mathrm{d}x$$

$$= \left(2 - \frac{\pi}{2}\right)\sigma^2$$

例 5.6　设随机变量服从正态分布,即它的概率密度函数为

$$p_x(x) = \frac{1}{\sqrt{2\pi}\sigma}\exp\left[-\frac{(x-m)^2}{2\sigma^2}\right]$$

式中,σ 和 m 为常数。求该随机变量的均值和方差。

解

$$m_x = \int_{-\infty}^{\infty} \frac{x}{\sqrt{2\pi}\sigma}\exp\left[-\frac{(x-m)^2}{2\sigma^2}\right]\mathrm{d}x = m$$

$$\sigma_x^2 = \int_{-\infty}^{\infty} \frac{(x-m)^2}{\sqrt{2\pi}\sigma}\exp\left[-\frac{(x-m)^2}{2\sigma^2}\right]\mathrm{d}x = \sigma^2$$

5.3　离散随机过程

前节讨论随机变量时,一直没有涉及时间的因素。在那里,为了描述随机变量,引入了概率分布函数、概率密度函数以及随机变量的数字特征(均值和方差),这些函数和参数都是针对单个(一维)随机变量定义的,统称为一阶统计特征。但对于离散随机过程,因为它是由无限多个随机变量构成的一个时间序列 $\{x_n\}(-\infty<n<\infty)$,因此为了完整地描述它,仅仅知道各个随机变量的特征是不够的,还必须知道随机过程中不同时刻的随机变量之间的相互联系,这就是说,还要引入离散时间变量。

设 x_n 和 x_m 是离散随机过程 $\{x_n\}(-\infty<n<\infty)$ 中在两个不同时刻 n 和 m 上的随机变量,为了描述它们之间相互依从的关系,定义联合概率分布函数如下:

$$P_{x_n,x_m}(X_n,n,X_m,m) = [x_n \leqslant X_n \text{ 同时 } x_m \leqslant X_m] \text{ 的概率} \tag{5.27}$$

即二维随机变量 (x_n,x_m) 的联合概率分布函数是指 x_n 取值不超过 X_n、同时 x_m 取值不超过 X_m 的概率。如果 x_n 和 x_m 是连续随机变量,那么它们之间的相互依从关系还可以用联合概率密度函数来描述,二维随机变量 (x_n,x_m) 的联合概率密度函数定义为

$$p_{x_n,x_m}(X_n,n,X_m,m) = \frac{\partial^2 P_{x_n,x_m}(X_n,n,X_m,m)}{\partial X_n \partial X_m} \tag{5.28}$$

如果 x_n 和 x_m 是离散随机变量,那么它们之间的相互依从关系可以用联合概率质量函数来描述,(x_n,x_m) 的联合概率质量函数定义为

$$p_{x_n,x_m}(X_n,n,X_m,m) = [x_n = X_n \text{ 同时 } x_m = X_m] \text{ 的概率} \tag{5.29}$$

上面定义的联合概率分布函数和联合概率密度函数,是针对两个随机变量来定义的,称为二阶联合概率分布函数和二阶联合概率密度函数。类似地可以定义两个

以上随机变量的高阶联合概率分布函数和高阶联合概率密度函数。

如果一个随机过程在不同时刻的随机变量互不影响，则称诸随机变量是统计独立的。根据概率论不难得出结论：统计独立的两随机变量的联合概率分布函数等于它们各自的概率分布函数之积，即

$$P_{x_n, x_m}(X_n, n, X_m, m) = P_{x_n}(X_n, n) P_{x_m}(X_m, m) \tag{5.30}$$

例如，在 5.1 节中所举的投掷硬币的伯努利随机过程，由于假定了任何一次投掷结果与其它次投掷结果无关，所以伯努利随机过程的诸随机变量是统计独立的。

要完整地描述一个随机过程，需要规定它的所有随机变量的概率密度函数和所有可能的联合概率密度函数。在一般情况下，随机过程在不同时刻的概率密度函数是不同的，二维随机变量 (x_n, x_m) 与 (x_{n+k}, x_{m+k}) 的联合概率密度函数也是不相同的。但是有一些随机过程满足以下两个关系式：

$$p_{x_n}(X_n, n) = p_{x_m}(X_m, m) = p_x(X) \tag{5.31}$$

和

$$p_{x_n, x_m}(X_n, n, X_m, m) = P_{x_{n+k}, x_{m+k}}(X_{n+k}, n+k, X_{m+k}, m+k) \tag{5.32}$$

这类随机过程称为狭义平稳随机过程，亦是说，狭义平稳随机过程的概率密度函数与时间变量无关，联合概率密度函数只与两随机变量间的时间间隔 $m-n$ 有关而与时间起点无关。粗略地说，狭义平稳随机过程是指其特性不随时间推移而变化的过程。例如，前面多次提到过的伯努利过程就是一个狭义平稳随机过程。

随机过程也可以用它的随机变量的数字特征（均值、方差和均方值）来描述，一般情况下这些参数都是与时间 n 有关的，但狭义平稳随机过程的这些参数与时间 n 无关，即对于所有 n 值，有

$$m_{x_n} = \int_{-\infty}^{\infty} x p_{x_n}(x, n) \mathrm{d}x = m_x$$

$$E[x_n^2] = \int_{-\infty}^{\infty} x^2 p_{x_n}(x, n) \mathrm{d}x = E[x^2]$$

$$\sigma_{x_n}^2 = \int_{-\infty}^{\infty} (x - m_{x_n})^2 p_{x_n}(x, n) \mathrm{d}x = \sigma_x^2$$

以上 3 个公式中，m_x、$E[x^2]$ 和 σ_x^2 都是与时间 n 无关的常量。

均值、方差和均方值都是简单平均量，它们仅仅提供了有关随机过程的少量信息。随机过程中不同时刻的随机变量之间的关系，需要引入其它更有用的平均量来描述，这就是自相关序列和自协方差序列。

随机过程 $\{x_n\}$ 的自相关序列定义为

$$R_{xx}(n, m) \triangleq E[x_n x_m^*]$$

$$\triangleq \int_{-\infty}^{\infty} \int_{-\infty}^{\infty} X_n X_m^* p_{x_n, x_m}(X_n, n, X_m, m) \mathrm{d}X_n \mathrm{d}X_m \tag{5.33}$$

式中，* 号表示复共轭。自相关序列是衡量随机过程在不同时刻上的随机变量之间

相互依赖程度的一个量。就此意义而言,它描述了随机信号随时间变化的情况。对于两个不同的随机信号之间的相互依赖性,可以类似地定义一个互相关序列来衡量。随机过程$\{x_n\}$与$\{y_n\}$的互相关序列定义为

$$R_{xy}(n,m) \triangleq E[x_n y_m^*]$$

$$\triangleq \int_{-\infty}^{\infty} \int_{-\infty}^{\infty} X_n Y_m^* p_{x_n,y_m}(X_n,n,Y_m,m)\mathrm{d}X_n\mathrm{d}Y_m \tag{5.34}$$

式中,$p_{x_n,y_m}(X_n,n,Y_m,m)$是x_n与y_m的联合概率密度函数。

随机过程$\{x_n\}$的自协方差序列定义为

$$C_{xx}(n,m) \triangleq E[(x_n - m_{x_n})(x_m - m_{x_m})^*] \tag{5.35}$$

类似地,可以将两个不同随机过程$\{x_n\}$与$\{y_n\}$的互协方差序列定义为

$$C_{xy}(n,m) \triangleq E[(x_n - m_{x_n})(y_m - m_{y_m})^*] \tag{5.36}$$

将式(5.35)右边展开,可以得到

$$C_{xx}(n,m) = R_{xx}(n,m) - m_{x_n} m_{x_m} \tag{5.37}$$

类似地可以由式(5.36)得到

$$C_{xy}(n,m) = R_{xy}(n,m) - m_{x_n} m_{y_m} \tag{5.38}$$

一般情况下,自相关序列、互相关序列、自协方差序列和互协方差序列都是二维序列。但对于狭义平稳随机过程来说,由于两随机变量的联合概率密度函数只与它们的时间差有关,而与时间起点无关(见式(5.32)),因而不难证明:自相关序列、自协方差序列以及互相关序列和互协方差序列都只是时间差的函数而与时间起点无关。为了方便起见,可以假定两随机变量分别为x_n和x_{n+m},于是狭义平稳随机过程的自相关序列和自协方差序列分别定义为

$$R_{xx}(m) \triangleq R_{xx}(n,n+m) \triangleq E[x_n x_{n+m}^*] \tag{5.39}$$

和

$$C_{xx}(m) \triangleq C_{xx}(n,n+m) \triangleq E[(x_n - m_{x_n})(x_{n+m} - m_{x_{n+m}})^*] \tag{5.40}$$

类似地可以定义狭义平稳随机过程的互相关序列和互协方差序列:

$$R_{xy}(m) \triangleq R_{xy}(n,n+m) \triangleq E[x_n y_{n+m}^*] \tag{5.41}$$

$$C_{xy}(m) \triangleq C_{xy}(n,n+m) \triangleq E[(x_n - m_{x_n})(y_{n+m} - m_{y_{n+m}})^*] \tag{5.42}$$

在实际应用中常遇到的随机过程不是狭义平稳随机过程,也就是说,它们的概率分布函数或概率密度函数是随时间变化的,因而联合概率密度函数也与时间起点有关,但是它们的均值是常数(与时间无关),并且它们的自相关序列只与时间差有关而与时间起点无关(即满足式(5.39)),这样的随机过程称为广义平稳随机过程,简称为平稳随机过程或平稳过程。

例 5.7　仍讨论投掷一个硬币的随机过程。设出现正面(记为 1)的概率是 p,出现反面(记为 -1)的概率是 $1-p$,且与时间无关。同时假定,所有随机变量是统计独立的。如前所述,这是一个狭义平稳随机过程。求该随机过程的均值、均方值、方差

和自相关序列。

解　该随机过程中的随机变量只能取 1 或 -1，因而是离散随机变量。

因为式(5.15)

$$m_x = \sum_{x \in X} x p_x(x)$$

式中，$X = (1, -1)$，$p_x(x)$ 已在例 5.1 中求出，为

$$p_x(x) = \begin{cases} p, & x = 1 \\ 1 - p, & x = -1 \\ 0, & 其它 \end{cases}$$

故得到

$$m_x = 1 \cdot p + (-1)(1-p) = 2p - 1$$

由式(5.22)计算均方值，得

$$E[x^2] = \sum_{x \in X} x^2 p_x(x) = (1)^2 p + (-1)^2 (1-p) = 1$$

由式(5.20)求出方差

$$\sigma_x^2 = E[x^2] - m_x^2 = 1 - (2p-1)^2 = 4p(1-p)$$

由式(5.39)计算自相关序列，即

$$R_{xx}(m) = E[x_n x_{n+m}^*]$$

$$= \begin{cases} E[x_n^2] = 1, & m = 0 \\ E[x_n] E[x_{n+m}^*] = m_x^2, & 其它 \end{cases}$$

若 $p = \dfrac{1}{2}$，则 $m_x = 0$，于是 $R_{xx}(m) = \delta(m)$，这就是一个白噪声过程。

5.4　时间平均

由前几节的讨论可知，离散随机过程可以用一个由许多随机变量按一定时间顺序排列成的序列来表示。其中，每个随机变量都可以用均值、方差、均方值来描述，而各随机变量之间的关系可以用自相关序列来描述。所有这些特征量都是在固定时刻对集合取平均得到的。为了计算这些统计平均量，需要知道随机过程的一维和二维概率分布特性，这往往是比较困难的。

离散随机过程的每一次实现都会得到一个取样序列。从理论上说，可以把离散随机过程看成是无限多个取样序列构成的序列的集合。在任何时刻 n，从这无限多个取样序列中各取出一个取样值，便得到由无限多个取样值组成的集合。均值、方差和均方值等便是由该取样值集合计算出来的统计平均量，用这些统计平均量来描述时刻的随机变量 x_n；另一方面，为了描述离散随机过程中不同时刻的随机变量之间的联系，可以在另一时刻 m，按照上述方法得到另一个取样值集合，然后计算这两个

取样值集合对应元素之积的统计平均,便得到一个自相关值,用它来描述 n 和 m 时刻两随机变量之间的相互影响。显然,上述做法实际上是行不通的,因为不可能也不希望得到无限多个取样序列来描述随机过程。

能否用离散随机过程的一次实现所得到的一个取样序列来描述随机过程的特性呢? 为了回答这个问题,现在来分析前面多次提到过的投掷硬币的例子。设硬币出现正面和反面的概率相等,各等于 1/2。现在来做两个试验,第一个试验是设想有无数个人,他们以完全相同的方式在同一时刻 n 各投掷一个硬币,而且假设所有硬币是完全相同的。可以预料,将大约有一半的人的投掷结果是正面,另一半的人的投掷结果是反面。第二个试验是只有一个人投掷一个硬币,不断地以完全相同的方式投掷无数次。同样地可以预料,投掷结果是正面和反面的次数将大约各是总投掷次数的一半。如果把"出现正面"记为 1、"出现反面"记为 -1,那么,计算第一个试验结果的统计平均值将得到零,计算第二个试验结果的算术平均值也将得到零。注意,第一个试验结果是一个由 1 和 -1 组成的数字集合,计算的是集合平均值;而第二个试验结果是一个由 1 和 -1 构成的时间序列,计算的是算术平均值(是对时间来平均的)。显然,用第二个试验的方法来计算随机过程的均值比第一个试验的方法更有实用价值。

一个平稳随机过程,如果它的一个取样序列的时间平均等于它的集合平均,则称它是遍历性随机过程。一般而言,在信号处理中,对一平稳随机信号 $\{x_n\}$,如果它的所有取样序列在某一确定时刻的统计特性,与它的一个取样序列在长时期内的统计特性一致,则称 $\{x_n\}$ 是各态遍历性信号。其含义是,单个取样序列随时间变化的过程,可以包括该随机信号所有取样序列的取值经历。这样,就能够仿照确定性信号那样来定义各态遍历性随机信号的各种数字特征。

随机过程的一个取样序列 $x(n)$ 的所有取样值的算术平均值,称为随机过程的时间平均,用 $\langle x(n) \rangle$ 表示,即

$$\langle x(n) \rangle \triangleq \lim_{N \to \infty} \frac{1}{2N+1} \sum_{n=-N}^{N} x(n) \qquad (5.43)$$

类似地,可以根据随机过程的一个取样序列来定义随机过程的时间取样自相关序列,即

$$\langle x(n)x^*(n+m) \rangle \triangleq \lim_{N \to \infty} \frac{1}{2N+1} \sum_{n=-N}^{N} x(n)x^*(n+m) \qquad (5.44)$$

可以证明,如果随机过程是具有有限平均值的平稳过程,则上面的极限是存在的。式(5.43)和式(5.44)所定义的两个时间平均量,都是随机变量无限集合的函数,因此它们本身也是随机变量。但对于遍历性随机过程来说,它们都是常数,且分别与随机过程相应的两个集合平均 m_x 和 $R_{xx}(m)$ 相等,即对任一取样序列 $x(n)$,皆有

$$\langle x(n)\rangle \triangleq \lim_{N\to\infty} \frac{1}{2N+1}\sum_{n=-N}^{N} x(n) = E[x_n] \triangleq m_x$$

$$\langle x(n)x^*(n+m)\rangle \triangleq \lim_{N\to\infty} \frac{1}{2N+1}\sum_{n=-N}^{N} x(n)x^*(n+m) = E[x_n x_{n+m}^*] = R_{xx}(m)$$

即对于遍历性随机过程来说,时间平均算子$\langle\ \rangle$与集合平均算子$E[\ ]$具有相同的特性。因此,为了避免麻烦,下面不再区分随机变量x_n与它在取样序列中的值$x(n)$,例如,$E[x(n)]$应解释为$E[x_n]=\langle x(n)\rangle$。

　　实际上,在信号处理中,通常都假设已知的序列是遍历性随机过程的一个取样序列,于是,可以根据单独一个无限能量序列来计算各种平均量。当然,实际上不可能按定义式(5.43)和定义式(5.44)那样计算出极限,但是可以根据无限长取样序列中的一段数据,例如,用包含N个取样值的一段数据(N为有限值)来计算平均值,即

$$\langle x(n)\rangle_N \triangleq \frac{1}{N}\sum_{n=0}^{N-1} x(n) \tag{5.45}$$

$$\langle x(n)x^*(n+m)\rangle \triangleq \frac{1}{2N-1}\sum_{n=-N+1}^{N-1} x(n)x^*(n+m) \tag{5.46}$$

并把它们作为随机过程的平均和自相关序列的估计。根据有限长的一段数据来估计随机过程的各种平均量,是统计信号处理的一个重要问题。

5.5　相关序列和协方差序列的性质

　　设$\{x_n\}$和$\{y_n\}$是两个实平稳随机过程,它们的自相关序列、自协方差序列、互相关序列和互协方差序列分别定义为

$$\begin{cases} R_{xx}(m) = E[x_n x_{n+m}] \\ C_{xx}(m) = E[(x_n - m_x)(x_{n+m} - m_x)] \\ R_{xy}(m) = E[x_n y_{n+m}] \\ C_{xy}(m) = E[(x_n - m_x)(y_{n+m} - m_y)] \end{cases} \tag{5.47}$$

性质 1

$$C_{xx}(m) = R_{xx}(m) - m_x^2 \tag{5.48}$$

$$C_{xy}(m) = R_{xy}(m) - m_x m_y \tag{5.49}$$

当$m_x=0$和$m_y=0$时,$C_{xx}(m)=R_{xx}(m)$和$C_{xy}(m)=R_{xy}(m)$。

　　证明　根据定义有

$$R_{xx}(m) = E[x_n x_{n+m}]$$

$$C_{xx}(m) = E[(x_n - m_x)(x_{n+m} - m_x)]$$

$$= E[x_n x_{n+m}] - m_x E[x_n] - m_x E[x_{n+m}] + m_x^2$$

$$= R_{xx}(m) - m_x^2$$

$$R_{xy}(m) = E[x_n y_{n+m}]$$
$$C_{xy}(m) = E[(x_n - m_x)(y_{n+m} - m_y)]$$
$$= E[x_n y_{n+m}] - m_x E[y_{n+m}] - m_y E[x_n] + m_x m_y$$
$$= R_{xy}(m) - m_x m_y \qquad\qquad 证毕。$$

性质 2

$$R_{xx}(0) = E[x_n^2] \qquad\qquad (5.50)$$
$$C_{xx}(0) = \sigma_x^2 \qquad\qquad (5.51)$$

证明　根据定义有

$$R_{xx}(0) = E[x_n x_n] = E[x_n^2]$$
$$C_{xx}(0) = E[(x_n - m_x)(x_n - m_x)] = \sigma_x^2 \qquad\qquad 证毕。$$

性质 3

$$\begin{cases} R_{xx}(m) = R_{xx}(-m) \\ C_{xx}(m) = C_{xx}(-m) \\ R_{xy}(m) = R_{yx}(-m) \\ C_{xy}(m) = C_{yx}(-m) \end{cases} \qquad (5.52)$$

证明　根据定义有

$$R_{xx}(-m) = E[x_n x_{n-m}]$$

令 $n - m = n'$，则上式为

$$R_{xx}(-m) = E[x_{n'+m} x_{n'}] = R_{xx}(m)$$

根据性质 1 和上式，得到

$$C_{xx}(-m) = R_{xx}(-m) - m_x^2 = R_{xx}(m) - m_x^2 = C_{xx}(m)$$

用类似的方法不难证明 $R_{xy}(m) = R_{yx}(-m)$ 和 $C_{xy}(m) = C_{yx}(-m)$。　　证毕

性质 4

$$|R_{xy}(m)| \leqslant (R_{xx}(0) R_{yy}(0))^{1/2} \qquad\qquad (5.53)$$
$$|C_{xy}(m)| \leqslant (C_{xx}(0) C_{yy}(0))^{1/2} \qquad\qquad (5.54)$$

特例

$$|R_{xx}(m)| \leqslant R_{xx}(0)$$
$$|C_{xx}(m)| \leqslant C_{xx}(0)$$

证明　由于已假设 $\{x_n\}$ 和 $\{y_n\}$ 都是实随机过程，因此下列不等式成立：

$$E\left[\left(\frac{x_n}{(E[x_n^2])^{1/2}} \pm \frac{y_{n+m}}{(E[y_{n+m}^2])^{1/2}}\right)^2\right] \geqslant 0$$

将上式左端展开，得到

$$E\left[\left(\frac{x_n}{(R_{xx}(0))^{1/2}} \pm \frac{y_{n+m}}{(R_{yy}(0))^{1/2}}\right)^2\right]$$
$$= E\{[x_n^2 R_{yy}(0) \pm 2x_n y_{n+m}(R_{xx}(0) R_{yy}(0))^{1/2} + y_{n+m}^2 R_{xx}(0)]/[R_{xx}(0) R_{yy}(0)]\}$$

$$= 2 \pm 2R_{xy}(m)/\big[(R_{xx}(0))^{1/2}(R_{yy}(0))^{1/2}\big] \geqslant 0$$

所以

$$|R_{xy}(m)| \leqslant [R_{xx}(0)R_{yy}(0)]^{1/2}$$

令 $x_n = y_n$，则上式简化为

$$|R_{xx}(m)| \leqslant R_{xx}(0) \qquad\qquad 证毕。$$

其余两式可用类似的方法证明。

性质 5　若 $y_n = x_{n-n_0}$，则有

$$\begin{cases} R_{yy}(m) = R_{xx}(m) \\ C_{yy}(m) = C_{xx}(m) \end{cases} \qquad (5.55)$$

证明　令 $n - n_0 = n'$，根据定义和假设条件 $y_n = x_{n-n_0}$，有

$$R_{yy}(m) = E[y_n y_{n+m}] = E[x_{n-n_0} x_{n-n_0+m}]$$

$$= E[x_{n'} x_{n'+m}] = R_{xx}(m)$$

根据性质 1，得到

$$C_{yy}(m) = R_{yy}(m) - m_y^2$$

由于 $m_y = E[y_n] = E[x_{n-n_0}] = m_x$，故上式变为

$$C_{yy}(m) = R_{yy}(m) - m_x^2$$

利用性质 5 的第一个结论，即 $R_{yy}(m) = R_{xx}(m)$，则上式成为

$$C_{yy}(m) = R_{xx}(m) - m_x^2 = C_{xx}(m) \qquad 证毕。$$

性质 6　在随机过程中，两随机变量的时间间隔越大，它们的相关性越小。时间间隔趋于无穷大的两随机变量，它们之间不再相关。这一性质可用以下公式表示：

$$\begin{cases} \lim_{m \to \infty} C_{xx}(m) = 0 \\ \lim_{m \to \infty} C_{xy}(m) = 0 \end{cases} \qquad (5.56)$$

根据性质 1，由上列两式可以得出

$$\lim_{m \to \infty} R_{xx}(m) = m_x^2 \qquad (5.57)$$

和

$$\lim_{m \to \infty} R_{xy}(m) = m_x m_y \qquad (5.58)$$

性质 6 说明：相关序列和协方差序列都是非周期序列，而且随着 m 值的增加逐渐衰减，当 m 值很大时，序列值已趋近于零。因此，相关序列和协方差序列的 z 变换和傅里叶变换通常是存在的。

上面 6 个性质可以用图 5.4 所示的图形表示。记住了这个图，也就记住了这些性质。从这 6 个性质可以得出以下重要结论。

① 工程实际中常常要处理的信号是不可预知的具有无限能量的非周期信号，这些信号不满足绝对可和的条件，甚至不满足乘以指数衰减序列后绝对可和的条件，因此它们的傅里叶变换和 z 变换都不存在。但是，如果将这类信号看成是一个离散随

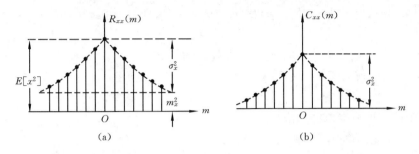

图 5.4　自相关序列、自协方差序列与均值、均方值、方差的关系

机过程的取样序列,那么,由于其自相关序列和自协方差序列都是非周期序列,而且当 m 趋于无穷大时,自协方差序列的值将衰减为零,在均值等于零的条件下,其自相关序列的值也将衰减为零,这说明自相关序列和自协方差序列都是有限能量序列,它们的 z 变换和傅里叶变换是存在的,因而可以在频域或 z 域中表示和分析这些信号。

②　自相关序列不仅反映出随机过程中不同时刻的随机变量之间相关性的大小,而且可以根据自相关序列求出随机过程的均值、均方值和方差等数字特征,正如性质 6、性质 2 所说明的那样。因此,自相关序列或自协方差序列是较全面地描述随机过程特性的重要参量。

5.6　功　率　谱

在研究确定性信号时,人们经常用傅里叶变换或 z 变换对信号进行频谱分析。现在来讨论离散随机信号的频谱分析问题。

离散随机过程是它的无限多个取样序列的集合。实际中要处理的离散时间随机信号,仅仅是无限多个取样序列中的一个。即使对于遍历性的平稳随机过程,也只能根据它的一个取样序列,来计算出它的均值、方差、均方值、自相关序列以及协方差序列等特征量,这些特征量都是对随机过程的时域特征的描述。因此,随机过程的傅里叶变换或 z 变换是得不到的。事实上,一个取样序列的 z 变换往往是不存在的。即使计算它的 z 变换,得到的 z 变换往往都没有收敛域。即使有收敛域,这个 z 变换对应的频谱与其它的取样序列的频谱通常也是不同的。但是,随机过程的自协方差序列或自相关序列却能较全面描述随机过程的特征,包括时域特征和频域特征。因此不管用哪个取样序列来计算自协方差序列或自相关序列,得到的结果总是相同的。换句话说,即使是由一个取样序列计算出来的自相关序列或自协方差序列,也能作为对随机过程的本质描述。此外,前节曾经指出,自协方差序列和在均值等于零情况下的自相关序列都是有限能量序列,它们的傅里叶变换和 z 变换总是存在的。因此,对离散随机过程进行频谱分析时,要用自协方差序列或自相关序列取代随机过程取样序列。

协方差序列 $C_{xx}(m)$ 的 z 变换

$$S_{xx}(z) \triangleq \sum_{m=-\infty}^{\infty} C_{xx}(m)z^{-m}$$

称为平稳随机过程的功率谱。

传统上，人们把功率谱定义成自相关序列 $R_{xx}(m)$ 的 z 变换。但这样定义会带来不方便，因为当 $m_x \neq 0$ 时，根据式（5.57）可知，自相关序列将不是一个有限能量序列，严格地说，它的 z 变换是不存在的。为了克服这个困难，不得不把 z 变换的定义推广，即允许在 $z=1$（或 $\omega=0$）处功率谱有一个冲激存在，因为根据终值定理，有

$$\lim_{z \to 1}(z-1)S_{xx}(z) = \lim_{m \to \infty}R_{xx}(m) = m_x^2 \neq 0$$

这说明，在 $z=1$ 处 $S_{xx}(z)$ 有一个极点，或者说 $S_{xx}(e^{j\omega})$ 在 $\omega=0$ 处存在一个冲激。为减少这个麻烦，常把功率谱定义为自协方差序列的 z 变换。采用这个定义，对于 $m_x=0$ 的随机过程而言，由于 $C_{xx}(m)=R_{xx}(m)$，所以现在的定义与传统的定义是一致的；对于 $m_x \neq 0$ 的随机过程而言，由于 $C_{xx}(m)$ 是有限能量序列，它的 z 变换始终是存在的，所以就无需对 z 变换的定义进行推广。在今后的讨论中，总是假定随机信号的均值为零，即使对于均值不为零的随机信号，也可以将其均值置为零，即重新定义一个零均值随机信号 $\{x_n\} - E[x_n]$，这对于随机过程的频谱分析不会带来任何影响。因此，可以把平稳随机过程的功率谱的定义改写成

$$S_{xx}(z) = \sum_{m=-\infty}^{\infty} R_{xx}(m)z^{-m} \tag{5.59}$$

对于该式，假定了 $m_x=0$。

根据自相关序列的性质 3 即式（5.52），一个实平稳随机过程的自相关序列是时间差 m 的偶函数，即 $R_{xx}(m)=R_{xx}(-m)$，由 z 变换的性质可以得出功率谱的一个性质：

$$S_{xx}(z) = S_{xx}(z^{-1}) \tag{5.60}$$

即 $S_{xx}(z)$ 的极点是关于单位圆对称的。现设 $S_{xx}(z)$ 最接近于单位圆的一个极点位于 $|z|=R_a<1$ 的圆周上，那么 $S_{xx}(z)$ 在 $|z|=R_a^{-1}>1$ 的圆周上必存在一个对应的极点，该极点也是最接近于单位圆的，不过它处在单位圆外。因此，$S_{xx}(z)$ 的收敛域是一个包含单位圆在内的环形区域 $R_a<|z|<R_a^{-1}$，这里 $0<R_a<1$；如果 $R_a \geqslant 1$ 则 $S_{xx}(z)$ 没有收敛域。在 $0<R_a<1$ 的情况下，由于 $S_{xx}(z)$ 的收敛域包含单位圆，所以 $R_{xx}(m)$ 的傅里叶变换总是存在的，即

$$S_{xx}(e^{j\omega}) \triangleq \sum_{m=-\infty}^{\infty} R_{xx}(m)e^{-j\omega m} \tag{5.61}$$

最后，把式（5.59）和式（5.61）都作为功率谱的定义。注意，$S_{xx}(e^{j\omega})$ 是 ω 的周期函数，周期是 2π。式（5.61）有时称为维纳-辛欣定理。式（5.59）和式（5.61）对应的逆变换

公式分别为

$$R_{xx}(m) = \frac{1}{2\pi \mathrm{j}} \oint_C S_{xx}(z) z^{m-1} \, \mathrm{d}z \tag{5.62}$$

和

$$R_{xx}(m) = \frac{1}{2\pi} \int_{-\pi}^{\pi} S_{xx}(\mathrm{e}^{\mathrm{j}\omega}) \mathrm{e}^{\mathrm{j}\omega m} \, \mathrm{d}\omega$$

由上式可以得到

$$R_{xx}(0) = \frac{1}{2\pi} \int_{-\pi}^{\pi} S_{xx}(\mathrm{e}^{\mathrm{j}\omega}) \, \mathrm{d}\omega$$

根据自相关序列的性质 2(式(5.50)),上式变为

$$E[x_n^2] = \frac{1}{2\pi} \int_{-\pi}^{\pi} S_{xx}(\mathrm{e}^{\mathrm{j}\omega}) \, \mathrm{d}\omega \tag{5.63}$$

该式说明,功率谱在一个周期内的平均值就是随机过程的平均功率。图 5.5 画出了功率谱函数在一个周期内的示意图。函数曲线 $S_{xx}(\omega)$ 在 $-\pi \leqslant \omega < \pi$ 频率区间所围的面积恰等于随机过程的平均功率的 2π 倍即 $2\pi E[x_n^2]$。因此,$S_{xx}(\omega)$ 具有功率密度的物理意义。所以,功率谱实际上是指功率密度谱,有时简称为谱。

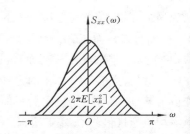

图 5.5 $S_{xx}(\omega)$ 曲线与频率轴在 $(-\pi, \pi)$ 范围内所围面积与均方值成正比关系

功率谱具有以下几个有用性质。

① 实平稳随机过程的功率谱是非负的,即

$$S_{xx}(\mathrm{e}^{\mathrm{j}\omega}) \geqslant 0 \tag{5.64}$$

② 实平稳随机过程的功率谱是实函数,即

$$S_{xx}(\mathrm{e}^{\mathrm{j}\omega}) = S_{xx}^*(\mathrm{e}^{\mathrm{j}\omega}) \tag{5.65}$$

式中,∗ 号表示复共轭。

③ 实平稳随机过程的功率谱是 ω 的偶函数,即

$$S_{xx}(\mathrm{e}^{\mathrm{j}\omega}) = S_{xx}(\mathrm{e}^{-\mathrm{j}\omega}) \tag{5.66}$$

类似地,可以定义两个平稳随机过程 $\{x_n\}$ 和 $\{y_n\}$ 的互功率谱:

$$S_{xy}(z) = \sum_{m=-\infty}^{\infty} R_{xy}(m) z^{-m} \tag{5.67}$$

或

$$S_{xy}(\mathrm{e}^{\mathrm{j}\omega}) = \sum_{m=-\infty}^{\infty} R_{xy}(m) \mathrm{e}^{-\mathrm{j}\omega} \tag{5.68}$$

根据互相关序列的性质 3(式(5.52)),可以得出互功率谱具有以下性质:

$$S_{xy}(\mathrm{e}^{\mathrm{j}\omega}) = S_{yx}^*(\mathrm{e}^{-\mathrm{j}\omega}) \tag{5.69}$$

例 5.8 假设已知零均值白噪声随机过程的自相关序列为 $R_{xx}(m) = \sigma_x^2 \delta(m)$,

里 σ_x^2 是随机过程的方差。求该随机过程的功率谱。

解　由式(5.59)求得

$$S_{xx}(z) = \sum_{m=-\infty}^{\infty} \sigma_x^2 \delta(m) z^{-m} = \sigma_x^2$$

即白噪声的功率谱是常数,并等于随机过程的方差。

例 5.9　相位为平稳随机过程的正弦序列仍然是一个平稳随机过程,它的自相关序列为

$$R_{xx}(m) = \frac{A^2}{2} \cos(\omega_0 m)$$

式中,A 是正弦序列的振幅,ω_0 是正弦序列的角频率。求该正弦序列的功率谱。

解　由式(5.61)可以计算得到

$$
\begin{aligned}
S_{xx}(e^{j\omega}) &= \sum_{m=-\infty}^{\infty} \frac{A^2}{2} \cos(\omega_0 m) e^{-j\omega m} \\
&= \frac{A^2}{2} \sum_{m=-\infty}^{\infty} \frac{e^{j\omega_0 m} + e^{-j\omega_0 m}}{2} e^{-j\omega m} \\
&= \frac{A^2}{4} \sum_{m=-\infty}^{\infty} \left[e^{j(\omega_0-\omega)m} + e^{-j(\omega_0+\omega)m} \right] \\
&= \frac{A^2}{2} \sum_{m=-\infty}^{\infty} \cos(\omega_0-\omega)m \\
&= \frac{\pi}{2} A^2 \left[\delta(\omega-\omega_0) + \delta(\omega+\omega_0) \right]
\end{aligned}
$$

例 5.10　设平稳随机过程的自相关序列为

$$R_{xx}(m) = \alpha^{|m|}, \ |\alpha| < 1$$

求该随机过程的功率谱。

解

$$
\begin{aligned}
S_{xx}(e^{j\omega}) &= \sum_{m=-\infty}^{\infty} R_{xx}(m) e^{-j\omega m} = \sum_{m=-\infty}^{\infty} \alpha^{|m|} e^{-j\omega m} \\
&= \sum_{m=-\infty}^{0} \alpha^{|m|} e^{-j\omega m} + \sum_{m=0}^{\infty} \alpha^{|m|} e^{-j\omega m} - 1 \\
&= \sum_{m=0}^{\infty} \alpha^m e^{j\omega m} + \sum_{m=0}^{\infty} \alpha^m e^{-j\omega m} - 1 \\
&= \frac{1}{1-\alpha e^{j\omega}} + \frac{1}{1-\alpha e^{-j\omega}} - 1 \\
&= \frac{1-\alpha^2}{1-2\alpha\cos\omega + \alpha^2}
\end{aligned}
$$

以上 3 个例子中得到的功率谱都是实的、非负的偶函数。

5.7　离散随机信号通过线性非移变系统

在数字信号处理的广泛应用领域中,常常需要用线性移不变系统对信号进行滤波或处理。这些信号通常都是遍历性平稳随机过程的取样序列。本节讨论当这样的离散随机信号作用于一个线性移不变系统时,系统所产生的响应,具体要讨论的是系统输出的数字特征(均值、方差、自相关序列和功率谱)与输入的数字特征之间的关系。

设线性非移变系统的冲激响应用 $h(n)$ 表示,加在系统输入端的离散随机信号 $x(n)$ 是一个平稳随机过程(输入随机过程)的一个取样序列,系统产生的输出信号(响应)$y(n)$ 也是一个离散随机信号,把它看成是另一随机过程(输出随机过程)的一个取样序列。不管 $x(n)$ 是确定性的还是随机性的信号,对于系统来说是没有区别的,系统的冲激响应、输入信号和输出响应之间总是存在着线性卷积关系,即

$$y(n) = \sum_{k=-\infty}^{\infty} h(k)x(n-k) = \sum_{k=-\infty}^{\infty} h(n-k)x(k) \tag{5.70}$$

设输入随机过程的均值、方差、自相关序列和功率谱分别为 m_x、σ_x^2、$R_{xx}(m)$ 和 $S_{xx}(e^{j\omega})$,现在来计算输出随机过程的相应的特征参数,并讨论输入随机过程与输出随机过程之间这些参数的关系。

(1) 输出随机过程的均值 m_y

系统的输出响应 $y(n)$ 是输出随机过程 $\{y_n\}$ 的一个取样序列,根据遍历性假设,可以由 $y(n)$ 求出 $\{y_n\}$ 的均值为

$$m_y = E[y(n)] = E\Big[\sum_{k=-\infty}^{\infty} h(k)x(n-k)\Big] = \sum_{k=-\infty}^{\infty} h(k)E[x(n-k)]$$

由于输入随机过程是平稳随机过程,故上式中的 $E[x(n-k)]$ 等于 m_x,于是上式化为

$$m_y = m_x \sum_{k=-\infty}^{\infty} h(k) = m_x H(e^{j0}) \tag{5.71}$$

式中,$H(e^{j0})$ 是系统的频率特性在 $\omega=0$ 时的值。因此,输出随机过程的均值是与时间 n 无关的一个常量,它与输入随机过程的均值 m_x 成正比例关系,比例常数是系统频率特性在零频率上的取值。

(2) 输出随机过程的自相关序列 $R_{yy}(n, n+m)$

$$R_{yy}(n, n+m) = E[y(n)y(n+m)]$$

$$= E\Big[\sum_{k=-\infty}^{\infty} h(k)x(n-k)\sum_{r=-\infty}^{\infty} h(r)x(n+m-r)\Big]$$

$$= \sum_{k=-\infty}^{\infty} h(k)\sum_{r=-\infty}^{\infty} h(r)R_{xx}(m-r+k)$$

由该式看出输出随机过程的自相关序列只与时间差 m 有关,而与时间起点的选取(即 n 的选取)无关,故可将 $R_{yy}(n,n+m)$ 表示成 $R_{yy}(m)$,上式化为

$$R_{yy}(m) = \sum_{k=-\infty}^{\infty} h(k) \sum_{r=-\infty}^{\infty} h(r) R_{xx}(m-r+k) \quad (5.72)$$

综合以上讨论可看出,输出随机过程的均值为常数,其自相关序列只与时间差有关,故它是一个平稳随机过程。

令 $r-k=l$,则式(5.72)可写成

$$R_{yy}(m) = \sum_{l=-\infty}^{\infty} R_{xx}(m-l) \sum_{k=-\infty}^{\infty} h(k) h(l+k)$$

$$= \sum_{l=-\infty}^{\infty} R_{xx}(m-l) R_{hh}(l) \quad (5.73)$$

式中,

$$R_{hh}(l) = \sum_{k=-\infty}^{\infty} h(k) h(l+k) \quad (5.74)$$

它是系统冲激响应 $h(n)$ 的(确定性)自相关序列。由式(5.73)可以看出,系统输出随机过程的自相关序列,等于输入随机过程的自相关序列与系统冲激响应的自相关序列的线性卷积。由于在确定性离散时间信号作用于线性非移变系统的情况下,系统的输出响应等于输入信号与系统冲激响应的线性卷积,因此,现在讨论的随机性离散时间信号作用于线性非移变系统的情况,与其非常相似。

(3)输出随机过程的功率谱 $S_{yy}(z)$

假设输入随机过程的均值 $m_x=0$,因此输出随机过程的均值亦为零。这样,输入和输出随机过程的协方差序列都分别与它们各自的自相关序列相等。对式(5.73)左右两端进行 z 变换,得到

$$S_{yy}(z) = S_{xx}(z) S_{hh}(z) \quad (5.75)$$

式中,$S_{yy}(z)$ 和 $S_{xx}(z)$ 分别是输出和输入随机过程的功率谱,它们分别等于 $R_{yy}(m)$ 和 $R_{xx}(m)$ 的 z 变换,即

$$S_{yy}(z) = \sum_{m=-\infty}^{\infty} R_{yy}(m) z^{-m}$$

$$S_{xx}(z) = \sum_{m=-\infty}^{\infty} R_{xx}(m) z^{-m}$$

$S_{hh}(z)$ 是 $R_{hh}(m)$ 的 z 变换,设 $h(n)$ 是实序列,则有

$$S_{hh}(z) = \sum_{m=-\infty}^{\infty} R_{hh}(m) z^{-m} = H(z) H(z^{-1}) \quad (5.76)$$

式中,$H(z)$ 是系统的系统函数。如果 $h(n)$ 是复序列,那么

$$S_{hh}(z) = H(z) H^*(1/z^*) \quad (5.77)$$

于是式(5.75)可写成

$$S_{yy}(z) = S_{xx}(z)H(z)H^*(1/z^*) \tag{5.78}$$

由上式可以看出,假如 $H(z)$ 在 $z = z_p$ 处有一个极点,那么 $S_{yy}(z)$ 将在 $z = z_p$ 和共轭倒数位置 $z = 1/z_p^*$ 上各有一个极点;类似地,若 $H(z)$ 在 $z = z_0$ 处有一个零点,那么 $S_{yy}(z)$ 将在互成共轭倒数关系的两个位置 $z = z_0$ 和 $z = 1/z_0^*$ 上各有一个零点。

在 $h(n)$ 为实序列的情况下,将式(5.76)代入式(5.75),得到

$$S_{yy}(z) = S_{xx}(z)H(z)H(z^{-1}) = S_{xx}(z) \mid H(z) \mid^2 \tag{5.79}$$

式中,$\mid H(z) \mid$ 是 $H(z)$ 的模。

如果系统是稳定的,那么 $S_{yy}(z)$ 的收敛域包含单位圆,由式(5.79)可以得出

$$S_{yy}(e^{j\omega}) = S_{xx}(e^{j\omega}) \mid H(e^{j\omega}) \mid^2 \tag{5.80}$$

由式(5.80)可看出,输出随机过程的功率谱等于输入随机过程的功率谱与系统频率特性幅度平方的乘积。当输入信号功率谱为常数(例如输入随机过程是一个白噪声过程)时,系统的输出信号的功率谱与系统频率特性幅度的平方具有完全相似的形状。

(4) 输入随机过程与输出随机过程的互相关序列 $R_{xy}(m)$

$$
\begin{aligned}
R_{xy}(m) &= E[x(n)y(n+m)] \\
&= E\Big[x(n)\sum_{k=-\infty}^{\infty} h(k)x(n+m-k)\Big] \\
&= \sum_{k=-\infty}^{\infty} h(k)E[x(n)x(n+m-k)] \\
&= \sum_{k=-\infty}^{\infty} h(k)R_{xx}(m-k) = R_{xx}(m) * h(m)
\end{aligned} \tag{5.81}
$$

式(5.81)说明,系统的输入信号与输出信号之间的互相关序列,等于输入信号自相关序列与系统冲激响应的线性卷积。

式(5.74)定义了系统冲激响应的自相关序列 $R_{hh}(l)$,实际上它就是 $h(m)$ 与 $h(-m)$ 的线性卷积,因为

$$h(m) * h(-m) = \sum_{m=-\infty}^{\infty} h(m)h(l+m) = R_{hh}(l)$$

将上式代入式(5.73),得到

$$R_{yy}(m) = R_{xx}(m) * h(m) * h(-m) \tag{5.82}$$

考虑到式(5.81)的结果,式(5.82)可写成

$$R_{yy}(m) = R_{xy}(m) * h(-m) \tag{5.83}$$

该式说明,输出随机信号的自相关序列,可以通过输入与输出间的互相关序列与系统冲激响应进行相关计算来得到(注意,与 $h(-m)$ 进行线性卷积运算等效于与 $h(m)$ 进行相关运算)。式(5.81)、式(5.82)和式(5.83)可以用图 5.6 来说明。

式(5.81)是一个重要结果。如果输入是一个零均值的平稳白噪声随机过程,它的方差为 σ_x^2,自相关序列是一个冲激 $R_{xx}(m)=\sigma_x^2\delta(m)$,功率谱等于常数 $S_{xx}(z)=\sigma_x^2$,这时式(5.81)化为

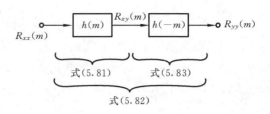

图 5.6　式(5.81)、式(5.82)和式(5.83)的示意图

$$R_{xy}(m)=\sigma_x^2 h(m)\qquad(5.84)$$

上式对应的 z 变换为

$$S_{xy}(z)=\sigma_x^2 H(z)$$

或

$$H(z)=\frac{1}{\sigma_x^2}S_{xy}(z)$$

由此得到

$$H(\mathrm{e}^{\mathrm{j}\omega})=\frac{1}{\sigma_x^2}S_{xy}(\mathrm{e}^{\mathrm{j}\omega})\qquad(5.85)$$

如果计算得到了系统输入和输出之间的互相关序列或互功率谱,那么便可根据式(5.84)或式(5.85)求出系统的冲激响应或频率特性,这提供了一种辨识数字滤波器的方法。

(5) 输出随机过程的方差

由于前面已经讨论过均值的计算,所以这里只需讨论均方值的计算,就能解决方差的计算问题。

输出随机过程的均方值为

$$E[y^2(n)]=R_{yy}(0)=\frac{1}{2\pi\mathrm{j}}\oint_C S_{yy}(z)z^{-1}\mathrm{d}z\qquad(5.86)$$

将式(5.79)代入上式,得

$$E[y^2(n)]=\frac{1}{2\pi\mathrm{j}}\oint_C S_{xx}(z)H(z)H(z^{-1})z^{-1}\mathrm{d}z$$

式中的积分围线可选择为单位圆。直接计算上式很复杂,一个较简便的方法是利用部分分式展开法来计算逆 z 变换。将 $S_{xx}(z)H(z)H(z^{-1})z^{-1}$ 展成部分分式

$$S_{xx}(z)H(z)H(z^{-1})z^{-1}=\sum_{i=1}^{N}\left[\frac{A_{i1}}{z-\alpha_i}+\frac{A_{i2}}{(z-\alpha_i)^2}+\cdots\right]$$
$$+\sum_{j=1}^{M}\left[\frac{B_{j1}}{z-\beta_j}+\frac{B_{j2}}{(z-\beta_j)^2}+\cdots\right]\qquad(5.87)$$

式中,$|\alpha_i|<1$ 是单位圆内的极点,$|\beta_j|>1$ 是单位圆外的极点,N 和 M 分别是单位圆内、外极点的数目。如果只有一阶极点,则括号中都只有第一项存在。由式(5.87)得到

$$S_{xx}(z)H(z)H(z^{-1}) = \sum_{i=1}^{N}\left[\frac{A_{i1}z}{z-\alpha_i}+\frac{A_{i2}z}{(z-\alpha_i)^2}+\cdots\right]+\sum_{j=1}^{M}\left[\frac{B_{j1}z}{z-\beta_j}+\frac{B_{j2}z}{(z-\beta_j)^2}+\cdots\right]$$

与单位圆内极点对应的项将展开成正时间序列，与单位圆外极点对应的项将展开成负时间序列。$A_{i1}z/(z-\alpha_i)$ 的逆 z 变换在 $n=0$ 处为 A_{i1}，而所有其它项的逆 z 变换在 $n=0$ 处都为零。因此可以得到

$$E[y^2(n)] = \sum_{i=1}^{N}A_{i1} \tag{5.88}$$

可以看出，用式(5.88)计算均方值时只需用到 A_{i1} 参数，其它系数 $A_{i2},A_{i3},\cdots,B_{j1}$，$B_{j2},\cdots$ 在进行部分分式展开时都不需要计算。如果只有一阶极点没有高阶极点，则 A_{i1} 可按下式计算

$$A_{i1} = H(z)H(z^{-1})S_{xx}(z)z^{-1}(z-\alpha_i)\Big|_{z=\alpha_i} \tag{5.89}$$

在式(5.87)中，如果直接展开 $S_{xx}(z)H(z)H(z^{-1})$ 而不是先展开 $S_{xx}(z)\cdot H(z)H(z^{-1})z^{-1}$ 然后乘以 z，得到的展开式系数会有所不同，因而计算 $E[y^2(n)]$ 的公式也与式(5.88)不同。

例 5.11 有一理想带通滤波器，其频率特性如图 5.7 所示。当输入端作用一个功率谱为 $S_{xx}(e^{j\omega})$、均值为零的平稳随机过程时，求输出响应的平均功率。

解 由于已知 $m_x = 0$，故根据式(5.71)可得出 $m_y = 0$。这样，可将 $S_{yy}(e^{j\omega})$ 定义为 $R_{yy}(m)$ 的傅里叶变换，于是类似于式(5.63)可以写出

$$E[y^2(n)] = \frac{1}{2\pi}\int_{-\pi}^{\pi}S_{yy}(e^{j\omega})d\omega \tag{5.90}$$

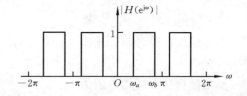

图 5.7　理想带通滤波器的频率特性

将式(5.80)代入式(5.90)，并考虑到 $S_{xx}(e^{j\omega})$ 和 $|H(e^{j\omega})|^2$ 都是 ω 的偶函数，得到

$$E[y^2(n)] = \frac{1}{\pi}\int_{0}^{\pi}S_{xx}(e^{j\omega})|H(e^{j\omega})|^2d\omega$$

$$= \frac{1}{\pi}\int_{\omega_a}^{\omega_b}S_{xx}(e^{j\omega})d\omega \tag{5.91}$$

式(5.91)中的积分是 $S_{xx}(e^{j\omega})$ 曲线在频带 (ω_a,ω_b) 内所围的面积，它代表输入信号无衰减地通过带通滤波器的总功率。该总功率除以 π，代表输入信号在该频带内的平均功率，$E[y^2(n)]$ 是输出信号的平均功率。因此，$S_{xx}(e^{j\omega})$ 在一个频带内的积分正比于信号在该频带内的平均功率，这说明了 $S_{xx}(e^{j\omega})$ 的物理意义：它表示信号的功率密度谱。另一方面，在式(5.91)中，输出信号的平均功率 $E[y^2(n)]$ 是非负的量，即使对于通带无限窄(即 ω_b 趋近于 ω_a)的理想带通滤波器来说，其输出平均功率也应当满足非负的物理要求，因此根据式(5.91)得出 $S_{xx}(e^{j\omega})$ 应当是非负的结论。总的

来说,功率谱具有实、偶和非负的性质。

例 5.12　有一线性移不变系统,它的系统函数为

$$H(z) = \frac{1}{1 - 0.25z^{-1}}$$

当它的输入端作用一个白噪声 $w(n)$ 时,在它的输出端得到一个随机信号 $x(n)$。设白噪声的方差等于 1,即 $\sigma_w^2 = 1$。求随机信号 $x(n)$ 的自相关序列。

解　根据式(5.79)有

$$S_{xx}(z) = \sigma_w^2 H(z) H(z^{-1}) = \frac{1}{(1 - 0.25z^{-1})(1 - 0.25z)}$$

将 $S_{xx}(z)$ 用部分分式展开,则

$$S_{xx}(z) = \frac{z^{-1}}{(1 - 0.25z^{-1})(z^{-1} - 0.25)} = \frac{16/15}{1 - 0.25z^{-1}} + \frac{4/15}{z^{-1} - 0.25}$$

$$= \frac{16/15}{1 - 0.25z^{-1}} - \frac{16/15}{1 - 4z^{-1}}$$

对上式求逆 z 变换,得

$$R_{xx}(m) = \frac{16}{15}\left(\frac{1}{4}\right)^m u(m) + \frac{16}{15} 4^m u(-m-1) = \frac{16}{15}\left(\frac{1}{4}\right)^{|m|}$$

例 5.13　为了产生一个功率谱为

$$S_{xx}(e^{j\omega}) = \frac{5 + 4\cos(2\omega)}{10 + 6\cos\omega}$$

的随机过程,可用一个具有单位方差的白噪声去激励一个线性移不变系统,求该系统的冲激响应。

解　设系统的冲激响应为 $h(n)$,系统函数为 $H(z)$。将题目给出的功率谱写成指数形式

$$S_{xx}(e^{j\omega}) = \frac{5 + 2e^{j2\omega} + 2e^{-j2\omega}}{10 + 3e^{j\omega} + 3e^{-j\omega}}$$

用 z 代替 $e^{j\omega}$,得

$$S_{xx}(z) = \frac{5 + 2(z^2 + z^{-2})}{10 + 3(z + z^{-1})} = \frac{(2z^2 + 1)(2z^{-2} + 1)}{(3z + 1)(3z^{-1} + 1)}$$

将上式分解成类似于式(5.79)的形式

$$S_{xx}(z) = \sigma_w^2 H(z) H(z^{-1})$$

式中,σ_w^2 是白噪声的方差,等于 1。因此,

$$H(z) = \frac{2z^2 + 1}{3z + 1} = \frac{2}{3} \cdot \frac{1 + \frac{1}{2}z^{-2}}{1 + \frac{1}{3}z^{-1}} z$$

可以看出,该系统是稳定的。$H(z)$ 表示式中的 z 因子只引起系统输出信号相对于输入信号的延时,它不会影响输出信号的功率谱,因此可以把系统的系统函数确定为

$$H'(z) = \frac{2}{3} \cdot \frac{1 + \frac{1}{2}z^{-2}}{1 + \frac{1}{3}z^{-1}}$$

这是一个因果系统,求上式的逆 z 变换,便得到系统的冲激响应

$$h(n) = \frac{2}{3}\left(-\frac{1}{3}\right)^n u(n) + \frac{1}{3}\left(-\frac{1}{3}\right)^{n-2} u(n-2)$$

5.8　离散随机信号的 Matlab 分析

Matlab 是分析离散随机信号的优良工具,它能够很方便地产生具有各种不同概率分布函数的随机信号,能够对随机过程进行时域和频域分析,能够求解平稳随机信号通过线性移不变系统所产生的响应。

5.8.1　用 Matlab 产生随机信号

在 Matlab 中,有两个函数专门用来产生随机序列,一个是 rand(1,N),用来产生其元素在[0,1]间均匀分布的长度为 N 的随机序列,另一个是 randn(1,N),用来产生均值为 0,方差为 1,长度为 N 的高斯分布随机序列。具有其它概率分布函数的随机序列都可以用这两个函数通过一定变换和处理来得到。这两个函数中,其中 rand(1,N)是最基本的,因为高斯分布随机序列也可以用它来产生。

函数 rand 的调用方式如下。

rand(N):产生一个由随机数组成的 $N \times N$ 的矩阵,矩阵中的元素是在[0,1]间均匀分布的随机变量;

rand(M,N)或 rand([M,N]):产生一个由随机数组成的 $M \times N$ 的矩阵,矩阵中的元素是在[0,1]区间中均匀分布的随机变量;

rand(M,N,P,…)或 rand([M,N,P,…]):产生一个 $M \times N \times P \times \cdots$ 的随机数矩阵,矩阵中元素仍然是[0,1]区间均匀分布的随机变量;

rand:产生一个随机数,函数每调用一次,随机数的取值改变一次,它仍然是[0,1]区间均匀分布的随机变量。

rand(1,N)产生的随机变量 x 的概率密度函数和概率分布函数的图形如图 5.2 所示。由例 5.4 可以计算出该随机变量的均值为 $m_x = \frac{1}{2}$,方差为 $\sigma_x^2 = \frac{1}{12} \approx 0.0834$。

如果要产生一个在[b,$b+1$]内均匀分布的随机变量 u,只需要在均匀分布随机变量 x 上加一个偏置 b 即可实现。因此,可以把随机变量 u 定义成

$$u = x + b$$

不难求出 u 的均值为

$$m_u = m_x + b = \frac{1}{2} + b$$

例如,若 $b = -\frac{1}{2}$,那么随机变量 u 将在 $\left[-\frac{1}{2}, \frac{1}{2}\right]$ 内均匀分布,均值 $m_u = 0$,其概率密度函数和概率分布函数与图 5.3 所示的相同。

在 $[0,1]$ 内均匀分布的随机变量 x 可用来产生其它概率分布函数的随机变量。例如,若想产生一个概率分布函数为图 5.8 所示的随机变量 y,因为 $P(y)$ 的取值范围为 $[0,1]$,因此,可以先产生一个在 $[0,1]$ 内均匀分布的随机变量 x,并令 $P(y) = x$,由此解出 $y = P^{-1}(x)$,即利用反函数 $P^{-1}(x)$ 由 x 变换得到了想产生的随机变量 y,图5.8说明了从 x 到 y 的映射过程。

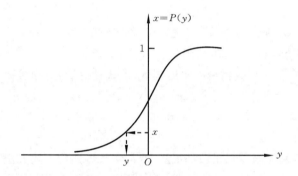

图 5.8　从均匀分布随机变量 x 到具有分布 $P(y)$ 的随机变量 y 的映射

为了具体说明上述的由均匀分布随机变量产生其它分布随机变量的方法,下面来看一个简单的例子。

例 5.14　产生一个具有下式或图 5.9(a)所示的线性概率密度函数的随机变量。

$$p(y) = \begin{cases} \dfrac{1}{2}y, & 0 \leqslant y \leqslant 2 \\[2mm] 0, & y < 0 \text{ 或 } y > 2 \end{cases}$$

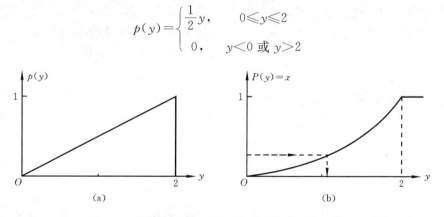

图 5.9　线性概率密度函数和相应的概率分布函数

(a) 线性概率密度函数 $p(y)$;　(b) 相应的概率分布函数 $P(y)$

解 首先计算相应的概率分布函数

$$P(y) = \int_{-\infty}^{\infty} p(y)\mathrm{d}y = \begin{cases} 0, & y < 0 \\ \dfrac{1}{4}y^2, & 0 \leqslant y \leqslant 2 \\ 1, & y > 2 \end{cases}$$

$P(y)$的图形如图 5.9(b)所示。

现产生一个在$[0,1]$内均匀分布的随机变量 x，并令 $P(y) = x$，即

$$P(y) = \frac{1}{4}y^2 = x \tag{5.92}$$

由上式得到

$$y = 2\sqrt{x} \tag{5.93}$$

这就是利用式(5.92)所示概率分布函数 $P(y)$ 的反函数 $P^{-1}(x)$ 由 x 求 y 的公式，如图 5.9(b)所示。用 Matlab 写出的函数文件非常简单，只有下面三行。函数 lin 每调用一次便产生出一个具有线性概率密度函数(即线性分布)的随机数。

```
function y = lin
x = rand;
y = 2 * x^1/2;
```

某些概率分布函数及其反函数都很复杂，常常不可能用上述方法直接由均匀分布随机变量产生所要求的随机变量，这就需要应用其它技巧，现用以下例子来加以说明。

例 5.15 用均匀分布随机变量产生高斯分布随机变量。

解 零均值高斯分布概率密度函数为

$$p(x) = \frac{1}{\sqrt{2\pi}\sigma} \exp\left(-\frac{x^2}{2\sigma^2}\right)$$

式中，σ^2 是方差(参看例 5.6)。对应的概率分布函数 $P(x)$ 无法用简单的函数来表示，因此其反函数也无法应用。这一困难可以通过下式所示的瑞利分布概率密度函数来解决。由例 5.5 给出的瑞利分布随机变量 u 的概率密度函数

$$p(u) = \begin{cases} \dfrac{u}{\sigma^2} \exp\left(-\dfrac{u^2}{2\sigma^2}\right), & u \geqslant 0 \\ 0, & u < 0 \end{cases}$$

可以计算出相应的概率分布函数为

$$P(u) = \begin{cases} 1 - \exp\left(-\dfrac{u^2}{2\sigma^2}\right), & u \geqslant 0 \\ 0, & u < 0 \end{cases} \tag{5.94}$$

瑞利随机变量 u 与两个统计独立的高斯分布随机变量 y_1 与 y_2 存在着下列关系

$$y_1 = u\cos w \tag{5.95}$$

$$y_2 = u\sin w \tag{5.96}$$

式中，w 是在 $[0,2\pi]$ 内均匀分布的随机变量，y_1 和 y_2 的方差都等于 σ^2。

令式(5.94)所表示的概率分布函数等于在 $[0,1]$ 内均匀分布随机变量 x，即

$$P(u) = 1 - \exp\left(-\frac{u^2}{2\sigma^2}\right) = x$$

解上式即可得到利用 $P(u)$ 的反函数 $P^{-1}(x)$ 求 u 的计算公式

$$u = \sqrt{2}\sigma\left[\ln\frac{1}{1-x}\right] \tag{5.97}$$

为了利用瑞利随机变量 u 由式(5.95)计算高斯随机变量 y_1 和 y_2，还需要产生一个在 $[0,2\pi]$ 内均匀分布的随机变量 w。w 的产生方法很简单，只要产生一个在 $[0,1]$ 内均匀分布的随机变量 z，并乘以 2π，即可得到，即

$$w = 2\pi z \tag{5.98}$$

总起来说，零均值高斯分布随机变量 y_1 和 y_2 的产生方法如下。

① 产生一个在 $[0,1]$ 内均匀分布的随机变量 x；

② 利用式(5.97)将 x 变换为零均值瑞利随机变量 u；

③ 产生另一个在 $[0,1]$ 内均匀分布的随机变量 z；

④ 利用式(5.98)将 z 变换成在 $[0,2\pi]$ 内均匀分布的随机变量 w；

⑤ 利用式(5.95)和式(5.96)由 u 和 w 计算出高斯随机变量 y_1 和 y_2，注意 y_1 和 y_2 都是零均值的；

⑥ 为了产生指定均值 m 的高斯随机变量 g_1 和 g_2，只要在 y_1 和 y_2 上加上 m 即可，即

$$g_1 = m + y_1 \tag{5.99}$$
$$g_2 = m + y_2 \tag{5.100}$$

下面是用 Matlab 写出的产生均值为 m、方差为 σ^2 的两个统计独立的高斯分布随机变量的函数文件，注意该函数同时产生出一个零均值的瑞利分布随机变量 u。

```
function [g1,g2,u]=gngauss (m,sgma)
% [g1,g2]=gngauss (m,sgma)
% [g1,g2]=gngauss (sgma)
% [g1,g2]=gngauss
% GNGAUSS 产生均值为 m,标准差为 sgma 的两个独立高斯随机变量。如果
% 只有一个输入参数,则均值取为 0。如果两个输入参数都没有,则取均值为 0
% 和标准差为 1。
if nargin==0,
    m=0; sgma=1;
elseif nargin==1,
    sgma=m;m=0;
```

```
end;
x=rand;    % 产生[0,1]区间均匀分布随机变量
u=sgma*(sqrt(2*log(1/(1-x))));    % 产生瑞利分布随机变量
z=rand;    % 产生另一个在[0,1]区间均匀分布的随机变量
g1=m+u*cos(2*pi*z);
g2=m+u*sin(2*pi*z);
```

在 5.7 节中曾得出一个十分重要的结果,那就是式(5.79)。当输入平稳随机信号是均值为零、方差为 σ_x^2 的白噪声时,式(5.79)具有下列形式

$$S_{yy}(z)=\sigma_x^2\,|\,H(z)\,|^2 \tag{5.101}$$

利用式(5.101),可以用一个白噪声 $x(n)$ 激励一个线性移不变系统 $H(z)$,来产生功率谱为 $S_{yy}(z)$ 的平稳随机信号 $y(n)$。当线性移不变系统的传输函数是有理函数时,所产生的信号称为具有有理功率谱的平稳随机信号。

例 5.16 用均值为零、方差为 1 的白噪声 $x(n)$,激励具有下列系统函数 $H(z)$ 的滤波器,求滤波器所输出的平稳随机信号及其功率谱。

$$H(z)=\frac{1+0.9025z^{-2}}{1-0.5562z^{-1}+0.81z^{-2}}$$

解 下面是解答该例题的 Matlab 程序。运行该程序的结果,得到滤波器所输出的平稳随机信号 $y(n)$ 及其对数功率谱 $10\lg S_{yy}$,它们的图形示于图 5.10。

```
FS=2;
f=FS*[0:1023]/1024;
x=rand(1,512);
y=filter([1,0,0.9025],[1,-0.5562,0.81],x);
[h,w]=freqz([1,0,0.9025],[1,-0.5562,0.81]);
subplot(2,1,1)
plot(y)
xlabel('n');ylabel('y(n)');
subplot(2,1,2)
plot(f(1:512),20*log10(abs(h)))
xlabel('f/fs\pi');ylabel('对数功率谱/dB');
```

在上面列出的程序中,前两行是为了把数据点换算成相对数字频率,即功率谱图形的横坐标是用取样频率归一化后的数字频率,范围为 $0\sim\pi$。第 4 行直接调用函数 filter 由输入白噪声(第 3 行产生)求出滤波器输出信号。第 5 行调用函数 freqz 求滤波器频率特性。第 10 行直接画出滤波器幅度特性的平方的对数图形,这便是输出信号的对数谱。

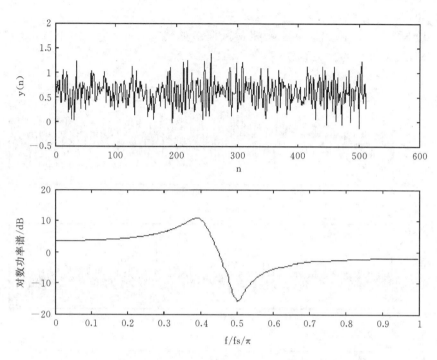

图 5.10　例 5.16 所求得的平稳随机信号 $y(n)$ 的波形及其对数功率谱

5.8.2　离散时间随机信号的 Matlab 分析

Matlab 中有许多函数用于分析给定的离散时间随机信号,例如,计算均值、方差和相关函数等时域参数,功率谱等频域参数,以及由这些参数构成的某些矩阵。下面通过几个例子,介绍其中的部分分析方法。

例 5.17　用 Matlab 编写一个 m 文件,利用前面给出的函数 gngauss 产生一个瑞利分布随机信号 $u(n)$ 和两个统计独立的高斯分布随机信号 $g_1(n)$ 和 $g_2(n)$。假设高斯分布随机信号的均值和方差分别为 $m=0.2$ 和 $\sigma^2=0.36$。

(1) 运行所编写的 m 文件,画出 3 个随机信号的波形。

(2) 将文件运行 10 次,计算每次得到的 3 个随机信号的均值和方差,并计算 10 次的平均值,与理论值进行比较。

解　用 Matlab 编写的 m 文件(略去了绘图部分)如下:

```
m=0.2;
sgma=0.6;
N=400;
for i=1:N,
    [g1(i),g2(i),u(i)]=gngauss(m,sgma);
```

end；

（1）运行文件，画出的 3 个随机信号波形如图 5.11 所示。图中"g1（n）"表示
"$g_1(n)$"，其余符号的含义类似。

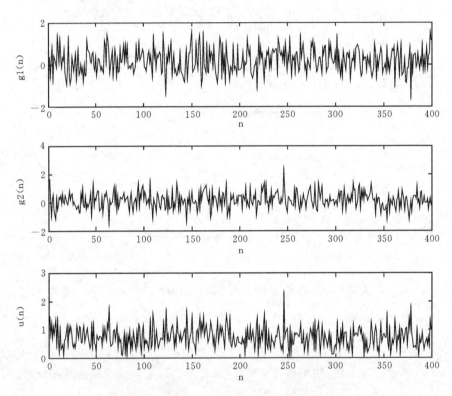

图 5.11　用函数 gngauss 产生的随机信号波形

　　（2）运行 10 次得到的随机信号的均值和方差，以及 10 次的平均值，列于表5.1，
并示于图 5.12。图中"mg1（n）"表示信号 $g_1(n)$ 的均值，均值和方差的计算分别直接
调用 Matlab 的函数 mean 和 cov。

　　题给已知数据是 $m=0.2$ 和 $\sigma^2=0.36$ 或 $\sigma=0.6$。由例 5.5 可求出瑞利分布随
机信号 $u(n)$ 的均值 m_u 和方差 σ_u^2：

$$m_u=\sqrt{\frac{\pi}{2}}\sigma=\sqrt{\frac{\pi}{2}}\times0.6=0.7520$$

$$\sigma_u^2=\left(2-\frac{\pi}{2}\right)\sigma^2=\left(2-\frac{\pi}{2}\right)\times0.36=0.1545$$

由例 5.6 可以知道，高斯分布随机信号 $g_1(n)$ 和 $g_2(n)$ 的均值 m_g 和方差 σ_g^2 分别等于
$m=0.2$ 和 $\sigma^2=0.36$。

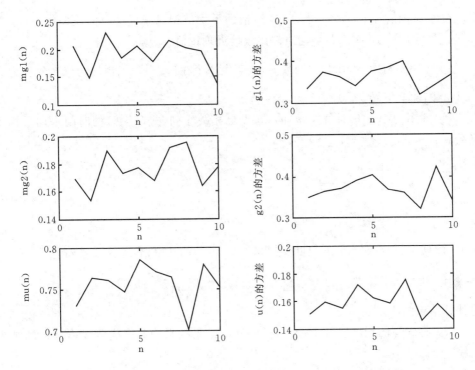

图 5.12　运行 10 次均值和方差变化轨迹

表 5.1　运行 10 次程序得到的信号的均值和方差及其平均值

运行次序	均值 m			方差 σ^2		
	$g_1(n)$	$g_2(n)$	$u(n)$	$g_1(n)$	$g_2(n)$	$u(n)$
1	0.2065	0.1700	0.7299	0.3358	0.3490	0.1517
2	0.1483	0.1541	0.7634	0.3749	0.3644	0.1603
3	0.2312	0.1897	0.7612	0.3634	0.3718	0.1554
4	0.1848	0.1736	0.7468	0.3404	0.3899	0.1720
5	0.2063	0.1776	0.7856	0.3763	0.4043	0.1623
6	0.1780	0.1686	0.7710	0.3843	0.3684	0.1584
7	0.2157	0.1914	0.7644	0.4007	0.3601	0.1753
8	0.2032	0.1955	0.7018	0.3199	0.3207	0.1467
9	0.1967	0.1642	0.7797	0.3437	0.4222	0.1578
10	0.1358	0.1778	0.7512	0.3674	0.3403	0.1465
10 次平均	0.1807	0.1763	0.7555	0.3607	0.3691	0.1586

可以看出，运行 10 次产生的两个高斯分布随机信号 $g_1(n)$ 和 $g_2(n)$ 的均值的平均值与理论值还有较大误差，如果将平均次数进一步增多，则误差有望进一步减小。

瑞利分布随机信号 $u(n)$ 的运行 10 次均值的平均值相对于理论值的误差较小。3 个随机信号的运行 10 次方差平均值都比较接近理论值。

例 5.18 利用 Matlab 的函数 rand 产生一个在 $\left(-\dfrac{1}{2},\dfrac{1}{2}\right)$ 内均匀分布的长为 N =1000 的随机信号 $x(n)$。

(1) 利用式(5.46)计算 $x(n)$ 的 59 点自相关序列,式(5.46)的时间平均采用下列公式:

$$R_{xx}(m)=\begin{cases}\dfrac{1}{N-m}\sum_{n=1}^{N-|m|}x(n)x(n+m), & m=0,1,2,\cdots,M \\[4mm] \dfrac{1}{N-|m|}\sum_{n=1}^{N}x(n)x(n+m), & m=-1,-2,\cdots,-M\end{cases} \tag{5.102}$$

用 fft 计算 $R_{xx}(m)$ 的离散傅里叶变换来得到 $x(n)$ 的功率谱,计算公式如下:

$$S_{xx}(k)=\sum_{m=-M}^{M}R_{xx}(m)\exp\left(-\mathrm{j}\,\frac{2\pi}{2M+1}mk\right)$$

将计算结果画成曲线。

(2) 将编写的程序运行 10 次,计算 10 次结果的平均并画成曲线,与(1)的结果比较。

解 (1) 编写用式(5.102)计算 $x(n)$ 的自相关序列的函数文件如下:

```
function [Rx]=Rx_est(x,M)
% 该函数估计由矢量 x 给出的随机信号的自相关序列。只计算 Rx(0),Rx(1),
% …,Rx(M)等数值。计算得出的 Rx(m)实际上是指 Rx(m-1)的值。
N=length(x);
Rx=zeros(1,M+1);
for m=1:M+1,
    for n=1:N-m+1,
    Rx(m)=Rx(m)+x(n)*x(n-1+m);
    end;
Rx(m)=Rx(m)/(N+1-m);
end;
```

用下列程序产生一个在 $\left(-\dfrac{1}{2},\dfrac{1}{2}\right)$ 内均匀分布的长为 $N=1000$ 的随机信号 $x(n)$;调用函数 Rx_est 计算 $M+1=60$ 点自相关序列 R_x;调用函数 fft 计算 R_x 的 64 点 DFT,用函数 abs 求 DFT 的幅度特性,然后进行平方并除以 $N-|m|$,便得到 $x(n)$ 的功率谱 S_x;函数 fftshift 的作用是把直流分量移到功率谱的中心。

```
N=1000;
```

```
M=59;
m=0：M;
x=rand(1,N)-1/2;
Rx1=Rx_est(x,M);
Sx1=fftshift(abs(fft(Rx1)));
```

（2）下列程序计算 $L=10$ 次运行结果的平均值：

```
N=1000;
M=59;
Rx_av=zeros(1,M+1);
Sx_av=zeros(1,M+1);
for j=1：L,
    x=rand(1,N)-1/2;
    Rx=Rx_est(x,M);
    Sx=fftshift(abs(fft(Rx)));
    Rx_av=Rx_av+Rx;
    Sx_av=Sx_av+Sx;
end;
Rx_av=Rx_av/L;
Sx_av=Sx_av/L;
```

在图 5.13 中上面两个图形所示的是随机信号 1 次实现的计算结果,而下面两个图形是 10 次计算结果的平均。可以看出,平均后的结果随机起伏显著减小。

例 5.19　与例 5.17 一样,假设 $m=0.2$ 和 $\sigma^2=0.36$,利用函数 gngauss 产生 $g_1(n)$、$g_2(n)$ 和 $u(n)$ 等 3 个随机信号。用 Matlab 求它们的自相关序列和功率谱。

解　分别用式(5.46)和式(5.61)对自相关序列和功率谱进行估计。用 Matlab 编写的 m 文件(略去了绘图部分)如下:

```
% 产生 3 个各长为 N=512 的随机信号
m=0.2;
sgma=0.6;
N=512;
for i=1：N,
    [g1(i),g2(i),u(i)]=gngauss(m,sgma);
end;
% 计算自相关
rg1=xcorr(g1,'biased');
```

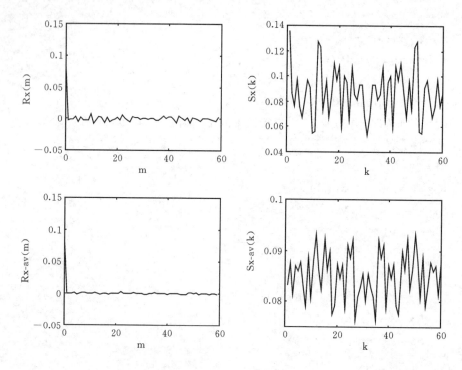

图 5.13　例 5.18 结果的图形表示

rg2＝xcorr(g2,′biased′);

ru＝xcorr(u,′biased′);

％ 计算功率谱

sg1＝(1/N)＊(abs(fft(rg1([512：1023])))).^2);

sg2＝(1/N)＊(abs(fft(rg2([512：1023])))).^2);

su＝(1/N)＊(abs(fft(ru([512：1023])))).^2);

文件中,第 5 行到第 7 行的循环语句产生 3 个随机信号 $g_1(n)$、$g_2(n)$ 和 $u(n)$,每个信号长度为 $N＝512$ 点,N 取为 2 的幂是为了便于进行 fft 计算。第 9 行到第 11 行调用 xcorr 函数计算自相关序列,其核心公式是

$$R_{xx}(m) = \frac{1}{N}\sum_{n=1}^{N-|m|} x(n)x(n+m), \quad m = 0, \pm1, \pm2, \cdots, \pm(N-1)$$

它与式(5.46)实质上相同。第 13 行到 15 行计算功率谱,方法是首先调用函数 fft 计算自相关序列的 DFT,然后计算 DFT 的模的平方,最后除以信号长度 N,便得到功率谱的有偏估计,即

$$S_{xx}(k) = \sum_{m=0}^{N-1} R_{xx}(m)\exp\left(-\mathrm{j}\frac{2\pi}{N}mk\right)$$

图 5.14 所示的是自相关函数和对数功率谱(即 $10\lg S_{xx}(k)$)的图形,可以清楚地看出,除瑞利分布随机信号外,其余两个高斯分布随机信号都具有显著的白噪声性质,即它们的自相关函数非常接近于理想的冲激函数,而功率谱非常平坦。

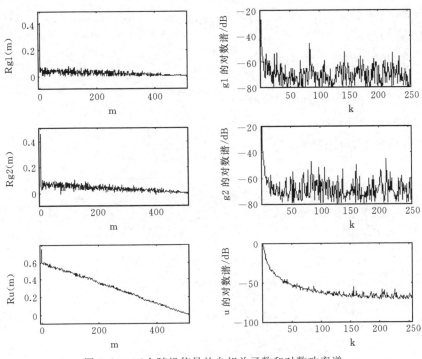

图 5.14　三个随机信号的自相关函数和对数功率谱

5.8.3　离散随机信号通过线性移不变系统的 Matlab 分析

离散随机信号通过线性移不变系统有各种各样不同的情况,因此不可能无遗漏地加以讨论。下面仍以几个典型的例子来说明分析方法。

例 5.20　假设一个功率谱为常数 1 的白噪声 $x(n)$ 作用于一个传输函数为

$$H(z) = \frac{1}{1 + 0.5z^{-1}}$$

的线性移不变系统,得到输出信号 $y(n)$。以 Matlab 为工具

(1) 求 $y(n)$ 的功率谱 $S_{yy}(f)$。

(2) 由 $S_{yy}(f)$ 计算 $y(n)$ 的自相关序列 $R_{yy}(m)$。

解　(1) 将式(5.80)应用于本题,得到

$$S_{yy}(f) = S_{xx}(f)|H(f)|^2 = |H(f)|^2$$

式中,

$$|H(f)| = \frac{1}{|1+0.5e^{-j(2\pi f)}|^2} \qquad (5.103)$$

式(5.103)是编写 m 文件的基础,文件如下(略去了绘图程序):

Fmin＝0;

Fmax＝1;

delta＝1/512;

f＝Fmin：delta：Fmax;

Sx＝ones(1,length(f));

H＝1. /(1＋0. 5 * exp(−2 * pi * f * i));

Sy＝Sx. * (abs(H)). ^2;

程序运行结果如图 5.15 所示。

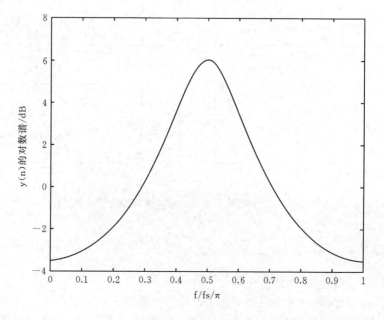

图 5.15　例 5.20 中输出信号的功率谱

（2）对(1)中得出的 $S_{yy}(f)$ 进行逆变换 ifft,即可求出滤波器输出的自相关序列 $R_{yy}(m)$。程序运行结果如图 5.16 所示。

例 5.21　图 5.17 所示的是产生带通随机信号 $y(n)$ 的一个方案,$w_1(n)$ 和 $w_2(n)$ 是两个统计独立的高斯分布随机信号,它们各自通过系统函数为 $\frac{1}{1-0.9z^{-1}}$ 的完全相同的低通滤波器后,将得到的信号 $x_c(n)$ 和 $x_s(n)$ 分别对两个频率均为 f_0 且互相正交的载波 $\cos(2\pi f_0 n)$ 和 $\sin(2\pi f_0 n)$ 进行调制,两个已调信号相减所得到的输出信

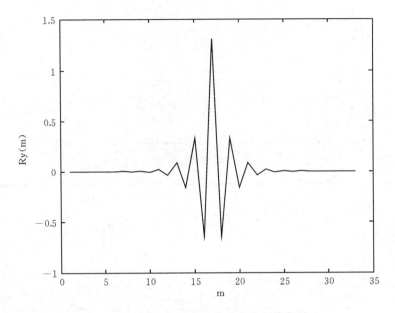

图 5.16　例 5.20 中输出信号的自相关序列

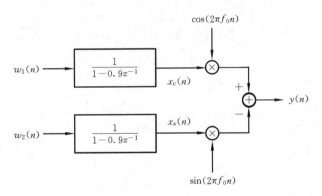

图 5.17　例 5.21 所用的产生带通随机信号的方框图

号 $y(n)$ 便是一个带通随机信号。

用 Matlab 模拟这个系统,画出带通随机信号 $y(n)$ 的自相关序列和功率谱的图形。

解　编写的 m 文件如下,文件中略去了绘图语句。图 5.18 是程序运行结果。

```
% 产生两个独立高斯随机信号 w1 和 w2
N=1000;
for i=1:2:N;
    [w1(i) w1(i+1)]=gngauss;
    [w2(i) w2(i+1)]=gngauss;
```

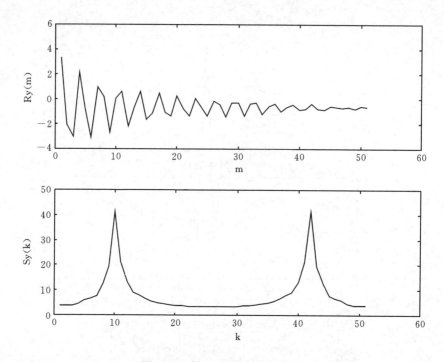

图 5.18　例 5.21 程序运行结果

end；

％ 对 w1 和 w2 进行滤波产生随机信号 xc 和 xs

a＝[1 −0.9]；

b＝1；

xc＝filter(b,a,w1)；

xs＝filter(b,a,w2)；

％ 产生带通信号 y

f0＝1000/pi；

for i＝1：N，

　　y(i)＝xc(i) * cos(2 * pi * f0 * i)−xs(i) * sin(2 * pi * f0 * i)；

end；

％ 计算带通信号 y 的自相关序列和功率谱

M＝50；

Ry＝Rx_est(y,M)；

Sy＝fftshift(abs(fft(Ry)))；

例 5.22　在 5.7 节中曾经介绍过辨识线性移不变系统的一种方法，就是将系统的输入与输出的互功率谱除以输入的自功率谱,即可得到系统的频率特性。这个例子就是用 Matlab 来验证这个结论。

解　下面是为这个例题编写的 m 文件。文件中略去了绘图语句。

```
% 利用函数 fir2 设计一个因果 FIR 数字滤波器。利用函数 freqz 计算滤波器的
% 幅度频率响应
f=[0 0.6 0.6 1];
m=[1 1 0 0];
b=fir2(30,f,m);
[H,W]=freqz(b,1,512);
% 利用函数 randn 产生一个零均值高斯白噪声作为滤波器的输入信号。利用
% 函数 filter 计算滤波器的输出
x=randn(20000,1);
y=filter(b,1,x);
% 计算输入信号的功率谱和输入信号与输出信号的互功率谱
Sx=psd(x);
Sxy=csd(x,y);
% 用式(5.85)计算滤波器的系统函数
H1=Sxy./Sx;
w1=[0:1/128:1];
% 利用函数 tfe 计算滤波器的幅度频率特性
Txy=tfe(x,y,1024,[ ],[ ],512);
```

文件中用注释语句对计算过程进行了详细说明。首先,调用函数 fir2 设计一个 FIR 数字滤波器,并用函数 freqz 求出它的频率特性 H,H 的幅度特性 abs(H) 作为实际的比较标准。然后用两种方法来估计滤波器的幅度特性。第一种方法是用系统的输入和输出的互功率谱与输入的自功率谱相除的方法;另一种是直接调用 Matlab 原有的函数 tfe 的方法。当然,函数 tfe 的理论基础仍然是第一种方法所依据的原理。

第一种方法分别调用函数 psd 和 csd 来计算输入信号的自功率谱 S_x,输入和输出信号的互功率谱 S_{xy}。这两个功率谱相除,便得到滤波器的频率特性 H_1,它的幅度特性为 abs(H_1)。

第二种方法估计的滤波器的幅度特性为 abs(T_{xy})。

三个幅度特性 abs(H)、abs(H_1) 和 abs(T_{xy}) 同画于图 5.19 中,可以看出两种估计方法都得到了与实际特性相近的结果,其中,尤其以直接调用函数 tfe 的方法效果最好,其主要原因在于,它所采用的功率谱估计方法具有更优良的性能。

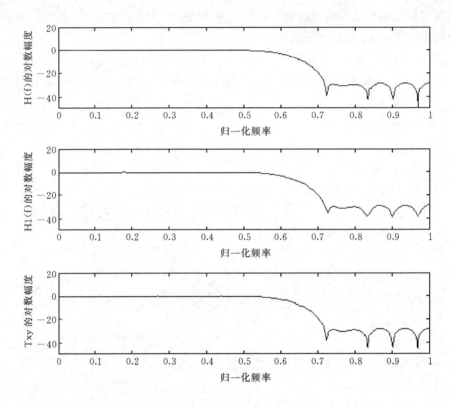

图 5.19　例 5.22 程序运行结果

复习思考题

5.1　如何定义离散时间随机信号和离散随机过程？取样序列与离散随机过程有何关系？

5.2　为什么随机信号不能用确定信号的描述方法来描述？

5.3　怎样描述离散随机过程？什么是概率分布函数和概率密度函数？什么是概率质量函数？

5.4　如何定义随机变量的均值、方差和均方值？它们之间有何关系？

5.5　如何定义离散随机过程的均值和方差？

5.6　如何定义离散随机过程的自相关序列和协方差序列？相关序列和协方差序列有些什么重要性质？

5.7　均方值是否总是等于方差？在什么条件下它们才相等？

5.8　均值和自相关序列能完整地描述随机过程吗？

5.9　如何定义遍历性随机过程？一个随机过程是遍历性的必要条件是什么？要检查一个随机过程是否是遍历性的有困难吗？

5.10　什么是统计独立随机变量？什么是线性独立随机变量？它们之间有何关系？

5.11　什么是随机变量的 n 阶原点矩和 n 阶中心矩？它们与均值、均方值和方差有何关系？

5.12　写出均匀分布、瑞利分布和高斯分布随机变量的概率密度函数表示式。

5.13　什么是狭义平稳随机过程？什么是广义平稳随机过程？

5.14　时间平均与集合平均有什么差别？

5.15　如何定义功率谱？为什么说功率谱实际上是指功率密度谱？是否只有平稳随机信号才有功率谱？

5.16　功率谱有哪些重要性质？

5.17　什么是白噪声过程？它的自相关序列和功率谱有什么特点？

5.18　一个平稳随机信号作用于一个线性移不变系统时，系统的输出信号的均值、方差和均方值如何计算？输出随机过程也是平稳的吗？

5.19　线性移不变系统的输入随机过程和输出随机过程的自相关序列、互相关序列以及功率谱存在什么关系？

5.20　怎样根据取样序列的有限个数据来估计随机过程的均值和自相关序列？

5.21　怎样根据一个系统的输入与输出之间的互功率谱来估计系统的频率特性？

5.22　在 Matlab 中，专门用于产生随机信号的两个函数是什么？如何调用它们？

5.23　怎样利用在 $[0,1]$ 中均匀分布的随机变量产生在 $[-b,b]$ 内均匀分布的随机变量？

5.24　怎样用 rand 函数产生其它任何分布的随机信号？

5.25　用 randn 产生高斯分布随机信号，每次实现得到的信号及其自相关函数和功率谱都是相同的吗？

习　　题

5.1　证明随机变量的均值的线性性质即式(5.16)和式(5.17)。

5.2　已知 $x(n)$ 和 $y(n)$ 是不相关的两个随机信号，它们的方差分别是 σ_x^2 和 σ_y^2，求 $w(n)=x(n)+y(n)$ 的方差 σ_w^2。

5.3　设有 3 个白噪声序列 $x_1(n)$、$x_2(n)$ 和 $x_3(n)$，它们分别在区间 $(-q,0)$、$(-q/2,q/2)$ 和 $(0,2\pi)$ 上呈均匀分布。

(1) 画出它们的概率密度函数图形。

(2) 计算它们各自的均值。

(3) 计算它们各自的方差。

5.4　已知随机信号

$$x(n)=\cos(\omega_0 n+\varphi)$$

式中，角频率 ω_0 是常数，初相 φ 是在区间 $(0,2\pi)$ 均匀分布的随机变量。求 $x(n)$ 的均值和自相关序列，并判别 $x(n)$ 是否广义平稳随机过程。

5.5　证明一个任意随机信号与一个与其不相关的白噪声序列相乘后，变成一个白噪声序列。

5.6　遍历性过程一定是平稳的，平稳随机过程一定是遍历性的，这两个论断正确吗？为什么？

5.7　有一随机变量 x，它的均值为 m_x、方差为 σ_x^2。已知 x 的 N 个测量值 $x_i(i=0,1,2,\cdots,$

$N-1$)是互不相关的,这些测量值的算术平均值

$$\hat{m}_x = \frac{1}{N}\sum_{i=0}^{N-1}x_i$$

称为取样均值。

(1) 求 $\hat{m}_x$ 的期望值。

(2) 求 $\hat{m}_x$ 的方差。

5.8 同上题。把

$$\hat{\sigma}_x^2 = \frac{1}{N}\sum_{i=0}^{N-1}(x_i-\hat{m}_x)^2$$

叫做取样方差。

(1) 计算取样方差的期望值 $E[\hat{\sigma}_x^2]$。

(2) 若 x 是高斯随机变量,即 x 的概率密度函数为

$$p_x(x)=\frac{1}{\sqrt{2\pi\sigma_x^2}}\mathrm{e}^{-\frac{(x-m_x)^2}{2\sigma_x^2}}$$

求取样方差 $\hat{\sigma}_x^2$ 的方差 $\mathrm{Var}[\hat{\sigma}_x^2]=E[(\hat{\sigma}_x^2-E[\hat{\sigma}_x^2])^2]$。

5.9 $x(n)$是零均值随机过程的取样序列,

$$d(n)=x(n+1)-x(n)$$

称为差分序列。设该随机过程的功率谱是低通的,即

$$S_{xx}(\mathrm{e}^{j\omega})=\begin{cases}非零, & |\omega|\leqslant\omega_c\\0, & \omega_c<|\omega|<\pi\end{cases}$$

此外还假设已知随机过程自相关序列的前两个值 $R_{xx}(0)$ 和 $R_{xx}(1)$。

(1) 求差分序列的均方值 $E[d^2(n)]$。

(2) 证明 $E[d^2(n)]\leqslant\omega_c^2 E[x^2(n)]$。

5.10 设 $x(n)$是均值为零、方差为 σ_x^2 的平稳白噪声随机信号,它作用于冲激响应为 $h(n)$ 的线性非移变系统的输入端,得到输出随机信号 $y(n)$。

(1) 求 $x(n)$ 与 $y(n)$ 的互相关序列在滞后时间 $m=0$ 时的取样值 $R_{xy}(0)$。

(2) 求输出信号 $y(n)$ 的方差 σ_y^2。

5.11 设有一平稳随机信号 $x(n)$由下列差分方程表示:

$$x(n)=-\sum_{k=1}^{p}a_k x(n-k)+u(n)$$

式中,$a_k(k=1,2,\cdots,p)$是 p 个常数,$u(n)$是均值为零、方差为 σ^2 的白噪声。求 $x(n)$ 的自相关序列 $R_{xx}(m)$的表示式。

5.12 有一线性非移变系统,其单位冲激响应为

$$h(n)=\begin{cases}\dfrac{2}{\pi}\dfrac{\sin^2\left(\frac{\pi}{2}n\right)}{n}, & n\neq0\\0, & n=0\end{cases}$$

若在该系统输入端作用一个离散随机信号 $x(n)$,则在系统输出端得到 $y(n)$。

(1) 求输出信号 $y(n)$ 的自相关序列。

(2) 求输入信号 $x(n)$ 与输出信号 $y(n)$ 的互相关序列。

（3）证明（2）所算得的互相关序列是奇序列。

（4）若用 $x(n)$ 和 $y(n)$ 构成一个复序列 $w(n)$，

$$w(n) = x(n) + \mathrm{j}y(n)$$

计算 $w(n)$ 的自相关序列。

（5）求 $w(n)$ 的功率谱。

5.13　有一线性非移变系统，它有两个输入端 1、2 和一个输出端，从输入端 1 至输出端的单位取样响应为 $h_1(n)$，从输入端 2 至输出端的单位取样响应为 $h_2(n)$。当两输入端分别作用有互不相关的两随机序列 $x_1(n)$ 和 $x_2(n)$ 时，试证明：它们产生的各自对应的输出 $y_1(n)$ 和 $y_2(n)$ 也是不相关的。

5.14　有一线性移不变系统，其单位取样响应为 $h(n)$，它由单位取样响应分别为 $h_1(n)$ 和 $h_2(n)$ 的两个子系统级联而成。设系统输入端作用有一个白噪声序列 $x(n)$，第 1 个子系统的输出是 $y(n)$，第 2 个子系统的输出（也是整个级联系统的输出）是 $w(n)$。设 $x(n)$ 的均值为零，方差为 σ_x^2。

（1）以下 3 个关系式是否都正确，为什么？

$$(a)\sigma_y^2 = \sigma_x^2 \sum_{n=0}^{\infty} h_1^2(n)$$

$$(b)\sigma_w^2 = \sigma_y^2 \sum_{n=0}^{\infty} h_2^2(n)$$

$$(c)\sigma_w^2 = \sigma_x^2 \sum_{n=0}^{\infty} h^2(n)$$

（2）设 $h_1(n)=a^n u(n)$，$h_2(n)=b^n u(n)$，这里，$|a|<1$，$|b|<1$。分别用上面列出的（b）式和（c）式计算 σ_w^2，并比较两个计算结果是否相等？哪个结果是正确的？为什么？

5.15　设 $x_a(t)$ 是均值为零的连续时间随机信号，它的自相关函数和功率谱分别定义为

$$R_{xx}^{(a)}(\tau) = E[x_a(t)x_a^*(t+\tau)]$$

$$S_{xx}^{(a)}(\mathrm{j}\Omega) = \int_{-\infty}^{\infty} R_{xx}^{(a)}(\tau)\mathrm{e}^{-\mathrm{j}\Omega\tau}\,\mathrm{d}\tau$$

中，上标（a）表示针对连续时间（或模拟）信号；滞后时间 τ 是连续变量；Ω 是模拟信号角频率。

现以周期 T 对 $x_a(t)$ 等间隔取样，得到离散时间信号 $x(n)=x_a(nT)$，n 取整数。$x(n)$ 的自相关序列和功率谱分别定义为

$$R_{xx}(m) = E[x(n)x^*(n+m)]$$

$$S_{xx}(\mathrm{e}^{\mathrm{j}\omega}) = \sum_{m=-\infty}^{\infty} R_{xx}(m)\mathrm{e}^{-\mathrm{j}\omega m}$$

（1）求 $R_{xx}(m)$ 与 $R_{xx}^{(a)}(\tau)$ 之间的关系。

（2）求 $S_{xx}(\mathrm{e}^{\mathrm{j}\omega})$ 与 $S_{xx}^{(a)}(\mathrm{j}\Omega)$ 之间的关系。

（3）为了不失真地由 $S_{xx}(\mathrm{e}^{\mathrm{j}\omega})$ 得到 $S_{xx}^{(a)}(\mathrm{j}\Omega)$，$S_{xx}^{(a)}(\mathrm{j}\Omega)$ 应满足什么条件？

5.16　已知连续时间随机信号 $x_a(t)$ 的功率谱如习题 5.16 图所示，以周期 T 对 $x_a(t)$ 等间隔取得到离散时间随机信号 $x(n)=x_a(nT)$。

（1）求 $x(n)$ 的自相关序列 $R_{xx}(m)$。

（2）为了使 $x(n)$ 是白色随机序列，应如何选择 T?

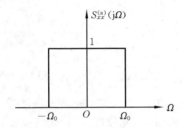

习题 5.16 图　信号 $x_a(t)$ 的功率谱

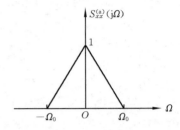

习题 5.17 图　信号 $x_a(t)$ 的功率谱

5.17　假设连续时间随机信号 $x_a(t)$ 的功率谱如习题 5.17 图所示，重做习题 5.16。

5.18　将习题 5.16 和习题 5.17 推广到一般情况。设连续时间随机信号 $x_a(t)$ 的功率谱为 $S_{xx}^{(a)}(t)$，对 $x_a(t)$ 以等时间间隔 T_0 取样后得到离散时间随机序列 $x(n)$。为使 $x(n)$ 是白色随机序列讨论 $S_{xx}^{(a)}(t)$ 和 T_0 应满足什么条件？

5.19　设均值为零、方差为 σ^2 的白噪声序列 $u(n)$ 作用于一个传输函数为

$$H_{MA}(z) = \sum_{k=0}^{q} b_k z^{-k}$$

的线性移不变系统，得到输出信号 $x(n)$。

（1）写出系统的差分方程。

（2）用系统的冲激响应 $h(n)$ 表示 $x(n)$ 的自相关序列 $R_{xx}(m)$。

（3）利用系统的频率响应 $H_{MA}(e^{j\omega})$ 表示 $x(n)$ 的功率谱 $S_{xx}(e^{j\omega})$。

（4）证明自相关序列满足差分方程

$$R_{xx}(m) = \begin{cases} \sigma^2 \displaystyle\sum_{k=0}^{q-m} b_k b_{m+k}, & m = 0,1,2,\cdots,q \\ 0, & m \geqslant q+1 \end{cases}$$

5.20　设均值为零、方差为 σ^2 的白噪声序列 $x(n)$ 作用于一个传输函数为

$$H_{AR}(z) = \cfrac{1}{1 + \displaystyle\sum_{k=1}^{p} a_k z^{-k}}$$

的线性移不变系统，得到输出随机信号 $x(n)$。

（1）写出系统的差分方程。

（2）证明 $x(n)$ 的自相关序列满足差分方程

$$R_{xx}(m) = \begin{cases} -\displaystyle\sum_{k=1}^{p} a_k R_{xx}(m-k) + \sigma^2, & m = 0 \\ -\displaystyle\sum_{k=1}^{p} a_k R_{xx}(m-k), & m \geqslant 1 \end{cases}$$

5.21　设线性移不变系统的传输函数为

$$H_{\text{ARMA}}(z) = \frac{\displaystyle\sum_{k=0}^{q} b_k z^{-k}}{1 + \displaystyle\sum_{k=1}^{p} a_k z^{-k}}$$

重做习题 5.20。

5.22　若 x 是均匀分布随机变量,其概率密度函数为

$$p_x(\alpha) = \begin{cases} 1, & 0 \leqslant \alpha < 1 \\ 0, & \text{其它} \end{cases}$$

那么,概率分布函数为 $P_u(\alpha)$ 的随机变量 u,可以通过对 x 进行下列变换来得到

$$u = P_u^{-1}(x)$$

这里 P_u^{-1} 是 P_u 的反函数。

(1) 令 x 是在 $[0,1]$ 内均匀分布的随机变量;u 是指数分布随机变量,它的概率密度函数为

$$p_u(\alpha) = \frac{1}{\mu} \exp\left(-\frac{\alpha}{\mu}\right), \quad \alpha \geqslant 0$$

如何从 x 变换成 u?

(2) 求 u 的均值和方差。

以下习题要求用 Matlab 求解。

5.23　利用 Matlab 的 rand 函数产生一个在 $[0,1)$ 内均匀分布的随机信号 x。利用习题 5.22 的结果,编写一个 Matlab 的 m 文件,由 rand 产生具有下列概率密度函数的随机信号 u:

$$p_u(\alpha) = \frac{1}{2} \exp\left(-\frac{\alpha}{2}\right), \quad \alpha \geqslant 0$$

计算 u 的均值和方差,并将这里的结果与习题 5.22 的理论计算结果比较。

5.24　设有一个线性滤波器的冲激响应为

$$h(n) = \begin{cases} 0.95^n, & n \geqslant 0 \\ 0, & n < 0 \end{cases}$$

在输入端作用一个均匀分布随机信号 $x(n)$。求输出随机信号 $y(n)$ 的功率谱 $S_{yy}(f)$ 和自相关函数 $R_{yy}(m)$。将 Matlab 的解答与理论计算结果进行比较。

5.25　设有一个低通滤波器的冲激响应为

$$h(n) = \begin{cases} 0.9^n, & n \geqslant 0 \\ 0, & n < 0 \end{cases}$$

输入端作用一个在 $\left(-\frac{1}{2}, \frac{1}{2}\right)$ 内均匀分布的随机信号 $x(n)$,在输出端得到信号 $y(n)$。已知该滤波器满足以下差分方程

$$y(n) = 0.9 y(n-1) + x(n), \quad n \geqslant 1, \quad y(-1) = 0$$

$y(n)$ 的自相关序列用下式进行估计

$$R_{yy}(m) = \begin{cases} \dfrac{1}{N - |m|} \displaystyle\sum_{n=1}^{N-m} x(n) x(n+m), & m = 0, 1, 2, \cdots, M \\ \dfrac{1}{N - |m|} \displaystyle\sum_{n=1}^{N} x(n) x(n+m), & m = -1, -2, \cdots, -M \end{cases}$$

$x(n)$ 的自相关序列 $R_{xx}(m)$ 用相同的公式计算。

编写一个 m 文件,计算 $R_{xx}(m)$ 和 $R_{yy}(m)$,并由它们求功率谱 $S_{xx}(f)$ 和 $S_{yy}(f)$。

5.26 用函数 fir1 设计一个 FIR 数字滤波器,给定滤波器的阶数 $m=30$,边缘频率参数(截止频率参数)选为 $\omega_n=0.2$。产生一个长为 $N=20000$ 的高斯分布随机信号 $x(n)$,作为该滤波器的输入信号 $x(n)$。

(1) 求滤波器的输出信号 $y(n)$。

(2) 计算 $x(n)$ 的功率谱 $S_{xx}(f)$。

(3) 计算 $x(n)$ 与 $y(n)$ 的互功率谱 $S_{yy}(f)$。

(4) 计算滤波器的幅度特性 $|H(f)|$。

(5) 用 $S_{xx}(f)$ 和 $S_{yy}(f)$ 估计滤波器的幅度特性。

(6) 调用函数 tfe 求滤波器的频率特性。

(7) 将(4)、(5)和(6)的结果绘制在一个图上进行比较。

参 考 文 献

[1]　Oppenheim A V, Schafer R W. Digital Signal Processing[M]. Englewood Cliffs(New Jersey):Prentice-Hall,Inc. ,1975.

　　　中译本:奥本海姆 A V,谢弗 R W. 数字信号处理[M]. 董士嘉,杨耀增,译. 北京:科学出版社,1983.

[2]　Hayes M H. Statistical Digital Signal Processing and Moleling[M]. New York:John Wiley & Sons,Inc. ,1996.

[3]　Davenport W B. Probability and Random Processes[M]. New York:McGraw-Hill Book Company,1970.

[4]　Sanjit K Mitra. Digital Signal Processing——A Computer-based Approach(Second Edition)[M]. 清华大学出版社和 McGraw-Hill,2001.

　　　中译本:数字信号处理——基于计算机的方法[M]. 孙洪,余翔宇,译. 北京:电子工业出版社,2005.

[5]　John G Proakis. Contemporary Communication Systems Using MATLAB[M]. Books/Cole,2000.

　　　中译本:现代通信系统——使用 MATLAB[M]. 刘树堂,译. 西安:西安交通大学出版社,2001.

第6章 数字信号处理中的
有限字长效应分析

无论是用专用硬件,还是在计算机上用软件来实现数字信号处理,输入信号的每个取样值、算法中要用到的参数(例如,数字滤波器的系数,FFT 中的复指数 $W_N = \mathrm{e}^{-\mathrm{j}2\pi/N} = \cos\dfrac{2\pi}{N} - \mathrm{j}\sin\dfrac{2\pi}{N}$,以及任何中间计算结果和最终计算结果,都是用有限位的二进制数来表示的。因此,在实际工程中所得到的数字信号处理结果,相对于理论计算所得到的结果,必然存在着误差。在某些情况下,这种误差严重到使信号处理系统的性能变坏,以致达到令人不能容忍的程度。通常把这种由于二进制数的位数有限而造成的计算结果的误差或处理性能的变坏,称为有限字长效应。显然,有限字长效应,在数字信号处理软件实现或硬件实现中,在进行设计和对处理结果进行误差分析时,是必须考虑的重要问题。本章内容安排如下:6.1 节举例说明在数字信号处理中,有限字长效应引起的误差的几种来源,以及这些误差的表现形式。6.2 节简介二进制数的表示方法和它们的算术运算方法,以及在运算中考虑字长的限制而对运算结果采取的处理方法。6.3 节讨论输入信号的量化噪声。6.4 节对数字滤波器的系数的量化误差及其对滤波器的稳定性、零点和极点的位置的影响进行分析,并对滤波器的频率特性的误差进行讨论。6.5 节分析计算有限字长定点运算在 IIR 滤波器输出端引起的噪声和信噪比。6.6 节讨论有限字长定点运算 IIR 数字滤波器的极限环振荡现象和死带效应。6.7 节对定点运算 FIR 滤波器和定点运算 FFT 进行误差分析。6.8 节讨论定点运算给数字滤波器和 FFT 运算带来的溢出问题。6.9 节讨论浮点运算有限字长效应。

6.1   有限字长效应引起的误差

现在用一个浅显的例子来分析有限字长效应产生误差的原因。设有一个一阶低通数字滤波器,其差分方程为

$$y(n) = \mathrm{e}^{-0.15}y(n-1) + 2(1 - \mathrm{e}^{-0.15})x(n) \qquad (6.1)$$

该滤波器输入端作用有一个离散时间信号 $x(n)$,它的前 18 个取样值列于表 6.1 中为第 2 列,其中用省略号"…"表示这些取样值是无限精确的。理论上,为求出滤波器

的输出信号 $y(n)$，只要将输入序列 $x(n)$ 的值代入式(6.1)进行迭代运算(首先要假设初始值 $y(0)$，例如，取 $y(0)=0$)，即可得到 $y(n)$ 的精确值，表 6.1 中的第 3 列是计算结果。应注意，$y(n)$ 的精确程度取决于 $x(n)$ 和常数 $e^{-0.15}$ 的精确程度，也取决于中间计算结果 $e^{-0.15}y(n-1)$ 和 $2(1-e^{-0.15})x(n)$ 的精确程度。

表 6.1　式(6.1)所代表的滤波器的输入和输出

n	精确计算结果		用 5 位二进制数计算结果	
	$x(n)$	$y(n)$	$Q[x(n)]$	$\hat{y}(n)$
1	0.376757⋯	0.104958⋯	0.375	0.0625
2	0.260489⋯	0.102907⋯	0.25	0.0625
3	0.172122⋯	0.188166⋯	0.125	0.0
4	0.688332⋯	0.353714⋯	0.6875	0.125
5	0.580995⋯	0.466300⋯	0.5625	0.1875
6	0.290385⋯	0.482245⋯	0.25	0.1875
7	0.514251⋯	0.558334⋯	0.5	0.25
8	0.472043⋯	0.612066⋯	0.4375	0.25
9	0.204000⋯	0.583642⋯	0.1875	0.1875
10	0.975618⋯	0.774137⋯	0.9375	0.3125
11	0.017704⋯	0.671238⋯	0.0	0.25
12	0.325665⋯	0.668456⋯	0.3125	0.25
13	0.794654⋯	0.796731⋯	0.75	0.375
14	0.836935⋯	0.918910⋯	0.8125	0.4375
15	0.869722⋯	0.033203⋯	0.8125	0.5
16	0.685917⋯	0.080372⋯	0.625	0.5
17	0.288005⋯	0.010118⋯	0.25	0.4375
18	0.554780⋯	0.023970⋯	0.5	0.4375

　　在实际工程中，为了实现该数字滤波器，可以采用专用硬件来实现，也可以在通用数字计算机上用软件来实现。在这两种情况下，输入信号序列 $x(n)$ 的各个取样值和式(6.1)中的系数 $e^{-0.15}$ 和 $2(1-e^{-0.15})$，以及中间运算结果和最终输出结果，都是以二进制数的形式存储在有限长度的寄存器内。图 6.1 给出的是用数字硬件来实现该滤波器的结构图，也是在通用计算机上用软件实现时的计算过程示意图。为了数值上的简单起见，假设图中的存储器、寄存器、延时器、乘法器和加法器等都是 5 位字长的，其中的单位延时器实际上是一个 5 位字长的寄存器。这只是一个为了说明问题的原理性结构图，实际上，所有算术运算可以统一由一个算术运算单元来完成，图 6.2 是其结构图。现在回到图 6.1，图中所有数据，包括量化后的输入数据 $Q[x(n)]$

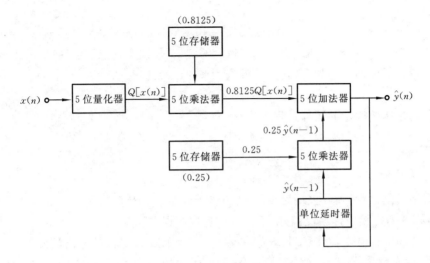

图 6.1　用 5 位字长硬件实现式(6.1)所表示的数字滤波器的结构

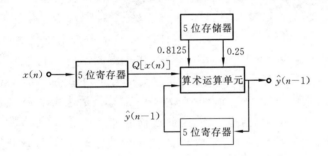

图 6.2　用算术运算单元取代图 6.1 中的乘法器和加法器

滤波器的两个参数

$$e^{-0.15} = 0.8607079\cdots$$

$$2(1 - e^{-0.15}) = 0.2785842\cdots$$

以及两个乘法器和一个加法器的计算结果

$$0.25\hat{y}(n-1)$$

$$0.8125Q[x(n)]$$

$$0.8125Q[x(n)] + 0.25\hat{y}(n-1)$$

等,都要用 5 位二进制数来表示。假设采用原码定点小数来表示这些数和进行算术运算,即小数点在二进制表示中的位置固定不变,小数点左边一位是符号位,0 表示正数,1 表示负数;小数点右边 4 位是数值的绝对值。这样,5 位字长的二进制原码只能表示(-1,1)之间的 31 个不同的数值。表 6.1 中的第 4 列是输入数据 $x(n)$ 用 5 位字长量化器量化后的结果,第 5 列是滤波器的输出。滤波器的输出 $\hat{y}(n)$ 是按下式

计算的

$$\hat{y}(n) = 0.8125\hat{y}(n-1) + 0.25Q[x(n)] \tag{6.2}$$

这是一个迭代计算公式,两个系数 0.8125 和 0.25 分别是 $e^{-0.15}$ 和 $2(1-e^{-0.15})$ 用 5 位字长量化后的值。例如,若初始条件选为 $\hat{y}(0) = 0$,则有

$$\hat{y}(1) = 0.8125 \times 0 + 0.25 \times 0.375$$

用定点二进制数表示的运算过程是

$$
\begin{array}{rl}
0.0100 & (0.25) \\
\times)\ \ 0.0110 & (0.375) \\
\hline
0.00011000 &
\end{array}
$$

受有限字长限制,必须截去最后 4 位,得 0.0001,即 $\hat{y}(1) = 0.0625$。将表 6.1 中的第 5 列与第 3 列比较,可以看出有限字长效应造成的误差。

从图 6.1 可看出,有限字长效应在以下 3 个方面造成滤波器输出的误差。

① 输入信号 $x(n)$ 经 5 位字长量化后成为 $Q[x(n)]$,引入了量化误差。在一般情况下,若被处理的是模拟信号 $x_a(t)$,则需经过模/数转换器变成二进制数的序列。模/数转换器主要包括取样和量化两个步骤,取样序列 $x(n)$ 被量化后得到 $Q[x(n)]$。下面将会看到,量化过程可以模型化为取样序列 $x(n)$ 叠加上量化噪声 $e(n)$,得到量化信号 $Q[x(n)]$,即 $Q[x(n)] = x(n) + e(n)$。由于滤波器是一个线性系统,所以量化后的信号 $Q[x(n)]$ 经滤波后得到的输出信号 $\hat{y}(n)$ 等于两部分之和,一部分是 $x(n)$ 通过滤波器产生的输出 $y(n) = x(n) * h(n)$,另一部分是量化噪声 $e(n)$ 通过滤波器产生的输出 $e_0 = e(n) * h(n)$,这里 $h(n)$ 是滤波器的冲激响应。可见,输入信号的量化在滤波器输出端引起了噪声,这个噪声的大小取决于输入信号量化噪声 $e(n)$,而 $e(n)$ 与量化字长有关。

② 滤波器的系数 $e^{-0.15}$ 和 $2(1-e^{-0.15})$ 用有限位二进制数表示,实际上也是一种量化处理,必然引入量化误差。例如,在前面所举的例子中,为了用 5 位二进制数表示这两个系数,不得不用 0.8125 近似代替 $e^{-0.15}$,用 0.25 近似代替 $2(1-e^{-0.15})$。下面将会看到,对于某些结构类型的滤波器(例如,具有反馈支路的递归滤波器结构)来说,它们的零点和极点的位置对于滤波器系数的变化特别敏感,因而滤波器系数由于量化误差引起的微小改变,有可能对滤波器的频率特性产生很大的影响。特别是在单位圆内且非常靠近单位圆的极点,如果由于滤波器系数的量化误差,而使这些极点跑到单位圆上或圆外时,滤波器就失去了稳定。

③ 在计算两个 5 位字长的二进制数的乘积时,需要用"截尾"或"舍入"的处理方法将乘积结果限制到 5 位字长,例如,上面计算 $\hat{y}(1)$ 时,要将乘积结果 0.0001100(二进制表示)的最后 4 位去掉。这会引入截尾误差或舍入误差。下面将会看到,在用定点运算实现递归结构的 IIR 数字滤波器时,有限字长效应(对乘积结果进行截尾或舍入处理)有可能引起一种被称之为零输入极限环振荡的现象,使滤波器工作不稳

定。

上面列举的有限字长效应在 3 个方面造成的误差,与以下几个问题有关:

① 量化方式是截尾还是舍入;

② 负数用二进制数的原码表示还是用补码或反码表示;

③ 算术运算是用定点运算还是用浮点运算;

④ 采用什么类型的系统结构,例如,对于数字滤波器来说,是采用递归结构还是非递归结构,是采用高阶直接实现的结构还是采用由低阶节组成的级联结构或并联结构。

这些问题本章都会详细加以讨论。

6.2　二进制数的表示和运算方法及其与量化误差的关系

二进制数最常用的表示方法有原码、补码和反码 3 种,它们的算术运算分定点运算和浮点运算两类。由于字长的限制,常需将二进制数的算术运算结果进行截尾或舍入处理,这就不可避免地引入截尾或舍入误差,这些误差便是数字信号处理中有限字长效应的主要根源之一。对于二进制数的不同表示方法和运算方法,截尾误差或舍入误差是有所不同的。这一节的主要目的是复习二进制数的主要表示方法和运算方法,并讨论在二进制数不同的表示和运算方法下的截尾误差和舍入误差。

6.2.1　定点运算和浮点运算

在整个运算过程中,二进制数的小数点的位置固定不变,称为定点运算。小数点左边的位是整数部分,而右边的位是小数部分。显然,小数点位于最低有效位右边,是纯整数情况;小数点位于二进制数中间任何位置,是既有整数部分又有小数部分的情况;若小数点位于最高有效位左边,则是纯小数情况,这种情况下小数点左边是符号位。

定点运算中,一般不采用纯整数运算。因为两定点整数相乘得到的仍然是定点整数,其位数等于参加运算的两整数的位数之和。为了把和的位数限制到规定的字长,不得不采用截尾或舍入处理,这将造成无法容忍的误差。若将小数点固定在二进制数中间任何位置,那么每次乘法运算之后都必须重新确定小数点在乘积中的正确位置,显然这是很不方便的。定点纯小数不存在上述两方面的问题,因为两个定点纯小数的乘积仍然是定点纯小数,虽然乘积的位数也要增加,但截尾或舍入处理造成的误差不会大。此外,定点纯小数相乘的结果永远不会产生溢出。虽然定点纯小数相加有可能产生溢出,但这可通过乘以比例因子来避免。因此,定点运算中,通常都是用纯小数来运算。为此,在用二进制数表示十进制数之前,通常都要让十进制数乘以一个适当的比例因子,使它的数值限制在$(-1,1)$范围内,即将它变成纯小数。

定点二进制数的缺点是动态范围(或表数范围)小,且需要考虑加法运算中的溢出问题。二进制数的浮点表示法克服了这两个缺点,它有大的表数范围,而且溢出的可能性也很小。二进制数的浮点表示方法,是把它表示成尾数和指数两部分的乘积,即

$$x = 2^C M \tag{6.3}$$

式中,C 和 M 都是二进制数。M 是二进制小数,称为尾数;C 是二进制整数,称为阶码或阶。x 是既有整数部分也有小数部分的二进制数,它的小数点的位置可由阶码 C 来调整。x 的符号由 M 的符号决定。在整个运算过程中,C 的数值可随意调整,这种二进制运算称为浮点运算。在式(6.3)所给出的浮点表示中,为了充分利用尾数的有效位,常将尾数限制在下列范围内:

$$0.5 \leqslant M < 1 （十进制数） \tag{6.4}$$

或

$$0.10 \cdots 0 \leqslant M < 1.0 \cdots 0 （二进制数）$$

这意味着,通过调整阶码 C 的大小,使尾数的最高有效位总是保持为 1(二进制)。这种表示称为规格化浮点表示。若阶码有 b_C 位,尾数有 b_M 位,则浮点数的动态范围为

$$|x| \leqslant 2^{2^{b_C}-1}(1 - 2^{-b_M}) \tag{6.5}$$

若令 $b = b_C + b_M$,则 b 位尾数的定点数的动态范围为

$$2^{-b} \leqslant x \leqslant 1 - 2^{-b}$$

浮点表示法尾数的字长决定浮点表示的精度。而阶码的字长决定着浮点数的动态范围。在 b 值一定的情况下,阶码位数越多,浮点数的动态范围越大,但精度却越低。

两浮点数相乘的方法是尾数相乘、阶码相加。尾数相乘实际上是定点小数相乘。浮点数的乘积结果应化成规格化形式。两浮点数相加的步骤是:先将阶码较低的数的阶码调整成与高阶码相同,相应地也要调整尾数;然后将尾数相加,而阶码为高阶码;最后将和化成规格化浮点表示。

例 6.1 用浮点运算计算 $2.5 + 1.25$。

解 2.5 和 1.25 的规格化浮点表示分别为

$$x_1 = 2^{10} \times 0.101000$$

和

$$x_2 = 2^{01} \times 0.101000$$

将 x_2 的阶码化成与 x_1 的阶码相等

$$x_2' = 2^{10} \times 0.010100$$

将 x_1 与 x_2' 的尾数相加,阶码不变,得

$$x_1 + x_2' = 2^{10} \times 0.111100$$

对应于十进制数 3.75。

6.2.2　原码、补码和反码

对二进制数进行浮点运算,主要是对其尾数进行运算。浮点表示的尾数是定点小数,因此,定点小数的运算是最基本的运算。二进制的定点小数有原码、补码和反码 3 种表示方法。正的定点小数,其原码、补码和反码是相同的,即小数点左边的符号位是 0,小数点右边是小数的绝对值或有效位。但负的定点小数的原码、补码和反码是有区别的。

(1) 原码

负的定点小数的原码表示是:小数点左边的符号位是 1,小数点右边的各位是小数的绝对值。例如,-0.5625 的原码表示是 1.1001。

两个原码表示的数相减,首先要判断哪一个数的绝对值较大,然后用大绝对值减去小绝对值,最后以绝对值较大的数的符号作为差值的符号。例如,为了用原码计算 $0.6875-0.5625$,首先将两个数用原码表示,0.6875 的原码是 0.1011,-0.5625 的原码是 1.1001,前一个数的绝对值 0.1011 比后一个数的绝对值 0.1001 要大;然后计算两绝对值之差:$0.1011-0.1001=0.0010$;最后以绝对值较大的数的符号作为差值的符号,得 0.0010,对应于十进制数 0.125。原码运算无法避开减法运算,这是它的不方便之处。

乘法运算实际上是用加法运算来完成的,除法运算是用减法运算来完成的。因此,加法和减法是两种最基本的运算。如果能够用正数来表示负数,那么,减法运算可以用加法运算来完成,这样,最基本的运算就只有一种即加法运算了。补码和反码就具有这样的特点。

(2) 补码

一个定点负小数 $-|x|$ 的补码定义为

$$x_{2's} = 2-|x| \quad (\text{十进制}) \tag{6.6}$$

式中,下标 2's 表示"补码",$|x|$ 是定点负小数的绝对值。由于 $|x|$ 总是小于 1 的,所以 $x_{2's}$ 总是大于 1 的正数。这样,用补码来计算两定点正小数之差,便可化为被减数的补码与减数取负号后的补码之和,即将减法运算转化为加法运算。例如,用补码计算 $0.6875-0.5625$ 时,首先将 0.6875 和 -0.5625 用补码表示,分别为

0.6875 的补码(与原码相同):0.1011

-0.5625 的补码(由式(6.6)):$2-0.5625=1.4375$,用二进制数表示为 10.0000 $-0.1001=1.0111$

然后将 0.6875 和 -0.5625 的补码相加

$$0.1011+1.0111=10.0010$$

小数点左边第 2 位自动丢掉,所以差的补码为 0.0010,转换成原码为 0.0010,相应于

十进制数 0.125。

例 6.2 用补码计算 0.1875－0.8125 的值。

解 0.1875 的补码是 0.0011，－0.8125 的补码是 10.0000－0.1101＝1.0011；两补码相加得 0.0011＋1.0011＝1.0110；为了化为原码，由式(6.6)得

$$|x| = 2 - x_{2's} = 10.0000 - 1.0110 = 0.1010$$

因差的补码是 1.0110，小数点左边的位是 1，说明差是一个负数，故差的原码为

$$-|x| = 1.1010$$

相应的十进制数为－0.625。

由式(6.6)的定义，在负小数的补码的二进制数表示中，小数点左边一位总是1。另一方面，前面指出过，正小数的补码与原码相同，其二进制数表示中小数点左边的一位总是零。因此，可以把补码二进制数表示中小数点左边的位看成是符号位。不过在补码运算中，符号位要参加运算，这意味着把符号位当成了整数部分，即正小数的补码是小于1的正数，而负小数的补码是大于1但小于2的正数。所以，用补码进行运算，可以使正数、负数的加法和减法都简化成单一的正数加法运算。

设小数点左边只有一位并表示整数部分，小数点右边有 b 位表示小数部分，这样一个字长为 $b+1$ 位的正数的取值范围是 $0 \sim 2 - 2^{-b}$。补码表示法就是用该范围的前一半的数来表示正小数，用后一半的数来表示负小数。具体来说，就是用 $0 \sim 1 - 2^{-b}$ 范围内的 2^b 个数表示正小数，而用 $1 \sim 2 - 2^{-b}$ 范围内的 2^b 个数表示负小数。

（3）反码

正小数的反码与原码相同。负小数的反码定义为：在负小数的二进制数表示中，将其尾数的每一位都取反，即"1"变成"0"，而"0"变成"1"，符号位保持不变仍然为"1"。实际上这等效于用尾数的每位都为"1"的数减去负小数的绝对值，而符号位取为"1"。若总字长为 $b+1$ 位，这相当于用 $2 - 2^{-b}$ 的二进制表示减去定点小数的绝对值，即得到反码表示。在运算中将反码的符号位看成整数部分，因而符号位要参加运算，这与补码的情况一样。也就是说，在运算中把反码也始终看成是一个正数。例如，为求出－0.25 的反码表示，首先要将其写成原码形式 1.0100，然后将小数点右边所有位都取反并保持符号位为"1"，便得到 1.1011。

设定点负小数用 $b+1$ 位二进制原码表示为：1.$|x|$，这里，$|x|$ 是负小数绝对值的二进制表示，有 b 位。按照负小数补码的定义，有

$$x_{2's} = 10.\underbrace{0\cdots0}_{b位} - |x| \tag{6.7}$$

又按照负小数反码的定义，有

$$x_{1's} = 1.\underbrace{1\cdots1}_{b位} - |x| \tag{6.8}$$

式中，下标"1's"表示反码。将式(6.7)与式(6.8)进行比较可以看出，反码比补码小

2^{-b}，这里 2^{-b} 是字长为 b 位的尾数的末位的位权。这提示我们，只要用反码加上 2^{-b}（在二进制表示中，在反码的末位加上 1），即可得到补码；而由原码求反码，可以不按式(6.8)进行减法运算，所以求补码时也不需要按式(6.7)那样进行减法运算。

　　例 6.3　求 -0.5625 的补码。

　　解　-0.5625 的原码为 1.1001，保持符号位不变，而将尾数取反便得到反码 1.0110，在反码末位加上 1 便得到补码 1.0111。

　　字长为 $b+1$ 位的二进制数（小数点左边一位是整数部分，小数点右边 b 位是小数部分）的取值范围是 $0\sim2-2^{-b}$，这里 2^{-b} 是精度或量化间隔。反码是用该范围的前一半数来表示正小数，而用后一半数来表示负小数，这与补码类似，但补码比反码要大 2^{-b}。在图 6.3 中画出了反码和补码两种表示方法的示意图。

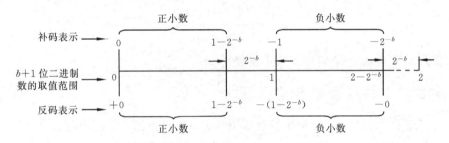

图 6.3　反码和补码的表示方法示意图

　　图 6.4 是原码、反码和补码三者间的关系示意图。图中 x_{sm} 表示原码，$x_{1's}$ 是反码，$x_{2's}$ 是补码。正小数的 3 种码表示法是相同的，就是正小数通常的二进制数表示法，符号位（小数点左边的一位）为零，小数点右边的 b 位尾数是正小数绝对值的二进制表示。负小数的原码，符号位为 1，尾数是负小数的绝对值的二进制数表示。负小

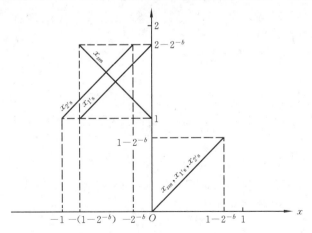

图 6.4　原码、反码和补码三者间的关系示意图

数的反码,符号位为 1,尾数是负小数绝对值的二进制数表示取反。负小数的补码,可在反码末位加 1 来得到。反码和补码在运算时,符号位要参加运算。补码加法运算中符号位的进位要自动舍弃,而反码加法运算中符号位的进位要循环进位到最低有效位。原码的符号位不参加运算。

例 6.4　用反码计算 $0.625-0.125$。

解　0.625 和 -0.125 的反码分别为 0.1010 和 1.1101,二反码相加并循环进位:

$$
\begin{array}{r}
0.1010 \\
+)\quad 1.1101 \\
\hline
\end{array}
$$

$$
循环进位\quad 10.0111
$$

$$
0.1000
$$

最后得到的反码 0.1000 对应于十进制数 0.5。

6.2.3　截尾误差和舍入误差

将二进制数限制到规定的字长有截尾和舍入两种方法。设二进制数原来的字长是 b_1+1 位(包括小数点左边的符号位),要求将其限制到 $b+1$ 位。截尾的方法是去掉最右边的 b_1-b 位。舍入的方法是:当最右边的 b_1-b 位的值大于 2^{-b-1} 时,在舍去最右边的 b_1-b 位的同时,要在剩下来的数的末位(位权是 2^{-b})上加 1,这就是所谓的"入";而当最右边的 b_1-b 位的值小于 2^{-b-1} 时,就只是舍去就行了,此即所谓"舍"。

截尾或舍入带来的误差分别称为截尾误差和舍入误差。对于不同的二进制数表示方法(原码、反码或补码)和不同的运算方法(定点或浮点运算),截尾和舍入误差是不同的,下面分别进行讨论。

1. 定点运算中的截尾和舍入误差

(1) 截尾误差

对于正小数,3 种码(原码、反码和补码)相同,因而截尾误差相同。正小数截尾前用 x 表示,字长为 b_1+1 位。截去最右边的 b_1-b 位后的值用 x_T 表示,截尾误差定义为

$$
E_T = x_T - x
$$

式中,下标 T 表示截尾。正小数截尾后数值变小,故截尾误差是负数。当被截掉的部分都是 1 时,截尾误差绝对值最大,其值为

$$
|E_T|_{max} = \sum_{i=b+1}^{b_1} 2^{-i} = 2^{-b} - 2^{-b_1} = q - 2^{-b_1}
$$

式中，$q=2^{-b}$ 是截尾后二进制数末位的位权，即量化间隔。因此，下式成立：

$$-q < -(q-2^{-b_1}) \leqslant E_{\mathrm{T}} \leqslant 0 \tag{6.9}$$

或

$$-q < E_{\mathrm{T}} \leqslant 0 \quad (\text{对正小数}) \tag{6.10}$$

对负小数来说，原码、反码和补码的截尾误差是不同的。具体来说，原码截尾后使负小数的绝对值变小，所以负小数原码的截尾误差是正数。与上面的讨论类似，可以得到

$$0 \leqslant E_{\mathrm{T}} < q \quad (\text{对负小数}) \tag{6.11}$$

负小数的补码截尾后使数值变小，由式(6.6)可看出，由于 $x_{2's}$ 减小因而使 $|x|$ 增大，即 $-|x|$ 减小，所以负小数补码的截尾误差是负数，且有

$$-q \leqslant E_{\mathrm{T}} < 0 \quad (\text{对补码负小数}) \tag{6.12}$$

负小数 $-|x|$ 的反码为

$$x_{1's} = (2-2^{-b_1}) - |x|$$

截尾后为

$$x_{1's}' = (2-2^{-b}) - |x'|$$

式中，$-|x'|$ 是反码截尾后所对应的负小数。由于 $x_{1's}' \geqslant x_{1's}$，所以有

$$-(2^{-b}-2^{-b_1}) \leqslant (x_{1's}' - x_{1's}) \leqslant 0 \tag{6.13}$$

因此，负小数的反码的截尾误差为

$$E_{\mathrm{T}} = (-|x'|) - (-|x|)$$
$$= (x_{1's}' - x_{1's}) + (2^{-b} - 2^{-b_1})$$

将式(6.13)代入上式，得出

$$0 \leqslant E_{\mathrm{T}} \leqslant (2^{-b} - 2^{-b_1})$$

由此得到

$$0 \leqslant E_{\mathrm{T}} < q \quad (\text{对于反码负小数}) \tag{6.14}$$

（2）舍入误差

舍入处理是根据最右边 b_1-b 位数的绝对值相对于 2^{-b-1} 的大小来决定的，与原数的正负无关，所以与二进制数采用什么码无关。显然，舍入误差总是处在以下范围内：

$$-\frac{q}{2} \leqslant E_{\mathrm{R}} \leqslant \frac{q}{2} \quad (\text{对于原码、反码和补码}) \tag{6.15}$$

式中，$q=2^{-b}$ 是量化间隔（舍入后末位的位权），下标 R 表示舍入。当最后 b_1-b 位的值等于 $\frac{q}{2}=2^{-b-1}$ 时，通常采用随机舍入的原则（即"舍"与"入"按等概率发生），所以式(6.15)中出现了两个等号。

图 6.5 和表 6.2 归纳了以上讨论的定点运算中的截尾和舍入误差的公式和量化特性曲线。

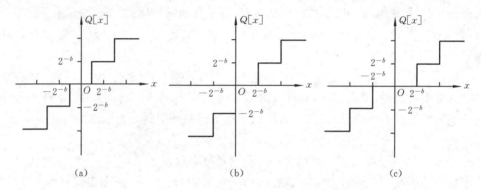

图 6.5　量化特性曲线

(a) 舍入；　(b) 补码截尾；　(c) 原码和反码截尾

表 6.2　定点运算中的截尾和舍入误差($q = 2^{-b}$)

		截尾误差	舍入误差
正　　数		$-q < E_{\mathrm{T}} \leqslant 0$	$-\dfrac{q}{2} \leqslant E_{\mathrm{R}} \leqslant \dfrac{q}{2}$
负数	原码	$0 \leqslant E_{\mathrm{T}} < q$	
	补码	$-q < E_{\mathrm{T}} \leqslant 0$	
	反码	$0 \leqslant E_{\mathrm{T}} < q$	

2. 浮点运算中的截尾和舍入误差

浮点数的截尾和舍入处理是对尾数进行的,但阶码对截尾和舍入误差的大小有影响。具体地说,尾数相同的误差,阶码越大的浮点数,它的误差越大。因此,对于浮点数的截尾和舍入误差,应当采用相对误差的概念。浮点数 $x = 2^{C}M$ 的相对误差定义为

$$\varepsilon = \frac{Q[x] - x}{x} = \frac{M_{\mathrm{Q}} - M}{M} \tag{6.16}$$

式中,$Q[x]$ 是尾数截尾或舍入后的浮点数,M_{Q} 是截尾或舍入后的尾数,截尾和舍入处理前后阶码 C 保持不变。由式(6.16)得到

$$Q[x] = x(1 + \varepsilon) \tag{6.17}$$

尾数的截尾或舍入误差为

$$E_{\mathrm{Q}} = M_{\mathrm{Q}} - M \tag{6.18}$$

$Q[x] - x$ 是浮点数的绝对误差,将式(6.18)代入式(6.16)可得出浮点数的绝对误差与尾数的截尾或舍入误差之间的关系

$$Q[x] - x = 2^{C}E_{\mathrm{Q}} \tag{6.19}$$

设尾数用舍入方法处理,尾数的舍入误差用 E_{R} 表示,即 $E_{\mathrm{Q}} = E_{\mathrm{R}}$,$E_{\mathrm{R}}$ 是定点小数的舍入误差,其范围由式(6.15)确定。考虑到尾数误差与浮点数绝对误差的关系

式(6.19)以及浮点数相对误差与绝对误差的关系式(6.16),可以得到

$$-\frac{q}{2}2^c \leqslant \varepsilon_R x \leqslant \frac{q}{2}2^c \qquad (6.20)$$

式中,ε_R 是由于尾数进行舍入处理而造成的浮点数的相对误差。对于规格化浮点数来说,由于 $\frac{1}{2}\leqslant M<1(M>0)$ 或 $-1<M\leqslant-\frac{1}{2}(M<0)$,故有 $\frac{1}{2}2^c\leqslant x<2^c\ (x>0)$ 或 $-2^c<x\leqslant-\frac{1}{2}2^c\ (x<0)$,因此由式(6.20)可以得出

$$-q<\varepsilon_R\leqslant q \quad (对于浮点数舍入处理) \qquad (6.21)$$

设尾数用截尾方法来处理,尾数的截尾误差用 E_T 表示,即 $E_Q=E_T$。用与上类似的方法可以推导出浮点数在尾数截尾处理时造成的相对误差 ε_T 的数值范围。表 6.3 归纳了浮点运算中的相对误差的公式。

表 6.3　浮点运算中的相对误差

		截尾处理	舍入处理
正　　数		$-2q<\varepsilon_T\leqslant0$	
负　数	原　码	$-2q<\varepsilon_T\leqslant0$	$-q<\varepsilon_R<q$
	补　码	$0\leqslant\varepsilon_T<2q$	
	反　码	$-2q<\varepsilon_T\leqslant0$	

6.3　信号的量化噪声

输入信号如果是模拟信号,在进行数字处理时,首先要将其取样和量化,使之转换成一定字长的数字信号。信号取样值 $x(n)$ 经量化后成为量化值 $\hat{x}(n)$,用 $\hat{x}(n)$ 代替 $x(n)$ 将引入量化误差 $e(n)=\hat{x}(n)-x(n)$。当 $x(n)$ 是随机信号时,量化误差 $e(n)$ 也是随机信号,并称为量化噪声。

量化值 $\hat{x}(n)$ 可以被看成是无限精确的取样值 $x(n)$ 的二进制数表示经过截尾或舍入处理后得到的。通过模/数转换得到的二进制数最常采用的是定点小数补码形式。从表 6.2 可看到,补码的截尾误差恒为负值,在多次算术运算过程中会有误差积累;但舍入误差是在 $-q/2$ 到 $q/2$ 之间取值,因而通常都采用舍入的处理方法来进行量化。量化后的值 $\hat{x}(n)$ 与量化前的值 $x(n)$ 之间的关系曲线,称为量化特性曲线。图 6.5 中曾画出了几种量化特性曲线,分别对应于舍入量化、补码截尾量化和原码、反码截尾量化 3 种不同的情况。为了使符号简单,现在把量化值表示成 $\hat{x}(n)$ 而不是 $Q[x(n)]$。

设输入信号取样值 $x(n)$ 的取值范围是 $-A<x<A$,为了归一化为定点小数,通常将 x 乘以小于 1 的比例因子 $1/A$。但等到全部计算结束后,还应该将计算结果乘

以 A，以恢复真实数值。现在假定输入
信号取样值 $x(n)$ 是已经归一化到动态
范围为 $-1 < x < 1$ 的定点小数，用舍入
处理进行量化，量化后字长为 $b+1$ 位
（包括符号位），因此量化间隔或量化步
长为 $q = 2^{-b}$。图 6.6(a) 所示的是量化
特性曲线，它与图 6.5(a) 所示的曲线相
同，不过图 6.6(a) 画出了量化特性曲线
在限幅电平附近的情况。图 6.6(b) 所
示的是舍入量化误差 $e(n) = \hat{x}(n) -$
$x(n)$ 的数值 E_R 与信号 $x(n)$ 的数值 x
之间的关系曲线。可以看出，E_R 的数值
范围是 $-q/2 \leqslant E_R \leqslant q/2$（在限幅电平或
动态范围内）。

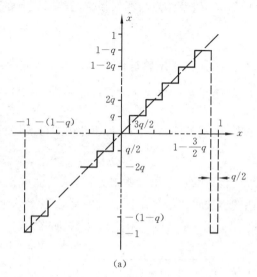

　　值得注意的是，对于 $1-q/2 \leqslant x < 1$
范围内的值，其二进制数的表示中，小数
点左边一位是零，小数点右边从第 1 位
到第 $b+1$ 位都是 1，第 $b+1$ 位及以后的
位舍入到第 b 位的结果，将引起向符号
位的溢出，使符号位由 0 变 1，从而引起
向 -1 的跃变。因此，必须采取溢出检

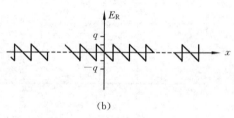

(b)

图 6.6　补码舍入量化
(a) 量化特性曲线；　(b) 误差特性曲线

测的措施。但是，由于采用补码表示，它具有这样的特点：若一组归一化的数，其总和
在 $[-1,1]$ 范围内，那么，即使部分和产生溢出或下溢，最后的总和仍将是正确的结
果。因此，采用补码运算一般可省去溢出检测和下溢检测。除了在很小的溢出区外，
在整个动态范围内的舍入量化误差都在 $[-q/2, q/2]$ 范围内。

　　在某些应用中，例如，对语音信号进行脉冲编码调制（PCM）时，常采用非均匀量
化（即对于不同幅度的信号所选用的量化步长不同）。非均匀量化通常是用以下方法
来实现的：先让信号通过一个非线性预失真器（非线性预失真器在通信系统中称为压
扩器），然后再进入均匀量化器。因此，只需对均匀量化器的误差进行分析就够了。

　　一个离散随机信号 $x(n)$ 的量化过程，可以用
图 6.7 所示的统计模型来描述，即 $x(n)$ 叠加上一
个量化噪声 $e(n)$，便得到量化后的信号 $\hat{x}(n)$，即

$$\hat{x}(n) = x(n) + e(n)$$

为了简化分析，对该模型做如下假设，在大多数实
际应用中这些假设都成立：

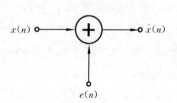

图 6.7　量化过程的统计模型

① $e(n)$是白噪声序列；

② $e(n)$与$x(n)$不相关；

③ $e(n)$在自己的取值范围内呈均匀分布。

图 6.8 给出的是舍入量化噪声概率密度函数曲线。$e(n)$的均值为

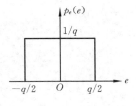

$$m_e = E[e(n)] = \int_{-q/2}^{q/2} e p_e(e)\mathrm{d}e = 0$$

$e(n)$的方差为

$$\sigma_e^2 = E[(e(n)-m_e)^2] = \int_{-q/2}^{q/2} e^2 p_e(e)\mathrm{d}e = \frac{q^2}{12}$$

图 6.8　舍入量化噪声的概率密度函数曲线

$e(n)$的自相关序列为

$$R_{ee}(m) = E[e(n)e(n+m)] = \sigma_e^2 \delta(m)$$

信号平均功率与舍入量化噪声的平均功率之比称为信噪比，信噪比的分贝数为

$$SNR = 10\lg \frac{\sigma_x^2}{\sigma_e^2} = 10\lg\sigma_x^2 + 10.79 + 6.02b \tag{6.22}$$

式中，b是舍入量化后的字长(不含符号位)。可以看出，量化字长每增加 1 位，信噪比可以提高 6dB。

如果信号$x(n)$的幅度x为$-A < x < A$，那么，应将x乘以小于 1 的比例因子$K = 1/A$ $(A > 1)$，使Kx的动态范围归一化到$(-1,1)$。这样，被归一化的信号Kx的方差是$K^2\sigma_x^2$，于是式(6.22)变成

$$SNR = 10\lg\sigma_x^2 + 10.79 + 6.02b + 20\lg K \tag{6.23}$$

由于$0 < K < 1$，所以式(6.23)中最后的一项是负值，这意味着，为减小限幅失真所乘的比例因子K将使信噪比下降$|20\lg K|$dB。

例 6.5　设$x(n)$是一个在$(-2,2)$区间均匀分布的平稳随机信号，采用舍入量化，为使信噪比不低于 80dB，量化器的字长应为多少位？

解　对信号进行归一化的比例因子$K = \dfrac{1}{2}$。

信号的方差为(注意信号均值等于零)：

$$\sigma_x^2 = \int_{-2}^{2} x^2 p_x(x)\mathrm{d}x = \int_{-2}^{2} x^2 \frac{1}{4}\mathrm{d}x = \frac{4}{3}$$

将$SNR \geqslant 80$dB、$K = \dfrac{1}{2}$和$\sigma_x^2 = \dfrac{4}{3}$代入式(6.23)，得

$$80 \leqslant 10\lg \frac{4}{3} + 10.79 + 6.02b + 20\lg \frac{1}{2}$$

由上式求出$b \geqslant 12.289$，取$b = 13$。故应取量化器的字长为 13 位(不含符号位)。

例 6.6　假设语音信号的振幅概率密度函数用拉普拉斯函数来逼近

$$p_x(x) = 0.5a\mathrm{e}^{-a|x|}$$

式中, a 是与语音信号标准差 σ_x 有关的常数

$$a = \sqrt{2}/\sigma_x$$

(1) 设语音信号的动态范围选为 $|x| \geqslant 4\sigma_x$, 求超过该动态范围的语音信号取样值占多大比例。

(2) 设舍入量化处理的量化器限幅电平选为 $X_{\max} = 4\sigma_x$, 要求信噪比不低于 60dB, 量化器字长应为多少?

解　(1) $P(|x| > 4\sigma_x) = 1 - P(-4\sigma_x \leqslant x \leqslant 4\sigma_x)$

$$= 1 - \int_{-4\sigma_x}^{4\sigma_x} p_x(x)\mathrm{d}x$$

$$= 1 - 2\int_0^{4\sigma_x} p_x(x)\mathrm{d}x = 3.5 \times 10^{-3}$$

即是说, 只有 0.35% 的取样值的幅度超过 $4\sigma_x$。

(2) 设量化器字长为 b 位(不含符号位), 量化间隔是 q, 于是有

$$2^b q = 2X_{\max} = 8\sigma_x, \quad \text{或} \quad \sigma_x = 2^{b-3}q$$

舍入量化误差 e 在 $(-\frac{q}{2}, \frac{q}{2})$ 区间均匀分布, 故得

$$\sigma_e^2 = \int_{-q/2}^{q/2} e^2 p_e(e)\mathrm{d}e = \int_{-q/2}^{q/2} e^2 \frac{1}{q}\mathrm{d}e = \frac{1}{12}q^2$$

因此, 信噪比为

$$SNR = 10\lg\frac{\sigma_x^2}{\sigma_e^2} = 10\lg\frac{(2^{b-3}q)^2}{\frac{1}{12}q^2} \approx -7.24 + 6.02b \geqslant 60$$

单位为 dB。由上式求出

$$b \geqslant 11.17, \quad \text{取} \quad b = 12\text{(不含符号位)}$$

6.4　数字滤波器系数量化的误差分析

在数字滤波器的设计阶段, 计算得到的滤波器系数和频率特性还只是理论上的, 一般都是无限精确的。但在工程实现阶段, 无论是用专用硬件或在通用硬件上运行的软件来实现, 所有的滤波器系数都是被量化了的, 即是说所有系数都只能用有限字长的二进制数来表示。系数的量化误差, 在不同程度上使滤波器的零点和极点偏离设计中预定的位置, 从而影响到滤波器的频率特性偏离设计的要求, 在严重情况下甚至使滤波器性能不稳定。下面将会看到, 滤波器系数的量化误差及其对滤波器频率特性和性能影响的程度, 是与量化字长和滤波器结构有关的, 这就为滤波器的工程实现提供了依据。

6.4.1　系数量化误差对滤波器稳定性的影响

滤波器的稳定性取决于极点的位置,如果系数量化误差使单位圆内的极点移到了单位圆上或外,滤波器的稳定性就受到了破坏,显然,单位圆内最靠近单位圆的极点最容易出现这种情况。FIR 滤波器除了在 $z=0$ 处有高阶极点外,没有别的极点,因而系数量化误差将主要影响零点的位置,不会对滤波器的稳定性构成威胁。但对于 IIR 滤波器来说,情况就不同了,因为 IIR 滤波器一般有许多极点分布于其它位置、特别是靠近单位圆的位置。

设有一稳定的因果的 IIR 数字滤波器,它具有窄带低通频率特性。因此,该滤波器的极点都在单位圆内且聚集在 $z=1$ 附近。设第 k 个极点是 p_k,点 $z=1$ 到这个极点的矢量用 Δp_k 表示,因此有

$$p_k = 1 + \Delta p_k$$

式中,$|\Delta p_k| \ll 1$。设共有 N 个极点,即 $k=1,2,\cdots,N$。滤波器的传输函数为

$$H(z) = \frac{N(z)}{D(z)} = \frac{\displaystyle\sum_{k=0}^{M} b_k z^{-k}}{1 - \displaystyle\sum_{k=1}^{N} a_k z^{-k}} = \frac{\displaystyle\sum_{k=0}^{M} b_k z^{-k}}{\displaystyle\prod_{k=1}^{N} (1 - p_k z^{-1})} \tag{6.24}$$

当用直接型结构来实现该滤波器时,系数 a_k 和 b_k 都将直接出现在信号流程图中,其中 a_k 影响着极点的位置。现在假设,某个系数 a_r 由于量化(舍入处理)引入误差 Δa_r 后变成为 $\hat{a}_r$,即

$$\hat{a}_r = a_r + \Delta a_r$$

于是式(6.24)表示的传输函数的分母多项式变为

$$\hat{D}(z) = 1 - \sum_{k=1}^{N} a_k z^{-k} - \Delta a_r z^{-r} = D(z) - \Delta a_r z^{-r}$$

当系数量化误差 Δa_r 使一个极点从单位圆内移动到单位圆上或外时,滤波器的稳定性即受到破坏。为了讨论方便,假设有一个极点移到单位圆上的 $z=1$ 点,这时有

$$\hat{D}(1) = D(1) - \Delta a_r = 0$$

由上式可求出

$$|\Delta a_r| = |D(1)| = \left| 1 - \sum_{k=1}^{N} a_k \right| = \prod_{k=1}^{N} |(1 - p_k)| \tag{6.25}$$

由于前面已假设所有极点都聚集在 $z=1$ 点附近,即 $|\Delta p_k| \ll 1$,或 $|p_k| \approx 1$,因而由式(6.25)得出

$$|\Delta a_r| \ll 1$$

这意味着,只要有一个系数由于量化产生很微小的误差,就有可能使系统失去稳定。从式(6.25)还看出,反馈支路的阶次 N 越高,能够使滤波器失去稳定的系数量化误

差的绝对值就越小,也就是说越容易使滤波器变得不稳定。

例 6.7　已知一个 3 阶 IIR 数字滤波器的系统函数为

$$H(z) = \frac{1}{(1-0.99z^{-1})^3} = \frac{1}{1-2.97z^{-1}+2.9403z^{-2}-0.970299z^{-3}}$$

为使滤波器保持稳定,在对滤波器系数进行舍入量化时,至少应当采用几位字长? 假设用直接型结构来实现该滤波器。

解　由题给系统函数看出,该滤波器在 $z=0.99$ 处有一个 3 阶极点,且在 $z=1$ 附近。假设 $H(z)$ 的分母多项式的某一系数 a_r 的量化误差为 Δa_r,当其绝对值达到式(6.25)规定的限度时,滤波器的极点将移动到 $z=1$ 处,从而使滤波器不稳定。由式(6.25)求得

$$|\Delta a_r| = \left|1 - \sum_{r=1}^{N} a_r\right| = |1 - 2.97 + 2.9403 - 0.970299| = 10^{-6}$$

当系数用 b 位(不含符号位)定点二进制小数表示时,舍入量化误差绝对值将不会大于 2^{-b-1}。由于 $10^{-6} > 2^{-20}$,所以若 b 选为 19,则系数的舍入量化误差绝对值将不会超过 2^{-20} 或 10^{-6},从而保证极点不会移到单位圆上或单位圆内,保持了滤波器工作的稳定。

例 6.8　若用 3 个相同的一阶 IIR 滤波器的级联来实现例 6.7 中的数字滤波器,为了使该级联结构稳定,求一阶节 IIR 滤波器的系数的量化字长。

解　根据例 6.7 所给出的滤波器系统函数,可以看出级联结构中的一阶节 IIR 滤波器的系统函数为

$$H_1(z) = \frac{1}{1-0.99z^{-1}}$$

每个一阶节的极点都是相同的 $z=0.99$。由式(6.25)得

$$|\Delta a_r| = |1 - 0.99| = 10^{-2} > 2^{-7}$$

所以,为维持级联结构稳定,只需维持 3 个一阶节稳定,由 $|\Delta a_r| > 2^{-7}$ 可看出,只要用 6 位字长的二进制数来表示系数 0.99 就够了。

从例 6.7 和例 6.8 看出,就滤波器系数的量化误差对滤波器稳定性的影响而言,级联结构比直接结构要轻微得多。这一结论具有普遍意义。

6.4.2　系数量化误差对滤波器零点和极点位置的影响

从前面的讨论可以看出,为了使数字滤波器在工程实现时保持稳定,人们对滤波器的结构和系数量化时的字长提出了要求。在保证滤波器稳定的前提下,应当使滤波器的频率特性满足设计要求。滤波器在工程实现时,系数量化误差导致零点和极点位置偏离了理论上规定的位置,从而使实际的频率特性与理论上要求的频率特性不相一致。一般说来,系数量化误差对零点和极点位置的影响,与滤波器的结构形式

有密切的关系。因此,为了得到与理想频率特性尽可能接近的实际频率特性,应当选择零点和极点位置对系数量化误差最不敏感的那些结构形式。

设滤波器的传输函数由式(6.24)给出,系数 a_k 和 b_k 经舍入量化后成为 $\hat{a}_k = a_k + \Delta a_k$ 和 $\hat{b}_k = b_k + \Delta b_k$,这里 Δa_k 和 Δb_k 是量化误差。这样,实际的滤波器的传输函数为

$$\hat{H}(z) = \frac{\sum_{k=0}^{M} \hat{b}_k z^{-k}}{1 - \sum_{k=1}^{N} \hat{a}_k z^{-k}} = \frac{\sum_{k=0}^{M} \hat{b}_k z^{-k}}{\prod_{i=1}^{N} \left[1 - (p_i + \Delta p_i) z^{-1}\right]}$$

这里假定了滤波器只有一阶极点。上式中,Δp_i 是第 i 个极点位置的偏移,称为极点误差,它是由系数量化误差 Δa_k 引起的,Δp_i 与 Δa_k 之间的关系是

$$\Delta p_i = \sum_{k=1}^{N} \frac{\partial p_i}{\partial a_k} \Delta a_k, \quad i = 1, 2, \cdots, N$$

式中,$\partial p_i / \partial a_k$ 是说明第 i 个极点的位置对分母多项式中第 k 个系数的量化误差的敏感程度的一个量,称为极点敏感度。类似地可以定义零点敏感度。

由于

$$\left(\frac{\partial D(z)}{\partial a_k}\right)_{z=p_i} = \left(\frac{\partial D(z)}{\partial p_i}\right)_{z=p_i} \frac{\partial p_i}{\partial a_k}$$

式中,

$$\left(\frac{\partial D(z)}{\partial a_k}\right)_{z=p_i} = -\sum_{k=1}^{N} p_i^{-k}$$

$$\left(\frac{\partial D(z)}{\partial p_i}\right)_{z=p_i} = -p_i^{-N} \prod_{\substack{l=1 \\ l \neq i}}^{N} (p_i - p_l)$$

因此,

$$\frac{\partial p_i}{\partial a_k} = \frac{\left(\frac{\partial D(z)}{\partial a_k}\right)_{z=p_i}}{\left(\frac{\partial D(z)}{\partial p_i}\right)_{z=p_i}} = \frac{\sum_{k=1}^{N} p_i^{N-k}}{\prod_{\substack{l=1 \\ l \neq i}}^{N} (p_i - p_l)} \tag{6.26}$$

式(6.26)说明了滤波器的第 i 个极点的位置对传输函数分母多项式的第 k 个系数的量化误差的敏感程度与极点分布的关系,具体来说,这种关系包括以下几个方面的内容。

① 式(6.26)的分母是每个极点与第 i 个极点之间的距离的乘积。如果这些距离都很小,即如果所有 N 个极点都聚集在一起,那么距离的乘积就很小,第 i 个极点的位置对系数量化误差就非常敏感。这意味着,在极点密集的情况下,系数的同样大小的量化误差,将使极点产生较大的移动。我们知道,低通滤波器的极点聚集在 $z=$ 1 附近,高通滤波器的极点聚集在 $z=-1$ 附近,而带通滤波器的极点分两组分别聚集

在 $z=-\mathrm{e}^{\mathrm{j}\omega_0}$ 和 $z=\mathrm{e}^{-\mathrm{j}\omega_0}$ 附近,这里 ω_0 是带通滤波器通带的中心频率,因此,低通和高通滤波器各极点间的距离都比带通滤波器的要小很多,所以,低通和高通滤波器的极点位置受系数量化效应的影响都要比带通滤波器大。如果滤波器的带宽为 $\Delta\omega$,则极点聚集的紧密程度可用 $\Delta\omega/\omega_s$ 来度量,这里 ω_s 是取样频率,$\Delta\omega/\omega_s$ 越小意味着极点聚集得越紧密。若 $\Delta\omega$ 保持不变,那么,随着取样频率 ω_s 的提高,极点聚集得越来越紧密,因而极点位置对系数量化效应越来越敏感。这意味着,为了使实际的频率特性尽可能小地偏离理论上要求的频率特性,就应该尽可能地提高系数的量化精度,或者说,应该尽可能选择位数较多的量化器字长。

② 对于稳定的因果滤波器来说,由于全部极点都在单位圆内,所以式(6.26)中的 p_i-p_l 的绝对值都小于 1。极点越多,乘积 $\prod\limits_{\substack{l=1\\l\ne i}}^{N}(p_i-p_l)$ 就越小。这意味着,阶数越高的滤波器的极点位置对系数量化误差越敏感。因此,高阶滤波器一般采用一阶节或二阶节级联或并联的结构来实现,而很少采用直接型结构。

③ 当采用二阶节级联或并联结构时,由于各二阶节相互独立,各有一对复共轭极点,特别是对于窄带带通滤波器来说,每对复共轭极点的两极点都相距较远,因而系数量化误差对极点位置的影响格外小。

综上所述,可以得出一个一般性的结论:对于二阶以上的 IIR 滤波器,为了减小系数量化误差对极点位置的影响,应当避免采用直接型结构,而最好采用由一阶节或二阶节构成的级联或并联结构来实现。通常为了能够独立地控制各节的极点或零点,选用级联结构更恰当。

以上关于系数量化误差对滤波器极点位置的影响的分析方法,完全可以用于分析滤波器的零点位置。

6.4.3　滤波器频率特性误差的估计

系数量化误差导致滤波器的零点和极点的位置发生变动,从而导致滤波器的频率特性产生误差。下面对频率特性误差的上界作一估计。

假设要求的频率特性是

$$H_0(z)=\sum_{n=0}^{N-1}h(n)z^{-n}$$

式中,$h(n)$ 是滤波器的单位取样响应。现在用字长为 b 位(不含符号位)的定点小数来表示滤波器的系数,采用舍入量化,量化后的系数为

$$\hat{h}(n)=h(n)+e(n)$$

式中,$e(n)$ 是舍入量化误差,$|e(n)|\leqslant q/2$,这里 q 是量化间隔,$q=2^{-b}$。因而,实际上实现的滤波器的频率特性是

$$H(z) = \sum_{n=0}^{N-1} \hat{h}(n) z^{-n} = H_0(z) + \sum_{n=0}^{N-1} e(n) z^{-n}$$

系数量化误差所引起的频率特性误差为

$$\Delta H(z) = H_0(z) - H(z) = -\sum_{n=0}^{N-1} e(n) z^{-n}$$

由上式得到

$$|\Delta H(e^{j\omega})| = \left| \sum_{n=0}^{N-1} e(n) e^{-j\omega n} \right| \leqslant \sum_{n=0}^{N-1} e(n) \leqslant \frac{N}{2} q \tag{6.27}$$

以上讨论了 FIR 滤波器的情况。对于 IIR 滤波器来说，由于各系数与频率特性之间存在着非线性关系，因而情况要复杂得多。不过，虽然不能用上述方法来分析 IIR 滤波器，但用计算机计算频率特性误差并非困难的事情，这个问题将在 6.10 节中讨论。

6.5　有限字长定点运算 IIR 滤波器的输出噪声

实现数字滤波器需要应用单位延迟、乘以系数和加法 3 种运算。单位延迟运算由寄存器来完成；通常信号和滤波器的系数用有限字长定点二进制小数表示，因此，滤波器中主要涉及定点小数的乘法和加法运算。定点小数相加后字长不会增加，因此无需进行截尾或舍入处理；定点小数相加的溢出问题可以通过乘以适当的比例因子的办法来解决。定点小数相乘没有溢出问题，但字长会增加，因此必须采用截尾或舍入处理。这样，每次进行定点小数乘法运算后，都会引入截尾或舍入噪声，并最终在滤波器输出端反映出来。与 6.3 节中信号量化噪声的分析方法相似，把定点乘法运算后的截尾或舍入处理过程模型化为在精确乘积上叠加一个截尾或舍入量化噪声。根据叠加原理，滤波器输出端的噪声等于作用于滤波器结构中不同位置上的量化噪声在输出端发生的响应的总和，由此不难计算滤波器输出端的信噪比。在滤波器的工程实现中，人们通常关心的问题是，为保证滤波器输出端达到一定的信噪比，应选用多少位的量化字长。由于字长只能是整数，所以在由信噪比计算字长时，用不着进行十分精确的计算。为了简化分析和计算，与 6.3 节一样常做如下假定：

① 量化噪声是白噪声（均值为零、功率谱为常数的平稳随机过程）；

② 各量化噪声互不相关；

③ 量化噪声在自己的取值范围内均匀分布；

④ 量化噪声与信号不相关。

设滤波器输入信号是已按要求的字长量化了的，表示为 $x(n)$；滤波器内不同位置上引入的量化噪声源为 $e_i(n)(i=1,2,\cdots,N)$，$e_i(n)$ 是有限字长定点乘法运算后的截尾或舍入量化误差，这里假设 $e_i(n)$ 是舍入量化误差。根据上面第 2 和第 4 个假

定,按照叠加原理,滤波器的输出为

$$w(n) = y(n) + f(n)$$

式中,$y(n)$ 是由信号 $x(n)$ 在滤波器输出端引起的响应,$f(n)$ 是滤波器内作用于不同位置上的舍入量化噪声 $e_i(n)$ 在滤波器输出端产生的响应,可按下式求出:

$$f(n) = \sum_{i=1}^{N} f_i(n) \tag{6.28}$$

该式中的 $f_i(n)$ 是 $e_i(n)$ 在滤波器输出端引起的噪声。由于 $e_i(n)$ 之间不相关,所以 $f_i(n)$ 之间也不相关。因此有

$$\sigma_f^2 = \sum_{i=1}^{N} \sigma_{f_i}^2 \tag{6.29}$$

式中,σ_f^2 是滤波器输出的总噪声的方差,$\sigma_{f_i}^2$ 是第 i 个量化噪声 $e_i(n)$ 在滤波器输出端产生的噪声 $f_i(n)$ 的方差。

滤波器输出信噪比为

$$SNR = 10\lg \frac{\sigma_y^2}{\sigma_f^2} \tag{6.30}$$

式中,σ_y^2 是滤波器输出信号的方差,可以由式(5.80)来计算;σ_f^2 用式(6.29)计算,其中,$\sigma_{f_i}^2$ 可用下式计算

$$\sigma_{f_i}^2 = \sigma_{e_i}^2 \sum_{n=-\infty}^{\infty} h_i^2(n) \tag{6.31}$$

式中,$\sigma_{e_i}^2$ 是量化噪声 $e_i(n)$ 的方差,$h_i(n)$ 是 $e_i(n)$ 的作用点至滤波器的输出端的单位取样响应。式(6.31)的推导如下:

由于假定 $e_i(n)$ 是白噪声,均值 $m_{e_i} = 0$,由式(5.71)可得出 $m_{f_i} = 0$,于是

$$\sigma_{f_i}^2 = E[f_i^2(n)] = E\left[\left(\sum_{k=-\infty}^{\infty} h_i(k) e_i(n-k)\right)^2\right] \tag{6.32}$$

$$= \sigma_{e_i}^2 \sum_{k=-\infty}^{\infty} h_i^2(k)$$

设 $h_i(n)$ 对应的系统函数用 $H_i(z)$ 表示,那么利用 Parseval 公式,上式亦可表示成

$$\sigma_{f_i}^2 = \sigma_{e_i}^2 \frac{1}{2\pi j} \oint_C H_i(z) H_i(z^{-1}) z^{-1} dz \tag{6.33}$$

或

$$\sigma_{f_i}^2 = \sigma_{e_i}^2 \frac{1}{2\pi} \int_{-\pi}^{\pi} |H_i(e^{j\omega})|^2 d\omega \tag{6.34}$$

例 6.9 有一个一阶 IIR 数字滤波器由以下差分方程定义:

$$y(n) = ay(n-1) + x(n)$$

式中,$|a| < 1$。现用定点运算来实现该滤波器,用舍入量化方式将字长限定到 b 位(不含符号位)。假设输入信号 $x(n)$ 未引入任何误差,只是滤波过程中的乘法运算才引入舍入量化误差。

(1) 假设 $x(n)$ 是幅值在 $[-X_{\max},X_{\max}]$ 内均匀分布的白随机过程,推导输出端信噪比计算公式。

(2) 假设 $x(n)=A\sin(\omega_0 n)$,重做(1)问。

(3) 设 $a=0.98$,若要求滤波器输出端信噪比不低于 40 dB,对于(1)和(2)两种情况,分别求量化字长 b。

解　(1) 图 6.9 所示的是用定点运算来实现该滤波器的统计模型。图中 $e(n)$ 是舍入量化噪声,其量化步长为 $q=2^{-b}$。滤波器的传输函数为

$$H(z)=\frac{z}{z-a}$$

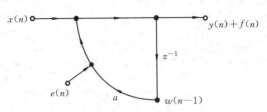

图 6.9　用定点运算实现例 6.9 中的
滤波器的统计模型

滤波器的冲激响应为

$$h(n)=\begin{cases}0, & n<0 \\ a^n, & n\geqslant 0\end{cases} \qquad (6.35)$$

$e(n)$ 的方差为

$$\sigma_e^2=\frac{1}{12}q^2=\frac{1}{12}(2^{-2b})$$

由式(6.32),得

$$\sigma_f^2=\sigma_e^2\sum_{k=-\infty}^{\infty}h^2(k)$$

将式(6.35)代入上式,得

$$\sigma_f^2=\sigma_e^2\sum_{k=0}^{\infty}a^{2k}=\frac{2^{-2b}}{12}\cdot\frac{1}{1-a^2} \qquad (6.36)$$

用类似的方法可求出输入白随机过程 $x(n)$ 在滤波器输出端产生的响应 $y(n)$ 的方差。为此首先来估算 $y(n)$ 的最大可能值。由于

$$y(n)=\sum_{k=-\infty}^{\infty}x(n-k)h(k)$$

其中,白随机过程 $x(n)$ 的幅值在 $[-X_{\max},X_{\max}]$ 内均匀分布,故 $y(n)$ 的最大可能值为

$$y_M(n)=X_{\max}\sum_{k=-\infty}^{\infty}h(k)=X_{\max}\sum_{k=0}^{\infty}|a^k|=\frac{X_{\max}}{1-|a|}$$

如果 $|y_M(n)|<1$,则滤波器所有输出都小于 1,也就不会发生溢出,为此要求 $X_{\max}<1-|a|$,即 $x(n)$ 的幅值应该限制在 $[-(1-|a|),(1-|a|)]$ 范围内。这样,可以计算 $x(n)$ 的方差

$$\sigma_x^2=\int_{-(1-|a|)}^{1-|a|}x^2 p(x)\mathrm{d}x=\int_{-(1-|a|)}^{1-|a|}x^2\frac{1}{2(1-|a|)}\mathrm{d}x$$

$$= \frac{1}{3}(1-|a|)^2 \qquad (6.37)$$

利用与推导式(6.32)相类似的方法,可推导出公式

$$\sigma_y^2 = \sigma_x^2 \sum_{k=-\infty}^{\infty} h^2(k) \qquad (6.38)$$

将式(6.35)和式(6.37)代入式(6.38),得到

$$\sigma_y^2 = \frac{(1-|a|)^2}{3} \sum_{k=0}^{\infty} a^{2k} = \frac{(1-|a|)^2}{3(1-a^2)} \qquad (6.39)$$

由式(6.39)和式(6.36)可求得滤波器输出端的信噪比(单位为 dB)

$$SNR = 10\lg \frac{\sigma_y^2}{\sigma_f^2} = 10\lg[4 \times 2^{2b}(1-|a|)^2] \qquad (6.40)$$

(2) 假设在 $n=-\infty$ 时已作用有输入正弦信号,那么输出信号亦是正弦信号。为使输出正弦信号不发生溢出,只需适当选择输入正弦信号的幅度 A 或者对 A 乘以适当的比例因子。这样,滤波器的输出信号为 $y(n)=\sin(\omega_0 n)$,而 $y(n)$ 的方差为

$$\sigma_y^2 = \frac{1}{2\pi} \int_0^{2\pi} \sin^2\theta d\theta = \frac{1}{2}$$

于是,滤波器输出端的信噪比(单位为 dB)为

$$SNR = 10\lg \frac{\sigma_y^2}{\sigma_f^2} = 10\lg[6 \times 2^{2b} \times (1-a^2)] \qquad (6.41)$$

(3) 将 $a=0.98$ 和 $SNR \geqslant 40$ 分别代入式(6.40)和式(6.41),得到

$$10\lg4 + 20b\lg2 + 10\lg(1-0.98)^2 \geqslant 40$$

和

$$10\lg6 + 20b\lg2 + 10\lg(1-0.98^2) \geqslant 40$$

由以上两式求出要求的量化字长:

对于白随机过程输入的情况,$b \geqslant 11.29$,取 $b=12$;

对于正弦信号输入的情况,$b \geqslant 7.68$,取 $b=8$。

白随机信号和单频正弦信号是无限宽带和无限窄带信号两种极端情况,对于其它类型的输入信号来说,为保证滤波器输出信噪比不低于 40 dB,量化字长一般应取为 8 位和 12 位之间。

例 6.10 有一二阶 IIR 数字滤波器,其系统函数为

$$H(z) = \frac{1}{(1-0.9z^{-1})(1-0.8z^{-1})} \qquad (6.42)$$

现用 b 位(不含符号位)定点运算、舍入量化的方法来实现该滤波器。分别计算采用直接型、级联型和并联型 3 种不同结构时,滤波器输出端的噪声的方差值。

解 (1) 直接型结构

图 6.10 所示的是这种结构的统计模型。其中,滤波器系数由下式给出:

$$H(z) = \frac{1}{(1-0.9z^{-1})(1-0.8z^{-1})} = \frac{1}{1-1.7z^{-1}+0.72z^{-2}}$$

$f_1(n)$ 和 $f_2(n)$ 分别是舍入量化噪声 $e_1(n)$ 和 $e_2(n)$ 在滤波器输出端产生的响应。可以看出，$e_1(n)$ 和 $e_2(n)$ 实际上作用于同一个节点，由该节点到滤波器输出端的系统函数就是 $H(z)$，对应的单位取样响应为 $h(n)$。根据式(6.29)和式(6.33)，得到

$$\sigma_f^2 = \sigma_{f_1}^2 + \sigma_{f_2}^2$$

$$= (\sigma_{e_1}^2 + \sigma_{e_2}^2)\frac{1}{2\pi j}\oint_C H(z)H(z^{-1})z^{-1}\mathrm{d}z \tag{6.43}$$

式中，$\sigma_{e_1}^2 = \sigma_{e_2}^2 = \dfrac{q^2}{12} = \dfrac{2^{-2b}}{12}$，积分式可用留数定理来计算，最后得到 $\sigma_f^2 = 14.97 \times 2^{-2b}$。

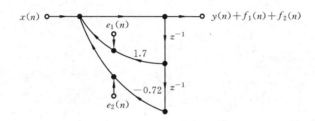

图 6.10 直接型结构的统计模型

（2）级联型结构

图 6.11 所示的是级联型结构的统计模型。

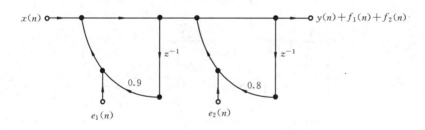

图 6.11 级联型结构的统计模型

$e_1(n)$ 作用点至输出端的系统单位取样响应为

$$h_1(n) = h(n) = (9 \times 0.9^n - 8 \times 0.8^n)u(n)$$

因此，

$$\sum_{n=-\infty}^{\infty} h_1^2(n) = \sum_{n=0}^{\infty}(81 \times 0.81^n + 64 \times 0.64^n - 144 \times 0.72^n) = 89.808$$

$e_2(n)$ 作用点至输出端的系统单位取样响应为

$$h_2(n) = 0.8^n u(n)$$

因此，

$$\sum_{n=-\infty}^{\infty} h_2^2(n) = \sum_{n=0}^{\infty} 0.64^n = 2.778$$

$e_1(n)$ 和 $e_2(n)$ 的方差相等,即

$$\sigma_{e_1}^2 = \sigma_{e_2}^2 = \frac{1}{12}(2^{-2b}) = \sigma_e^2$$

故得滤波器输出端的噪声的方差为

$$\sigma_f^2 = \sigma_{f_1}^2 + \sigma_{f_2}^2 = \sigma_{e_1}^2 \sum_{n=-\infty}^{\infty} h_1^2(n) + \sigma_{e_2}^2 \sum_{n=-\infty}^{\infty} h_2^2(n) = 7.715 \times 2^{-2b}$$

若将图 6.11 中前后一阶节位置互换,则 $h_1(n)$ 不受影响,但 $h_2(n)$ 变成

$$h_2(n) = 0.9^n u(n)$$

因此,

$$\sum_{n=-\infty}^{\infty} h_2^2(n) = \sum_{n=0}^{\infty} 0.81^n = 5.263$$

于是

$$\sigma_f^2 = \sigma_e^2 \left(\sum_{n=-\infty}^{\infty} h_1^2(n) + \sum_{n=-\infty}^{\infty} h_2^2(n) \right) = 7.923 \times 2^{-2b}$$

(3) 并联型结构

图 6.12 所示的是并联型结构统计模型,它是根据以下部分分式得到的:

$$H(z) = \frac{9}{1 - 0.9z^{-1}} + \frac{-8}{1 - 0.8z^{-1}}$$

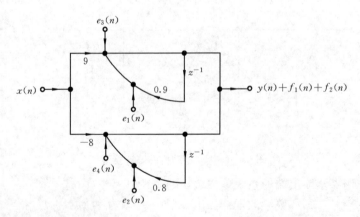

图 6.12　并联结构的统计模型

图 6.12 中有 4 个舍入量化噪声,分别由 4 个定点乘法运算引入,这 4 个定点乘法运算分别对应于乘以系数 0.9、0.8、9 和 8。其中 $e_1(n)$ 和 $e_3(n)$ 只通过图中上面一个并联支路到达输出端,而 $e_2(n)$ 和 $e_4(n)$ 只通过图中下面一个并联支路到达输出端。因此,输出噪声方差为

$$\sigma_f^2 = (\sigma_{e_1}^2 + \sigma_{e_3}^2) \frac{1}{2\pi j} \oint_C \frac{1}{(1-0.9z^{-1})(1-0.9z)} \frac{dz}{z}$$

$$+ (\sigma_{e_2}^2 + \sigma_{e_4}^2) \frac{1}{2\pi j} \oint_C \frac{1}{(1-0.8z^{-1})(1-0.8z)} \frac{dz}{z}$$

式中，$\sigma_{e_1}^2 = \sigma_{e_2}^2 = \sigma_{e_3}^2 = \sigma_{e_4}^2 = \sigma_e^2 = \frac{1}{12}(2^{-2b})$，因此

$$\sigma_f^2 = \frac{1}{6}(2^{-2b}) \frac{1}{2\pi j} \oint_C \left[\frac{1}{(1-0.9z^{-1})(1-0.9z)} + \frac{1}{(1-0.8z^{-1})(1-0.8z)} \right] \frac{dz}{z}$$

$$= 1.34 \times 2^{-2b}$$

将不同结构形式的滤波器输出端的噪声的方差进行比较，可以看到，并联型结构的输出噪声方差最小，直接型结构的最大，级联型结构的介于二者之间。级联型结构的输出噪声方差的大小又与各级的排列次序有关。

6.6　有限字长定点运算 IIR 滤波器的极限环振荡和死带效应

6.6.1　极限环振荡

用有限字长定点运算实现 IIR 数字滤波器时，在乘法运算后要采用舍入处理来限制字长，从而引入量化噪声，并在滤波器输出端引起响应，这个问题已在 6.5 节详细讨论过了。本节讨论这种量化噪声在一定条件下会引起滤波器产生非线性振荡，这一现象称为零输入极限环振荡或简称为极限环振荡现象。

设有一个一阶 IIR 数字滤波器，其差分方程为

$$y(n) = 0.625y(n-1) + x(n) \tag{6.44}$$

现用 3 位字长（不含符号位）的定点运算来实现该滤波器。因此，在每次完成乘法运算 $0.625y(n-1)$ 之后都要及时进行舍入处理，将字长限制到 3 位。舍入处理是一个非线性过程，其量化特性曲线如图 6.5(a) 或图 6.6(a) 所示。图 6.13 所示的是式 (6.44) 所定义的滤波器的工程实现的非线性模型，该模型由下式描述：

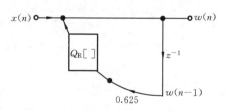

图 6.13　式 (6.44) 定义的一阶 IIR 数字滤波器的非线性模型

$$w(n) = Q_R[0.625w(n-1)] + x(n) \tag{6.45}$$

式中，$Q_R[\ ]$ 表示舍入量化处理。

现在利用图 6.13 或式 (6.45) 所示的非线性模型来计算当

$$x(n) = 0.375\delta(n)$$

时滤波器的输出响应 $w(n)$。

根据式(6.45)和图 6.5(a)给出的量化特性曲线进行迭代计算,可依次求出 $n=0,1,2,\cdots$ 时滤波器的输出响应 $w(n)$,将迭代计算过程中的数据列入表 6.4,该表中的所有数据都是用二进制表示的。

表 6.4　用 4 位字长定点运算计算式(6.45)

n	$x(n)$	$w(n-1)$	$A=0.101w(n-1)$	$Q_R[A]$	$w(n)$
0	0.011	0.000	0.000000	0.000	0.011
1	0.000	0.011	0.001111	0.010	0.010
2	0.000	0.010	0.001010	0.001	0.001
3	0.000	0.001	0.000101	0.001	0.001
4	0.000	0.001	0.000101	0.001	0.001
⋮	⋮	⋮	⋮	⋮	⋮

图 6.14(a)所示的是滤波器输出序列 $w(n)$ 的图形。用类似的方法可计算得到系数取为 -0.625、输入仍然是 $x(n)=0.375\delta(n)$ 情况下该滤波器的输出序列,图 6.14(b)所示的是 $w(n)$ 的波形。

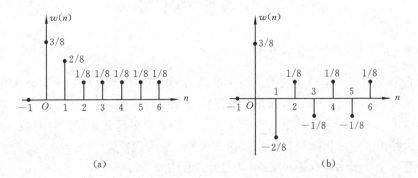

(a)　　　　　　　　　　　　　　(b)

图 6.14　极限环振荡

(a) 滤波器 $w(n)=Q_R[0.625w(n-1)]+0.375\delta(n)$

(b) 滤波器 $w(n)=Q_R[-0.625w(n-1)]+0.375\delta(n)$

从图 6.14(a)可以看出,当滤波器输入 $x(n)$ 衰减为零以后,滤波器输出并不随之也衰减为零,而是保持为非零值 1/8。从图 6.14(b)可以看出,对于系数为 -0.625 的滤波器来说,滤波器的输出在零输入时为一个等幅振荡(+1/8 和 $-$1/8 取样值交替出现)这种零输入极限环振荡现象是由有限字长定点运算中的舍入量化误差引起的。

在理想情况下,式(6.44)所定义的滤波器是一个稳定系统,因为它有唯一的单位圆内的极点 $z=0.625$。当输入信号 $x(n)=0.375\delta(n)$ 衰减到零时,滤波器的输出 $y(n)$ 随之很快衰减为零。事实上,若设初始条件为 $y(-1)=0$,则由式(6.44)的迭代运算可计算出滤波器的输出为

$$y(0)=0.375,\quad y(1)=0.234375,\quad y(2)=0.1464843,$$
$$y(3)=0.0915527,\quad y(4)=0.0572204,\quad y(5)=0.0357627,\cdots$$

可以看出,在时刻 n,滤波器的输出是 $y(n)=0.375\times0.625^n$,随着 n 趋近于 ∞,$y(n)$ 趋近于零。

但是,当用 3 位字长定点运算来实现该滤波器时,在每次计算乘积 $0.625w(n-1)$ 之后都要进行舍入处理,以把字长限制到 3 位。表 6.4 中第 4 列是乘积 $0.625w(n-1)$ 的二进制表示,第 5 列是舍入量化处理后的结果。可以看到,在 $n=3$ 时乘积本来已经下降为 0.000101 了,但对其进行舍入处理后,该乘积又增大为 0.001 了。这就使 $w(4)$ 的值(第 6 列)保持为 0.001 不变。由于这个原因,此后的每次迭代运算都是这种情况的循环(乘积下降为 0.000101,舍入后又回到 0.001)。

有限字长定点乘法运算后进行舍入处理造成输出恒定不变(不衰减到零),这一现象也可以从另外一个角度来解释。该滤波器只有一个极点 $z=0.625$,二进制表示为 0.101,位于单位圆内,滤波器是稳定的。但在 $n=3$ 以后,乘法运算后进行舍入处理的结果使下式成立:
$$Q_R[0.625w(n-1)]=w(n-1)\qquad(n\geqslant3)$$
将上式代入式(6.45),得到
$$w(n)=w(n-1)+x(n)\qquad(n\geqslant3)$$
该式意味着,滤波器的极点已经由原来的位置 $z=0.625$ 移到了 $z=1$ 处(单位圆上),于是滤波器的稳定性从此遭到破坏,从而形成振荡。图 6.14(a)可以认为是频率为零的振荡。对于滤波器系数为 -0.625 的情形,可以进行类似的讨论,这种情况下滤波器的输出是图 6.14(b)所示的振荡。振荡幅度用 A 表示,它的大小与量化字长和滤波器系数的数值有关,下面就来推导这一关系。

一般情况下的一阶 IIR 滤波器的差分方程为
$$y(n)=ay(n-1)+x(n)$$
利用 b 位字长(不含符号位)的定点运算来实现该系统,乘积 $ay(n-1)$ 运算结果先经过舍入处理,然后才与 $x(n)$ 相加。舍入量化误差的数值范围是
$$|Q_R[aw(n-1)]-aw(n-1)|\leqslant q/2\qquad(6.46)$$
其中,q 是量化间隔,$q=2^{-b}$。进入极限环振荡后,有
$$|Q_R[aw(n-1)]|=|w(n-1)|\qquad(6.47)$$
将式(6.47)代入式(6.46),得到
$$|w(n-1)|\leqslant\frac{q}{2(1-|a|)}=\frac{2^{-(b+1)}}{1-|a|}\qquad(6.48)$$
其中,$|w(n-1)|$ 就是振荡幅度 A。可以看出,在字长 b 一定的条件下,$|a|$ 越小,A 越小;而在 a 一定的条件下,字长 b 越长,A 就越小。用式(6.48)可计算振幅的大小。例如,若 $a=0.625,b=3$,则由式(6.48)得到
$$|w(n-1)|\leqslant\frac{2^{-(3+1)}}{1-0.625}=\frac{1}{6}$$

比 1/6 小的 3 位定点小数的量化值是 1/8。这与图 6.14(a)是一致的。

极限环振荡的产生是有条件的。对于一阶 IIR 滤波器来说,由式(6.48)看出,如果振幅的数值小于一个量化间隔 $q = 2^{-b}$,那么,用 b 位定点小数来表示的振幅将是零。这意味着,滤波器的输出衰减为零,即不会出现极限环振荡现象。因此,一阶 IIR 滤波器不产生极限环振荡的条件是

$$|w(n-1)| \leqslant \frac{q/2}{1 - |a|} < q$$

由此得出

$$|a| < \frac{1}{2}$$

这意味着,只要滤波器系数的绝对值不超过 0.5,一阶 IIR 滤波器无论用多短的字长来实现都不会产生极限环振荡。

6.6.2　死带效应

死带效应是与极限环振荡密切相关的一种现象。设有一个 IIR 数字滤波器,它的系统函数为

$$H(z) = \frac{N(z)}{D(z)} = \frac{\sum_{k=0}^{M} b_k z^{-k}}{1 - \sum_{k=1}^{N} a_k z^{-k}}$$

该滤波器的直接型结构按以下差分方程来实现

$$y(n) = \sum_{k=1}^{N} a_k y(n-k) + \sum_{k=0}^{M} b_k x(n-k) \qquad (6.49)$$

设 $H(z)$ 的全部极点都在单位圆内,因此该滤波器是稳定的。假设所有系数和信号都能无限精确地表示,所有运算也是无限精确的,那么,在输入 $x(n) = c$(常数)时,滤波器的输出 $y(n)$ 将收敛于常数 d。在这种情况下,式(6.49)变成

$$d = d \sum_{k=1}^{N} a_k + c \sum_{k=0}^{M} b_k \qquad (6.50)$$

由此求得

$$d = \frac{c \sum_{k=0}^{M} b_k}{1 - \sum_{k=1}^{N} a_k} = cH(1) \qquad (6.5)$$

式中

$$H(1) = \frac{\sum_{k=0}^{M} b_k}{1 - \sum_{k=1}^{N} a_k}$$

以上是理论上的计算。实际上,所有系数 a_k、b_k 和输入信号(常数 c)都是用 $b+1$ 位(含符号位)定点二进制数表示的,所有定点乘法运算后都要进行舍入处理,也可以将所有全精度乘积(字长为 $2b+1$ 位)累加并与 $c\sum\limits_{k=0}^{M}b_k$ 求和之后再进行舍入处理。假设采用后一种运算方法,具体来说,计算过程用下式来表示:

$$y_1(n) = \sum_{k=1}^{N}a_ky_2(n-k) + c\sum_{k=0}^{M}b_k \tag{6.52}$$

关于该式的来源可做如下说明:两个 b 位二进制数(不含符号位,以下同)a_k 与 $y_2(n-k)$ 相乘,得到全精度(字长 $2b$ 位)乘积,对应于不同 k 值的这些全精度乘积累加后,与另一个全精度乘积 $c\sum\limits_{k=0}^{M}b_k$(它是一个常数)求和后得到字长为 $2b$ 位的输出,用 $y_1(n)$ 表示。对 $y_1(n)$ 进行舍入处理,使之从 $2b$ 位变成 b 位,舍入处理结果 $y_2(n)$ 被存储起来,它是滤波器的有效输出,同时也是下次迭代运算的已知数据。

按式(6.52)进行工程计算时,由于有限字长效应,滤波器的输出会产生误差,但假设滤波器的稳定性仍然没有遭到破坏。就是说,随着迭代运算的进行,滤波器存储的输出值 $y_2(n)$ 逐渐趋近于某个稳定值 y_2,它与理想的稳定输出 d 之间存在着误差,即

$$y_2 = d + e \tag{6.53}$$

y_2 是 b 位字长的量化值,即 y_2 一定是 $q=2^{-b}$ 的倍数。

当存储的滤波器输出为稳定值 y_2 时,根据式(6.52)可算出双精度输出 $y_1(n)$ 为

$$y_1(n) = d\sum_{k=1}^{N}a_k + e\sum_{k=1}^{N}a_k + c\sum_{k=0}^{M}b_k$$

根据式(6.50)可以看出,上式右端第一和第三项之和就是滤波器的理想输出 d。因此,上式变成

$$y_1(n) = d + e\sum_{k=1}^{N}a_k \tag{6.54}$$

式(6.54)右端同时加减 e,并利用式(6.53),得到

$$y_1(n) = y_2 - e\left(1 - \sum_{k=1}^{N}a_k\right) = y_2 - eD(1) \tag{6.55}$$

其中

$$D(1) = 1 - \sum_{k=1}^{N}a_k$$

如果

$$-\frac{q}{2} \leqslant eD(1) < \frac{q}{2} \tag{6.56}$$

那么,从式(6.55)可以看出,$y_1(n)$ 将舍入为 y_2。当 $D(z)$ 的全部根均在单位圆内时,

$D(1)$为正值,故式(6.56)可写成

$$-\frac{q}{2D(1)} \leqslant e < \frac{q}{2D(1)} \tag{6.57}$$

因而,若

$$d - \frac{q}{2D(1)} < y_2 \leqslant d + \frac{q}{2D(1)} \tag{6.58}$$

且存储的连续 N 个输出都为 y_2 时,则存储的输出 $y_2(n)$ 将一直保持为恒定值 y_2。式(6.58)所表示的区间称为死带。死带的宽度与 $D(1)$ 成反比。对于窄带低通滤波器,由于它的极点聚集在 $z=1$ 附近,$D(1)$ 的值非常小,且滤波器的阶越高,$D(1)$ 的值越小,因此,高阶窄带低通滤波器的死带很宽,往往为量化间隔 q 的若干倍。所以,对于二阶以上的 IIR 数字滤波器,通常应避免采用直接型结构来实现。

　　式(6.58)说明,滤波器的理论输出值 d 位于死带内,滤波器的实际输出值 y_2 在死带内不再改变。下面的例子将进一步说明,滤波器的实际输出值在死带内取什么具体数值,是由迭代运算中 $y_2(n)$ 的初始值 $y_2(0)$ 来决定的。

　　例 6.11　有一一阶 IIR 数字滤波器,满足以下差分方程:

$$y(n) = 0.75y(n-1) + 0.21875 \tag{6.59}$$

可以看出,该滤波器的系统函数为

$$H(z) = \frac{1}{1-0.75z^{-1}} = \frac{1}{D(z)} = \frac{1}{1-az^{-1}}$$

$H(z)$ 的极点 $z=0.75$ 在单位圆内,故该滤波器是一个稳定系统。由于输入信号是恒定值 $x(n)=0.21875$,故经多次迭代计算后,滤波器输出将稳定在一个恒定值上,该恒定值用 d 表示,于是式(6.59)成为

$$d = 0.75d + 0.21875$$

由此求出

$$d = \frac{0.21875}{1-0.75} = 0.875$$

　　现用 5 位定点运算直接型结构来实现该数字滤波器,求滤波器的输出。

　　解　将题中给出的所有数据用 5 位字长的定点二进制数来表示,下面$(\cdots)_2$ 表示二进制数,

$$a = 0.75 = (0.11000)_2$$
$$x(n) = 0.21875 = (0.00111)_2$$
$$d = 0.875 = (0.11100)_2$$
$$q = 2^{-5} = 0.03125 = (0.00001)_2$$
$$D(1) = 1-a = 1-0.75 = 0.25 = (0.01000)_2$$

利用式(6.58)可求出滤波器输出值所处的数值范围或死带范围

$$d - \frac{q}{2D(1)} < y_2 \leqslant d + \frac{q}{2D(1)}$$

将 d、q 和 $D(1)$ 等值代入上式得

$$0.8125 < y_2 \leqslant 0.9375$$

或

$$(0.11010)_2 < y_2 \leqslant (0.11110)_2$$

　　滤波器输出的常量在死带范围内取什么具体数值,取决于迭代运算的初始值 $y_2(0)$。下面讨论 3 种不同情况。

　　(1) 取 $y_2(0) = 0.78125 = (0.11001)_2$

　　由式(6.52)知,由于 $\sum\limits_{k=0}^{M} b_k = 1, a_k = a_1 = a = 0.75 = (0.11000)_2$,得到 $y_1(n) = c + ay_2(n-1)$,这是迭代计算公式。

$$
\begin{aligned}
y_1(1) &= c + ay_2(0) \\
&= (0.00111)_2 + (0.11000)_2(0.11001)_2 \\
&= (0.1100111000)_2
\end{aligned}
$$

$y_1(1)$ 舍入后,得到

$$y_2(1) = (0.11010)_2 = 0.8125$$

进入下次迭代:

$$
\begin{aligned}
y_1(2) &= c + ay_2(1) \\
&= (0.00111)_2 + (0.11000)_2(0.11010)_2 \\
&= (0.1101010000)_2
\end{aligned}
$$

$y_1(2)$ 舍入后得到

$$y_2(2) = (0.11011)_2 = 0.84375$$

继续进入下次迭代:

$$
\begin{aligned}
y_1(3) &= c + ay_2(2) \\
&= (0.00111)_2 + (0.11000)_2(0.11011)_2 \\
&= (0.1101101000)_2
\end{aligned}
$$

$y_1(3)$ 舍入后得

$$y_2(3) = (0.11011)_2 = 0.84375$$

以下迭代结果便重复了,所以稳定的输出为恒定值

$$y_2 = (0.11011)_2 = 0.84375$$

注意,这是比死带下界高一个量化间隔的数值,即

$$
\begin{aligned}
y_2 &= \left[d - \frac{q}{2D(1)} \right] + q = 0.8125 + 0.03125 = 0.84375 \\
&= (0.11010)_2 + (0.00001)_2 = (0.11011)_2
\end{aligned}
$$

（2）取 $y_2(0) = 0.96875 = (0.11111)_2$

用与上述相同的计算方法可以得到

$$y_1(1) = (0.1111001000)_2, \quad y_2(1) = (0.11110)_2 = 0.9375$$

$$y_1(2) = (0.1110110000)_2, \quad y_2(2) = (0.11110)_2 = 0.9375$$

可见，稳定的输出值为

$$y_2 = (0.11110)_2 = 0.9375$$

它是死带的上边界值。

（3）取 $y_2(0) = (0.11101)_2 = 0.90625$

用同样的方法可计算得到

$$y_1(1) = (0.1110011000)_2, \quad y_2(1) = (0.11101)_2 = 0.90625$$

输出值等于迭代计算的初始值。因此，滤波器的稳定输出值就是初始值 $y_2(0)$。

若选取 $y_2(0) = (0.11100)_2 = 0.875$，则有

$$y_1(1) = (0.1110000000)_2, \quad y_2(1) = (0.11100)_2 = 0.875$$

即稳定输出值还是等于初始值 $y_2(0)$。

从以上 3 种情况的计算结果可以得出结论：如果 $y_2(n)$ 是从一个比死带下界还低的初始值开始迭代运算，那么，滤波器的输出将稳定在比死带下界略高的数值上，这个数值比下界恰好高出一个量化间隔 q；如果 $y_2(n)$ 从一个比死带上界高的初始值开始迭代，那么，滤波器的输出稳定值等于死带的上界；如果 $y_2(n)$ 从死带内某个数值开始迭代，那么，滤波器的输出总是稳定在初始值上。理论上的精确输出值 d 处在死带内部，因此，当初始值选取在死带外时，滤波器的稳定输出决不可能逼近位于死带内的精确值，而只能取死带的上界值或取比死带下界值大 q 的某个数值。如果初始值选择到死带内任何一个数，那么，滤波器的稳定输出就等于所选的初始值，也不会等于精确值，除非很偶然地把精确输出值选成为迭代运算时 $y_2(n)$ 的初始值 $y_2(0)$。

6.6.3　零输入极限环的边界

设数字滤波器的系统函数为

$$H(z) = \frac{N(z)}{D(z)} = \frac{\displaystyle\sum_{k=0}^{M} b_k z^{-k}}{1 - \displaystyle\sum_{k=1}^{N} a_k z^{-k}}$$

采用 b 位字长定点运算和直接型结构来实现该滤波器。滤波器的输出在舍入处理前是 $y_1(n)$，舍入处理后为 $y_2(n)$，因此有

$$y_1(n) = \sum_{k=1}^{N} a_k y_2(n-k) + \sum_{k=0}^{M} b_k x(n-k)$$

在零输入情况下,上式成为

$$y_1(n) = \sum_{k=1}^{N} a_k y_2(n-k) \tag{6.60}$$

假设 $H(z)$ 的全部极点在单位圆内,即滤波器是稳定的,因而滤波器的经舍入处理并存储的输出 $y_2(n)$ 在 $n>l-N$ 后的值恒为零,而在 $n=l-N$ 时的值不等于零,即 $y_2(l-N)\neq 0$ 而 $y_2(l-N+1)$、$\cdots$、$y_2(l-1)$、$y_2(l)$ 等均为零。根据式(6.60)可以求出滤波器在 $n=l$ 时未经舍入处理的输出为

$$y_1(l) = a_N y_2(l-N) \tag{6.61}$$

由于 $y_2(l-N)$ 是字长为 b 的定点二进制小数,故有

$$| y_2(l-N) | \geqslant q \equiv 2^{-b}$$

由式(6.61)可以看出,若 $|a_N| > \dfrac{1}{2}$,则有

$$| y_1(l) | \geqslant \frac{q}{2}$$

因此,将 $y_1(l)$ 舍入处理后得到的 $y_2(l)\neq 0$,这意味着,在 $|a_N| > \dfrac{1}{2}$ 的情况下,滤波器的输出(经舍入并存储的)$y_2(n)$ 不可能由非零变成零,即是说,存在零输入极限环振荡现象。这一结论曾在 6.6.1 节中讨论一阶 IIR 数字滤波器的零输入极限环振荡现象时得到过。

由于

$$D(z) = 1 - \sum_{k=1}^{N} a_k z^{-k} = \prod_{i=1}^{N} (1 - z_i z^{-1})$$

其中,z_i 是 $D(z)$ 的零点或 $H(z)$ 的极点,由上式看出

$$| a_N | = \left| \prod_{i=1}^{N} z_i \right|$$

通常许多滤波器的极点(或 $D(z)$ 的零点)之积的模都大于 0.5,所以都存在着零输入极限环振荡现象。

设 $y_1(n)$ 舍入成为 $y_2(n)$ 所带来的舍入误差为 $e(n)=y_2(n)-y_1(n)$,则式(6.60)可写成

$$y_2(n) = \sum_{k=1}^{N} a_k y_2(n-k) + e(n) \tag{6.62}$$

其中,舍入误差的模

$$| e(n) | \leqslant \frac{q}{2} \tag{6.63}$$

由于已假设滤波器是稳定的,所以,对于任何有界输入,滤波器的输出也是有界的,即 $y_2(n)$ 是有界的。

对式(6.62)取 z 变换,得到

$$Y_2(z) = \frac{E(z)}{1 - \sum\limits_{k=1}^{N} a_k z^{-k}} = \frac{E(z)}{D(z)} = H_2(z)E(z) \tag{6.64}$$

式中,

$$H_2(z) = \frac{1}{D(z)} \tag{6.65}$$

假设 $H_2(z)$ 的单位取样响应是 $h_2(n)$,于是由式(6.64)可得出

$$y_2(n) = \sum_{k=0}^{\infty} h_2(k)e(n-k) \tag{6.66}$$

设存在周期为 L 的极限环振荡,因此,对所有 n 均有 $e(n)=e(n+L)$。利用 $e(n)$ 的周期性,可以将 $h_2(n)$ 按周期 L 分成首尾相继的一些段,即

$$h_2(n) = \sum_{k=0}^{\infty} h_2(n+kL), \quad n = 0,1,2,\cdots,L-1 \tag{6.67}$$

将式(6.67)代入式(6.66),得

$$y_2(n) = \sum_{r=0}^{L-1} \left[e(n-r) \sum_{k=0}^{\infty} h_2(r+kL) \right] \tag{6.68}$$

将式(6.63)代入上式,得到

$$| y_2(n) | \leqslant \frac{q}{2} \sum_{r=0}^{L-1} \left| \sum_{k=0}^{\infty} h_2(r+kL) \right| \tag{6.69}$$

这就是 IIR 滤波器零输入极限环振荡的边界的估计公式。

定义

$$p(n) = \begin{cases} 1, & n = 0,L,2L,\cdots \\ 0, & \text{其它} \end{cases}$$

则

$$S_r = \sum_{k=0}^{\infty} h_2(r+kL) = \sum_{k=0}^{\infty} h_2(r+k)p(k) \tag{6.70}$$

根据 Parseval 定理:若 $f(t)$ 的 z 变换是 $F(z)$,收敛域为 $R_{f_1} < |z| < R_{f_2}$;$g(t)$ 的 z 变换是 $G(z)$,收敛域为 $R_{g_1} < |z| < R_{g_2}$,且

$$R_{f_1} R_{g_1} < 1 < R_{f_2} R_{g_2}$$

则有

$$\sum_{n=-\infty}^{\infty} f(n)g(n) = \frac{1}{2\pi j} \oint_C F(z)G(z^{-1}) \frac{\mathrm{d}z}{z} \tag{6.71}$$

式中,C 是在区域

$$\max(R_{f_1}, 1/R_{g_2}) < |z| < \min(R_{f_2}, 1/R_{g_1})$$

内围绕原点的任一简单闭合曲线。

式(6.70)的和式可以用 $h_2(n)$ 和 $p(n)$ 的 z 变换按下式的围线积分来计算：

$$S_r = \frac{1}{2\pi j} \oint_C z^r H_2(z) P(z^{-1}) \frac{\mathrm{d}z}{z}, \quad r = 0, 1, 2, \cdots, L-1 \tag{6.72}$$

中，$H_2(z)$ 是 $h_2(n)$ 的 z 变换，$P(z)$ 是 $p(n)$ 的 z 变换，

$$P(z) = \frac{1}{1 - z^{-L}}, \qquad |z| > 1 \tag{6.73}$$

式(6.73)代入式(6.72)，得到

$$S_r = \frac{1}{2\pi j} \oint_C \frac{H_2(z) z^{r-1}}{1 - z^L} \mathrm{d}z \tag{6.74}$$

中，积分围线包围 $H_2(z)$ 的全部极点但不包括分母 $1-z^L$ 的零点。通过对围线内留数求和来计算围线积分，于是有

$$S_r = \sum_{z_k} \mathrm{Res}\left[\frac{H_2(z) z^{r-1}}{1 - z^L}, z_k\right], \quad r = 0, 1, 2, \cdots, L-1 \tag{6.75}$$

里 z_k 是 $H_2(z)$ 的全部极点。也可以通过对分母多项式 $1-z^L$ 的诸零点上的留数和的负值来计算围线积分，得到

$$S_r = \frac{1}{L} \sum_{k=0}^{L-1} H_2(e^{j2\pi k/L}) e^{j2\pi kr/L}, \quad r = 0, 1, 2, \cdots, L-1 \tag{6.76}$$

因此，用式(6.75)或式(6.76)计算出 S_r 后，代入式(6.69)，即可算出零输入极限的边界。

对于零频率极限环(例如图 6.14(a)的情况)来说，周期 $L=1$，因此，式(6.76)简为

$$S_0 = H_2(1) = 1/D(1)$$

于稳定的滤波器 $D(1) > 0$，由式(6.69)得到

$$|y_2(n)| \leqslant \frac{q}{2D(1)}$$

与 6.6.2 节导出的结果(式(6.58))实质上是一致的，因为目前情况下式(6.58)中 $d=0$。

一般说来，迭代运算时所选初始条件不同，其极限环的周期是不同的，而且很难定，除非通过精确的模拟。因此，在工程设计中，可以用下列粗略估计的关系式来替式(6.69)，

$$|y_2(n)| \leqslant \frac{q}{2} \sum_{n=0}^{\infty} |h_2(n)| \tag{6.77}$$

例 6.12　设有一稳定的二阶 IIR 数字滤波器，其系统函数为

$$H(z) = \frac{1}{D(z)} = \frac{1}{1 + a_1 z^{-1} + a_2 z^{-2}}$$

b 位字长的定点二进制运算和直接型结构来实现该滤波器，求零输入极限环的边

界。

解 $H_2(z) = H(z) = \dfrac{1}{D(z)} = \dfrac{1}{1 + a_1 z^{-1} + a_2 z^{-2}}$

二阶 IIR 数字滤波器稳定的充要条件是

$$|a_2| < 1 \text{ 和 } 1 - |a_1| + a_2 > 0 \tag{6.78}$$

下面分几种情况讨论。

(1) 对于 $L=2$,由式(6.76)可求出

$$S_0 = \frac{1}{2} \sum_{k=0}^{1} H_2(e^{j\pi k}) = \frac{1}{2}[H_2(1) + H_2(-1)]$$

$$S_1 = \frac{1}{2} \sum_{k=0}^{1} H_2(e^{j\pi k}) e^{j\pi k} = \frac{1}{2}[H_2(1) - H_2(-1)]$$

将 S_0 和 S_1 代入式(6.69),得

$$|y_2(n)| \leqslant \frac{q}{2} \sum_{r=0}^{1} |S_r| = \frac{q}{2}[|S_0| + |S_1|]$$

$$= \frac{q}{4}[|H_2(1) + H_2(-1)| + |H_2(1) - H_2(-1)|]$$

式中,

$$|H_2(1) + H_2(-1)| = \left| \frac{2(1 + a_2)}{(1 + a_1 + a_2)(1 - a_1 + a_2)} \right|$$

$$= \frac{2(1 + a_2)}{|(1 + a_1 + a_2)(1 - a_1 + a_2)|}$$

$$|H_2(1) - H_2(-1)| = \left| \frac{-2a_1}{(1 + a_1 + a_2)(1 - a_1 + a_2)} \right|$$

$$= \frac{2|a_1|}{|(1 + a_1 + a_2)(1 - a_1 + a_2)|}$$

因此

$$|y_2(n)| \leqslant \frac{q}{2} \frac{1 + |a_1| + a_2}{|(1 + a_1 + a_2)(1 - a_1 + a_2)|} \tag{6.79}$$

注意到,若 $a_1 < 0$,则

$$|(1 + a_1 + a_2)(1 - a_1 + a_2)| = |(1 - |a_1| + a_2)(1 + |a_1| + a_2)|$$

$$= (1 - |a_1| + a_2)(1 + |a_1| + a_2)$$

故式(6.79)简化为

$$|y_2(n)| \leqslant \frac{q}{2} \frac{1}{1 - |a_1| + a_2} \tag{6.80}$$

(2) 对于不等于 2 的 L 值,可以利用式(6.75)或式(6.76)算出 S_r,然后代入式(6.69)求 $|y_2(n)|$。

(3) 若 $H_2(z)$ 有两个实极点,即 $D(z) = 1 + a_1 z^{-1} + a_2 z^{-2}$ 有两个实根,这时有

$a_1^2 \geqslant 4a_2$。根据式(6.77)有

$$| y_2(n) | \leqslant \frac{q/2}{1 - | a_1 | + a_2} \qquad (a_1^2 \geqslant 4a_2) \tag{6.81}$$

(4) 若 $H_2(z)$ 有两个复极点，即 $D(z)$ 有复根，这时有 $a_1^2 < 4a_2$，

$$h_2(n) = \frac{a_2^{n/2}}{\sin\theta} \sin(n+1)\theta \qquad (a_1^2 < 4a_2) \tag{6.82}$$

式中，$\sin\theta = 1 - \cos^2\theta$ 而 $\cos\theta = -a_1/(2\sqrt{a_2})$。式(6.77)中和式的一个上界是

$$\sum_{n=0}^{\infty} | h_2(n) | \leqslant \sum_{n=0}^{\infty} \left| \frac{a_2^{n/2}}{\sin\theta} \right| = \frac{1 + \sqrt{a_2}}{(1 - a_2)\sqrt{1 - \dfrac{a_1^2}{4a_2}}} \tag{6.83}$$

可以证明

$$| \sin[(n+1)/\theta]/\sin\theta | \leqslant n+1$$

所以，式(6.77)中和式有另一个上界是

$$\sum_{n=0}^{\infty} | h(n) | \leqslant \sum_{n=0}^{\infty} (n+1)a_2^{n/2} = \frac{1}{(1 - \sqrt{a_2})^2} \tag{6.84}$$

这样，将式(6.81)、式(6.83)和式(6.84)综合起来，可得出

$$| y_2(n) | \leqslant \begin{cases} \dfrac{q/2}{1 - | a_1 | + a_2}, & a_2 \leqslant 0 \text{ 或 } a_2 > 0 \text{ 及 } | a_1 | \geqslant 2\sqrt{a_2} \\[3ex] \dfrac{q/2}{(1 - \sqrt{a_2})^2}, & a_2 > 0 \text{ 及 } 2a_2\sqrt{\dfrac{2}{\sqrt{a_2}} - 1} \leqslant | a_1 | \leqslant 2\sqrt{a_2} \\[3ex] \dfrac{(1 + \sqrt{a_2})q/2}{(1 - a_2)\sqrt{1 - \dfrac{a_1^2}{4a_2}}}, & a_2 > 0 \text{ 及 } | a_1 | \leqslant 2a_2\sqrt{\dfrac{2}{\sqrt{a_2}} - 1} \end{cases}$$

6.7　定点运算 FIR 滤波器和 FFT 算法的误差分析

定点运算 FIR 数字滤波器和定点运算 FFT 算法中的有限字长效应，其分析和计算方法与定点运算 IIR 数字滤波器是一样的，也是考虑定点乘法运算后的舍入处理误差，并利用统计模型来进行分析。

6.7.1　定点运算 FIR 数字滤波器

用直接型或级联型等非递归结构实现的 FIR 数字滤波器，由于不包含反馈环节，所以不可能产生极限环振荡现象，因而常用统计模型方法来分析有限字长效应。

图 6.15 所示的是 $N-1$ 阶 FIR 数字滤波器直接型结构的统计模型。其中，引入了定点乘法运算的舍入量化噪声 $e_k(n)$，N 个噪声源相同并都直接加在滤波器的输

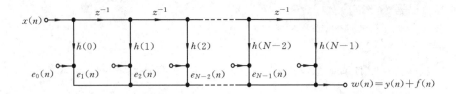

图 6.15　$N-1$ 阶 FIR 滤波器直接型结构的统计模型

出节点上,因此输出总噪声及其方差都与滤波器参数(除 N 外)无关,它们分别为

$$f(n) = \sum_{k=0}^{N-1} e_k(n) \tag{6.85}$$

和

$$\sigma_f^2 = N\sigma_e^2 = \frac{N}{12}q^2, \quad q = 2^{-b} \tag{6.86}$$

　　当输入信号 $x(n)$ 给定后,可计算出它的方差 σ_x^2,进而计算出它在滤波器输出端产生的响应 $y(n)$ 的方差 σ_y^2,于是最终计算出滤波器输出端的信噪比。

　　图 6.16 所示的是用二阶节级联结构实现的 $N-1$ 阶 FIR 数字滤波器的统计模型。图中,每个二阶节本身是直接结构,其中包含 3 次定点乘法运算,每次乘法运算后进行舍入处理从而引入噪声源 $e_{i0}(n)$,这里下标 i 表示第 i 个二阶节,因此每个二阶节中共引入 3 个噪声源,将它们的和用 $e_i(n)$ 表示,并作用于每个二阶节的输出端,图中的 $e_i(n)$ 为

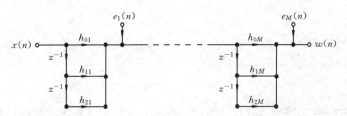

图 6.16　二阶节级结构 $N-1$ 阶 FIR 滤波器统计模型

$$e_i(n) = \sum_{j=1}^{3} e_{i0}^{(j)}(n)$$

式中,上标 j 表示二阶节内第 j 个噪声源,所有二阶节的所有噪声源 $e_{i0}^{(j)}(n)$($i=1$ 2,$\cdots$,M;$j=1,2,3$;这里 M 是级联二阶节数目)的方差相同,都等于 $q^2/12$,$q=2^{-b}$因此,滤波器输出端噪声的方差为

$$\sigma_f^2 = \sum_{i=1}^{M} \sigma_{e_i}^2 \sum_{n=0}^{2(M-i)} h_i^2(n) \tag{6.87}$$

式中,$\sigma_{e_i}^2$ 是每个二阶节的噪声源的方差,它们都等于

$$\sigma_{e_i}^2 = 3 \times \frac{q^2}{12} = \frac{q^2}{4} = 2^{-(2b+2)} \tag{6.88}$$

$h_i(n)$ 是第 i 个噪声源 $e_i(n)$ 的作用点(即第 i 个二阶节输出端)至滤波器输出端的单位取样响应,因此,$h_i(n)$ 是由最后 $M-i$ 个二阶节级联而成。由于每个二阶节系统函数是 z^{-1} 的二次多项式,所以 $h_i(n)$ 所对应的系统函数是 z^{-1} 的 $2(M-i)$ 次多项式,这意味着 $h_i(n)$ 的系数有 $2(M-i)+1$ 个。级联二阶节数目 M,在 N 为偶数时 $M=\dfrac{N}{2}$,在 N 为奇数时 $M=\dfrac{N-1}{2}$。假设 N 是奇数,则 $h_i(n)$ 的系数的个数等于 $2(M-i)+1=N-2i$,因此,式(6.87)可写成

$$\sigma_f^2 = 2^{-(2b+2)} \sum_{i=1}^{(N-1)/2} \sum_{n=0}^{N-2i-1} h_i^2(n) \qquad (6.89)$$

若 N 是偶数,则式(6.87)可写成

$$\sigma_f^2 = 2^{-(2b+2)} \sum_{i=1}^{N/2} \sum_{n=0}^{N-2i} h_i^2(n) \qquad (6.90)$$

与 IIR 滤波器的情况一样,各二阶节级联的次序影响滤波器输出的总的噪声方差的大小。当输入信号 $x(n)$ 给定后,即可计算级联型结构实现时滤波器的输出信噪比。

6.7.2　定点运算 FFT 算法

以时间抽选基 2 FFT 为例,图 6.17 所示的是 $N=8$ 情况下的算法统计模型。该算法结构的基本运算单位是蝶形运算结构,简称蝶形,共有 v 级,每级有 $N/2$ 个蝶形,这里 $v=\log_2 N$。$N=8$ 时共 3 级,每级 4 个蝶形。

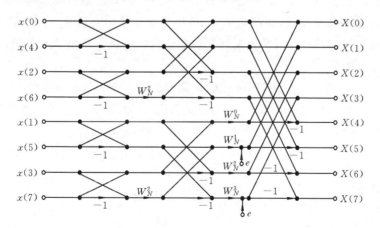

图 6.17　FFT 算法的统计模型($N=8$,时间抽选,基 2)

设 m 的取值从 0 到 $v-1$,则 $m+1$ 代表级的序号,图 6.18 所示的是第 $m+1$ 级中的一个蝶形结构图,它有两个输入 $X_m(p)$ 和 $X_m(q)$、两个输出 $X_{m+1}(p)$ 和 $X_{m+1}(q)$,这里 p 和 q 表示了同级中输入或输出所在的位置。各蝶形的输入和输出

之间存在着下列关系：

$$\begin{cases} X_{m+1}(p) = X_m(p) + W_N^r X_m(q) \\ X_{m+1}(q) = X_m(p) - W_N^r X_m(q) \end{cases}$$

$$(6.91)$$

$m=0$ 所对应的输入是第 1 级各蝶形的输入，即时间序列：$X_0(p)=x(p)$，$X_0(q)=x(q)$。m $=v-1$ 所对应的输出是第 v 级（即末级）各蝶

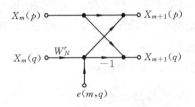

图 6.18　蝶形的统计模型

形的输出，即变换结果。式(6.90)中的乘法运算是复数相乘的运算，一般包含 4 次实数乘法运算，每次定点小数相乘后都要引入舍入噪声，所以每个蝶形中引入的舍入量化噪声源 $e(m,q)$（参看图6.18）是 4 个舍入量化噪声的总和

$$e(m,q) = \sum_{i=1}^{4} e_i(m,q)$$

式中，$e(m,q)$ 代表第 $m+1$ 级中位置为 q 的节点上引入的噪声源，$e_i(m,q)$ 代表定点实数乘法运算引入的舍入噪声，$e_i(m,q)$ 的方差是相同的，均为 $\sigma_{e_i}^2 = q^2/12 = 2^{-2b}/12$。因此，每个蝶形的舍入量化噪声 $e(m,q)$ 的方差为 $\sigma_B^2 = 4\sigma_{e_i}^2 = 2^{-2b}/3$。

　　每个蝶形中引入的量化噪声 $e(m,q)$ 传送到整个 FFT 算法结构输出端，其间所经历的算法结构的传输系数的绝对值等于1（因为 W_N^r 的模值等于1）。因此，只要把与每个输出节点有联系的所有蝶形噪声源的方差相加，即可求出该输出节点上的总噪声的方差。对于 N 点 FFT 来说，共有 $v=\log_2 N$ 级，每个输出节点只与末级（即第 v 级）中的一个蝶形有联系，而与第 $v-1$ 级中的 2 个蝶形有联系，一般而言，每个输出节点与第 $(v-m)$ 级中的 2^m 个蝶形有联系，或者说，每个输出节点与第 m 级中的 2^{v-m} 个蝶形有联系。

　　但是，应当注意到，某些蝶形运算单元是不会引入舍入量化噪声的，因为这些蝶形单元中的系数 W_N^r 的取值等于 1、-1、j 或 -j。具体说，第 1 级中所有蝶形的系数 $W_N^r=1$，第 2 级中蝶形的系数是 1 或 j，第 3 级以后各级中也有某些蝶形的系数是 1、-1、j 或 -j。因此，每个输出节点涉及的有噪声源的蝶形单元的总数不会超过以下数值

$$\sum_{m=3}^{v} 2^{v-m} = 2^{v-2} - 1 = \frac{N}{4} - 1$$

因此，每个输出节点的噪声的方差最大为

$$\sigma_{F(k)}^2 = \left(\frac{N}{4} - 1\right)\sigma_B^2 \approx \frac{N}{4}\sigma_B^2 \qquad (6.92$$

式中，下标 $F(k)$ 表示第 k 个输出节点上的噪声。由式(6.92)看出，当字长一定因而 σ_B^2 一定时，输出噪声方差与变换长度 N 成正比例关系。

6.8　定点运算数字滤波器和 FFT 算法中的溢出问题

定点加法运算有可能发生溢出。但是,在采用补码进行运算时,即使中间计算结果(部分和)发生了溢出,但只要最终累加值(系统输出端的值)的绝对值小于 1,就能保证最后得到的总和是正确数值。例如,用补码定点加法运算计算 $\frac{5}{8} + \frac{3}{4} - \frac{1}{2}$ 时,部分和 $\frac{5}{8} + \frac{3}{4}$ 有溢出现象,但最终累加值 $(\frac{5}{8} + \frac{3}{4}) - \frac{1}{2}$ 的绝对值小于 1,因此最终累加值是正确结果。用补码运算过程如下:

$$0.101 + 0.110 = 1.011 \quad (\text{部分和}\ \frac{5}{8} + \frac{3}{4}\ \text{溢出})$$

$$1.011 + 1.100 = 0.111 \quad (\text{最终累加值是正确结果}\ \frac{7}{8})$$

补码加法运算 $1.011 + 1.100 = 10.111$ 的和 10.111 的符号位的进位自动丢掉,成为 0.111,它的绝对值小于 1,所以是正确结果。

因此,为防止数字滤波器定点运算产生溢出,可以不考虑中间计算结果是否溢出,而只要求滤波器的最终输出的绝对值小于 1 就够了。对于 IIR 数字滤波器,输出信号与输入信号之间有以下卷积和关系:

$$y(n) = \sum_{r=-\infty}^{\infty} h(r)x(n-r)$$

设输入信号 $x(n)$ 的最大绝对值为 $x_{\max}$,则有

$$|y(n)| \leqslant x_{\max} \sum_{r=-\infty}^{\infty} |h(r)| \tag{6.93}$$

滤波器输出不产生溢出的条件是

$$|y(n)| < 1$$

根据式(6.93),该不溢出条件等效于

$$x_{\max} < \frac{1}{\displaystyle\sum_{r=-\infty}^{\infty} |h(r)|} \tag{6.94}$$

若 $x_{\max}$ 不满足式(6.94)的条件,则应对输入信号 $x(n)$ 乘以一个小于 1 的比例因子 A,A 按下式选取

$$A < \frac{1}{x_{\max} \displaystyle\sum_{r=-\infty}^{\infty} |h(r)|} \tag{6.95}$$

式(6.95)作为防止数字滤波器溢出的条件,对于窄带输入信号来说过于保守,这时最好采用以下条件来选择比例因子 A,

$$A < \frac{1}{x_{\max}\max[\,|\,H(\mathrm{e}^{\mathrm{j}\omega})\,|\,]}, \quad (0 \leqslant \omega < \pi) \tag{6.96}$$

式中，$\max[\,|\,H(\mathrm{e}^{\mathrm{j}\omega})\,|\,]$是滤波器幅频特性的最大值。

例 6.13   用定点运算、舍入处理和图 6.11 所示的级联型结构实现例 6.10 的二阶 IIR 数字滤波器，试问：为防止发生溢出，应怎样限制输入信号的幅度？若输入信号是零均值白噪声序列，应选择多少位字长才能保证输出信噪比不低于 40 dB？

解   在图 6.11 所示的级联型结构中，从输入端到输出端整个系统的单位取样响应为

$$h(n) = (9 \times 0.9^n - 8 \times 0.8^n)u(n)$$

由式(6.93)可求出对输入信号幅度的限制条件是

$$x_{\max} < \frac{1}{\displaystyle\sum_{r=-\infty}^{\infty} |\,h(r)\,|} = \frac{1}{\displaystyle\sum_{r=0}^{\infty} (9 \times 0.9^n - 8 \times 0.8^n)} = 0.02$$

为得到较大的输出信噪比，取 $x_{\max} = 0.02$。

当输入 $x(n)$ 是零均值白噪声序列时，它的方差可按下式计算：

$$\sigma_x^2 = \int_0^{x_{\max}} x^2 \frac{1}{x_{\max}} \mathrm{d}x = \frac{1}{3}x_{\max}^2 = \frac{4}{3} \times 10^{-4}$$

例 6.10 已计算出 $\displaystyle\sum_{n=-\infty}^{\infty} h^2(n) = 89.808$，故白噪声 $x(n)$ 在滤波器输出端产生的响应 $y(n)$ 的方差为

$$\sigma_y^2 = \sigma_x^2 \sum_{n=-\infty}^{\infty} h^2(n) = \frac{4}{3} \times 10^{-4} \times 89.808 = 119.744 \times 10^{-4}$$

根据例 6.10 得到的输出噪声的方差 $\sigma_f^2 = 7.715 \times 2^{-2b}$，可计算滤波器输出端的信噪比为

$$SNR = 10\lg \frac{\sigma_y^2}{\sigma_f^2} = 10\lg \frac{119.744 \times 10^{-4}}{7.715 \times 10^{-2b}}$$

为使 $SNR \geqslant 40$ dB，由上式可求出需要的字长

$$b \geqslant 11.3，取 b = 12 \text{ 位(不包括符号位)}$$

对于 FIR 数字滤波器，式(6.95)应改成

$$A < \frac{1}{x_{\max}\displaystyle\sum_{r=0}^{N-1} |\,h(r)\,|} \tag{6.97}$$

式中，$N-1$ 是 FIR 滤波器的阶数。窄带输入信号的比例因子 A 仍可用式(6.96)来选取。

用有限字长定点运算实现 FFT 算法时，也存在着溢出问题。在图 6.18 和式(6.91)所示的蝶形运算中，存在着如下关系：

$$\max[\,|\,X_{m+1}(p)\,|, \,|\,X_{m+1}(q)\,|\,] \geqslant \max[\,|\,X_m(p)\,|, \,|\,X_m(q)\,|\,] \tag{6.98}$$

$$\max[\,|\,X_{m+1}(p)\,|, \,|\,X_{m+1}(q)\,|\,] \leqslant 2\max[\,|\,X_m(p)\,|, \,|\,X_m(q)\,|\,] \tag{6.99}$$

式中，$\max[\,\cdot\,,\,\cdot\,]$表示取二者绝对值较大者。

式(6.98)说明,蝶形单元中具有较大绝对值的输出不小于两个输入的绝对值。因此,若能保证 FFT 信号流图末级的蝶形单元的最大绝对值输出小于 1,则所有各级的蝶形单元的输入和输出的绝对值都不会超过 1,即不会发生溢出。由于

$$X(k) = \sum_{n=0}^{N-1} x(n) W_N^{nk}$$

所以有

$$| X(k) | \leqslant \sum_{n=0}^{N-1} | x(n) | | W_N^{nk} | < \sum_{n=0}^{N-1} x_{\max} = N x_{\max}$$

式中,$x_{\max}$ 是输入信号的最大绝对值。由上式看出,不发生溢出的条件 $| X(k) | < 1$ 意味着

$$x_{\max} < \frac{1}{N} \text{ 或 } | x(n) | < \frac{1}{N} (所有 n) \tag{6.100}$$

例 6.14　设 $x(n)$ 是均值为零的白噪声复序列,它的实部与虚部不相关,且都在 $\left[\frac{-1}{\sqrt{2N}}, \frac{1}{\sqrt{2N}}\right]$ 区间均匀分布,这里 N 是序列长度。用时间抽选基 2 FFT 来计算 $x(n)$ 的 FFT,采用 b 位字长(不含符号位)定点运算和舍入量化处理。检查是否会发生溢出,并计算输出信噪比。

解　设 $x(n)$ 的实部和虚部分别为 $A(n)$ 和 $B(n)$,即 $x(n)=A(n)+jB(n)$,由于 $A(n)$ 与 $B(n)$ 不相关,且都在 $\left[-\frac{1}{\sqrt{2N}}, \frac{1}{\sqrt{2N}}\right]$ 内均匀分布,所以

$$| x(n) | = \sqrt{A^2(n) + B^2(n)} < \frac{1}{N}$$

该式说明,$x(n)$ 满足不发生溢出的条件。

由于 $A(n)$ 和 $B(n)$ 都在 $\left[-\frac{1}{\sqrt{2N}}, \frac{1}{\sqrt{2N}}\right]$ 内均匀分布,所以 $x(n)$ 在 $\left[-\frac{1}{N}, \frac{1}{N}\right]$ 内均匀分布,于是可求出 $x(n)$ 的方差

$$\sigma_x^2 = \int_{-1/N}^{1/N} x^2 \frac{N}{2} \mathrm{d}x = \frac{1}{3N^2}$$

进而求出变换值 $X(k)$ 的方差

$$\sigma_{X(k)}^2 = E[| X(k) |^2] = N\sigma_x^2 = \frac{1}{3N}$$

由式(6.91)可计算每个输出节点上噪声的方差

$$\sigma_{F(k)}^2 \approx \frac{N}{4}\sigma_B^2 = \frac{N}{4} \times \frac{2^{-2b}}{3} = \frac{N}{12}(2^{-2b})$$

因此,输出信噪比(单位为 dB)为

$$SNR = 10\lg \frac{\sigma_{X(k)}^2}{\sigma_{F(k)}^2} = \frac{1/3N}{N2^{-2b}/12} = \frac{4}{N^2}(2^{2b}) \tag{6.101}$$

由式(6.101)可以看出,输出信噪化与变换长度的平方成反比例关系。

由式(6.99)可以得出另一种防止 FFT 算法发生溢出的方法。式(6.99)的含义是,每个蝶形单元的最大模值输出不大于最大模值输入的 2 倍。因此,若任一级中蝶形输入端的信号的最大模值都小于 1,并将蝶形输入端的信号乘以 $\frac{1}{2}$,那么,蝶形输出端的信号模值也一定小于 1。就是说,为防止 FFT 算法发生溢出,应当要求:① $|x(n)|<1$;② 每级蝶形输入端插入一个 $\frac{1}{2}$ 的衰减因子。对于 N 点 FFT 来说,其信号流图共有 $v=\log_2 N$ 级,因每级输入端插入 $\frac{1}{2}$ 衰减,故信号 $x(n)$ 从输入端加入到从输出端得到变换值 $X(k)$,总的衰减量为 $\left(\frac{1}{2}\right)^v = \frac{1}{N}$。这就是说,当每级输入端插入 $\frac{1}{2}$ 衰减时,在输出端得到的变换值,将只有各级未插入衰减时输出端变换值的 $\frac{1}{N}$。但是,值得注意的是,各级不插入衰减时,为了防止溢出,要求输入信号的模值小于 $\frac{1}{N}$(见式(6.100)),而各级插入衰减时只要求输入信号的模值小于 1,所以,两种防止溢出的方法在输出端得到的变换值的大小实际上是相同的。

但是,对于噪声来说,两种防止溢出的方法所产生的效果是不同的。具体来说,在各级输入端都插入 $\frac{1}{2}$ 衰减的方案中,所有噪声源都要受到衰减,因而最终输出的噪声的方差是非常小的。所以,可以认为这种方案更可取。

例 6.15　在例 6.14 中,在各级蝶形输入端插入 $\frac{1}{2}$ 衰减以防止溢出,计算输出信噪比。

解　蝶形输入端插入 $\frac{1}{2}$ 衰减后,其统计模型如图6.19所示,其中增加了一个舍入量化噪声源 $e(m,p)$,它是在定点乘法运算 $\left(\frac{1}{2}X_m(p)\right)$ 后引入的,一般需要用 2 次实数乘法,因此 $e(m,p)$ 的方差为 $\sigma_{e(m,p)}^2 = \frac{1}{6}\times 2^{-2b}$。$e(m,q)$ 是在定点乘法运算

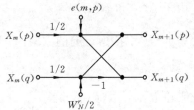

图 6.19　插入衰减因子的蝶形单元的统计模型

$\frac{1}{2}W_N^r X_m(q)$ 后引入的,一般需要 6 次实数乘法,因此 $e(m,q)$ 的方差为 $\sigma_{e(m,q)}^2 = \frac{1}{2}\times 2^{-2b}$。这样,每个蝶形单元引入的总的噪声方差为 $\sigma_B^2 = \sigma_{e(m,p)}^2 + \sigma_{e(m,q)}^2 = \frac{2}{3}\times 2^{-2b}$。

第 $m+1$ 级中每个蝶形单元的噪声源传到整个 FFT 信号流图输出端,要受到 $v-m-1$ 次衰减,因此总衰减量为 $\left(\dfrac{1}{2}\right)^{v-m-1}$。由于每个输出节点与第 $m+1$ 级的 2^{v-m-1} 个蝶形单元相联系,所以从第 $m+1$ 级引入的所有(2^{v-m-1} 个)噪声源传到输出端的一个节点时,其方差为

$$2^{v-m-1}\sigma_B^2\left(\frac{1}{2}\right)^{2(m-v+1)} = 2^{v-m-1}\sigma_B^2$$

注意其中衰减系数是振幅衰减量 $\left(\dfrac{1}{2}\right)^{v-m-1}$ 的平方,因为这里考虑的是噪声的方差。

这样,各级噪声源在一个输出节点上引起的总噪声的方差为

$$\sigma_{F(k)}^2 = \sum_{m=0}^{v-1} 2^{m-v+1}\sigma_B^2 \approx 2\sigma_B^2$$

注意,在以上计算中,假设所有级的所有蝶形单元都要引入同样多的噪声源,即没有考虑 W_N^r 为 ±1 或 $\pm j$ 的情况。

$X(k)$ 的方差在例 6.14 中已经算出为 $\sigma_{X(k)}^2 = \dfrac{1}{3N}$,最后可计算信噪比为

$$10\lg\frac{\sigma_{X(k)}^2}{\sigma_{F(k)}^2} = 10\lg\frac{1/(3N)}{2\sigma_B^2} = \frac{2^{2b}}{4N} \tag{6.102}$$

该式说明,在字长 b 一定时,输出信噪比与变换长度 N 成反比例关系。与式(6.101)比较可以看出,在相同字长的情况下,用每级蝶形输入端插入 1/2 衰减的方法来防止溢出,比起用不插入衰减而限制 $|x(n)|$ 的办法来防止溢出,可以得到高得多的输出信噪比。例如,对于式(6.101)来说,变换长度 N 增大一倍,输出信噪比要降为原来的 1/4,如果要保持原来的输出信噪比不下降,就必须将字长增加一位。但对于式(6.102)的方案,N 增大一倍时,输出信噪比只下降为原来的一半,而字长每增加一位,输出信噪比可以提高到原来的 4 倍。

6.9　浮点运算数字滤波器和 FFT 算法中的有限字长效应

浮点运算具有以下特点:

① 浮点数的动态范围宽,因而浮点运算一般不需要考虑溢出问题;

② 进行浮点运算时,乘法和加法运算结果的尾数字长都会增加,因而必须进行截尾或舍入处理以限制字长,通常用得较多的是舍入处理;

③ 量化误差不仅用绝对误差,而且较多的情况下要用相对误差来分析。

当用有限字长浮点运算来实现数字滤波器和 FFT 算法时,加法运算和乘法运算都会引入舍入量化噪声,这些噪声可以用绝对误差来表示,这与定点运算的分析方法

相同,即把舍入量化作用等效为理想的精确计算结果之上叠加一个噪声源,这个噪声源就是舍入量化绝对误差序列 $e(n)$,即

$$Q[x(n)] = x(n) + e(n) \tag{6.103}$$

式中,$x(n)$ 是精确计算结果,$Q[x(n)]$ 是舍入量化后的结果,$e(n)$ 是舍入量化的绝对误差。

浮点运算后的舍入量化作用,也可以用式(6.17)作为模型,即

$$Q[x(n)] = [1 + \varepsilon(n)]x(n) \tag{6.104}$$

式中,$x(n)$ 是精确计算结果,$Q[x(n)]$ 是舍入量化后的结果,$\varepsilon(n)$ 是舍入量化的相对误差,其值由式(6.16)来定义,在目前情况下表示为

$$\varepsilon(n) = \frac{Q[x(n)] - x(n)}{x(n)} = \frac{e(n)}{x(n)} \tag{6.105}$$

可以看到,对浮点运算来说,它有两种统计模型,一种是以式(6.103)为基础的,用绝对误差与精确值相加来表示量化后的值,常称为加性误差模型或非移变模型,因为这种模型是非移变系统;另一种是以式(6.104)为基础的,它用相对误差形成的系数 $1 + \varepsilon(n)$ 与精确值相乘来表示量化后的值,常称为乘性误差模型或移变模型,因为这种模型是移变系统。无论对于数字滤波器或 FFT 算法,只要将以上两种模型的任一种引入算法流程图,即可对数字滤波器或 FFT 的浮点实现进行误差分析。

6.9.1　浮点运算 IIR 数字滤波器

设用浮点运算直接型结构实现例 6.10 给出的二阶 IIR 数字滤波器,现在来计算滤波器输出端的信噪比。

首先画出该滤波器浮点运算实现时的统计模型,这里采用非移变(加性噪声)模型,如图 6.20 所示。与定点运算时的统计模型(图 6.10)相比较,其主要差别是在浮点运算统计模型中增加了两次加法运算后引入的舍入误差(噪声)$e_3(n)$ 和 $e_4(n)$。

设与 $e_1(n)$、$e_2(n)$、$e_3(n)$ 和 $e_4(n)$ 相对应的相对误差分别为 $\varepsilon_1(n)$、$\varepsilon_2(n)$、$\varepsilon_3(n)$ 和 $\varepsilon_4(n)$,由图 6.20 可以得出

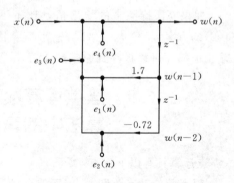

图 6.20　浮点运算非移变统计模型

$$\begin{cases} e_1(n) = 1.7w(n-1)\varepsilon_1(n) \\ e_2(n) = -0.72w(n-2)\varepsilon_2(n) \\ e_3(n) = [w(n) - x(n)]\varepsilon_3(n) \\ e_4(n) = w(n)\varepsilon_4(n) \end{cases} \tag{6.106}$$

考虑到 $w(n) = y(n) + f(n)$,这里 $f(n)$ 是滤波器输出端总噪声,$y(n)$ 是滤波器的输出信号,而通常有 $|f(n)| \ll |y(n)|$,故可用 $w(n) \approx y(n)$ 代入式(6.106),于是得到

$$\begin{cases} e_1(n) = 1.7y(n-1)\varepsilon_1(n) \\ e_2(n) = -0.72y(n-2)\varepsilon_2(n) \\ e_3(n) = [y(n) - x(n)]\varepsilon_3(n) \\ e_4(n) = y(n)\varepsilon_4(n) \end{cases} \tag{6.107}$$

假设所有噪声源都是白噪声序列,它们与信号 $x(n)$ 和 $y(n)$ 不相关,且它们在自己的取值范围内均匀分布,利用式(6.107)可计算出 4 个噪声源 $e_1(n)$、$e_2(n)$、$e_3(n)$ 和 $e_4(n)$ 的方差:

$$\begin{cases} \sigma_{e_1}^2 = 2.89\sigma_{\varepsilon_1}^2 E[y^2(n-1)] \\ \sigma_{e_2}^2 = 0.52\sigma_{\varepsilon_2}^2 E[y^2(n-2)] \\ \sigma_{e_3}^2 = \sigma_{\varepsilon_3}^2 E[(y(n) - x(n))^2] \\ \sigma_{e_4}^2 = \sigma_{\varepsilon_4}^2 E[y^2(n)] \end{cases} \tag{6.108}$$

由于是 4 个噪声源互不相关的白噪声,所以滤波器输出端总的噪声 $f(n)$ 的方差为

$$\sigma_f^2 = \sum_{i=1}^{4} \left[\sigma_{\varepsilon_i}^2 \sum_{n=-\infty}^{\infty} h_i^2(n) \right] \tag{6.109}$$

式中,$h_i(n)$ 是从 e_i 加入点至滤波器输出端的单位取样响应。由图 6.20 可以看出,$h_1(n) = h_2(n) = h_3(n) = h_4(n) = h(n)$,$h(n)$ 是滤波器总的单位取样响应,在例 6.10 中已算出

$$\sum_{n=-\infty}^{\infty} h^2(n) = 89.808 \tag{6.110}$$

$\sigma_{\varepsilon_i}^2$ 是浮点运算舍入误差 $\varepsilon_i(n)$ 的方差,在 6.2.3 节表 6.3 中列出了浮点运算舍入误差的取值范围,根据前面的假设,$\varepsilon_i(n)$ 在 $[-q, q]$ 内均匀分布,因此

$$\sigma_{\varepsilon_i}^2 = \int_{-q}^{q} x^2 \frac{1}{2q} \mathrm{d}q = \frac{1}{3} q^2 \tag{6.111}$$

式中,q 是量化间隔,$q = 2^{-b}$。这里 b 是尾数字长(不包括符号位)。

将式(6.110)和式(6.111)代入式(6.109),得到

$$\sigma_f^2 = 29.936q^2\{2.89E[y^2(n-1)] + 0.52E[y^2(n-2)] + E[(y(n) - x(n))^2] + E[y^2(n)]\} \tag{6.112}$$

由于假设 $x(n)$ 是白噪声,故 $y(n)$ 亦为白噪声,于是

$$E[y^2(n)] = E[y^2(n-1)] = E[y^2(n-2)] = \sigma_y^2$$
$$E[(y(n) - x(n))^2] = \sigma_y^2 - \sigma_x^2$$

将这些结果代入式(6.112),得到

$$\sigma_f^2 = 29.936q^2(5.41\sigma_y^2 - \sigma_x^2)$$

式中

$$\sigma_y^2 = \sigma_x^2 \sum_{n=-\infty}^{\infty} h^2(n) = 89.808\sigma_x^2, \quad 或 \sigma_x^2 = \frac{\sigma_y^2}{89.808}$$

所以

$$\sigma_f^2 = 29.936q^2\left(5.41 - \frac{1}{89.808}\right)\sigma_y^2 = 161.65q^2\sigma_y^2$$

由此可计算滤波器的输出信噪比(单位为 dB)为

$$SNR = 10\lg\frac{\sigma_y^2}{\sigma_f^2} = 6.02b - 22.086$$

由这个例子可看出,用浮点运算实现 IIR 数字滤波器,其输出信噪比只与字长有关,而与输入信号的强度无关。这与用定点运算实现 IIR 数字滤波器的情况不同。定点运算时的输出信噪比计算公式可以利用例 6.10 的结果推导出来。在例 6.10 中已经得出滤波器输出端总噪声的方差 $\sigma_f^2 = 14.97 \times 2^{-2b}$;输出信号的方差 σ_y^2 前面已经得到,为 $\sigma_y^2 = 89.808\sigma_x^2$,因此,输出信噪比为

$$SNR = 10\lg\frac{\sigma_y^2}{\sigma_f^2} = 10\lg\frac{89.808\sigma_x^2}{14.97 \times 2^{-2b}} = 6.08b + 7.781 + 10\lg\sigma_x^2$$

可以看出,输出信噪比与输入信号的强度有直接关系。具体来说,当输入信号幅度下降时,输出信噪比将随之下降。因此,在定点 IIR 数字滤波器中,为得到高的输出信噪比,应尽可能增大输入信号的幅度,唯一的限制是不能发生溢出。

6.9.2　浮点运算 FIR 数字滤波器

图 6.21 所示的是浮点运算 $N-1$ 阶 FIR 数字滤波器的乘性噪声(移变)统计模型。这里采用直接型结构,进行浮点乘法运算后引入的舍入量化噪声用乘以移变系数 $1+\varepsilon_k(n)$ 来等效,进行浮点加法运算后引入的舍入量化噪声用乘以移变系数 $1+\eta_r(n)$ 来等效。ε_k 和 η_r 是舍入量化的相对误差,它们对应的绝对误差都满足前面曾做过的几个假设条件:噪声源都是白噪声序列;噪声源互不相关,噪声源也与滤波器输入信号和输出信号不相关;噪声源在误差取值范围内均匀分布。

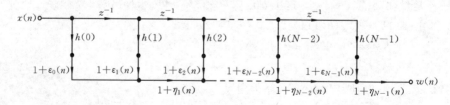

图 6.21　浮点运算 $N-1$ 阶 FIR 数字滤波器的移变模型

滤波器的输出

$$w(n) = y(n) + f(n) \tag{6.113}$$

式中,$y(n)$ 是输入信号 $x(n)$ 在输出端产生的响应,由 $x(n)$ 和 $h(n)$ 确定,即

$$y(n) = \sum_{k=0}^{N-1} h(k)x(n-k) \tag{6.114}$$

$y(n)$是所有舍入量化噪声源在输出端产生的响应。由图 6.21 可以写出滤波器输出 $w(n)$的表示式为

$$w(n) = x(n)h(0)(1+\varepsilon_0(n))\prod_{r=1}^{N-1}[1+\eta_r(n)]$$

$$+ \sum_{k=1}^{N-1} x(n-k)h(k)[1+\varepsilon_k(n)]\prod_{r=k}^{N-1}[1+\eta_r(n)] \tag{6.115}$$

令

$$A(n,k) = \begin{cases} [1+\varepsilon_0(n)]\prod_{r=1}^{N-1}[1+\eta_r(n)], & k=0 \\[2mm] [1+\varepsilon_k(n)]\prod_{r=k}^{N-1}[1+\eta_r(n)], & k=1,2,\cdots,N-1 \end{cases} \tag{6.116}$$

则式(6.115)可简化为

$$w(n) = \sum_{k=0}^{N-1} x(n-k)h(k)A(n,k) \tag{6.117}$$

将式(6.117)写成以下形式：

$$w(n) = \sum_{k=0}^{N-1} x(n-k)h(k) + \sum_{k=0}^{N-1} x(n-k)h(k)[A(n,k)-1] \tag{6.118}$$

将式(6.118)与式(6.113)和式(6.114)相对照,立即得出

$$f(n) = \sum_{k=0}^{N-1} x(n-k)h(k)[A(n,k)-1] \tag{6.119}$$

为了计算 $f(n)$的方差,先计算 $A(n,k)$的均方值 $E[A^2(n,k)]$。为此,由式(6.116)求得：

当 $k=0$ 时,

$$E[A^2(n,0)] = E\{[1+2\varepsilon_0(n)+\varepsilon_0^2(n)]\prod_{r=1}^{N-1}[1+\eta_r(n)]\prod_{r=1}^{N-1}[1+\eta_r(n)]\}$$

$$= (1+E[\varepsilon_0^2(n)])\prod_{r=1}^{N-1}(1+E[\eta_r^2(n)])$$

$$= \left(1+\frac{1}{3}q^2\right)^N \tag{6.120}$$

当 $k=1,2,\cdots,N-1$ 时,

$$E[A^2(n,k)] = \left(1+\frac{1}{3}q^2\right)^{N-k+1} \tag{6.121}$$

若用式(6.121)计算 $E[A^2(n,0)]$,则得到

$$E[A^2(n,0)] = \left(1+\frac{1}{3}q^2\right)^{N+1}$$

这个数值是用式(6.120)计算得到的值的 $1+\dfrac{1}{3}q^2$ 倍,但大多数情况下有 $q^2\ll1$ 或

$1+\dfrac{1}{3}q^2\approx1$,所以用式(6.121)来计算 $E[A^2(n,0)]$ 所造成的误差是非常小的。这样,

就可以用式(6.121)来包含式(6.120),即有

$$E[A^2(n,k)] = \left(1+\frac{1}{3}q^2\right)^{N-k+1}, \quad k=0,1,2,\cdots,N-1 \qquad (6.122)$$

将式(6.122)展开,忽略二次以上的高次项,得到

$$E[A^2(n,k)] \approx 1+(N-k+1)\frac{q^2}{3} \qquad (6.123)$$

由式(6.116)计算 $A(n,k)$ 的均值:

当 $k=0$ 时,由于

$$\begin{aligned}
A(n,k) &= [1+\varepsilon_0(n)][1+\eta_1(n)]\cdots[1+\eta_{N-1}(n)]\\
&= 1+\varepsilon_0(n)+\eta_1(n)+\cdots+\eta_{N-1}(n)\\
&\quad +\varepsilon_0(n)\eta_1(n)+\varepsilon_0(n)\eta_2(n)+\cdots+\varepsilon_0(n)\eta_{N-1}(n)\\
&\quad +\varepsilon_0\eta_1(n)\eta_2(n)+\cdots
\end{aligned}$$

$\varepsilon_k(n)$ 和 $\eta_r(n)$ 都是平稳白噪声序列且互不相关,所以

$$E[A,k]=1 \qquad (k=0)$$

对于 $k=1,2,\cdots,N-1$ 的情况,不难得出同样的结论。因此,由式(6.119)计算 $f(n)$ 的均值为

$$E[f(n)] = E\left\{\sum_{k=0}^{N-1}x(n-k)h(k)[A(n,k)-1]\right\} = 0$$

这样,可得到 $f(n)$ 的方差

$$\begin{aligned}
\sigma_f^2 &= E\left\{\left(\sum_{k=0}^{N-1}x(n-k)h(k)[A(n,k)-1]\right)\left(\sum_{l=0}^{N-1}x(n-l)h(l)[A(n,l)-1]\right)\right\}\\
&= \sum_{k=0}^{N-1}\sum_{l=0}^{N-1}E[x(n-k)x(n-l)]h(k)h(l)E[(A(n,k)-1)(A(n,l)-1)]
\end{aligned}$$

$$(6.124)$$

当 $x(n)$ 是白噪声序列时,

$$E[x(n-k)x(n-l)] = \sigma_x^2\delta(k-l)$$

式中,σ_x^2 是 $x(n)$ 的方差。因此,由式(6.124)得到

$$\sigma_f^2 = \sigma_x^2\sum_{k=0}^{N-1}h^2(k)E[(A(n,k)-1)^2]$$

$$= \sigma_x^2\sum_{k=0}^{N-1}h^2(k)E[A^2(n,k)-1]$$

$$= \frac{q^2}{3}\sigma_x^2 \sum_{k=0}^{N-1} h^2(k)(N-k+1)$$

$$= \frac{1}{3}q^2\sigma_x^2(N+1)\sum_{k=0}^{N-1}\left(1-\frac{k}{N+1}\right)h^2(k) \qquad (6.125)$$

由于

$$\sigma_y^2 = \sigma_x^2 \sum_{k=0}^{N-1} h^2(k)$$

故有

$$\sigma_x^2 \sum_{k=0}^{N-1}(1-\frac{k}{N+1})h^2(k) < \sigma_y^2$$

这样,便可由式(6.125)估计滤波器输出信噪比的下限:

$$\frac{\sigma_y^2}{\sigma_f^2} \geqslant \frac{3}{N+1}\cdot\frac{1}{q^2} \qquad (6.126)$$

由于函数 $\left(1-\dfrac{k}{N+1}\right)$ 随 k 增加而下降,所以希望按 $h(k)$ 的幅度递增的次序来计

算式(6.125)中的乘积项 $\left(1-\dfrac{k}{N+1}\right)h^2(k)$ 及部分和,以得到最小的输出噪声方差。
浮点运算 FIR 滤波器的这个性质与定点运算 FIR 滤波器不同,后者输出噪声方差的
大小与乘积 $h(k)x(n-k)$ 的计算次序和累加次序无关。

6.9.3　浮点运算 FFT 算法

仍以时间抽选基 2 FFT 为例,图 6.22 所示的是一个蝶形单元的上半部分用浮
点运算实现时的非移变统计模型,其中图 6.22(a)和(b)分别对应于计算 $X_{m+1}(p)$ 的
实部和虚部的信号流程图。这里假设信号为

$$X_{m+1}(p) = \mathrm{Re}[X_{m+1}(p)] + \mathrm{jIm}[X_{m+1}(p)]$$

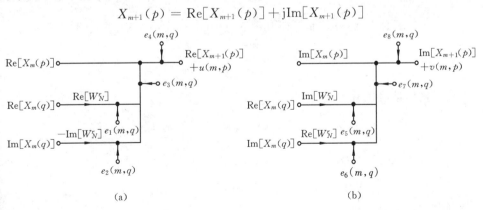

图 6.22　浮点运算 FFT 蝶形单元上半部分的非移变模型

(a) 计算 $X_{m+1}(p)$ 的实部;　(b) 计算 $X_{m+1}(p)$ 的虚部

式中，$\mathrm{Re}[X_{m+1}(p)]$ 和 $\mathrm{Im}[X_{m+1}(p)]$ 分别是第 $m+1$ 级蝶形单元输出信号 $X_{m+1}(p)$ 的实部和虚部。第 $m+1$ 级蝶形单元输出节点 p 上的噪声用 $s(m,p)$ 表示，

$$s(m,p) = u(m,p) + jv(m,p)$$

式中，$u(m,p)$ 和 $v(m,p)$ 分别是 $s(m,p)$ 的实部和虚部。由图 6.22 看出，$u(m,p)$ 是由 $e_1(m,q) \sim e_4(m,q)$ 引起的，而 $v(m,p)$ 则是由 $e_5(m,q) \sim e_8(m,q)$ 引起的，具体来说，

$$u(m,p) = e_1(m,q) + e_2(m,q) + e_3(m,q) + e_4(m,q)$$
$$v(m,p) = e_5(m,q) + e_6(m,q) + e_7(m,q) + e_8(m,q)$$

而输出信号 $X_{m+1}(p)$ 的实部和虚部分别为

$$\mathrm{Re}[X_{m+1}(p)] = \mathrm{Re}[X_m(p)] + \mathrm{Re}[X_m(q)]\mathrm{Re}[W_N^r] - \mathrm{Im}[X_m(q)]\mathrm{Im}[W_N^r]$$

$$\mathrm{Im}[X_{m+1}(p)] = \mathrm{Im}[X_m(p)] + \mathrm{Re}[X_m(q)]\mathrm{Im}[W_N^r] + \mathrm{Im}[X_m(q)]\mathrm{Re}[W_N^r]$$

为计算蝶形单元的一个输出 $X_{m+1}(p)$，需要 4 次乘法和 4 次加法运算，共引入 8 个舍入量化噪声 $e_1(m,q) \sim e_8(m,q)$，相应的 8 个相对误差用 $\varepsilon_1(n) \sim \varepsilon_8(n)$ 表示，假设所有量化误差（噪声源）都满足以前假设的 3 个条件，因而它们具有相同的方差 $\sigma_\varepsilon^2 = \frac{1}{3}q^2$。由图 6.22(a) 可以得到

$$\begin{cases} e_1(m,q) = \varepsilon_1(m,q)\mathrm{Re}[X_m(q)]\mathrm{Re}[W_N^r] \\ e_2(m,q) = -\varepsilon_2(m,q)\mathrm{Im}[X_m(q)]\mathrm{Im}[W_N^r] \\ e_3(m,q) = \varepsilon_3(m,q)\mathrm{Re}[X_m(q)W_N^r] \\ e_4(m,q) = \varepsilon_4(m,q)\{\mathrm{Re}[X_m(p)] + \mathrm{Re}[X_m(q)W_N^r]\} \end{cases}$$

设输入信号是实部和虚部的方差相等的复数白噪声序列，这样，蝶形单元的输入和输出信号也是实部与虚部方差相等的复数白噪声序列，蝶形输入信号 $X_m(p)$ 和 $X_m(q)$ 的实部和虚部方差为

$$E[\mathrm{Re}^2[X_m(p)]] = E[\mathrm{Im}^2[X_m(p)]] = \frac{1}{2}E[|X_m(p)|^2]$$

$$E[\mathrm{Re}^2[X_m(q)]] = E[\mathrm{Im}^2[X_m(q)]] = \frac{1}{2}E[|X_m(q)|^2]$$

且

$$E[|X_m(p)|^2] = E[|X_m(q)|^2]$$

对于蝶形输出信号也有类似的公式

$$E[\mathrm{Re}^2(X_{m+1}(p))] = E[\mathrm{Im}^2(X_{m+1}(p))] = \frac{1}{2}E[|X_{m+1}(p)|^2]$$

$$E[\mathrm{Re}^2(X_{m+1}(q))] = E[\mathrm{Im}^2(X_{m+1}(q))] = \frac{1}{2}E[|X_{m+1}(q)|^2]$$

$$E[|X_{m+1}(p)|^2] = E[|X_{m+1}(q)|^2]$$

注意到

$$E[\mathrm{Re}^2(W_N^r)] = E[\mathrm{Im}^2(W_N^r)] = \frac{1}{2}E[(W_N^r)^2] = \frac{1}{2}$$

$$\sigma_u^2 = \sum_{i=1}^{4} \sigma_{e_i}^2 = 2\sigma_B^2 E\left[\,\mid X_m(q) \mid^2\right]$$

$$\sigma_v^2 = \sum_{i=5}^{8} \sigma_{e_i}^2 = 2\sigma_B^2 E\left[\,\mid X_m(q) \mid^2\right]$$

$$\sigma_s^2 = \sigma_u^2 + \sigma_v^2 = 4\sigma_B^2 E\left[\,\mid X_m(q) \mid^2\right]$$

在 FFT 信号流程图中,每级输出信号的均方幅度是输入信号均方幅度的 2 倍。若第 1 级输入端信号均方幅度为 $E\left[\mid x(n) \mid^2\right]$,则第 $m+1$ 级输入端的信号均方幅度为

$$E\left[\,\mid X_m(q) \mid^2\right] = 2^m E\left[\,\mid x(n) \mid^2\right]$$

因此,

$$\sigma_s^2 = 2^{m+2} \sigma_B^2 E\left[\,\mid x(n) \mid^2\right]$$

假设每级所有的蝶形单元(包含 $W_N^r = \pm 1$ 或 $\pm j$ 的蝶形单元)都要引入噪声源,则每个输出节点上总噪声的方差为

$$\sigma_{F(k)}^2 = \sum_{m=0}^{v-1} 2^{v-m-1} 2^{m+2} \sigma_B^2 E\left[\,\mid x(n) \mid^2\right]$$

$$= v2^{v+1} \sigma_B^2 E\left[\,\mid x(n) \mid^2\right] = 2vN\sigma_B^2 E\left[\,\mid x(n) \mid^2\right]$$

输出变换值的方差为

$$\sigma_{X(k)}^2 = NE\left[\,\mid x(n) \mid^2\right]$$

于是输出信噪比为

$$10\lg \frac{\sigma_{X(k)}^2}{\sigma_{F(k)}^2} = 10\lg \frac{1}{2v\sigma_B^2} = 10\lg \frac{3}{2vq^2} \tag{6.127}$$

由式(6.127)可以看出,输出与级数成反比例关系。当级数 v 不变时,字长每增加一位将使信噪比提高为原来的 4 倍(因为 $q=2^{-b}$)。但用定点运算实现 FFT 时,输出信噪比与变换长度 N 的平方成反比例关系,由于级数 $v=\log_2 N$ 或 $N=2^v$,所以级数增加一倍意味着变换长度 N 增加为原来的 4 倍,因而输出信噪比下降为原来的 1/16;若在每级输入端插入 1/2 衰减,式(6.102)表明输出信噪比与变换长度成反比例关系,因此,级数增加一倍将使输出信噪比下降为原来的 1/4。由以上讨论可见,浮点运算 FFT 的输出信噪比随着级数增加而下降,要比定点运算 FFT 缓慢得多。

6.10　用 Matlab 分析有限字长效应

6.10.1　Matlab 表数的精度和动态范围

Matlab 是用二进制双精度(8 个字节或 64 bit)的浮点数来表示数和进行运算的。浮点数用式(6.3)表示,考虑符号位后为

$$x = (-1)^s 2^c M$$

式中,尾数 M 用 52 bit 表示,指数 C 用 11 bit 表示,符号位 S 用 1 bit 表示。规格化浮点表示的尾数 M 是等于或大于 0.5 但小于 1 的纯小数。长为 52 bit 的尾数的最低有效位的位权即量化步长为 $2^{-52}=2.2204\times10^{-16}$,它决定了浮点表示的精度。指数 C 决定了浮点表示的动态范围。长为 11 bit 的指数 C 是一个带符号的二进制整数,总共能够表示从 -1023 到 $+1023$ 的 2047 个整数,或者表示从 -1022 到 $+1024$ 的 2047 个整数。因此,Matlab 表数的动态范围是从

$$2^{-1022}(1-2^{-52})=2.2251\times10^{-308}$$

到

$$2^{+1024}(1-2^{-52})=2[2^{+1023}(1-2^{-52})]=1.7977\times10^{+308}$$

虽然 Matlab 所表示的数本身也是有限字长的,但是由于它的浮点数的尾数字长长达 52 bit,所以相对于一般应用的 8 bit,16 bit,32 bit,甚至 8 bit 以下来说,可以近似认为 Matlab 所表示的数具有非常高的精度,或者近似看成是"无限精确"的。

6.10.2　Matlab 中的截尾和舍入量化

前面说过,滤波器系数的有限字长效应是由于用截尾或舍入方法对系数进行量化引起的。在 Matlab 中使用的是十进制数,因此为了研究系数的截尾或舍入,就需要首先将系数的十进制表示变换为二进制表示,经过截尾或舍入后,又将二进制数转换成十进制数。Matlab 中提供了两个函数 a2dt 和 a2dr 来分别完成截尾和舍入的工作。下面是这两个函数文件,其中用说明语句解释了主要语句的含义和作用。

```
function beq=a2dt(d,n)
% BEQ=A2DT(D,N) 将十进制数 D 转换成二进制数并截尾成 N 位,然后
% 将截尾结果转换成十进制数(不含符号位)

% 去掉十进制数 d 的符号
d1=abs(d);
% 以下循环语句将不带符号的十进制数 d1 转换成二进制数
m=1;
while fix(d1)>0
    d1=abs(d)/(2^m);
    m=m+1;
end
% 以下两句将二进制数截尾成 b 位,然后转换成十进制数
beq=fix(d1 * 2^n);
beq=sign(d). * beq. * 2^(m-n-1);
```

```
function beq＝a2dr(d,n)
```

% BEQ＝A2DR(D,N) 将十进制数 D 转换成二进制数并舍入成 N 位,然后
% 将舍入结果转换成十进制数(不含符号位)

% 去掉十进制数 d 的符号

```
d1＝abs(d);
```

% 以下循环语句将不带符号的十进制数 d1 转换成二进制数

```
m＝1;
while fix(d1)＞0
    d1＝abs(d)/(2^m);
    m＝m+1;
end
```

% 以下两句将二进制数舍入成 b 位,然后转换成十进制数

```
beq＝fix(d1 * 2^n+0.5);
beq＝sign(d). * beq. * 2^(m−n−1);
```

6.10.3　用 Matlab 分析直接型结构 IIR 滤波器系数的有限字长效应

下面用例子说明直接型结构 IIR 滤波器的系数经过截尾或舍入量化后,滤波器的幅度频率特性和零点、极点位置所受的影响。

例 6.16　调用 Matlab 中的函数 ellip 设计一个具有下列指标的椭圆 IIR 低通数字滤波器,并用 Matlab 研究系数量化效应对该滤波器的幅度频率特性和零点、极点位置所受的影响。假设滤波器采用直接型结构。

(1) 给定滤波器设计指标:滤波器的阶 $N＝6$,通带波纹 $R_p＝0.5$,阻带衰减 $R_s＝50\text{dB}$,低通截止频率(相对频率)$\omega_n＝0.6$。求滤波器的系数、幅度频率响应和零点、极点,并画出幅度频率响应和零点—极点图,作为理论计算结果。

(2) 用截尾方法将二进制表示的滤波器系数量化成 $b＝5\ \text{bit}$,并画出系数量化后的幅度频率响应和零点—极点图,与(1)的理论计算结果进行比较。

解　下面是解答该例题的 m 文件,文件中已用说明语句对每部分进行了详细解释。

% 系数量化效应对直接型 IIR 滤波器的幅度频率特性和零点-极点图的影响
% 调用函数 ellip,根据给定指标设计 6 阶椭圆 IIR 低通数字滤波器(计算滤波
% 器系数)

```
[b,a]＝ellip(6,0.5,50,0.6);
```

% 调用函数 freqz,计算所设计的滤波器的幅度频率特性

```
[h,w]＝freqz(b,a,512);
```

hL＝20 * log10(abs(h));
% 调用函数 a2dt,将滤波器系数进行截尾量化
bq＝a2dt(b,5); aq＝a2dt(a,5);
% 调用函数 freqz,计算系数量化后的滤波器的幅度频率特性。量化后的幅度
% 频率特性有可能出现零值,为避免取对数出现错误,在取对数前加了一个
% Matlab 能够表示的最小数 realmin,它的值是 2.225×10^{-308}

[hq,w]＝freqz(bq,aq,512);
hqL＝20 * log10(abs(hq)＋realmin);
% 将系数量化前后的滤波器的幅度频率特性画在同一个图上
plot(w/pi,hL,'−',w/pi,hqL,':');
axis([0 1 −80 5]);
xlabel('\omega/\pi');
ylabel('对数幅度/dB');
legend('原始','量化后');
grid;
% 调用函数 tf2zp,计算系数量化前后的滤波器的零点和极点
[z1,p1,k1]＝tf2zp(b,a);
[z2,p2,k2]＝tf2zp(bq,aq);
% 将系数量化前后滤波器的零点-极点图画在两个图上,以便对零点和极点的
% 位置进行清楚的比较
figure;
subplot(1,2,1);
zplane(z1,p1);
legend('零点','极点');
grid;
title('原始极点-零点图');
subplot(1,2,2);
zplane(z2,p2);
grid;
legend('零点','极点');
title('量化后极点-零点图');

文件运行结果,得到图 6.23 所示的滤波器在系数量化前后的幅度频率特性和图
6.24 所示的极点-零点图。可以看出,系数量化前后的极点-零点图有比较大的差别,
特别是系数量化后滤波器有两个零点已经从单位圆内移动到单位圆外。为了清楚地

比较系数量化前后滤波器的零点和极点的变动,表 6.5 列出了它们的数值。表中 $i = \sqrt{-1}$ 是虚数单位,今后 Matlab 的运行结果均用 i 表示虚数单位。

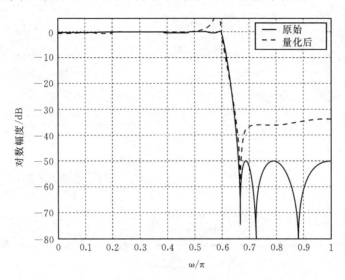

图 6.23 例 6.16 系数量化前后滤波器的幅度频率特性

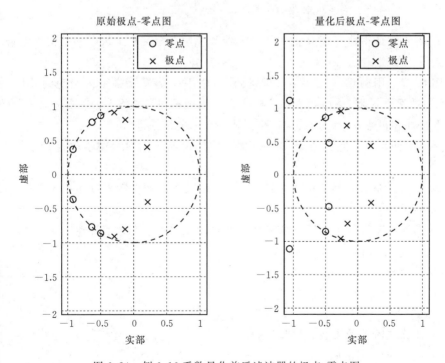

图 6.24 例 6.16 系数量化前后滤波器的极点-零点图

表 6.5　例 6.16 系数量化前后滤波器的零点和极点

	量化前	量化后
零点	$-0.9303+0.3667i$	$-1.0540+1.1190i$
	$-0.9303-0.3667i$	$-1.0540-1.1190i$
	$-0.5047+0.8633i$	$-0.5000+0.8660i$
	$-0.5047-0.8633i$	$-0.5000-0.8660i$
	$-0.6457+0.7636i$	$-0.4460+0.4735i$
	$-0.6457-0.7636i$	$-0.4460-0.4735i$
极点	$-0.3041+0.9102i$	$-0.2646+0.9571i$
	$-0.3041-0.9102i$	$-0.2646-0.9571i$
	$-0.1374+0.8052i$	$-0.1618+0.7354i$
	$-0.1374-0.8052i$	$-0.1618-0.7354i$
	$0.2079+0.4042i$	$0.2076+0.4248i$
	$0.2079-0.4042i$	$0.2076-0.4248i$

6.10.4　用 Matlab 分析级联型结构 IIR 滤波器系数的有限字长效应

下面的例子将例 6.16 中的 IIR 滤波器改成用 3 个二阶节级联的结构来实现,研究系数量化的影响。

例 6.17　用例 6.16 给出的指标设计一个用二阶节级联结构实现的 6 阶椭圆 IIR 低通数字滤波器,然后和上题一样研究系数截尾量化成 5 bit 字长对滤波器的幅度频率特性和极点-零点图的影响,并将结果与上题结果进行比较。

解　下面是解答此题的 m 文件。文件中用说明语句对关键步骤进行了简要说明。

```
% 滤波器系数截尾量化对级联结构 IIR 滤波器的幅度频率特性和极点-零点图
% 的影响
% 设计 6 阶椭圆 IIR 低通数字滤波器并计算它的幅度频率特性
[z,p,k]=ellip(6,0.5,50,0.6);
[b,a]=zp2tf(z,p,k);
[h,w]=freqz(b,a,512);
hLog=20 * log10(abs(h));
% 计算二阶节的参数并将其量化
sos=zp2sos(z,p,k);
sosq=a2dt(sos,5);
```

```
% 计算量化后的级联滤波器的总系统函数
R1=sosq(1,:); R2=sosq(2,:); R3=sosq(3,:);
b1=conv(R1(1:3),R2(1:3)); bq=conv(R3(1:3),b1);
a1=conv(R1(4:6),R2(4:6)); aq=conv(R3(4:6),a1);
% 计算级联滤波器的幅度频率特性
[hq,w]=freqz(bq,aq,512);
hqLog=20 * log10(abs(hq)+realmin);
% 将量化前后级联滤波器的幅度频率特性画在同一图上
plot(w/pi,hLog,'-',w/pi,hqLog,':');
axis([0 1 -80 20]);
xlabel('\omega/\pi');ylabel('对数幅度/dB');
legend('原始','量化后');
grid;
title('幅度响应');
% 量化前后的极点-零点图
[z1,p1,k1]=tf2zp(b,a)
[z2,p2,k2]=tf2zp(bq,aq)
figure;
subplot(1,2,1);
zplane(z1,p1);
legend('原始零点','原始极点');
grid;
title('原始极点-零点图');
subplot(1,2,2),
zplane(z2,p2);
grid;
legend('量化后零点','量化后极点');
title('量化后极点-零点图');
```

上列文件调用了比较多的函数,需要做进一步解释。文件中,首先调用函数lip求出 6 阶椭圆 IIR 低通数字滤波器的零点和极点,然后调用函数 zp2tf 将零点和点转换成滤波器系数,并调用函数 freqz 计算滤波器的幅度频率特性,画成图形如 6.25 中的实线所示,它被看成是设计的滤波器的理想幅度频率特性,作为比较的准。

二阶节级联结构中每个二阶节采用直接型结构,它们的参数根据设计的滤波器零点和极点,调用函数 zp2sos 来得到,得到的矩阵 sos 有 3 行 6 列,每行是一个二

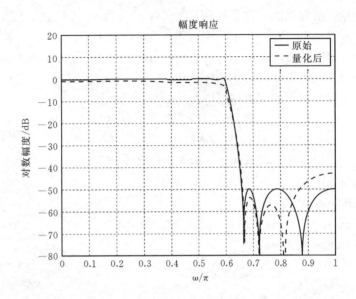

图 6.25　例 6.17 系数量化前后滤波器的幅度频率特性

阶节的 6 个系数,前 3 个是二阶节系统函数分子多项式的系数,后 3 个是系统函数分母多项式的系数,均按下标由低到高排列。

　　每个二阶节系数的截尾量化,仍然调用函数 a2dt 来完成,量化后得到的系数矩阵 sosq 仍然是 3×6 的,每行系数排列次序与 sos 相同。3 个二阶节级联结构的总的系统函数,只要将 3 个二阶节的系统函数的分子多项式和分母多项式分别相乘即可得到,这一任务是调用函数 conv 来完成的。

　　最后,根据量化后的 3 个二阶节级联结构的总的系统函数中的系数 bq 和 aq,利用函数 freqz 计算量化后的级联结构滤波器的幅度频率特性 hq 并将其画成图形,如图 6.25 中的虚线所示。

　　系数量化前后滤波器的极点和零点的计算方法与例 6.16 相同。表 6.5 列出的是它们的数值,图 6.26 所示的是极点-零点图。

表 6.6　例 6.17 系数量化前后滤波器的零点和极点

	量化前	量化后
零点	−0.9303+0.3667i	−0.8333+0.5528i
	−0.9303−0.3667i	−0.8333−0.5528i
	−0.5047+0.8633i	−0.5000+0.8478i
	−0.5047−0.8633i	−0.5000−0.8478i
	−0.6457+0.7636i	−0.6406+0.7679i
	−0.6457−0.7636i	−0.6406−0.7679i

续表

量化前	量化后
$-0.3041+0.9102i$	$-0.2969+0.9045i$
$-0.3041-0.9102i$	$-0.2969-0.9045i$
$-0.1374+0.8052i$	$-0.1250+0.8004i$
$-0.1374-0.8052i$	$-0.1250-0.8004i$
$0.2079+0.4042i$	$0.2031+0.3824i$
$0.2079-0.4042i$	$0.2031-0.3824i$

（极点 / leftmost label）

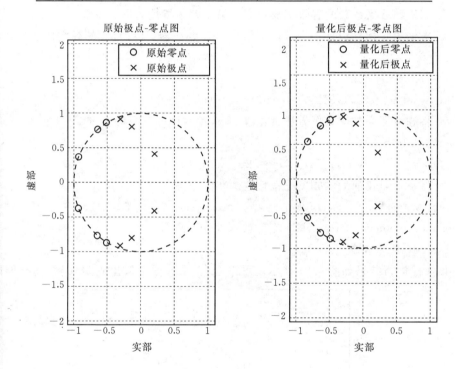

图 6.26　例 6.17 系数量化前后滤波器的极点-零点图

　　将本题结果与例 6.16 的结果进行比较可以看出，系数量化对级联结构滤波器的度频率特性和极点-零点图的影响，远比直接结构滤波器的小得多。最明显的是系量化后所有零点仍然在单位圆内。

6.10.5　用 Matlab 分析直接型结构 FIR 滤波器系数的有限字长效应

　　FIR 滤波器系数的有限字长效应的 Matlab 分析方法与上面所举的两个例子相，m 文件只需略加改动就可以了。现举例如下。

例 6.18 用 Matlab 中的函数 remez 设计一个 FIR 数字滤波器,要求达到下列指标:冲激响应长度 $N+1=35$;频带边界矢量 $f=[0\ 0.4\ 0.45\ 1]$;期望幅度频率响应矢量 $a=[1\ 1\ 0\ 0]$。将所设计的滤波器的系数用截尾方法量化成 5bit。将量化前后的滤波器的幅度频率特性进行比较。

解 函数 remez 是根据 Parks-McClellan 优化等波纹 FIR 滤波器设计算法编写的,调用该函数所设计的 FIR 数字滤波器具有线性相位。根据题目所给出的频带边界矢量和期望幅度频率响应矢量指标看出,这是一个低通滤波器。下面是解答本题的 m 文件。

```
% FIR 滤波器系数的有限字长效应对幅度频率特性的影响
% 根据给定指标设计一个直接型结构 FIR 滤波器,并计算它的频率特性
f=[0 0.4 0.45 1]; a=[1 1 0 0];
b=remez(34,f,a);
[h,w]=freqz(b,1,512); H=20*log10(abs(h));
% 将滤波器系数用截尾方法量化成 5bit,然后计算频率特性
bq=a2dt(b,5);
[hq,w]=freqz(bq,1,512); Hq=20*log10(abs(hq));
% 将系数量化前后的幅度频率特性画在同一图上
plot(w/pi,H,'−',w/pi,Hq,':'); grid; axis([0 1 −60,5]);
xlabel('\omega/\pi'); ylabel('对数幅度/dB');
legend('原始','量化后');
```

该文件运行结果如图 6.27 所示。可以看出,系数截尾量化成 5bit 后,滤波器的

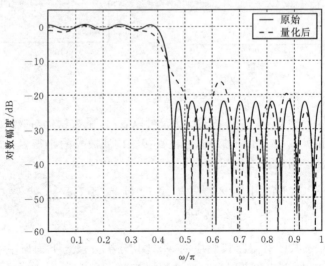

图 6.27　例 6.18 系数量化前后滤波器的幅度频率特性(量化字长为 5 bit)

幅度频率特性发生的明显变化是过渡带加宽和阻带衰减减小,这都使滤波器性能下降。

如果将截尾量化字长由 5 bit 增加到 6 bit,运行上列文件的结果示于图 6.28 中。可以看出,量化字长仅仅增加了 1 bit,幅度频率特性的过渡带却显著变窄,阻带衰减也明显加大,改善了滤波器的性能。

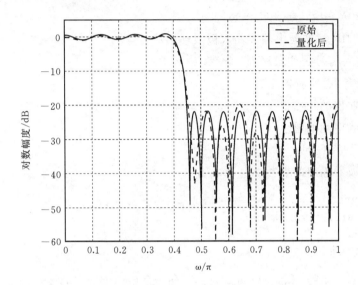

图 6.28　例 6.18 系数量化前后滤波器的幅度频率特性(量化字长为 6 bit)

6.10.6　零输入极限环振荡的 Matlab 模拟

下面的例子用 Matlab 模拟 IIR 滤波器中零输入极限环振荡的产生并演示系数字长对极限环振荡的影响。

例 6.19　设有一个一阶 IIR 数字滤波器,其传输函数为

$$H(z) = \frac{1}{1 - az^{-1}}$$

假设滤波器是因果和稳定的,即满足条件 $|a| < 1$。现有一个幅度为 x 的冲激作为滤波器的输入信号:

$$x(n) = x\delta(n)$$

滤波器的输出响应为 $y(n)$,假设初始条件是 $y(-1) = 0$。

用 Matlab 模拟下列 4 种情况下滤波器的输出,并将模拟结果画在同一图上。

(1) 滤波器系数 $a = 0.625$。输入冲激幅度 $x = 0.375$。计算滤波器输出信号的点数为 $N = 20$。所有数和所有运算结果都用 3 bit 表示(设采用舍入量化方法)。

（2）滤波器系数 $a=-0.625$，其余已知条件与（1）相同。

（3）所有数和所有运算结果都用 5 bit 表示（舍入量化），其余已知条件与（1）相同。

（4）滤波器系数 $a=-0.625$，其余已知条件与（3）相同。

解　下面是用于计算滤波器输出的函数 limcyc：

```
function Y＝limcyc(a,y,x,m,N)
% 一阶 IIR 滤波器中的零输入极限环振荡
% 设输入信号是冲激序列 x(n)＝x * delta(n)
% 输入参数：滤波器系数 a
滤波器输出的初始值 y
输入冲激序列的幅度 x
系数量化字长 m
计算滤波器输出的点数 N
for n＝1：N
    y＝a2dr(a * y,m)＋x;
    Y(n)＝y; x＝0;
end
```

下面是调用函数 limcyc 计算题目给出的 4 种情况下滤波器输出的 m 文件。

```
% 一阶 IIR 滤波器的零输入极限环振荡
% 设置滤波器系数 a1、初始条件 y、输入的单位冲激值 x、系数量化字长 m1 和
% 计算输出的点数 N
a1＝0.625; y＝0; x＝0.375; m1＝3; N＝15;
Y1＝limcyc(a1,y,x,m1,N);
% 将系数量化字长增加为 m2
m2＝5;
Y2＝limcyc(a1,y,x,m2,N);
% 将滤波器系数 a1 的符号改为负号
a2＝-0.625;
Y3＝limcyc(a2,y,x,m1,N);
Y4＝limcyc(a2,y,x,m2,N);
% 滤波器的理想输出
a＝0.625; y＝0; x＝0.375; N＝15;
for n＝1：N
```

```
  y＝a＊y＋x;
  z1(n)＝y; x＝0;
end
a＝－0.625; y＝0; x＝0.375; N＝15;
for n＝1：N
  y＝a＊y＋x;
  z2(n)＝y; x＝0;
end
% 画出 4 种不同情况下的零输入极限环振荡的图形,每个图上都画上理想输出
% 波形
k＝0：N－1;
subplot(2,2,1)
plot(k,z1,'：'); hold;
stem(k,Y1);
ylabel('y1(n)'); xlabel('n');
title(['a＝'num2str(a1),';',' 字长＝'num2str(m1)]);
subplot(2,2,3)
plot(k,z1,':'); hold;
stem(k,Y2);
ylabel('y2(n)'); xlabel('n');
title(['a＝'num2str(a1),';',' 字长＝'num2str(m2)]);
subplot(2,2,2)
plot(k,z2,':'); hold;
stem(k,Y3);
ylabel('y1(n)'); xlabel('n');
title(['a＝'num2str(a2),';','字长＝'num2str(m1)]);
subplot(2,2,4)
plot(k,z2,':'); hold;
stem(k,Y4);
ylabel('y2(n)'); xlabel('n');
title(['a＝'num2str(a2),';','字长＝'num2str(m2)]);
```

上列文件运行结果示于图 6.29 中,图中同时画出了滤波器的理想输出波形,如
虚线所示。可以看出,滤波器系数为正时零输入极限环振荡是零频率的;随着滤波器

系数的量化字长增加,进入零输入极限环振荡的时间越晚。

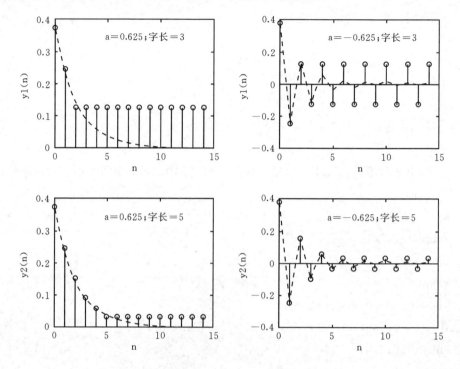

图 6.29　例 6.18 中的零输入极限环振荡波形

复习思考题

6.1　数字信号处理中,有限字长效应产生的根源有哪些?这些根源各引起什么后果?

6.2　二进制数的原码、反码和补码表示各有什么特点?定点运算和浮点运算各有什么特点?舍入量化和截尾量化各有什么特点?各种二进制码截尾和舍入量化特性曲线有什么不同?它们的量化误差范围有什么不同?浮点运算的相对误差如何定义?各种二进制码浮点表示的相对误差取值范围有何不同?

6.3　什么是信号的量化噪声?如何计算信号的量化噪声的方差?画出信号量化过程的统计模型,对该模型通常做了哪些假定?量化后的信号的信噪比与量化字长有什么关系?一个数字处理系统输入信号的量化噪声在系统输出端引起的噪声的方差如何计算?

6.4　用有限字长二进制数表示数字滤波器的系数时,量化误差是怎样影响滤波器性能的?就系数量化误差对滤波器稳定性的影响而言,为什么级联型结构比直接型结构要轻微得多?并联型结构呢?为什么低通和高通比带通要严重呢?如何根据对稳定性的要求来选择滤波器系数的字长?

6.5　数字滤波器的极点位置对滤波器系数量化误差的敏感程度与滤波器的结构形式、阶数有什么关系?

6.6　滤波器系数量化误差所引起的滤波器频率特性误差的上界如何估计?

6.7　有限字长定点运算 IIR 数字滤波器输出端信噪比如何分析和计算？比较级联型、并联型和直接型 3 种结构的 IIR 滤波器的输出信噪比。

6.8　什么是零输入极限环振荡现象？如何分析极限环振荡现象？FIR 数字滤波器有可能产生极限环振荡吗？IIR 数字滤波器不产生极限环振荡的条件是什么？怎样估计零输入极限环的边界？什么是死带效应？如何决定死带范围？死带范围的大小与哪些因素有关？

6.9　怎样分析定点运算 FIR 数字滤波器的有限字长效应？通过分析得出些什么重要结论？

6.10　怎样分析定点运算实现的 FFT 算法的有限字长效应？通过分析能得到什么重要结论？

6.11　用定点运算实现 IIR 数字滤波器、FIR 数字滤波器和 FFT 算法时，怎样防止发生溢出？

6.12　浮点运算有限字长的分析与定点运算有什么异同？用浮点运算实现 IIR 数字滤波器，和用定点运算实现 IIR 数字滤波器进行比较，两种情况下的输出信噪比有什么不同？对于 FIR 数字滤波器来说，情况又如何？浮点运算实现的 FFT 算法，它的输出信噪比与定点运算实现的 FFT 相比较有什么差别？如何考虑定点运算 FFT 算法的溢出问题？

6.13　Matlab 表数的精度和动态范围是怎样估计的？

6.14　解释函数文件 a2dt 和 a2dr 中每一语句的含义和作用。

习　　题

6.1　用 7 位字长(不含符号位)定点小数表示数值 x，求截尾误差和舍入误差的取值范围。设在误差取值范围内，截尾误差和舍入误差都是均匀分布(等概率分布)的，画出误差的概率密度函数曲线。

6.2　用 7 位字长(不含符号位)二进制数表示浮点数的尾数，求截尾相对误差和舍入相对误差的取值范围。设在误差取值范围内，误差幅度的概率分布是均匀的，画出误差的概率密度函数曲线。

6.3　计算习题 6.1 中负数补码截尾量化误差的均值和方差。

6.4　计算习题 6.2 中负数反码截尾量化误差的均值和方差。

6.5　设信号 $x(n)$ 的方差为 σ_x^2，幅度不超过 $4\sigma_x$，即 $|x(n)| \leqslant 4\sigma_x$。用 b 位字长(不含符号位)的定点小数表示 $x(n)$，为了使信号不超过定点小数的动态范围，需将 $x(n)$ 乘以一个小于 1 的比例因子 K，这里 $0 < K < 1$，为充分利用定点小数的动态范围，K 应选为多少？计算信号平均功率与量化噪声平均功率之比(以分贝数表示)，假设用舍入处理方法限制量化字长。

6.6　设信号 $x(n)$ 用 b 位字长(不含符号位)的定点小数表示，其方法是对 $x(n)$ 进行舍入量化，量化后的信号 $Q[x(n)]$ 与量化前的信号 $x(n)$ 之间的函数关系示于图 6.5(a)，此即舍入量化特性曲线。定义 $e(n) = Q[x(n)] - x(n)$ 为量化误差或量化噪声，假设 $e(n)$ 满足 6.3 节中所给的 3 个假设条件。求 $e(n)$ 的均值 m_e、方差 σ_e^2 和自相关序列 $R_{ee}(m)$。

6.7　在上题中，设 $x(n)$ 是均值为零、方差为 σ_x^2 的平稳白噪声随机信号，求信号噪声比。

6.8　设 $x(n)$ 是均值为零、方差为 σ_x^2 的白噪声序列，其幅值不超过 1。当用 b 位字长定点小数表示 $x(n)$ 时，引入了舍入量化噪声。现将 b 位字长表示的 $x(n)$ 作用于单位取样响应由下式定义的数字滤波器

$$h(n) = 0.5[a^n + (-a^n)]u(n)$$

不考虑滤波器参数 a 和定点乘法运算的有限字长效应，求 $e(n)$ 在滤波器输出端引起的噪声的方

差和滤波器输出端的信噪比。为什么这里计算得到的输出信噪比与习题 6.7 计算得到的输入信噪比相等?

6.9 有一数字滤波器满足差分方程

$$y(n) = 0.25y(n-1) + x(n)$$

式中,输入信号 $x(n)$ 为

$$x(n) = \begin{cases} 0.5, & n \geqslant 0 \\ 0, & n < 0 \end{cases}$$

(1) 求滤波器输出 $y(n)$。

(2) 若输入信号 $x(n)$ 和系数 0.25 都用 4 位字长(不含符号位)的二进制原码表示(采用截尾处理),求滤波器的输出 $\hat{y}(n)$。

6.10 有一数字滤波器满足差分方程

$$y(n) = 0.25y(n-1) + x(n) + x(n-1)$$

式中,输入信号 $x(n)$ 为

$$x(n) = \begin{cases} \dfrac{1}{2}(-1)^n, & n \geqslant 0 \\ 0, & n < 0 \end{cases}$$

(1) 求滤波器的理想输出 $y(n)$。

(2) 若用 4 位字长(不含符号位)二进制原码、截尾量化处理来实现该滤波器,求滤波器的实际输出 $\hat{y}(n)$。

(3) 画出滤波器的理想输出和实际输出的图形并进行比较。

6.11 已知一数字滤波器满足差分方程

$$y(n) = ay(n-1) + x(n)$$

设信号和系数都用有限字长原码表示,定点乘法运算后用截尾处理限制字长。试证:若滤波器稳定就不存在零输入极限环振荡现象,反之,若存在极限环振荡现象,则滤波器一定是不稳定的。

6.12 在上题中,设信号和系数都用有限字长补码表示,定点乘法运算后仍用截尾处理来限制字长。试证:若滤波器稳定,则不可能出现正负交替振荡的极限环振荡现象,但却可能出现零频率、负振幅的极限环现象。

6.13 已知一滤波器的差分方程为

$$y(n+1) = -0.75y(n) + x(n)$$

式中,输入信号 $x(n)$ 为

$$y(n) = (-1)^n u(n)$$

(1) 求理想的输出响应 $y(n)$。

(2) 设 $y(0)=1$,求理想的零输入响应。

(3) 用 4 位字长(不含符号位)定点运算舍入量化处理实现该滤波器,设 $y(0)=1$,求滤波器的零输入响应,并与(2)的结果进行比较。

6.14 将上题中的滤波器系数 -0.75 改成 -0.7,字长改成 8 位,重做上题。

6.15 已知滤波器传输函数为

$$H(z) = \frac{0.4}{(1-0.9z^{-1})(1-0.8z^{-1})}$$

采用 b 位字长(不含符号位)定点小数、舍入量化处理来实现。设输入信号 $x(n)$ 是均值为零、方差为 σ_x^2 的白噪声平稳随机信号,求直接型结构、并联型结构和级联型结构的输出信噪比。

6.16　已知数字滤波器的差分方程

$$y(n) = 0.5y(n-1) + x(n)$$

采用原码、浮点运算,浮点数尾数字长为 3 位(不含符号位)。设输入信号 $x(n)$ 是均值为零的白噪声序列,求滤波器的输出信噪比。

6.17　已知一个二阶 IIR 数字滤波器的两个极点是

$$z_1 = re^{j\theta} \quad \text{和} \quad z_2 = re^{-j\theta}$$

用直接型结构来实现。采用定点运算,b 位字长(不含符号位)。设输入信号 $x(n)$ 是均值为零、方差为 σ_x^2 的白噪声序列,求滤波器的输出信噪比。

6.18　若采用浮点运算,浮点尾数字长为 b 位(不含符号位),重算上题。

6.19　有一数字滤波器满足以下差分方程

$$y(n) = ay(n-1) + x(n) - \frac{1}{a}x(n-1)$$

式中,a 是介于 1/2 和 1 之间的实数。现采用直接型结构、定点小数、字长 b 位(不含符号位)、舍入量化处理来实现该滤波器。假设输入信号 $x(n)$ 是幅度在 $(-x_0, x_0)$ 内均匀分布的白色随机信号。在保证不发生溢出的条件下,求滤波器的输出信噪比。

6.20　若将上题的定点运算改成尾数字长为 t 位(含符号位)的浮点运算,且不考虑溢出问题,重算上题。

6.21　设浮点数阶码字长为 B 位,尾数字长为 t 位,定点数字长为 b 位(t 和 b 均不含符号位),且有 $b = B + t$。若要求题 6.19 所得到的输出信噪比与题 6.20 所得到的相等,求浮点数的阶码的字长 B 应为多少?(假设滤波器系数 a 小于 1 且很接近于 1,即 $1-a = \delta \ll 1$。)

以下习题要求用 Matlab 求解

6.22　设计一个直接型结构的椭圆 IIR 数字滤波器,满足下列指标要求:滤波器的阶 $N=5$,通带波纹 $R_p = 0.4$,阻带衰减 $R_s = 50$ dB,低通截止频率(相对频率)$\omega_n = 0.4$。用截尾方法将二进制表示的滤波器系数用 $b=5$ bit 表示。用 Matlab 画出系数量化前后滤波器的幅度频率响应和零点-极点图。

6.23　将上题的滤波器用二阶节级联结构实现,重做上题,并与上题结果比较。

6.24　用 Parks-McClellan 优化等波纹 FIR 滤波器设计算法设计一个 FIR 数字滤波器,给定设计指标为:冲激响应长度 $N+1=40$;频带边界矢量 $f=[0\ 0.5\ 0.55\ 1]$;期望幅度频率响应矢量 $=[1\ 1\ 0\ 0]$。将所设计的滤波器的系数用截尾方法量化成 5 bit。用 Matlab 画出系数量化前后滤波器的幅度频率响应。

6.25　已知一个 IIR 滤波器的系统函数为

$$H(z) = \frac{1}{1 + 0.713z^{-1}}$$

设输入端作用一个冲激序列

$$x(n) = 0.53\delta(n)$$

系统的初始条件为 $y(-1) = 0$。如果采用 3 bit 字长舍入量化,用 Matlab 画出量化前后滤波器的输出信号波形(计算 15 点输出信号样本值)。

参 考 文 献

[1]　　Oppenheim A V, Schafer R W. Digital Signal Processing [M]. Englewood Cliffs (New Jersey): Prentice-Hall, Inc. , 1975.
　　　　中译本:数字信号处理[M].董士嘉,杨耀增,译.北京:科学出版社,1983.

[2]　　Tretter S A. Introduction to Discrete-Time Signal Processing[M]. New York: John Wiley & Sons, 1976.
　　　　中译本:离散时间信号处理导论[M].王平孙,译.北京:高等教育出版社,1982.

[3]　　Chen C T. One-Dimensional Digital Signal Processing[M]. New York: Marcel Dekker Inc. , 1979.
　　　　中译本:一维数字信号处理[M].杜声孚,谢柏青,译.北京:高等教育出版社,1987.

[4]　　姚天任.数字语音处理[M].武汉:华中理工大学出版社,1992.

[5]　　Sanjit K Mitra. Digital Signal Processing——A Computer-Based Approach (Second Edition) [M].北京:清华大学出版社和 McGraw-Hill,2001.
　　　　中译本:数字信号处理——基于计算机的方法[M].孙洪,余翔宇,译.北京:电子工业出版社.

[6]　　陈怀琛.数字信号处理教程——Matlab 释义与实现[M].北京:电子工业出版社,2004.

第7章 功率谱估计的经典方法

自协方差序列(在均值为零的情况下即自相关序列)和功率谱,是较全面地描述平稳随机过程的时域特征和频域特征的重要参量。从功率谱可以看出平稳随机过程的某些在时域中较难看出来的隐含的特征,如周期性、距离很近的几个谱峰等。在实际应用中,通常,只能采集或观测到平稳随机过程的一个取样序列中的一段(有限个)数据。

本章讨论如何根据已知的有限个数据来估计随机过程的功率谱的问题,简称为谱估计问题。谱估计方法有经典方法和现代方法两大类,经典方法以傅里叶变换为基础,现代方法以平稳随机信号的参数模型为基础,本章主要讨论经典方法,现代方法是研究生课程《现代数字信号处理》的内容。本章内容安排如下:概述有关谱估计的一般问题和谱估计方法的历史发展;介绍估计理论中的几个基本概念,为评价一种估计方法的质量提供依据;讨论自相关序列的估计问题,这是经典谱估计方法的重要基础之一;介绍周期图的两种计算方法,并讨论周期图的估计质量和性能;介绍改善周期图性能的几种方法,包括修正周期图法、对周期图进行平均的 Bartlett 法、对修正周期图进行平均的 Welch 法以及对周期图进行平滑的 Blackman-Tukey 法;对几种周期图方法的性能进行比较;讨论周期图谱估计的工程计算问题,主要介绍 Matab 在经典谱估计中的应用。

7.1 概 述

功率谱实际上是指功率谱密度(power spectral density,PSD),简称为谱。在第 章中,把均值为零的广义平稳随机过程的功率谱定义为该随机过程的自相关序列 的傅里叶变换

$$S_{xx}(e^{j\omega}) \triangleq \sum_{m=-\infty}^{\infty} R_{xx}(m) e^{-j\omega m} \tag{7.1}$$

这就是 Wiener-Khinchin 定理。式(7.1)中的自相关序列 $R_{xx}(m)$ 定义为滞后积 $(n)x^*(n+m)$ 的数学期望

$$R_{xx}(m) \triangleq E[x(n)x^*(n+m)] \tag{7.2}$$

于自相关遍历性随机过程(关于自相关遍历性随机过程的概念,将在 7.3 节中介),式(7.2)中的集合平均可以用随机过程的一个取样序列的滞后积的时间平均来

代替：

$$R_{xx}(m) \triangleq \lim_{N \to \infty} \frac{1}{2N+1} \sum_{n=-N}^{N} x(n) x^*(n+m) \tag{7.3}$$

只有已知随机过程的一个取样序列的所有数据（包括 n 从 $-\infty$ 到 ∞ 的所有离散时间上的取样值 $x(n)$），才能利用式(7.3)计算出所有滞后时间（m 从 $-\infty$ 到 ∞）上的自相关值 $R_{xx}(m)$，并利用式(7.1)求得随机过程的功率谱 $S_{xx}(\mathrm{e}^{\mathrm{j}\omega})$，因此，这只是理论上计算功率谱的方法。实际中会遇到两个困难：第一，不可能知道取样序列的所有数据 $x(n)$（n 从 $-\infty$ 到 ∞，$x(n)$ 有无限个取样值）；第二，已知数据通常是被噪声或干扰“污染”了的。这样，就只能根据有限个含有噪声的已知数据来估计随机过程的自相关序列，并进而估计出功率谱。显然，无论采用何种方法得到的谱估计，相对于真实功率谱，都不可避免地存在着不同程度的失真。

　　谱估计方法分经典方法和现代方法两大类。谱估计的经典方法是以傅里叶变换为基础，主要包括周期图法和 Blackman-Tukey 法及它们的一些改进算法。周期图法是 Schuster 在 1898 年研究太阳黑子数的周期性时首次提出的，此法把已知数据序列的傅里叶变换的模的平方除以数据序列长度得到的结果称为周期图，并用周期图作为功率谱的估计。Blackman-Tukey 法是由 Blackman 和 Tukey 二人在 1958 年提出的，此法首先根据已知数据序列得到自相关序列的估计——取样自相关函数，然后根据 Wiener-Khinchin 定理计算取样自相关函数的傅里叶变换，便得到功率谱的估计。可以证明，以上两种方法的计算结果是完全等效的，因此，也可以把周期图法称为计算周期图的直接方法，把 Blackman-Tukey 法称为计算周期图的间接方法。两种方法都要计算傅里叶变换，因此，谱估计的经典方法是以傅里叶变换为基础的。但是，周期图法计算的是已知数据序列的傅里叶变换，而 Blackman-Tukey 法计算的是取样自相关函数的傅里叶变换。在实际应用中，总是让已知数据序列长度比取样自相关函数的序列长度长得多，因此，虽然周期图法提出得很早，但它的广泛应用却是在 1965 年出现 FFT 算法之后。

　　无论是有限长数据序列还是有限长自相关序列，都可以看成是用有限宽度窗从对应的无限长数据序列或无限长自相关序列中截取出来的，这种“加窗效应”造成了经典谱估计方法的两个固有缺陷，即频率分辨率降低和频谱能量向旁瓣泄漏，特别是在数据序列很短的情况下，这两个缺点尤为严重。周期图的另一严重缺点在于，它不是功率谱的一致估计。具体来说，当数据量增至无限多时，周期图的方差并不趋近于零而是趋近于常数，因而，随机过程的任何一次实现得到的有限个数据，用它们计算出来的周期图都不可能逼近真实功率谱。

　　为克服经典谱估计方法的缺点，人们提出了修正周期图、对周期图平均、对修正周期图平均以及对周期图平滑等方法。但这些方法都不能从根本上改善周期图的性能，这使得周期图只适用于数据记录较多和对频率分辨率要求不高的情况。

谱估计的现代方法主要是以随机过程的参数模型为基础的,因而又称为谱估计的参数模型方法,或简称为参数方法或模型方法,相应地,把经典方法称为非参数方法。参数模型的引入,意味着额外地利用了"随机过程是如何产生的"有关信息,并从根本上摒弃了"加窗效应",因而,谱估计的现代方法的性能比经典方法要优良得多,特别是对于短数据记录的情况。

谱估计的现代方法的内容十分丰富,其中最基本的方法有自回归模型法、线性预测法和最大熵法,这些方法的研究和应用主要始于 20 世纪 60 年代,而且它们是在不同应用领域里发展起来的。例如,1967 年 Burg 在地震研究中提出了最大熵谱估计方法,1968 年 Parzen 提出了自回归谱估计方法,1971 年 Van der Bos 证明了一维最大熵谱估计与自回归谱估计的等效性,1972 年 Prony 提出了与自回归法等效的一种谱估计方法,20 世纪 70 年代初期出现了线性预测分析方法。此外,1973 年 Pisarenko 提出了估计正弦波频率的谐波分解方法,1981 年 Schmidt 提出了谱估计的多信号分类算法(又称 MUSIC 方法)。

7.2　估计理论中的几个基本概念

假设已知一个广义平稳随机过程的一个取样序列中的一段数据(有限个观测数据),现在要根据这些数据来估计该随机过程的某个特征量 α,这里 α 可以是均值、方差、自相关函数或功率谱。显然,为了进行估计,需要两种信息,一种是已知观测数据,另一种是被估计量 α 与已知观测数据之间的函数关系,这种函数关系决定了不同的估计方法以及估计方法所要用到的数学运算,也决定了不同估计方法的质量。

7.2.1　评价估计质量的几个参数

1. 估计的偏差

被估计量 α 又叫做真值,对它的估计结果叫做 α 的估计量或简称 α 的估计,用 $\hat{\alpha}$ 表示。由于 $\hat{\alpha}$ 是根据随机过程的一次实现中的有限个数据得到的,所以 $\hat{\alpha}$ 是一个随机变量,它的均值(或期望值)和方差分别用 $E[\hat{\alpha}]$ 和 $\mathrm{Var}[\hat{\alpha}]$(或 $\sigma_{\hat{\alpha}}^2$)表示,即

被估计量真值 α 与估计量的期望值 $E[\hat{\alpha}]$ 之差叫做偏差,用 B 表示

$$B = \alpha - E[\hat{\alpha}] \tag{7.4}$$

偏差等于零的估计称为无偏估计,偏差不等于零的估计称为有偏估计。有一种估计,虽然它的偏差不等于零,但是,随着观测数据的个数的增加,估计偏差随之减小,而当观测数据的个数趋于无穷时,估计偏差随之趋近于零,这种估计称为渐近无偏估计。无偏估计和渐近无偏估计都是好估计。

2. 估计的方差

无偏估计或渐近无偏估计只说明:如果我们已经获得了随机过程的很多次实现

的观测数据,每个观察数据都是一个估计值,然后把这很多估计值进行统计平均,得到的均值等于或趋近于被估计量的真值。但是,在实际中不可能或不允许进行多次估计,特别是不可能进行大量估计,而常常只进行一次估计。为了说明一次估计结果相对于估计量的均值的分散程度,需要引入估计的方差

$$\sigma_{\hat{a}}^2 = \text{Var}[\hat{a}] \triangleq E[(\hat{a} - E[\hat{a}])^2] \tag{7.5}$$

方差小意味着单次估计结果有较大概率接近于多次估计的均值。如果估计还是无偏或渐近无偏的,那么方差小就意味着单次估计等于或趋近于被估计量真值的概率大。因此,小方差和无偏估计的质量是优良的,而对于小方差和渐近无偏估计,当观测数据很多时也可以达到优良的估计质量。

3. 估计的均方误差

在许多应用中,要比较两种估计的质量,情况是比较复杂的。因为偏差较小的估计可能有较大的方差,或者与此相反,方差较小的估计却有较大的偏差。这种情况下单独地比较偏差和方差,很难比较两种估计的质量。为此,引入估计的均方误差的概念。估计的均方误差用 $MS(\hat{a})$ 表示并定义为

$$MS(\hat{a}) \triangleq E[(a - \hat{a})^2] = \sigma_{\hat{a}}^2 + B^2 \tag{7.6}$$

可见,均方误差较小意味着方差与偏差的平方之和较小,因而具有较好的估计质量。

如果随着观测数据量无限增加,一种估计的偏差和方差都趋近于零,则称该估计是一致估计。一致估计是好估计。

4. 估计的置信区间

估计 $\hat{a}$ 的概率密度函数用 $p_{\hat{a}}(\hat{a})$ 表示。说明 $p_{\hat{a}}(\hat{a})$ 集中程度的一种方法是使用置信区间的概念。图 7.1 所示的是一种估计的概率密度函数的示意图,在区间

$$a - \Delta_2 \leqslant \hat{a} \leqslant a + \Delta_1$$

内,概率密度函数曲线 $p_{\hat{a}}(\hat{a})$ 下面的面积(图中阴影区域的面积)表示估计值 $\hat{a}$ 处于该区间的两个边界(称为置信限)之间的概率,若以 $1-\beta$ 表示该面积,则有

$$P(a - \Delta_2 \leqslant \hat{a} \leqslant a + \Delta_1) = 1 - \beta \tag{7.7}$$

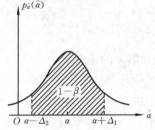

图 7.1　估计 $\hat{a}$ 的置信区间

并且说,估计 $\hat{a}$ 以 $1-\beta$ 的置信概率处于 $[a - \Delta_2, a + \Delta_1]$ 范围内,这个范围称为置信区间。一般说来,一个好的估计,它的概率密度函数图形应当比较窄且集中在被估计量的真值附近。这意味着,对于一定的置信限应当具有比较高的置信概率;或者说,对于一定的置信概率,在真值附近的置信区间应当比较小。

5. 有效估计

如果两个估计 $\hat{a}_1$ 和 $\hat{a}_2$ 都是被估计量 a 的无偏估计,但 $\hat{a}_1$ 的方差比 $\hat{a}_2$ 的要小

则称 $\hat{\alpha}_1$ 比 $\hat{\alpha}_2$ 更有效或简称 $\hat{\alpha}_1$ 是 α 的有效估计,并把 $\hat{\alpha}_1$ 与 $\hat{\alpha}_2$ 的相对有效性定义为

$$RE \triangleq \left[\frac{\mathrm{Var}(\hat{\alpha}_1)}{\mathrm{Var}(\hat{\alpha}_2)} \times 100\right]\% \qquad (7.8)$$

式中,$\mathrm{Var}[\hat{\alpha}_1]$ 和 $\mathrm{Var}[\hat{\alpha}_2]$ 分别是 $\hat{\alpha}_1$ 和 $\hat{\alpha}_2$ 的方差。在图 7.2 所示的示意图中,$\hat{\alpha}_1$ 比 $\hat{\alpha}_2$ 更有效。

如果 $\hat{\alpha}_1$ 和 $\hat{\alpha}_2$ 都是渐近无偏的,或者一个是无偏的而另一个是渐近无偏的,则应该用均方误差来决定估计的有效性,具体来说,均方误差较小的估计是有效估计。

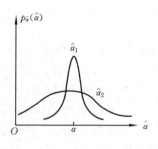

图 7.2　α 的两个无偏估计

7.2.2　最大似然估计

为了根据有限个观测数据来估计广义平稳随机过程的特征量,人们提出了多种估计方法,其中最大似然估计(maximum likelihood estimation,MLE)或最大似然法(maximum likelihood method,MLM)获得了广泛应用。最大似然法的原理如下。

设已知 N 个观测数据 $\boldsymbol{X} = [x(0)\ x(1)\ \cdots\ x(N-1)]^{\mathrm{T}}$ 和它们的联合概率密度函数 $p(\boldsymbol{X},\alpha)$,这里把观测数据表示成列矢量 $\boldsymbol{X}$,当 $\boldsymbol{X}$ 已知时,$p(\boldsymbol{X},\alpha)$ 就只是特征量 α 的函数。求出使 $p(\boldsymbol{X},\alpha)$ 最大的特征量 $\hat{\alpha}$,作为 α 的最大似然估计。可以证明,最大似然估计是渐近无偏估计,在所有的无偏估计和渐近无偏估计中,最大似然估计的方差是最小的。

下面是最大似然估计的几个例子。

例 7.1　有一平稳随机过程,其幅度的概率密度函数是高斯分布,

$$p_{x_n}(x) = \frac{1}{\sqrt{2\pi}\sigma_x}\mathrm{e}^{-\frac{(x-m_x)^2}{2\sigma_x^2}} \qquad (7.9)$$

式中,m_x 是均值,σ_x^2 是方差。设有 N 个观测数据 $\boldsymbol{X} = [x(0)\ x(1)\ \cdots\ x(N-1)]^{\mathrm{T}}$,它们是 N 个互相统计独立的随机变量 x_n 的取值。求 m_x 的最大似然估计 $\hat{m}_x$。

解　N 个随机变量 $x_n(n=0,1,2,\cdots,N-1)$ 的联合概率密度函数为

$$\begin{aligned}
p(\boldsymbol{X},m_x) &= \prod_{n=0}^{N-1} \frac{1}{\sqrt{2\pi}\sigma_x}\exp\left[-\frac{1}{2\sigma_x^2}[x(n)-m_x]^2\right] \\
&= \frac{1}{(2\pi\sigma_x^2)^{N/2}}\exp\left[-\frac{1}{2\sigma_x^2}s(m_x)\right]
\end{aligned} \qquad (7.10)$$

式中,

$$s(m_x) = \sum_{n=0}^{N-1}[x(n)-m_x]^2$$

使 $p(\boldsymbol{X},m_x)$ 最大等效于使 $s(m_x)$ 最小,因此求出

$$\frac{\partial s}{\partial m_x} = -2\sum_{n=0}^{N-1}[x(n) - m_x]$$

并令上式表示的偏导数等于零,即可解出 m_x 的最大似然估计

$$\hat{m}_x = \frac{1}{N}\sum_{n=0}^{N-1}x(n) \tag{7.11}$$

它等于 N 个观测数据的算术平均值,称为取样均值。一般而言,$\hat{m}_x$ 等于 N 个互相统计独立的随机变量的算术平均或线性加权和,因而 $\hat{m}_x$ 也是概率密度函数为高斯函数的随机变量。这样,用 $\hat{m}_x$ 的偏差和方差即可评价 $\hat{m}_x$ 的估计质量。

由于

$$E[\hat{m}_x] = \frac{1}{N}\sum_{n=0}^{N-1}E[x(n)] = E[x(n)] = m_x \tag{7.12}$$

所以

$$B = E[\hat{m}_x] - m_x = 0$$

这就是说,$\hat{m}_x$ 是 m_x 的无偏估计。

为了计算 $\hat{m}_x$ 的方差,需要首先计算 $\hat{m}_x$ 的均方值

$$\begin{aligned}
E[\hat{m}_x^2] &= \frac{1}{N^2}E\Big[\sum_{i=0}^{N-1}x(i)\sum_{j=0}^{N-1}x(j)\Big] \\
&= \frac{1}{N^2}E\Big[\sum_{i=0}^{N-1}x^2(i) + \sum_{\substack{i=0\\i\neq j}}\sum_{\substack{j=0\\j\neq i}}x(i)x(j)\Big] \\
&= \frac{1}{N^2}\sum_{i=0}^{N-1}E[x^2(i)] + \frac{1}{N^2}\sum_{\substack{i=0\\i\neq j}}^{N-1}\sum_{\substack{j=0\\j\neq i}}^{N-1}E[x(i)x(j)] \tag{7.13}
\end{aligned}$$

由于 $\sum_{i=0}^{N-1}x(i)\sum_{j=0}^{N-1}x(j)$ 共有 N^2 项,除去 $\sum_{i=0}^{N-1}x^2(i)$ 的 N 项外,其余部分为 $\sum_{\substack{i=0\\i\neq j}}^{N-1}\sum_{\substack{j=0\\j\neq i}}^{N-1}x(i)x(j)$,共有 $(N^2 - N)$ 项;此外,由于 $x(i)$ 与 $x(j)$ 是互相统计独立的,因而有

$$E[x(i)x(j)] = E[x(i)]E[x(j)] = m_{x_i}m_{x_j} = m_x^2$$

于是由式(7.13)得到

$$E[\hat{m}_x^2] = \frac{1}{N}E[x^2(n)] + \frac{N-1}{N}m_x^2 \tag{7.14}$$

根据式(7.12)的 $E[\hat{m}_x]$ 和式(7.13)的 $E[\hat{m}_x^2]$ 可计算出 $\hat{m}_x$ 的方差为

$$\sigma_{m_x}^2 = E[\hat{m}_x^2] - (E[\hat{m}_x])^2 = \frac{1}{N}E[x^2(n)] - \frac{1}{N}m_x^2 = \frac{1}{N}\sigma_x^2 \tag{7.15}$$

由式(7.15)看出,$\sigma_{m_x}^2$ 随着观测数据的个数 N 的增加而减小,当 N 趋于无穷大时,$\sigma_{m_x}^2$ 将趋近于零。因此,$\hat{m}_x$ 是一致估计。

例 7.2 求例 7.1 中的随机过程的方差 σ_x^2 的最大似然估计 $\hat{\sigma}_x^2$。

解　把式(7.10)写成

$$p(\boldsymbol{X}, \sigma_x^2) = \frac{1}{(2\pi\sigma_x^2)^{N/2}} \exp\left[-\frac{1}{2\sigma_x^2} \sum_{n=0}^{N-1} [x(n) - m_x]^2\right]$$

为便于计算,将上式取对数并用符号 $L(\boldsymbol{X}, \sigma_x^2)$ 表示,得到

$$L(\boldsymbol{X}, \sigma_x^2) = \ln p(\boldsymbol{X}, \sigma_x^2) = -\frac{N}{2}\ln 2\pi - N\ln\sigma_x - \frac{1}{2\sigma_x^2} \sum_{n=0}^{N-1} [x(n) - m_x]^2$$

$L(\boldsymbol{X}, \sigma_x^2)$ 称为似然函数。求偏导数

$$\frac{\partial L(\boldsymbol{X}, \sigma_x^2)}{\partial \sigma_x} = -\frac{N}{\sigma_x} + \sum_{n=0}^{N-1} [x(n) - m_x]^2 \sigma_x^{-3}$$

令该偏导数等于零,求得 σ_x^2 的最大似然估计

$$\hat{\sigma}_x^2 = \frac{1}{N} \sum_{n=0}^{N-1} [x(n) - m_x]^2 \tag{7.16}$$

该式表明, σ_x^2 的最大似然估计等于 N 个观测值的方差;为计算出 $\hat{\sigma}_x^2$,需要知道 m_x,如果不知道 m_x,必须首先按式(7.11)求出 m_x 的最大似然估计 $\hat{m}_x$,然后用 $\hat{m}_x$ 取代式(7.16)中的 m_x,于是得到

$$\hat{\sigma}_x^2 = \frac{1}{N} \sum_{n=0}^{N-1} [x(n) - \hat{m}_x]^2 \tag{7.17}$$

按式(7.17)计算出的 $\hat{\sigma}_x^2$ 称为取样方差,用它作为 σ_x^2 的最大似然估计。

为了计算取样方差的偏差,首先要计算 $\hat{\sigma}_x^2$ 的期望值,即

$$E[\hat{\sigma}_x^2] = \frac{1}{N} \sum_{n=0}^{N-1} (E[x^2(n)] + E[\hat{m}_x^2] - 2E[x(n)\hat{m}_x])$$

$$= \frac{1}{N} \sum_{n=0}^{N-1} E[x^2(n)] + \frac{1}{N^2} \sum_{i=0}^{N-1}\sum_{j=0}^{N-1} E[x(i)x(j)] - \frac{2}{N^2} \sum_{i=0}^{N-1}\sum_{j=0}^{N-1} E[x(i)x(j)]$$

$$= \frac{1}{N} \sum_{n=0}^{N-1} E[x^2(n)] - \frac{1}{N^2} \sum_{i=0}^{N-1}\sum_{j=0}^{N-1} E[x(i)x(j)]$$

$$= \frac{1}{N} \sum_{n=0}^{N-1} E[x^2(n)] - \frac{1}{N^2} \left\{ \sum_{i=0}^{N-1} E[x^2(i)] + \sum_{\substack{i=0\\i\neq j}}^{N-1}\sum_{\substack{j=0\\j\neq i}}^{N-1} E[x(i)x(j)] \right\}$$

$$= \frac{1}{N} NE[x^2(n)] - \frac{1}{N^2} NE[x^2(i)] - \frac{N^2-N}{N^2} E[x(i)x(j)]$$

$$= \frac{N-1}{N} E[x^2(i)] - \frac{N-1}{N} (E[x(i)])^2$$

$$= \frac{N-1}{N} \sigma_x^2 \tag{7.18}$$

因此,取样方差的期望值不等于随机变量 $x(n)$ 的方差,即 $\hat{\sigma}_x^2$ 是 σ_x^2 的有偏估计。但是,当 N 趋近于无穷大时,$E[\hat{\sigma}_x^2]$ 趋近于 σ_x^2,所以 $\hat{\sigma}_x^2$ 是 σ_x^2 的渐近无偏估计。

为了便于计算 $\hat{\sigma}_x^2$ 的方差,先假设随机过程的均值等于零。现在用 v 表示 $\hat{\sigma}_x^2$,即

$$v = \hat{\sigma}_x^2 = \frac{1}{N}\sum_{i=0}^{N-1}x^2(i)$$

这时

$$E[v^2] = \frac{1}{N^2}\sum_{i=1}^{N}\sum_{r=1}^{N}E[x^2(i)x^2(r)]$$

$$= \frac{1}{N^2}[NE[x^4(n)] + N(N-1)\{E[x^2(n)]\}^2]$$

$$= \frac{1}{N}[E[x^4(n)] + (N-1)\{E[x^2(n)]\}^2]$$

由于

$$E[v] = \frac{1}{N}\sum_{i=0}^{N-1}E[x^2(n)] = E[x^2(n)]$$

因此

$$\mathrm{Var}[\hat{\sigma}_x^2] = E[v^2] - (E[v])^2$$

$$= \frac{1}{N}\{E[x^4(n)] - (E[x^2(n)])^2\} \tag{7.19}$$

可以看出,当 N 趋于无穷大时,$\mathrm{Var}[\hat{\sigma}_x^2]$ 趋近于零。综合式(7.18)和式(7.19)可以得出结论:σ_x^2 的最大似然估计即式(7.17)所表示的取样方差 $\hat{\sigma}_x^2$ 是 σ_x^2 一致估计。

例 7.3　计算例 7.1 中得到的最大似然估计 $\hat{m}_x$ 在置信概率为 90% 时的置信区间(简称为 90% 置信区间)。

解　由例 7.1 知,$\hat{m}_x$ 是均值为 $E[\hat{m}_x]=m_x$ 和方差为 $\sigma_{\hat{m}_x}^2 = \frac{\sigma_x^2}{N}$ 的高斯分布随机变量,即 $\hat{m}_x$ 的概率密度函数为

$$p_{\hat{m}_x}(\hat{m}_x) = \frac{1}{\sqrt{2\pi\sigma_{\hat{m}_x}^2}}\exp\left[-\frac{(\hat{m}_x-m_x)^2}{2\sigma_{\hat{m}_x}^2}\right]$$

图 7.3 所示的为 $\hat{m}_x$ 在 3 种不同的坐标系中的概率密度函数曲线。将 $\hat{m}_x$ 轴坐标原点(见图 7.3(a))平移到 m_x(即 $\hat{m}_x$ 的均值),得到 y 坐标轴,如图 7.3(b)所示,再将 y 坐标进行尺度变换,$\alpha = \frac{y}{\sqrt{\sigma_x^2/N}} = \frac{\hat{m}_x - m_x}{\sqrt{\sigma_x^2/N}}$,便得到 α 坐标,如图 7.3(c)所示。随机变量 α 的期望值 $E[\alpha]$ 和方差分别为

$$E[\alpha] = \frac{E[\hat{m}_x] - m_x}{\sqrt{\sigma_x^2/N}} = 0$$

和

$$\mathrm{Var}[\alpha] = E[\alpha^2] = \frac{N}{\sigma_x^2}E[\hat{m}_x^2 - 2\hat{m}_x m_x + m_x^2]$$

$$= \frac{N}{\sigma_x^2}\left[\left(m_x^2 + \frac{1}{N}\sigma_x^2\right) - 2m_x^2 + m_x^2\right] = 1$$

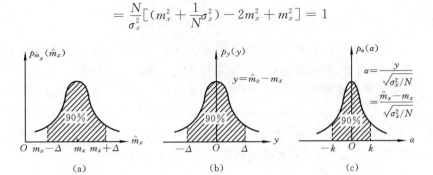

图 7.3 $\hat{m}_x$ 在 3 种不同的坐标系中的概率密度函数曲线

(a) $\hat{m}_x$ 坐标系; (b) y 坐标系; (c) α 坐标系

因此,在 α 坐标系中,概率密度函数为

$$p_\alpha(\alpha) = \frac{1}{\sqrt{2\pi}}e^{-\frac{\alpha^2}{2}}$$

90% 置信区间($-k \leqslant \alpha \leqslant k$)可表示为

$$P[-k \leqslant \alpha \leqslant k] = 0.9$$

这里,$P[-k \leqslant \alpha \leqslant k]$ 表示 α 处在区间 $[-k, k]$ 内的概率或图 7.3(c) 中阴影区的面积,因此有

$$\int_{-k}^{k} p_\alpha(\alpha)\,\mathrm{d}\alpha = \frac{1}{\sqrt{2\pi}}\int_{-k}^{k} e^{-\frac{\alpha^2}{2}}\,\mathrm{d}\alpha = 0.9$$

或

$$\frac{1}{\sqrt{2\pi}}\int_{-\infty}^{k} e^{-\frac{\alpha^2}{2}}\,\mathrm{d}\alpha = 0.95$$

查正态分布数值表,由上式得出 $k \approx 1.65$,再由 $\alpha = \dfrac{y}{\sqrt{\sigma_x^2/N}} = \dfrac{\hat{m}_x - m_x}{\sqrt{\sigma_x^2/N}} = \pm k$ 可得到 $\hat{m}_x$ 的 90% 置信区间为

$$m_x - 1.65\sigma_x/\sqrt{N} \leqslant \hat{m}_x \leqslant m_x + 1.65\sigma_x/\sqrt{N}$$

7.3 自相关序列的估计

均值为零的广义平稳随机过程的功率谱估计问题,归结为对它的自相关序列的估计问题。设已知一个均值为零的广义平稳随机过程 $\{x_n\}$ 的一个取样序列 $x(n)$ 中的 N 个数据

$$x_N(n) = \{x(0), x(1), \cdots, x(N-1)\} \tag{7.20}$$

讨论如何根据 $x_N(n)$ 估计 $\{x_n\}$ 的自相关序列 $R_{xx}(m)$ 的问题。在讨论这个问题之前,先要进一步讨论随机过程的遍历性概念。

7.3.1 随机过程遍历性的进一步讨论

在 5.4 节中,曾把时间平均等于集合平均的平稳随机过程,定义为遍历性随机过程。下面进一步讨论,若一个随机过程是遍历性的应满足什么条件。

首先,遍历性随机过程必须是广义平稳随机过程。这是因为,随机过程的一个取样序列对时间进行平均后,一定是一个与时间无关的常数,只有广义平稳随机过程的集合平均才与时间无关(它的均值和自相关函数都与时间起点无关,自相关函数只与时间差或滞后有关),否则决不可能使时间平均等于集合平均。

例 7.4 有一随机过程

$$x(n) = A\cos(\omega_0 n)$$

式中,A 是一个各以 0.5 的概率取值 1 或 2 的随机变量,ω_0 是非零常数。判断 $x(n)$ 是否是遍历性随机过程。

解 该随机过程的均值为

$$E[x(n)] = E[A]\cos(\omega_0 n) = 1.5\cos(\omega_0 n) \tag{7.21}$$

设该随机过程的一个取样序列中,已观测到式(7.20)所示的 N 个数据,$x_N(n)$ 的取样均值为

$$\hat{m}_x(N) = \frac{1}{N}\sum_{n=0}^{N-1}x(n) = \frac{1}{N}\sum_{n=0}^{N-1}A\cos(\omega_0 n) \approx 0, \quad N \gg 1$$

由于 $\hat{m}_x(N) \neq E[x(n)]$,故 $x(n)$ 不是遍历性随机过程。其实,从式(7.21)即可判断 $x(n)$ 不是遍历性随机过程,因为它的集合平均 $E[x(n)]$ 不是常数。但是,即使集合平均是常数,表示为 $m_x = E[x(n)]$,如果当 N 趋近于 ∞ 时,$\hat{m}_x(N)$ 不收敛于 m_x,那么,$x(n)$ 仍然不是遍历性的。这就是说,一个随机过程要是遍历性的,除了它应当是广义平稳的外,它还必须满足进一步的约束条件。为说明这个问题,让我们看下面的例子。

例 7.5 有一随机过程

$$x(n) = A$$

式中,A 是一个以相等概率取 1 或 -1 的随机变量。试判断 $x(n)$ 是否是遍历性随机过程。

解 该随机过程的均值为

$$m_x = E[x(n)] = E[A] = 0$$

根据题意,该随机过程的取样序列,或者是全为 1 的无穷长序列,或者是全为 -1 的无穷长序列,这两种取样序列实现的可能性一样大(各以 50% 的概率出现)。因此,任何一次实现中的一段数据,或者全为 1 或者全为 -1,其取样均值也只能是 1 或 -1,即 $\hat{m}_x(N) = 1$ 或 -1,且概率都是 50%。显然,无论 N 取多大,永远不可能有 $\hat{m}_x(N) = m_x = 0$。

　　例 7.5 说明,虽然 $E[x(n)]=m_x$ 是常数,但因 $\hat{m}_x(N)\neq m_x$(即使 $N\rightarrow\infty$ 时),故 $x(n)$ 仍然不是遍历性的。之所以如此,是因为例 7.5 所给的随机过程是由高度相关的随机变量序列组成的,事实上,它是一个任何时刻都是同一个随机变量 A 的序列,各时刻的随机变量之间的相关系数等于 1,即 $R_{xx}(m)=1$。一旦某时刻的随机变量取值为 1(或 -1),那么其它所有时刻的随机变量的取值也都跟着确定下来为 1(或 -1)。对于这样的取样序列,无论把数据量增加到多大,都不会带来任何新的信息。因此,不可能用任何一次实现得到的已知数据来估计随机过程的均值,也就是说,这是一个非遍历性随机过程。下面来看一个与例 7.5 对应的极端情况——Bernoulli 随机过程。

　　例 7.6　Bernoulli 随机过程。假设反复不断地投掷一枚以相等概率出现正面和反面的硬币,出现正面记为 1,出现反面记为 -1。这样,该随机过程的任何一次实现便可得到一个由 1 和 -1 组成的无限长随机序列,无限多次实现得到的无限多个取样序列的集合,构成了一个随机过程,称为 Bernoulli 过程。Bernoulli 过程的各个时刻的随机变量是完全互不相关的,因为每次投掷结果决不会影响其它任何次的投掷结果。试判断 Bernoulli 过程是否是遍历性的。

　　解　Bernoulli 过程的均值为

$$m_x = E[x(n)] = 0$$

若该过程的一次实现的 N 个数据为 $x_N(n)$,如式(7.20)所示,其取样均值为

$$\hat{m}_x(N) = \frac{1}{N}\sum_{n=0}^{N-1}x(n) = \frac{n_1}{N} - \frac{n_2}{N}$$

式中,n_1 是出现正面的次数,n_2 是出现反面的次数。当 $N\rightarrow\infty$ 时,有

$$\lim_{N\rightarrow\infty}\frac{n_1}{N} = \lim_{N\rightarrow\infty}\frac{n_2}{N} = \frac{1}{2}$$

故得到

$$\lim_{N\rightarrow\infty}\hat{m}_x(N) = \lim_{N\rightarrow\infty}\left(\frac{n_1}{N} - \frac{n_2}{N}\right) = 0 = m_x$$

因此,Bernoulli 过程是遍历性随机过程。

　　例 7.6 的随机过程与例 7.5 的不同,Bernoulli 过程是由不相关的随机变量组成的时间序列,因而该随机过程的一次实现中得到的取样序列 $x(n)$ 的每一个新的取样值,都会带来有关随机过程统计特性的信息。当然,希望随着数据取样值的增多,取样均值应逐渐收敛于随机过程的均值。现在来讨论,随机过程的取样序列的取样均值,当 N 趋近于 ∞ 时,收敛于随机过程的集合平均,所应满足的充分和必要条件。

　　已知数据 $x_N(n)$ 的取样均值

$$\hat{m}_x(N) = \frac{1}{N}\sum_{n=0}^{N-1}x(n) \tag{7.22}$$

是随机变量 $x_0,x_1,\cdots,x_{N-1}$ 的取值 $x(0),x(1),\cdots,x(N-1)$ 的平均,因此 $\hat{m}_x(N)$ 本身也是一个随机变量。在讨论 $\hat{m}_x(N)$ 的收敛性时,把 $\hat{m}_x(N)$ 看成一个以 N 为下标的随机变量序列。可以有不同的收敛形式,这里采用均方收敛形式来推导 $\hat{m}_x(N)$ 收敛于 m_x 的收敛条件,均方收敛用下式表示

$$\lim_{N\to\infty}E[\,|\,\hat{m}_x(N)-m_x\,|^2\,]=0 \tag{7.23}$$

若随机过程满足式(7.23)的条件,则称它是均值遍历性的。根据式(7.23)可以有以下定义。

定义　如果一个广义平稳随机过程的取样均值 $\hat{m}_x(N)$ 在均方的意义上收敛于 m_x,则称该随机过称是均值遍历性的,且记为

$$\lim_{N\to\infty}\hat{m}_x(N)=m_x$$

一个随机过程的取样均值在均方意义上收敛的充分必要条件是:

(1) 取样均值是渐近无偏的,即

$$\lim_{N\to\infty}E[\hat{m}_x(N)]=m_x \tag{7.24}$$

(2) 取样均值的方差在 $N\to\infty$ 时趋近于零,即

$$\lim_{N\to\infty}\mathrm{Var}[\hat{m}_x(N)]=0 \tag{7.25}$$

这两个条件意味着,取样均值是随机过程均值的一致估计。

根据取样均值的定义式(7.22)可以得出结论,任何广义平稳随机过程的取样均值都是无偏的,即

$$E[\hat{m}_x(N)]=\frac{1}{N}\sum_{n=0}^{N-1}E[x(n)]=m_x$$

但是,为了使取样均值的方差趋近于零,随机过程还应该满足某些别的约束条件。$\hat{m}_x(N)$ 的方差

$$\mathrm{Var}[\hat{m}_x(N)]=E[\,|\,\hat{m}_x(N)-m_x\,|^2\,]=E\Big[\Big|\frac{1}{N}\sum_{n=0}^{N-1}(x(n)-m_x)\Big|^2\Big]$$

$$=\frac{1}{N^2}\sum_{n=0}^{N-1}\sum_{m=0}^{N-1}E[(x(m)-m_x)(x(n)-m_x)^*]$$

$$=\frac{1}{N^2}\sum_{n=0}^{N-1}\sum_{m=0}^{N-1}C_{xx}(m-n) \tag{7.26}$$

式中,$C_{xx}(m-n)$ 是 $x(n)$ 的自协方差。令 $m-n=k$,k 从 $-(N-1)$ 到 $(N-1)$ 取值。具有相同 k 值的 $C_{xx}(k)$ 有 $N-|k|$ 项。例如,$C_{xx}(0)$ 有 N 个(因为这时 $n=m$,取值从 0 到 $N-1$),$C_{xx}(N-1)$ 只有 1 个(对应于 $m=N-1$ 和 $n=0$),等等。于是,式(7.26)可以按下式计算

$$\mathrm{Var}[\hat{m}_x(N)]=\frac{1}{N^2}\sum_{k=-(N-1)}^{N-1}(N-|k|)C_{xx}(k)$$

$$= \frac{1}{N} \sum_{k=-(N-1)}^{N-1} (1 - \frac{|k|}{N}) C_{xx}(k) \tag{7.27}$$

因此,取样均值的方差趋近于零的条件是

$$\lim_{N \to \infty} \frac{1}{N} \sum_{k=-(N-1)}^{N-1} (1 - \frac{|k|}{N}) C_{xx}(k) = 0 \tag{7.28}$$

考虑到 $(1 - \frac{|k|}{N}) C_{xx}(k)$ 是偶函数,因此可以根据以上的讨论得出下面的定理。

均值遍历性定理 1 令 $x(n)$ 是自协方差为 $C_{xx}(k)$ 的广义平稳随机过程,$x(n)$ 是均值遍历性的随机过程的充分必要条件是

$$\lim_{N \to \infty} \frac{1}{N} \sum_{k=0}^{N-1} C_{xx}(k) = 0 \tag{7.29}$$

这个条件也对随机过程的自相关序列的渐近衰减加以了约束。由式(7.29)还可得出如下一个更便于使用的充分条件。

均值遍历性定理 2 令 $x(n)$ 是一自协方差序列为 $C_{xx}(k)$ 的广义平稳遍历性随机过程,$x(n)$ 是均值遍历性随机过程的充分条件是

$$\lim_{k \to \infty} C_{xx}(k) = 0 \tag{7.30}$$

这样,根据式(7.30)便可以判定,如果一个广义平稳随机过程是渐近不相关的,那么它就是均值遍历性的。

证明 由于 $C_{xx}(k)$ 是共轭对称的,故 $C_{xx}(k)$ 的模是偶对称的,即 $|C_{xx}(k)| = |C_{xx}(-k)|$。由式(7.27)可以看出,取样均值的方差有上限

$$\mathrm{Var}[\hat{m}_x(N)] \leqslant \frac{1}{N} C_{xx}(0) + \frac{2}{N} \sum_{k=1}^{N-1} (1 - \frac{|k|}{N}) |C_{xx}(k)| \tag{7.31}$$

如果 $k \to \infty$ 时 $C_{xx}(k) \to 0$,那么,对任何 $\varepsilon > 0$,总能找到一个 k_0 值,使得

$$|C_{xx}(k)| < \varepsilon \quad (\text{对所有 } |k| > k_0 \text{ 成立})$$

这样,对于 $N > k_0$,可将式(7.31)写成

$$\mathrm{Var}[\hat{m}_x(N)] \leqslant \frac{1}{N} C_{xx}(0) + \frac{2}{N} \sum_{k=1}^{k_0} (1 - \frac{|k|}{N}) |C_{xx}(k)| + \frac{2}{N} \sum_{k=k_0+1}^{N-1} (1 - \frac{|k|}{N}) \varepsilon \tag{7.32}$$

由于

$$|C_{xx}(k)| \leqslant C_{xx}(0)$$

和

$$\sum_{k=1}^{k_0} k = \frac{1}{2} k_0 (k_0 + 1)$$

可将式(7.32)写成

$$\mathrm{Var}[\hat{m}_x(N)] \leqslant \frac{1}{N} C_{xx}(0)[1 + 2k_0 - \frac{1}{N} k_0(k_0 + 1)] + \frac{2}{N} \varepsilon [N - k_0 - 1][1 - \frac{k_0}{N}]$$

若固定 k_0 而让 $N \to \infty$，那么由上式可得

$$\lim_{N \to \infty} \text{Var}[\hat{m}_x(N)] \leqslant 2\varepsilon$$

由于 ε 是任意值，故由上式得出结论，当 $N \to \infty$ 时取样均值的方差趋近于零。　证毕。

例 7.7　利用均值遍历性定理 1 或定理 2 判断例 7.5 和例 7.6 的随机过程是否是均值遍历性的。

解　对于例 7.5 所给随机过程，由于随机变量 A 的方差为

$$\text{Var}[A] = E[A^2] - (E[A])^2 = 1$$

故 $x(n)$ 的自协方差为

$$C_{xx}(k) = E\big[(x(n) - m_x)(x(n+k) - m_x)^*\big]$$
$$= E[x(n)x(n+k)^*] = E[A^2] = 1$$

由此得出

$$\frac{1}{N}\sum_{k=0}^{N-1} C_{xx}(k) = 1$$

根据均值遍历性定理 1，$x(n)$ 不是均值遍历性随机过程。

对于例 7.6 所给出的 Bernoulli 随机过程，它是由相互独立的随机变量组成的，每个随机变量的方差都等于 1，因此，随机过程的自协方差

$$C_{xx}(k) = \delta(k)$$

根据均值遍历性定理 2 得出结论，Bernoulli 随机过程是均值遍历性的。

例 7.8　有一具有随机相位的正弦信号

$$x(n) = A\sin(\omega_0 n + \varphi)$$

式中，φ 是随机变量。判断它是否是均值遍历性的。

解　$x(n)$ 的自协方差序列

$$C_{xx}(k) = \frac{1}{2}A^2 \cos(\omega_0 k)$$

由于

$$\sum_{k=0}^{N-1} \cos(\omega_0 k) = \text{Re}\Big[\sum_{k=0}^{N-1} e^{j\omega_0 k}\Big] = \text{Re}\Big[\frac{1 - e^{jN\omega_0}}{1 - e^{j\omega_0}}\Big] = \frac{\sin(N\omega_0/2)}{\sin(\omega_0/2)} \cos\Big[\frac{(N-1)\omega_0}{2}\Big]$$

所以

$$\frac{1}{N}\sum_{k=0}^{N-1} C_{xx}(k) = \frac{A^2}{2N} \frac{\sin(N\omega_0/2)}{\sin(\omega_0/2)} \cos\Big[\frac{(N-1)\omega_0}{2}\Big]$$

若 $\omega_0 \neq 0$，则上式当 $N \to \infty$ 时趋近于零。若 $\omega_0 = 0$，则

$$x(n) = A\sin\varphi$$

由于 $x(n)$ 的方差为

$$C_{xx}(k) = \frac{1}{2}A^2$$

所以 $x(n)$ 不是均值遍历性的。因此，在 $\omega_0 \neq 0$ 情况下，具有随机相位的正弦信号才

是均值遍历性的。

　　均值遍历性定理可以推广到随机过程的其它集合平均的估计。例如,对于自相关序列的估计问题,要根据随机过程的一次实现 $x(n)$ 来估计自相关序列

$$R_{xx}(m) = E[x(n)x^*(n+m)]$$

由于对每个滞后 m,上式的自相关值是下列随机过程的期望值

$$y_m(n) = x(n)x^*(n+m) \tag{7.33}$$

所以,可以由 $y_m(n)$ 的取样均值

$$\hat{R}_{xx}(m,N) = \frac{1}{N}\sum_{n=0}^{N-1} y_m(n) = \frac{1}{N}\sum_{n=0}^{N-1} x(n)x^*(n+m) \tag{7.34}$$

来估计自相关序列 $R_{xx}(m)$。如果当 $N \to \infty$ 时,$\hat{R}_{xx}(m,N)$ 在均方意义上收敛于 $R_{xx}(m)$,即如果

$$\lim_{N \to \infty} E[\,|\,\hat{R}_{xx}(m,N) - R_{xx}(m)\,|^2\,] = 0 \tag{7.35}$$

那么,称该随机过程是自相关遍历性随机过程,并写成

$$\lim_{N \to \infty} \hat{R}_{xx}(m,N) = R_{xx}(m) \tag{7.36}$$

　　由于 $\hat{R}_{xx}(m,N)$ 是 $y_m(n)$ 的取样均值,故可得出结论:如果 $y_m(n)$ 是均值遍历性的,那么,$x(n)$ 便是自相关遍历性的。将均值遍历性定理 1 用于 $y_m(n)$ 的取样均值(即 $\hat{R}_{xx}(m,N)$),就对 $y_m(n)$ 的自协方差序列施加了约束条件,等效地对 $x(n)$ 的 4 阶矩施加了约束条件。对于高斯随机过程来说,可不加证明地引述下面的定理。

　　自相关遍历性定理　一个具有协方差序列 $C_{xx}(k)$ 的广义平稳高斯随机过程,它是自相关遍历性随机过程的充分必要条件是

$$\lim_{N \to \infty} \frac{1}{N}\sum_{k=0}^{N-1} C_{xx}^2(k) = 0 \tag{7.37}$$

　　在大多数实际应用中,要确定一个给定的随机过程是否是遍历性的,是不实际的。因此,当需要知道随机过程的均值、自相关或其它集合平均量时,一般都假定随机过程是遍历性的,因而可以用时间平均来估计这些集合平均。至于遍历性假设是否合适,应由使用这些估计的算法的性能来决定。

7.3.2　自相关序列的无偏估计

　　设零均值广义平稳随机过程 $\langle x_n \rangle$ 是自相关遍历性的,那么,可以用式(7.33)所表示的序列 $y_m(n)$ 的时间平均 $\hat{R}_{xx}(m,N)$(见式(7.34))作为随机过程的自相关序列 $R_{xx}(m)$ 的估计。$y_m(n)$ 称为滞后积,当已知观测数据只是取样序列 $x(n)$ 中的有限个(例如 N 个)数据 $x_N(n)$(见式(7.20))时,滞后积 $y_m(n)$ 是一个长为 $N-|m|$ 的序列。注意,对应于不同 m 值的滞后积的序列长度是不同的,因此,式(7.34)的时间平均应

写成下列形式

$$R'_N(m) \triangleq \frac{1}{N-|m|} \sum_{n=0}^{N-1-|m|} x(n)x^*(n+m)$$

$$= \frac{1}{N-|m|} \sum_{n=0}^{N-1-|m|} y_m(n), \quad -(N-1) \leqslant m \leqslant N-1 \quad (7.38)$$

这里,为了书写简单,用 $R'_N(m)$ 表示 $\hat{R}_{xx}(m,N)$。滞后积序列共有 $2N-1$ 个(对应于 m 从 $-(N-1)$ 到 $(N-1)$ 取值),每个滞后积序列的时间平均(所有取样值的算术平均),便是相应滞后时间 m 上的自相关值的估计 $R'_N(m)$。滞后积序列为

$$y_m(n) = x(n)x^*(n+m), \quad 0 \leqslant n \leqslant N-1, |m| \leqslant N-1 \quad (7.39)$$

它是共轭对称序列,当 $x(n)$ 为实序列时,它是偶序列,因此, $R'_N(m)$ 也是偶序列,即 $R'_N(m) = R'_N(-m)$。

如果随机过程的一个取样序列 $x(n)$ 是无限长的,那么,滞后积序列 $y_m(n)$ 也是无限长序列。如果随机过程还是自相关遍历性的,那么,可以用时间平均代替集合平均,因而式(7.36)成立。即是说, $y_m(n)$ 的时间平均就是随机过程的自相关序列 $R_{xx}(m)$。从例 7.1 已经知道,一个高斯随机过程的均值的最大似然估计,可以用随机过程的一个取样序列的 N 个数据的算术平均求得,将例 7.1 的结论应用于目前的情况,可以得出结论:如果 $x(n)$ 是高斯过程,那么, $R'_N(m)$ 是 $R_{xx}(m)$ 的最大似然估计,它是一个无偏和一致估计。

事实上,可以计算出 $R'_N(m)$ 的偏差和方差,以更清楚地说明上述结论。

由于 $R'_N(m)$ 的期望值为

$$E[R'_N(m)] = \frac{1}{N-|m|} \sum_{n=0}^{N-1-|m|} E[x(n)x^*(n+m)] = \frac{1}{N-|m|} \sum_{n=0}^{N-1-|m|} R_{xx}(m)$$

$$= R_{xx}(m), \quad |m| \leqslant N-1 \quad (7.40)$$

故 $R'_N(m)$ 的偏差 $B[R'_N(m)] = R_{xx}(m) - E[R'_N(m)] = 0$,即是说, $R'_N(m)$ 是 $R_{xx}(m)$ 的无偏估计。

$R'_N(m)$ 的均方值为

$$E[(R'_N(m))^2] = \frac{1}{(N-|m|)^2} \sum_{n=0}^{N-1-|m|} \sum_{k=0}^{N-1-|m|} E[x(n)x^*(n+m)x(k)x^*(k+m)],$$

$$|m| \leqslant N-1 \quad (7.41)$$

当 $\{x_n\}$ 是均值为零的白色高斯过程时,有

$$E[x(k)x(l)x(m)x(n)] = E[x(k)x(l)]E[x(m)x(n)]$$
$$+ E[x(m)x(k)]E[x(l)x(n)]$$
$$+ E[x(k)x(n)]E[x(l)x(m)] \quad (7.42)$$

利用式(7.42)可以将式(7.41)写成

$$
\begin{aligned}
E[(R'_N(m))^2] &= \frac{1}{(N-|m|)^2} \sum_{n=0}^{N-1-|m|} \sum_{k=0}^{N-1-|m|} \{E[x(n)x^*(n+m)] \\
&\quad \cdot E[x(k)x^*(k+m)] + E[x(n)x(k)]E[x^*(n+m)x^*(k+m)] \\
&\quad + E[x(n)x^*(k+m)]E[x^*(n+m)x(k)]\} \\
&= \frac{1}{(N-|m|)^2} \sum_{n=0}^{N-1-|m|} \sum_{k=0}^{N-1-|m|} [R_{xx}^2(m) + R_{xx}^2(n-k) \\
&\quad + R_{xx}(n-k-m)R_{xx}(n-k+m)], \quad |m| \leqslant N-1 \quad (7.43)
\end{aligned}
$$

上式中,要进行两重求和运算,首先,对应于每个固定的 n 关于 k 求和,有 $N-|m|$ 项参加求和运算;然后,关于 n 求和,即将关于 k 求和得到的 $N-|m|$ 个部分和总加起来。两重求和运算共有 $(N-|m|)^2$ 项参加。由于 $R_{xx}^2(m)$ 与 n 和 k 都没有关系,所以两重求和的结果为 $(N-|m|)^2 R_{xx}^2(m)$。式(7.43)中参加两重求和的其余部分是 $R_{xx}^2(n-k)R_{xx}(n-k-m)R_{xx}(n-k+m)$,它与 n 和 k 都有关系。令 $n-k=r$,由于 n 和 k 都是从 0 到 $N-1-|m|$ 取值,故 r 从 $-(N-1-|m|)$ 到 $N-1-|m|$ 取值。因此,参加两重求和的其余部分可写成 $R_{xx}^2(r)$ 和 $R_{xx}(r-m)R_{xx}(r+m)$。具有相同 r 值的 $R_{xx}^2(r)$ 和 $R_{xx}(r-m)R_{xx}(r+m)$ 都各有 $N-|m|-|r|$ 项,例如,具有 $r=0$ 即 $n=k$ 的 $R_{xx}^2(r)=R_{xx}^2(n-k)$ 共有 $N-|m|$ 项(n 和 k 相等且都从 0 到 $N-1-|m|$ 取整数值,包括零),而具有 $|r|=1$ 即 $n=k\pm1$ 的 $R_{xx}^2(r)$ 共有 $N-|m|-1$ 项,具有 $|r|=N-1-|m|$ 的 $R_{xx}^2(r)$ 的项数最少,仅有 1 项。$R_{xx}(r-m)R_{xx}(r+m)$ 的情况类似。这样,将具有相同 r 值的项合并,两重求和的其余部分为

$$
\begin{aligned}
&\sum_{n=0}^{N-1-|m|} \sum_{k=0}^{N-1-|m|} [R_{xx}^2(n-k) + R_{xx}(n-k-m)R_{xx}(n-k+m)] \\
&= \sum_{r=-(N-1-|m|)}^{N-1-|m|} (N-|m|-|r|)[R_{xx}^2(r) + R_{xx}(r-m)R_{xx}(r+m)] \quad (7.44)
\end{aligned}
$$

将上式代入式(7.43),得到

$$
\begin{aligned}
E[(R'_N(m))^2] &= \frac{1}{(N-|m|)^2} \{(N-|m|)^2 R_{xx}^2(m) \\
&\quad + \sum_{r=-(N-1-|m|)}^{N-1-|m|} (N-|m|-|r|)[R_{xx}^2(r) \\
&\quad + R_{xx}(r-m)R_{xx}(r+m)]\} \\
&= R_{xx}^2(m) + \frac{1}{(N-|m|)^2} \sum_{r=-(N-1-|m|)}^{N-1-|m|} (N-|m|-|r|)[R_{xx}^2(r) \\
&\quad + R_{xx}(r-m)R_{xx}(r+m)]
\end{aligned}
$$

当 $N \gg |m|+|r|$ 时,由上式求出

$$
Var[R'_N(m)] = E[(R'_N(m))^2] - (E[R'_N(m)])^2 = E[(R'_N(m))^2] - R_{xx}^2(m)
$$

$$\approx \frac{N}{(N-|m|)^2} \sum_{r=-(N-1-|m|)}^{N-1-|m|} [R_{xx}^2(r) + R_{xx}(r-m)R_{xx}(r+m)] \tag{7.45}$$

由式(7.45)看出，

$$\lim_{N\to\infty} \mathrm{Var}[R'_N(m)] = 0 \tag{7.46}$$

考虑到 $R'_N(m)$ 还是无偏估计，所以 $R'_N(m)$ 是一致估计。但应注意，式(7.45)的成立条件是 $N \gg |m| + |r|$，或 $N \gg |m|$。当 $|m|$ 接近于 N 时，滞后积序列 $y_m(n)$ 非常短，用来计算算术平均值的取样值数目非常少，得到的 $R'_N(m)$ 将远离 $R_{xx}(m)$，所以 $R'_N(m)$ 的方差将变得很大，这种情况下式(7.45)不再成立。

7.3.3　自相关序列的有偏估计

如果将式(7.38)中的系数由 $\frac{1}{N-|m|}$ 改为 $\frac{1}{N}$，则得到自相关序列的另一种估计，用 $R_N(m)$ 表示为

$$R_N(m) = \frac{1}{N} \sum_{n=0}^{N-1-|m|} x(n)x^*(n+m), \quad -(N-1) \leqslant m \leqslant N-1 \tag{7.47}$$

将上式与式(7.38)相比较，得到

$$R_N(m) = \frac{N-|m|}{N} R'_N(m), \qquad |m| \leqslant N-1 \tag{7.48}$$

由上式并利用式(7.40)，可求出 $R_N(m)$ 的期望值

$$E[R_N(m)] = \frac{N-|m|}{N} E[R'_N(m)] = \frac{N-|m|}{N} R_{xx}(m), \qquad |m| \leqslant N-1$$
$$\tag{7.49}$$

因此，$R_N(m)$ 的偏差为

$$B[R_N(m)] = R_{xx}(m) - E[R_N(m)] = \frac{|m|}{N} R_{xx}(m), \qquad |m| \leqslant N-1$$
$$\tag{7.50}$$

可见，$R_N(m)$ 是 $R_{xx}(m)$ 的有偏估计。但由于

$$\lim_{N\to\infty} B[R_N(m)] = 0$$

故 $R_N(m)$ 是渐近无偏估计。

由式(7.48)并利用式(7.45)，可得到 $R_N(m)$ 的方差

$$\mathrm{Var}[R_N(m)] = \left(\frac{N-|m|}{N}\right)^2 \mathrm{Var}[R'_N(m)] \tag{7.51}$$

$$\approx \frac{1}{N} \sum_{r=-(N-1-|m|)}^{N-1-|m|} [R_{xx}^2(r) + R_{xx}(r-m)R_{xx}(r+m)] \tag{7.52}$$

式(7.51)的成立条件与式(7.45)一样是 $N \gg |m| + |r|$ 或 $N \gg |m|$。由式(7.52)看出下式成立

$$\lim_{N \to \infty} \mathrm{Var}[R_N(m)] = 0$$

考虑到 $R_N(m)$ 还是渐近无偏的,所以 $R_N(m)$ 是自相关序列的一致估计。

但是,对于接近于 N 的 $|m|$ 值,由式(7.49)可以看出,$E[R_N(m)]$ 趋近于零,即 $R_N(m)$ 的偏差趋近于非零常数 $R_{xx}(m)$,也就是说,$R_N(m)$ 是有偏估计且不是渐近无偏估计。但由式(7.51)看到,对于任何 $|m|$ 值来说,$\mathrm{Var}[R_N(m)]$ 永远不会大于 $\mathrm{Var}[R'_N(m)]$。

从 7.3.2 节和 7.3.3 节的讨论看到,对于接近于 N 的较大的滞后值,$R'_N(m)$ 和 $R_N(m)$ 都不是 $R_{xx}(m)$ 的好估计。但对于比 N 小很多的滞后值 $|m|$,$R'_N(m)$ 和 $R_N(m)$ 都是 $R_{xx}(m)$ 的一致估计;由于 $R_N(m)$ 的方差总是小于 $R'_N(m)$ 的,以及下面将要指出的别的理由(见 7.4.5 节),在进行功率谱估计时总是利用 $R_N(m)$ 而不用 $R'_N(m)$。

7.4　周期图及其估计质量

7.4.1　周期图的定义

设 $\{x_n\}$ 是均值为零的广义平稳随机过程,它是自相关遍历性的,$x_N(n)$ 是它的一个取样序列中的一段数据,

$$x_N(n) = w_R(n)x(n) = \begin{cases} x(n), & 0 \leqslant n \leqslant N-1 \\ 0, & \text{其它} \end{cases} \tag{7.53}$$

式中,$w_R(n)$ 是宽度为 N 的矩形窗,

$$w_R(n) = \begin{cases} 1, & 0 \leqslant n \leqslant N-1 \\ 0, & \text{其它} \end{cases} \tag{7.54}$$

(n) 是 $\{x_n\}$ 的一个取样序列。

式(7.47)定义的 $\{x_n\}$ 的自相关序列 $R_{xx}(m)$ 的有偏估计 $R_N(m)$ 可以用 $x_N(n)$ 表示如下

$$R_N(m) = \frac{1}{N} \sum_{n=0}^{N-1-|m|} x(n)x^*(n+m)$$

$$= \frac{1}{N} \sum_{n=-\infty}^{\infty} x_N(n)x_N^*(n+m), \quad |m| \leqslant N-1 \tag{7.55}$$

这样,可以把 $R_N(m)$ 看成是序列 $x_N(n)$ 与 $x_N(-n)$ 的线性卷积除以 N。

$R_N(m)$ 的傅里叶变换为

$$S_{\mathrm{per}}(e^{j\omega}) = \sum_{m=-\infty}^{\infty} R_N(m)e^{-j\omega m} = \sum_{m=-(N-1)}^{N-1} R_N(m)e^{-j\omega m} \tag{7.56}$$

如果 $x_N(n)$ 的傅里叶变换用 $X_N(e^{j\omega})$ 表示,即

$$X_N(e^{j\omega}) = \sum_{n=-\infty}^{\infty} x_N(n)e^{-j\omega n} = \sum_{n=0}^{N-1} x(n)e^{-j\omega n} \tag{7.57}$$

那么，$x_N(-n)$ 的傅里叶变换为 $X_N^*(e^{j\omega})$。由于式(7.55)可以看成是 $x_N(n)$ 与 $x_N(-n)$ 的线性卷积，故 $S_{per}(e^{j\omega})$ 可以用下式来计算：

$$S_{per}(e^{j\omega}) = \frac{1}{N} X_N(e^{j\omega}) X_N^*(e^{j\omega}) = \frac{1}{N} \mid X_N(e^{j\omega}) \mid^2 \qquad (7.58)$$

$S_{per}(e^{j\omega})$ 称为周期图，它是 $S_{xx}(e^{j\omega})$ 的估计。

式(7.56)需要先用式(7.55)算出 $R_N(m)$，故称为计算周期图的间接方法，或者以这种算法的提出者的名字命名为 Blackman-Tukey 法。用式(7.58)可以直接计算 $x_N(n)$ 的傅里叶变换来得到周期图，故称为周期图的直接方法，并由于历史的原因简称为周期图法。

例 7.9　白噪声的周期图。

方差为 σ_x^2 的白噪声 $x(n)$ 的自相关序列和功率谱分别为 $R_{xx}(m) = \sigma_x^2 \delta(m)$ 和 $S_{xx}(e^{j\omega}) = \sigma_x^2$。图 7.4(a)所示的是观测到的方差等于 1 的白噪声的一段数据($N=$ 32)；图 7.4(b)所示的是根据这些数据用式(7.47)计算得到的对自相关序列的估计 $R_N(m)$，可以看出，$|m| \geqslant 32$ 的估计值都等于零，但 $R_N(m)$ 并不是一个冲激序列，即

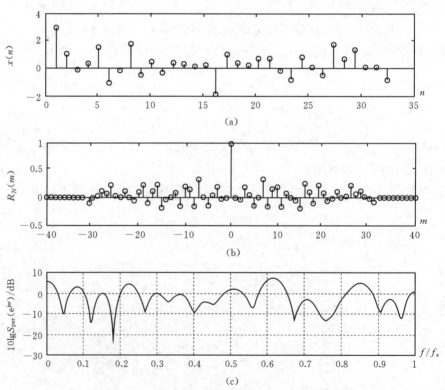

图 7.4　白噪声的自相关序列的估计和周期图

(a) 白噪声的观测数据；　(b) 白噪声的自相关序列的估计；　(c) 白噪声的周期图

是说,$R_N(m)$ 并不是 $R_{xx}(m)$ 的一个好估计,因为 $R_{xx}(m)$ 是一个单位冲激序列;图 7.4(c)所示的是图 7.4(b)所示序列 $R_N(m)$ 的傅里叶变换,即周期图 $S_{per}(e^{j\omega})$,可以看出,$S_{per}(e^{j\omega})$ 的平均值很接近于白噪声的真实功率谱 $S_{xx}(e^{j\omega}) = \sigma_x^2 = 1$,但 $S_{per}(e^{j\omega})$ 随着频率的变化有很大的起伏。

7.4.2 周期图的带通滤波器组解释

设有一冲激响应为 $h_i(n)$ 的 FIR 滤波器,

$$h_i(n) = \begin{cases} \dfrac{1}{N}e^{j\omega_i n}, & 0 \leqslant n \leqslant N-1 \\ 0, & \text{其它} \end{cases} \tag{7.59}$$

滤波器的频率特性为

$$H_i(e^{j\omega}) = \sum_{n=0}^{N-1} h_i(n)e^{-j\omega n} = \frac{\sin[N(\omega-\omega_i)/2]}{N\sin[(\omega-\omega_i)/2]}e^{-j(N-1)(\omega-\omega_i)/2} \tag{7.60}$$

可以看出,这是一个中心频率为 ω_i、带宽近似为 $\Delta\omega = 2\pi/N$ 的带通滤波器,图 7.5 所示的是滤波器的振幅频率特性。

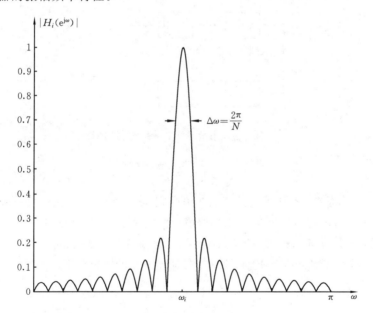

图 7.5 带通滤波器的振幅频率特性

将一个具有自相关遍历性的广义平稳随机过程的一个取样序列 $x(n)$ 加在滤波输入端,滤波器的输出为

$$y_i(n) = h_i(n) * x(n) = \sum_{k=0}^{N-1} x(n-k)h_i(k) = \sum_{k=n}^{n-(N-1)} x(k)h_i(n-k) \tag{7.61}$$

$y_i(n)$的第 N 个取样值为

$$y_i(N-1) = \sum_{k=0}^{N-1} x(k)h_i(N-1-k) = \frac{1}{N}\sum_{k=0}^{N-1} x(k)e^{-j\omega_i k} \tag{7.62}$$

另一方面,将式(7.57)代入式(7.58),得

$$S_{\mathrm{per}}(e^{j\omega}) = \frac{1}{N}\left|\sum_{n=0}^{N-1} x(n)e^{-j\omega n}\right|^2 = N\left|\frac{1}{N}\sum_{k=0}^{N-1} x(k)e^{-j\omega k}\right|^2 \tag{7.63}$$

用上式求出 $\omega=\omega_i$ 频率上的周期图值,然后将式(7.62)代入,得到

$$S_{\mathrm{per}}(e^{j\omega_i}) = N\,|\,y_i(N-1)\,|^2 \tag{7.64}$$

该式表明,在 ω_i 频率上的周期图值等于冲激响应为 $h_i(n)$ 的带通滤波器在 $n=N-1$ 时刻的输出取样值的模的平方的 N 倍。对于其它频率上的周期图值,也可用式(7.64)来计算,只是应当采用相应的带通滤波器 $h_i(n)$ 来得到 $y_i(N-1)$。这样,可把周期图看成是图7.6所示的带通滤波器组产生的输出。

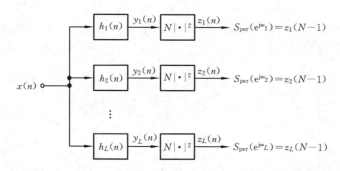

图 7.6　用带通滤波器组解释周期图

由式(7.60)或图7.5看出,$|H_i(e^{j\omega})|_{\omega=\omega_i}=1$,因此

$$S_{yy}(e^{j\omega_i}) = S_{xx}(e^{j\omega_i})\,|\,H_i(e^{j\omega_i})\,|^2 = S_{xx}(e^{j\omega_i}) \tag{7.65}$$

式中,$S_{yy}(e^{j\omega_i})$是第 i 个带通滤波器的输出序列 $y_i(n)$ 的功率谱在 ω_i 上的取值,$S_{xx}(e^{j\omega_i})$是随机信号 $x(n)$ 的功率谱在 ω_i 上的取值。假设带通滤波器组中每个带通滤波器的带宽都足够窄,以至于可以近似地认为,在各带通滤波器的通带范围内,$x(n)$ 的功率谱、滤波器的增益都恒定不变,因此,第 i 个带通滤波器的输出功率近似为

$$E[\,|\,y_i(n)\,|^2] = \frac{1}{2\pi}\int_{-\pi}^{\pi} S_{yy}(e^{j\omega})\,d\omega = \frac{1}{2\pi}\int_{-\pi}^{\pi} S_{xx}(e^{j\omega})\,|\,H_i(e^{j\omega})\,|^2\,d\omega$$

$$\approx \frac{1}{2\pi}\int_{-\pi}^{\pi} S_{xx}(e^{j\omega})\,d\omega \approx \frac{\Delta\omega}{2\pi}S_{xx}(e^{j\omega_i}) = \frac{1}{N}S_{xx}(e^{j\omega_i})$$

由此得到

$$S_{xx}(e^{j\omega_i}) \approx NE[\,|\,y_i(n)\,|^2] \tag{7.6}$$

这样,如果能够估计出 $y_i(n)$ 的功率,那么也就可以根据上式计算出 $x(n)$ 在频率上的功率谱的值,即

$$\hat{S}_{xx}(e^{j\omega_i}) \approx N\hat{E}\big[\mid y_i(n)\mid^2\big] \tag{7.67}$$

式中，$\hat{E}[\mid y_i(n)\mid^2]$是第 i 个带通滤波器的输出序列 $y_i(n)$ 中的功率的估计值，一种很粗略的估计方法是用 $y_i(n)$ 中的一个取样值 $y_i(N-1)$ 的模的平方来作为 $y_i(n)$ 中的功率的估计值，即

$$\hat{S}_{xx}(e^{j\omega_i}) \approx N\mid y_i(N-1)\mid^2 \tag{7.68}$$

将该式与式(7.64)相对照可以得出如下结论：用周期图来估计功率谱，可以看成是用带通滤波器组将信号进行滤波后，再用各带通滤波器的输出序列中的一个取样值来估计输出序列的功率。由此可见，周期图作为功率谱的估计是很粗略的。

7.4.3　周期图的估计质量

理想的情况是，随着数据记录长度的增加，周期图 $S_{per}(e^{j\omega})$ 应收敛于随机过程的真实功率谱 $S_{xx}(e^{j\omega})$。但是，由式(7.63)或式(7.56)可看出，周期图是随机变量集合 $\{x(0),x(1),\cdots,x(N-1)\}$ 的函数，因而，根据随机过程每次实现得到的数据记录计算出来的周期图是随机的。这就必须从统计的观点来讨论周期图的收敛问题，或者说，讨论下式是否成立的问题：

$$\lim_{N\to\infty}E\{[S_{per}(e^{j\omega}) - S_{xx}(e^{j\omega})]^2\} = 0 \tag{7.69}$$

为了使周期图满足上式的收敛条件，即为了使周期图是均方收敛的，必须要求它是渐近无偏的，即

$$\lim_{N\to\infty}E[S_{per}(e^{j\omega})] = S_{xx}(e^{j\omega})$$

而且它的方差在数据记录长度 N 趋近于∞时应当趋近于零，即

$$\lim_{N\to\infty}\mathrm{Var}[S_{per}(e^{j\omega})] = 0 \tag{7.70}$$

换句话说，$S_{per}(e^{j\omega})$ 应当是 $S_{xx}(e^{j\omega})$ 的一致估计。为此，应首先计算周期图的偏差和方差。

1. 周期图的偏差

为计算周期图的偏差，需要求出周期图的期望值。由式(7.56)和式(7.49)，得到

$$E[S_{per}(e^{j\omega})] = \sum_{m=-(N-1)}^{N-1} E[R_N(m)]e^{-j\omega m} = \sum_{m=-(N-1)}^{N-1} \frac{N-\mid m\mid}{N} R_{xx}(m)e^{-j\omega m}$$

$$= \sum_{m=-\infty}^{\infty} w_B(m)R_{xx}(m)e^{-j\omega m} \tag{7.71}$$

式中，

$$w_B(m) = \begin{cases} 1 - \dfrac{\mid m\mid}{N}, & \mid m\mid \leqslant N-1 \\ 0, & \mid m\mid \geqslant N \end{cases} \tag{7.72}$$

Bartlett 窗(或三角窗)。式(7.71)说明，$E[S_{per}(e^{j\omega})]$ 是乘积 $w_B(m)R_{xx}(m)$ 的傅里叶变换，它等于 $w_B(m)$ 的傅里叶变换 $W_B(e^{j\omega})$ 与 $R_{xx}(m)$ 的傅里叶变换 $S_{xx}(e^{j\omega})$ 的卷积，即

$$E[S_{\text{per}}(e^{j\omega})] = \frac{1}{2\pi} S_{xx}(e^{j\omega}) * W_B(e^{j\omega})$$

$$= \frac{1}{2\pi} \int_{-\pi}^{\pi} S_{xx}(e^{j\theta}) W_B[e^{j(\omega-\theta)}]d\theta \qquad (7.73)$$

式中,

$$W_B(e^{j\omega}) = \frac{1}{N} \left[\frac{\sin(N\omega/2)}{\sin(\omega/2)} \right]^2 \qquad (7.74)$$

图 7.7 所示的是 Bartlett 窗和它的傅里叶变换的图形。

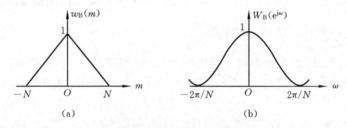

图 7.7　Bartlett 窗及其傅里叶变换

(a) Bartlett 窗；　(b) Bartlett 窗的傅里叶变换

　　由于 $W_B(e^{j\omega})$ 不是一个冲激函数,因此,一般情况下 $E[S_{\text{per}}(e^{j\omega})] \neq S_{xx}(e^{j\omega})$,这说明,$S_{\text{per}}(e^{j\omega})$ 是 $S_{xx}(e^{j\omega})$ 的有偏估计。但是,由式(7.74)看出,当 N 趋近于 ∞ 时 $W_B(e^{j\omega})$ 收敛于一个冲激函数,因此由式(7.73)可得出

$$\lim_{N \to \infty} E[S_{\text{per}}(e^{j\omega})] = S_{xx}(e^{j\omega}) \qquad (7.75)$$

这意味着,$S_{\text{per}}(e^{j\omega})$ 是 $S_{xx}(e^{j\omega})$ 的渐近无偏估计。

　　在计算周期图期望值的式(7.71)中,引入的 Bartlett 窗 $w_B(m)$,是加在自相关序列上的窗,称为滞后窗。为说明滞后窗对周期图期望值产生的影响,现在来看一个例子。假设有一个随机过程,它是由一个具有随机相位的正弦信号加上白噪声构成的

$$x(n) = A\sin(\omega_0 n + \varphi) + v(n) \qquad (7.76)$$

式中,φ 是一个在 $[-\pi, \pi]$ 区间内均匀分布的随机变量,$v(n)$ 是方差为 σ_v^2 的白噪声。$x(n)$ 的真实功率谱为

$$S_{xx}(e^{j\omega}) = \sigma_v^2 + \frac{1}{2}\pi A^2 [\delta(\omega - \omega_0) + \delta(\omega + \omega_0)]$$

由式(7.73)计算出 $x(n)$ 的周期图的期望值为

$$E[S_{\text{per}}(e^{j\omega})] = \frac{1}{2\pi} W_B(e^{j\omega}) * S_{xx}(e^{j\omega})$$

$$= \sigma_v^2 + \frac{1}{4} A^2 [W_B(e^{j(\omega-\omega_0)}) + W_B(e^{j(\omega+\omega_0)})] \qquad (7.7)$$

图 7.8 所示的为 $x(n)$ 的真实功率谱 $S_{xx}(e^{j\omega})$ 和周期图的期望值 $E[S_{\text{per}}(e^{j\omega})]$ 的图(注意,$S_{xx}(e^{j\omega})$ 和 $E[S_{\text{per}}(e^{j\omega})]$ 都是偶对称的和周期的(周期为 2π),图中只画出了

从 0 到 π 之间的部分图形）。将 $S_{xx}(e^{j\omega})$ 和 $E[S_{per}(e^{j\omega})]$ 的图形进行比较，可以看到，滞后窗的傅里叶变换 $W_B(e^{j\omega})$ 对 $E[S_{per}(e^{j\omega})]$ 有两方面的影响。

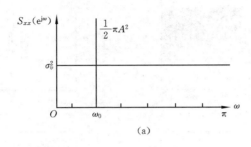

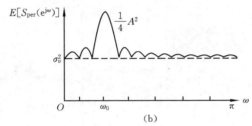

图 7.8 白噪声加正弦信号的功率谱和周期图

(a) 功率谱；(b) 周期图

① 由于 $W_B(e^{j\omega})$ 的主瓣不是无限窄的，因而，导致正弦信号中的功率扩散到带宽为 $4\pi/N$ 的整个主瓣范围内，这就使得本来是一根谱线的正弦信号的功率谱变成了与滞后窗傅里叶变换主瓣形状相同的功率谱。这种影响就是滞后窗的平滑作用，它将使真实功率谱中的细节变得模糊不清。

② 由于 $W_B(e^{j\omega})$ 有许多旁瓣，这就使得与正弦信号功率谱（线状谱）相卷积的结果，在 $\omega_k \approx \omega_0 \pm \dfrac{2\pi}{N}k$ 等频率点上形成其它的谱峰，在严重的情况下，这些多余的谱峰可能掩盖住信号中本来含有的幅度较小的窄带成分。这种影响称为滞后窗的旁瓣泄漏。

例 7.10 假设在式(7.76)所表示的随机过程 $x(n)$ 中，$A=5$，$\omega_0=0.4\pi$，$\sigma_v^2=1$。现对该随机过程的 50 次实现，或者说，对该随机过程观测了 50 次，每次观测获得了 $N=64$ 个数据。根据每组数据计算得到一个周期图，图 7.9(a)所示的是 50 个周期图的图形。可以看到，这些周期图都在 $\omega=0.4\pi$ 附近有一个主峰，但是 50 个周期图是各不相同的。图 7.9(b)所示的是 50 个周期图的平均，它近似地等于式(7.77)给出的周期图期望值。如果把每次观测的数据数目增加到 $N=256$，那么，根据这些数据计算出来的 50 个周期图的图形如图 7.9(c)所示，图 7.9(d)所示的是它们的平均。可以看出，由于数据量增多等效于滞后窗加宽，相应的傅里叶变换的主瓣变窄，因此，正弦信号中的功率扩散的频率范围变得很窄了（图上 $\omega=0.4\pi$ 附近的主峰变尖锐了）。

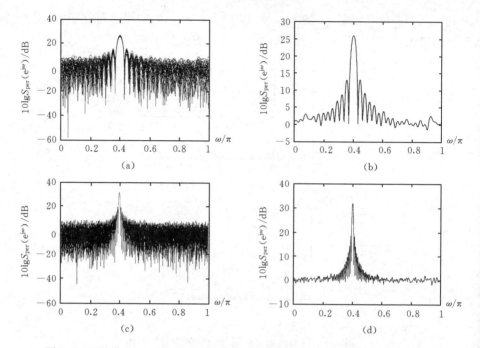

图 7.9　正弦波($\omega=0.4\pi$, $A=5$)加均值为零、方差为 1 的高斯白噪声的周期图

(a) $N=64$ 时,50 个周期图;　(b) $N=64$ 时,50 个周期图的平均

(c) $N=256$ 时,50 个周期图;　(d) $N=256$ 时,50 个周期图的平均

　　周期图作为功率谱的估计,不仅会产生偏差(它是有偏估计),而且由于滞后窗频率特性主瓣的平滑作用,限制了用周期图分辨 $x(n)$ 中任何两个频率相近的窄带成分的能力或频率分辨力。例如,有一个由两个具有随机相位的正弦信号加上白噪声组成的随机过程

$$x(n) = A_1 \sin(\omega_1 n + \varphi_1) + A_2 \sin(\omega_2 n + \varphi_2) + v(n) \tag{7.78}$$

式中,A_1 和 A_2 是正弦信号振幅,φ_1 和 φ_2 是互不相关的均匀分布的随机相位,$v(n)$ 是方差为 σ_v^2 的白噪声。$x(n)$ 的功率谱为

$$S_{xx}(e^{j\omega}) = \sigma_v^2 + \frac{1}{2}\pi A_1^2 [\delta(\omega-\omega_1) + \delta(\omega+\omega_1)]$$

$$+ \frac{1}{2}\pi A_2^2 [\delta(\omega-\omega_2) + \delta(\omega+\omega_2)] \tag{7.79}$$

周期图的期望值为

$$E[S_{per}(e^{j\omega})] = \frac{1}{2\pi}\int_{-\pi}^{\pi} S_{xx}(e^{j\theta}) W_B(e^{j(\omega-\theta)}) d\theta$$

$$= \sigma_v^2 + \frac{1}{4}A_1^2 [W_B(e^{j(\omega-\omega_1)}) + W_B(e^{j(\omega+\omega_1)})]$$

$$+ \frac{1}{4}A_2^2 [W_B(e^{j(\omega-\omega_2)}) + W_B(e^{j(\omega+\omega_2)})] \tag{7.80}$$

图 7.10 画出了 $N=64$，$A_1=A_2=A$ 情况下，$S_{xx}(e^{j\omega})$ 和 $E[S_{\text{per}}(e^{j\omega})]$ 的图形。

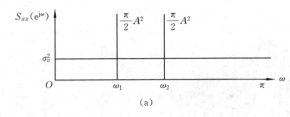

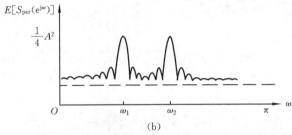

图 7.10　两个随机相位正弦信号与白噪声组成的随机过程

(a) 真实功率谱；　(b) 周期图的期望值

由于 $W_B(e^{j\omega})$ 的主瓣宽度随着数据记录长度的减小而增加，因此，对于一定的数据记录长度 N，$W_B(e^{j\omega})$ 的主瓣宽度是一定的，这样，周期图能够分辨两个频率相近的正弦（或窄带）信号的能力就是一定的，通常把这种频率分辨力（或分辨率）用 $W_B(e^{j\omega})$ 的主瓣宽度 $\Delta\omega$ 来度量。对于图 7.7(b) 所示的 Bartlett 滞后窗的频率特性，它的主瓣在半功率点或从峰值下降 6 dB 处的宽度，可以由式 (7.73) 计算出来，$\Delta\omega=0.89(2\pi/N)$，因此，周期图的频率分辨率为

$$\text{Res}[S_{\text{per}}(e^{j\omega})] = 0.89\frac{2\pi}{N} \tag{7.81}$$

实际应用中的经验表明，这是一个比较符合实际的估算周期图的频率分辨率的公式。该式告诉我们一个重要事实：频率分辨率与数据量成反比例关系。

例 7.11　为使周期图的频率分辨率不大于 0.05π，数据记录长度应为多少？

解　在式 (7.81) 中，令

$$\text{Res}[S_{\text{per}}(e^{j\omega})] = 0.89\frac{2\pi}{N} \leqslant 0.05\pi$$

由上式求出 $N \geqslant 36$。现在来对周期图的频率分辨率做一个测试。假设式 (7.78) 给出的随机过程中，取 $A_1=A_2=A=5$，$\omega_1=0.4\pi$，$\omega_2=0.45\pi$，$\sigma_v^2=1$；对该随机过程采集 50 组数据，每组 $N=40$ 个取样值。图 7.11(a) 所示的是相应的 50 个周期图的图形，由该图看出，其中有的周期图能够分辨出位于 0.4π 和 0.45π 附近的两个正弦分量，但有的周期图则不能。图 7.11(b) 所示的是 50 个周期图的平均，可以看到两个谱峰合并在一起了。若将每组数据量由 $N=40$ 增至 $N=64$，相应的 50 个周期图及其平均的图形分别示于图 7.11(c)和(d),可以看出,两个正弦分量现在能清晰地分辨出来了。

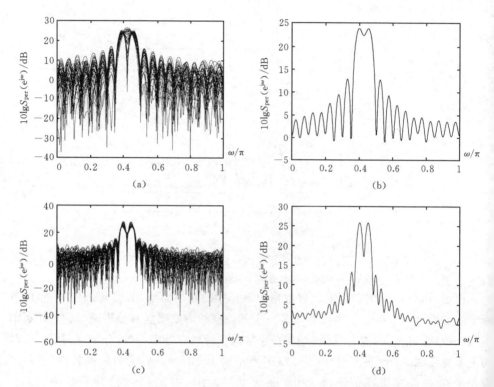

图 7.11　两个正弦波($\omega_1 = 0.4\pi$, $\omega_2 = 0.45\pi$, $A_1 = A_2 = 5$)加高斯白噪声

(均值为 0、方差为 1)的随机过程的周期图

(a) $N = 40$ 时,50 个周期图；　(b) $N = 40$ 时,50 个周期图的平均

(c) $N = 64$ 时,50 个周期图；　(d) $N = 64$ 时,50 个周期图的平均

2. 周期图的方差

从以上讨论可以看出,周期图是功率谱的渐近无偏估计。为使周期图是一致估计,就要求当观测数据量 N 趋近于∞时周期图的方差趋近于零。然而,由于周期图的方差与随机过程的 4 阶矩有关,因而要计算一般的随机过程的周期图的方差是困难的。但是,对于高斯白噪声随机过程来说,计算它的周期图的方差是可能的,其计算结果对于一般随机过程来说,也有重要参考价值。

令 $x(n)$ 是方差为 σ_x^2 的高斯白噪声随机过程。利用式(7.63),可将周期图表示成

$$S_{per}(e^{j\omega}) = \frac{1}{N} \left| \sum_{k=0}^{N-1} x(k) e^{-j\omega k} \right|^2 = \frac{1}{N} \left[\sum_{k=0}^{N-1} x(k) e^{-j\omega k} \right] \left[\sum_{l=0}^{N-1} x^*(l) e^{j\omega l} \right]$$

$$= \frac{1}{N} \sum_{k=0}^{N-1} \sum_{l=0}^{N-1} x(k) x^*(l) \mathrm{e}^{-\mathrm{j}\omega(k-l)} \tag{7.82}$$

因此,周期图的 2 阶矩为

$$E[S_{\mathrm{per}}(\mathrm{e}^{\mathrm{j}\omega_1}) S_{\mathrm{per}}(\mathrm{e}^{\mathrm{j}\omega_2})]$$

$$= \frac{1}{N^2} \sum_{k=0}^{N-1} \sum_{l=0}^{N-1} \sum_{m=0}^{N-1} \sum_{n=0}^{N-1} E[x(k) x^*(l) x(m) x^*(n)] \mathrm{e}^{-\mathrm{j}\omega_1(k-l)} \mathrm{e}^{-\mathrm{j}\omega_2(m-n)} \tag{7.83}$$

它与 $x(n)$ 的 4 阶矩有关。由于假设 $x(n)$ 是高斯随机过程,因此,可以利用矩分解定理来简化式(7.83)中的 4 阶矩的计算。对于复高斯随机变量,矩分解定理是

$$E[x(k) x^*(l) x(m) x^*(n)] = E[x(k) x^*(l)] E[x(m) x^*(n)]$$
$$+ E[x(k) x^*(n)] E[x(m) x^*(l)] \tag{7.84}$$

对于实高斯随机变量,矩分解定理则应写成式(7.42)的形式。

由于假设 $x(n)$ 是白噪声随机过程,故有

$$E[x(k) x^*(l)] E[x(m) x^*(n)] = \begin{cases} \sigma_x^4, & k = l \text{ 和 } m = n \\ 0, & \text{其它} \end{cases} \tag{7.85}$$

$$E[x(k) x^*(n)] E[x(m) x^*(l)] = \begin{cases} \sigma_x^4, & k = n \text{ 和 } m = l \\ 0, & \text{其它} \end{cases} \tag{7.86}$$

将式(7.84)代入式(7.83),式(7.83)等式右端将成为两项,利用式(7.85)的结果,得到式(7.83)等式右端第 1 项为

$$\frac{1}{N^2} \sum_{k=0}^{N-1} \sum_{l=0}^{N-1} \sum_{m=0}^{N-1} \sum_{n=0}^{N-1} E[x(k) x^*(l)] E[x(m) x^*(n)] \mathrm{e}^{-\mathrm{j}\omega_1(k-l)} \mathrm{e}^{-\mathrm{j}\omega_2(m-n)}$$

$$= \frac{1}{N^2} \sum_{k=0}^{N-1} \sum_{m=0}^{N-1} \sigma_x^4 = \sigma_x^4 \tag{7.87}$$

利用式(7.86),得到式(7.83)等式右端第 2 项为

$$\frac{1}{N^2} \sum_{k=0}^{N-1} \sum_{l=0}^{N-1} \sum_{m=0}^{N-1} \sum_{n=0}^{N-1} E[x(k) x^*(n)] E[x(m) x^*(l)] \mathrm{e}^{\mathrm{j}\omega_1(k-l)} \mathrm{e}^{\mathrm{j}\omega_2(m-n)}$$

$$= \frac{1}{N^2} \sum_{k=0}^{N-1} \sum_{l=0}^{N-1} \sigma_x^4 \mathrm{e}^{-\mathrm{j}\omega_1(k-l)} \mathrm{e}^{-\mathrm{j}\omega_2(k-l)}$$

$$= \frac{\sigma_x^4}{N^2} \sum_{k=0}^{N-1} \mathrm{e}^{-\mathrm{j}(\omega_1-\omega_2)k} \sum_{l=0}^{N-1} \mathrm{e}^{\mathrm{j}(\omega_1-\omega_2)l}$$

$$= \frac{\sigma_x^4}{N^2} \left[\frac{1 - \mathrm{e}^{-\mathrm{j}N(\omega_1-\omega_2)}}{1 - \mathrm{e}^{-\mathrm{j}(\omega_1-\omega_2)}} \right] \left[\frac{1 - \mathrm{e}^{\mathrm{j}N(\omega_1-\omega_2)}}{1 - \mathrm{e}^{\mathrm{j}(\omega_1-\omega_2)}} \right]$$

$$= \sigma_x^4 \left[\frac{\sin N(\omega_1-\omega_2)/2}{N\sin(\omega_1-\omega_2)/2} \right]^2 \tag{7.88}$$

将式(7.87)和式(7.88)代入式(7.83),得到

$$E[S_{\mathrm{per}}(\mathrm{e}^{\mathrm{j}\omega_1}) S_{\mathrm{per}}(\mathrm{e}^{\mathrm{j}\omega_2})] = \sigma_x^4 \left\{ 1 + \left[\frac{\sin N(\omega_1-\omega_2)/2}{N\sin(\omega_1-\omega_2)/2} \right]^2 \right\} \tag{7.89}$$

由于 $S_{\text{per}}(\text{e}^{\text{j}\omega_1})$ 与 $S_{\text{per}}(\text{e}^{\text{j}\omega_2})$ 的协方差为

$$\text{Cov}[S_{\text{per}}(\text{e}^{\text{j}\omega_1}),S_{\text{per}}(\text{e}^{\text{j}\omega_2})]=E[S_{\text{per}}(\text{e}^{\text{j}\omega_1})S_{\text{per}}(\text{e}^{\text{j}\omega_2})]$$
$$-E[S_{\text{per}}(\text{e}^{\text{j}\omega_1})]E[S_{\text{per}}(\text{e}^{\text{j}\omega_2})] \tag{7.90}$$

故根据式(7.73)可求出方差为 σ_x^2 的白噪声的周期图的期望值

$$E[S_{\text{per}}(\text{e}^{\text{j}\omega_1})]=E[S_{\text{per}}(\text{e}^{\text{j}\omega_2})]=E[S_{\text{per}}(\text{e}^{\text{j}\omega})]=\sigma_x^2 \tag{7.91}$$

将式(7.89)和式(7.91)代入式(7.90),得到

$$\text{Cov}[S_{\text{per}}(\text{e}^{\text{j}\omega_1}),S_{\text{per}}(\text{e}^{\text{j}\omega_2})]=\sigma_x^4\left[\frac{\sin N(\omega_1-\omega_2)/2}{N\sin(\omega_1-\omega_2)/2}\right]^2 \tag{7.92}$$

令 $\omega_1=\omega_2=\omega$,由上式得到周期图的方差

$$\text{Var}[S_{\text{per}}(\text{e}^{\text{j}\omega})]=\sigma_x^4 \tag{7.93}$$

由此可见,当 $N\to\infty$ 时,周期图的方差并不趋近于零,所以周期图不是功率谱的一致估计。事实上,由于 $S_{xx}(\text{e}^{\text{j}\omega})=\sigma_x^2$,所以,高斯白噪声的周期图的方差与功率谱的平方成正比例关系

$$\text{Var}[S_{\text{per}}(\text{e}^{\text{j}\omega})]=S_{xx}^2(\text{e}^{\text{j}\omega}) \tag{7.94}$$

例 7.12　设 $x(n)$ 是高斯白噪声,它的功率谱 $S_{xx}(\text{e}^{\text{j}\omega})=1$。由式(7.91)可计算出它的周期图的期望值 $E[S_{\text{per}}(\text{e}^{\text{j}\omega})]=1$,由式(7.93)得到它的周期图的方差也等于 1,即 $\text{Var}[S_{\text{per}}(\text{e}^{\text{j}\omega})]=1$。这样,虽然周期图是功率谱的无偏估计,但是,周期图的方差等于常数,而与数据记录长度无关。图 7.12(a)、(c)和(e)分别是数据记录长度 $N=64$、128 和 256 等 3 种情况下,各采集 50 组数据计算得到的各 50 个周期图的图形,图 7.12(b)、(d)和(f)分别是 3 种情况下各自 50 个周期图的平均。由图 7.12 看出,虽然 3 个周期图的平均值都近似等于 $S_{xx}(\text{e}^{\text{j}\omega})=\sigma_x^2=1$,但是周期图的方差并不随数据记录长度的增加而下降,在图中表现为(a)、(c)和(e)三组周期图曲线的起伏和分散程度并不因数据记录长度增加而有丝毫减弱。

上面在分析周期图的方差时,假定了 $x(n)$ 是高斯白噪声。虽然对于高斯非白噪声随机过程来说,它的周期图的方差的分析要困难得多,但还是能够推导出一个近似表示式来计算周期图的方差。

任何广义平稳随机过程都可以用一个信号模型来产生。设广义平稳随机过程 $x(n)$ 的功率谱是 $S_{xx}(\text{e}^{\text{j}\omega})$,它的信号模型可以用图 7.13 来表示。图中,$v(n)$ 是白噪声,假设它的方差 $\sigma_v^2=1$;$H(\text{e}^{\text{j}\omega})$ 是线性移不变系统的频率特性,该系统的冲激响应用 $h(n)$ 表示。由图可以得到以下关系

$$S_{xx}(\text{e}^{\text{j}\omega})=S_{vv}(\text{e}^{\text{j}\omega})\mid H(\text{e}^{\text{j}\omega})\mid^2=\mid H(\text{e}^{\text{j}\omega})\mid^2 \tag{7.95}$$

式中,$S_{vv}(\text{e}^{\text{j}\omega})$ 是 $v(n)$ 的功率谱,已假设 $\sigma_x^2=1$,所以 $S_{vv}(\text{e}^{\text{j}\omega})=\sigma_x^2=1$。

假设从 $x(n)$ 和 $v(n)$ 两个无限长序列中各取出有限长的一段,形成两个有限序列

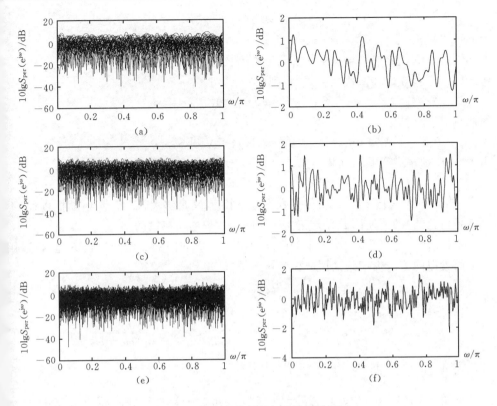

图 7.12　单位方差高斯白噪声的周期图

(a) $N=64$ 时,50 个周期图；　(b) $N=64$ 时,50 个周期图的平均

(c) $N=128$ 时,50 个周期图；　(d) $N=128$ 时,50 个周期图的平均

(e) $N=256$ 时,50 个周期图；　(f) $N=256$ 时,50 个周期图的平均

$$x_N(n) = \begin{cases} x(n), & 0 \leqslant n \leqslant N-1 \\ 0, & \text{其它} \end{cases}$$

$$v_N(n) = \begin{cases} v(n), & 0 \leqslant n \leqslant N-1 \\ 0, & \text{其它} \end{cases}$$

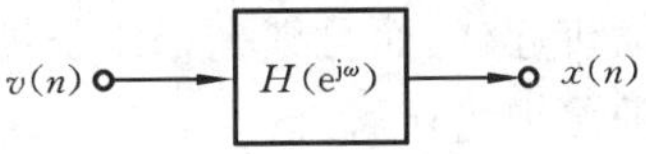

图 7.13　平稳随机过程的信号模型

那么,由这两个有限长序列可分别计算出它们的周期图为

$$S_{\text{per}}^{(x)}(e^{j\omega}) = \frac{1}{N} \mid X_N(e^{j\omega}) \mid^2 \qquad (7.96)$$

$$S_{\text{per}}^{(v)}(e^{j\omega}) = \frac{1}{N} \mid V_N(e^{j\omega}) \mid^2 \qquad (7.97)$$

虽然 $x_N(n)$ 不等于 $v_N(n)$ 与 $h(n)$ 的卷积,但是,如果 N 与 $h(n)$ 的长度相比较非常大,那么,可以认为下式成立

$$x_N(n) \approx h(n) * v_N(n)$$

由此可以得出

$$|X_N(e^{j\omega})|^2 \approx |H(e^{j\omega})|^2 |V_N(e^{j\omega})|^2 = S_{xx}(e^{j\omega}) |V_N(e^{j\omega})|^2$$

将式(7.96)和式(7.97)代入上式,得到

$$S_{\text{per}}^{(x)}(e^{j\omega}) \approx S_{xx}(e^{j\omega}) S_{\text{per}}^{(v)}(e^{j\omega})$$

因此有

$$\text{Var}[S_{\text{per}}^{(x)}(e^{j\omega})] \approx S_{xx}^2(e^{j\omega}) \text{Var}[S_{\text{per}}^{(v)}(e^{j\omega})]$$

由于 $v(n)$ 的方差等于1,所以

$$\text{Var}[S_{\text{per}}^{(x)}(e^{j\omega})] \approx S_{xx}^2(e^{j\omega}) \tag{7.98}$$

这样,就推导出一个重要结论:如果数据记录长度 N 足够大,那么,高斯随机过程(不一定是白色的)的周期图的方差正比于该随机过程的功率谱的平方。

式(7.89)和式(7.92)所表示的高斯白噪声的周期图的2阶矩和协方差,可以用与上面类似的方法推广到高斯非白噪声的情况,得到

$$E[S_{\text{per}}(e^{j\omega_1}) S_{\text{per}}(e^{j\omega_2})] \approx S_{xx}(e^{j\omega_1}) S_{xx}(e^{j\omega_2}) \left\{1 + \left[\frac{\sin N(\omega_1 - \omega_2)/2}{N\sin(\omega_1 - \omega_2)/2}\right]^2\right\} \tag{7.99}$$

$$\text{Cov}[S_{\text{per}}(e^{j\omega_1}), S_{\text{per}}(e^{j\omega_2})] \approx S_{xx}(e^{j\omega_1}) S_{xx}(e^{j\omega_2}) \left[\frac{\sin N(\omega_1 - \omega_2)/2}{N\sin(\omega_1 - \omega_2)/2}\right]^2 \tag{7.100}$$

7.4.4 周期图的随机起伏

从图 7.12(a)、(c)和(e)已经看到,任何一组数据计算得到的周期图,都在真实功率谱附近随机起伏,这种随机起伏并不会因为数据记录长度的增加而减弱。实际上,数据越多,这种随机起伏反而越密集。这样,单靠一个周期图来估计功率谱是不可靠的,因此,通常要将许多周期图进行平均,例如,图 7.12 中的(b)、(d)和(f)3个平均后的周期图,就与真实功率谱比较接近了。但是,从3个平均周期图上仍然看到了随机起伏,而且数据记录长度越长,这种随机起伏越密集。现在对这种随机起伏产生的原因进行解释。

考察两个频率 $\omega_1 = k\frac{2\pi}{N}$ 和 $\omega_2 = l\frac{2\pi}{N}$ 上的周期图值之间的协方差,这里 k 和 l 是整数。在式(7.92)中,令 $\omega_1 = k\frac{2\pi}{N}$ 和 $\omega_2 = l\frac{2\pi}{N}$,得到

$$\text{Cov}[S_{\text{per}}(e^{j\frac{2\pi}{N}k}), S_{\text{per}}(e^{j\frac{2\pi}{N}l})] = \sigma_x^4 \left[\frac{\sin(k-l)\pi}{N\sin[(k-l)\pi/N]}\right]^2 \tag{7.101}$$

当 $k \neq l$ 时,由上式得出

$$\text{Cov}[S_{\text{per}}(e^{j\frac{2\pi}{N}k}), S_{\text{per}}(e^{j\frac{2\pi}{N}l})] = 0 \tag{7.102}$$

这意味着,在相距 $2\pi/N$ 的整数倍的频率上,周期图的值是互不相关的。

对于高斯非白噪声的情况,在式(7.100)中,令 $\omega_1 = \frac{2\pi}{N}k$ 和 $\omega_2 = \frac{2\pi}{N}l$,同样可以得到

(7.102)的结果。事实上,在式(7.100)中,当 N 很大时,只要 $\omega_1 - \omega_2 \gg 2\pi/N$,方括号中的函数值都近似等于零,这意味着 ω_1 和 ω_2 两个频率上的周期图值几乎是不相关的。

随着 N 值的增大,周期图上这些不相关的频率点越来越靠近,因此,周期图上的随机起伏就越来越密集。但是,N 值的增大却不会使周期图的方差减小(事实上,周期图的方差等于常数),因此,周期图上的随机起伏幅度也不会减弱。

7.4.5　自相关的无偏估计的傅里叶变换

$R'_N(m)$ 的傅里叶变换用 $I_N(e^{j\omega})$ 表示

$$I_N(e^{j\omega}) = \sum_{m=-(N-1)}^{N-1} R'_N(m)e^{-j\omega m}$$

$I_N(e^{j\omega})$ 的期望值为

$$E[I_N(e^{j\omega})] = \sum_{m=-(N-1)}^{N-1} E[R'_N(m)]e^{-j\omega m} = \sum_{m=-(N-1)}^{N-1} R_{xx}(m)e^{-j\omega m}$$

$$= \sum_{m=-\infty}^{\infty} w_R(m)R_{xx}(m)e^{-j\omega m} \tag{7.103}$$

式中,$w_R(m)$ 是一个宽度为 $2N-1$,高度为 1 的矩形窗函数,如图7.14(a)所示,图7.14(b)是它的傅里叶变换的函数图形。

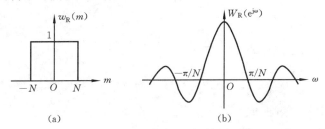

图 7.14　矩形窗函数和它的频谱函数

(a) 时间函数;　(b) 频谱函数

由式(7.103)看出,$E[I_N(e^{j\omega})]$ 是乘积 $w_R(m)R_{xx}(m)$ 的傅里叶变换,它等于 $w_R(m)$ 的傅里叶变换 $W_R(e^{j\omega})$ 与 $R_{xx}(m)$ 的傅里叶变换 $S_{xx}(e^{j\omega})$ 的卷积,即

$$E[I_N(e^{j\omega})] = \frac{1}{2\pi}\int_{-\pi}^{\pi} W_R(e^{j(\omega-\theta)})S_{xx}(e^{j\theta})d\theta$$

由图 7.14(b)看出,$W_R(e^{j\omega})$ 的某些值是负的,因而它与 $S_{xx}(e^{j\omega})$ 相卷积的结果亦将出现负值,这与功率谱为非负的性质不符合。因此,用自相关序列的无偏估计 $R'_N(m)$ 来作为功率谱的估计是不适当的。

7.5　改善周期图质量的方法

周期图的主要优点是计算简单,主要缺点有以下两点。

① 由于加窗效应造成的主瓣平滑作用(使频率分辨率下降)和旁瓣泄漏作用(掩盖幅度较小的窄带成分);

② 当 N 趋近于 ∞ 时,方差不趋近于零而等于常数,使得任何一次估计得到的周期图的一致性或稳定性差。

为克服这些缺点,人们提出了一些改善周期图质量的方法。

7.5.1　修正周期图法:数据加窗

将式(7.63)表示的周期图写成以下形式:

$$S_{per}(e^{j\omega}) = \frac{1}{N}\left|\sum_{n=-\infty}^{\infty}x(n)w_R(n)e^{-j\omega n}\right|^2 \tag{7.104}$$

式中,$w_R(n)$ 是宽度为 N、高度为 1 的矩形窗,它是加在取样序列 $x(n)$ 上的窗,称为数据窗。

$$w_R(n) = \begin{cases} 1, & 0 \leqslant n \leqslant N-1 \\ 0, & \text{其它} \end{cases} \tag{7.105}$$

用式(7.104)计算周期图的期望值,得到

$$E[S_{per}(e^{j\omega})] = \frac{1}{N}E\left\{\left[\sum_{n=-\infty}^{\infty}x(n)w_R(n)e^{-j\omega n}\right]\left[\sum_{m=-\infty}^{\infty}x^*(m)w_R(m)e^{j\omega m}\right]\right\}$$

$$= \frac{1}{N}E\left\{\sum_{m=-\infty}^{\infty}\sum_{n=-\infty}^{\infty}x(n)x^*(m)w_R(m)w_R(n)e^{-j(n-m)\omega}\right\}$$

$$= \frac{1}{N}\sum_{m=-\infty}^{\infty}\sum_{n=-\infty}^{\infty}R_{xx}(n-m)w_R(m)w_R(n)e^{-j(n-m)\omega} \tag{7.106}$$

令 $k=n-m$,式(7.106)变成

$$E[S_{per}(e^{j\omega})] = \frac{1}{N}\sum_{k=-\infty}^{\infty}\sum_{n=-\infty}^{\infty}R_{xx}(k)w_R(n-k)w_R(n)e^{-jk\omega}$$

$$= \sum_{k=-\infty}^{\infty}R_{xx}(k)w_B(k)e^{-j\omega k} \tag{7.107}$$

式中,

$$w_B(k) = \frac{1}{N}\sum_{n=-\infty}^{\infty}w_R(n-k)w_R(n) = \frac{1}{N}w_R(k)*w_R(-k) = \begin{cases} \dfrac{N-|k|}{N}, & |k| \leqslant N \\ 0, & |k| > N \end{cases} \tag{7.108}$$

是一个 Bartlett 窗,它与式(7.72)或图 7.7(a)定义的滞后窗是同一个窗,式(7.107)与式(7.71)相同。由此看出,滞后窗的加窗效应(滞后窗频率特性 $W_B(e^{j\omega})$ 的主瓣对谱的平滑作用和功率向 $W_B(e^{j\omega})$ 旁瓣的泄漏作用),其根源在于无限长取样序列 $x(n)$ 上加的数据窗 $w_R(n)$。

下面讨论,若用其它形式的窗 $w(n)$ 来代替矩形窗 $w_R(n)$,将会对周期图的期望值或偏差产生怎样的影响。在这种情况下,式(7.108)定义的滞后窗用 $w_U(n)$ 表示,即

$$w_U(k) = \frac{1}{N} w(k) * w(-k)$$

它的傅里叶变换为

$$W_U(e^{j\omega}) = \frac{1}{N} \mid W(e^{j\omega}) \mid^2$$

式中,$W(e^{j\omega})$ 是 $w(k)$ 的傅里叶变换。

式(7.107)中的和式是两个序列之积 $R_{xx}(k) w_U(k)$ 的傅里叶变换,它等于 $R_{xx}(k)$ 的傅里叶变换 $S_{xx}(e^{j\omega})$ 与 $w_U(k)$ 的傅里叶变换 $W_U(e^{j\omega})$ 的卷积,因此式(7.107)可写成

$$E[S_{per}(e^{j\omega})] = \frac{1}{2\pi N} \int_{-\pi}^{\pi} S_{xx}(e^{j(\omega-\theta)}) \mid W(e^{j\theta}) \mid^2 d\theta \qquad (7.109)$$

因此,周期图的期望值被主瓣平滑的程度和功率向旁瓣泄漏的多少,取决于加在 $x(n)$ 上的数据窗 $w(n)$。当数据窗 $w(n)$ 选为矩形窗时,虽然它的傅里叶变换的主瓣比其它形状的窗的主瓣要窄,因而周期图被平滑的程度最轻,但由于矩形窗的傅里叶变换的旁瓣比其它形状的窗的旁瓣要高,因而旁瓣泄漏掩盖弱窄带成分的现象就最严重。图 7.15 表明,选用不同的数据窗时,加窗效应对周期图的性能是如何影响的一个例子。图中画出了一个随机过程的两个周期图,该随机过程由两个具有随机相位的正弦信号加上一个白噪声构成:

$$x(n) = 0.03\sin(\omega_1 n + \varphi_1) + \sin(\omega_2 n + \varphi_2) + v(n)$$

式中,$\omega_1 = 0.2\pi$,$\omega_2 = 0.3\pi$;计算周期图时使用的观测数据个数 $N=128$。图 7.15(a)所示的是数据窗为矩形窗时得到的周期图的期望值,可以看到,虽然在 $\omega_2 = 0.3\pi$ 附近的正弦成分的谱峰很窄,但在 $\omega_1 = 0.2\pi$ 附近的正弦成分几乎被 ω_2 的正弦信号功率在旁瓣中的泄漏完全掩盖了。图 7.15(b)所示的是数据窗选成 Hamming 窗的周期图期望值的图形,可以看到,虽然 ω_2 附近的正弦信号的谱峰变宽了一些(频率分辨率降低了),且 ω_1 的正弦信号已经清晰地显现出来了,因为 ω_2 正弦功率在旁瓣中的泄漏大为减弱了。值得注意的是,Hamming 窗旁瓣的下降是以主瓣的变宽为代价的。

把式(7.104)中的矩形数据窗 $w_R(n)$ 改成其它的(非矩形)数据窗 $w(n)$,计算出来的周期图称为修正周期图,用下式来定义:

$$S_M(e^{j\omega}) = \frac{1}{NU} \mid \sum_{n=-\infty}^{\infty} x(n) w(n) e^{-j\omega n} \mid^2 \qquad (7.110)$$

式中,N 是数据窗 $w(n)$ 的长度,U 是为了使 $S_M(e^{j\omega})$ 是 $S_{xx}(e^{j\omega})$ 的渐近无偏估计而引入的一个常数,

$$U = \frac{1}{N} \sum_{n=0}^{N-1} \mid w(n) \mid^2 \qquad (7.111)$$

它是数据窗的平均能量。

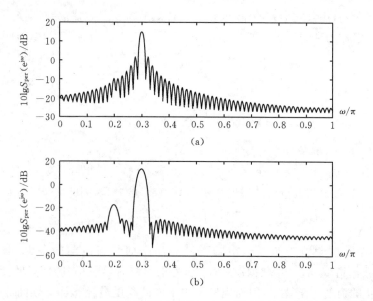

图 7.15　数据窗对周期图的影响(用 50 个周期图的平均来近似期望值)

(a) 数据窗为矩形窗；　(b) 数据窗为 Hamming 窗

现在来讨论修正周期图的性能。用与推导式(7.109)相类似的方法,可以求得修正周期图 $S_M(e^{j\omega})$ 的期望值为

$$E[S_M(e^{j\omega})] = \frac{1}{2\pi NU}\int_{-\pi}^{\pi} S_{xx}(e^{j(\omega-\theta)})\mid W(e^{j\theta})\mid^2 d\theta \qquad (7.112)$$

根据 Parseval 定理,有

$$U = \frac{1}{N}\sum_{n=0}^{N-1}\mid w(n)\mid^2 = \frac{1}{2\pi N}\int_{-\pi}^{\pi}\mid W(e^{j\omega})\mid^2 d\omega \qquad (7.113)$$

因此,

$$\frac{1}{2\pi NU}\int_{-\pi}^{\pi}\mid W(e^{j\omega})\mid^2 d\omega = 1 \qquad (7.114)$$

如果选择合适的数据窗 $w(n)$,使得

$$\lim_{N\to\infty}\frac{1}{NU}\mid W(e^{j\omega})\mid^2 d\omega = \begin{cases} 1, & \omega = 0 \\ 0, & \text{其它} \end{cases} \qquad (7.115)$$

那么,将式(7.115)代入式(7.112)便可得到

$$\lim_{N\to\infty}E[S_M(e^{j\omega})] = S_{xx}(e^{j\omega})$$

这就是说,修正周期图是功率谱的渐近无偏估计。

对于矩形数据窗,由式(7.113)得到 $U=1$,这时式(7.110)变成式(7.104),即修正周期图变成周期图。由于修正周期图只不过是用非矩形窗对数据加权后计算出来的周期图,所以修正周期图的方差与周期图的方差近似相等,即

$$\mathrm{Var}[S_{\mathrm{M}}(\mathrm{e}^{\mathrm{j}\omega})] \approx \mathrm{Var}[S_{\mathrm{per}}(\mathrm{e}^{\mathrm{j}\omega})] = S_{xx}^2(\mathrm{e}^{\mathrm{j}\omega}) \qquad (7.116)$$

这意味着,修正周期图也不是功率谱的一致估计。修正周期图虽然没有减小方差,但是,由于可以通过选择不同的数据窗来控制主瓣宽度和旁瓣幅度,因而有可能对频率分辨率和旁瓣泄漏这两个指标进行灵活选择和折中考虑。在式(7.81)中,曾把频率分辨率用滞后窗的频率特性 $W_{\mathrm{B}}(\mathrm{e}^{\mathrm{j}\omega})$ 在半功率点(或 -6 dB 点)的主瓣宽度来度量,现在等效于用数据窗的频率特性 $W(\mathrm{e}^{\mathrm{j}\omega})$ 在 -3 dB 处的主瓣宽度来度量(因为 $W_{\mathrm{U}}(\mathrm{e}^{\mathrm{j}\omega}) = |W(\mathrm{e}^{\mathrm{j}\omega})|^2$),即

$$\mathrm{Res}[S_{\mathrm{M}}(\mathrm{e}^{\mathrm{j}\omega})] = (\Delta\omega)_{\mathrm{3dB}} \qquad (7.117)$$

式中,$(\Delta\omega)_{\mathrm{3dB}}$ 是数据窗 $w(n)$ 的频率特性 $W(\mathrm{e}^{\mathrm{j}\omega})$ 在 -3 dB 电平上的主瓣宽度。不同形状的数据窗,它的 $(\Delta\omega)_{\mathrm{3dB}}$ 是不同的。这里,把数据窗的频率特性 $W(\mathrm{e}^{\mathrm{j}\omega})$ 的几个主要参数加以明确。在工程设计中,常将幅度频率特性 $|W(\mathrm{e}^{\mathrm{j}\omega})|$ 用它在 $\omega=0$ 上的值 $|W(\mathrm{e}^{\mathrm{j}0})|$ 归一化并转换成分贝数,这样得到的振幅频率特性如图 7.16 所示。图中标出了主瓣的 3 dB 带宽(它是频率分辨率的度量)和最大旁瓣的电平 B(dB 数),同时,还标注了说明旁瓣衰减速度的量 A(每倍频程的分贝数,dB/oct)。表 7.1 列出了常用数据窗函数的频率特性的这几个参数值。

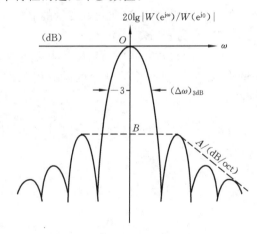

图 7.16　数据窗的振幅频率特性示意图

表 7.1　常用窗函数的频率特性的主要参量

窗　名	$(\Delta\omega)_{\mathrm{3dB}}/\mathrm{dB}$	B/dB	$A/(\mathrm{dB/oct})$
矩形窗	$0.89(2\pi/N)$	-13	-6
Bartlett 窗	$1.28(2\pi/N)$	-27	-12
Hanning 窗	$1.44(2\pi/N)$	-32	-18
Hamming 窗	$1.30(2\pi/N)$	-43	-6
Blackman 窗	$1.68(2\pi/N)$	-58	-18

由表 7.1 看出,如果将数据窗由矩形窗改为 Hamming 窗,那么,旁瓣电平将由

原来的－13 dB进一步降为－43 dB,旁瓣衰减速度没有变化,也就是说,旁瓣泄漏减少了 30 dB,但频率分辨率降低了 46%(注意,$(\Delta\omega)_{3dB}$ 变宽意味着频率分辨率降低)。

7.5.2　Bartlett 法:周期图的平均

周期图是功率谱的渐近无偏估计,但周期图的方差却不随 N 趋于∞而趋近于零,因此,周期图不是一致估计。式(7.75)表明,当 N 趋近于∞时,周期图的期望值趋近于真实功率谱,即

$$\lim_{N\to\infty}E[S_{per}(e^{j\omega})] = S_{xx}(e^{j\omega})$$

这启发我们:如果能够找到 $E[S_{per}(e^{j\omega})]$ 的一致估计,也就找到了 $S_{xx}(e^{j\omega})$ 的一致估计。从7.2.2节的讨论知,一个随机变量的一组互不相关的观测数据的算术平均(即取样均值),是该随机变量的均值的一致估计。因此,如果对一个随机过程的若干个互不相关的取样序列的周期图进行算术平均,那么,得到的周期图的平均将是该随机过程的功率谱的一致估计。事实上,将互不相关的随机变量取平均,是一种保持随机变量期望值不变,同时将方差减小的常用方法。具体来说,若 x_i 是 K 个互不相关的随机变量,它们的期望值为 m_x、方差为 σ_x^2(设这些随机变量构成一个广义平稳随机过程),那么,根据 7.2.2 节的讨论结果可知,这些随机变量的取样均值的期望值仍然等于 m_x,但取样均值的方差却减小为 σ_x^2/K。

令 $x_i(n)(i=1,2,\cdots,K)$ 是随机过程 $x(n)$ 的 K 个互不相关的实现,即 $x_i(n)$ 是 $x(n)$ 的 K 个互不相关的取样序列,且每个取样序列是有限长的(设 $n=0,1,2,\cdots,L-1$),则 $x_i(n)$ 的周期图为

$$S_{per}^{(i)}(e^{j\omega}) = \frac{1}{L}\Big|\sum_{n=0}^{L-1}x_i(n)e^{-j\omega}\Big|^2, \quad i=1,2,\cdots,K \qquad (7.118)$$

这些周期图的(算术)平均为

$$S_a(e^{j\omega}) = \frac{1}{K}\sum_{i=1}^{K}S_{per}^{(i)}(e^{j\omega}) \qquad (7.119)$$

$S_a(e^{j\omega})$ 的期望值

$$E[S_a(e^{j\omega})] = E[S_{per}^{(i)}(e^{j\omega})] = \frac{1}{2\pi}\int_{-\pi}^{\pi}S_{xx}(e^{j(\omega-\theta)})W_B(e^{j\omega})d\theta \qquad (7.120)$$

式(7.120)的得出,是因为式(7.118)所表示的 K 个周期图的期望值是相等的,它们都等于式(7.73)的卷积结果,其中,$W_B(e^{j\omega})$ 是一个 Bartlett 窗 $w_B(m)$ 的傅里叶变换 $w_B(m)$ 和 $W_B(e^{j\omega})$ 分别为

$$w_B(m) = \begin{cases}1-\dfrac{|m|}{L}, & |m|\leqslant N \\ 0, & |m|>N\end{cases} \qquad (7.121)$$

$$W_B(e^{j\omega}) = \frac{1}{L}\Big[\frac{\sin(L\omega/2)}{\sin(\omega/2)}\Big]^2 \qquad (7.122)$$

和周期图的讨论一样,不难得出结论,$S_a(e^{j\omega})$ 是功率谱的渐近无偏估计。

由于假设 K 个数据记录 $x_i(n)$ 互不相关,所以 $S_a(e^{j\omega})$ 的方差为

$$\text{Var}[S_a(e^{j\omega})] = \frac{1}{K}\text{Var}[S_{\text{per}}^{(i)}(e^{j\omega})] \approx \frac{1}{K}S_{xx}^2(e^{j\omega}) \tag{7.123}$$

这里利用了式(7.98)的结论。由上式看出,当 K 趋近于 ∞ 时,$\text{Var}[S_a(e^{j\omega})]$ 趋近于零。因此,如果允许让 K 和 L 都趋近于 ∞,那么,$S_a(e^{j\omega})$ 是功率谱的一致估计。但是,困难在于,一个随机过程的许多次不相关的实现是很难得到的,实际上一般只能得到长为 N 的一次实现。Bartlett 提出,将 $x(n)$ 分成长为 L、互不重叠的 K 段子序列,$N=KL$,如图 7.17 所示,每个子序列为

$$x_i(n) = x(n+iL), \quad n = 0,1,2,\cdots,L-1; \quad i = 0,1,2,\cdots,K-1$$

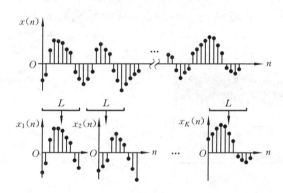

图 7.17 Bartlett 法对 $x(n)$ 的分段

然后,将每个子序列的周期图进行平均,得到

$$S_B(e^{j\omega}) = \frac{1}{N}\sum_{i=0}^{K-1}\Big|\sum_{n=0}^{L-1}x(n+iL)e^{-j\omega n}\Big|^2 \tag{7.124}$$

$S_B(e^{j\omega})$ 称为 Bartlett 周期图,周期图的这种估计方法称为 Bartlett 法。

利用周期图和修正周期图性能分析的同样方法,不难分析 Bartlett 周期图的性能。首先,由于 Bartlett 周期图期望值的表示式(7.120)与周期图和修正周期图的期望值的表示式(7.73)和表示式(7.112)是完全一致的,根据 7.4.3 节和 7.5.2 节的讨论结果可以得出结论:Bartlett 周期图是功率谱的渐近无偏估计。其次,由于式(7.124)定义的 Bartlett 周期图是 K 个子周期图的平均,而每个子周期图又是根据长为 L 的子序列算出的,因此,$S_B(e^{j\omega})$ 的频率分辨率为

$$\text{Res}[S_B(e^{j\omega})] = 0.89\frac{2\pi}{L} = 0.89K\frac{2\pi}{N} \tag{7.125}$$

这就是说,Bartlett 周期图的频率分辨率为周期图的频率分辨率(式(7.81))的 K 倍。最后,除了 $x(n)$ 是白噪声外,任何 $x(n)$ 的 K 个子序列 $x_i(n)$ 总是相关的,因此,$S_B(e^{j\omega})$ 的方差不会减小到式(7.123)表示的那样小。但是,方差仍然反比于 K,因

而,如果假设数据序列 $x_i(n)$ 相互是近似不相关的,那么,对于大的 N 值,$S_B(e^{j\omega})$ 的方差近似为

$$\text{Var}[S_B(e^{j\omega})] \approx \frac{1}{K}\text{Var}[S_{\text{per}}^{(i)}(e^{j\omega})] \approx \frac{1}{K}S_{xx}^2(e^{j\omega}) \tag{7.126}$$

这样,如果允许在 N 趋近于 ∞ 时让 K 和 L 都趋近于 ∞,那么,$S_B(e^{j\omega})$ 将是功率谱的一致估计。此外,对于给定的 N 值,Bartlett 法能够通过改变 K 和 L 的值来调整频率分辨率的减小和方差的减小程度。

例 7.13　在例 7.12 中曾经用周期图来估计白噪声的功率谱。可以看到,当数据记录长度增加时,周期图的方差并不随之减小(见图 7.12)。现在,用 Bartlett 方法来估计方差为 1 的高斯白噪声的功率谱。为了进行比较,在图 7.18(a) 中示出了方差为 1 和长度为 $N=512$ 的 50 个不同的数据记录的周期图,图 7.18(b) 所示的是这

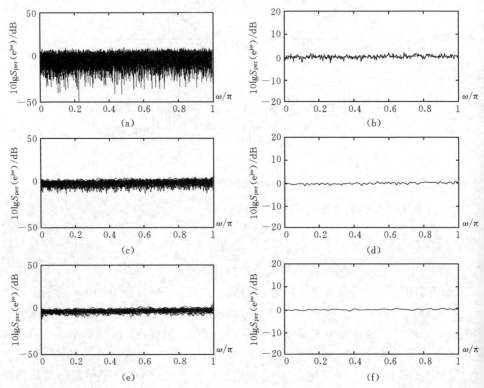

图 7.18　单位方差白高斯噪声的谱估计

(a) $N=512$ 时,50 个周期图;　(b) $N=512$ 时,50 个周期图的平均

(c) $N=512,K=4,L=128$ 时,50 个 Bartlett 周期图

(d) (c)中 50 个 Bartlett 周期图的平均

(e) $N=512,K=8,L=64$ 时,50 个 Bartlett 周期图

(f) (e)中 50 个 Bartlett 周期图的平均

50 个周期图的平均。图 7.18(c)所示的是 $K=4$ 和 $L=128$ 的 50 个 Bartlett 功率谱，图 7.18(d)所示的是它们的平均。图 7.18(e)所示的是 $K=8$ 和 $L=64$ 的 50 个 Bartlett 功率谱，图 7.18(f)所示的是它们的平均。图 7.18(a)所示的周期图可以看成是 $K=1,L=N=512$ 的 Bartlett 周期图。将图 7.18(a)、(c)和(e)相比较，可以看出，Bartlett 周期图方差的减小与子序列的个数 K 成比例关系。

　　图 7.19 所示的是比较 Bartlett 周期图与周期图性能的另一个例子。这是一个由两个具有随机相位的正弦信号和单位方差白噪声构成的随机过程，如式(7.78)所示，其中的参数选取为：$\omega_1=0.2\pi,\omega_2=0.25\pi,A_1=A_2=A=\sqrt{10},N=512$。图 7.19(a)所示的是 50 个周期图，图 7.19(b)所示的是它们的平均；图 7.19(c)和(d)所示的分别是 $K=4$、$L=128$ 的 50 个 Bartlett 周期图和它们的平均；图 7.19(e)和(f)所示的分别是 $K=8,L=64$ 的 50 个 Bartlett 周期图和它们的平均。比较这些图形

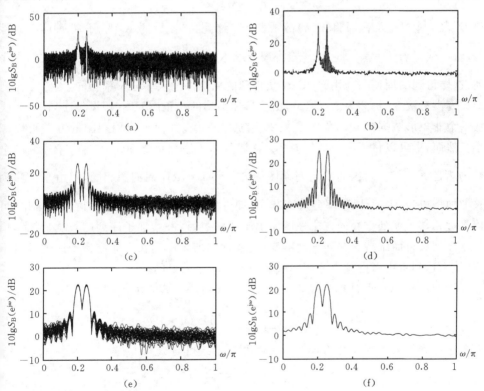

图 7.19　信号 $x(n)=\sqrt{10}\sin(0.2\pi n+\varphi_1)+\sqrt{10}\sin(0.25\pi n+\varphi_2)+v(n)$
的周期图和 Bartlett 周期图的比较（$N=512$）

(a) 50 个周期图；　(b) 50 个周期图的平均

(c) $K=4,L=128$ 时，50 个 Bartlett 周期图；　(d) (c)中 50 个 Bartlett 周期图的平均

(e) $K=8,L=64$ 时，50 个 Bartlett 周期图；　(f) (e)中 50 个 Bartlett 周期图的平均

可以看出,Bartlett 周期图的方差虽然随着 K 的增加而减小,但是,两个正弦信号的谱峰随之有明显的展宽,这说明频率分辨率变差了。

7.5.3　Welch 法:修正周期图的平均

1967 年 Welch 提出对 Bartlett 法做两点修正:

① 让子序列 $x_i(n)$ 有部分重叠;

② 对每个子序列都加数据窗 $w(n)$。

设子序列 $x_i(n)$ 长为 L,相邻子序列有 $L-D$ 点重叠,于是下标为 i 的子序列表示为

$$x_i(n) = x(n+iD), \quad n = 0,1,2,\cdots,L-1; \quad i = 0,1,2,\cdots,K-1$$

如果 K 个子序列刚好覆盖 N 个数据点,那么有

$$N = L + D(K-1)$$

若 $D=L$,则 $N=KL$,即将 $x(n)$ 分成相互衔接没有重叠的 K 段(子序列),这就是 Bartlett 法。若 $D=\dfrac{L}{2}$,那么,$x(n)$ 将被分成 $K=2\dfrac{N}{L}-1$ 段长为 L、重叠 50% 的子序列,这样得到的周期图与用 Bartlett 法得到的周期图的频率分辨率相同(因为子序列的长度没有改变,仍然为 L),但是,由于参加平均的修正周期图(假设子序列 $x_i(n)$ 要加一个非矩形数据窗 $w(n)$)的个数 K 增加了一倍,因而平均周期图的方差可以减小。然而,也可以将子序列加长为 $2L$,并让相邻子序列重叠 50%,这样,子序列的个数仍然是 $K=\dfrac{N}{L}-1$,因而平均周期图的方差与 Bartlett 周期图相同,但由于子序列长度加倍成为 $2L$,所以频率分辨率减小(即分辨率变好)。由上面的讨论可看出,可以通过相邻子序列重叠的方法来增加子序列的数目,并增加子序列的长度;或者,增加子序列数目而维持子序列长度不变;或者只增加子序列长度而维持子序列数目不变,从而达到折中考虑频率分辨率减小和方差减小的目的。

下面讨论 Welch 法的性能。Welch 周期图可用下式表示:

$$S_W(e^{j\omega}) = \frac{1}{KLU} \sum_{i=0}^{K-1} \left| \sum_{n=0}^{L-1} w(n)x(n+iD)e^{-j\omega n} \right|^2 \tag{7.127}$$

若各子序列的修正周期图用 $S_M^{(i)}(e^{j\omega})$ 表示,则上式可写成

$$S_W(e^{j\omega}) = \frac{1}{K} \sum_{i=0}^{K-1} S_M^{(i)}(e^{j\omega}) \tag{7.128}$$

式(7.127)中的 U 是为使 $S_M^{(i)}(e^{j\omega})$ 是渐近无偏估计而引入的一个常数,如式(7.111)所定义。因此,Welch 估计的期望值为

$$E[S_W(e^{j\omega})] = E[S_M(e^{j\omega})] = \frac{1}{2\pi LU} \int_{-\pi}^{\pi} S_{xx}(e^{j\theta}) \left| W(e^{j(\omega-\theta)}) \right|^2 \tag{7.129}$$

式中,$W(e^{j\omega})$ 是 L 点数据窗 $w(n)$(加在子序列上的)的傅里叶变换。在子序列上加

数据窗 $w(n)$ 是为了得到修正周期图 $S_M^{(i)}(e^{j\omega})$。根据前面关于周期图、修正周期图以及 Bartlett 周期图的讨论结果,由式(7.129)即可判断,Welch 周期图是功率谱的渐近无偏估计。

与修正周期图一样,Welch 周期图的频率分辨率也用数据窗的 3 dB 带宽来定义,由表 7.1 看出,不同数据窗的 3 dB 带宽是不同的,因而,Welch 周期图的频率分辨率也与数据窗的选择有关。

Welch 法的相邻子序列有部分重叠,因而再不能假设相邻子序列之间是不相关的,这使得 Welch 周期图的方差的计算更加困难。尽管如此,Welch 还是推导出了选用 Bartlett 数据窗和相邻子序列重叠 50% 的情况下,Welch 周期图的方差的近似计算公式

$$\text{Var}[S_W(e^{j\omega})] \approx \frac{9}{8K}S_{xx}^2(e^{j\omega}) \tag{7.130}$$

将式(7.130)与式(7.126)进行比较可以看出,对于给定的 K 值,用 Welch 法得到的估计的方差大于用 Bartlett 法得到的估计的方差。但是,如果保持 N 值不变,对于给定的频率分辨率(或子序列长度 L),由于采用 Welch 法时相邻子序列有部分重叠(例如重叠 50%),所以子序列的数目 K 将增加(例如增加一倍),由式(7.130)可看出,$S_W(e^{j\omega})$ 的方差将小于 $S_B(e^{j\omega})$ 的方差。具体来说,此时 $K=2\frac{N}{L}$,故式(7.130)可表示成

$$\text{Var}[S_W(e^{j\omega})] \approx \frac{9}{16\frac{N}{L}}S_{xx}^2(e^{j\omega}) \approx \frac{9}{16}\text{Var}[S_B(e^{j\omega})] \tag{7.131}$$

对于给定的数据量 N,增加相邻子序列重叠的点数,虽然可以增加子序列的数目 K,但是,计算量也将与 K 成正比例地增加。此外,由于重叠点数的增加,相邻子序列之间的相关性也加大了。因此,通常不允许相邻子序列重叠太多,一般情况下以重叠 50%~70% 为宜。

例 7.14　用 Welch 法来估计例 7.13 中给出的由两个正弦信号加白噪声构成的随机过程的功率谱,假设数据量 $N=512$,子序列长 $L=128$,相邻子序列重叠 50%,因此子序列数目 $K=7$。此外,还假设选用 Hamming 窗作为子序列的数据窗。图 7.20(a)所示的是根据该随机过程的 50 次不同实现的数据,用 Welch 法计算得到的功率谱,图 7.20(b)所示的是 50 个 Welch 周期图的平均。将图 7.20(a)和(b)与图 7.19(e)和(f)进行比较,可以看出,由于两种情况下子序列的数目 K 近似相等(Welch 法的 $K=7$,Bartlett 法的 $K=8$),所以两种周期图的方差近似相同。此外,虽然 Welch 法中使用的 Hamming 窗的主瓣宽度是 Bartlett 法中子序列的矩形数据窗的主瓣宽度的 1.46 倍,但频率分辨率却近似相同。这是因为,采用 Welch 法时,相邻子序列重叠了 50%,在子序列数目保持 $K=7$ 的情况下,各子序列的长度 L 加

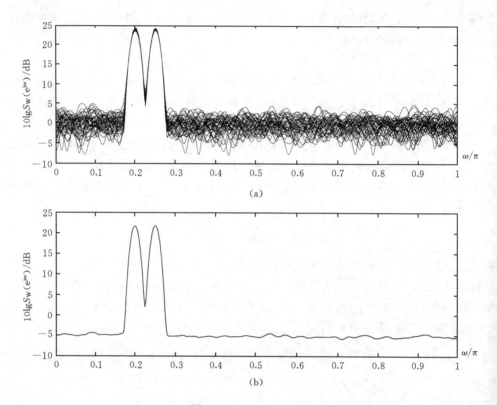

图 7.20　信号 $x(n) = \sqrt{10}\sin(0.2\pi n + \varphi_1) + \sqrt{10}\sin(0.25\pi n + \varphi_2) + v(n)$

的 Welch 周期图($L=128$,重叠 50%)

(a) 50 个 Welch 周期图;　(b) 50 个 Welch 周期图的平均

大了一倍。再其次,由于 Hamming 窗的旁瓣比矩形窗的要低(见表 7.1),所以 Welch 周期图的旁瓣泄漏要比 Bartlett 周期图的小。

7.5.4　Blackman-Tukey 法:周期图的加窗平滑

Bartlett 法和 Welch 法分别对周期图和修正周期图进行平均,从而达到减小方差的目的。另一种减小周期图分散性(或不一致性)的方法是对周期图进行加窗平滑,这种方法常称为 Blackman-Tukey 法。

周期图等于自相关序列的有偏(但一致)估计 $R_N(m)$ 的傅里叶变换(见式(7.56))。然而,对于接近于 N 的 m 来说,由于数据量非常少(例如,对于 $m=N-1$ 就只有一个滞后积 $x(N-1)x(0)$),所以,得到的自相关估计值 $R_N(m)$ 是很不可靠或方差很大的。无论怎样增加 N,情况都是如此。因此,为了减小周期图的方差,就应该减小 m 接近于 N 时的 $R_N(m)$ 的方差,或者说,就应该减小这些不可靠的自相关估计值对周期图的贡献。在 Bartlett 法和 Welch 法中,为了减小周期图的方差,实际上采取的是将自相关序列的估计进行平均的办法(对子序列的周期图平均等效于对子序列的取样自相关进行平均)。而在 Blackman-Tukey 法中,为了减小周期图的方差,采取的办法是对自相关序列的估计 $R_N(m)$ 进行加窗处理,减小 $R_N(m)$ 中那些不可靠的估计值(对应于接近于 N 的 m)对周期图的贡献。具体来说,Blackman-Tukey谱估计定义为

$$S_{\mathrm{BT}}(\mathrm{e}^{\mathrm{j}\omega}) = \sum_{m=-M}^{M} R_N(m)w(m)\mathrm{e}^{-\mathrm{j}\omega m}, \quad |M| \leqslant N-1 \tag{7.132}$$

式中,$w(m)$ 是加在 $R_N(m)$ 上的滞后窗,$R_N(m)$ 是自相关序列的一致估计。例如,若将滞后窗选取为 m 从 $-M$ 变到 M 的矩形窗,并设 $|M|<N-1$,那么,加窗的结果就把方差最大的(即滞后窗外的)$R_N(m)$ 值置为零,因此,功率谱估计 $S_{\mathrm{BT}}(\mathrm{e}^{\mathrm{j}\omega})$ 就具有较小的方差。但是,加窗的结果也降低了频率分辨率,因为用来计算 $S_{\mathrm{BT}}(\mathrm{e}^{\mathrm{j}\omega})$ 的 $R_N(m)$ 的数目减少了。

$S_{\mathrm{BT}}(\mathrm{e}^{\mathrm{j}\omega})$ 是乘积 $R_N(m)w(m)$ 的傅里叶变换,它等于 $R_N(m)$ 和 $w(m)$ 的傅里叶变换的频域卷积

$$S_{\mathrm{BT}}(\mathrm{e}^{\mathrm{j}\omega}) = \frac{1}{2\pi}S_{\mathrm{per}}(\mathrm{e}^{\mathrm{j}\omega}) * W(\mathrm{e}^{\mathrm{j}\omega})$$
$$= \frac{1}{2\pi}\int_{-\pi}^{\pi} S_{\mathrm{per}}(\mathrm{e}^{\mathrm{j}\theta})W(\mathrm{e}^{\mathrm{j}(\omega-\theta)})\mathrm{d}\theta \tag{7.133}$$

也就是说,$S_{\mathrm{BT}}(\mathrm{e}^{\mathrm{j}\omega})$ 是 $S_{\mathrm{per}}(\mathrm{e}^{\mathrm{j}\omega})$ 被滞后窗 $W(\mathrm{e}^{\mathrm{j}\omega})$ 进行平滑处理后的结果。

为分析 $S_{\mathrm{BT}}(\mathrm{e}^{\mathrm{j}\omega})$ 的性能,首先来计算 $S_{\mathrm{BT}}(\mathrm{e}^{\mathrm{j}\omega})$ 的期望值,由式(7.133)有

$$E[S_{\mathrm{BT}}(\mathrm{e}^{\mathrm{j}\omega})] = \frac{1}{2\pi}E[S_{\mathrm{per}}(\mathrm{e}^{\mathrm{j}\omega})] * W(\mathrm{e}^{\mathrm{j}\omega})$$

将式(7.73)代入上式,得到

$$E[S_{\mathrm{BT}}(\mathrm{e}^{\mathrm{j}\omega})] = \frac{1}{2\pi}S_{xx}(\mathrm{e}^{\mathrm{j}\omega}) * W_{\mathrm{B}}(\mathrm{e}^{\mathrm{j}\omega}) * W(\mathrm{e}^{\mathrm{j}\omega}) \tag{7.134}$$

这等效为

$$E[S_{\mathrm{BT}}(\mathrm{e}^{\mathrm{j}\omega})] = \sum_{m=-M}^{M} R_{xx}(m)w_{\mathrm{B}}(m)w(m)\mathrm{e}^{-\mathrm{j}\omega m} \tag{7.135}$$

式中,$w_{\mathrm{B}}(m)$ 是一个宽度为 $2N+1$ 的三角窗,如式(7.71)和图 7.7(a)所示,$w(m)$ 是一个宽度为 $2M+1$ 的任意形状的滞后窗。由式(7.134)可看出,Blackman-Tukey 周期图的期望值等于自相关序列连续两次加窗后的傅里叶变换。令 $w_{\mathrm{BT}}(m) = w_{\mathrm{B}}(m)w(m)$ 是一个加在 $R_{xx}(m)$ 上的组合窗,利用频域卷积定理,由式(7.135)得到

$$E[S_{\mathrm{BT}}(\mathrm{e}^{\mathrm{j}\omega})] = \frac{1}{2\pi}S_{xx}(\mathrm{e}^{\mathrm{j}\omega}) * W_{\mathrm{BT}}(\mathrm{e}^{\mathrm{j}\omega}) \tag{7.136}$$

如果选择 $M \ll N$,使 $w_{\mathrm{B}}(m)w(m) \approx w(m)$,则上式为

$$E[S_{\mathrm{BT}}(\mathrm{e}^{\mathrm{j}\omega})] \approx \frac{1}{2\pi}S_{xx}(\mathrm{e}^{\mathrm{j}\omega}) * W(\mathrm{e}^{\mathrm{j}\omega}) \tag{7.137}$$

式中，$W(\mathrm{e}^{\mathrm{j}\omega})$ 是滞后窗 $w(m)$ 的傅里叶变换。当 N 趋近于 ∞ 时，如果 $W(\mathrm{e}^{\mathrm{j}\omega})$ 趋近于具有单位面积的冲激函数，那么，由式（7.137）看出，$S_{\mathrm{BT}}(\mathrm{e}^{\mathrm{j}\omega})$ 是功率谱的渐近无偏估计。下面来推导 $S_{\mathrm{BT}}(\mathrm{e}^{\mathrm{j}\omega})$ 的方差的计算公式。

由式（7.133）得

$$S_{\mathrm{BT}}^2(\mathrm{e}^{\mathrm{j}\omega}) = \frac{1}{4\pi^2}\int_{-\pi}^{\pi}\int_{-\pi}^{\pi} S_{\mathrm{per}}(\mathrm{e}^{\mathrm{j}u})S_{\mathrm{per}}(\mathrm{e}^{\mathrm{j}v})W(\mathrm{e}^{\mathrm{j}(\omega-u)})W(\mathrm{e}^{\mathrm{j}(\omega-v)})\mathrm{d}u\mathrm{d}v$$

因而，$S_{\mathrm{BT}}(\mathrm{e}^{\mathrm{j}\omega})$ 的均方值为

$$E[S_{\mathrm{BT}}^2(\mathrm{e}^{\mathrm{j}\omega})] = \frac{1}{4\pi^2}\int_{-\pi}^{\pi}\int_{-\pi}^{\pi} E[S_{\mathrm{per}}(\mathrm{e}^{\mathrm{j}u})S_{\mathrm{per}}(\mathrm{e}^{\mathrm{j}v})]W(\mathrm{e}^{\mathrm{j}(\omega-u)})W(\mathrm{e}^{\mathrm{j}(\omega-v)})\mathrm{d}u\mathrm{d}v$$

将式（7.99）代入上式，得到 $E[S_{\mathrm{BT}}^2(\mathrm{e}^{\mathrm{j}\omega})]$ 的近似表示式，式中包含两项，其中第一项是

$$\frac{1}{4\pi^2}\int_{-\pi}^{\pi}\int_{-\pi}^{\pi} S_{xx}(\mathrm{e}^{\mathrm{j}u})S_{xx}(\mathrm{e}^{\mathrm{j}v})W(\mathrm{e}^{\mathrm{j}(\omega-u)})W(\mathrm{e}^{\mathrm{j}(\omega-v)})\mathrm{d}u\mathrm{d}v$$

$$= \left[\frac{1}{2\pi}\int_{-\pi}^{\pi} S_{xx}(\mathrm{e}^{\mathrm{j}u})W(\mathrm{e}^{\mathrm{j}(\omega-u)})\mathrm{d}u\right]^2 = (E[S_{\mathrm{BT}}(\mathrm{e}^{\mathrm{j}\omega})])^2 \qquad (7.138)$$

这里利用了式（7.137）的结果。由于 $S_{\mathrm{BT}}(\mathrm{e}^{\mathrm{j}\omega})$ 的方差

$$\mathrm{Var}[S_{\mathrm{BT}}(\mathrm{e}^{\mathrm{j}\omega})] = E[S_{\mathrm{BT}}^2(\mathrm{e}^{\mathrm{j}\omega})] - (E[S_{\mathrm{BT}}(\mathrm{e}^{\mathrm{j}\omega})])^2$$

式中，$E[S_{\mathrm{BT}}^2(\mathrm{e}^{\mathrm{j}\omega})]$ 近似表示式的第一项与上式中的第二项相抵消，因此，$\mathrm{Var}[S_{\mathrm{BT}}(\mathrm{e}^{\mathrm{j}\omega})]$ 等于 $E[S_{\mathrm{BT}}^2(\mathrm{e}^{\mathrm{j}\omega})]$ 近似表示式的第二项，即

$$\mathrm{Var}[S_{\mathrm{BT}}(\mathrm{e}^{\mathrm{j}\omega})]$$

$$= \frac{1}{4\pi^2}\int_{-\pi}^{\pi}\int_{-\pi}^{\pi} S_{xx}(\mathrm{e}^{\mathrm{j}u})S_{xx}(\mathrm{e}^{\mathrm{j}v})\left[\frac{\sin N(u-v)/2}{N\sin(u-v)/2}\right]^2 W(\mathrm{e}^{\mathrm{j}(\omega-u)})W(\mathrm{e}^{\mathrm{j}(\omega-v)})\mathrm{d}u\mathrm{d}v \quad (7.139)$$

由于

$$W_{\mathrm{B}}(\mathrm{e}^{\mathrm{j}\omega}) = \frac{1}{N}\left[\frac{\sin(N\omega/2)}{\sin(\omega/2)}\right]^2$$

是 Bartlett 窗 $w_{\mathrm{B}}(m)$ 的傅里叶变换（见式（7.74）），当 N 趋近于 ∞ 时 $w_{\mathrm{B}}(m)$ 趋近于常数（见式（7.72）），而 $W_{\mathrm{B}}(\mathrm{e}^{\mathrm{j}\omega})$ 收敛于一个冲激。因此，当 N 的值足够大时，式（7.139）中方括号所包含的部分近似于一个面积为 $2\pi/N$ 的冲激，即

$$\left[\frac{\sin N(u-v)/2}{N\sin(u-v)/2}\right]^2 \approx \frac{2\pi}{N}\delta(u-v)$$

这样，对于很大的 N 值，Blackman-Tukey 周期图的方差近似为

$$\mathrm{Var}[S_{\mathrm{BT}}(\mathrm{e}^{\mathrm{j}\omega})] \approx \frac{1}{2\pi N}\int_{-\pi}^{\pi} S_{xx}^2(\mathrm{e}^{\mathrm{j}u})W^2(\mathrm{e}^{\mathrm{j}(\omega-u)})\mathrm{d}u$$

如果 M 足够大，以至可假设在 $W(\mathrm{e}^{\mathrm{j}\omega})$ 的主瓣范围内 $S_{xx}(\mathrm{e}^{\mathrm{j}\omega})$ 是恒定不变的值，那么上式积分内的 $S_{xx}(\mathrm{e}^{\mathrm{j}\omega})$ 可以从积分符号中提出来，于是有

$$\mathrm{Var}[S_{\mathrm{BT}}(\mathrm{e}^{\mathrm{j}\omega})] \approx \frac{1}{2\pi N}S_{xx}^2(\mathrm{e}^{\mathrm{j}\omega})\int_{-\pi}^{\pi} W^2(\mathrm{e}^{\mathrm{j}(\omega-u)})\mathrm{d}u$$

利用 Parseval 定理，由上式得到

$$\mathrm{Var}[S_{\mathrm{BT}}(\mathrm{e}^{\mathrm{j}\omega})] \approx S_{xx}(\mathrm{e}^{\mathrm{j}\omega})\frac{1}{N}\sum_{m=-M}^{M}w^2(m) \tag{7.140}$$

应注意,上式是在 $N \gg M \gg 1$ 的条件下推导出来的。由式(7.137)和式(7.140)可以看出,Blackman-Tukey 周期图是功率谱的一致估计。这里再次看到,可以在估计偏差和方差之间折中进行选择。具体来说,为了得到较小的偏差,应选择较大的 M 值以减小 $W(\mathrm{e}^{\mathrm{j}\omega})$ 的主瓣宽度;而为了减小方差,就应选择较小的 M 值以减小式(7.140)中的和式的值。一般推荐将 M 值选为 $N/5$,这也是 M 的最大值。

7.5.5　各种周期图计算方法的比较

前面几节讨论了周期图法、修正周期图法、Bartlett 法、Welch 法以及 Blackman-Tukey 法等几种周期图的计算方法,其中,修正周期图法一般并不单独使用,因此,下面只比较其余 4 种周期图计算方法的性能。在将一种方法与另一种方法进行比较时,应注意到估计的频率分辨率与估计方差之间存在着折中方案。在选择谱估计方法时,重要的是着眼于它的性能。首先,引入以下两个指标来描述各种谱估计技术的性能。

（1）变异性 ν

$$\nu = \frac{\mathrm{Var}[S_{xx}(\mathrm{e}^{\mathrm{j}\omega})]}{E^2[S_{xx}(\mathrm{e}^{\mathrm{j}\omega})]} \tag{7.141}$$

即归一化方差。

（2）品质因数 μ

$$\mu = \nu\Delta\omega \tag{7.142}$$

它是变异性与分辨率之积。品质因数应尽可能小。但是,下面将会看到,所有经典谱估计方法的品质因数几乎是相同的。

1. 周期图法

在 7.4.3 节中可以看到,周期图是渐近无偏估计,且当 N 值很大时周期图的方差近似等于 $S_{xx}^2(\mathrm{e}^{\mathrm{j}\omega})$,因此,将式(7.75)和式(7.98)代入式(7.141),得到

$$\nu = \frac{\mathrm{Var}[S_{\mathrm{per}}(\mathrm{e}^{\mathrm{j}\omega})]}{E^2[S_{\mathrm{per}}(\mathrm{e}^{\mathrm{j}\omega})]} \approx \frac{S_{xx}^2(\mathrm{e}^{\mathrm{j}\omega})}{S_{xx}^2(\mathrm{e}^{\mathrm{j}\omega})} = 1$$

这样,由于周期图的分辨率为

$$\Delta\omega = 0.89\frac{2\pi}{N}$$

所以,周期图的品质因数为

$$\mu_{\mathrm{per}} = 0.89\frac{2\pi}{N}$$

它与数据记录长度 N 成反比。

2. Bartlett 法

在 Bartlett 法中,是通过将周期图进行平均的方法来减小方差的。设 $N=KL$,当 N 非常大时,Bartlett 周期图的方差由式(7.126)决定,而 Bartlett 周期图仍然是功率谱的渐近无偏估计,因此,Bartlett 周期图的变异性

$$\nu_{\mathrm{B}} = \frac{\mathrm{Var}[S_{\mathrm{B}}(\mathrm{e}^{\mathrm{j}\omega})]}{E^2[S_{\mathrm{B}}(\mathrm{e}^{\mathrm{j}\omega})]} \approx \frac{1}{K}\frac{S_{xx}^2(\mathrm{e}^{\mathrm{j}\omega})}{S_{xx}^2(\mathrm{e}^{\mathrm{j}\omega})} = \frac{1}{K}$$

由于 Bartlett 周期图的分辨率为 $\Delta\omega=0.89(2\pi K/N)$(见式(7.125)),所以品质因数等于

$$\mu_{\mathrm{B}} = 0.89\frac{2\pi}{N}$$

它与周期图的品质因数相同。

3. Welch 法

Welch 法算得的周期图的性能与相邻子序列相互重叠的点数有关,也与数据窗的类型有关。若选用 Bartlett 数据窗,相邻子序列重叠 50%,并选择很大的 N 值,那么,Welch 周期图的方差可用式(7.130)来计算。考虑到 Welch 周期图还是功率谱的渐近无偏估计,可以得到 Welch 周期图的变异性为

$$\nu_{\mathrm{W}} = \frac{\mathrm{Var}[S_{\mathrm{W}}(\mathrm{e}^{\mathrm{j}\omega})]}{E^2[S_{\mathrm{W}}(\mathrm{e}^{\mathrm{j}\omega})]} \approx \frac{9}{8}\frac{1}{K} = \frac{9L}{16N}$$

由于长为 L 的 Bartlett 窗的傅里叶变换的主瓣的 3 dB 带宽为 $1.28(2\pi/L)$(见表7.1),故可算出 Welch 周期图的品质因数为

$$\mu_{\mathrm{W}} = \frac{9L}{16N}\times 1.28\frac{2\pi}{L} = 0.72\frac{2\pi}{N}$$

4. Blackman-Tukey 法

Blackman-Tukey 周期图的方差和分辨率都取决于所选择的滞后窗 $w(m)$ 的类型。假设 $w(m)$ 是一个长为 $2M+1$(m 从 $-M$ 到 M 取值)的 Bartlett 窗,$N\gg M\gg 1$。由式(7.140)可算出 Blackman-Tukey 周期图的方差

$$\mathrm{Var}[S_{\mathrm{BT}}(\mathrm{e}^{\mathrm{j}\omega})] \approx S_{xx}(\mathrm{e}^{\mathrm{j}\omega})\frac{1}{N}\sum_{m=-M}^{M}(1-\frac{|m|}{M})^2 \approx \frac{2M}{3N}S_{xx}^2(\mathrm{e}^{\mathrm{j}\omega})$$

考虑到 Blackman-Tukey 周期图还是功率谱的渐近无偏估计,故可得到

$$\nu_{\mathrm{BT}} = \frac{2M}{3N}$$

由于长为 $2M+1$ 的 Bartlett 窗的主瓣在 3 dB 的带宽为 $1.28\left(\frac{2\pi}{2M}\right)$,所以,Blackman-Tukey 周期图的分辨率为 $0.64\frac{2\pi}{M}$,于是得到

$$\mu_{\mathrm{BT}} = \frac{2M}{3N}\times 0.64\frac{2\pi}{M} \approx 0.43\frac{2\pi}{N}$$

它比 Welch 法的品质因数 μ_W 要小一些。

表 7.2 总结了以上 4 种周期图计算方法的主要技术指标。由该表看出,经典谱估计方法的每种技术的品质因数都是近似相同的,且都与数据记录长度 N 成反比例。因此,虽然每种技术的分辨率和方差都不相同,但它们的总的性能指标都受限于数据记录长度。现代谱估计方法是与经典方法完全不同的另一类方法,它们能够得到小的方差和高的分辨率,特别是在数据记录长度很短的情况下,它们的优点尤为突出。

表 7.3 中列出了经典谱估计各种计算方法的主要计算公式。

表 7.2　经典谱估计方法的主要性能指标

谱估计方法	变异性 ν	分辨率 $\Delta\omega$	品质因数 μ
周期图法	1	$0.89(2\pi/N)$	$0.89(2\pi/N)$
Bartlett 法	$1/K$	$0.89K(2\pi/N)$	$0.89(2\pi/N)$
Welch 法*	$\dfrac{9}{8K}$	$1.28(2\pi/L)$	$0.72(2\pi/N)$
Blackman-Tukey 法	$\dfrac{2M}{3N}$	$0.64(2\pi/M)$	$0.43(2\pi/N)$

注:Bartlett 数据窗,相邻子序列重叠 50%。

表 7.3　各种经典谱估计方法的主要计算公式

方法	$S(\mathrm{e}^{\mathrm{j}\omega})$	$E[S(\mathrm{e}^{\mathrm{j}\omega})]$	$\Delta\omega$	$\mathrm{Var}[S(\mathrm{e}^{\mathrm{j}\omega})]$
周期图[①]法	$\dfrac{1}{N}\left\|\displaystyle\sum_{n=0}^{N-1}x(n)\mathrm{e}^{-\mathrm{j}\omega n}\right\|^2$	$\dfrac{1}{2\pi}S_{xx}(\mathrm{e}^{\mathrm{j}\omega})*W_B(\mathrm{e}^{\mathrm{j}\omega})$	$0.89\dfrac{2\pi}{N}$	$S_{xx}^2(\mathrm{e}^{\mathrm{j}\omega})$
修正周期图[②]法	$\dfrac{1}{NU}\left\|\displaystyle\sum_{n=-\infty}^{\infty}w(n)x(n)\mathrm{e}^{-\mathrm{j}\omega n}\right\|^2$	$\dfrac{1}{2\pi NU}S_{xx}(\mathrm{e}^{\mathrm{j}\omega})*\|W(\mathrm{e}^{\mathrm{j}\omega})\|^2$	取决于窗函数 $w(n)$	$S_{xx}^2(\mathrm{e}^{\mathrm{j}\omega})$
Bartlett[③]法	$\dfrac{1}{N}\displaystyle\sum_{i=0}^{K-1}\left\|\sum_{n=0}^{L-1}x(n+iL)\mathrm{e}^{-\mathrm{j}\omega n}\right\|^2$	$\dfrac{1}{2\pi}S_{xx}(\mathrm{e}^{\mathrm{j}\omega})*W_B(\mathrm{e}^{\mathrm{j}\omega})$	$0.89K\dfrac{2\pi}{N}$	$\dfrac{1}{K}S_{xx}^2(\mathrm{e}^{\mathrm{j}\omega})$
Welch[④]法	$\dfrac{1}{KLU}\displaystyle\sum_{i=0}^{K-1}\left\|\sum_{n=0}^{L-1}w(n)x(n+iD)\mathrm{e}^{-\mathrm{j}\omega n}\right\|^2$	$\dfrac{1}{2\pi LU}S_{xx}(\mathrm{e}^{\mathrm{j}\omega})*\|W(\mathrm{e}^{\mathrm{j}\omega})\|^2$	取决于窗函数 $w(n)$	$\dfrac{9L}{16N}S_{xx}^2(\mathrm{e}^{\mathrm{j}\omega})$
Blackman-Tukey[⑤]法	$\displaystyle\sum_{m=-M}^{M}R_N(m)w(m)\mathrm{e}^{-\mathrm{j}\omega m}$	$\dfrac{1}{2\pi}S_{xx}(\mathrm{e}^{\mathrm{j}\omega})*W(\mathrm{e}^{\mathrm{j}\omega})$	取决于窗函数 $w(n)$	$\dfrac{S_{xx}^2(\mathrm{e}^{\mathrm{j}\omega})}{N}\displaystyle\sum_{m=-M}^{M}w^2(m)$

注:① $W_B(\mathrm{e}^{\mathrm{j}\omega})$ 是宽为 $2N$ 的 Bartlett 窗 $w_B(m)(-N\leqslant m\leqslant N)$ 的傅里叶变换。

② $W(\mathrm{e}^{\mathrm{j}\omega})$ 是宽为 N 的数据窗 $w(n)(0\leqslant n\leqslant N-1)$ 的傅里叶变换;$U=\dfrac{1}{N}\displaystyle\sum_{n=0}^{N-1}\|w(n)\|^2$。

③ $W_B(\mathrm{e}^{\mathrm{j}\omega})$ 是宽为 $2L+1$ 的 Bartlett 窗 $w_B(m)(-L\leqslant m\leqslant L)$ 的傅里叶变换。

④ $W(\mathrm{e}^{\mathrm{j}\omega})$ 是宽为 L 的数据窗 $w(n)(0\leqslant n\leqslant L-1)$ 的傅里叶变换;$U=\dfrac{1}{L}\displaystyle\sum_{n=0}^{L-1}\|w(n)\|^2$。

⑤ $W(\mathrm{e}^{\mathrm{j}\omega})$ 是宽为 $2M+1$ 的滞后窗 $w(m)(-M\leqslant m\leqslant M)$ 的傅里叶变换。

7.6　Matlab 在周期图计算中的应用

经典谱估计中所用到的各种周期图计算方法,在 Matlab 中都可以用非常简单的命令(语句)来实现。下面分别加以讨论。

7.6.1　周期图

利用随机过程的有限个观测数据 $x(n)$(n 取 n_1 到 n_2 的整数值)来计算周期图的公式如下:

$$S_{per}(e^{j\omega}) = \frac{1}{n_2 - n_1 + 1} \left| \sum_{n=n_1}^{n_2} x(n) e^{-j\omega n} \right|^2 \qquad (7.143)$$

在 Matlab 中,用下列命令调用名为 periodogram 的 m 文件,即可计算得到周期图
$$px = periodogram(x, n1, n2);$$
其中,x 代表观测数据 $x(n)$ 构成的矢量,n1 和 n2 是所使用的观测数据 $x(n)$ 的起始和终止下标,如果省去这两个下标,即上列命令变成
$$px = periodogram(x);$$
这就意味着使用已给出的信号矢量 x 的全部数据来计算周期图(即已知观测数据一般不止 n2-n1+1 个)。n1 和 n2 是可选择的正整数,但必须满足 n1＜n2＜length(x),这里,length(x)是数据矢量 x 的长度(元素的个数)。由于 periodogram 还要调用 m 文件 fft,fft 是用来计算 1024 点 FFT 的文件,因此,如果 n2-n1+1 的值大于1024,那么,必须修改 periodogram 文件,以使它适合于计算比 1024 更长的 FFT periodogram 调用结果的输出 px 是一个矢量,该矢量由周期图 $S_{per}(e^{j\omega})$ 在 $\omega = 0$ 至 $\omega = 2\pi$ 区间等间隔分布的 1024 取样值构成。

　　periodogram 是一个函数文件,其中,要调用 Matlab 的内部函数 fft,fft 是用机器语言写成的。periodogram 文件如下:

```
function px = periodogram(x, n1, n2)
x = x(:);
if nargin == 1
    n1 = 1; n2 = length(x); end;
px = abs(fft(x(n1:n2), 1024)).^2/(n2 - n1 + 1);
px(1) = px(2);
```

其中,第 2 行将所有已知数据(信号矢量 x 的所有元素)赋值给变量 x;第 3 和第 4 行是一个循环语句,该语句的含义是:如果输入参数的个数为 1,具体来说,如果输入参数只有 x,那么,意味着被忽略的两个参数取约定(缺省)值 n1=1 和 n2=length(x),这里,length(x)是矢量 x 的长度(或元素的个数),即是说,取全部已知数据;第 5 行

是公式(7.143)的 Matlab 实现。各语句如果以分号(;)结束,则表示不在屏幕上显示语句执行结果。

7.6.2 修正周期图

修正周期图方法与一般周期图方法的主要区别在于,它在计算之前要对数据加窗,即

$$S_M(e^{j\omega}) = \frac{1}{n_2 - n_1 + 1} \left| \sum_{n=n_1}^{n_2} w(n) x(n) e^{-j\omega n} \right|^2 \tag{7.144}$$

由于不同类型的窗 $w(n)$ 有着不同的主瓣宽度和旁瓣幅度,因而,通过选取不同的窗来调整分辨率和旁瓣泄漏的大小。

在 Matlab 中,调用 m 文件 mper 来计算修正周期图

$$px = mper(x, win, n1, n2);$$

输入数据包括:观测数据(或信号)矢量 x,说明窗函数 $w(n)$ 的类型的整数 win,所使用的 x 的元素的起始和终止下标 n1 和 n2。整数 win 与窗的类型的对应关系如下:

win=1:矩形窗

win=2:Hamming 窗

win=3:Hanning 窗

win=4:Bartlett 窗

win=5:Blackman 窗

参数 n1 和 n2 如果不加指定,则意味着将使用给定的 x 的全部数据来计算 px。输出 px 是修正周期图。下面是函数文件 mper(x,win,n1,n2)。

```
function px=mper (x,win,n1,n2)
x=x(:);
if nargin==2
    n1=1;n2=length (x);end;
N=n2-n1+1;
w=ones(N,1);
if (win==2) w=hamming (N);
elseif (win==3) w=hanning(N);
elseif (win==4) w=bartlett(N);
elseif (win==5) w=blackman(N);
end;
xw=x(n1:n2). * w/norm(w);
px=N * periodogram(xw);
end;
```

在该函数文件中,第 3 至第 4 行的条件语句,说明如果函数的输入变量数等于 2,即只输入两个变量 x 和 win 而省略了 n1 和 n2,那么,意味着 n1 取缺省值 1,n2 取缺省值 length(x),这里,length(x)是矢量 x 的长度(矢量 x 的元素的个数)。第 6 行中,ones(N,1)是全 1 矩阵,它是一个 N 行 1 列的矩阵(列矢量),所有元素都是 1。第 7 行至第 11 行的条件语句指定窗函数 $w(n)$ 的类型。第 12 行中,x(n1:n2). * w 计算数组 x(n1:n2)与数组 w 对应元素之积,x(n1:n2)是输入信号矢量 x 的下标从 n1 到 n2 所对应的元素构成的数组。norm(w)是矩阵或矢量 w 的范数。第 13 行调用函数文件 periodogram。

7.6.3　Bartlett 周期图

用 Bartlett 法计算周期图的步骤如下:

① 将输入数据序列 $x(n)$ 分成相互衔接但不重叠的段(子序列);

② 计算各子序列的周期图,称为子周期图;

③ 将子周期图进行平均。

选择子序列的个数(由于相邻子序列衔接但不重叠,因而要改变子序列的长度)可以调整平均周期图的分辨率和方差。用下列命令调用函数文件 bart 来计算平均周期图(Bartlett 周期图):

$$px = bart (x, nsect);$$

其中,x 是信号矢量,nsect 是子序列的个数,px 是 Bartlett 周期图。为保证足够的分辨率,nsect 不能选得过大,实际上,nsect 通常都选得较小。下面是函数文件 bart,其中第 3 行计算子序列长度,函数 floor 是"朝下取整"运算。

```
function px = bart (x, nsect)
L = floor (length (x)/nsect);
px = 0;
n1 = 1;
for k = 1:nsect
    px = px + periodogram(x(n1:n1+L-1))/nsect;
    n1 = n1+L;
end;
```

7.6.4　Welch 周期图

Welch 法是 Bartlett 法的推广,主要表现在两方面:一是允许对 $x(n)$ 加窗,因用修正周期图取代了 Bartlett 法中的周期图;一是允许分段得到的序列有部分重叠。用以下命令来调用函数文件 welch 即可计算得到 welch 周期图:

$$px = welch(x, L, over, win);$$

其中,输入参数包括:信号矢量 x;子序列长度 L;表示相邻子序列重叠多少的参数 over,其取值范围是 0≤over<1,它说明重叠长度占子序列长度的百分比;win 是表示窗的类型的整数,参见 7.6.2 节中的规定。如果不指定参数 win,那么,意味着 $w(n)$ 被选为矩形窗;如果不指定参数 over,意味着 over=0 或各子序列没有重叠。因此,上面的语句为

$$px=welch(x,L);$$

实际上这与 Bartlett 周期图法等效。但是,用这条语句来实现 Bartlett 法与用下列语句不同

$$px=bartlett(x,nsect);$$

其区别在于:px=welch(x,L)指定的是子序列的长度(段长),而 px=bartlett(x,nsect)指定的是子序列的个数(段数)。如果只指定参数 x,即命令行简化为

$$px=welch(x);$$

那么,这意味着选用矩形窗,相邻子序列没有重叠,段长等于信号矢量 x 的长度。实际上,这个命令完全等效于计算周期图的命令

$$px=periodogram(x);$$

通常,over 参数常取为 0.5(50%)或 0.75(75%)。

下面是函数文件 welch:

```
function px=welch(x,L,over,win)
if (over>=1)|(over<0),end;
n1=1;
n0=(1-over)*L;
nsect=1+floor(length(x)-L)/(n0);
px=0;
for i=1:nsect
    px=px+mper(x,win,n1,n1+L-1)/nsect;
    n1=n1+n0;
end;
```

其中,第 2 行条件语句将参数 over 的取值限制在 0≤over≤1 范围内,over 是相邻子序列重叠长度占子序列长度的百分比。第 4 行计算相邻子序列不重叠部分的长度。第 5 行计算子序列的个数(或分段的数目)。第 7 行至最后的循环语句,计算各子序列的修正周期图(调用函数文件 mper),并累加后除以 nsect(即求平均)。

7.6.5 Blackman-Tukey 周期图

Blackman-Tukey 法的主要特点是,用一个滞后窗函数 $w(m)$ 乘自相关序列的估计 $R_N(m)$,然后计算乘积 $w(m)R_N(m)$ 的傅里叶变换,即它是用间接法来计算周期

图，且要加滞后窗。

$$S_{\mathrm{BT}}(\mathrm{e}^{\mathrm{j}\omega}) = \sum_{m=-M}^{M} R_N(m)w(m)\mathrm{e}^{-\mathrm{j}\omega m} \qquad (7.145)$$

用下列命令调用函数文件 per-smooth 来计算 Blackman-Tukey 周期图：

$$px = \text{per-smooth}(x, \text{win}, M, n1, n2);$$

输入参数包括：信号矢量 x；表示滞后窗 $w(m)$ 的类型的整数 win（参见 7.6.2 节）；说明滞后窗 $w(m)$ 宽度的整数 M（m 值从 $-M$ 到 M）；n1 和 n2 是任选的整数值，它们分别表示用于计算的已知数据的起始和终止下标，若不加指定，则意味着使用全部已知数据 $x(n)$，其中 n 从 n1=1 到 n2=length(x)取值。M 决定滞后窗的宽度，它的取值范围是 0＜M≤length(x)。下面是 per-smooth 文件：

```
function px = per_smooth (x, win, M, n1, n2)
x = x(:);
if nargin == 3
  n1 = 1; n2 = length(x); end;
R = covar (x(n1:n2), M);
r = [fliplr (R(1,2:M)), R(1,1), R(1,2:M)];
M = 2 * M - 1;
w = ones(M,1);
if (win == 2)   w = hamming(M);
elseif (win == 3)   w = hanning(M);
elseif (win == 4)   w = bartlett(M);
elseif (win == 5)   w = blackman(M);
end;
r = r'. * w;
px = abs(fft(r,1024));
px(1) = px(2);
end;
```

其中，第 5 行调用函数文件 covar 计算 x 的自相关函数；第 6 行利用函数 fliplr 将相关序列 R 的第 2 个至第 M 个取样值序列倒序（"左右翻转"）得到 fliplr(R(1,2：M))，并将其放在 R 的第 1 个取样值 R(1,1)左边，而将 R(1,2：M)放在 R(1,1)右边，这样构成的序列 r 便是 x 的完整的自相关序列；第 7 行计算滞后窗 $w(m)$ 的宽度；第 9 行至第 13 行选择窗的类型；第 14 行计算滞后窗与自相关序列之 $w(m)R_N(m)$；第 15 行计算公式(7.145)，即计算自相关序列的 1024 点快速傅里叶变换的模值。

7.6.6　实例

例 7.15　设有一广义平稳随机过程,它由两个正弦信号加零均值、单位方差高斯白噪声构成,其中,两个正弦信号的幅度均为 $\sqrt{10}$,角频率分别为 0.2π 和 0.25π,初相位是方差为 1 的在$[0,2\pi]$上均匀分布的随机相位。该随机过程表示为

$$x(n) = \sqrt{10}\sin(0.2\pi n + \varphi_1) + \sqrt{10}\sin(0.25\pi n + \varphi_2) + v(n)$$

式中,φ_1 和 φ_2 分别是两个正弦信号的随机初相位,$v(n)$ 是零均值和单位方差高斯白噪声。

用 Matlab 计算该随机过程的 50 次实现(每次实现采集 512 个数据)的周期图和 Bartlett 周期图。计算 Bartlett 周期图时,选用 $K=4$ 和 $K=8$ 两种数据。分别计算 3 组(每组各 50 个)周期图的平均,并将计算结果用图形画出进行比较。

解　下面是完成该例题要求的计算任务的程序。其中,第 1 行到第 2 行是将频率 f 用取样频率 FS 来表示;第 3 行指定随机过程实现的次数;第 4 行至第 6 行计算 50 个周期图 px 及其平均 pxa,以便于作图并将 pxa 求转置;第 7 行至第 9 行计算 $K=4$ 时的 50 个 Bartlett 周期图及其平均;第 10 行至第 12 行计算 $K=8$ 时的 50 个 Bartlett 周期图及其平均;第 13 行至第 30 行绘制图形,subplot 在标定的位置上建立坐标系,plot 绘制函数曲线,xlabel 和 ylabel 指定 x 轴和 y 轴的标记;第 31 行至第 41 行是产生随机信号数据并计算其 Bartlett 周期图的函数,如果将第 40 行改为

$$px(:,i) = \text{periodogram}(x);$$

则函数文件 overlay2 变成为 overlay 文件,后者是第 4 行中调用的,调用语句的一般形式为

$$px = \text{overlay}(N,\text{omega},A,\text{sigma},\text{num});$$

主函数文件 overlay2 中$(31\sim41$ 行$)$,randn(1,N)产生均值为零、方差为 1、长度为 N 的高斯随机序列。

运行主程序可以得到图 7.19 所示周期图的全部函数曲线。

```
FS=2;
f=FS*[0:1023]/1024;
num=50;

px=overlay(512,[0.2*pi,0.25*pi],[sqrt(10),sqrt(10)],1,50);
pxa=sum(px')/num;
y=pxa';

px2=overlay2(512,[0.2*pi,0.25*pi],[sqrt(10),sqrt(10)],1,4,50);
px2a=sum(px2')/num;
z=px2a';
```

```
px3=overlay2(512,[0.2 * pi,0.25 * pi],[sqrt(10),sqrt(10)],1,8,50);
px3a=sum(px3')/num;
u=px3a';

subplot(3,2,1);
plot(f(1:512),10 * log10(px(1:512,:)));
xlabel('(a) f/fs');ylabel('10lg10px(dB)');
subplot(3,2,2);
plot(f(1:512),10 * log10(y(1:512)));
xlabel('(b) f/fs');ylabel('10lg10px(dB)');

subplot(3,2,3);
plot(f(1:512),10 * log10(px2(1:512,:)));
xlabel('(c) f/fs');ylabel('10lg10px(dB)');
subplot(3,2,4);
plot(f(1:512),10 * log10(z(1:512)));
xlabel('(d) f/fs');ylabel('10lg10px(dB)');

subplot(3,2,5);
plot(f(1:512),10 * log10(px3(1:512,:)));
xlabel('(e) f/fs');ylabel('10lg10px(dB)');
subplot(3,2,6);
plot(f(1:512),10 * log10(u(1:512)));
xlabel('(f) f/fs');ylabel('10lg10px(dB)');

function px=overlay2(N,omega,A,sigma,nsect,num)
jj=length(omega);
n=1:N;
for i=1:num
    x=sigma * randn(1,N);
    for j=1:jj
        phi=2 * pi * rand(1);
        x=x+A(j) * sin(omega(j) * n+phi);
    end;
    px(:,i)=bart(x,nsect);
end;
```

复习思考题

7.1　功率谱如何定义？谱估计的任务是什么？经典谱估计和现代谱估计的主要区别有哪些？经典谱估计方法有哪些优缺点？

7.2　如何评价估计质量？如何定义估计的偏差、方差、均方误差、置信区间？什么是无偏估计、渐近无偏估计、一致估计、有效估计？

7.3　如何计算最大似然估计？

7.4　什么是取样均值？它是否为一致估计？

7.5　什么是取样方差？它是否为一致估计？

7.6　什么是遍历性随机过程？什么是均值遍历性？什么是自相关遍历性？如何判断一个随机过程是否为均值遍历性的？如何判断一个随机过程是否为自相关遍历性的？

7.7　如何估计随机过程的自相关序列？自相关序列的无偏估计 $R'_N(m)$ 和渐近无偏估计 $R_N(m)$ 有何区别？

7.8　为什么 $R'_N(m)$ 是最大似然估计和一致估计？

7.9　$R_N(m)$ 是否为一致估计？讨论当 $|m| \ll N$ 时和当 $|m|$ 接近于 N 时两种情况下 $R_N(m)$ 的性能。

7.10　什么是周期图？什么是计算周期图的直接方法和间接方法？如何用带通滤波器组来解释周期图？

7.11　为什么周期图是随机的？为获得稳定的周期图应采取什么措施？

7.12　滞后窗对周期图的期望值有何影响？什么是谱估计的频率分辨率和旁瓣泄漏？

7.13　周期图的偏差和方差如何计算？周期图的分辨率如何计算？

7.14　如何解释数据记录越长反而周期图上的随机起伏越密集且起伏强度并不减弱（见图 7.9）？

7.15　为什么通常不利用自相关序列的无偏估计 $R'_N(m)$ 来计算周期图？

7.16　改善周期图质量有哪些方法？

7.17　修正周期图法与普通周期图法的主要区别是什么？

7.18　Welch 周期图法与 Bartlett 周期图法的主要区别是什么？

7.19　Blackman-Tukey 周期图法与其它周期图法的主要区别是什么？

7.20　试比较各种周期图方法的性能和算法。

7.21　在使用 Welch 周期图法时，如何考虑序列分段长度和相邻分段间的重叠部分长度的选取？

7.22　为什么矩形数据窗 3 dB 带宽与 Bartlett 滞后窗 6 dB 带宽是相等的？

7.23　从减小方差的手段来看，Blackman-Tukey 法与 Bartlett 法和 Welch 法有何区别？

7.24　如何编制各种周期方法的 Matlab 程序？

习　　题

7.1　设 x 是一平稳随机信号，它取 1、0、-1 三个值的概率相等。用 x 对载波序列 $c(n)$ 进行

幅度调制后在噪声信道中传输。接收端收到的数据为

$$y(n) = xc(n) + v(n), \quad n = 0,1,2,\cdots,M$$

式中，$v(n)$ 是信道噪声，假设它是方差为 σ_v^2 的零均值白色高斯噪声，且与 x 不相关。若用列矢量表示时间序列，则上式可写成

$$\boldsymbol{Y} = x\boldsymbol{C} + \boldsymbol{V}$$

式中，
$$\boldsymbol{Y}=[y(0)\ y(1)\ \cdots\ y(M)]^{\mathrm{T}}$$
$$\boldsymbol{C}=[c(0)\ c(1)\ \cdots\ c(M)]^{\mathrm{T}}$$
$$\boldsymbol{V}=[v(0)\ v(1)\ \cdots\ v(M)]^{\mathrm{T}}$$

试根据数据 $y(n)$ 求信号 x 的最大似然估计。

7.2 已知一个随机过程 $\{x_n\}$ 的取样序列为

$$x(n) = \cos(\omega_0 n + \theta)$$

式中，ω_0 是恒定角频率，θ 是一个在 $[0,2\pi]$ 上均匀分布的随机变量。

（1）求该随机过程的自相关序列 $R_{xx}(m)$。

（2）该随机过程是否为广义平稳过程？

（3）若已知一段取样数据：

$$x_N(n) = \{0.5871, -0.6793, 0.2679, -0.2242, 0.7767, 0.9718, 0.6202, -0.7354\}$$

试由这些数据计算 $R_{xx}(m)$ 的两种估计值 $R'_N(m)$ 和 $R_N(m)$。

7.3 讨论习题 7.2 中所给随机过程是否为均值遍历性随机过程。

7.4 证明式（7.42）。如果 $x(k),x(l),x(m)$ 和 $x(n)$ 都是复高斯随机变量，式（7.42）有何变化？

7.5 证明式（7.56）与式（7.58）是等效的，即要求能够从式（7.56）推导出式（7.58），同时能够由式（7.58）推导出式（7.56）。

7.6 推导式（7.72）表示的 Bartlett 窗函数的傅里叶变换公式（7.74），并利用式（7.74）计算 6 dB 频带宽度。

7.7 已知数据窗函数表示式如下：

① 矩形窗

$$w_{\mathrm{R}}(n)=\begin{cases}1, & 0\leqslant n\leqslant N-1\\ 0, & \text{其它}\end{cases}$$

② Bartlett 窗

$$w_{\mathrm{B}}(n)=\begin{cases}\dfrac{2n}{N-1}, & 0\leqslant n\leqslant \dfrac{N-1}{2}\\ 2-\dfrac{2n}{N-1}, & \dfrac{N-1}{2}\leqslant n\leqslant N-1\end{cases}$$

③ Hanning 窗

$$w_{\mathrm{Hn}}(n)=\begin{cases}\dfrac{1}{2}\left[1-\cos(\dfrac{2\pi n}{N-1})\right], & 0\leqslant n\leqslant N-1\\ 0, & \text{其它}\end{cases}$$

④ Hamming 窗

$$w_{Hm}(n)=\begin{cases}0.54-0.46\cos(\dfrac{2\pi n}{N-1}), & 0\leqslant n\leqslant N-1\\ 0, & \text{其它}\end{cases}$$

⑤ Blackman 窗

$$w_{Bl}(n)=\begin{cases}0.42-0.5\cos(\dfrac{2\pi n}{N-1})+0.08\cos(\dfrac{4\pi n}{N-1}), & 0\leqslant n\leqslant N-1\\ 0, & \text{其它}\end{cases}$$

(1) 求这些窗函数的傅里叶变换。

(2) 计算各傅里叶变换主瓣的 3 dB 带宽。

7.8　已知一个随机过程的 $N=10\,000$ 个观测数据,由于一些原因(例如内存容量很有限),只允许计算 1 024 点 DFT。现要求利用这 10 000 个数据来计算周期图,并使频率分辨率不低于

$$\Delta\omega=0.89\frac{2\pi}{10\,000}$$

你能想出一个比较好的办法吗?

7.9　有一连续时间信号 $x_a(t)$,其频谱不超过 5 kHz。现已记录下该信号的 5 s 的波形。要求根据该波形来估计信号的功率谱:利用基 2 FFT 算法,采用 Bartlett 周期图法,得到的周期图的频率分辨率不低于 10 Hz。

(1) 若数据以奈奎斯特率取样,为达到上面要求的 10 Hz 分辨率,数据的最小分段长度应为多少?

(2) 使用(1)算出的最小段长,利用题给 10 s 的已知数据,有多少段可用来平均?

(3) 取样率的选取怎样影响周期图的分辨率和方差? 如果用高于奈奎斯特率的速率取样,会有好处吗?

7.10　有一随机过程,已采集到它的 $N=2\,000$ 个取样值,用 Bartlett 法根据这些数据来估计该随机过程的功率谱。

(1) 为得到 $\Delta f=0.005$ Hz 的分辨率,子序列的长度 L 最短为多少?

(2) 将 L 取为超过(1)计算的最短长度会有好处吗? 为什么?

(3) 谱估计的质量因子定义成变异性的倒数

$$Q=1/\nu$$

为得到 $\Delta f=0.005$ Hz 的分辨率和 5 倍于一般周期图的质量因子,采用 Bartlett 法所需的最少数据量 N 应是多少?

7.11　有一随机过程 $x(n)$ 是由单位方差白噪声经一级联全极点滤波器(其系统函数为 $H_1(z)H_2(z)$)后得到的输出,这里

$$H_1(z)=\frac{1}{1+az^{-1}+0.99z^{-2}}$$

$$H_2(z)=\frac{1}{1-az^{-1}+0.98z^{-2}}$$

(1) 式中的 a 值很小,$0<a<0.1$,试画出 $x(n)$ 的功率谱的图形,仔细观察两个谱峰的位置和 $\omega=0.5\pi$ 处功率谱 $S_{xx}(e^{j\omega})$ 的数值。

(2) 取 $a=0.1$,画出功率谱的图形,观察谱峰的位置;为了用 Bartlett 法估计的周期图能分辨两个谱峰,数据分段长度 L 应为多少?

(3) 为了得到(2)中 Bartlett 法达到的分辨率,采用 Blackman-Tukey 法时,需要使用多少自相

关取样值？如果要求 Blackman-Tukey 法能达到 $K=4$ 时的 Bartlett 法能达到的方差，必须使用多少数据？

7.12 市场上不少傅里叶分析仪采用了对周期图进行指数平均的方法，

$$S_i(e^{j\omega}) = \alpha S_{i-1}(e^{j\omega}) + \frac{1-\alpha}{N}\left|\sum_{n=0}^{N-1} x_i(n)e^{-j\omega n}\right|^2$$

式中，$x_i(n)=x(n+Ni)$ 是已知 N 个观测数据的第 i 个子序列，初始化 $S_{-1}(e^{j\omega})=0$。用这种方法来估计随机过程 $x(n)$ 的功率谱，可以连续不断地更新功率谱的估计。

(1) 定性说明这种谱估计方法的工作原理，权系数 α 的值应如何选取？

(2) 假设不断更新的周期图互不相关，α 选为 $0<\alpha<1$，求高斯随机过程的谱估计的均值和方差。

(3) 用修正周期图法代替一般周期图法，重做第(2)问。

7.13 已知一个实随机过程 $x(n)$ 的自相关序列为

$$R_{xx}(0)=1,\ R_{xx}(1)=a,\ R_{xx}(2)=0,\ \cdots$$

用 Blackman-Tukey 法估计该随机过程的功率谱，假设使用矩形滞后窗。画出 Blackman-Tukey 周期图。

7.14 已知一随机过程 $x(n)$ 的自相关序列为

$$R_{xx}(m)=\alpha^{|m|},\quad |m|\leqslant M$$

式中，$|\alpha|<1$。试用 Blackman-Tukey 法估计该随机过程的功率谱，设滞后窗为矩形窗，可用 Matlab 来实现。

参 考 文 献

[1] Kay S M. Modern Spectral Estimation：Theory and Application[M]. Englewood Cliffs，New Jersey：Prentice-Hall，Inc. ，1988.

[2] Marple S. Digital Spectral Analysis with Applications[M]. Englewood Cliffs，New Jersey：Prentice-Hall，Inc. ，1987.

[3] Lim J S，Oppenheim A V. Advanced Topics in Signal Processing[M]. Englewood Cliffs，New Jersey：Prentice-Hall，Inc. ，1988.

[4] Hayes M H. Statistical Digital Signal Processing and Modeling[M]. New York：John Wiley & Sons，Inc. ，1996.

[5] Ingle V K，Proakis J G. Digital Signal Processing Using MATLAB[M]. PWS Publishing Company，1996.
中译本：数字信号处理及其 MATLAB 实现[M]. 陈怀琛，王朝英，高西全，译. 北京：电子工业出版社，1998.

[6] Welch P D. The Use of Fast Fourier Transform for the Estimation of Power Spectra：A Method Based on Time Averaging Over Short Modified Periodograms[J]. IEEE Trans. Audio and Eclectroacoust，1967，15：70-73.

附录 A 频率抽选基 2 FFT 和 IFFT 子程序

```
/ * * * * * * * * * * * * * * * * * * * * * * * * * * * * * * * * * * * * * * *
 * Filename：dsp. h                                                        *
 * Function：This file includes two functions of FFT and IFFT              *
 * * * * * * * * * * * * * * * * * * * * * * * * * * * * * * * * * * * * * * /

/ * define struct COMPLEX * /
    typedef struct{
                float real;
                float imag;
                }COMPLEX;
extern void fft(COMPLEX * x,int m);
extern void ifft(COMPLEX * x,int m);
/ * first function:fft,in-place radix 2 decimation in frequency FFT * /
void fft(COMPLEX * x,int m)
{
    static COMPLEX * w;
    static int mstore=0;
    static int n=1;

    COMPLEX u,temp,tm;
    COMPLEX * xi,* xip,* xj,* wptr;

    int i,j,k,l,le,windex;
    double arg,w_real,w_imag,wrecur_real,wrecur_imag,wtemp_real;
    if(m! =mstore)
    {
/ * free previously allocated storage and set new m * /
        if (mstore! =0)free(w);
        mstore=m;
        if(m==0) return;      / * if m=0 then done * /
/ * n=2 * * m=fft length * /
```

```
        n=1<<m;
        le=n/2;
/* allocate the storage for w */
        w=(COMPLEX *)calloc(le-1,sizeof(COMPLEX));
        if(! w)
        {
            printf("\nUnable to allocate complex w array\n");
            exit(1);
        }
/* calculate the w values recursively */
        arg=4.0* atan(1.0)/le;
        wrecur_real=w_real=cos(arg);
        wrecur_imag=w_imag=-sin(arg);
        xj=w;
        for(j=1;j<le;j++)
        {
        xj->real=(float)wrecur_real;
        xj->imag=(float)wrecur_imag;
        xj++;
        wtemp_real=wrecur_real* w_real_wrecur_imag* w_imag;
        wrecur_imag=wrecur_real* w_imag+wrecur_imag* w_real;
        wrecur_real=wtemp_real;
        }
}
/* start fft */
    le=n;
    windex=1;
    for(l=0;l<m;l++)
    {
        le=le/2;
/* first iteration with no multiplies */
        for(i=0;i<n;i=i+2* le)
        {
                xi=x+i;
                xip=xi+le;
                temp. real=(xi->real+xip->real);
                temp. imag=(xi->imag+xip->imag);
                xip->real=(xi->real-xip->real);
```

```
                xip->imag=(xi->imag-xip->imag);
                * xi=temp;
        }
/ * remaining iterations use stored w  * /
        wptr=w+windex-1;
        for(j=1;j<le;j++)
        {
                u= * wptr
                for(i=j;i<n;i=i+2 * le)
                {
                xi=x+i;
                xip=xi+le;
                temp. real=(xi->real+xip->real);
                temp. imag=(xi->imag+xip->imag);
                tm. real=xi->real-xip->real;
                tm. imag=xi->imag-xip->imag;
                xip->real=(tm. real * u. real-tm. imag * u. imag);
                xip->imag=(tm. real * u. imag+tm. imag * u. real);
                * xi=temp;
                }
                wptr=wptr+windex;
        }
        windex=2 * windex;
    }
/ * rearrang data by bit reversing * /
        for(i=0;i<n;++i)
        {
                j=0
                for (k=0;k<m;++k)
                j=(j<<1)|(1&(i>>k));
                if(i<j)
                {
                        xi=x+i;
                        xj=x+j;
                        temp= * xj;
                        * xj= * xi;
                        * xi=temp;
                }
```

```
        }
}
/ * second function :ifft,in-place radix 2 decimation in time IFFT * /
void ifft(COMPLEX* x,int m)
{
    static COMPLEX * w;
    static int mstore=0;
    static int n=1;

    COMPLEX u,temp,tm;
    COMPLEX * xi,* xip,* xj,* wptr;

    int i,j,k,l,le,windex;
    float scale;
    double arg,w_real,w_imag,wrecur_real,wrecur_imag,wtemp_real;
    if(m! =mstore)
    {
/ * free previously allocated storage and set new m * /
        if (mstore! =0)free(w);
        mstore=m;
        if(m==0) return;      / * if m=0 then done * /

/ * n=2** m=fft length * /
        n=1<<m;
        le=n/2;
/ * allocate the storage for w * /
        w=(COMPLEX * )calloc(le-1,sizeof(COMPLEX));
        if(! w)
        {
            printf("\nUnable to allocate complex w array\n");
            exit(1);
        }
/ * calculate the w values recursively * /
        arg=4.0 * atan(1.0)/le;
        wrecur_real=w_real=cos(arg);
        wrecur_imag=w_imag=sin(arg);
        xj=w;
        for(j=1;j<le;j++)
```

```
        {
            xj->real=(float)wrecur_real;
            xj->imag=(float)wrecur_imag;
            xj++;
            wtemp_real=wrecur_real * w_real-wrecur_imag * w_imag;
            wrecur_imag=wrecur_real * w_imag+wrecur_imag * w_real;
            wrecur_real=wtemp_real;
        }
    }
/* start ifft */
    le=n;
    windex=1;
    for(l=0);l<m;l++)
    {
            le=le/2;

/* first iteration with no multiplies */
        for(i=0;i<n;i=i+2 * le)
        {
                xi=x+i;
                xip=xi+le;
                temp. real=(xi->real+xip->real);
                temp. imag=(xi->imag+xip->imag);
                xip->real=(xi->real-xip->real);
                xip->imag=(xi->imag-xip->imag);
                * xi=temp;
                }
/* remaining iterations use stored w */
            wptr=w+windex-1;
            for(j=1;j<le;j++)
            {
                u= * wptr;
                for(i=j;i<n;i=i+2 * le)
                {
                    xi=x+i;
                    xip=xi+le;
                    temp. real=(xi->real+xip->real);
                    temp. imag=(xi->imag+xip->imag);
```

```
                tm. real=xi->real-xip->real;
                tm. imag=xi->imag-xip->imag;
                xip->real=(tm. real* u. real-tm. imag* u. imag);
                xip->imag=(tm. real* u. imag+tm. imag* u. real);
                * xi=temp;
                  }
        wptr=wptr+windex;
            }
        windex=2* windex;
    }
/ * rearrang data by bit reversing * /
        for(i=0;i<n;++i)
        {
                j=0;
                for (k=0;k<m;++k)
                j=(j<<1)|(1&(i>>k));
                if(i<j)
                {
                        xi=x+i;
                        xj=x+j;
                        temp=* xj;
                        * xj=* xi;
                        * xi=temp;
                        }
            }
/ *  scale all results by 1/n  * /
        scale=(float)(1. 0/n);
        for(i=0;i<n;i++)
                {
                x[i]. real=scale* x[i]. real;
                x[i]. imag=scale* x[i]. imag;
                }
}
```

附录 B　部分习题参考答案

第 2 章

2.1　(1) 是周期序列,最小周期 $N=16$。

　　(2) 不是周期序列。

　　(3) 是周期序列,最小周期 $N=8$。

2.2　(a) $y(0)=1,y(1)=3,y(n)=4,2\leqslant n<\infty$。

　　(b) $y(n)=-2\delta(n)+5\delta(n-1)-\delta(n-3)$。

　　(c) $y(n)=\dfrac{1-a^{n+1}}{1-a}u(n)$。

2.3　(1) $y(n)=(n+1)u(n)$。

　　(2) $y(n)=\dfrac{1-\lambda^{n+1}}{1-\lambda}u(n),\lambda\neq 1$。

2.4　$y(n)=0,n<0;y(0)=1;y(1)=1+a;y(2)=1+a+a^2$;

　　$y(n)=a^n+a^{n-1}+a^{n-2}+a^{n-3},n\geqslant 3$。

2.5　$y(n)=\dfrac{1}{1-a},n>0$

　　$y(n)=\dfrac{a^{-n}}{1-a},n\leqslant 0$

2.7　(1) 非线性;非移变;稳定;因果。

　　(2) 线性;移变;稳定;因果。

　　(3) 线性;非移变;不稳定;因果。

　　(4) 线性;移变;不稳定;$n\geqslant n_0$ 时因果,$n<n_0$ 时非因果。

　　(5) 线性;移变;若 $|g(n)|<\infty$,则稳定;因果。

2.8　(1) 反因果,稳定。(2) 反因果,$|a|\leqslant 1$ 时不稳定。(3) 反因果,稳定。(4) 因果,稳定。

　　(5) 因果,不稳定。(6) 因果,稳定。

2.10　$\alpha=-1,\beta=-8,y(n)=\dfrac{1}{2}(4^n)-\dfrac{1}{2}(-2)^n$。

2.11　$y(n)=\dfrac{1}{\sqrt{5}}\left[\left(\dfrac{1+\sqrt{5}}{2}\right)^{n+1}-\left(\dfrac{1-\sqrt{5}}{2}\right)^{n+1}\right]$

2.12　(1) $h(n)=3(-2)^n u(n)+2(4^n)u(n)$

　　(2) $h(n)=\delta(n)+\dfrac{2}{3}\left(\dfrac{1}{3}\right)^n u(n-1)$

2.13　$y(n) = \dfrac{1-\beta^{n+1}}{1-\beta} \cdot u(n)$

2.15　(1) $h(n) = \left(\dfrac{1}{2}\right)^n u(n) + \left(\dfrac{1}{2}\right)^n u(n-1)$，或 $h(0)=1, h(n)=2\left(\dfrac{1}{2}\right)^n, n \geqslant 1$。

　　　(2) $y(n) = \mathrm{e}^{\mathrm{j}\omega n}\left[\dfrac{1+\dfrac{1}{2}\mathrm{e}^{-\mathrm{j}\omega}}{1-\dfrac{1}{2}\mathrm{e}^{-\mathrm{j}\omega}}\right]$

　　　(3) $H(\mathrm{e}^{\mathrm{j}\omega}) = \dfrac{1+\dfrac{1}{2}\mathrm{e}^{-\mathrm{j}\omega}}{1-\dfrac{1}{2}\mathrm{e}^{-\mathrm{j}\omega}}$

　　　(4) $H(\mathrm{e}^{\mathrm{j}\omega})$ 用极坐标形式表示为 $|H(\mathrm{e}^{\mathrm{j}\omega})|\mathrm{e}^{\mathrm{j}\theta(\omega)}$，对给定的输入 $\cos\left(\dfrac{\pi n}{2}+\dfrac{\pi}{4}\right)$ 的响应为

$$y(n) = |H(\mathrm{e}^{\mathrm{j}\frac{\pi}{2}})|\cos\left[\dfrac{\pi n}{2}+\dfrac{\pi}{4}+\theta\left(\dfrac{\pi}{2}\right)\right]$$

由(3)可得

$$|H(\mathrm{e}^{\mathrm{j}\frac{\pi}{2}})| = 1, \quad \theta\left(\dfrac{\pi}{2}\right) = -2\arctan\left(\dfrac{1}{2}\right)$$

2.16　$b = \dfrac{1}{a^*}$；当 a、b 都为实数时，$b = \dfrac{1}{a}$。

2.19　(1) $f_{ac} = 625$ Hz，$f_c = 5$ kHz

　　　(2) $f_{ac} = 1250$ Hz，$f_c = 10$ kHz

2.20　(1) $X(z) = z^{-m}$，$|z| > 0$。

　　　(2) $X(z) = \dfrac{1}{1-2z^{-1}}$，$|z| > \dfrac{1}{2}$。

　　　(3) $X(z) = \dfrac{-1}{1-az^{-1}}$，$|z| < |a|$。

　　　(4) $X(z) = \dfrac{1-(2z)^{-10}}{1-(2z)^{-1}}$，$|z| > 0$。

　　　(5) $X(z) = \dfrac{1-z^{-1}\cos\omega_0}{1-2z^{-1}\cos\omega_0+z^{-2}}$，$|z| > 1$。

2.21　(1) $X(z) = \dfrac{z(1-a^2)}{(1-az)(z-a)}$，$|a| < |z| < \dfrac{1}{|a|}$

　　　零点：$z_1 = 0, z_2 = \infty$。极点：$z_1 = a, z_2 = \dfrac{1}{a}$。

　　　(2) $X(z) = \dfrac{1}{1-\mathrm{e}^{a+\mathrm{j}\omega_0}z^{-1}}$，$|z| > \mathrm{e}^a$

　　　极点：$z = \mathrm{e}^{a+\mathrm{j}\omega_0}$。零点：$z = 0$。

　　　(3) $X(z) = \dfrac{A[\cos\phi - rz^{-1}\cos(\omega_0-\phi)]}{1-2rz^{-1}\cos\omega_0+r^2z^{-2}}$，$|z| > |r|$

　　　极点：$z_1 = r\mathrm{e}^{\mathrm{j}\omega_0}, z_2 = r\mathrm{e}^{-\mathrm{j}\omega_0}$。零点：$z_1 = 0, z_2 = \dfrac{r\cos(\omega_0-\phi)}{\cos\phi}$。

　　　(4) $X(z) = 1 + z^{-1} + \dfrac{z^{-2}}{2!} + \cdots + \dfrac{z^{-n}}{n!} + \cdots = \mathrm{e}^{1/z}$，$|z| > 0$

(5) $X(z) = \dfrac{\sin\theta + z^{-1}\sin(\omega_0 - \theta)}{1 - 2z^{-1}\cos\omega_0 + z^{-2}}, |z| > 1$

　　极点：$z_1 = \mathrm{e}^{\mathrm{j}\omega_0}$，$z_2 = \mathrm{e}^{-\mathrm{j}\omega_0}$。　　零点：$z_1 = 0$，$z_2 = \dfrac{\sin(\omega_0 + \theta)}{\sin\theta}$。

2.22　(1) $x(n) = -\left(-\dfrac{1}{2}\right)^n u(-n-1)$

　　　(2) $x(n) = \left[4\left(-\dfrac{1}{2}\right)^n - 3\left(-\dfrac{1}{4}\right)^n\right] u(n)$

　　　(3) $x(n) = \begin{cases} 0, & n < 0 \\[2mm] -\dfrac{1}{a}, & n = 0 \\[2mm] (a^2 - 1)a^{-n-1}, & n > 0 \end{cases}$

或　　　　　$x(n) = \left(\dfrac{1}{a}\right)^{n-1} u(n-1) - \left(\dfrac{1}{a}\right)^{n+1} u(n)$

2.23　(1) $x(n) = -[u(n) + 2 \cdot 2^n u(-n-1)]$

　　　(2) $x(n) = -6\left(\dfrac{1}{2}\right)^n u(n) - 2 \cdot 2^n u(-n-1)$

　　　(3) $x(n) = n\mathrm{e}^{-Tn} u(n)$

　　　(4) $x(n) = \begin{cases} a^n, & n \geqslant 0 \\ -b^n, & n < 0 \end{cases}$

2.24　$x(n) = \delta(n) + \dfrac{1}{|n|!}$

　　　提示：将 e^z 展成罗朗级数。

2.25　不能，设 $X(z) = z^* = x - \mathrm{j}y$，不满足柯西-黎曼条件，即 $\dfrac{\partial u}{\partial x} = 1 \neq \dfrac{\partial v}{\partial y} = -1$，所以 $X(z) = z^*$ 不

　　　是解析函数。

　　　提示：z 变换在收敛域内是解析函数。

2.26　$w(n) = \dfrac{1 - a^{n+1}}{1 - a}, n \geqslant 0 (设 \ a < 1)$

2.29　(1) v 平面极点：$v_1 = 0.1z, v_2 = 0.1, v_3 = 10z$。$v$ 平面收敛域：$0.1 < |v| < 10|z|$

　　　　　$W(z) = \mathscr{Z}[x(n) \cdot y(n)] = \dfrac{0.01z^{-2} - 0.01z^{-1}}{(1 - 0.01z^{-1})(1 - z^{-1})}, 0.1 < |z| < 10$

　　　(2) v 平面极点：$v_1 = 2z, v_2 = 0.5, v_3 = 0$，因为围线 C 包围极点 v_3，故

　　　　　$W(z) = \mathscr{Z}[x(n) \cdot y(n)] = 1$。

2.31　(1) $\dfrac{1}{3} < |z| < 2$，双边序列。

　　　(2) $\dfrac{1}{3} < |z| < 2$ 或 $2 < |z| < 3$。

2.32　$\dfrac{1}{2} < |z| < \infty$，　不是因果系统。

2.33　(1) $y(n) - \beta y(n-1) = x(n) + x(n-1)$

　　　(2) $H(z) = \dfrac{1 + z^{-1}}{1 - \beta z^{-1}}, H(\mathrm{e}^{\mathrm{j}\omega}) = \dfrac{1 + \mathrm{e}^{-\mathrm{j}\omega}}{1 - \beta \mathrm{e}^{-\mathrm{j}\omega}}$

(3) $h(n) = \beta^n \cdot u(n) + \beta^{n-1} \cdot u(n-1)$,

$$g(n) = h(n) * u(n) = \frac{1-\beta^{n+1}}{1-\beta} u(n) + \frac{1-\beta^n}{1-\beta} u(n-1)$$

2.34 (1) $H(z) = \dfrac{z^{-1}}{1-z^{-1}-z^{-2}} = \dfrac{z}{(z-\beta_1)(z-\beta_2)}$

零点：$z=0$。极点：$z_1 = \beta_1 = \dfrac{1}{2}(1+\sqrt{5}) \approx 1.62, z_2 = \beta_2 = \dfrac{1}{2}(1-\sqrt{5}) = -0.62$。

因为系统为因果系统，所以收敛域 $|z| > \beta_1$。

(2) $h(n) = \dfrac{1}{\beta_1 - \beta_2}(\beta_1^n - \beta_2^n) u(n)$。

(3) 要使系统稳定，收敛域应包括单位圆，因此，收敛域为 $|\beta_2| < |z| < |\beta_1|$，即 $0.62 < |z| < 1.62$，

$$h(n) = \frac{1}{\beta_2 - \beta_1}[\beta_1^n u(-n-1) + \beta_2^n u(n)]$$

2.35 $H(z) = \dfrac{z}{(z-2)\left(z-\dfrac{1}{2}\right)}$，零点：$z=0$。极点：$z_1 = 2, z_2 = \dfrac{1}{2}$。

① $2 < |z| < \infty$，不稳定，但为因果。

$$h(n) = \frac{2}{3}(2^n - 2^{-n}) u(n)$$

② $\dfrac{1}{2} < |z| < 2$，稳定，非因果。

$$h(n) = -\frac{2}{3}\left[2^n u(-n-1) + \left(\frac{1}{2}\right)^n u(n)\right]$$

③ $0 < |z| < \dfrac{1}{2}$，不稳定，非因果。

$$h(n) = -\frac{2}{3}(2^n - 2^{-n}) u(-n-1)$$

2.36 $H(z) = \dfrac{z}{(z-3)\left(z-\dfrac{1}{3}\right)}$

$$h(n) = -\frac{3}{8}\left[3^n u(-n-1) + \left(\frac{1}{3}\right)^n u(n)\right]$$

2.37 $y(n) = \dfrac{(re^{-j\theta}-a)(re^{j\theta})^{n+2} - (re^{j\theta}-a)(re^{-j\theta})^{n+2} + j2r\sin\theta \cdot a^{n+2}}{j2r\sin\theta(re^{j\theta}-a)(re^{-j\theta}-a)}$

2.39 $y(n) = \{0.5, 1.5, 3, 2.5, 1.5\}, 0 \leqslant n \leqslant 4$

2.40 $y(n) = \{1, 0, 0, 3, 6, 3, 17, 15\}, 0 \leqslant n \leqslant 7$

2.41 $y(n) = \{6, 31, 47, 6, -51, -5, 41, 18, -22, -3, 8, 2\}, -4 \leqslant n \leqslant 7$

2.47

(1) R =

   -0.1173 -0.1173

  P =

   -0.9000 0.9000

C=

    1.2346

(2) R=

    0.5000   −0.5000

P=

    1.0000   0.3333

C=

    [ ]

(3) R=

    3.3333   1.6667

P=

    0.5000   0.2500

C=

    −4

(4) R=

    2.5000   −4.0000

P=

    0.8000   0.2000

C=

    2.5000

(5) R=

    −7.4736   4.0287   3.7875

P=

    0.6000   0.6000   0.2000

C=

    1.1574   1.9723

第 3 章

.1 $\widetilde{X}(k)=2\left(1+\cos\dfrac{\pi k}{2}\right), -\infty<k<\infty$

.3 (1) 正确；(2) 不正确；(3) 正确；(4) 不正确。

.4 $\widetilde{X}(k)=\dfrac{1-W_N^{3k}}{1-W_N^k}, -\infty<k<\infty$，或一个周期：$\widetilde{X}(0)=3, \widetilde{X}(1)=1-\mathrm{j}\sqrt{3}, \widetilde{X}(2)=\widetilde{X}(4)=0,$

    $\widetilde{X}(3)=1, \widetilde{X}(5)=1+\mathrm{j}\sqrt{3}$

.5 $\widetilde{x}_3(n)=6\delta(n)+\delta(n-1)+2\delta(n-2)+3\delta(n-3)+4\delta(n-4)+5\delta(n-5)$（一个周期）

.6 (1) $X(k)=\begin{cases}1, & 0\leqslant k\leqslant N-1 \\ 0, & \text{其它}\end{cases}$

    (2) $X(k)=\begin{cases}W_N^{kn_0}=\mathrm{e}^{-\mathrm{j}\frac{2\pi}{N}kn_0}, & 0\leqslant k\leqslant N-1 \\ 0, & \text{其它}\end{cases}$

(3) $X(k) = \begin{cases} \dfrac{1-a^N}{1-e^{-j\frac{2\pi}{N}k}}, & 0 \leqslant k \leqslant N-1 \\ 0, & \text{其它} \end{cases}$

(4) $X(k) = \begin{cases} \dfrac{N}{2}, & k=m \text{ 或 } k=-m \\ 0, & \text{其它} \end{cases}$

3.8 (1) $y(n) = x(n) * x(n) = \delta(n) + 4\delta(n-1) + 8\delta(n-2) + 10\delta(n-3) + 8\delta(n-4) + 4\delta(n-5) + \delta(n-6)$

(2) $y(n) = x(n) ④ x(n) = 9\delta(n) + 8\delta(n-1) + 9\delta(n-2) + 10\delta(n-3)$

(3) 与(1)一样。

3.10 $x_p(n) = \displaystyle\sum_{r=-\infty}^{\infty} x(n+rN)$

3.11 (1) $X(z) = \dfrac{1-z^{-N}}{1-z^{-1}} = \dfrac{z^N-1}{z^{N-1}(z-1)}$,

极点: $z_1 = 0$, $(N-1)$阶极点, $z_2 = 1$。

零点: $z_k = e^{j\frac{2\pi}{N}k}$, $k = 0,1,2,\cdots,N-1$。

(2) $X(e^{j\omega}) = \dfrac{1-e^{-j\omega N}}{1-e^{-j\omega}}$, $|H(e^{j\omega})| = \left| \dfrac{\sin\left(\dfrac{\omega N}{2}\right)}{\sin\left(\dfrac{\omega}{2}\right)} \right|$

$\phi(\omega) = -(N-1)\omega/2$

(3) $X(k) = \dfrac{1-W_N^{kN}}{1-W_N^k} = \dfrac{1-e^{-j2\pi k}}{1-e^{-j\frac{2\pi}{N}k}} = \begin{cases} N, & k=0 \\ 0, & k\neq 0 \end{cases}$

3.13 $x_1(n) = (0.5)^{-n} e^{-j\frac{2\pi}{10}kn} \cdot x(n)$

3.14 $t_{\text{DFT}} = 125.81\text{s}$, $t_{\text{FFT}} = 0.72\text{s}$。

3.17 (1) $\dfrac{N}{2}$, 总乘法次数: $\dfrac{N}{2}\log_2 N$, 总加法次数: $N\log_2 N$。

(2) $W_N^{Mk/2}$, $k = 0,1,\cdots,\dfrac{N}{M}-1$, $M = 2^m$。

(3) $N \cdot 2^{-m}$

(4) $N \cdot 2^{-m+1}$, $2 \leqslant m \leqslant \log_2 N$。

3.18 (1) $t_p = 0.2$ s, (2) $T = 0.4$ s, (3) $N = 500$

第 4 章

4.2 对网络 Ⅰ : $H_1(z) = \dfrac{1}{(rz^{-1} - e^{-j\theta})(rz^{-1} - e^{j\theta})}$

极点: $z_1 = re^{j\theta}$, $z_2 = re^{-j\theta}$

对网络 Ⅱ : $H_2(z) = \dfrac{r\sin\theta \cdot z^{-1}}{(rz^{-1} - e^{-j\theta})(rz^{-1} - e^{j\theta})}$

极点: $z_1 = re^{j\theta}$, $z_2 = re^{-j\theta}$

4.7 (1) $H(z) = 0.25 + 0.35z^{-1} + 0.45z^{-2} + a_1 z^{-3} + a_2 z^{-4} + a_3 z^{-5}$

　　$h(n)=\{0.25, 0.35, 0.45, a_1, a_2, a_3\}$，FIR 数字滤波器

　　(2) $a_1=0.45, a_2=0.35, a_3=0.25$

4.8　(1) 冲激不变法：

$$H(z)=\frac{1}{1-0.60653z^{-1}}+\frac{0.5}{1-0.7788z^{-1}}$$

　　(2) 双线性变换法：

$$H(z)=\frac{14+4z^{-1}-10z^{-2}}{45-62z^{-1}+21z^{-2}}$$

4.9　系统函数：$H(z)=\dfrac{1}{1-e^{-0.9T}\cdot z^{-1}}$

　　频率响应：$H(e^{j\omega})=\dfrac{1}{1-e^{-0.9T}\cdot e^{-j\omega}}$，近似低通滤波器。当 $T>0$ 时，极点模 $|e^{-0.9T}|<1$。即极点在单位圆内，系统稳定。

4.10　(1) $H(z)=\dfrac{1-e^{-aT}\cos bT\cdot z^{-1}}{1-2e^{-aT}\cos bT\cdot z^{-1}+e^{-2aT}\cdot z^{-2}}$

　　(2) $H(z)=\dfrac{1}{2(a^2+b^2)}\cdot\dfrac{Bz^{-1}+Cz^{-2}}{1-2e^{-aT}\cos bT\cdot z^{-1}+e^{-2aT}\cdot z^{-2}}$

式中，　$B=-2ae^{-aT}\cos bT-2be^{-aT}\sin bT+2a$

　　　　$C=-2ae^{-aT}\cos bT+2be^{-aT}\sin bT+2ae^{-2aT}$

4.11　(1) $H_d(e^{j\omega})=\dfrac{1}{T^2}j\omega e^{-j\frac{\omega}{T}\tau}$，$|\omega|\leqslant\Omega_c T$

　　(2) $n_\tau=\dfrac{\tau}{T}$，因为 n_τ 为整数，所以 τ 必须是取样周期 T 的整倍数。

4.13　$N=7.278$，取 $N=8$，$\Omega_c=0.911$，s 左半平面共轭极点对如下：

　　极点对 1：$0.911e^{j\frac{9\pi}{16}}$，$0.911e^{-j\frac{9\pi}{16}}$

　　极点对 2：$0.911e^{j\frac{11\pi}{16}}$，$0.911e^{-j\frac{11\pi}{16}}$

　　极点对 3：$0.911e^{j\frac{13\pi}{16}}$，$0.911e^{-j\frac{13\pi}{16}}$

　　极点对 4：$0.911e^{j\frac{15\pi}{16}}$，$0.911e^{-j\frac{15\pi}{16}}$

模拟巴特沃斯滤波器的传递函数：

$$H_a(s)=\prod_{k=1}^{4}\frac{\Omega_c^N}{(s-s_k)(s-s_k^*)}=\sum_{k=1}^{4}\left[\frac{a_k}{s-s_k}+\frac{a_k^*}{s-s_k^*}\right]$$

用冲激不变法得数字滤波器系统函数：

$$H(z)=\sum_{k=1}^{4}\left[\frac{a_k}{1-e^{s_k}\cdot z^{-1}}+\frac{a_k^*}{1-e^{s_k^*}\cdot z^{-1}}\right]\quad(T=1)$$

式中，$a_k=H_a(s)(s-s_k)|_{s=s_k}$

4.14　$N=3.73894$，取 $N=4$，$\Omega_{c1}=0.70629$，$\Omega_{c2}=0.72737$，取 $\Omega_c=\dfrac{1}{2}(\Omega_{c1}+\Omega_{c2})=0.71684$。$s$ 左半平面共轭极点对如下：

　　极点对 1：$-0.27432\pm j0.66227$

　　极点对 2：$-0.66227\pm j0.27432$

4.17　(1) $H_2(k) = W_8^{4k} \cdot H_1(z) = e^{-jk\pi} \cdot H_1(k)$，$|H_2(k)| = |H_1(k)|$，$\theta_2(k) = \theta_1(k) - k\pi$。

(2) 是线性相位数字滤波器，因为 $h_2(n) = h_1((n-4))_8 \cdot R_8(n)$ 是偶对称序列，时延 $\alpha =$ 3.5。

(3) $h_2(n)$ 不是良好的低通滤波器。

4.18　$h_d(n) = e^{j\pi\alpha} \left\{ \dfrac{\sin\pi(n-\alpha)}{\pi(n-\alpha)} - \dfrac{\sin[(\pi-\omega_c)(n-\alpha)]}{\pi(n-\alpha)} \right\}$，$\alpha \neq n$，$\alpha = \dfrac{N-1}{2}$

4.19　$h_d(n) = \begin{cases} \dfrac{\sin[0.25\pi(n-\alpha)]}{\pi(n-\alpha)}, & n \neq \alpha \\ 0.25, & n = \alpha \end{cases}$

4.20　$h_R(n) = \dfrac{\sin\pi(n-\alpha)}{\pi(n-\alpha)} - h_B(n)$，设 $\varphi(\omega) = -\omega\alpha$，$n \neq \alpha$。

4.21　(1) 为了使系统具有线性相位，$|H(k)|$ 和 $\theta(k)$ 应满足

$$|H(k)| = |H(N-k)|$$

$$\theta(k) = -k\frac{2\pi}{N}\left(\frac{N-1}{2}\right) = -k\pi\left(1 - \frac{1}{N}\right)$$

$$|H(k)| = \begin{cases} 1, & 0 \leqslant k \leqslant 8 \\ 0.39, & k = 9 \\ 0, & 10 \leqslant k \leqslant 16 \end{cases}$$

$$\theta(k) = -\frac{32k\pi}{33}, \quad 0 \leqslant k \leqslant 32$$

4.22　C=

0.0625

B=

1.0000　−0.0000　9.0000

1.0000　−3.0000　2.0000

A=

1.0000　1.0000　0.5000

1.0000　−0.2500　−0.1250

4.23　C=

−18

B=

10.0500　−3.9500

28.1125　−13.3625

A=

1.0000　1.0000　0.5000

1.0000　−0.2500　−0.1250

4.24　$H_a(s) = \dfrac{0.1280}{(s^2 + 1.0727s + 0.4395)(s^2 + 0.4097s + 0.4395)(s + 0.6629)}$

4.25　(1) $H(z) = \dfrac{1.7851 - 0.634z^{-1}}{1 - 1.0247z^{-1} + 0.02707z^{-2}} + \dfrac{2.0612 + 1.1342z^{-1}}{1 - 1.1005z^{-1} + 0.3842z^{-2}}$

$$+\frac{0.2762-0.4281z^{-1}}{1-1.3330z^{-1}+0.7046z^{-2}}$$

(2) $H(z)=\dfrac{0.0004833(1+2.0111z^{-1}+1.0112z^{-2})}{1+0.9762z^{-1}+0.2484z^{-2}}\times\dfrac{1+1.9891z^{-1}+0.9892z^{-2}}{1+1.0855z^{-1}+0.3882z^{-2}}$

$$\times\frac{1+1.9998z^{-1}+0.9997z^{-2}}{1+1.3467z^{-1}+0.7222z^{-2}}$$

.26　$H_a(s)=\dfrac{0.0383}{(s^2+0.4233s+0.1103)(s^2+0.1753s+0.3895)}$

.27　$H_a(s)=\dfrac{0.1585(s^2+6.0654)(s^2+1.0407)}{(s^2+0.1696s+0.4102)(s+0.4435)}$

.28　$H_a(s)=\dfrac{0.274(s^2+0.6641)}{(s^2+0.1696s+0.4102)(s+0.4435)}$

.29　(1) $H(z)=\dfrac{0.0620+0.0266z^{-1}}{1-1.5232z^{-1}+0.8610z^{-2}}-\dfrac{0.0620+0.0281z^{-1}}{1-1.6167z^{-1}+0.6967z^{-2}}$

(2) $H(z)=\dfrac{0.1480(1-0.9714z^{-1}+z^{-2})}{1-1.1611z^{-1}+0.5961z^{-2}}\cdot\dfrac{1+z^{-1}}{1-0.3001z^{-1}}$

.30　$H(z)=\dfrac{0.1840(1+0.8777z^{-1}+z^{-2})(1-0.7779z^{-1}+z^{-2})}{(1-0.2603z^{-1}+0.1224z^{-2})(1-0.9331z^{-1}+0.6836z^{-2})}$

.31　$H(z)=\dfrac{0.1214(1-1.4211z^{-1}+z^{-2})(1+z^{-1})}{(1-1.4928z^{-1}+0.8612z^{-2})(1-0.6183z^{-1})}$

.32　$H(z)=\dfrac{0.0243(1-z^{-1})^4}{(1+0.5661z^{-1}+0.7647z^{-2})(1+1.0416z^{-1}+0.4019z^{-2})}$

33　若使用 Hamming 窗,则 $N=67,R_p=0.0394$ dB,$A_s=52$ dB

34　若使用 Blackman 窗,则 $N=75,R_p=0.0030$ dB,$A_s=75$ dB

第 5 章

2　$\sigma_w^2=\sigma_x^2+\sigma_y^2$

3　(2) $m_{x_1}=-q/2,\ m_{x_2}=0,\ m_{x_3}=\pi$

(3) $\sigma_{x_1}^2=q^2/3,\ \sigma_{x_2}^2=q^2/12,\ \sigma_{x_3}^2=4\pi^2/3$

4　$m_x=0,R_{xx}(m)=0.5\cos[\omega_0|n-m|]$ 是广义平稳随机过程。

5　提示:证明相乘后的序列的自相关函数是一个冲激。

6　第 1 个论断正确,第 2 个论断不正确。

7　(1) $E[\hat{m}_x]=m_x$

(2) $\sigma_{m_x}^2=\dfrac{\sigma_x^2}{N}$。

8　(1) $E[\hat{\sigma}_x^2]=\dfrac{N-1}{N}\sigma_x^2$

(2) $\mathrm{Var}[\hat{\sigma}_x^2]=\dfrac{1}{N}\{E[x_i^4]-(E[x_i^2])^2\}$

9　(1) $E[d^2(n)]=2[R_{xx}(0)-R_{xx}(1)]$

(2) 提示:当 $0\leqslant\omega\leqslant\omega_c$ 时,利用不等式

$$\sin^2\left(\frac{\omega}{2}\right) \leqslant \frac{\omega^2}{4}$$

5.10　(1) $R_{xy}(0) = h(0)\sigma_x^2$

　　　(2) $\sigma_y^2 = \sigma_x^2 \sum\limits_{n=-\infty}^{\infty} h^2(n)$

5.11　$R_{xx}(m) = \begin{cases} -\sum\limits_{k=1}^{p} a_k R_{xx}(m-k) + \sigma^2, & m = 0 \\ -\sum\limits_{k=1}^{p} a_k R_{xx}(m-k), & m > 0 \end{cases}$

5.12　(1) $R_{yy}(m) = R_{xx}(m)$

　　　(2) $R_{xy}(m) = \sum\limits_{l=-\infty}^{\infty} h(l) R_{xx}(m-l) = -R_{yx}(m)$

　　　(4) $R_{ww}(m) = 2R_{xx}(m) + 2j R_{yx}(m)$

　　　(5) $S_{ww}(e^{j\omega}) = \begin{cases} 4S_{xx}(e^{j\omega}), & -\pi \leqslant \omega < 0 \\ 0, & 0 \leqslant \omega < \pi \end{cases}$

5.14　(1) (a)式与(c)式是正确的,(b)式是错误的。

　　　(2) 用(c)式得到

$$\sigma_w^2 = \frac{1+ab}{(1-a^2)(1-ab)(1-b^2)}\sigma_x^2$$

　　　用(b)式得到

$$\sigma_w^2 = \frac{1}{(1-a^2)(1-b^2)}\sigma_x^2$$

两种结果不相等。(c)式的结果是正确的。(b)式的结果不正确,因为第 2 个子系统的输入 $y(n)$ 一般情况下不是白色随机序列。

5.15　(1) $R_{xx}(m) = R_{xx}^{(a)}(mT)$,即 $R_{xx}(m)$ 是 $R_{xx}^{(a)}(\tau)$ 以周期 T 的等间隔取样。

　　　(2) $S_{xx}(e^{j\omega}) = \frac{1}{T}\sum\limits_{k=-\infty}^{\infty} S_{xx}^{(a)}\left(\frac{\omega}{T} + \frac{2\pi}{T}k\right)$,即 $S_{xx}(e^{j\omega})$ 是 $S_{xx}^{(a)}(e^{j\omega})$ 的周期性延拓的叠加,延 周期为 $\frac{2\pi}{T}k$,即 $\frac{2\pi}{T}$ 的整数倍,$\frac{2\pi}{T} = \Omega_0$ 是取样角频率。

　　　(3) $S_{xx}^{(a)}(e^{j\Omega}) = 0, |\Omega| > \pi/T$。

5.16　(1) $R_{xx}(m) = \frac{1}{\pi T} \cdot \frac{\sin(\Omega_0 Tm)}{m}$

　　　(2) $T = \frac{\pi}{\Omega_0}k, k$ 为正整数。

5.17　(1) $R_{xx}(m) = \frac{1}{\pi T^2 \Omega_0}\left[\frac{\sin(T\Omega_0 m/2)}{m}\right]^2$

　　　(2) $T = \frac{2\pi}{\Omega_0}k, k$ 为正整数。

5.18　$\sum\limits_{m=-\infty}^{\infty} S_{xx}^{(a)}\left[\Omega + \frac{2\pi}{kT_0}l + \frac{2\pi}{T_0}m\right] = $ 常数$,0 \leqslant l < k-1$

5.19　(1) $x(n) = \sum_{k=0}^{q} b_k u(n-k)$

　　　(2) $R_{xx}(m) = \sigma^2 \sum_{k=-\infty}^{\infty} h(k)h(m+k)$

　　　(3) $S_{xx}(e^{j\omega}) = \sigma^2 \mid H_{MA}(e^{j\omega}) \mid^2$

5.20　(1) $x(n) = -\sum_{k=1}^{p} a_k x(n-k) + u(n)$

5.21　(1) $x(n) = -\sum_{k=1}^{p} a_k x(n-k) + \sum_{k=0}^{q} b_k u(n-k)$

5.22　(1) $u = -\mu \ln(1-x), 0 \leqslant x < 1$

　　　(2) $m_u = \mu, \; \sigma_u^2 = 2\mu^3$

5.23　理论计算结果：$m_u = 2, \; \sigma_u^2 = 16$

5.24　理论计算结果：

$$S_{yy}(f) = \frac{1}{1.9025 - 1.9\cos(2\pi f)}$$

第 6 章

6.1　正数截尾　　$-2^{-7} < E_T \leqslant 0$

　　负数原码截尾　$0 \leqslant E_T < 2^{-7}$

　　负数补码截尾　$-2^{-7} < E_T \leqslant 0$

　　负数反码截尾　$0 \leqslant E_T < 2^{-7}$

　　舍入误差　　　$-2^{-8} \leqslant E_R \leqslant 2^{-8}$

6.2　正数截尾　　$-2^{-6} < \varepsilon_T \leqslant 0$

　　负数原码截尾　$-2^{-6} < \varepsilon_T \leqslant 0$

　　负数补码截尾　$-2^{-6} < \varepsilon_T \leqslant 0$

　　负数反码截尾　$0 \leqslant \varepsilon_T < 2^{-6}$

　　舍入误差　　　$-2^{-7} \leqslant \varepsilon_R \leqslant 2^{-7}$

6.3　$m_x = -2^{-8}, \sigma_x^2 = \dfrac{2^{-14}}{3} - 2^{-16}$

6.4　$m_x = 2^{-7}, \sigma_x^2 = \dfrac{2^{-12}}{3} - 2^{-14}$

6.5　$K = \dfrac{1}{4\sigma_x}, \; SNR = 6.02b - 1.25 \; (\text{dB})$

6.6　$m_e = 0, \; \sigma_e^2 = \dfrac{1}{12}(2^{-2b}), R_{ee}(m) = \sigma_e^2 \delta(m)$

6.7　$SNR = 10\lg(12\sigma_x^2/q^2) = 10.79 + 10\lg\sigma_x^2 + 6.02b \; (\text{dB})$

6.8　$\sigma_f^2 = 2^{-2b}/[12(1-a^2)], SNR = 10.79 + 10\lg\sigma_x^2 + 6.02 \; (\text{dB})$

6.9　(1) $y(n) = \left\{ \dfrac{1}{2}, \dfrac{5}{8}, \dfrac{21}{32}, \dfrac{85}{128}, \dfrac{341}{512}, \dfrac{2}{3}, \cdots \right\}$

(2) $\hat{y}(n)=\{0.1000,0.1010,0.1010,0.1010,0.1010,\cdots\}$

6.10 (1) $y(n)=\left\{\dfrac{1}{2},\dfrac{1}{8},\dfrac{1}{32},\dfrac{1}{128},\dfrac{1}{512},\dfrac{1}{2048},\cdots\right\}$

(2) $\hat{y}(n)=\{0.1000,0.0010,0.0000,0.0000,\cdots\}$

6.13 (1) $y(n)=\{0,1,-1.75,2.3125,2.734375\cdots,y(\infty)=4\}$

(2) $y(n)=\{1,-0.75,0.5625,-0.421875,0.31640625\cdots,y(\infty)=0\}$

(3) $w(n)=\left\{1,-\dfrac{3}{4},\dfrac{1}{2},-\dfrac{3}{8},\dfrac{1}{4},-\dfrac{1}{4},\dfrac{1}{4},-\dfrac{1}{4},\cdots\right\}$

6.15 直接型：$SNR=6.02b+10\lg\sigma_x^2-1.93\ (\text{dB})$

并联型：$SNR=6.02b+10\lg\sigma_x^2+10.3\ (\text{dB})$

级联型$\left(H_1(z)=\dfrac{0.4}{1-0.9z^{-1}},H_2(z)=\dfrac{1}{1-0.8z^{-1}}\right)$：

$$SNR=6.02b+10\lg\sigma_x^2-0.145\ (\text{dB})$$

6.16 $SNR=20.6\ (\text{dB})$

6.17 $SNR=6.02b+20\lg\dfrac{\sqrt{2}\sin\theta}{\displaystyle\sum_{n=0}^{\infty}r^n\mid\sin[(n+1)\theta]\mid}\ (\text{dB})$

6.18 $SNR=6.02b+10.8+10\lg\dfrac{(1-r)\sin^2\theta}{3+4\cos^2\theta}\ (\text{dB})$

6.19 $SNR=6.02b+10\lg\dfrac{2(1-a)}{1+a}\ (\text{dB})$

6.20 $SNR=6.02t+10\lg(1-a^2)(\text{dB})$

6.21 $B=-0.5\log_2\delta$

6.22

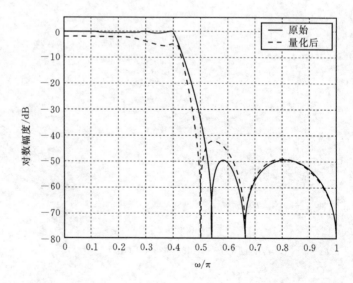

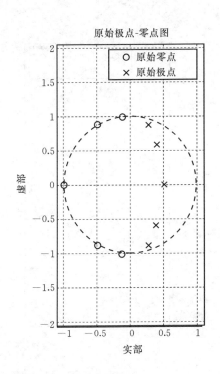

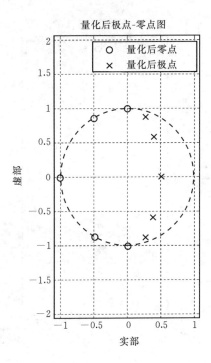

6.23

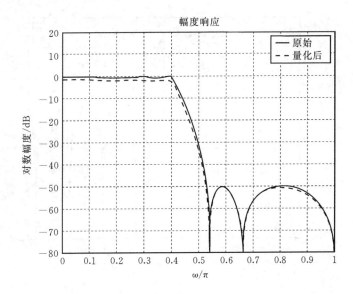

原始极点-零点图

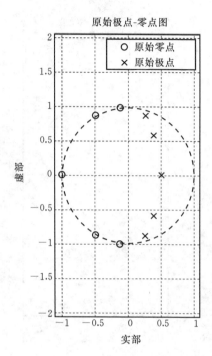

量化后极点-零点图

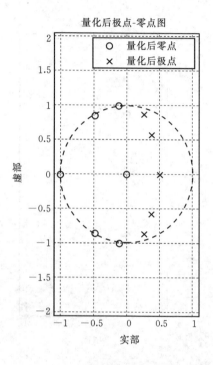

6.24

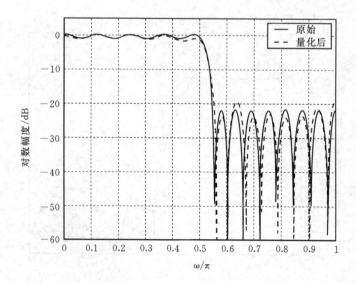

6.25

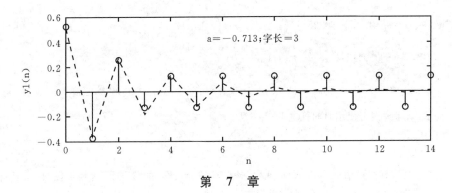

第 7 章

7.1 $\hat{x} = \dfrac{\boldsymbol{C}^{\mathrm{T}} \boldsymbol{Y}}{\boldsymbol{C}^{\mathrm{T}} \boldsymbol{C}}$

7.2 (1) $R_{xx}(m) = \dfrac{1}{2} \cos[\omega_0 m]$。

(2) 是广义平稳随机过程。

(3) $R'_N(m) = \{0.4250, 0.0122, 0.0110, -0.2215, 0.0316, -0.0159, 0.4318, -0.4318\}$
$R_N(m) = \{0.4250, 0.0107, 0.0082, -0.1385, 0.0158, -0.0060, 0.1080, -0.0540\}$

7.3 当 $\omega_0 \neq 0$ 时，是均值遍历性随机过程。而当 $\omega_0 = 0$ 时，不是均值遍历性随机过程。

7.4 若是复高斯随机变量，则式(7.42)将只包含两项，即
$$E[x(k)x^*(l)x(m)x^*(n)] = E[x(k)x^*(l)]E[x(m)x^*(n)]$$
$$+ E[x(k)x^*(m)]E[x(m)x^*(l)]$$

7.5 提示：由式(7.56) 推导式(7.58) 时有两种方法，一种是直接推导，最好先将式(7.56) 右端表示成 $\sum\limits_{m=1}^{N-1} R_N(m)(e^{-j\omega m} + e^{j\omega m}) + R_N(0)$，然后将式(7.55)代入；另一种是将 $R_N(m)$ 看成是 $x_N(n)$ 与 $x_N(-n)$ 的卷积。

7.6 $(\Delta\omega)_{6\mathrm{dB}} = 0.89(2\pi/N)$

7.7 (1) $W_R(e^{j\omega}) = \dfrac{\sin\left(\dfrac{\omega N}{2}\right)}{\sin\left(\dfrac{\omega}{2}\right)} e^{-j(N-1)\omega/2}$

$$W_B(e^{j\omega}) = \dfrac{2}{N}\left[\dfrac{\sin\left(\dfrac{\omega N}{4}\right)}{\sin\left(\dfrac{\omega}{2}\right)}\right]^2 e^{-j\left(\frac{N}{2}-1\right)\omega}$$

$$W_{Hn}(e^{j\omega}) = 0.5U(\omega) + 0.25\left[U\left(\omega - \dfrac{2\pi}{N}\right) + U\left(\omega + \dfrac{2\pi}{N}\right)\right]$$

式中

$$U(\omega) = \dfrac{\sin\left(\dfrac{\omega N}{2}\right)}{\sin\left(\dfrac{\omega}{2}\right)} e^{-j\frac{\omega}{2}}$$

$$W_{\text{Hm}}(\text{e}^{\text{j}\omega}) = 0.54U(\omega) + 0.23U\left(\omega - \frac{2\pi}{N}\right) + 0.23U\left(\omega + \frac{2\pi}{N}\right)$$

$$W_{\text{Bl}}(\text{e}^{\text{j}\omega}) = 0.42U(\omega) - 0.25\left[U\left(\omega - \frac{2\pi}{N}\right) + U\left(\omega + \frac{2\pi}{N}\right)\right]$$

$$+ 0.04\left[U\left(\omega - \frac{4\pi}{N}\right) + U\left(\omega + \frac{4\pi}{N}\right)\right]$$

(2) $\Delta\omega_{\text{R}} = 0.89\frac{2\pi}{N}$, $\quad \Delta\omega_{\text{B}} = 1.2\frac{2\pi}{N}$, $\Delta\omega_{\text{Hn}} = 1.44\frac{2\pi}{N}$, $\quad \Delta\omega_{\text{Hm}} = 1.3\frac{2\pi}{N}$, $\Delta\omega_{\text{Bl}} = 1.68\frac{2\pi}{N}$

7.8　提示:请考虑能否使用时间抽选 FFT 方法。

7.9　(1) $L_{\min} = 890$

　　(2) $K = 112$

　　(3) 提高取样率可增加 N,在 L 不变(保持要求的分辨率)的情况下,可增加段数,从而减小平均周期图的方差;在 K 不变(方差保持不变)情况下,可加大 L,从而提高分辨率。所以,取样率超过奈奎斯特率对于减小方差和提高分辨率是有好处的。

7.10　(1) $L_{\min} = 178$

　　(2) 没有好处。因为当 $L > L_{\min}$ 时,K 将减小,从而使方差加大。

　　(3) $N \geqslant 890$。

7.11　(1) 取 $a = 0.01$,$x(n)$ 的功率谱如答案图 1(a)所示。从该图看不到两个谱峰。在 $\omega = 0.5\pi$ 处 $S_{xx}(\text{e}^{\text{j}\omega})$ 大约为 10^7。

　　(2) 取 $a = 0.1$ 时,$x(n)$ 的功率谱如答案图 1(b)所示。有两个谱峰,分别位于 $\omega_1 = 0.484\pi$ 和 $\omega_2 = 0.516\pi$ 处。

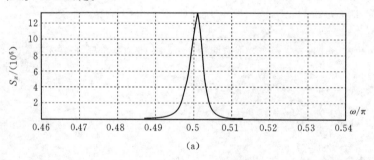

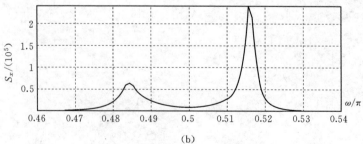

答案图 1　习题 7.11 参考答案

(a) 取 $a = 0.01$ 时,$x(n)$ 的功率谱;　(b) 取 $a = 0.1$ 时,$x(n)$ 的功率谱

采用 Bartlett 法时,$L \geqslant 56$。

（3）$M \geqslant 40$。$N = 107$。

7.13　Blackman-Twkey 周期图如答案图 2 所示,选取 $a = 0.5$。

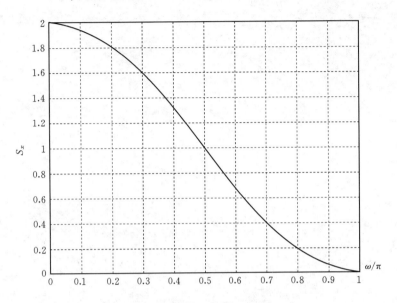

答案图 2　习题 7.13 参考答案